T0239413

Mathematik für technische Studiengänge im ersten Studienjahr

Jonny Dambrowski

Mathematik für technische Studiengänge im ersten Studienjahr

Analysis und lineare Algebra von der Theorie zur Anwendung

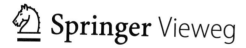 Springer Vieweg

Prof. Dr. Jonny Dambrowski
Fakultät für Informatik und Mathematik
Ostbayerische Technische Hochschule
Regensburg
Regensburg, Deutschland

ISBN 978-3-662-62851-5   ISBN 978-3-662-62852-2   (eBook)
https://doi.org/10.1007/978-3-662-62852-2

Die Deutsche Nationalbibliothek verzeichnet diese Publikation in der Deutschen Nationalbibliografie; detail-
lierte bibliografische Daten sind im Internet über http://dnb.d-nb.de abrufbar.

© Springer-Verlag GmbH Deutschland, ein Teil von Springer Nature 2021
Das Werk einschließlich aller seiner Teile ist urheberrechtlich geschützt. Jede Verwertung, die nicht
ausdrücklich vom Urheberrechtsgesetz zugelassen ist, bedarf der vorherigen Zustimmung des Verlags.
Das gilt insbesondere für Vervielfältigungen, Bearbeitungen, Übersetzungen, Mikroverfilmungen und die
Einspeicherung und Verarbeitung in elektronischen Systemen.
Die Wiedergabe von allgemein beschreibenden Bezeichnungen, Marken, Unternehmensnamen etc. in diesem
Werk bedeutet nicht, dass diese frei durch jedermann benutzt werden dürfen. Die Berechtigung zur Benutzung
unterliegt, auch ohne gesonderten Hinweis hierzu, den Regeln des Markenrechts. Die Rechte des jeweiligen
Zeicheninhabers sind zu beachten.
Der Verlag, die Autoren und die Herausgeber gehen davon aus, dass die Angaben und Informationen in
diesem Werk zum Zeitpunkt der Veröffentlichung vollständig und korrekt sind. Weder der Verlag, noch
die Autoren oder die Herausgeber übernehmen, ausdrücklich oder implizit, Gewähr für den Inhalt des
Werkes, etwaige Fehler oder Äußerungen. Der Verlag bleibt im Hinblick auf geografische Zuordnungen und
Gebietsbezeichnungen in veröffentlichten Karten und Institutionsadressen neutral.

Planung/Lektorat: Iris Ruhmann
Springer Vieweg ist ein Imprint der eingetragenen Gesellschaft Springer-Verlag GmbH, DE und ist ein Teil von
Springer Nature.
Die Anschrift der Gesellschaft ist: Heidelberger Platz 3, 14197 Berlin, Germany

Vorwort

Wer das Ziel kennt, kann entscheiden,
wer entscheidet, findet Ruhe,
wer Ruhe findet, ist sicher,
wer sicher ist, kann überlegen,
wer überlegt, kann verbessern.

KONFUZIUS, 551–479 v. Chr.

Das vorliegende Lehr- und Arbeitsbuch ist aus meinen Notizen zum Vorlesungs-zyklus der *Mathematik I bis III* verschiedener technisch-/naturwissenschaftlicher Studiengänge hervorgegangen. Es behandelt im Wesentlichen den Stoff der Mathematik I und II, also der ersten beiden Semester der mathematischen Grundausbildung für ingenieur- aber auch naturwissenschaftlich orientierte Studiengänge an der Ostbayerischen Technischen Hochschule Regensburg. Im geplanten zweiten Band werden inhaltlich die Mathematik III, also das 3. Semester der mathematischen Grundausbildung, sowie einige Ergänzungen ihren Niederschlag finden. Die Lineare Algebra bereitet Studienanfängern in der Regel größere Schwierigkeiten als die Analysis. Das mag zum einen daran liegen, dass mit der Analysis aus der Schule eine größere Vertrautheit herrscht, zum anderen, dass die Analysis viel mehr von der Anschauung getrieben wird als die Lineare Algebra. Bei Letzterer liegt die Betonung auf den Begriffen, formalen Strukturen und Strukturdenken, was den Einstieg für Studienanfänger erschwert. Aus diesem Grunde habe ich versucht, wesentliche Konzepte der Linearen Algebra durch Anschauung und Praxisbeispiele aus den Ingenieur- und Naturwissenschaften zu motivieren.
Neben der Vermittlung theoretischer Grundlagen und Konzepte, dem Herstellen von Bezügen zur ingenieurwissenschaftlichen Praxis, sind immer wieder Verständnisfragen, kleine Übungsaufgaben im Text eingestreut, die vom Leser beim Durcharbeiten des Stoffes bearbeitet werden sollten. Es ist eine unumstößliche Tatsache, dass Mathematik nur durch das aktive Lösen von Problemen erlernt werden kann.
Das Buch ist in Kapitel, Abschnitte und z.T. Unterabschnitte eingeteilt. Nach jedem Abschnitt werden Übungsaufgaben angeboten. Diese sind in sogenannte *Rechen- und Theorieaufgaben* unterteilt. Rechenaufgaben dienen – wie der Name schon sagt – zum Anwenden und Einüben wesentlicher Rechenmethoden. Bei den Theorieaufgaben liegt der Fokus auf dem Verständnis und dem Erkennen von mathematischen Zusammenhängen.

Was ich an Schulwissen voraussetze, ist im Anhang des Buches zusammengefasst. Dennoch wird der Stoff systematisch aufgebaut und bis auf ganz wenige Ausnahmen (wie z.B. der Fundamentalsatz der Algebra) alles bewiesen. Manche Beweise und Hilfslemmata sind allerdings für die weitere inhaltliche Entwicklung weniger wichtig. Diese sind in kleinen Schriftzeichen gesetzt. Der Leser kann diese Passagen beim ersten Durcharbeiten überspringen.

Wer frei von Fehlern ist, der werfe den ersten Stein. So wird auch dieses Buch noch Fehler enthalten, die mir trotz großer Bemühungen, sie zu vermeiden, unterlaufen sind. Sollten Ihnen beim Durcharbeiten Fehler auffallen oder sonstige Verbesserungsvorschläge einfallen, so freue ich mich über Ihre Mitteilung, am besten direkt an:

`jonny.dambrowski@oth-regensburg.de`

Schließlich möchte ich allen danken, die zum Gelingen des Buches beigetragen haben, im Besonderen meinen Hörern des Mechatronik-Studiengangs, die mir viele Hinweise zukommen haben lassen. Besonderer Dank gilt meinen ehemaligen Studenten Herrn Thomas Adamtschuk, der das Manuskript akribisch durchgesehen hat. Des Weiteren möchte ich an dieser Stelle dem Springer-Verlag für die hervorragende Zusammenarbeit herzlich danken, im Besonderen Frau Iris Ruhmann und Frau Corola Lerch. Schließlich bin ich meinen eigenen Lehrern, den Herren Professoren Klaus Jänich und Theodor Bröcker, zu großem Dank verpflichtet. Zum einen, da ich als Student ihre Vorlesungen genießen durfte, und zum anderen, da mich ihre Bücher beim Schreiben in nicht unerheblicher Weise inspiriert haben.

Weihern, im Januar 2021   Jonny Dambrowski

Inhaltsverzeichnis

Kapitel 1

Mathematische Grundbegriffe

Das Buch der Natur ist in mathematischen Lettern geschrieben.

GALILEO GALILEI, 1564–1642

Um technisch-naturwissenschaftliche Probleme zu lösen, bedient man sich der Sprache der Mathematik. Das bedeutet nicht bloß Prosa in Formeln bzw. Formelbuchstaben zu kleiden und stumpfsinnig Aufgaben runterzurechnen, wie man vielleicht aus der schulischen Erfahrung zu glauben meint, sondern es geht vielmehr darum, mit welcher Präzision und Art und Weise die Mathematik *Begriffe* und *Objekte* definiert, und mathematische Resultate, genannt *Sätze*, formuliert und schließlich auch in aller gebotenen Strenge beweist. Für den Außenstehenden ist das Lesen mathematischer Texte im Besonderen deswegen so schwierig, weil nahezu jedes Wort und jedes Symbol eine ganz präzise Bedeutung hat. Kennt man nur eines nicht, oder hat man nur eines überlesen, geht mitunter der Sinn des Satzes oder ganzen Abschnittes verloren. Wenn also das Buch der Natur in der Sprache der Mathematik geschrieben ist, so muss notwendig auch der Student technisch-naturwissenschaftlicher Fächer sich ein Stück weit mit ihr vertraut machen, im Besonderen im Rahmen der Mathematik-Grundausbildung. Den Boden, auf dem eine fruchtbare Korrespondenz entstehen kann, bereitet die Logik und Mengenlehre, weswegen wir damit gleich beginnen wollen.

1.1 Logische Grundlagen

Mein teurer Freund, ich rat' Euch drum,
Zuerst Collegium Logicum.
Da wird der Geist Euch wohl dressiert
In spanische Stiefeln eingeschnürt,
Daß er bedächtiger so fortan
Hinschleiche die Gedankenbahn.

JOHANN WOLFGANG VON GOETHE[1], 1749–1832

---

[1]aus GOETHES Faust Teil I

1

© Springer-Verlag GmbH Deutschland, ein Teil von Springer Nature 2021
J. Dambrowski, *Mathematik für technische Studiengänge im ersten Studienjahr*,
https://doi.org/10.1007/978-3-662-62852-2_1

Der folgende Abschnitt erinnert an wohlbekannte Tatsachen der Aussagen- und Prädikatenlogik in knapper Form.

Eine **(logische) Aussage** ist ein sprachliches Konstrukt, in der Regel ein grammatikalisch korrekter Satz, der entweder wahr (=„1") oder falsch (=„0") ist.

Notiz 1.1.1. Klassische logische Systeme, wie die *Aussagenlogik* oder *Prädikatenlogik*, kennen nur zwei *Wahrheitswerte*, nämlich „wahr" oder „falsch".

Eine Aussage kann also nicht gleichzeitig *wahr* und *falsch* sein. Dies ist auch unter dem Namen *tertium non datur* oder *Gesetz vom ausgeschlossenen Dritten* bekannt. Wie wir später sehen werden, nutzt man dies bei der indirekten Beweismethode, um einen logischen Widerspruch herzuleiten.

Beispiel 1.1.2 (Übung). Sind die folgenden Aussagen zulässig oder unzulässig? (Begründung!)

- „225 ist eine Quadratzahl."

- „Morgen wird es regnen."

- „Am 13.12.2124 wird es in Regensburg am OTH-Campus regnen."

- „Hol mir eine Tasse Kaffee!"

Notation 1.1.3. Aussagen werden oft symbolisch mit einem Großbuchstaben $A, B, C, \ldots$ abgekürzt, was wir auch fortan tun wollen, wenn es nicht anders explizit angegeben ist.

Bemerkung 1.1.4. Mittels *logischer Operatoren* können aus bestehenden Aussagen A, B neue gebildet werden. In der Aussagenlogik sind dies:

- Konjunktion „$\wedge$" : $A \wedge B$, lies „A UND B"

- Disjunktion „$\vee$" : $A \vee B$, lies „A ODER B"

- Negation „$^-$" : $\overline{A}$, lies „A NICHT"

Wahrheitstafeln:

A	$\overline{A}$
0	1
1	0

A	B	$A \wedge B$	$A \vee B$
0	0	0	0
0	1	0	1
1	0	0	1
1	1	1	1

In *Wahrheitstafeln* werden die Wahrheitswerte der durch den logischen Operator neu entstandenen zusammengesetzten Aussage für alle möglichen Belegungen (im vorliegenden Falle also) von Warheitswerten für A bzw. A, B in einer Tabelle zusammengefasst.

Beispielsweise:

- „Peter ist Pianist *und* Schreiner"

- „2 ist eine Primzahl *und* eine gerade Zahl"

- „Für $m, n \in \mathbb{Z}$ ist $m \cdot n > 0$, falls $m, n > 0$ *oder* falls $m, n < 0$"

- Die Negation von „2 ist eine ungerade Zahl" ist „2 ist gerade", denn es gibt nur diese beiden Möglichkeiten. Jedoch ist die Negation von „Das Tuch ist schwarz" nicht etwa „Das Tuch ist weiß", sondern „Das Tuch ist nicht schwarz".

Definition 1.1.5. Unter einer **Implikation**, auch **Folgerung** genannt, in Zeichen $A \Rightarrow B$, zweier Aussagen A und B versteht man die zusammengesetzte Aussage $B \vee \bar{A}$.

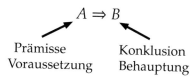

$$A \Rightarrow B$$

Prämisse   Konklusion
Voraussetzung   Behauptung

Sprechweise 1.1.6. Man sagt auch:

- „A impliziert B"

- „Wenn A, dann B"

- „Aus A folgt B"

- „A ist hinreichend für B"

- „B ist notwendig für A"

Wahrheitstafeln:

A	B	$A \Rightarrow B$	$A \Leftrightarrow B$
0	0	1	1
0	1	1	0
1	0	0	0
1	1	1	1

Ein kausaler (d.h. ursächlicher) Zusammenhang zwischen A und B braucht dabei nicht zu existieren. Beispielsweise ist „Wenn MONET den *Seerosenteich* gemalt hat, dann ist Schubert ein Komponist" eine formal korrekte Implikation, jedoch entbehrt sie ersichtlich jeglicher Kausalität. Hingegen ist die Implikation „Wenn Strom durch einen elektrischen Leiter fließt, dann lässt sich ein Magnetfeld messen" kausaler Natur.

Notation 1.1.7. Statt $A \Rightarrow B$ kann man freilich auch $B \Leftarrow A$ schreiben.

Beispiel 1.1.8. Sei $f : D \rightarrow \mathbb{R}$ in $t_0 \in D \subset \mathbb{R}$ differenzierbar. Aus der Schule ist bekannt:

Wenn f in t_0 ein Extremum hat, dann gilt $f'(t_0) = 0$.

Also ist „$f'(t_0) = 0$" notwendig für „f hat in t_0 ein Extremum". Umgekehrt ist aber „$f'(t_0) = 0$" nicht hinreichend, damit „f in t_0 ein Extremum" hat. (Warum? Was würde das bedeuten?)

Wesentliche Anwendung der Implikation für uns ist das *logische Schließen*, auch *deduzieren* genannt.

Notation & Sprechweise 1.1.9. Ein logischer *Widerspruch* ist eine Aussage, die nicht erfüllbar ist, wie z.B. $C \wedge \bar{C}$ (tertium non datur!). Wir notieren dies auch mit dem $\frac{1}{2}$-Zeichen.

Definition 1.1.10 (Äquivalenz). Unter einer **Äquivalenz**, in Zeichen $A \Leftrightarrow B$, zweier Aussagen A und B versteht man die zusammengesetzte Aussage:

$$(A \Rightarrow B) \wedge (A \Leftarrow B)$$

Sprechweise 1.1.11. Man sagt dann auch:

- „A gilt genau dann, wenn B gilt."

- „A gilt dann und nur dann, wenn B gilt."

- „A und B sind (logisch) äquivalent."

- „A ist notwendig und hinreichend für B."

Bemerkung 1.1.12. Wenn $A \Leftrightarrow B$, dann offenbar auch $B \Leftrightarrow A$.

Beispiel 1.1.13. Sei $f : D \to \mathbb{R}$ in $t_0 \in D \subset \mathbb{R}$ differenzierbar. Aus der Schule ist bekannt:

$$f \text{ hat in } t_0 \text{ ein Extremum} \Leftrightarrow f'(t_0) = 0 \wedge f' \text{ ist bei } t_0 \text{ streng monoton}$$

Zwei (zusammengesetzte) Aussagen A, B sind also genau dann äquivalent, wenn sie die gleichen Wahrheitswerte annehmen, d.h. es kann nicht $A = 1$ *und* $B = 0$ oder umgekehrt auftreten. Aber dann sagt die Wahrheitswertetafel von „$\Leftrightarrow$", dass die Aussage $A \Leftrightarrow B$ immer wahr ist.

Sprechweise 1.1.14. Eine zusammengesetzte Aussage, die immer wahr ist, unabängig von der Wahrheitswertebelegung ihrer atomaren (Einzel-)Aussagen, nennt man *Tautologie*.

Gelegentlich schreiben wir „$\Longleftrightarrow$" statt „$\Leftrightarrow$", analog „$\Longleftarrow$" statt „$\Leftarrow$". Tautologien sind der Schlüssel zu den wohlbekannten logischen Rechenregeln, nicht nur jene der Form $A \Longleftrightarrow B$, sondern auch $A \Longrightarrow B$ (wie in den Übungsaufgaben demonstriert wird).

Beispiel 1.1.15 (Tautologien). (i) Unmittelbar aus den Wahrheitswertetafeln folgt:

$$\overline{\overline{A}} \Longleftrightarrow A \quad \text{oder die DE MORGANschen Regeln:} \quad \begin{cases} \overline{A \wedge B} & \Longleftrightarrow & \overline{A} \vee \overline{B} \\ \overline{A \vee B} & \Longleftrightarrow & \overline{A} \wedge \overline{B} \end{cases}$$

Übung: (ii) Bilde $\overline{A \Rightarrow B}$ =?   (iii) Zeige die Tautologie $A \wedge B \Rightarrow A$.

Satz 1.1.16 (Rechenregeln). *Seien A, B, C Aussagen. Dann haben wir folgende Tautologien:*

  (i) *(Kommutativität)* $A \wedge B \Longleftrightarrow B \wedge A$ *sowie* $A \vee B \Longleftrightarrow B \vee A$

 (ii) *(Assoziativität)* $A \wedge (B \wedge C) \Longleftrightarrow (A \wedge B) \wedge C$ *sowie* $A \vee (B \vee C) \Longleftrightarrow (A \vee B) \vee C$

(iii) *(Distributivität)* $A \wedge (B \vee C) \Longleftrightarrow (A \wedge B) \vee (A \wedge C)$ *sowie* $A \vee (B \wedge C) \Longleftrightarrow (A \vee B) \wedge (A \vee C)$

Zum Beweis. Nachrechnen, z.B. via Wahrheitstafeln. □

Gleichwohl schon im Vorangegangenen verwendet, präzisieren wir: Eine **Definition** führt eine neue Bezeichnung für etwas schon Bekanntes ein. Hierfür gibt es zwei Varianten:

(a) $a := \dots$ besagt, dass das durch die rechte Seite gegebene mathematische Objekt künftig mit a benannt wird.

(b) $A :\Longleftrightarrow \dots$ besagt, dass die rechts stehende (logische) *Aussage* künftig mit A abgekürzt wird.

Um den Unterschied zwischen den beiden Gleichheitszeichen deutlicher zu machen, betrachten wir das Folgende:

Beispiel 1.1.17. (i) Statt den Implikationsoperator „$\Rightarrow$" in Prosa einzuführen, hätten wir ihn wie folgt *definieren* können:

$$\boxed{A \Rightarrow B \ :\Longleftrightarrow\ B \vee \bar{A} \qquad \text{für Aussagen } A, B}$$

(ii) Entsprechendes gilt für die Äquivalenz:

$$\boxed{A \Leftrightarrow B \ :\Longleftrightarrow\ (A \Rightarrow B) \wedge (B \Rightarrow A) \qquad \text{für Aussagen } A, B}$$

(iii) Es sind $n := 3$ oder $x := \pi$ oder $2\mathbb{Z} :=$ die Menge alle geraden ganzen Zahlen, oder $\mathbb{R}^2 := \mathbb{R} \times \mathbb{R}$ Definitionen vom Typ (a).

Fazit: Mit „$:=$" können verschiedene mathematische Objekte (wie z.B. Zahlen, Mengen, etc.) bezeichnet werden, während „$:\Longleftrightarrow$" ausschließlich für logische Aussagen verwendet werden darf.

Bemerkung 1.1.18. Mathematische *Sätze* sind beweisbare Aussagen über mathematische Begriffe bzw. Objekte. Sie geben Eigenschaften von Begriffen bzw. Objekten an, oder stellen Beziehungen zwischen ihnen her.

Beispiel 1.1.19. (i) π ist eine irrationale Zahl.
(ii) Eine Zahl ist genau dann gerade, wenn ihr Quadrat gerade ist, oder kurz:

$$n \in 2\mathbb{Z} := \{2k \mid k \in \mathbb{Z}\} \Leftrightarrow n^2 \in 2\mathbb{Z}$$

Sprechweise 1.1.20. Neben *Satz* werden mathematische Sätze auch *Theorem, Lemma* und *Korollar* genannt. Die Bezeichnung gibt Hinweise auf die *Bedeutung* der darin enthaltenen Aussage:

THEOREM	ist ein Hauptresultat, in der Regel einen Höhepunkt einer Theorie.
SATZ	ist ein wichtiges Resultat, das man sich jedenfalls einprägen sollte.
LEMMA	ist ein Hilfsresultat, das oft an anderer Stelle wiederverwendet wird.
KOROLLAR	ist eine Folgerung aus einem Satz, Theorem, Lemma.
BEMERKUNG	bezeichnet entweder ein einfaches Resultat, oder erläutert eines der oben genannten Satztypen näher.
NOTIZ	ist eine ergänzende Bemerkung, oftmals auch eine ausblickende Erläuterung, jedoch vielfach von untergeordneter Priorität.

Bemerkung 1.1.21. Ein mathematischer Satz besteht stets aus einer oder mehreren Prämisse(n) (=Voraussetzung(en)) $P_1, P_2, ..., P_n$ und einer Konklusion (=Behauptung) K, d.h.:

$$\boxed{P_1 \wedge P_2 \wedge \ldots \wedge P_n \implies K} \tag{1.1}$$

Übung: Man finde Prämisse(n) und Konklusion, und bringe sie jeweils in eine „Wenn ..., dann"-Form.

1. Das Quadrat einer geraden Zahl ist wieder eine gerade Zahl.

2. Die Summe der Winkel in einem Dreieck ist 180.

3. Eine beschränkte, monotone Folge ist konvergent.

Bemerkung 1.1.22. Mathematische Sätze sind zu beweisen, und das bedeutet die Wahrheit, also die Gültigkeit der Implikation[2] $P \Rightarrow K$ nachzuweisen. Dafür gibt es verschiedene Methoden, sogenannte *Beweismethoden*:

Direkter Beweis oder *modus ponens* genannt: Hier nimmt man die Prämisse P als wahr an, zeigt die Implikation $P \Rightarrow K$ und hat damit die Wahrheit von K nachgewiesen. Dies geht praktisch so vonstatten, dass aus der Annahme „P ist wahr" durch eine Kette bereits gültiger Sätze $P \Rightarrow A_1$ und $A_k \Rightarrow A_{k+1}$ auf K geschlossen wird, d.h. $P \Rightarrow A_1 \Rightarrow A_2 \Rightarrow \ldots \Rightarrow A_n \Rightarrow K$.

$$\text{Kurz:} \quad \boxed{P \wedge (P \Rightarrow K) \implies K}$$

Beispiel: (P) Es ist Nacht. $(P \Rightarrow K)$ Wenn die Nacht kommt, wird es dunkel. (K) Es wird dunkel.

Indirekter Beweis oder *modus tollens* oder *Kontraposition* genannt: Hier nimmt man $\overline{K}$ als wahr an, zeigt die Implikation $\overline{K} \Rightarrow \overline{P}$ und hat damit die Wahrheit von $\overline{P}$ nachgewiesen. Wenn also die Konklusion K als falsch angenommen wird, und man durch logisches *Deduzieren* (=Schließen) direkt auf die Negation der Prämisse P stößt, hat man letztendlich nichts anderes benutzt als die Äquivalenz der beiden Implikationen $(P \Rightarrow K) \iff (\overline{K} \Rightarrow \overline{P})$.

$$\text{Kurz:} \quad \boxed{\overline{K} \wedge (P \Rightarrow K) \implies \overline{P}}$$

Beispiel: $(\overline{K})$ Es ist nicht dunkel. $(P \Rightarrow K)$ Wenn die Nacht kommt, wird es dunkel. $(\overline{P})$ Es ist nicht Nacht.

Widerspruchsbeweis oder auch *reductio ad absurdum* genannt. Hier nimmt man an, dass P *und* $\overline{K}$ wahr sind, was ja gemäß Bsp. 1.1.15 (ii) gleichbedeutend mit $P' :\Leftrightarrow \overline{P \Rightarrow K}$ ist, und zeigt, dass die Annahme P' falsch ist. Also war die Annahme P' falsch, was aber gerade die Wahrheit der Implikation $P \Rightarrow K$

---

[2]Wir betrachten statt (1.1) ohne Einschränkung nur *eine* Prämisse P.

bedeutet. In der Praxis zieht man aus $P \wedge \overline{K}$ so lange direkte Schlüsse, bis man zu einer offensichtlich falschen Aussage C kommt, also die Implikation $P' \Rightarrow C$ ist wahr, und daher die Prämisse P' falsch.

Kurz: $\boxed{(P \wedge \overline{K}) \Rightarrow (C \wedge \overline{C}) \implies \overline{P \wedge \overline{K}}}$

Beispiel: Wir wollen zeigen, dass es unendlich viele Primzahlen gibt. Dazu setze $P :\Leftrightarrow$ „p ist Primzahl" und $K :\Leftrightarrow$„die Menge aller Primzahlen $\mathfrak{P}$ hat unendliche viele Elemente".

Beweis. Zu zeigen ist die Implikation $P \Rightarrow K$. Dazu: Angenommen, es gilt P und $\overline{K}$, d.h. angenommen, p ist prim und es gäbe nur endlich viele davon. Dann muss es auch eine größte Primzahl geben, d.h. es existiert eine Primzahl $\tilde{p}$ mit $p \le \tilde{p}$ für alle p in $\mathfrak{P}$. Setze $C :\Leftrightarrow$„$\tilde{p}$ ist die größte Primzahl". Betrachte das Produkt aller Primzahlen und addiere 1 hinzu $r := 2 \cdot 3 \cdot 5 \cdot 7 \cdot \ldots \cdot \tilde{p} + 1$. Dann ist r durch keine der Primzahlen von 2 bis $\tilde{p}$ teilbar, denn nach Division durch so ein p bleibt immer der Rest 1. Folglich muss es eine Primzahl größer $\tilde{p}$ geben, im $\frac{1}{4}$ zu C, d.h. $C \wedge \overline{C}$. $\qquad\square$

Zusammenfassend:

P	K	modus ponens $P \Rightarrow K$	modus tollens $\overline{K} \Rightarrow \overline{P}$	reductio ad absurdum $\overline{P \wedge \overline{K}}$
0	0	1	1	1
0	1	1	1	1
1	0	0	0	0
1	1	1	1	1

Diese Beweismethoden werden in Aufgabe 4 anhand eines konkreten Beispiels besprochen. Abschließend stellen wir noch eine Beweismethode vor, die vom Speziellen auf das Allgemeine schließt, genannt

Induktionsbeweis: Hier ist eine Behauptung (genauer eine Aussage) $B(n)$ für alle natürlichen Zahlen $n \in \mathbb{N}$ nachzuweisen. Ist dabei Folgendes bekannt:

(IA) genannt *Induktionsanfang*: $B(n_0)$ ist für ein $n_0 \in \mathbb{N}$ wahr, d.h. die Behauptung gilt für $n = n_0$.

(IS) genannt *Induktionsschluss*: $B(n) \Rightarrow B(n+1)$, d.h. wenn die Behauptung für ein $n > n_0$ wahr ist, genannt *Induktionsannahme* oder *Induktionsvoraussetzung*, so auch für das nächst folgende $n + 1$, genannt *Induktionsschritt*.

Dann gilt die Behauptung für alle $n \ge n_0$ und im Falle $n_0 = 1$ dann für alle $n \in \mathbb{N}$.

Beispiel 1.1.23. Für alle $n \in \mathbb{N}$ gilt:

$$\sum_{k=1}^{n} k = \frac{n}{2}(n+1)$$

Beweis. Wir führen den Beweis via Induktion nach n. Es bezeichne $B(n) :\Longleftrightarrow$ $\sum_{k=1}^{n} k = \frac{n}{2}(n+1)$ die Behauptung im Falle n. Für $n = 1$ ist sie aufgrund $B(1) :\Longleftrightarrow$ $\sum_{k=1}^{1} k = 1 = \frac{1}{2}(1+1)$ richtig. Angenommen, die Behauptung ist für ein $n_0 \in \mathbb{N}$ wahr, d.h. es gilt die Induktionsvoraussetzung $B(n_0) :\Longleftrightarrow \sum_{k=1}^{n_0} k = n_0/2(n_0+1)$. Wegen

$$\sum_{k=1}^{n_0+1} k = \sum_{k=1}^{n_0} k + (n_0+1) = \frac{n_0}{2}(n_0+1) + (n_0+1) = (n_0+1)\left(\frac{n_0}{2}+1\right)$$

$$= (n_0+1)\frac{n_0+2}{2} = \frac{n_0+1}{2}((n_0+1)+1)$$

gilt die Behauptung auch für $n_0 + 1$ und, da n_0 beliebig war, für alle $n \in \mathbb{N}$. $\qquad\square$

Bemerkung 1.1.24. Manche mathematische Sätze bestehen aus einer $A \Leftrightarrow B$ oder mehreren $A_1 \Leftrightarrow A_2 \Leftrightarrow \ldots \Leftrightarrow A_n$ Äquivalenz(en). Hier bietet sich oftmals die *Ringschlussmethode*

$A \Leftrightarrow B$	$\Longleftrightarrow$	$A \Rightarrow B \Rightarrow A$
$A_1 \Leftrightarrow A_2 \Leftrightarrow \ldots \Leftrightarrow A_n$	$\Longleftrightarrow$	$A_1 \Rightarrow A_2 \Rightarrow \ldots \Rightarrow A_n \Rightarrow A_1$

zum Beweis an. Dies erspart bei mehr als zwei Äquivalenzen Beweisschritte, nämlich: Seien n Äquivalenzen gegeben. Dann sind nach der Standardmethode $2(n-1)$, mit den Ringschlussverfahren nur n Beweisschritte notwendig, d.h. eine Ersparnis von $n-2$ Beweisschritten.

Fazit: Je mehr Äquivalenzen, desto sinnvoller kann das Ringschlussverfahren sein. **Beachte:** Ringschluss bedeutet nicht automatisch einfacher, oder weniger Beweis*arbeit*!

Sprechweise 1.1.25. Ist A ein bekanntes mathematisches Objekt, und gilt $A \Leftrightarrow B$, so sagt man auch B *charakterisiert* A oder A *wird durch* B *charakterisiert*.

Kommen wir nun zu einer Verallgemeinerung der Aussagenlogik, nämlich der Prädikatenlogik.

Definition 1.1.26 (Aussageform). Bezeichnet x eine Variable (=Platzhalter für ein mathematisches Objekt, wie z.B. eine Zahl, Menge, etc.), so heißt eine von x abhängige Aussage $A(x)$ **Aussageform** oder **Prädikator in** x.

Bemerkung 1.1.27. (i) Eine Aussageform $A(x)$ wird erst durch eine konkrete Belegung von x zu einer Aussage.

(ii) Aussageformen lassen sich wie Aussagen durch die logischen Operatoren *und, oder, nicht* zusammensetzen, wobei die Rechenregeln – analog wie in Satz 1.1.16 – erhalten bleiben. Insbesondere können Implikation und Äquivalenz gebildet werden.

Offenbar wird beim Induktionsbeweis die Wahrheit einer Aussageform $B(n)$ nachgewiesen.

Beispiel 1.1.28. (i) Es ist $A(n) :\Longleftrightarrow$ „n ist gerade" eine Aussageform. In dieser Form kann über die Wahrheit von $A(n)$ nicht entschieden werden. Setzt man jedoch konkrete Werte für n ein, so folgt:

$$A(6) :\Longleftrightarrow 6 \text{ ist gerade} \quad \text{(wahr)}$$
$$A(7) :\Longleftrightarrow 7 \text{ ist gerade} \quad \text{(falsch)}$$

Notiz 1.1.29. Neben einstelligen Prädikatoren $A(x)$ lassen sich ganz analog auch *n-stellige* Prädikatoren $A(x_1, ..., x_n)$ definieren.

Beispiel 1.1.30. Betrachte den 2-stelligen Prädikator $A(x, y) :\Longleftrightarrow x < y$. Nach konkreter Belegung erhalten wir die Aussagen:

$$A(3,7) :\Longleftrightarrow 3 < 7 \quad \text{(wahr)}$$
$$A(2,-1) :\Longleftrightarrow 2 < -1 \quad \text{(falsch)}$$

Häufig verwendet werden sogenannte **Quantoren:**

- **Existenz Quantor** $\exists$:

    - „$\exists_x : A(x)$" $:\Longleftrightarrow$ „es exististiert (mindestens) ein x, für das $A(x)$ wahr ist."

    - „$\exists!_x : A(x)$" $:\Longleftrightarrow$ „es exististiert *genau* ein x, für das $A(x)$ wahr ist."

    - „$\nexists_x : A(x)$" $:\Longleftrightarrow$ „es exististiert kein x, für das $A(x)$ wahr ist."

- **All-Quantor** $\forall$:

    - „$\forall_x : A(x)$" $:\Longleftrightarrow$ „für alle x ist $A(x)$ wahr."

Beispiel 1.1.31 (Übung). (i) Übersetze in Prosa: $\forall_{x \in \mathbb{R}} \exists_{n \in \mathbb{N}} : x < n$
(ii) Formuliere die Prosa in Quantorensprache: Zu je zwei positiven reellen Zahlen $x, y \in \mathbb{R}^+$ gibt es eine natürliche Zahl $n \in \mathbb{N}$, so dass $nx > y$.

Das formale Negieren von (logischen) Aussagen bzw. Aussageformen ist oftmals in der Alltagssprache gar nicht so leicht, vor allem deshalb, weil Prosa in der Regel Interpretationsspielraum zulässt, oder weil man bei der Negation komplexer zusammengesetzter Aussagen bzw. Aussageformen schnell den Überblick verliert. Um diese Probleme zu umgehen, ist der folgende Satz sehr nützlich:

Satz 1.1.32 (Negation von Quantoren). *Es gilt:*

$$
\begin{array}{lll}
(i) & \overline{\forall_x : A(x)} & \Longleftrightarrow \quad \exists_x : \overline{A(x)} \\[4pt]
(ii) & \overline{\exists_x : A(x)} & \Longleftrightarrow \quad \forall_x : \overline{A(x)}
\end{array}
$$

Vorgehensweise bei formaler Negation prosaischer Aussagen bzw. Aussageformen:

1. Übersetze gegebene Prosa in Quantorensprache.

2. Wende Satz 1.1.32 an.

3. Übersetze das Negat von Quantorensprache in Prosa.

Beispiel 1.1.33. Wie lautet das Negat, d.h. das Resultat der formalen Negation von: *Alle Mathematik-Professoren der OTH Regensburg wohnen in Regensburg.* Setze dazu $P :=$ „P ist Professor an der OTH-R", und $A(x) :\Leftrightarrow$ „x wohnt in Regensburg". In Quantorensprache erhalten wir $\forall_P : A(P)$ und Negation liefert $\exists_P : \overline{A(P)}$, d.h. es gibt (mindestens) einen Professor an der OTH-R, der nicht in Regensburg wohnt.

Aufgaben

R.1. Bilden Sie die Negation:

    (a) Alle Wege führen nach Rom.

    (b) Alle Lösungen der Gleichung $f(x) = 0$ sind reell.

    (c) Es gibt eine rationale Zahl q mit $q^2 = 2$.

R.2. Sei D eine Menge. Eine Funktion $f : D \to \mathbb{R}$ heißt beschränkt, falls es eine Konstante $C \geq 0$ gibt, so dass $|f(x)| \leq C$ für alle $x \in D$ gilt. Ergänzen Sie: *Eine Funktion heißt unbeschränkt (:=nicht beschränkt), wenn ..... gilt.*

T.1. (i) Zeigen Sie die Äquivalenz $A \Rightarrow B \Longleftrightarrow \overline{B} \Rightarrow \overline{A}$.

    (ii) Eine Abbildung $f : X \to Y$ von der Menge X in die Menge Y heißt *injektiv*, falls mit $f(x_1) = f(x_2)$ für $x_1, x_2 \in X$ stets $x_1 = x_2$ folgt. Wie lässt sich die Injektivität von f unter Zuhilfenahme von (i) noch charakterisieren?

T.2. Seien A, B, C Aussagen. Zeigen Sie

$$\big((A \Rightarrow B) \wedge (B \Rightarrow C)\big) \Longrightarrow (A \Rightarrow C) \qquad \text{(Transitivität der Implikation)}$$

T.3. Seien $a, b \in \mathbb{R}^+$. Beweisen Sie mittels direkten, indirekten und Widerspruchsbeweis die Implikation: Aus $a^2 < b^2$ folgt $a < b$. (Hinweis: Finden Sie die Prämisse und bezeichnen Sie diese mit A, analog die Konklusion mit B.)

1.2 Mengenlehre

Die ganzen Zahlen hat der liebe Gott gemacht, alles andere ist Menschenwerk.

LEOPOLD KRONECKER, 1823–1891

Dieser Abschnitt erinnert an ein paar wesentliche Grundtatsachen über Mengen und Abbildungen (von Mengen), die im weiteren Verlauf des Buches wesentlich sind. Dabei nehmen wir einen eher naiven Standpunkt ein, der nicht vollständig widerspruchsfrei, jedoch für unsere Belange ausreichend ist. Nach GEORG CANTOR[3] führen wir den Mengenbegriff wie folgt ein:

Definition 1.2.1 (CANTORsche Mengenbegriff). Unter einer **Menge** M verstehen wir eine Zusammenfassung von bestimmten wohlunterscheidbaren Objekten x, genannt *Elemente* von M, unserer Anschauung oder unseres Denkens zu einem Ganzen.

Notation 1.2.2. Wir schreiben:

- $x \in M$, lies „x ist Element von M", wenn x der Menge M angehört.

- $x \notin M$, lies „x ist kein Element von M", wenn x der Menge M *nicht* angehört.

- $M := \{x_1, x_2, x_3, \dots\}$ in *aufzählender* Schreibweise für die Menge M durch Angabe ihrer Elemente.

- $M := \{x \mid A(x)\}$, lies „die Menge aller x, mit der Eigenschaft, dass $A(x)$ wahr ist", genannt *eigenschaftsdefinierende* Schreibweise der Menge M. Oftmals gehört x einer Grundmenge G an, so dass M die Menge aller Elemente $x \in G$ ist, welche die Aussageform $A(x)$ erfüllen.

Beispiel 1.2.3. (i) Für $M := \{1, 2, 3, 4\}$ ist $2 \in M$, aber $5 \notin M$.
(ii) Setze $M := \{n \mid n$ ist Primzahl und $< 12\}$ ist eine Menge, welche durch Eigenschaften, nämlich der beiden Aussgeformen $A(n) :\Leftrightarrow n$ ist Primzahl und $B(n) :\Leftrightarrow n < 12$, definiert wurde.

Übung: Wie lautet die aufzählende Schreibweise von M?

Bemerkung 1.2.4. (i) Eine Menge ist also durch Angabe ihrer Elemente charakterisiert.
(ii) Zwei Mengen M, N sind demnach gleich, in Zeichen $M = N$, wenn sie dieselben Elemente haben; andernfalls schreiben wir $M \neq N$.

Übung: Wann sind zwei Mengen also verschieden? Sind $\{a, b, c, d\}$ und $\{d, a, c, b, b\}$ verschieden?

Beispiel 1.2.5 (Standardmengen). Im Folgenden notieren wir einige Beispiele von Mengen, die wir im Rahmen der Vorlesung immer wieder brauchen werden:

---

[3]GEORG FERDINAND LUDWIG PHILIPP CANTOR (1845–1918) deutscher Mathematiker

1. $\mathbb{N} := \{1, 2, 3, \ldots\}$ die Menge der *natürlichen Zahlen*

2. $\mathbb{N}_0 := \{0, 1, 2, \ldots\}$ die Menge der *natürlichen Zahlen mit der Null*

3. $\mathbb{Z} := \{\ldots, -2, -1, 0, 1, 2, \ldots\}$ die Menge der *ganzen Zahlen*

4. $\mathbb{Q} := \left\{ \frac{p}{q} \mid p \in \mathbb{Z}, q \in \mathbb{N} \right\}$ die Menge der *rationalen Zahlen*

5. $\mathbb{R} :=$ Menge der *reellen Zahlen*, $\mathbb{R}^+$ die positiven -, $\mathbb{R}_0^+$ die nicht-negativen reellen Zahlen

6. $\mathbb{C} := \{x + iy \mid x, y \in \mathbb{R}, i^2 = -1\}$ die Menge der *komplexen Zahlen*

Entsprechend sind $\mathbb{Z}^\pm, \mathbb{Q}^\pm$ oder die Null enthaltenden $\mathbb{Z}_0^\pm, \mathbb{Q}_0^\pm$ erklärt. Die Definition der hier vorgestellten Mengen ist zwar nicht einwandfrei, ist aber für unsere Zwecke ausreichend. Im weiteren Verlauf des Buches werden wir noch mit zahlreichen weiteren Mengen Bekanntschaft machen.

Definition 1.2.6 (Teilmenge). Sei M eine Menge. Eine Menge N heißt **Teilmenge** von M, in Zeichen $N \subset M$, falls jedes Element von N auch eines von M ist. Etwas formaler:

$$\boxed{N \subset M \quad :\Longleftrightarrow \quad (x \in N) \Rightarrow (x \in M)}$$

Beispiel 1.2.7. Wie im Anhang 9.1 gezeigt gilt: $\mathbb{N} \subset \mathbb{Z} \subset \mathbb{Q} \subset \mathbb{R}$.

Notation & Sprechweise 1.2.8. (i) Sind $N \subset M$, notiert man alternativ dies auch $M \supset N$ und sagt „M ist *Obermenge* von N" oder „M liegt *über* N".
(ii) Das Relationszeichen „$\subset$" bzw. „$\supset$" wird auch *Inklusion* genannt.
(iii) **Vereinbarung:** Die Inklusion $N \subset M$ gilt auch im Falle $N = M$. Die schärfere Bedingung $N \subset M$ und $N \neq M$ notieren wir daher mit $N \subsetneq M$, also:

$$N \subsetneq M \quad :\Longleftrightarrow \quad (N \subset M) \wedge (N \neq M)$$

Um die Gleichheit zweier Mengen nachzuweisen, verwendet man häufig folgenden

Satz 1.2.9 (Charakterisierung der Gleichheit von Mengen). *Seien M, N Mengen. Dann gilt:*

$$\boxed{M = N \quad \Longleftrightarrow \quad N \subset M \;\; und \;\; M \subset N}$$

Beweis. Zwei Mengen M, N sind per Definition gleich, falls sie dieselben Elemente haben, d.h. $x \in M \Leftrightarrow x \in N$, aber dies ist gemäß Bsp. 1.1.17 genau dann der Fall, wenn $(x \in M \Rightarrow x \in N) \wedge (x \in N \Rightarrow x \in M)$, was nach Definition von Teilmenge gleichbedeutend ist mit $M \subset N$ und $N \subset M$. □

Lemma 1.2.10 (Rechenregeln). Seien L, M, N Mengen. Dann gilt:

1. (Reflexivität) $M = M$, d.h. M ist zu sich selbst gleich.

2. (Symmetrie) $M = N \Longrightarrow N = M$

   3. (Transitivität) $(L = M \wedge M = N) \implies L = N$

Beweis. Ad (i): Wegen $x \in M \iff x \in M$, ist die Behauptung nach obigen Satz evident.

Ad (ii): Das ist auch klar, weil nach Bem. 1.1.12 ist der logische Operator „$\iff$" symmetrisch.

Ad (iii): Voraussetzungsgemäß haben wir $L = M$ sowohl, d.h. $x \in L \Leftrightarrow x \in M$, als auch $M = N$, d.h. $x \in M \Leftrightarrow x \in N$. Mit der Transitivitätseigenschaft von „$\iff$" (vergleiche Aufgabe 1) folgt nunmehr $x \in L \Leftrightarrow x \in N$, womit $L = N$ gezeigt ist. □

Definition 1.2.11 (Spezielle Mengen). (i) Die **leere Menge** ist definiert als die Menge, die keine Elemente hat. Man schreibt dafür $\emptyset$ oder {}.
(ii) Ist M eine Menge, so heißt $\wp(M) := \{N \mid N \subset M\}$ die **Potenzmenge** von M, d.h. $\wp(M)$ ist eine Menge, deren Elemente sämtliche Teilmengen von M sind.

Beispiel 1.2.12. Die leere Menge ist Teilmenge jeder Menge (warum?), d.h.:

$$\forall_M \text{ Menge} : \emptyset \subset M$$

Übung: Für $M := \{0, 1\}$ lautet $\wp(M) =$

Beachte: Es gilt $\emptyset \neq \{\emptyset\}$ (warum?) und was ist folglich $\wp(\emptyset)$ und $\wp(\{\emptyset\})$?

Definition 1.2.13 (Endliche bzw. unendliche Mengen). Eine Menge M heißt **endlich**, falls in M nur endlich viele Elemente vorhanden sind, andernfalls **unendlich**.

Notation 1.2.14. Sei M eine Menge. Einerlei, ob eine Menge endlich oder unendlich viele Elemente hat, die *Anzahl der Elemente von M*, auch *Mächtigkeit von M* genannt, notiert man mit $|M|$ oder, was auch gebräuchlich ist, mit $\sharp M$.

Satz 1.2.15. *Ist M endlich, so gilt $|\wp(M)| = 2^{|M|}$.*

Beweis. Sei also M endlich, d.h. $|M| = n$, für ein $n \in \mathbb{N}_0$. Wir denken uns die Elemente von M mit $1, 2, ..., n$ durchnummeriert. Wir zeigen die Behauptung via Induktion nach n. Für $n = 0$, d.h. $M = \emptyset$ ist $\wp(\emptyset) = \{\emptyset\}$ und also $|\wp(\emptyset)| = 2^0 = 1$, womit der Induktionsanfang gilt. (Für $n = 1$, d.h. $M = \{1\}$ ist $\wp(M) = \{\emptyset, M\}$ und also $|\wp(M)| = 2^1 = 2$, wie verlangt). Ist nun $n > 1$ und gilt für dieses $|\wp(M)| = 2^n$, so ist $|\wp(M)| = 2^{n+1}$ mit $|M| = n + 1$ nachzuweisen. Sei also $M = \{1, 2, ..., n, n + 1\}$. Dann haben wir zwei Fälle zu unterscheiden:

   1. $|\{N \subset M \mid (n + 1) \notin N\}| = 2^n$ aufgrund der Induktionsvoraussetzung.

   2. $|\{N \subset M \mid (n + 1) \in N\}| = 2^n$, weil man das Element $(n + 1)$ zu jedem der 2^n Elemente aus dem 1. Schritt hinzufügen kann.

Alsdann erhält man $\wp(M) = 2^n + 2^n = 2 \cdot 2^n = 2^{n+1}$.   □

Beispiel 1.2.16. Die Anzahl aller Binärwörter der Länge n ist 2^n.

Erstmalig wollen wir hier inne halten, und uns ein grundsätzliches Konzept der Mathematik vor Augen führen, das uns im Besonderen durch das ganze Buch begleiten wird, nämlich: Wann immer man neue mathematische Objekte definiert, und sich sodann ein paar Beispielobjekte beschafft hat, sucht man nach *Konstruktionen*, um aus bestehenden Objekten neue zu erschaffen. Bei den Mengen sind das die wohlbekannten *Mengenoperationen* bzw. *algebraischen Operationen* (vgl. Abb. 1.1).

Definition 1.2.17 (Algebraische Operationen). Seien A, B Teilmengen einer Grundmenge G. Dann heißt

- $A \cap B := \{x \in G \mid (x \in A) \wedge (x \in B)\}$ der **Durchschnitt** von A und B.

- $A \cup B := \{x \in G \mid (x \in A) \vee (x \in B)\}$ die **Vereinigung** von A und B.

- $\overline{A} := G \backslash A := \{x \in G \mid x \notin A\}$ das **Komplement** von A in G.

- $B \backslash A := \{x \in B \mid x \notin A\}$ das **Komplement** von A in B.

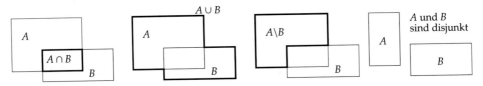

Abbildung 1.1: Venn-Diagramm zur Veranschaulichen von Mengenoperationen.

Sprechweise 1.2.18. Zwei Mengen M, N heißen zueinander *disjunkt*, falls ihr Durchschnitt leer ist, d.h. $A \cap B = \emptyset$.

Beispielsweise liegen die ungeraden und die geraden Zahlen disjunkt in den ganzen Zahlen. Für $G := \{2n \mid n \in \mathbb{Z}\}$ sowie $U := \{(2n + 1 \mid n \in \mathbb{Z}\}$ gilt demnach $G \cap U = \emptyset$.

Satz 1.2.19 (Rechenregeln). *Seien A, B, C Teilmengen einer Grundmenge G. Dann gilt:*

1. *(Kommutativität)* $\begin{cases} A \cap B &= B \cap A \\ A \cup B &= B \cup A \end{cases}$

2. *(Assoziativität)* $\begin{cases} A \cap (B \cap C) &= (A \cap B) \cap C \\ A \cup (B \cup C) &= (A \cup B) \cup C \end{cases}$

3. *(Distributivität)* $\begin{cases} A \cap (B \cup C) &= (A \cap B) \cup (A \cap C) \\ A \cup (B \cap C) &= (A \cup B) \cap (A \cup C) \end{cases}$

4. (DE Morgan[4]) $\begin{cases} \overline{A \cap B} &= \overline{A} \cup \overline{B} \\ \overline{A \cup B} &= \overline{A} \cap \overline{B} \end{cases}$

---

[4]Augustus De Morgan (1806–1871) englischer Mathematiker

Zum Beweis. Folgt entweder mittels VENN[5]-Diagramme (oder durch die entsprechenden Regeln der formalen Logik). □

Notation 1.2.20. Sind $A_1, A_2, ..., A_n$ Mengen, so schreibt man

$$\bigcap_{k=1}^{n} A_k := A_1 \cap A_2 \cap \ldots \cap A_n \qquad \text{sowie} \qquad \bigcup_{k=1}^{n} A_k := A_1 \cup A_2 \cup \ldots \cup A_n,$$

wobei

$$x \in \bigcap_{k=1}^{n} A_k :\Longleftrightarrow \forall_{k=1,2,...,n} : x \in A_k \quad \text{und} \quad x \in \bigcup_{k=1}^{n} A_k :\Longleftrightarrow \exists_{k_0 \in \{1,...,n\}} : x \in A_{k_0}.$$

Korollar 1.2.21. Die Rechenregeln in Satz 1.2.19 gelten nicht nur für zwei, sondern bleiben auch für eine *endliche* Anzahl von Mengen erhalten.

An mancher Stelle werden wir auch mit unendlich vielen Mengen hantieren müssen:

Definition 1.2.22 (Familie von Mengen über $\mathbb{N}$). Unter einer **Familie von Mengen** zur Indexmenge $\mathbb{N}$ versteht man eine Zuordnung, die jedem $k \in \mathbb{N}$ die Menge A_k zuordnet. Man schreibt dafür $A_1, A_2, A_3, ...$ oder $(A_k)_{k \in \mathbb{N}}$. Setze:

$$x \in \bigcap_{k \in \mathbb{N}} A_k :\Longleftrightarrow \forall_{k \in \mathbb{N}} : x \in A_k \qquad \text{sowie} \qquad x \in \bigcup_{k \in \mathbb{N}} A_k :\Longleftrightarrow \exists_{k_0 \in \mathbb{N}} : x \in A_{k_0}$$

Beispiel 1.2.23 (Übung). Betrachte die Familie $(I_k)_{k \in \mathbb{N}}$ mit den Teilmengen

$$I_k := [-k, k] := \{x \in \mathbb{R} | -k \leq x \leq k\} \subset \mathbb{R}$$

von $\mathbb{R}$. Bestimme:

$$\bigcap_{k \in \mathbb{N}} I_k = \qquad\qquad\qquad \bigcup_{k \in \mathbb{N}} I_k =$$

Was kommt raus, wenn man $k \in \mathbb{N}_0$ statt aus $\mathbb{N}$ wählt?

Satz 1.2.24 (Allgemeine DE MORGANsche Regeln). *Sei $(A_k)_{k \in \mathbb{N}}$ eine Familie von Teilmengen A_k der Menge X. Dann gilt:*

$$X \backslash \left(\bigcup_{k \in \mathbb{N}} A_k \right) = \bigcap_{k \in \mathbb{N}} X \backslash A_k \qquad X \backslash \left(\bigcap_{k \in \mathbb{N}} A_k \right) = \bigcup_{k \in \mathbb{N}} X \backslash A_k$$

Definition 1.2.25 (Zerlegung von Mengen). Sei M eine Menge. Unter einer **Zerlegung**, auch **Partition** genannt, von M versteht man eine Familie $(M_k)_{k \in \mathbb{N}}$ von nicht-leeren disjunkten Teilmengen M_k von M, deren Vereinigung ganz M ist, d.h.:

---

[5]JOHN VENN (1834–1923) englischer Mathematiker

1. $M_k \neq \emptyset$ für alle $k \in \mathbb{N}$.

2. $M = \bigcup_{k \in \mathbb{N}} M_k$.

3. $M_k \cap M_l = \emptyset$ für alle $k, l \in \mathbb{N}$ mit $k \neq l$.

Notiz 1.2.26. Alles, was über Familien von Mengen gesagt wurde, gilt nicht nur für $\mathbb{N}$, sondern auch für beliebige *Indexmengen I*, also $(A_i)_{i \in I}$. Wichtige Indexmengen I sind endliche Mengen $\{1, 2, ..., n\}$ „abzählbare" Mengen $\mathbb{N}, \mathbb{Z}, \mathbb{Q}$, aber auch überabzählbare Mengen, wie $\mathbb{R}$.

Beispiel 1.2.27. (i) Betrachtet man eine Mischwaldfläche, also W ist die Menge aller Bäume auf der gegebenen Fläche, so bilden Nadel- N und Laubbäume L eine Zerlegung von W.
(ii) Die Menge der Festlandmasse der Erde wird durch die 7 Teilmengen, genannt Kontinente, Antarktis, Afrika, Asien, Europa, ... zerlegt.
(iii) Die Menge der geraden und ungeraden Zahlen bilden eine Zerlegung der ganzen Zahlen.

Um das *kartesische Produkt* von Mengen als weitere Mengenoperation einzuführen, bedarf es noch etwas Vorbereitung. Definitionsgemäß kommt es bei Mengen nicht auf die Reihenfolge ihrer Elemente an, d.h. z.B. die beiden Mengen $\{a, b\}$ und $\{b, a\}$ sind gleich. Zuweilen gibt es aber Anlass, die Reihenfolge der Elemente von Mengen zu berücksichtigen. Dies führt auf den Begriff geordneter Paare:
Sind a, b Elemente nicht notwendig gleicher Mengen, so heißt (a, b) ein *geordnetes Paar* oder *2-tupel*. Hier kommt es auf die Reihenfolge der Elemente an, d.h. $(a, b) \neq (b, a)$. Zwei geordnete Paare (a, b) und (a', b') sind genau dann gleich, falls $a = a'$ *und* $b = b'$ ist.

Definition 1.2.28 (Kartesisches Produkt). (i) Seien A, B nicht-leere Mengen. Dann heißt die Menge

$$\boxed{A \times B := \{(a, b) \mid (a \in A) \wedge (b \in B)\}}$$

das **kartesische Produkt von A und B**. Die Elemente in $A \times B$ sind gerade die geordneten Paare (a, b), mit $a \in A$ und $b \in B$, und werden auch *2-tupel* genannt (vgl. Abb. 1.2 links). Dies verallgemeinernd führt zu:
(ii) Seien $A_1, A_2, ..., A_n$ nicht-leere Mengen. Dann heißt die Menge

$$\boxed{A_1 \times A_2 \times ... \times A_n = \{(a_1, a_2, ..., a_n) \mid a_1 \in A_1 \wedge a_2 \in A_2 \wedge ... \wedge a_n \in A_n\}}$$

das **kartesische Produkt von $A_1, A_2, ..., A_n$**. Seine Elemente $(a_1, a_2, ..., a_n) \in A_1 \times A_2 \times ... \times A_n$ heißen *n-tupel*.

Vereinbarung: $A \times \emptyset := \emptyset$, insbesondere setzen wir $A_1 \times A_2 \times ... \times A_n := \emptyset$, falls ein Faktor $A_k = \emptyset$.

Notation 1.2.29. (i) Für $A \times B$ schreiben wir statt $\{(a,b) \mid a \in A \wedge b \in B\}$ einfach $\{(a,b) \mid a \in A, b \in B\}$; entsprechend der allgemeine Fall.

(ii) Gilt $A_1 = A_2 = \cdots = A_n$, so notieren wir

$$A^n := \underbrace{A \times A \times \ldots \times A}_{n\text{-mal}} = \{(a_1, a_2, ..., a_n) \mid a_k \in A \text{ für alle } k = 1, 2, ..., n\}$$

und nennen dies das *n-fache kartesische Produkt* von A.

Beispiel 1.2.30. Für $A := \{1, 2, 3\}$ und $B := \{a, b\}$ gilt:

$$
\begin{aligned}
A \times B &= \{(1,a), (1,b), (2,a), (2,b), (3,a), (3,b)\} \\
B \times A &= \{(a,1), (a,2), (a,3), (b,1), (b,2), (b,3)\}
\end{aligned}
$$

Folglich ist $A \times B \neq B \times A$. Weiter ist $B^2 = \{(a,a), (a,b), (b,a), (b,b)\}$. Insgesamt:

Merke:

- Das kartesische Produkt ist folglich nicht kommutativ, d.h. $A \times B \neq B \times A$.

- Die Reihenfolge in einem n-tupel ist wichtig, Wiederholungen sind möglich.

Übung: Sei A eine Menge. Wann sind n-tupel $(a_1, a_2, ..., a_n)$ und $(a'_1, a'_2, ..., a'_n)$ im A^n gleich?

Bemerkung 1.2.31. Sind A, B, C Mengen, so gilt das Assoziativgesetz

$$(A \times B) \times C = A \times (B \times C),$$

womit die Klammern auch weggelassen werden können.

Beispiel 1.2.32 (Übung). Betrachte $A := \{a, b\}$. Bestimme A^3. Wie geht man vor?

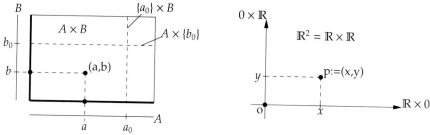

Abbildung 1.2: Anschauung zum kartesischen Produkt zweier beliebiger Mengen A und B, und des $\mathbb{R}^2$. Ersichtlich gilt $(x, y) \neq (y, x)$, d.h. die Reihenfolge ist wichtig.
Beachte: $0 \times \mathbb{R} \neq \mathbb{R} \times 0 \subset \mathbb{R}^2$

Beispiel 1.2.33. (i) Die Euklid*ische Ebene* ist definiert als $\mathbb{R}^2 := \mathbb{R} \times \mathbb{R} = \{(x,y) \mid x, y \in \mathbb{R}\}$. Ihre Elemente, auch *Punkte* $p \in \mathbb{R}^2$ genannt, sind geordnete Paare $p := (x,y) \in \mathbb{R}^2$. Man sagt „$p$ habe die Koordinaten (x,y) und schreibt $p := (x,y)$" (vgl. Abb. 1.2). (ii) Der n-dimensionale Euklid*ische Raum* ist definiert als $\mathbb{R}^n = \mathbb{R}^{n-1} \times \mathbb{R} = \{(x_1, x_2, ..., x_n) \mid x_k \in \mathbb{R}\}$.

Mit dem kartesischen Produkt ausgestattet, können wir nun auf den Begriff der *Abbildung von Mengen* zusteuern. Dazu ist noch ein wenig Vorarbeit notwendig.

Definition 1.2.34 (Relation auf Mengen). Unter einer (binären) **Relation** zwischen zwei Mengen X und Y (oder auf $X \times Y$) versteht man einfach eine Teilmenge $R \subset X \times Y$. Statt $(x,y) \in R$ schreibt man auch xRy und sagt *x steht in der Relation R mit y* oder *x und y stehen in der Relation R.*

Beispiel 1.2.35. Sei X eine Menge. Die Gleichheitsrelation auf $X \times X$, auch die *Diagonale* von $X \times X$ genannt, ist gegeben durch: Für $(x_1, x_2) \in X \times X$ setze $x_1 \Delta x_2 :\Leftrightarrow x_1 = x_2$. Damit sieht die Gleichheitsrelation wie folgt aus: $\Delta := \{(x,x) \mid x \in X\} \subset X \times X$

Beispiel 1.2.36. Betrachte die Mengen:

$$X \quad := \quad \text{Menge aller Einwohner von Landshut}$$
$$Y \quad := \quad \text{Menge aller ausgeübten Berufe in Deutschland}$$

Für $x \in X$ und $y \in Y$ sagen wir „x steht in Relation(=Beziehung) zu y" $:\Leftrightarrow$ „x übt Beruf y aus". Wir analysieren die folgenden Fälle und ziehen Konsequenzen bezüglich der Eigenschaften als Relation:

- Für $x :=$ „Baby" lässt sich offenbar kein Beruf $y \in Y$ finden.

- Der Beruf $y :=$ „Hafenarbeiter" kann von keinem in Landshut wohnhaften ausgeübt werden, da das nächste Meer knapp 800 km entfernt ist.

- Der Beruf $y :=$ „Professor" kann auch von mehreren Landshutern ausgeübt werden. Umgekehrt kann es Landshuter $x \in X$ geben, die mehrere Berufe ausüben.

Zusammenfassend: Bei einer Relation R auf $X \times Y$ kann ein vorgegebenes $x \in X$ entweder mit keinem oder genau einem, oder mehreren $y \in Y$ in Relation stehen. Für $y \in Y$ gilt die analoge Aussage über $x \in X$.

Mit den durch die vorstehenden Beispiele geschärften Sinnen für den Relationsbegriff kommen wir nunmehr zu

Definition 1.2.37 (Abbildung). Seien X und Y Mengen. Eine Relation R auf $X \times Y$ heißt eine **Abbildung** oder **Funktion** von X nach Y (oder von X in Y), wenn jedes $x \in X$ mit einem, und nur mit einem $y \in Y$ in Relation steht, d.h es gilt:

$$\boxed{(1) \ \forall x \in X \ \exists y \in Y : xRy \text{ und } (2) \ \forall x \in X \ \forall y_1, y_2 \in Y : \left(xRy_1 \wedge xRy_2 \Rightarrow y_1 = y_2 \right)}$$

Notation 1.2.38. Man schreibt in diesem Falle $f : X \to Y$ statt $R \subset X \times Y$, und nennt das einzige $y \in Y$, das zu x in Relation steht, $f(x)$, also:

$$\boxed{f : X \longrightarrow Y, \quad x \longmapsto y := f(x)}$$

Sprechweise 1.2.39. Eine Abbildung $f : X \to Y$ soll fortan *Funktion* heißen, wenn Y ein Körper (vergleiche hier Kap. 4.1.2) ist, also für uns vornehmlich $\mathbb{R}$ oder $\mathbb{C}$.

Im Zusammenhang von Abbildungen haben sich folgende Termini eingebürgert:

Sprechweise 1.2.40. Ist $f : X \to Y, x \mapsto y := f(x)$ eine Abbildung von der Menge X in die Menge Y, so heißt

1. X der *Definitionsbereich* oder *Quelle* und Y der *Wertebereich* oder *Ziel* von f.

2. x das *Argument* oder *unabhängige Variable* und y die *abhängige Variable*.

3. $f(x)$ das *Bild von x unter f* oder *Bildpunkt* von x unter f.

4. $x \mapsto y := f(x)$ die *Abbildungsvorschrift* von f.

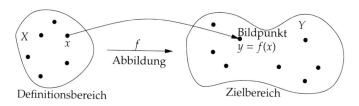

Abbildung 1.3: Abbildung in sogenannter *Quelle-Ziel-Darstellung*.

Beispiel 1.2.41. Für jede Menge X hat man die sogenannte *identische Abbildung* $\mathrm{id}_X : X \longrightarrow X, x \longmapsto x$, auch *Identität* auf X genannt.

Merke: Zur Angabe einer Abbildung sind folgende Daten zwingend erforderlich:

       1. Quelle   2. Ziel   3. Abbildungsvorschrift

Über diese Trivialität stolpern Anfänger regelmäßig, denn für jene ist beispielsweise $\mathrm{id}_\mathbb{R}$ und $[0, 1] \to \mathbb{R}, x \to x$ dasselbe, weil nur der Abbildungsvorschrift Beachtung geschenkt wird.

Übung: Ist die in Bsp. 1.2.36 vorgestellte Relation eine Abbildung? (Warum?!)

Definition 1.2.42 (Bild bzw. Urbild)**.** Sei $f : X \to Y, x \mapsto f(x)$ eine Abbildung von Mengen X, Y.
(i) Dann heißt

$$\boxed{\mathrm{Bild}(f) := f(X) := \{f(x) \mid x \in X\} \subset Y}$$

das **Bild** von f. Für $y \in Y$ nennt man

$$f^{-1}(y) := \{x \in X \mid f(x) = y\} \subset X$$

das **Urbild von** y unter f.
(ii) Sind $A \subset X$ und $B \subset Y$ Teilmengen, so heißen

$$f(A) := \{f(a) \mid a \in A\} \subset Y \quad \text{bzw.} \quad f^{-1}(B) := \{x \in X \mid f(x) \in B\} \subset X$$

das **Bild von** A bzw. **Urbild von** B unter f.

Definition 1.2.43 (Graph einer Abbildung). Unter dem **Graphen** von f versteht
man die Menge:

$$G_f := \{(x, f(x)) \mid x \in X\} \subset X \times Y$$

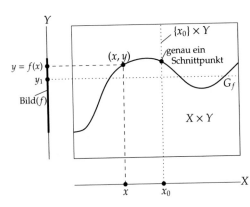

Bemerkung 1.2.44. (i) Es ist Bild(f)
demnach die Menge aller Bildpunkte von f.
(ii) **Beachte:** Es ist Bild(f) nicht dasselbe wie das Ziel, d.h. Bild(f) $\subsetneq Y$
ist möglich.
(iii) Eine Relation $R \subset X \times Y$ ist genau
dann der Graph einer Abbildung $f :$
$X \to Y$, wenn jede vertikale Gerade
$\{x_0\} \times Y$ genau einen Schnittpunkt mit
R hat, d.h. es gilt:

$$\forall x_0 \in X : |(\{x_0\} \times Y) \cap R| = 1$$

Beispiel 1.2.45 (Übung). Abbildung oder nicht? Bestimmen Sie dazu:

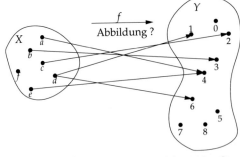

- $f^{-1}(3) =$

- $f^{-1}(4) =$

- $f^{-1}(\{2,3\}) =$

- $f^{-1}(0) =$

- $f(\{a,b,e\}) =$

Liegt hier tatsächlich eine Abbildung im Sinne der Definition vor? Begründen Sie
im Detail!

Relationen, insbesondere Abbildungen $f : X \to Y, x \mapsto f(x)$ können auf zweierlei
Weise visualisiert werden, nämlich via Teilmenge (Graph) in der $X \times Y$-„Ebene"
oder Quelle-Ziel-Darstellung, wie in Abb.1.3.

Beispiel 1.2.46 (Übung). Sei $f : \mathbb{R} \to \mathbb{R}$, $x \mapsto 1 + x^2$. Man skizziere G_f und bestimme:

- Bild$(f) =$ $\qquad$ $f([0, 1]) =$

- $f^{-1}(1) =$ $\qquad$ $f^{-1}(5) =$ $\qquad$ $f^{-1}(0) =$ $\qquad$ $f^{-1}(\mathbb{R}) =$

Im Verlaufe des Buches werden wir immer wieder Abbildungen vergleichen.

Bemerkung 1.2.47 (Gleichheit von Abbildungen). Seien X, X', Y, Y' Mengen und

$$f : X \longrightarrow Y, \; x \longmapsto f(x) \quad \text{und} \quad f' : X' \longrightarrow Y', \; x' \longmapsto f'(x')$$

zwei Abbildungen von X in die Menge Y bzw. von X' in Y'. Dann gilt:

$$\boxed{f = f' \iff G_f = G_{f'} \iff \left(X = X' \wedge Y = Y' \wedge \left(\forall x \in X : f(x) = f'(x) \right) \right)}$$

Merke: Zwei Abbildungen sind also genau dann gleich, wenn ihre Graphen gleich sind, und dies ist genau dann der Fall, wenn Quelle und Ziel sowie die Abbildungsvorschrift übereinstimmen.

Dies ist insofern bemerkenswert, weil in freier technisch-naturwissenschaftlicher Wildbahn einem Funktionen in der Regel nur in Gestalt von Formeln (Abbildungsvorschrift) begegnen, und man sich den Rest irgendwoher selbst besorgen muss.

Beispiel 1.2.48. Die Funktionen $f : \mathbb{R} \to \mathbb{R}, x \mapsto x^2$ und $g : \mathbb{R}_0^+ \to \mathbb{R}, x \mapsto x^2$ sind, gleichwohl mit gleicher Abbildungsvorschrift, in ihren Eigenschaften grundverschieden. (Warum?!)

Solch besagte Eigenschaften von Abbildungen betreffen auch diese hier:

Definition 1.2.49 (Injektivität, Surjektivität, Bijektivität). Sei $f : X \to Y$, $x \mapsto f(x)$ eine Abbildung von der Menge X in die Menge Y. Dann heißt f

- **injektiv**, falls es zu jedem $y \in Y$ *höchstens* ein $x \in X$ mit $f(x) = y$ gibt.

- **surjektiv**, falls es zu jedem $y \in Y$ *mindestens* ein $x \in X$ gibt, mit $f(x) = y$.

- **bijektiv**, falls es zu jedem $y \in Y$ *genau* ein $x \in X$ gibt, mit $f(x) = y$.

In der Literatur haben sich folgende Schreibweisen etabliert:

Notation 1.2.50. Ist $f : X \to Y$ eine Abbildung der Mengen X und Y, so schreibt man häufig

- $f : X \rightarrowtail Y$, falls f injektiv ist.

- $f : X \twoheadrightarrow Y$, falls f surjekiv ist.

- $f : X \xrightarrow{\cong} Y$, falls f bijektiv ist.

Beachte: Sind X, Y nicht nur Mengen, wie wir später z.B. in der Linearen Algebra Kapitel 3 sehen werden, kann das Zeichen „$\cong$" auch mehr bedeuten als bloße Bijektivität.

Bemerkung 1.2.51. Seien X, Y Mengen. Es ist $f : X \to Y$

(i) injektiv $\Leftrightarrow \forall x_1, x_2 \in X : \big(f(x_1) = f(x_2) \Rightarrow x_1 = x_2\big)$.

(ii) surjektiv $\Leftrightarrow$ Bild$(f) = Y$.

(iii) bijektiv genau dann, wenn f injektiv und surjektiv ist.

Übung: Geben Sie eine anschauliche Bedeutung dieser Begriffe in der Quelle-Ziel-Darstellung (wie in Abb. 1.3 dargestellt) von Abbildungen an.

Wie bei den Mengen, interessiert auch hier, wie man aus bestehenden Abbildungen neue macht. Erste und wichtigste Konstruktion ist die

Definition 1.2.52 (Komposition von Abbildungen). Seien $f : X \to Y$ und $g : Y \to Z$ zwei Abbildungen von den Mengen X, Y, Z. Dann heißt die durch

$$\boxed{g \circ f : X \longrightarrow Z, \ x \longmapsto (g \circ f)(x) := g(f(x))}$$

gegebene Abbildung die **Komposition**, das **Kompositum**, oder die **Verkettung**) von f und g.

Notation 1.2.53. Wir notieren die Komposition gelegentlich in anschaulicher Diagrammform:

$$X \xrightarrow{\ f\ } Y \xrightarrow{\ g\ } Z$$
$$\underset{g \circ f}{\underbrace{}}$$

Oftmals schreibt man gf statt $g \circ f$, wenn keine Verwechslungsgefahr besteht.

Beispiel 1.2.54 (Übung). Betrachte $f : \mathbb{R} \to \mathbb{R}, \ x \mapsto ax + b$ mit den Konstanten $a, b \in \mathbb{R}$ sowie $g : \mathbb{R} \to \mathbb{R}, \ x \mapsto \sqrt{1 + x^2}$. Bilde $g \circ f$ und $f \circ g$. Ist das erlaubt? Warum? Gilt $f \circ g = g \circ f$?

Lemma 1.2.55. Sind $f : A \to B, \ g : B \to C, \ h : C \to D$ Abbildungen von Mengen, so gilt:

$$\boxed{(h \circ g) \circ f = h \circ (g \circ f) \qquad \text{(Assoziativität)}}$$

Beweis. Anschaulich lässt sich die Assoziativität durch folgendes Diagramm visualisieren:

$$A \xrightarrow{\ f\ } B \xrightarrow{\ g\ } C \xrightarrow{\ h\ } D$$

Das sagt: Wenn man mit $a \in A$ startend via $g \circ f$ nach C geht und sodann mittels h nach D, so erhält man denselben Bildpunkt $h(g(f(a)))$, als wählte man den Pfad über f von A nach B und alsdann via $h \circ g$ nach D. Sei also $a \in A$ beliebig vorgegeben. Dann ist einerseits

$$((h \circ g) \circ f)(a) := ((h \circ g)(f(a)) := h(g(f(a))),$$

und andererseits

$$(h \circ (g \circ f))(a) := h((g \circ f)(a)) := h(g(f(a))),$$

wie verlangt. □

Beispiel 1.2.56. Die Identität $\mathrm{id}_X : X \to X$, $x \mapsto x$ ist charakterisiert durch folgende Eigenschaft: Für je zwei Abbildungen $f : X \to Y$ und $g : Y \to X$ gilt:

$$(*) \qquad f \circ \mathrm{id}_X = f \quad \text{und} \quad \mathrm{id}_X \circ g = g$$

Beweis. Sei X eine Menge und $\mathrm{id}_X : X \to X$, $x \mapsto x$ gegeben. Ist $f : X \to Y$ eine beliebige Abbildung, so gilt $(f \circ \mathrm{id}_X)(x) = f(\mathrm{id}_X(x)) = f(x)$ für jedes $x \in X$, also $f \circ \mathrm{id}_X = f$. Ist nun $g : Y \to X$, so rechnet man analog $(\mathrm{id}_X \circ g)(y) = \mathrm{id}_X(g(y)) = g(y)$ für jedes $y \in Y$, also $\mathrm{id}_X \circ g = g$. Gilt umgekehrt $(*)$ und $x_0 \in X$ beliebig vorgegeben, so wähle g als konstante Abbildung $g(y) = x_0$. Alsdann erhält man $(\mathrm{id}_X \circ g)(y) = \mathrm{id}_X(g(y)) = \mathrm{id}_X(x_0) = g(y) = x_0$, wie verlangt. □

Aus technischen Gründen bemerken wir das

Lemma 1.2.57. Sei $f : X \to Y$ eine Abbildung, $A \subset X$ und $B \subset Y$ Teilmengen von X bzw. von Y. Dann gilt:

$$(1) \quad f(f^{-1}(B)) \subset B \qquad \text{sowie} \qquad (2) \quad f^{-1}(f(A)) \supset A$$

Beweis. Zu (1): Sei $y \in f(f^{-1}(B))$, d.h. es gibt ein $x \in f^{-1}(B)$ mit $f(x) = y$. Aber $x \in f^{-1}(B)$ bedeutet definitionsgemäß $f(x) \in B$; zusammen also $y = f(x) \in B$. Zu (2): Ist $a \in A$, so $f(a) \in f(A)$ und das bedeutet per Definition $a \in f^{-1}(f(A))$. □

Beachte: Die Umkehrung der beiden Inklusionen gilt nicht, wie aus Abb. 1.4 hervorgeht.

Die vorstehenden Inklusionen (1) und (2) gelten also immer, d.h. für beliebige Abbildungen beliebiger Teilmengen. Welche Anforderungen man an f stellen muss, damit Gleichheit gilt, beantwortet insbesondere das folgende

Theorem 1.2.58. *Sei $f : X \to Y$ eine Abbildung von Mengen X, Y. Dann gilt:*
(i) f ist injektiv $\Leftrightarrow \exists g : Y \to X : g \circ f = \mathrm{id}_X \Leftrightarrow \forall A \subset X : f^{-1}(f(A)) = A$
(ii) f ist surjektiv $\Leftrightarrow \exists g : Y \to X : f \circ g = \mathrm{id}_Y \Leftrightarrow \forall B \subset Y : f(f^{-1}(B)) = B$
(iii) f ist bijektiv $\Leftrightarrow \exists g : Y \to X : (g \circ f = \mathrm{id}_X \ \wedge \ f \circ g = \mathrm{id}_Y)$ In diesem Falle ist g eindeutig bestimmt und wir nennen g die Umkehrabbildung von f und bezeichnen sie fortan mit f^{-1} (statt g).

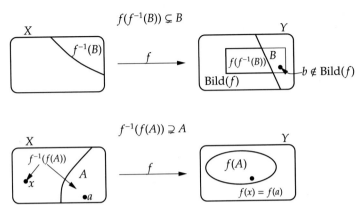

Abbildung 1.4: Veranschaulichung der Echtheit der beiden Inklusionen in (1) und (2).

Beweis. Wir zeigen jeweils nur die erste Äquivalenz. Die zweite folgt aus den Erläuterungen zum Lemma.

zu (i): „$\Rightarrow$" Da f injektiv ist, existiert zu jedem $y \in \text{Bild}(f)$ genau ein $x \in X$ mit $f(x) = y$. Damit definiere

$$g : Y \longrightarrow X, \quad y \longmapsto \begin{cases} x & \text{für } y \in \text{Bild}(f) \\ x_0 & \text{für } y \in Y \setminus \text{Bild}(f), \end{cases}$$

wobei $x_0 \in X$ beliebig gewählt werden kann. Diese Abbildung erfüllt offenbar $g \circ f = \text{id}_X$.

„$\Leftarrow$" Es gelte $g \circ f = \text{id}_X$ für ein $g : Y \to X$. Sei also $f(x_1) = f(x_2)$ für $x_1, x_2 \in X$. Dann folgt $x_1 = (g \circ f)(x_1) = g(f(x_1)) = g(f(x_2)) = (g \circ f)(x_2) = x_2$, was die Injektivität von f impliziert.

zu (ii): „$\Rightarrow$" Da f surjektiv ist, gibt es zu jedem $y \in Y$ ein $x \in X$ mit $f(x) = y$. Setze $g : Y \to X, y \mapsto x$, wobei x so gewählt ist, dass $f(x) = y$ gilt. Damit $(f \circ g)(y) = f(g(y)) = y$ für alle $y \in Y$, d.h. $f \circ g = \text{id}_Y$.

„$\Leftarrow$" Es gelte $f \circ g = \text{id}_Y$. Sei $y \in Y$. Dann folgt $y = f(g(y))$. Setze $x := g(y)$. Damit ist $f(x) = y$. und also f surjektiv.

zu (iii): Die Existenz von g mit den beiden Eigenschaften folgt aus (i) und (ii) sowie der Bem. 1.2.51 (iii). Die Eindeutigkeit von g sieht man wie folgt ein: Angenommen, es gäbe ein $g' : Y \to X$, das auch $g' \circ f = \text{id}_X$ und $f \circ g' = \text{id}_Y$ erfüllt. Dann ist $g' = \text{id}_X \circ g' = (g \circ f) \circ g' = g \circ (f \circ g') = g \circ \text{id}_Y = g$, wobei die Assoziativität der Komposition (Lemma 1.2.55) sowie die Eigenschaft der Identität aus Bsp. 1.2.56 verwendet wurden. □

Achtung: Für $f : X \to Y$ kann die Notation f^{-1} dreierlei Bedeutung haben:

$$f^{-1} :\Longleftrightarrow \begin{cases} \text{Umkehrabbildung von } f \\ \text{Urbildmenge } f^{-1}(y) \text{ eines } y \in Y \text{ oder } f^{-1}(B) \text{ einer Teilmenge } B \subset Y \\ \frac{1}{f}, \text{ sofern in } Y \text{ möglich, z.B. wenn } Y = \mathbb{Q}, \mathbb{R}, \mathbb{C} \end{cases}$$

Diskussion: Was bezeichnet in Konsequenz f^{-1} in (i)-(iii) des Theorems?

Aus dem Theorem folgt sofort: Ist f bijektiv, so auch die Umkehrung f^{-1} von f.

Satz 1.2.59 (Stabilitätseigenschaften).

$$(i)\ \textit{Die Komposition} \begin{cases} \textit{injektiver} \\ \textit{surjektiver} \\ \textit{bijektiver} \end{cases} \textit{Abbildungen ist wieder} \begin{cases} \textit{injektiv.} \\ \textit{surjektiv.} \\ \textit{bijektiv.} \end{cases}$$

(ii) Sind $f : X \to Y$ und $g : Y \to Z$ zwei bijektive Abbildungen, so ist nach (i) $g \circ f : X \to Z$ auch bijektiv, und es gilt ferner:

$$\boxed{(g \circ f)^{-1} = f^{-1} \circ g^{-1}}$$

Beweis. Ad (i): Seien $A \xrightarrow{f} B \xrightarrow{g} C$ injektive Abbildungen der Mengen A, B, C und $(g \circ f)(a_1) = (g \circ f)(a_2)$ für zwei Elemente $a_1, a_2 \in A$. Damit:

$$\begin{aligned} (g \circ f)(a_1) = (g \circ f)(a_2) \quad &:\Longleftrightarrow \quad g(f(a_1)) = g(f(a_2)) \\ &\Longrightarrow \quad f(a_1) = f(a_2) \qquad \text{(da } g \text{ injektiv)} \\ &\Longrightarrow \quad a_1 = a_2 \qquad \text{(da } f \text{ injektiv)} \end{aligned}$$

Mithin ist $g \circ f : A \to C$ injektiv. Seien $A \xrightarrow{f} B \xrightarrow{g} C$ surjektive Abbildungen von Mengen und $c \in C$ beliebig vorgegeben. Da g surjektiv ist, gibt es ein $b \in B$ mit $g(b) = c$. Da f surjektiv ist, gibt es ein $a \in A$ mit $f(a) = b$, also $(g \circ f)(a) = g(f(a)) = g(b) = c$, womit die Surjektivität von $g \circ f$ nachgewiesen ist. Die Behauptung über die Bijektivität folgt wieder aus den ersten beiden und Bem. 1.2.51 (iii).
Ad (ii): Die erste Behauptung ist bereits in (i) gezeigt worden. Nun zur zweiten: Gemäß Theorem 1.2.58 (iii) ist die inverse Abbildung eindeutig und daher genügt es zu zeigen, dass $(g \circ f) \circ (f^{-1} \circ g^{-1}) = \text{id}_C$ und $(f^{-1} \circ g^{-1}) \circ (g \circ f) = \text{id}_A$ ist. Also:

$$(g \circ f) \circ (f^{-1} \circ g^{-1}) = g \circ (f \circ f^{-1}) \circ g^{-1} = g \circ \text{id}_Y \circ g^{-1} = (g \circ \text{id}_Y) \circ g^{-1} = g \circ g^{-1} = \text{id}_C$$

Die zweite Komposition geht analog vonstatten. □

Wir können nun die in Notiz 1.2.26 genannte „Abzählbarkeit" von Mengen präzisieren.

Definition 1.2.60 (Abzählbarkeit bzw. Überabzählbarkeit). Eine Menge $M \neq \emptyset$ heißt

1. **abzählbar**, wenn es eine Surjektion (d.h. surjektive Abbildung) $\mathbb{N} \twoheadrightarrow M$ der natürlichen Zahlen $\mathbb{N}$ auf M gibt.

2. **überabzählbar**, falls sie nicht abzählbar ist.

Beispiel 1.2.61. Endliche Mengen sowie $\mathbb{N}, \mathbb{Z}$ und $\mathbb{Q}$ sind abzählbar.

Beweis. Die Abzählbarkeit von $\mathbb{N}$ ist trivial (z.B. via der identischen Abbildung $\mathrm{id}_{\mathbb{N}}$); die von $\mathbb{Z}$ sieht man so: Setze $\mathbb{N} \to \mathbb{Z}$ mit $1 \mapsto 1, 2 \mapsto 0, 3 \mapsto 2, 4 \mapsto -1, \ldots$ Offenbar erreicht man damit jede ganze Zahl. Für die Abzählbarkeit von $\mathbb{Q}$ zeigt man zunächst die von $\mathbb{Q}^+$, also der positiven rationalen Zahlen, und wendet denselben „Trick" wie bei $\mathbb{Z}$ an, um auf die Abzählbarkeit von ganz $\mathbb{Q}$ zu schließen. Für $\mathbb{Q}^+$ wenden wir das CANTORsche *Diagonalverfahren* an:

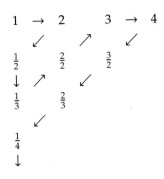

□

Notiz 1.2.62. Teilmengen abzählbarer Teilmengen sind wieder abzählbar, und die abzählbare Vereinigung abzählbarer Teilmengen ist wieder abzählbar.

Bevor wir ein weiteres für den praktischen Umgang mit Abbildungen wichtiges Resultat formulieren, knüpfen wir an die bisherige heuristische Einführung einer Familie $(A_i)_{i \in I}$ von Mengen zu einer beliebigen *Indexmenge I* aus Notiz 1.2.26 an:

Definition 1.2.63 (Familie von Mengen über beliebigen Indexmengen *I*). Seien A und I Mengen.
(i) Unter einer **Familie von Teilmengen** $(A_i)_{i \in I}$ oder einem **System von Teilmengen** $(A_i)_{i \in I}$ von A bezüglich einer beliebigen Indexmenge I versteht man eine Abbildung

$$\varphi : I \longrightarrow \wp(A), \quad i \longmapsto \varphi(i) := A_i.$$

(ii) Unter einer **Familie von Elementen** $(a_i)_{i \in I}$ oder einem **System von Elementen** $(a_i)_{i \in I}$ von A bezüglich einer beliebigen Indexmenge I versteht man eine Abbildung

$$\psi : I \longrightarrow A, \quad i \longmapsto \psi(i) := a_i.$$

Eine Familie $(O_i)_{i \in I}$ von irgendwelchen mathematischen Objekten O_i ist also nichts anderes als eine Abbildung, welche jedem Element i aus der Indexmenge I genau ein Objekt O_i aus der Menge aller möglichen Objekte zuordnet.
In der Notation $(O_i)_{i \in I}$ steckt also eine Menge, nämlich die Menge aller Bildpunkte der zugrunde liegenden Abbildung. Ist die Indexmenge I abzählbar, also z.B. $\mathbb{N}, \mathbb{Z}, \mathbb{Q}$, so kann man die Familie durch *Aufzählen* nebeneinander hinschreiben, also $(A_k)_{k \in \mathbb{N}} :\Longleftrightarrow (A_1, A_2, A_3, \ldots)$. Ist I *überabzählbar*, d.h. nicht abzählbar, wie z.B. $I = \mathbb{R}$, so lassen sich die Bildpunkte A_i einer Familie $(x_i)_{i \in I}$ nicht mehr aufzählen. Hier *muss* auf die Abbildungsdefinition zurückgegriffen werden; dabei gilt:

$$(A_i)_{i \in I} \quad :\Longleftrightarrow \quad (A_i \mid i \in I) \quad :\Longleftrightarrow \quad \{(i, A_i) \mid i \in I\}$$

Notation & Sprechweise 1.2.64. Ist I abzählbar, so spricht man von einer *Folge*, also z.B. für $I = \mathbb{N}$ einer Folge $(A_k)_{k \in \mathbb{N}}$ von Mengen A_k oder $(x_k)_{k \in \mathbb{N}}$ reeller Zahlen x_k oder $(a_k)_{k \in \mathbb{N}}$ von Elementen a_k einer Menge A.

Satz 1.2.65 (Verträglichkeit von Abbildungen mit Mengenoperationen). *Sei $f : X \to Y$ eine Abbildung von der Menge X in die Menge Y. Sei ferner $(A_i)_{i \in I}$ eine Familie von Teilmengen A_i in X und $(B_i)_{i \in I}$ eine Familie von Teilmengen B_i in Y. Sind $A \subset X$ und $B \subset Y$, so gilt:*

$$f^{-1}\left(\bigcup_{i \in I} B_i\right) = \bigcup_{i \in I} f^{-1}(B_i) \qquad\qquad f\left(\bigcup_{i \in I} A_i\right) = \bigcup_{i \in i} f(A_i)$$

$$f^{-1}\left(\bigcap_{i \in I} B_i\right) = \bigcap_{i \in I} f^{-1}(B_i) \qquad\qquad f\left(\bigcap_{i \in I} A_i\right) \subset \bigcap_{i \in I} f(A_i)$$

$$f^{-1}(Y \backslash B) = X \backslash f^{-1}(B) \qquad\qquad f(X \backslash A) \supset f(X) \backslash f(A)$$

Beweis. Siehe Aufgabe 5. □

Merke: Urbilder sind *gut*, weil sie – wie man auch sagt – mengentheoretische Operationen *respektieren*; das tun Bilder im Allgemeinen nicht. Für Einzelheiten hierzu konsultiere man Aufgabe 5.

Aufgaben

R.1. Seien A, B Teilmengen einer Grundmenge X. Begründen Sie anhand von VENN-Diagrammen, dass die beiden DE MORGANschen Regeln gelten:

$$X \backslash (A \cap B) = X \backslash A \cup X \backslash B, \quad X \backslash (A \cup B) = X \backslash A \cap X \backslash B$$

R.2. (i) Sei $A_k := \{1, 2, ..., k\} \subset \mathbb{N}$. Bestimme $\bigcup_{k \in \mathbb{N}} A_k$ und $\bigcap_{k \in \mathbb{N}} A_k$.

(ii) Sei

$$A_k := \begin{cases} \{x \in \mathbb{Z} \mid 2^{k-1} \leq x < 2^k\} & k > 0 \\ \{0\} & k = 0 \\ \{x \in \mathbb{Z} \mid -2^{-k} < x \leq -2^{-k-1}\} & k < 0. \end{cases}$$

Bestimme $\bigcup_{k \in \mathbb{N}_0} A_k$ und $A_k \cap A_l$ für alle $k, l \in \mathbb{N}_0$. Was folgt aus diesen Eigenschaften?

R.3. (i) Seien $A := \{a, b, c\}, B := \{0, 1, 2\}$. Geben Sie konkret an, d.h. aufzählende Mengenschreibweise:

- Das kartesische Produkt $A \times B$. Skizzieren Sie $A \times B$ und tragen Sie $A \times \{1\}$ ein.
- Die Potenzmenge von B.

(ii) Betrachte die beiden Mengen A, B und die gemäß der Graphik gegebene Abbildung $f : A \to B$.

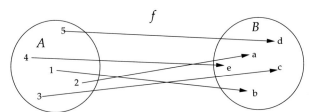

- Geben Sie die Abbildungsvorschrift $y := f(x)$ explizit an.
- Zeichnen Sie den Graphen von f. (Achten Sie auf vollständige Beschriftung aller Komponenten!)

(iii) Geben Sie jeweils an, ob die Abbildung injektiv, surjektiv, bijektiv ist oder keines dieser Eigenschaften hat. (Begründen Sie!)

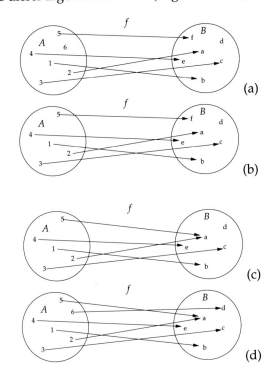

(a)

(b)

(c)

(d)

T.1. Seien L, M, N Mengen. Zeigen Sie:

$$(L \subset M) \wedge (M \subset N) \implies L \subset N \qquad \text{(Transitivität der Inklusion)}$$

T.2. Sei $f : X \to Y$ eine Abbildung zwischen den Mengen X und Y.

(i) Seien $B, B_1, B_2 \subset Y$. Zeigen Sie :

$$
\begin{aligned}
f^{-1}(Y \backslash B) &= X \backslash f^{-1}(B) \\
f^{-1}(B_1 \cap B_2) &= f^{-1}(B_1) \cap f^{-1}(B_2) \\
f^{-1}(B_1 \cup B_2) &= f^{-1}(B_1) \cup f^{-1}(B_2)
\end{aligned}
$$

(ii) Seien $A, A_1, A_2 \subset X$. Zeigen Sie:

$$
\begin{aligned}
f(X \backslash A) &\supset f(X) \backslash f(A) \\
f(A_1 \cap A_2) &\subset f(A_1) \cap f(A_2) \\
f(A_1 \cup A_2) &= f(A_1) \cup f(A_2)
\end{aligned}
$$

(Hinweis: Lemma 1.2.57.) Geben Sie für die ersten beiden Inklusionen Gegenbeispiele an, die eine Gleichheit ausschließen.

Kapitel 2

Analysis in $\mathbb{R}$

Des Rechnens satt, lieg' ich nun hier im Grabe;
Denn rechnend, leider, mußt' ich in die Brüche gehn.
Wenn ich mich nicht verrechnet habe,
So werd' ich wieder auferstehn.

KARL FRIEDRICH MÜCHLER, 1763–1857

Ziel des nun folgenden Kapitels ist eine Einführung in den Differential- und Integralkalkül reeller Funktionen in einer Veränderlichen. Dazu wiederholen wir zunächst den Begriff der *Funktion*, klären alsdann den *Grenzwertbegriff* von Funktionen mittels *reeller Zahlenfolgen*, der Grundlage für die sodann folgende *Differential- und Integralrechnung* bildet. Im Wesentlichen ist dieses Kapitel eine Wiederholung der Schulmathematik, die jedoch an einigen Stellen vertieft, und daher das Schulwissen überschreiten wird.

2.1 Funktionen

Man dürfte wohl gewahr werden, dass [...] in Wirklichkeit die meisten Formeln nur unter gewissen Bedingungen und nur für gewisse Werte der in ihnen enthaltenen Zahlgrößen Gültigkeit behalten. Indem ich diese Bedingungen und diese Werte aufsuche und in ganz bestimmter Weise die Bedeutung der Bezeichnungen, deren ich mich bediene, festsetze, schwindet jede Ungenauigkeit; die verschiedenen Formeln liefern dann nur noch Beziehungen zwischen reellen Zahlgrößen, Beziehungen, welche man leicht dadurch erhalten kann, dass man die Zahlgrößen durch Zahlen ersetzt.

AUGUSTIN LOUIS CAUCHY, 1789–1857

In diesem Abschnitt spezialisieren wir den Abbildungsbegriff auf reelle Funktionen einer unabhängigen Variablen. Im Besonderen sollen einige wichtige Beispiele von Funktionen sowie erste Eigenschaften dieser, vorgestellt werden.

31

© Springer-Verlag GmbH Deutschland, ein Teil von Springer Nature 2021
J. Dambrowski, *Mathematik für technische Studiengänge im ersten Studienjahr*,
https://doi.org/10.1007/978-3-662-62852-2_2

2.1.1 Funktionsbegriff

Definition 2.1.1 (Funktion). Sei D eine Menge. Eine Abbildung $f : D \to \mathbb{R}, x \mapsto f(x) \in \mathbb{R}$ heißt eine (reellwertige) **Funktion** auf D.

Alles, was wir über Begriffe und Eigenschaften von Abbildungen von Mengen wissen, gilt entsprechend auch für Funktionen. So sind gemäß dem vorangegangenen Kapitel Funktionen eindeutig durch Definitionsbereich oder Quelle, Wertebereich oder Ziel und Abbildungsvorschrift festgelegt.

Beispiel 2.1.2. Die beiden Funktionen $f : \mathbb{R} \to \mathbb{R}, t \mapsto \sin(t)$ und $g : \mathbb{R} \to [-1,1] \subset \mathbb{R}, t \mapsto \sin(t)$ sind verschieden, während $f : \mathbb{R} \to \mathbb{R}, x \mapsto x^2$ und $g : \mathbb{R} \to \mathbb{R}, t \mapsto t^2$ gleich sind.

Im Folgenden betrachten wir nur Definitionsbereiche $D \subset \mathbb{R}$, vor allem aber jene:

Definition 2.1.3 (Allgemeine Intervalle). Eine Teilmenge $I \subset \mathbb{R}$ soll **allgemeines Intervall** heißen, wenn es von folgender Gestalt ist:

1. $[a,b] := \{x \in \mathbb{R} \mid a \leq x \leq b\}$ mit $a < b$, genannt *kompakte (abgeschlossene) Intervalle*

2. $[a,b) := \{x \in \mathbb{R} \mid a \leq x < b\}$ bzw. $(a,b] := \{x \in \mathbb{R} \mid a < x \leq b\}$ mit $a < b$ *halboffene Intervalle*

3. $(a,b) := \{x \in \mathbb{R} \mid a < x < b\}$ mit $a < b$, genannt *offene Intervalle*

4. $[a,\infty) := \{x \in \mathbb{R} \mid a \leq x < \infty\}$ bzw. $(-\infty,b] := \{x \in \mathbb{R} \mid -\infty < x \leq b\}$ *abgeschlossene Halbstrahlen*

5. $(a,\infty) := \{x \in \mathbb{R} \mid a < x < \infty\}$ bzw. $(-\infty,b) := \{x \in \mathbb{R} \mid -\infty < x < b\}$, *offene Halbstrahlen*

6. $(-\infty,+\infty) := \mathbb{R}$ die reelle Zahlengerade selbst

Sprechweise 2.1.4. (i) Die allgemeinen Intervalle $I \subset \mathbb{R}$ sind genau die nicht-leeren *„zusammenhängenden"* Teilmengen von $\mathbb{R}$, die mehr als einen Punkt besitzen.
(ii) Ist $I \subset \mathbb{R}$ ein allgemeines Intervall, so heißt die Menge der Intervallgrenzen von I, unabhängig, ob sie dem Intervall angehören oder nicht, der *Rand des Intervalls*; man schreibt dafür ∂I. Die Elemente im Rand ∂I heißen *Randpunkte*. Also:

$$\partial I := \begin{cases} \{a,b\}, & \text{falls } I = [a,b], (a,b), [a,b), (a,b] \\ \{a\}, & \text{falls } I = (-\infty,a), (-\infty,a], (a,+\infty), [a,+\infty) \\ \emptyset, & \text{falls } I = \mathbb{R} = (-\infty,+\infty) \end{cases}$$

Übung: Man gebe den Rand der folgenden allgemeinen Intervalle an:

$$(0,1) \qquad (0,1] \qquad [-3,10] \qquad [0,+\infty)$$

Notation 2.1.5. Ein paar weitere Standardnotationen:

$$\mathbb{R}^+ := (0, +\infty) \quad \mathbb{R}_0^+ := [0, +\infty) \quad \mathbb{R}^- := (-\infty, 0) \quad \mathbb{R}_0^- := (-\infty, 0] \quad \mathbb{R}^* := \mathbb{R}\backslash\{0\}$$

Sei $I \subset \mathbb{R}$ ein allgemeines Intervall. Die Bezeichnung „offen", „abgeschlossen" hängt also davon ab, ob Randpunkte dem Intervall angehören. In der reellen eindimensionalen Analysis spielen die allgemeinen Intervalle für die mathematische Begriffsbildung eine wesentliche Rolle.

Anschauung von

- Intervallen:

    offenes Intervall   halboffenes Intervall   halboffenes Intervall   kompaktes Intervall

    $\longleftrightarrow$ $\longmapsto$ $\longleftarrow\!|$ $|\!\longmapsto\!|$

    (a, b) $[a, b)$ $(a, b]$ $[a, b]$

- Funktionen $f : I \to \mathbb{R}$ mit $x \mapsto f(x)$ auf einem Intervall $I \subset \mathbb{R}$ durch ihre Graphen:

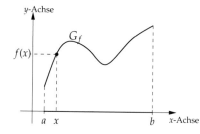

$$G_f := \{(x, f(x)) \mid x \in I\} \subset I \times \mathbb{R}$$

Der Graph von f ist also nichts anderes als die durch $x \mapsto f(x)$ gegebene Relation auf $I \times \mathbb{R}$. Zwei Funktionen $f : I \to \mathbb{R}, x \mapsto f(x)$ und $f' : I' \to \mathbb{R}, x \mapsto f'(x)$ sind also genau dann gleich, wenn ihre Graphen gleich sind, d.h. $G_f = G_{f'}$.

Bemerkung 2.1.6. An den Beispielen $f : \mathbb{R}^* \to \mathbb{R}, x \mapsto \frac{1}{x}$ und $g : \mathbb{R}\backslash\{k\pi \mid k \in \mathbb{Z}\} \to \mathbb{R}, t \mapsto \frac{1}{\sin(t)}$ sieht man (vgl. Abb.2.1), dass die Betrachtung von Funktionen *nur* auf allgemeinen Intervallen zu restriktiv wäre. Alsdann wollen wir Vereinigungen von allgemeinen Intervallen auch als Definitionsbereich für Funktionen zulassen.

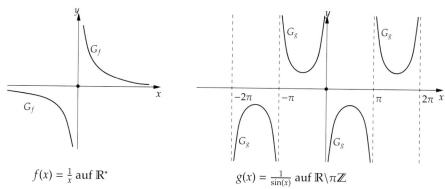

$$f(x) = \frac{1}{x} \text{ auf } \mathbb{R}^* \qquad\qquad g(x) = \frac{1}{\sin(x)} \text{ auf } \mathbb{R}\backslash\pi\mathbb{Z}$$

Abbildung 2.1: Nicht jede Funktion lebt auf einem allgemeinen Intervall.

Vereinbarung: Unter einer Funktion *einer reellen Variablen,* oder auch *reellen Funktion (einer Variablen)* wollen wir eine Funktion $f : D \to \mathbb{R}, x \mapsto f(x)$ verstehen, deren Definitionsbereich $D \subset \mathbb{R}$ eine Vereinigung von allgemeinen Intervallen ist. Wir beschließen den Abschnitt mit einer trivialen, aber zuweilen ganz nützlichen

Bemerkung 2.1.7. Offenbar ist jede streng monotone Funktion injektiv. Denn ist $f : D \to \mathbb{R}$ z.B. streng monoton steigend, d.h. aus $x_1 < x_2$ folgt $f(x_1) < f(x_2)$, insbesondere $x_1 \neq x_2 \Rightarrow f(x_1) \neq f(x_2)$, was gemäß Abs. 1.1 Aufgabe 2 (ii) äquivalent zur Injektivitätseigenschaft ist; analog der Fall streng monoton fallend.

2.1.2 Neue Funktionen aus alten

Eine in der Mathematik allgegenwärtige Vorgehensweise ist es, aus vorhandenen mathematischen Objekten neue zu machen. Bei den Mengen waren dies die *Mengenoperationen* $\cap, \cup, {}^-$ oder das kartesische Produkt. Bei den Abbildungen von Mengen war es bisher nur die Komposition. Wir wollen dies nun für Funktionen vertiefen und ausbauen.

Definition 2.1.8 (Algebraische Operationen). (i) Sind $f, g : D \to \mathbb{R}$ zwei Funktionen auf $D \subset \mathbb{R}$, so ist durch

- $f + g : D \to \mathbb{R}, \ x \mapsto (f + g)(x) := f(x) + g(x)$ die **Summe**,

- $f \cdot g : D \to \mathbb{R}, \ x \mapsto (f \cdot g)(x) := f(x) \cdot g(x)$ das **Produkt**,

- $\frac{f}{g} : D \to \mathbb{R}, \ x \mapsto \frac{f}{g}(x) := \frac{f(x)}{g(x)}$ der **Quotient** (sofern $g(x) \neq 0$ für alle $x \in D$),

von f und g erklärt.
(ii) Ist $f : D \to \mathbb{R}, \ x \mapsto f(x)$ eine Funktion und $\lambda \in \mathbb{R}$, so ist durch

- $\lambda f : D \to \mathbb{R}, \ x \mapsto (\lambda f)(x) := \lambda \cdot f(x)$ die **skalare Multiplikation**

von f mit λ erklärt.

Bemerkung 2.1.9. (i) Durch die oben genannten algebraischen Operationen sind in der Tat Funktionen auf D erklärt. Man sagt: „Funktionen sind *stabil* unter algebraischen Operationen."
(ii) Sind $f : D \to \mathbb{R}$ und $g : \tilde{D} \to \mathbb{R}$ mit $D \neq \tilde{D}$, so sind die durch die algebraischen Operationen gegebenen Funktionen auf dem Durchschnitt $D \cap \tilde{D}$ definiert.
(iii) Insbesondere und freilich setzt man $f - g := f + (-1) \cdot g \dots$.

Beispiel 2.1.10 (Übung). Seien $f : \mathbb{R} \to \mathbb{R}, t \mapsto 3t + 6$ und $g : D_g \to \mathbb{R}, x \mapsto \sqrt{1 - x^2}$.
Bilde:

- $0.5f - 2g :$

- $\frac{f}{g^3} :$

Definition 2.1.11 (Einschränkung). Ist $f : D \to \mathbb{R}$ eine Funktion und $D_0 \subset D \subset \mathbb{R}$, so heißt die durch

$$\boxed{f_{|D_0} : D_0 \longrightarrow \mathbb{R},\ x \longmapsto f(x)}$$

gegebene Funktion $f_{|D_0}$ mit dem Definitionsbereich $D_0 \subset \mathbb{R}$ die **Einschränkung** von f auf D_0 (vgl. Abb. 2.2).

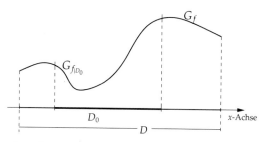

Abbildung 2.2: Einschränkung von f auf einer Teilmenge D_0 des Definitionsbereiches D.

Beispiel 2.1.12 (Übung). Sei $f : D \to \mathbb{R}, x \mapsto 1 - x^2$ mit $D := \mathbb{R}$. Wie lautet die Einschränkung von f auf $D_0 = [-1, 1]$? Skizzieren Sie den Graphen der Einschränkung von f auf D_0.

Eine häufige Anwendung, Funktionen nur auf einer Teilmenge ihres Definitionsbereiches zu betrachten, soll anhand des folgenden Beispiels demonstriert werden:

Beispiel 2.1.13 (Übung). Skizzieren Sie den Graphen der Funktionen sowie deren Einschränkung auf D_0:
Sei (i) $f : \mathbb{R} \to \mathbb{R}, x \mapsto x^2$ mit $D_0 =: \mathbb{R}_0^+$ und (ii) $g : \mathbb{R} \to \mathbb{R}, x \mapsto g(x) := \sin(x)$ mit $D_0 := [-\frac{\pi}{2}, +\frac{\pi}{2}]$.

Diskussion: Welche Eigenschaft(en) haben die Einschränkungen, die die Funktion auf den ganzen Definitionsbereich nicht hat?

Von grundsätzlicher Bedeutung ist

Definition 2.1.14 (Komposition). Seien D, E Teilmengen in $\mathbb{R}$. Sind $f : D \to \mathbb{R}$ und $g : E \to \mathbb{R}$ Funktionen mit $f(D) \subset E$, so heißt die durch

$$
\begin{array}{ccc}
 & g \circ f & \\
 & \overset{\frown}{} & \\
D \xrightarrow{\ f\ } E \xrightarrow{\ g\ } & \mathbb{R}
\end{array}
\qquad
\boxed{g \circ f : D \longrightarrow \mathbb{R},\ x \longmapsto (g \circ f)(x) := g(f(x))}
$$

$$x \longmapsto f(x) \longmapsto g(f(x))$$

definierte Funktion die **Komposition**, das **Kompositum** oder **Verkettung** von f und g.

Sprechweise 2.1.15. Man liest die Komposition $g \circ f$ auch als „g nach f".

Diskussion: Kann man die Bedingung $f(D) \subset E$ auch weglassen? (Begründung!)

Übung: Seien $f, g : \mathbb{R} \to \mathbb{R}$ mit $f(t) := |t|$ und $g(t) := \sin(t)$. Man bilde $f \circ g$ und skizziere den Graphen. Worin liegt der Praxisbezug?

Nach Theorem 1.2.58 (iii) sind bijektive Funktionen umkehrbar. Ist $f : D \to \mathbb{R}$ injektiv, so ist $\tilde{f} : D \to f(D) = \mathrm{Bild}(f) \subset \mathbb{R}$, $x \mapsto f(x)$ eine Bijektion. Dies nutzen wir aus, in der folgenden

Definition 2.1.16 (Umkehrung). Ist $f : D \to \mathbb{R}, x \mapsto f(x)$ eine injektive Funktion, so heißt die durch

$$\boxed{f^{-1} : B \longrightarrow D \subset \mathbb{R}, \quad f(x) \longmapsto x}$$

mit $B := f(D)$ definierte Funktion f^{-1} (lies „f invers") die **Umkehrung** von f.

Geometrisch entsteht der Graph der Umkehrfunktion f^{-1} von f durch Spiegelung des Graphen von f an der Identität $\mathrm{id}_{\mathbb{R}}$.

Anschauung:

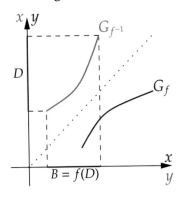

Beispiel 2.1.17 (Übung). Bestimme die Umkehrfunktion von $f : D \to \mathbb{R}, x \mapsto y := f(x) := \sqrt{1 - x^2}$. Dazu bestimmen Sie

1. den Definitionsbereich D_f von f

2. das maximale $D_0 \subset D_f$, so dass $f_{|D_0}$ injektiv ist. Dann ist $f_{|D_0} : D_0 \to B := f(D_0)$ bijektiv und also umkehrbar.

3. $B := \mathrm{Bild}(f_{|D_0})$ und löse – wenn möglich – die Gleichung $y = f(x)$ nach $x(y)$ auf.

Merke: Neue Funktionen aus alten erhält man folglich durch algebraische Operationen, Komposition, Einschränkung, und Umkehrung.

2.1.3   Erste Beispiele von Funktionen

Wir beginnen einfach und steigern uns etappenweise.

- **Konstante Funktion:** Für $c \in \mathbb{R}$ heißt $\mathbb{R} \to \mathbb{R}, x \mapsto c$ die konstante Funktion c auf $\mathbb{R}$.

- **Identische Funktion:** Vermöge $\mathrm{id}_{\mathbb{R}} : \mathbb{R} \to \mathbb{R}$, $x \mapsto x$ ist die Identität auf $\mathbb{R}$ gegeben.

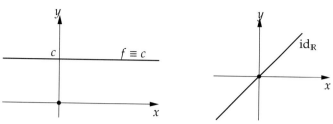

Abbildung 2.3: Graph der konstanten Funktion c und der Identität $\mathrm{id}_{\mathbb{R}}$

Mit diesen einfachen Grundbausteinen erhalten wir mithilfe des vorangegangenen Abschnittes eine Fülle neuer Funktionen, als da wären:

Definition 2.1.18 (Polynomfunktionen). Aus dem Produkt der Identität $\mathrm{id}_{\mathbb{R}}$ entstehen zunächst die Potenzfunktionen $\mathbb{R} \to \mathbb{R}$, $x \mapsto x^k$ mit $k \in \mathbb{N}_0$; sodann summieren wir skalare Multiplikationen dieser Potenzen $(x^k)_{1 \le k \le n}$ und addieren eine konstante Funktion hinzu. Das Resultat lautet

$$p : \mathbb{R} \longrightarrow \mathbb{R}, \quad x \longmapsto a_0 + a_1 x + a_2 x^2 + \ldots + a_n x^n =: \sum_{k=0}^{n} a_k x^k$$

und heißt **Polynom(-funktion)**[1] in x mit den *Koeffizienten* $a_k \in \mathbb{R}$. Man setzt dabei, wie üblich, $x^0 := 1$. Die höchst vorkommende Potenz von x (dessen Koeffizient $\neq 0$ ist) heißt der *Grad* der Polynomfunktion.

Beispiel 2.1.19 (Übung/Erinnerung an Schulwissen). Bestimmen Sie den Grad des Polynoms $p(x) := x^4 - x$, sämtliche Nullstellen von p und geben Sie eine Linearfaktorzerlegung[2] von p, sofern möglich.

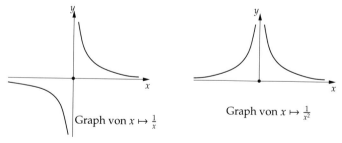

Graph von $x \mapsto \frac{1}{x}$

Graph von $x \mapsto \frac{1}{x^2}$

Abbildung 2.4: Graphen negativer Potenzen für $n = 1, 2$

Definition 2.1.20 (Rationale Funktionen). Unter einer **rationalen Funktion** versteht man den Quotienten zweier Polynome, d.h.

$$f : \mathbb{R}\backslash\{\text{Nullstellen des Nenners}\} \longrightarrow \mathbb{R} \quad x \mapsto f(x) := \frac{p(x)}{q(x)}$$

---

[1]Zur Definition des Summenzeichens „$\sum$" sei auf den Anhang verwiesen.
[2]Zur Definition sei auf den Anhang verwiesen.

mit Polynomen p und q. Insbesondere sind damit die **negativen Potenzen** erklärt:

$$\mathbb{R}^* \longrightarrow \mathbb{R}, \quad x \longmapsto x^{-n} := \frac{1}{x^n} \qquad n \in \mathbb{N}$$

Definition 2.1.21 (Wurzelfunktion). Sei $n \in \mathbb{N}$. Die n'te **Wurzelfunktion**

$$\sqrt[n]{\ } : \mathbb{R}_0^+ \longrightarrow \mathbb{R}_0^+, \quad x \longmapsto \sqrt[n]{x}$$

wird als Umkehrung der auf $\mathbb{R}_0^+$ eingeschränkten Potenzen $\mathbb{R} \to \mathbb{R}, \ x \mapsto x^n$ erklärt.

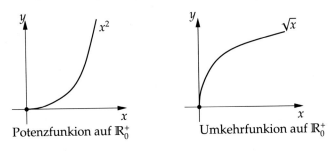

Abbildung 2.5: Konstruktion der Quadratwurzelfunktion als Umkehrung der auf $\mathbb{R}_0^+$ eingeschränkten quadratischen Funktion $x \mapsto x^2$.

Bemerkung 2.1.22. So entstehen allerlei neue Funktionen aus den bisherigen, z.B.

$$x \longmapsto \frac{x + \sqrt{1 - x^2}}{x - \sqrt{1 - x^2}}$$

auf geeigneten Definitionsbereichen ...

Exponentialfunktion und Logarithmus

Wir führen im folgenden Abschnitt, *vorerst ad hoc*, die Exponentialfunktion und den Logarithmus ein. Später im Kapitel über Folgen und Reihen Kap.2.2, werden diese auf sicheren Boden gestellt. Auch werden hier die Resultate *nicht* in streng logischer Konsistenz formuliert, da wir einstweilen immer noch davon ausgehen, dass Exponentialfunktion und Logarithmus aus der Schule bekannt sind.

Die **Eulersche Zahl**[3] e ist definiert als der Grenzwert (näheres in Kap. 2.2):

$$e := \lim_{n \to \infty} \left(1 + \frac{1}{n}\right)^n \approx 2.718$$

Damit zeigt man, dass gilt:

$$\lim_{n \to \infty} \left(1 + \frac{x}{n}\right)^n > 0 \quad \text{und existent für alle } x \in \mathbb{R}$$

---

[3]Leonard Euler (1707-1783) schweizer Mathematiker und Physiker.

Definition 2.1.23 (Exponentialfunktion). Unter der **Exponentialfunktion** versteht man die Funktion:

$$\exp : \mathbb{R} \longrightarrow \mathbb{R}, \quad x \longmapsto \exp(x) := e^x := \lim_{n \to \infty} \left(1 + \frac{x}{n}\right)^n$$

Wir werden später die Exponentialfunktion über eine Reihe gewinnen:

$$\exp : \mathbb{R} \longrightarrow \mathbb{R}, \quad x \longmapsto \exp(x) := e^x := \lim_{n \to \infty} \sum_{k=0}^{n} \frac{x^k}{k!}$$

wobei $k!$, lies „k Fakultät", für $k \in \mathbb{N}_0$ durch $k! := k(k-1)(k-2)\cdots 2 \cdot 1$ und $0! := 1$ definiert wird. Nachfolgenden Satz beweisen wir in Kap. 7.4 im allgemeineren Fall der *komplexen Exponentialfunktion*.

Satz 2.1.24 (Eigenschaften). *Für die Exponentialfunktion* $\exp : \mathbb{R} \to \mathbb{R}, x \mapsto e^x$ *gilt:*

1. *(Funktionalgleichung)* $\quad \boxed{\forall_{x,y \in \mathbb{R}} : e^{x+y} = e^x e^y \quad \text{und} \quad (e^x)^y = e^{xy}}$

2. *Es gilt:* $\quad e^0 = 1 \quad$ *und* $\quad \forall_{x \in \mathbb{R}} : e^{-x} = \dfrac{1}{e^x} \quad$ *sowie* $\quad \forall_{x \in \mathbb{R}} : e^x \neq 0$

3. *Es ist* $\exp : \mathbb{R} \xrightarrow{\cong} \text{Bild}(\exp) = \mathbb{R}^+$ *eine Bijektion.*

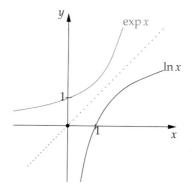

Definition 2.1.25 (Natürlicher Logarithmus). Die Umkehrfunktion der Exponentialfunktion

$$\ln : \mathbb{R}^+ \longrightarrow \mathbb{R}, \quad x \longmapsto \ln(x) := \int_{1}^{x} \frac{dt}{t}$$

heißt (natürlicher) **Logarithmus**, der alternativ auch über das genannte Integral (vgl. Kap. 2.4) definiert werden kann.

Satz 2.1.26 (Eigenschaften). *Für die Logarithmusfunktion* $\ln : \mathbb{R}^+ \to \mathbb{R}, x \mapsto \ln x$ *gilt:*

1. *(Funktionalgleichung)* $\quad \boxed{\forall_{x,y \in \mathbb{R}^+} : \ln(xy) = \ln x + \ln y \quad \text{und} \quad \ln x^y = y \ln x}$

2. *Es gilt:* $\quad \ln 1 = 0 \quad$ *und* $\quad \forall_{x \in \mathbb{R}^+} : \ln \dfrac{1}{x} = -\ln x$

3. *Es ist* $\ln : \mathbb{R}^+ \xrightarrow{\cong} \text{Bild}(\ln) = \mathbb{R}$ *eine Bijektion.*

Beweis. Die Behauptungen folgen aus Satz 2.1.24, nämlich so: Seien $x, y > 0$.
Zu 1.: Setze $a := \ln x, b := \ln y$. Mit der Funktionalgleichung der Exponentialfunktion folgt $xy = e^a e^b = e^{a+b}$ und daher $\ln(xy) = \ln(e^{a+b}) = a + b = \ln x + \ln y$. Wegen $(e^x)^y = e^{xy}$ ist $x^y = (e^a)^y = e^{ay}$ und daher $\ln x^y = \ln e^{ay} = ya = y \ln x$.
Zu 2.: $\ln 1 = \ln(e^0) = 0$ und damit $\ln(1/x) = \ln(1 \cdot x^{-1}) = \ln 1 + \ln x^{-1} = 0 - \ln x$.
Zu 3.: Dies ist eine unmittelbare Konsequenz von Satz 2.1.24, 3.   □

Mittels Exponential- und Logarithmusfunktion lässt sich die Potenzfunktion von ganzzahligen zu reellen Exponenten verallgemeinern.

Definition 2.1.27 (Allgemeine Potenzfunktion). Für $\alpha \in \mathbb{R}$ heißt

$$\mathbb{R}^+ \longrightarrow \mathbb{R}, \quad x \longmapsto x^\alpha := \exp(\alpha \ln x)$$

die **allgemeine Potenzfunktion** zum Exponenten α.

Insbesondere erhalten wir auf diesen Weg für jedes $n \in \mathbb{N}$ die n'te Wurzelfunktion auf $\mathbb{R}^+$:

$$\mathbb{R}^+ \longrightarrow \mathbb{R}, \quad x \longmapsto \sqrt[n]{x} = x^{\frac{1}{n}} \qquad \text{sowie ferner} \qquad \mathbb{R}^+ \longrightarrow \mathbb{R}, \quad x \longmapsto x^{\frac{m}{n}}$$

Diskussion: Ist das verträglich mit der bisherigen n'ten Wurzel aus Def. 2.1.21? (Warum?)

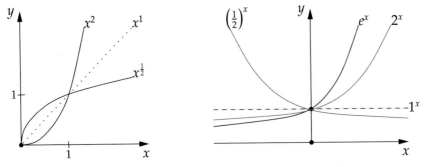

Abbildung 2.6: Allgemeine Potenz- und Exponentialfunktion.

Definition 2.1.28 (Allgemeine Exponentialfunktion). Für $a \in \mathbb{R}^+$ heißt

$$\exp_a : \mathbb{R} \longrightarrow \mathbb{R}, \quad x \longmapsto a^x := \exp(x \ln a)$$

die **(allgemeine) Exponentialfunktion** zur Basis a, und

$$\ln_a : \mathbb{R}^+ \longrightarrow \mathbb{R}, \quad x \longmapsto \log_a x := \frac{\ln x}{\ln a}$$

der **(allgemeine) Logarithmus** zur Basis a, mit $a \neq 1$.

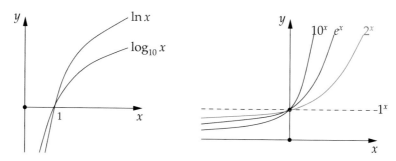

Abbildung 2.7: Exponential- und Logarithmusfunktion zur Basis a sind zueinander invers.

Bemerkung 2.1.29 (Eigenschaften). Es gilt:

(i) Die Exponentialfunktion $\exp_a$ ist injektiv auf $\mathbb{R}$, und daher bijektiv auf $\text{Bild}(\exp_a) = \mathbb{R}^+$, d.h. $\exp_a : \mathbb{R} \xrightarrow{\cong} \mathbb{R}^+$ eine Bijektion. Die Umkehrfunktion von $\exp_a$ ist der Logarithmus zur Basis a, weswegen $\ln : \mathbb{R}^+ \xrightarrow{\cong} \mathbb{R}$ eine Bijektion ist.

(ii) Es gelten entsprechende Rechenregeln, wie in den Sätzen 2.1.24 und 2.1.26.

Trigonometrische Funktionen

Wir definieren Sinus- und Kosinusfunktionen elementargeometrisch am Einheitskreis im $\mathbb{R}^2$:

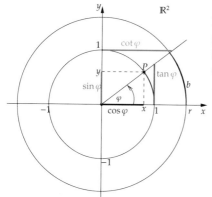

Bemerkung 2.1.30. Der Winkel φ wird in Bogenmaß[rad] (=Bogenlänge am Einheitskreis) zwischen $[-\pi, \pi]$ bzw. $[0, 2\pi]$ angegeben. Aus der Skizze entnimmt man:

1. P hat Koordinaten ($x = \cos \varphi, y = \sin \varphi$).

2. Bogenlänge b auf dem Kreis mit Radius r
$$\frac{b}{r} = \frac{\varphi}{1} \Longrightarrow b = r\varphi$$

3. (rad/grad-Umrechnung) $\dfrac{\varphi[\text{rad}]}{2\pi \cdot 1} = \dfrac{\varphi[°]}{360°}$

4. (Trig. Pythagoras) $\sin^2(x) + \cos^2(x) = 1$

Später werden wir Sinus- und Kosinusfunktionen wieder als Reihen definieren.

$$\sin : \mathbb{R} \to \mathbb{R}, x \mapsto \sin x := \sum_{k=0}^{\infty} (-1)^k \frac{x^{2k+1}}{(2k+1)!}, \cos : \mathbb{R} \to \mathbb{R}, x \mapsto \cos x := \sum_{k=0}^{\infty} (-1)^k \frac{x^{2k}}{(2k)!}$$

Definition 2.1.31 (Periodische Funktion). Eine Funktion $f : \mathbb{R} \to \mathbb{R}, t \mapsto f(t)$ heißt **periodisch**, wenn es ein $T > 0$ gibt, mit $f(t + T) = f(t)$ für alle $t \in \mathbb{R}$.

Sprechweise 2.1.32. Man nennt dann T *Periode* von f und sagt f ist T-*periodisch*.

Periodische Funktionen werden im Besonderen beim Studium der Fourier[4]-Reihen von Interesse sein.

Bemerkung 2.1.33. (i) Sowohl $x \mapsto \sin(x)$ als auch $x \mapsto \cos(x)$ sind 2π-periodische Funktionen.
(ii) Für alle $x \in \mathbb{R}$ gilt:

$$\cos(x) = \sin\left(x + \frac{\pi}{2}\right)$$

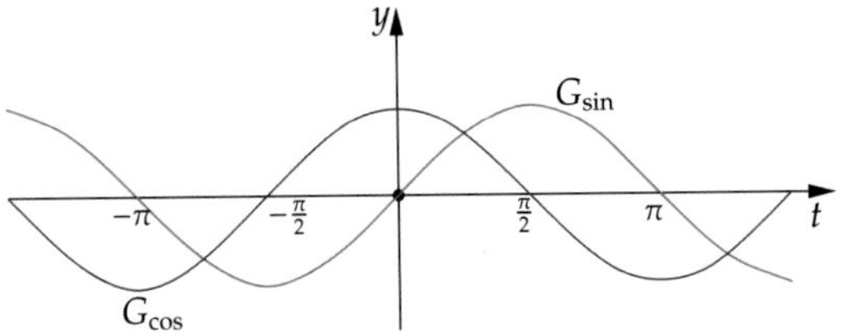

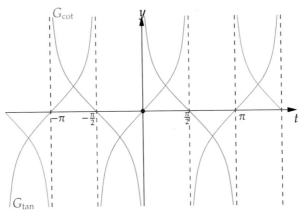

Abbildung 2.8: Der Kosinus geht aus dem Sinus durch Translation um $\frac{\pi}{2}$ hervor.

Satz 2.1.34 (Additionstheoreme). *Für alle $x, y \in \mathbb{R}$ gilt:*

$$\boxed{\sin(x + y) = \sin x \cos y + \cos x \sin y} \quad und \quad \boxed{\cos(x + y) = \cos x \cos y - \sin x \sin y}$$

Ein geometrischer Beweis wird im Rahmen von Aufgabe 7 durchgeführt.

Definition 2.1.35 (Tangens und Kotangens). Die durch $\tan : \mathbb{R} \setminus \left\{ \frac{\pi}{2} + k\pi \mid k \in \mathbb{Z} \right\} \to \mathbb{R}$, $x \mapsto \tan x := \frac{\sin x}{\cos x}$ und $\cot : \mathbb{R} \setminus \{ k\pi \mid k \in \mathbb{Z} \} \to \mathbb{R}$, $x \mapsto \cot x := \frac{\cos x}{\sin x} = \frac{1}{\tan x}$ gegebenen Funktionen heißen **Tangens** und **Kotangens**.

Abbildung 2.9: Graphen der Tangens- und Kotangensfunktion, periodisch mit Periode π.

---

[4]Jean Baptiste Joseph Fourier französischer Mathematiker (1768–1830)

Arcusfunktionen

Die Umkehrung trigonometrischer Funktionen ist nur auf geeigneten *Injektivitätsintervallen* möglich, d.h. also, man betrachtet Teilmengen des Definitionsbereiches, auf denen die zu untersuchende Funktion injektiv ist. Betrachte z.B. $\sin : \mathbb{R} \to \mathbb{R}$, $x \mapsto \sin x$:

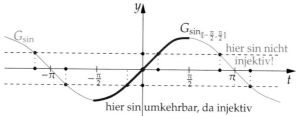

Abbildung 2.10: Die Sinusfunktion $\sin : \mathbb{R} \to \mathbb{R}$ (roter Graph) und die Einschränkung $\sin_{|[-\frac{\pi}{2},\frac{\pi}{2}]}$ auf ein Injektivitätsintervall $[-\frac{\pi}{2}, \frac{\pi}{2}]$ (blauer Graph).

Dann gilt aufgrund der 2π-Periodizität $\sin(t + 2\pi) = \sin(t)$ für alle $t \in \mathbb{R}$. Daher ist der Sinus nicht injektiv auf $\mathbb{R}$. Nehmen wir stattdessen die Einschränkung auf ein Periodenintervall[5], z.B. $[-\pi, \pi]$, so gilt z.B. $\sin(\frac{5\pi}{6}) = \sin(\frac{\pi}{6}) = \frac{1}{2}$, womit $[-\pi, \pi]$ auch kein Injektivititätsintervall für den Sinus ist. Das gilt offenbar für alle Teilintervalle der Periodenlänge 2π.

Übung: Man gebe weitere Punkte $(t_1, t_2, ...) \in [-\pi, \pi]$ an, für die sin nicht injektiv ist, und begründe anhand der Abbildung, warum $[-\frac{\pi}{2}, \frac{\pi}{2}]$ ein maximales Injektivitätsintervall ist.

Folgerung: Es ist $\sin_{|[-\frac{\pi}{2},\frac{\pi}{2}]} : [-\frac{\pi}{2}, \frac{\pi}{2}] \to [-1, 1]$ bijektiv und mithin umkehrbar.

Übung: Man führe analoge Überlegungen am Kosinus $\cos : \mathbb{R} \to \mathbb{R}$, $x \mapsto \cos x$ durch.

Definition 2.1.36 (Arcussinus und -kosinus). (i) Die durch

$$\arcsin : [-1, 1] \longrightarrow \left[\frac{-\pi}{2}, \frac{\pi}{2}\right], \quad x \longmapsto \arcsin x$$

gegebene Umkehrfunktion von $\sin_{|[-\frac{\pi}{2},\frac{\pi}{2}]} : [-\frac{\pi}{2}, \frac{\pi}{2}] \to [-1, 1]$ heißt **Arcussinus**.

---

[5]also ein Intervall $[a, b] \subset \mathbb{R}$ der *Länge* $l := b - a = 2\pi$,

(ii) Die durch

$$\boxed{\arccos : [-1, 1] \longrightarrow [0, \pi], \quad x \longmapsto \arccos x}$$

gegebene Umkehrfunktion von $\cos_{|[0,\pi]} : [0, \pi] \to [-1, 1]$ heißt **Arcuskosinus**.

Bemerkung 2.1.37. Ebenso gut hätte man $\sin_{|[\frac{\pi}{2}, \frac{3\pi}{2}]} : [\frac{\pi}{2}, \frac{3\pi}{2}] \to [-1, 1]$ umkehren können, und erhielte eine andere Umkehrfunktion, z.B. mit $\arcsin_1$ bezeichnet.

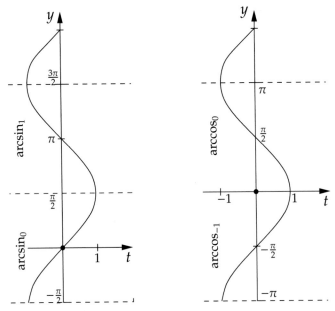

Abbildung 2.11: Haupt- und 1. Nebenzweige des Arcussinus, sowie Haupt- und -1. Nebenzweig des Arcuskosinus.

Allgemeiner ist das Umkehrintervall nicht eindeutig; es gibt unendlich viele.

Definition 2.1.38 (Haupt- und Nebenzweige des Arcussinus und -kosinus). Die durch

$$\boxed{\arcsin_k := \left(\sin_{\Big|\left[\frac{2k-1}{2}\pi, \frac{2k+1}{2}\pi\right]} \right)^{-1} \quad \text{sowie} \quad \arccos_k := \left(\cos_{\Big|\left[k\pi, (k+1)\pi\right]} \right)^{-1} \quad \text{mit} \quad k \in \mathbb{Z}^*}$$

gegebenen Funktionen werden die k'ten **Nebenzweige** des Arcussinus bzw. Arcus-kosinus genannt. Für $k = 0$ heißen die beiden **Hauptzweige**, also $\arcsin_0 = \arcsin$ und $\arccos_0 = \arccos$.

Für die Umkehrung des Tangens (bzw. Kotangens) geht man analog vor.

Definition 2.1.39 (Haupt- und Nebenzweige des Arcustangens). Die durch

$$\boxed{\arctan : \mathbb{R} \longrightarrow \left(-\frac{\pi}{2}, \frac{\pi}{2} \right), \quad x \longmapsto \arctan x}$$

gegebene Umkehrfunktion des Tangens $\tan_{|(-\frac{\pi}{2},\frac{\pi}{2})} : (-\frac{\pi}{2}, \frac{\pi}{2}) \to \mathbb{R}$ heißt **Arcustangens**.

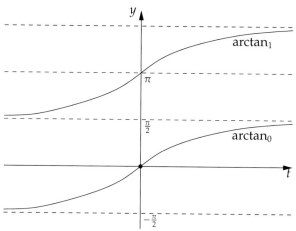

Abbildung 2.12: Haupt- und 1. Nebenzweige des Arcustangens.

Hyperbelfunktionen

Die Hyperbelfunktionen werden aus der Exponentialfunktion gewonnen, und haben ähnliche Eigenschaften wie die trigonometrischen Funktionen. In aller Kürze definieren wir:

Definition 2.1.40 (Hyperbelfunktionen). Die durch

$$\sinh : \mathbb{R} \to \mathbb{R}, x \mapsto \sinh(x) := \frac{1}{2}(e^x - e^{-x}), \quad \cosh : \mathbb{R} \to \mathbb{R}, x \mapsto \cosh(x) := \frac{1}{2}(e^x + e^{-x})$$

$$\tanh : \mathbb{R} \to \mathbb{R}, \ x \mapsto \tanh(x) := \frac{\sinh x}{\cosh x}, \quad \coth : \mathbb{R}^* \to \mathbb{R}, \ x \mapsto \coth(x) := \frac{\cosh x}{\sinh x}$$

gegebenen Funktionen heißen der Reihe nach **Sinus Hyperbolicus**, **Kosinus Hyperbolicus**, **Tangens Hyperbolicus** und **Kotangens Hyperbolicus**.

Bemerkung 2.1.41. Aus der Definition der Hyperbelfunktionen lassen sich die Bilder ablesen, nämlich:

$$\text{Bild}(\sinh) = \mathbb{R}, \ \text{Bild}(\cosh) = [1, \infty), \ \text{Bild}(\tanh) = (-1, 1), \ \text{Bild}(\coth) = \mathbb{R}\setminus[-1, 1]$$

Satz 2.1.42 (Eigenschaften). *Für alle $x, y \in \mathbb{R}$ gilt:*
(i) (Hyperbolischer Pythagoras)

$$\cosh^2(x) - \sinh^2(x) = 1$$

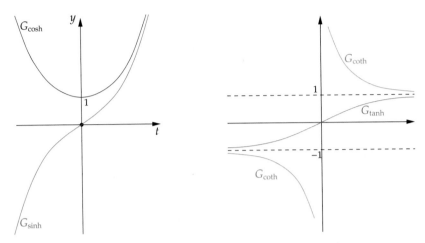

Abbildung 2.13: Graphen der hyperbolischen Funktionen.

(ii) (Hyperbolische Additionstheoreme)

$$\begin{aligned} \cosh(x + y) &= \cosh x \cosh y + \sinh x \sinh y \\ \sinh(x + y) &= \cosh x \sinh y + \sinh x \cosh y \end{aligned}$$

Beweis. Nachrechnen! Näheres dazu in Aufgabe 8 von Abschnitt 2.2.   □

Areafunktionen

Die Areafunktionen entstehen aus der Umkehrung hyperbolischer Funktionen.

Definition 2.1.43 (Hyperbolische Funktionen). (i) Die durch

$$\text{Arsinh} : \mathbb{R} \longrightarrow \mathbb{R}, \; x \longmapsto \text{Arsinh}\, x := \ln(x + \sqrt{x^2 + 1})$$

gegebene Umkehrfunktion von $\sinh : \mathbb{R} \to \mathbb{R}$ heißt **Areasinus Hyperbolicus**.
(ii) Die durch

$$\text{Arcosh} : [1, +\infty) \longrightarrow \mathbb{R}_0^+, \; x \longmapsto \text{Arcosh}\, x := \ln(x + \sqrt{x^2 - 1})$$

gegebene Umkehrfunktion von $\cosh_{|\mathbb{R}_0^+} : \mathbb{R}_0^+ \to \mathbb{R}$ heißt **Areakosinus Hyperbolicus**.

Näheres dazu in Aufgabe 8 von Abschnitt 2.2

Aufgaben

R.1. Berechnen und skizzieren Sie die durch folgende Eigenschaften gegebenen
Teilmengen in $\mathbb{R}$:

a) $|x| < 2$ b) $|x| \geq 1$ c) $|x + 2| < \frac{1}{2}$ d) $|x - 1| \leq 1 - \frac{1}{2}x$ e) $|2x - 1| = |x|$

R.2. (i) Seien $f : \mathbb{R} \to \mathbb{R}, x \mapsto 2x + 1$ und $g : \mathbb{R} \to \mathbb{R}, x \mapsto \sin x$ und $h : \mathbb{R} \to \mathbb{R}, x \mapsto \frac{1}{1+x^2}$. Berechnen Sie $h \circ g \circ f$ und $f \circ g \circ h$; was fällt Ihnen auf?

(ii) Seien $f : [1, \infty) \to \mathbb{R}, x \mapsto \sqrt{x-1}$ und $g : \mathbb{R} \to \mathbb{R}, x \mapsto \sin x$. Berechnen Sie $g \circ f$ und $f \circ g$; was fällt auf?

R.3. Sei $f : D \to \mathbb{R}, x \mapsto \frac{1}{1+x^2}$.

(i) Bestimmen die den Definitionsbereich von f.

(ii) Für eine geeignete Teilmenge $D_0 \in D$ finden Sie die Umkehrfunktion f^{-1} von $f_{|D_0}$ und weisen Sie explizit $f^{-1} \circ f = \mathrm{id}_{D_0}$ und $f \circ f^{-1} = \mathrm{id}_{f(D_0)}$ nach.

R.4. (i) Eine Kurve mit Messdaten habe in doppelt-logarithmischer Auftragung (beide Achsen logarithmisch eingeteilt, d.h. statt x und y sind $\xi := \log_a(x)$ und $\eta := \log_a(y)$ aufgetragen, vielfach ist $a = 10$) die Form einer Geraden durch den Punkt $\xi_0 := 3$ und $\eta_0 := 2$ mit Steigung c. Welche Funktion $y = f(x)$ stellt diese Kurve dar?

(ii) In welcher einfach-logarithmischen Auftragung wird der Graph der Funktion $f(x) := e^{-x}$ zu einer Geraden?

R.5. Ein radioaktives Präparat, das N_0 Atome zum Zeitpunk $t_0 = 0$ hat, zerfalle im Laufe der Zeit t nach dem Gesetz $N(t) = N_0 e^{\alpha t}$. Nach welcher Zeit ist die Hälfte der Atome zerfallen?

T.1. Sei $f : \mathbb{R} \to \mathbb{R}, x \mapsto x^3 - 2x^2 - x + 2$ und $g : D_g \to \mathbb{R}, x \mapsto \tan x$. Zeigen Sie, dass der Definitionsbereich von $1/f$ und von g jeweils Vereinigung von allgemeinen Intervallen ist, indem Sie dies konkret berechnen.

T.2. (i) Beweisen Sie anhand unten stehender Abbildung die beiden Additionstheoreme:

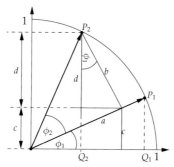

$$\begin{aligned} \sin(\varphi_1 + \varphi_2) &= \sin \varphi_1 \cos \varphi_2 + \cos \varphi_1 \sin \varphi_2 \\ \cos(\varphi_1 + \varphi_2) &= \cos \varphi_1 \cos \varphi_2 - \sin \varphi_1 \sin \varphi_2 \end{aligned}$$

(ii) Beweisen Sie anhand unten stehender Abbildung die Superpositionsregel trigonometrischer Funktionen

$$A \sin \varphi + B \cos \varphi = C \sin(\varphi + \varphi_0),$$

mit der Amplitude $C = \sqrt{A^2 + B^2}$ und der Phase $\tan \varphi_0 = B/A$. Worauf ist bei der Bestimmung von φ_0 zu achten? Geben Sie präzise Bedingungen an.

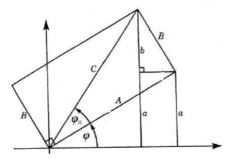

(iii) Zeigen Sie unter Zuhilfenahme der Additionstheoreme:

$$\sin x - \sin y \;=\; 2\cos\left(\frac{x+y}{2}\right)\sin\left(\frac{x-y}{2}\right)$$

$$\cos x - \cos y \;=\; -2\sin\left(\frac{x+y}{2}\right)\sin\left(\frac{x-y}{2}\right)$$

2.2 Grenzwert und Stetigkeit von Funktionen

Eine unendlich kleine Größe ist eine Funktion ϕ *der Variablen* h *derart, daß man zu gegeben* $\varepsilon > 0$ *immer ein* $\delta > 0$ *mit der Eigenschaft finden kann, daß für alle Werte von* h*, deren absoluter Betrag kleiner als* δ *ist,* $\phi(h)$ *kleiner als* ε *ist.*

Karl Weierstrss[6], 1815–1897

Zentrale Eigenschaften von Funktionen, wie Stetigkeit oder Differenzierbarkeit, basieren auf dem Grenzwertbegriff von Funktionen, also dem Verhalten von Funktionen in der Nähe eines vorgegebenen Punktes. Für dessen Formulierung kann man – muss man aber nicht – mit den Zahlenfolgen beginnen.

2.2.1 Reelle Zahlenfolgen

Wie wir bereits in Kapitel 1.2 unter Definition1.2 erfahren haben, ist eine Folge nichts anderes als eine Familie über einer abzählbaren Indexmenge I. Dies aufgreifend präzisieren wir:

Definition 2.2.1 (Folge in ℝ). Unter einer **Folge reeller Zahlen** oder **Folge in** ℝ verstehen wir eine Abbildung

$$\boxed{a : \mathbb{N} \to \mathbb{R}, \; n \mapsto a(n) =: a_n}$$

von den natürlichen Zahlen, oder einer anderen *abzählbaren* Menge I, in die reellen Zahlen.

---

[6]Aus Ernst Kossak „Elemente der Arithmetik" 1872.

Viel verwendete abzählbare Indexmengen I sind $\mathbb{N}$, $\mathbb{N}_0$, aber auch $\mathbb{Z}$.

Notation 2.2.2. Statt $a : \mathbb{N} \to \mathbb{R}$, $n \mapsto a_n$ schreibt man nur die Bildpunkte $(a_n)_{n \in \mathbb{N}} := (a_1, a_2, a_3, ...)$ von a in aufzählender Form nieder.

Beispiel 2.2.3. Schauen wir uns gleich ein paar Musterbeispiele an:

(i) Die konstante Folge $(1, 1, 1, ...)$, d.h. $(a_n)_{n \in \mathbb{N}}$ mit $a_n = 1$ für alle $n \in \mathbb{N}$.

(ii) Die alternierende Folge $(1, -1, 1, -1, ...)$, d.h. $(a_n)_{n \in \mathbb{N}_0}$ mit $a_n := (-1)^n$ für alle $n \in \mathbb{N}_0$.

(iii) Die Folge der ungeraden positiven Zahlen $(1, 3, 5, ...)$, d.h. $(a_n)_{n \in \mathbb{N}_0}$ mit $a_n = 2n + 1$.

(iv) Die harmonische Folge $(1, \frac{1}{2}, \frac{1}{3}, \frac{1}{4}, ...)$, d.h. $(a_n)_{n \in \mathbb{N}}$ mit $a_n = \frac{1}{n}$ für alle $n \in \mathbb{N}$.

(v) Rekursiv definierte alternierende Folge von 2'er-Potenzen:

$$\left. \begin{array}{rcl} a_0 & := & 1 \\ a_n & := & -\frac{1}{2} a_{n-1}, n > 0 \end{array} \right\} \text{ also } \left(1, -\frac{1}{2}, \frac{1}{4}, -\frac{1}{8}, ...\right) \iff (a_n)_{n \in \mathbb{N}_0} \text{ mit } a_n := \frac{(-1)^n}{2^n}$$

Diskussion: Was passiert mit den Folgen $(a_n)_{n \in \mathbb{N}}$, bei sehr großen n (man schreibt dafür $n \to \infty$)?

Dies führt auf den *Konvergenzbegriff* von Zahlenfolgen. Dazu vorbereitend:

Definition 2.2.4 (ε-Kugel). Sei $x_0 \in \mathbb{R}$ und $\varepsilon > 0$. Unter einer ε-**Umgebung** von (oder um) x_0, oder ε-**Kugel** um x_0 mit Radius ε verstehen wir die Menge:

$$\overset{\circ}{K}_\varepsilon(x_0) := I_\varepsilon(x_0) := \{x \in \mathbb{R} \mid |x - x_0| < \varepsilon\} = (x_0 - \varepsilon, x_0 + \varepsilon) \subset \mathbb{R}$$

Anschauung:

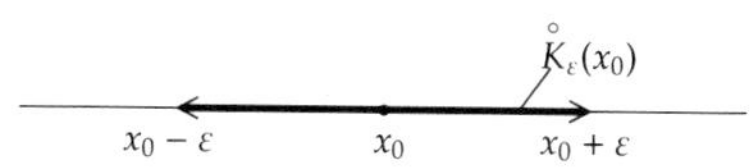

Abbildung 2.14: ε-Kugel um x_0 ist ein offenes Intervall mit Mittelpunkt x_0 und Radius $\varepsilon > 0$.

Übung: Man skizziere folgende Teilmengen von $\mathbb{R}$:

$$(a)\ \overset{\circ}{K}_3(1) \qquad (b)\ \{t \in \mathbb{R} \mid |t - 2| < 1\} \qquad (c)\ \{x \in \mathbb{R} \mid |x + 1| \geq 2\}$$

Definition 2.2.5 (Konvergenz bzw. Divergenz). Eine Folge reeller Zahlen $(x_n)_{n \in \mathbb{N}}$ heißt

(i) **konvergent**, wenn es ein $x \in \mathbb{R}$ mit folgender Eigenschaft gibt: Zu jeder ε-Umgebung $I_\varepsilon(x)$ gibt es einen Folgeindex $N = N(\varepsilon) \in \mathbb{N}$, so dass $x_n \in I_\varepsilon(x)$ für alle $n \geq N$.

(ii) **divergent**, wenn sie nicht konvergent ist.

Übung: Man formuliere zunächst (i) und sodann (ii) in Quantorensprache.

Notation & Sprechweise 2.2.6. Im Falle der Konvergenz nennt man das eindeutig bestimmte x den *Grenzwert* oder *Limes* der Folge $(x_n)_{n \in \mathbb{N}}$ und schreibt

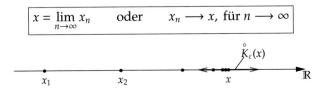

$$x = \lim_{n \to \infty} x_n \qquad \text{oder} \qquad x_n \longrightarrow x, \text{ für } n \longrightarrow \infty$$

Abbildung 2.15: Zur Anschauung der Konvergenz von Zahlenfolgen.

Da der Konvergenzbegriff erfahrungsgemäß Anfängern Schwierigkeiten bereitet, geben wir im Folgenden verschiedene der Anschauung zugänglichere Interpretationen an. Egal wie klein man $\varepsilon > 0$ auch wählt,

- es gibt immer einen Folgeindex $N(\varepsilon) \in \mathbb{N}$, ab dem für alle x_n (mit $n \geq N$) der Abstand zu x kleiner als ε ist; oder anders ausgedrückt:

- es gibt immer einen Folgeindex $N(\varepsilon) \in \mathbb{N}$, ab dem alle Folgeglieder x_n in der ε-Kugel landen, oder anders ausgedrückt:

- unendlich viele Folgeglieder x_n verbleiben in jeder vorgegebenen ε-Kugel, und nur endlich viele können sich außerhalb dieser ε-Kugel aufhalten.

Sprechweise 2.2.7. Man sagt auch: Eine Folge $(x_n)_{n \in \mathbb{N}}$ konvergiert gegen den Grenzwert $x \in \mathbb{R}$, falls für jede ε-Kugel $\overset{\circ}{K}_\varepsilon(x)$ *fast alle* Folgeglieder (also stets unendlich viele) darin verbleiben.

Definition 2.2.8 (Beschränktheit & Monotonie). Eine Folge $(x_n)_{n \in \mathbb{N}}$ heißt

- **beschränkt**, wenn es ein $M \in \mathbb{R}$ gibt, mit $|x_n| \leq M$ für alle $n \in \mathbb{N}$.

- **monoton wachsend (bzw. fallend)**, falls gilt $x_n \leq x_{n+1}$ (bzw. $x_n \geq x_{n+1}$) für alle $n \in \mathbb{N}$.

Um mit diesen Begriffen etwas vertrauter zu werden, betrachten wir das folgende

Beispiel 2.2.9 (Übung). Welche der Musterbeispielfolgen Bsp. 2.2.3 haben die folgenden Eigenschaften?

- (beschränkt)

- (nicht beschränkt)

- (monoton)

- (nicht monoton)

Lemma 2.2.10. Jede konvergente Folge ist beschränkt .

Beweis. Sei also $a_n \to a$ für $n \to \infty$. Also gibt es ein $N \in \mathbb{N}$, so dass $|a_n - a| < 1$ für alle $n \geq N$. Die Dreiecksungleichung (siehe Anhang 9.1) liefert alsdann $|a_n| = |a_n - a + a| \leq |a| + |a_n - a| < |a| + 1$ für alle $n \geq N$, d.h. alle Folgeglieder ab a_N lassen sich durch die Konstante $|a| + 1$ abschätzen. Um schließlich *alle* Folgeglieder abschätzen zu können, braucht man nur das größte aus den verbleibenden *endlich* vielen $a_1, a_2, ..., a_{N-1}$, sowie $|a| + 1$ zu bilden. Setzt man also $M := \max\{a_1, a_2, ..., a_{N-1}, |a| + 1\}$, so gilt $|a_n| \leq M$ für alle $\in \mathbb{N}$ und mithin die Behauptung. $\square$

Sprechweise 2.2.11. Gilt $\lim\limits_{t \to \infty} x_n = 0$, so nennt man $(x_n)_{n \in \mathbb{N}}$ auch eine *Nullfolge*.

Beispiel 2.2.12. Kehren wir zu unseren Musterbeispielfolgen zurück:

(i) Für die konstante Folge $a_n = 1$ für alle $n \in \mathbb{N}$ gilt offenbar $\lim\limits_{n \to \infty} 1 = 1$.

(ii) Die alternierende Folge $a_n := (-1)^n$ ist divergent, denn: Sei $x \in \mathbb{R} \setminus \{\pm 1\}$. Setze $\varepsilon := \frac{1}{4} \min\{|1 - x|, |-1 - x|\}$. Dann gilt $a_n \notin (x - \varepsilon, x + \varepsilon)$ für alle $n \in \mathbb{N}$, weil ja alle a_n's entweder gleich 1 oder -1 sind. Ist $x = \pm 1$, so setze $\varepsilon := 1$. Ist $x_N \in \overset{\circ}{K}_\varepsilon(x)$, so $x_n \notin \overset{\circ}{K}_\varepsilon(x)$ für $n := N + 1$.

Übung: Man veranschauliche obiges Vorgehen durch ein Bild.

(iii) Für die Folge der positiven ungeraden Zahlen $a_n = 2n + 1$ gilt offenbar $\lim\limits_{n \to \infty} 2n + 1 = +\infty$, und also divergent.

(iv) Die harmonische Folge mit $a_n := \frac{1}{n}$ ist eine Nullfolge, d.h. $\boxed{\lim\limits_{n \to \infty} \frac{1}{n} = 0.}$

  Denn: Sei $\varepsilon > 0$. Setze $N := \frac{1}{\varepsilon}$. Dann gilt $|\frac{1}{n} - 0| = \frac{1}{n} < \frac{1}{N} = \varepsilon$ für alle $n > N$.

(v) Auch ist die Folge mit $a_n = (-1)^n \frac{1}{2^n}$ eine Nullfolge. Denn: Sei $\varepsilon > 0$. Setze $N := \log_2(1/\varepsilon)$. Dann folgt $|(-1)^n \frac{1}{2^n} - 0| = \frac{1}{2^n} < \frac{1}{2^N} = \frac{1}{2^{\log_2 1/\varepsilon}} = \varepsilon$ für alle $n > N$.

Beachte: Wegen (ii) obigen Beispiels, gilt die Umkehrung von Lemma 2.2.10 nicht.

Von zentraler Bedeutung ist

Beispiel 2.2.13 (Geometrische Folge). Für jede reelle Zahl $x \in \mathbb{R}$ gilt:

$$\lim\limits_{n \to \infty} x^n = \begin{cases} 0 & \text{für } |x| < 1 \\ 1 & \text{für } x = 1 \\ \infty & \text{für } x > 1 \\ \text{unbestimmt} & \text{für } x \leq -1 \end{cases}$$

Ein Beweis soll in Aufgabe 3 erbracht werden.

Definition 2.2.14 (Teilfolge). Sei $(a_n)_{n\in\mathbb{N}}$ eine Folge reeller Zahlen, und $n_1 < n_2 < \ldots$ eine aufsteigende Indexfolge. Dann heißt $(a_{n_1}, a_{n_2}, \ldots) = (a_{n_k})_{k\in\mathbb{N}}$ eine **Teilfolge** von $(a_n)_{n\in\mathbb{N}}$.

Unmittelbar aus der Definition folgt:

Bemerkung 2.2.15. Konvergiert die Folge $(a_n)_{n\in\mathbb{N}}$ gegen a, so auch jede Teilfolge davon.

Beispiel 2.2.16 (Übung). Sei $m \in \mathbb{N}$ mit $m > 1$. Man bestimme:

$$\lim_{n\to\infty} \frac{1}{n^m} \qquad \lim_{n\to\infty} \frac{1}{2n+1}$$

Um den Konvergenzbegriff besser zu verstehen, ist es auch hilfreich zu wissen, was Divergenz, d.h. Nichtkonvergenz, bedeutet. Auf welche *Weise* kann eine Folge divergieren? Dazu:

Definition 2.2.17 ((Un-)bestimmte Divergenz). (i) Gilt für eine Folge $(x_n)_{n\in\mathbb{N}}$, dass für beliebige $M > 0$ (bzw. $M < 0$) fast alle Folgeglieder $x_n > M$ (bzw. $x_n < M$), so heißt die Folge $(x_n)_{n\in\mathbb{N}}$ **bestimmt divergent** oder **uneigentlich konvergent**. Wir schreiben dafür:

$$\lim_{n\to\infty} x_n = +\infty \qquad \text{(bzw.} \qquad \lim_{n\to\infty} x_n = -\infty)$$

(ii) Eine divergente Folge, welche nicht bestimmt divergiert, nennt man **unbestimmt divergent**.

Beispiel 2.2.18 (Übung). Welche Divergenz liegt bei $(a_n)_{n\in\mathbb{N}}$ mit $a_n = 2n + 1$ bzw. $a_n := (-1)^n$ vor?

Der Strategie „Neues aus Alten" folgend, wie bei Mengen Def.1.2.17 und Funktionen Def.2.1.8, lassen sich auch im Falle von Folgen algebraische Operationen definieren:

Definition 2.2.19 (Algebraische Operationen). Sind $(a_n)_{n\in\mathbb{N}}, (b_n)_{n\in\mathbb{N}}$ Folgen in $\mathbb{R}$ sowie $\lambda \in \mathbb{R}$, so heißt

- $(a_n)_{n\in\mathbb{N}} + (b_n)_{n\in\mathbb{N}} := (a_n + b_n)_{n\in\mathbb{N}}$ **Summenfolge**,

- $(a_n)_{n\in\mathbb{N}} \cdot (b_n)_{n\in\mathbb{N}} := (a_n \cdot b_n)_{n\in\mathbb{N}}$ **Produktfolge**,

- $\dfrac{(a_n)_{n\in\mathbb{N}}}{(b_n)_{n\in\mathbb{N}}} := \left(\dfrac{a_n}{b_n}\right)_{n\in\mathbb{N}}$ **Quotientenfolge**, wobei $b_n \neq 0$ für alle $n \in \mathbb{N}$,

- $\lambda(a_n)_{n\in\mathbb{N}} := (\lambda a_n)_{n\in\mathbb{N}}$ die **skalare Multiplikation**

von $(a_n)_{n\in\mathbb{N}}$ mit $(b_n)_{n\in\mathbb{N}}$ (bzw. λ).

Übung: Wie lässt sich die Differenzfolge $(a_n)_{n\in\mathbb{N}} - (b_n)_{n\in\mathbb{N}}$ aus obigen Operationen herstellen?

Auf der Menge aller Folgen lassen sich also Rechenoperationen definieren, unabhängig davon, ob die beteiligten Folgen konvergieren. Der Limes konvergenter Folgen ist stabil unter, oder wie man auch sagt, *verträglich* mit den üblichen algebraischen Operationen. Genauer:

Satz 2.2.20 (Algebraische Rechenregeln). *Seien $(a_n)_{n\in\mathbb{N}}$ und $(b_n)_{n\in\mathbb{N}}$ konvergente Folgen reeller Zahlen mit $a = \lim\limits_{n\to\infty} a_n$ und $b = \lim\limits_{n\to\infty} b_n$. Dann gilt:*

(i) *(Linearität)* $\lim\limits_{n\to\infty} (\lambda a_n + \mu b_n) = \lambda \lim\limits_{n\to\infty} a_n + \mu \lim\limits_{n\to\infty} b_n = \lambda a + \mu b$ *für alle $\lambda, \mu \in \mathbb{R}$*

(ii) *(Produkt)* $\lim\limits_{n\to\infty} (a_n b_n) = (\lim\limits_{n\to\infty} a_n)(\lim\limits_{n\to\infty} b_n) = ab$

(iii) *(Quotient)* $\lim\limits_{n\to\infty} \left(\dfrac{a_n}{b_n}\right) = \dfrac{\lim\limits_{n\to\infty} a_n}{\lim\limits_{n\to\infty} b_n} = \dfrac{a}{b}$,   *falls $b \neq 0$ und $b_n \neq 0$ für alle $n \in \mathbb{N}$*

(iv) *Gilt $a_n \leq b_n$ für alle $n \geq n_0$, so auch $a \leq b$.*

Beachte: Der Limes ist nicht mit *strikten* Ungleichungen verträglich, wie $a_n=0$ und $b_n=\frac{1}{n}$ zeigt.

Beweis. Zu (i): Sei $\varepsilon > 0$. Ist $\lambda = 0$ oder $\mu = 0$ ist die Behauptung trivial. Seien also $\lambda, \mu \neq 0$. Da $a_n \to a$ bzw. $b_n \to b$ für $n \to \infty$ gibt es $N_a, N_b \in \mathbb{N}$ mit $|a_n - a| < \frac{\varepsilon}{2|\lambda|}$ sowie $|b_n - b| < \frac{\varepsilon}{2|\mu|}$ für alle $n \geq N_a$ bzw. $n \geq N_b$. Mittels der Dreiecksungleichung und Homogenität der Betragsfunktion $|.|$ (siehe Anhang 9.1) folgt

$$|\lambda a_n + \mu b_n - (\lambda a + \mu b)| = |\lambda(a_n - a) + \mu(b_n - b)| \leq |\lambda| \cdot |a_n - a| + |\mu| \cdot |b_n - b| < \frac{\varepsilon}{2} + \frac{\varepsilon}{2} = \varepsilon,$$

für alle $n \geq N := \max\{N_a, N_b\}$.

Zu (ii): Gemäß Lemma 2.2.10 ist jede konvergente Folge beschränkt. Also gibt es eine Konstante $M > 0$, so dass $|a_n| \leq M$ für alle $n \in \mathbb{N}$. Nach etwaiger Vergrößerung von M können wir $|b| < M$ annehmen. Ist $\varepsilon > 0$ vorgegeben, so existieren nach Voraussetzung $N_a, N_b \in \mathbb{N}$, so dass

$$|a_n - a| < \frac{\varepsilon}{2M} \quad \text{für alle } n \geq N_a, \text{ sowie} \quad |b_n - b| < \frac{\varepsilon}{2M} \quad \text{für alle } n \geq N_b.$$

Setze $N := \max\{N_a, N_b\}$. Wiederum mittels Dreiecksungleichung und Homogenität von $|.|$ schließt man für alle $n \geq N$

$$
\begin{aligned}
|a_n b_n - ab| &= |a_n b_n - a_n b + a_n b - ab| = |a_n(b_n - b) + (a_n - a)b| \\
&\leq \underbrace{|a_n|}_{\leq M} \cdot \underbrace{|b_n - b|}_{<\varepsilon/(2M)} + \underbrace{|a_n - a|}_{<\varepsilon/(2M)} \cdot \underbrace{|b|}_{\leq M} < M \cdot \frac{\varepsilon}{2M} + \frac{\varepsilon}{2M} \cdot M = \varepsilon,
\end{aligned}
$$

und damit die Konvergenz der Produktfolge $(a_n b_n)_{n\in\mathbb{N}}$.

Zu (iii): Aufgrund $\frac{a_n}{b_n} = \frac{1}{b_n} \cdot a_n$ und (ii), genügt es, die Behauptung für die konstante Folge $(a_n)_{n\in\mathbb{N}}$ mit $a_n := 1$ für alle $n \in \mathbb{N}$ nachzuweisen. Dazu ist zu zeigen, dass

$$\left|\frac{1}{b_n} - \frac{1}{b}\right| = \left|\frac{b - b_n}{b_n \cdot b}\right| = \frac{|b_n - b|}{|b|} \cdot \frac{1}{|b_n|}$$

gegen null geht, falls $n \to \infty$. Der erste Faktor der rechten Seite scheint kein Problem darzustellen, denn voraussetzungsgemäß konvergiert $(b_n)_{n\in\mathbb{N}}$ gegen b, und daher geht dieser gegen null (da voraussetzungsgemäß $b \neq 0$), für $n \to \infty$. Wenn wir für den zweiten Faktor zeigen könnten, dass dieser für $n \to \infty$ beschränkt bleibt, geht die ganze rechte Seite gegen null und wir wären fertig. Denn: Ist $(1/|b_n|)_{n\in\mathbb{N}}$ beschränkt mit Konstante $M > 0$ und $\varepsilon > 0$, so gibt es ein $N \in \mathbb{N}$ mit $|b_n - b| < \frac{\varepsilon \cdot |b|}{M}$ für alle $n \geq N$. Für solche n gilt dann:

$$\frac{|b_n - b|}{|b|} \cdot \frac{1}{|b_n|} < \frac{\varepsilon \cdot |b|/M}{|b|} \cdot M = \varepsilon$$

Zur Beschränktheit von $(1/|b_n|)_{n\in\mathbb{N}}$: Da $b_n \to b \neq 0$ für $n \to \infty$, gibt es ein $N_0 \in \mathbb{N}$ mit $|b_n - b| < \frac{|b|}{2}$ für alle $n \geq N_0$. Mit der Dreiecksungleichung folgt $|b| = |b - b_n + b_n| \leq |b - b_n| + |b_n|$ und damit

$$|b_n| \geq |b| - |b_n - b| > |b| - \frac{|b|}{2} = \frac{|b|}{2} \iff \frac{1}{|b_n|} < \frac{2}{|b|}, \quad \text{für alle } n \geq N_0.$$

Weil $b_n \neq 0$ für alle $n \in \mathbb{N}$, ist mit einem analogen Argument wie in Lemma 2.2.10 $(1/|b_n|)_{n\in\mathbb{N}}$ beschränkt, mit einer Konstanten $M \geq \frac{|b|}{2} > 0$.

Zu (iv): Wegen (i) genügt es, die Differenzfolge $(c_n)_{n\in\mathbb{N}}$ mit $c_n := b_n - a_n$ zu betrachten, womit die Behauptung wie folgt lautet: Ist $(c_n)_{n\in\mathbb{N}}$ eine Folge mit $c_n \geq 0$ für alle $n \geq n_0$ und $c \in \mathbb{R}$ ihr Grenzwert, so auch $c \geq 0$.

Übung: Versuchen Sie einen Widerspruchsbeweis durchzuführen. Beginnen Sie dabei so: „Angenommen $c < 0$". Was folgt dann aus $c_n \to c$ für $n \to \infty$? □

Der Beweis von (iii) des Satzes liefert unmittelbar das

Lemma 2.2.21. Ist $(a_n)_{n\in\mathbb{N}}$ beschränkt und $(b_n)_{n\in\mathbb{N}}$ eine Nullfolge, so auch die Folge $(a_n b_n)_{n\in\mathbb{N}}$.

Beachte: Dies ist kein Spezialfall von (ii) des Satzes, denn die Anwendung der Rechenregeln setzt die Konvergenz *aller* beteiligten Folgen voraus, d.h.

$$\left.\begin{array}{l} \lim_{n\to\infty} a_n = a \in \mathbb{R} \\ \lim_{n\to\infty} b_n = b \in \mathbb{R} \end{array}\right\} \implies \text{Es gelten die Limes-Rechenregeln,}$$

wie beispielsweise $a_n := (-1)^n$ und $b_n := (-1)^{n+1}$ zeigt, kann $(a_n \pm \cdot /b_n)_{n\in\mathbb{N}}$ konvergieren, gleichwohl $(a_n)_{n\in\mathbb{N}}$ und $(b_n)_{n\in\mathbb{N}}$ es nicht tun.

Fazit: Für die Anwendung der Rechenregeln ist eine kompliziert „zusammenge-setzte" Folge in *konvergente* (einfachere) „Bestandteile" zu zerlegen.

Gegebenenfalls sind die Folgeglieder erst in eine bekömmliche Form zu bringen. In der Schule lernt man beispielsweise bei rationalen Ausdrücken mit dem Kehrwert der höchst vorkommenden Potenz von n zu erweitern, wie in:

Beispiel 2.2.22. Es gilt $\lim\limits_{n\to\infty} \dfrac{4-n}{2n-1} = \lim\limits_{n\to\infty} \dfrac{4/n - n/n}{2n/n - 1/n} \stackrel{Satz\,2.2.20}{=} \dfrac{0-1}{2-0} = -\dfrac{1}{2}.$

Darüber hinaus erweisen sich Grenzwerte bekannter Folgen auch als nützlich:

Beispiel 2.2.23. Es gilt

$$\lim_{n\to\infty} \frac{(n-1)^2}{n^2 - \left(\frac{3}{4}\right)^n} = \lim_{n\to\infty} \frac{\frac{n^2}{n^2} - \frac{2n}{n^2} + \frac{1}{n^2}}{\frac{n^2}{n^2} - \frac{1}{n^2}\left(\frac{3}{4}\right)^n} \stackrel{Satz\,2.2.20}{=} \lim_{n\to\infty} \frac{1 - 0 + 0}{1 - 0 \cdot \left(\frac{3}{4}\right)^n} \stackrel{Bsp.\,2.2.13}{=} 1,$$

denn $(3/4)^n$ ist die geometrische Folge mit $q := 3/4 < 1$ und nach Bsp. 2.2.13 eine Nullfolge.

Wie sieht man einer Folge reeller Zahlen an, ob sie konvergent ist? Ein notwendiges Kriterium lieferte bereits Lemma 2.2.10. Wir formulieren dazu ein hinreichendes Kriterium.

Satz 2.2.24 (Monotonieprinzip, hinreichendes Konvergenzkriterium). *Jede be-schränkte monotone Folge reeller Zahlen ist konvergent.*

Ein Beweis erfolgt erst später in Kap. 7.1.

Beispiel 2.2.25. Betrachte die Folge $(a_n)_{n\in\mathbb{N}}$ mit $a_n := (1 + \frac{1}{n})^n$. Dann ist $(a_n)_{n\in\mathbb{N}}$ monoton wachsend und durch $M = 3$ beschränkt, und also nach dem Monotonie-prinzip konvergent, mit Grenzwert:

$$\boxed{e := \lim_{n\to\infty} \left(1 + \frac{1}{n}\right)^n \qquad \text{(Eulersche Zahl)}}$$

Beweis. 1. Schritt: Es gilt $(1 + \frac{1}{n})^n \leq \sum_{k=0}^{n} \frac{1}{k!}$ für alle $n \geq k \geq 1$.
Denn: Die binomische Formel (vgl. Anhang Abs. 9.2) liefert zunächst $(1 + \frac{1}{n})^n = \sum_{k=0}^{n} \binom{n}{k}\frac{1}{n^k}$ und weiter

$$\binom{n}{k}\frac{1}{n^k} = \frac{n(n-1)\cdots(n-(k-1))}{k!n^k} = \frac{1}{k!}\left(1 - \frac{1}{n}\right)\left(1 - \frac{2}{n}\right)\cdots\left(1 - \frac{k-1}{n}\right) \leq \frac{1}{k!},$$

womit der 1. Schritt folgt.
2. Schritt: Es ist $(a_n)_{n\in\mathbb{N}}$ mit $a_n := (1 + \frac{1}{n})^n$ eine monoton wachsende Folge. (Beweis in Aufgabe 4)
3. und letzter Schritt: Es ist $(a_n)_{n\in\mathbb{N}}$ mit $a_n := (1 + \frac{1}{n})^n$ eine beschränkte Folge.

Denn: Betrachte $(c_n)_{n\in\mathbb{N}}$ mit $c_n := \sum_{k=0}^{n} \frac{1}{k!}$. Für $k \geq 2$ bedient man sich folgender Abschätzung:

$$\frac{1}{k!} = \frac{1}{2} \cdot \frac{1}{3} \cdot \ldots \cdot \frac{1}{k} < \underbrace{\frac{1}{2} \cdot \frac{1}{2} \cdot \ldots \cdot \frac{1}{2}}_{(k-1)\text{-Faktoren}} = \frac{1}{2^{k-1}}$$

Folglich gilt

$$c_n = \sum_{k=0}^{n} \frac{1}{k!} < 1 + 1 + \sum_{k=2}^{n} \frac{1}{2^{k-1}} = 1 + \sum_{k=0}^{n-1} \left(\frac{1}{2}\right)^k \overset{\text{Aufg. 1}}{=} 1 + \frac{1 - \left(\frac{1}{2}\right)^n}{1 - \frac{1}{2}} = 1 + 2\left(1 - \left(\frac{1}{2}\right)^n\right) < 3,$$

für alle $n \geq 1$. Mithin ist $(c_n)_{n\in\mathbb{N}}$ und also nach dem 1. Schritt $(a_n)_{n\in\mathbb{N}}$ beschränkt. □

Notiz 2.2.26. Es gilt sogar:

$$e := \lim_{n\to\infty} \left(1 + \frac{1}{n}\right)^n = \lim_{n\to\infty} \sum_{k=0}^{n} \frac{1}{k!}$$

Unmittelbar aus Satz 2.2.20 (iv) folgt das in der Praxis oftmals nützliche

Korollar 2.2.27 (Vergleichskriterium). Gilt für eine Folge $(x_n)_{n\in\mathbb{N}}$ ab einem $n_0 \in \mathbb{N}$ die Abschätzung $a_n \leq x_n \leq b_n$ und ist $a_n \to x$ und $b_n \to x$ für $n \to \infty$, so konvergiert auch $(x_n)_{n\in\mathbb{N}}$ gegen x, d.h.:

$$\left. \begin{array}{l} \forall_{n \geq n_0} : a_n \leq x_n \leq b_n \\ \lim_{n\to\infty} a_n = x = \lim_{n\to\infty} b_n \end{array} \right\} \quad \Longrightarrow \quad \lim_{n\to\infty} x_n = x$$

Beispiel 2.2.28. Für jedes $x \in \mathbb{R}$ existiert der Grenzwert $\lim_{n\to\infty} \left(1 + \frac{x}{n}\right)^n$.

Beweis. Sei $x \in \mathbb{R}$ beliebig aber, fest vorgegeben. Für Konvergenzbetrachtungen genügt es, $a_n(x) := (1 + \frac{x}{n})^n$ für $n \geq |x|$ zu betrachten, denn dann gilt $a_n(x) > 0$ für alle solchen n. Damit lässt sich die Monotonie via $a_{n+1}(x)/a_n(x) \geq 1$ nachweisen, analog wie im 2. Beweisschritt des vorangegangenen Beispiels. Wir zeigen nunmehr Konvergenz in zwei Schritten:

1. Ist $x \leq 0$, so $0 < 1 + \frac{x}{n} < 1$ und daher auch $0 < (1 + \frac{x}{n})^n < 1$ für alle $n > -x$, was die Beschränktheit zeigt. Mit dem Monotonieprinzip folgt die Konvergenz der Folge $(a_n(x))_{n > -x}$ mit Grenzwert $\neq 0$.

2. Ist $x > 0$, so konvergiert die Folge $b_n(x) := (1 - \frac{x}{n})^n$ nach dem 1. Schritt für alle $n > x$. Aufgrund der BERNOULLI-Ungleichung (siehe Aufgabe 1) schließt man für die Produktfolge $(a_n(x)b_n(x))_{n > x}$:

$$1 > a_n b_n(x) := \left(1 - \frac{x^2}{n^2}\right)^n \geq \underbrace{1 - \frac{x^2}{n}}_{\to 1,\ n\to\infty}$$

Das Vergleichskriterium liefert $a_n(x)b_n(x) \to 1$ für $n \to \infty$, und zusammen mit den Limes-Rechenregeln nunmehr:

$$\lim_{n\to\infty} a_n(x) = \lim_{n\to\infty} \frac{a_n(x)b_n(x)}{b_n(x)} = \frac{\lim\limits_{n\to\infty} a_n(x)b_n(x)}{\lim\limits_{n\to\infty} b_n(x)} = \frac{1}{\lim\limits_{n\to\infty} b_n(x)}$$

$\square$

Weil wir gezeigt haben, dass für jedes $x \in \mathbb{R}$ der Grenzwert $\lim\limits_{n\to\infty}\left((1 + \frac{1}{n})^n\right) \in \mathbb{R}$ existiert, erhalten wir schließlich folgende

Definition 2.2.29 (Exponentialfunktion). Vermöge

$$\exp : \mathbb{R} \longrightarrow \mathbb{R}, \quad x \longmapsto \exp(x) := e^x := \lim_{n\to\infty}\left(1 + \frac{x}{n}\right)^n,$$

ist nach dem vorangegangenen Beweis eine wohldefinierte Funktion auf $\mathbb{R}$ gegeben. Sie heißt die (reelle) **Exponentialfunktion**.

Damit steht die Exponentialfunktion auf mathematisch „sauberem" Boden.

2.2.2 Grenzwert und Stetigkeit von Funktionen

Wir wollen uns den Begrifflichkeiten mit einem Einführungsbeispiel nähern:

Beispiel 2.2.30. Die *Signum-Funktion* ist wie folgt definiert (vgl. Abb. 2.16):

$$sgn : \mathbb{R} \longrightarrow \mathbb{R}, \quad x \longmapsto sgn(x) := \begin{cases} 1 & \text{für } x > 0 \\ 0 & \text{für } x = 0 \\ -1 & \text{für } x < 0 \end{cases}$$

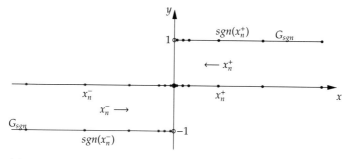

Abbildung 2.16: Konvergenzverhalten der Signum-Funktion.

Offenbar ist Bild$(sgn) = \{-1, 0, 1\}$. Betrachte die Folgen:

$$(x_n^-)_{n\in\mathbb{N}} \quad \text{mit} \quad x_n^- := -\frac{1}{n} \qquad \text{und} \qquad (x_n^+)_{n\in\mathbb{N}} \quad \text{mit} \quad x_n^+ := \frac{1}{n}$$

Dann gilt $\lim\limits_{n\to\infty} x_n^+ = 0 = \lim\limits_{n\to\infty} x_n^-$, jedoch für die Bildfolgen

$$(y_n^-)_{n\in\mathbb{N}} \quad \text{mit} \quad y_n^- := sgn(x_n^-) \qquad \text{und} \qquad (y_n^+)_{n\in\mathbb{N}} \quad \text{mit} \quad y_n^+ := sgn(x_n^+)$$

ist

$$\lim\limits_{n\to\infty} y_n^+ = \lim\limits_{n\to\infty} sgn(x_n^+) = 1, \quad \text{weil} \quad y_n^+ = sgn(x_n^+) = 1 \quad \text{für alle } n \in \mathbb{N},$$

sowie

$$\lim\limits_{n\to\infty} y_n^- = \lim\limits_{n\to\infty} sgn(x_n^-) = -1, \quad \text{weil} \quad y_n^- = sgn(x_n^-) = -1 \quad \text{für alle } n \in \mathbb{N}.$$

Fazit:

- Im Definitionsbereich der Signum-Funktion sind zwei Folgen gegeben, die beide gegen 0 konvergieren, aber ihre Bildfolgen haben *verschiedene* Grenzwerte, d.h.:

$$0 = sgn(0) = sgn(\lim\limits_{n\to\infty} x_n^\pm) \qquad \text{aber} \qquad \lim\limits_{n\to\infty} y_n^+ = 1 \neq 0 \neq -1 = \lim\limits_{n\to\infty} y_n^-$$

- Insbesondere

$$\lim\limits_{n\to\infty} sgn(x_n^\pm) \neq sgn(\lim\limits_{n\to\infty}(x_n^\pm)),$$

d.h. *Limes vertauscht nicht mit der Abbildung*. Die Zulässigkeit der Vertauschung wäre aber eine sehr wünschenswerte Eigenschaft, gerade und insbesondere beim praktischen Rechnen.

Allgemein: Wir interessieren uns für das Verhalten der Funktionswerte einer gegebenen Funktion $f : D \to \mathbb{R}$, wenn wir uns mit $x \in D$ einer vorgegebenen Stelle x_0 annähern, also $x \to x_0$ (d.h. via $x_n \to x_0$ für $n \to \infty$).

Sprechweise 2.2.31. Man spricht von einer Folge *in* $D \subset \mathbb{R}$, wenn alle Folgeglieder x_n in D liegen.

Definition 2.2.32 (Grenzwert von Funktionen). Sei $f : I \to \mathbb{R}$ eine Funktion auf einem allgemeinen Intervall $I \subset \mathbb{R}$ und $x_0 \in \mathbb{R} \cup \{\pm\infty\}$. Man sagt, die Funktion f **hat in x_0 den Grenzwert** $y_0 \in \mathbb{R} \cup \{\pm\infty\}$, falls für jede gegen x_0 konvergente Folge $(x_n)_{n\in\mathbb{N}}$ in I auch die Bildfolge $(f(x_n))_{n\in\mathbb{N}}$ gegen y_0 konvergiert.

Notation & Sprechweise 2.2.33. Man schreibt dann dafür $\lim\limits_{x\to x_0} f(x) = y_0$ oder $f(x) \to y_0$ für $x \to x_0$, und sagt *f konvergiert gegen y_0, für x gegen x_0*.

Bemerkung 2.2.34. Die Definition liest sich also wie folgt:

$$\boxed{y_0 = \lim\limits_{x\to x_0} f(x) \quad :\Longleftrightarrow \quad \forall_{(x_n)_{n\in\mathbb{N}}} \text{ in } I : \left(\lim\limits_{n\to\infty} x_n = x_0 \ \Rightarrow \ \lim\limits_{n\to\infty} f(x_n) = y_0 \right)}$$

Sprechweise 2.2.35. Man spricht in der Situation obiger Definition von einem

- *rechtsseitigen Grenzwert*, in Zeichen $\lim\limits_{x \to x_0^+} f(x) = y_0$, falls zusätzlich $x_n > x_0$,

- *linksseitigen Grenzwert*, in Zeichen $\lim\limits_{x \to x_0^-} f(x) = y_0$, falls $x_n < x_0$,

für alle $n \in \mathbb{N}$ gilt.

Beachte: Obige Definition beinhaltet auch die Fälle $x_0 \notin I$ oder $y_0 \notin$ Bild(f).

Anschauung: Betrachte $f : [a, b) \to \mathbb{R}$ mit $x_n \to b$ für $n \to \infty$.

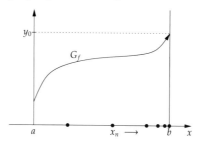

Abbildung 2.17: Für $x_0 := b \notin [a, b)$ und $y_0 := \lim\limits_{x \to b^-} f(x) = y_0$ ist Annäherung an b nur von links möglich.

Beispiel 2.2.36. Schauen wir uns einige Beispiele an:

(i) Betrachte die Funktion $f(x) := \frac{x^2-1}{x-1}$ auf $D := \mathbb{R}\backslash\{1\}$. Sei $(x_n)_{n\in\mathbb{N}}$ eine Folge in D mit $\lim\limits_{n \to \infty} x_n = 1$. Dann ist

$$\frac{x_n^2 - 1}{x_n - 1} = \frac{(x_n - 1)(x_n + 1)}{x_n - 1} = x_n + 1 \qquad \text{für alle } n \in \mathbb{N},$$

denn $x_n \neq 1$ für jedes $n \in \mathbb{N}$. Also ist $\lim\limits_{n\to\infty} f(x_n) = \lim\limits_{n\to\infty}(x_n+1) = \lim\limits_{n\to\infty} x_n + \lim\limits_{n\to\infty} 1 = 1 + 1 = 2$, wobei Satz 2.2.20 verwendet wurde. Weil die Folge $(x_n)_{n\in\mathbb{N}}$ beliebig war, folgt $\lim\limits_{x \to 1} f(x) = 2$.

(ii) Sei nun $f(x) = \frac{1}{x}$ auf $D := \mathbb{R}\backslash\{0\}$. Dann existiert der Grenzwert von f für $x \to 0$ nicht, denn: Sei $(x_n^+)_{n\in\mathbb{N}}$ eine Folge in D mit $x_n^+ > 0$ für alle $n \in \mathbb{N}$ und $x_n^+ \to 0$ für $n \to \infty$. Dann gilt $f(x_n^+) \to +\infty$ für $n \to \infty$. Die Bildfolge von $(x_n^-)_{n\in\mathbb{N}}$ mit $x_n^- < 0$ für alle $n \in \mathbb{N}$ und $x_n^- \to 0$ für $n \to \infty$ liefert jedoch $f(x_n^-) \to -\infty$ für $n \to \infty$. Damit ist schließlich:

$$\lim\limits_{x \to 0^+} f(x) = +\infty \neq -\infty = \lim\limits_{x \to 0^-} f(x)$$

(iii) (Übung) Man zeige, dass für $f(x) = \frac{1}{x^2}$ auf $D := \mathbb{R}\backslash\{0\}$ der uneigentliche Grenzwert in $x_0 = 0$ existiert, genauer $\lim\limits_{x \to 0} f(x) = +\infty$.

(iv) Für die Signum-Funktion gilt $\lim\limits_{x\to 0^+} sgn(x) = 1 \neq -1 = \lim\limits_{x\to 0^-} sgn(x)$, womit der Limes von sgn in $x_0 = 0$ nicht existiert.

(v) Selbst bei beschränkten Funktionen (loc.cit. Def.2.2.51) braucht der Limes nicht zu existieren. Betrachte z.B. $f(x) = \sin(\frac{1}{x})$ auf $D := \mathbb{R}\backslash\{0\}$. Dann ist $\lim\limits_{x\to 0} f(x)$ nicht existent, denn für die Folgen $a_n := \frac{1}{2\pi n}$ und $b_n := \frac{2}{\pi(4n+1)}$ gilt $\lim\limits_{n\to\infty} a_n = 0 = \lim\limits_{n\to\infty} b_n$, jedoch $\lim\limits_{n\to\infty} f(a_n) = 0 \neq 1 = \lim\limits_{n\to\infty} f(b_n)$.

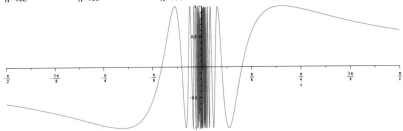

Abbildung 2.18: Graph von $\sin(1/x)$. Je näher x an der 0, desto schneller sind die Oszillationen.

Limesbildung bei Funktionen ist stabil unter den üblichen algebraischen Operationen. Genauer:

Satz 2.2.37 (Algebraische Rechenregeln). *Seien* $y_0, \tilde{y}_0 \in \mathbb{R}$ *(also endlich). Für zwei Funktionen* $f, g : I \to \mathbb{R}$ *mit* $x_0 \in \mathbb{R} \cup \{\pm\infty\}$ *auf einem allgemeinen Intervall* $I \subset \mathbb{R}$ *gelte* $y_0 = \lim\limits_{x\to x_0} f(x)$ *sowie* $\tilde{y}_0 = \lim\limits_{x\to x_0} g(x)$. *Dann gilt:*

(i) *(Linearität)* $\lim\limits_{x\to x_0} \left(\lambda f(x) + \mu g(x) \right) = \lambda \lim\limits_{x\to x_0} f(x) + \mu \lim\limits_{x\to x_0} g(x) = \lambda y_0 + \mu \tilde{y}_0$, *für alle* $\lambda, \mu \in \mathbb{R}$.

(ii) *(Produkt)* $\lim\limits_{x\to x_0} (f(x) \cdot g(x)) = \left(\lim\limits_{x\to x_0} f(x) \right) \cdot \left(\lim\limits_{x\to x_0} g(x) \right) = y_0 \tilde{y}_0$.

(iii) *(Quotient)* $\lim\limits_{x\to x_0} \dfrac{f(x)}{g(x)} = \dfrac{\lim\limits_{x\to x_0} f(x)}{\lim\limits_{x\to x_0} g(x)} = \dfrac{y_0}{\tilde{y}_0}$, *sofern* $g(x) \neq 0$ *für alle* $x \in I$ *und* $\tilde{y}_0 \neq 0$.

Beweis. Die Behauptungen folgen aus den algebraischen Rechenregeln (Satz 2.2.20) für Folgen.   □

Beachte: Auch hier setzt die Anwendung der Rechenregeln die Existenz der Grenzwerte der beteiligten Funktionen voraus, d.h.

$$\left. \begin{array}{l} \lim\limits_{x\to x_0} f(x) = y_0 \in \mathbb{R} \\[2mm] \lim\limits_{x\to x_0} g(x) = \tilde{y}_0 \in \mathbb{R} \end{array} \right\} \quad \Longrightarrow \quad \text{Es gelten die Rechenregeln,}$$

woraus sich dieselbe Vorgehensweise wie bei Folgen ergibt, nämlich:

Merke: Für die Anwendung der Rechenregeln ist eine kompliziert „zusammen-gesetzte" Funktion in *konvergente* (einfachere) „Bestandteile" zu zerlegen.

Beispiel 2.2.38 (Übung). Man bestimme $\lim\limits_{x\to 1}\dfrac{3x^2 - x}{1 + x^2}$ sowie $\lim\limits_{x\to\infty}\dfrac{3x^2 + \sin x}{1 + x^2}$.

Zur Grenzwertberechnung von Funktionen erweist sich auch der folgende Satz als nützlich:

Satz 2.2.39 (Sandwichtheorem). *Wenn sich zu einer Funktion $f : I \to \mathbb{R}$ zwei Funktionen g, h mit $\lim\limits_{x\to x_0} g(x) = \lim\limits_{x\to x_0} h(x) = y_0 \in \mathbb{R}$ finden lassen, für die lokal um x_0 gilt*

$g(x) \leq f(x) \leq h(x)$, *d.h. es gibt eine ε-Kugel $K := \overset{\circ}{K}_\varepsilon(x_0)$ mit $g_{|K} \leq f_{|K} \leq h_{|K}$, so gilt auch* $\lim\limits_{x\to x_0} f(x) = y_0$. *D.h.:*

$$
\left.
\begin{aligned}
&\lim_{x\to x_0} g(x) = y_0 = \lim_{x\to x_0} h(x) \\
&\exists_{\varepsilon>0}\forall_{x\in K} \;:\; g(x) \leq f(x) \leq h(x)
\end{aligned}
\right\}
\quad\Longrightarrow\quad
\lim_{x\to x_0} f(x) = y_0
$$

Beachte: Das Sandwichtheorem gilt insbesondere für $x_0 =$„∞".

Beispiel 2.2.40 (Wichtiges Beispiel). Für $f : \mathbb{R}^* \to \mathbb{R}$, $x \mapsto \frac{\sin x}{x}$ gilt $\lim\limits_{x\to 0}\dfrac{\sin x}{x} = 1$[7], womit f auch für den Wert $x = 0$ *fortgesetzt* werden kann. Dies führt auf

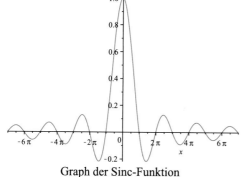

$$
\text{sinc} : \mathbb{R} \longrightarrow \mathbb{R}, \; x \longmapsto
\begin{cases}
\frac{\sin x}{x}, & x \neq 0 \\
1, & x = 0,
\end{cases}
$$

eine in der Technik, vor allem in der Signalverarbeitung, bedeutende Funktion.

Graph der Sinc-Funktion

Definition 2.2.41 (Stetigkeit). (i) Eine Funktion $f : D \to \mathbb{R}$, $x \mapsto f(x)$ heißt **stetig in $x_0 \in D$**, falls der Grenzwert von f in x_0 existiert, d.h.:

$$
f \text{ stetig in } x_0 \in D \qquad :\Longleftrightarrow \qquad \lim_{x\to x_0} f(x) = f(x_0) \in \mathbb{R}
$$

(ii) Die Funktion $f : D \to \mathbb{R}$ heißt **stetig auf D** oder schlechthin **stetig**, falls f in jedem Punkt $x_0 \in D$ stetig ist.
(iii) Ist $x_0 \in D$ ein Randpunkt, also $x_0 \in \partial D$, so heißt f **stetig in x_0**, falls der einseitige Grenzwert existiert.

---

[7]Ein Beweis wird in Kor. 2.2.49 gegeben.

Bemerkung 2.2.42. Eine Funktion $f : D \to \mathbb{R}$ ist also stetig in $x_0 \in D$, wenn mit *jeder* gegen in x_0 konvergenten Folge $(x_n)_{n\in\mathbb{N}}$ auch die Bildfolge $(f(x_n))_{n\in\mathbb{N}}$ gegen $f(x_0)$ konvergiert. Das sagt:

$$\boxed{f \text{ stetig in } x_0 \iff \lim_{n\to\infty} f(x_n) = f(\lim_{n\to\infty} x_n) = f(x_0)}$$

Merke: Stetigkeit bedeutet, dass Abbildungvorschrift und Limesbildung *vertauschen*.

Gelegentlich ist folgende Charakterisierung der Stetigkeit von Nutzen:

Lemma 2.2.43. Sei $I \subset \mathbb{R}$ ein offenes Intervall. Eine Funktion $f : I \to \mathbb{R}$ ist genau dann stetig in $x_0 \in I$, falls es zu jeder ε-Kugel $I_\varepsilon(y_0)$ um $y_0 := f(x_0)$ eine δ-Kugel $I_\delta(x_0)$ um x_0, deren Bild noch ganz in die ε-Kugel passt, also $f(I_\delta(x_0)) \subset I_\varepsilon(y_0)$, d.h.:

$$f \text{ stetig in } x_0 \iff \forall_{\varepsilon>0}\exists_{\delta>0} : f(I_\delta(x_0)) \subset I_\varepsilon(y_0)$$
$$\iff \forall_{\varepsilon>0}\exists_{\delta>0}\forall_{|x-x_0|<\delta} : |f(x) - f(x_0)| < \varepsilon$$

Beweis. „$\Rightarrow$": (Kontraposition) Angenommen, die rechte Seite gilt nicht, so finden wir eine Folge $x_n \to x_0$ für $n \to \infty$, deren Bildfolge nicht gegen $f(x_0)$ konvergiert, also wäre f nicht stetig in x_0. Es gilt nämlich:

$$\overline{\forall_{\varepsilon>0}\exists_{\delta>0} : f(I_\delta(x_0)) \subset I_\varepsilon(y_0)} \quad :\iff \quad \exists_{\varepsilon>0}\forall_{\delta>0} : f(I_\delta(x_0)) \not\subset I_\varepsilon(y_0)$$
$$\iff \exists_{\varepsilon>0}\forall_{\delta>0}\exists_{x\in X} : \left(x \in I_\delta(x_0) \Rightarrow f(x) \notin I_\varepsilon(y_0)\right)$$
$$\iff \exists_{\varepsilon>0}\forall_{\delta>0}\exists_{x\in X} : \left(|x - x_0| < \delta \Rightarrow |f(x) - f(x_0)| \geq \varepsilon\right)$$

Insbesondere: Zu $\delta := \frac{1}{n}$ existiert ein $x_n \in X$ mit $|x_n - x_0| < \frac{1}{n}$, aber $|f(x_n) - f(x_0)| \geq \varepsilon$. Dann gilt $x_n \to x_0$ für $n \to \infty$, jedoch konvergiert die Bildfolge $(f(x_n))_{n\in\mathbb{N}}$ nicht gegen $f(x_0)$, denn nach Konstruktion von $(x_n)_{n\in\mathbb{N}}$ tappt keines der $f(x_n)$ in die ε-Kugel um $y_0 := f(x_0)$ hinein.

„$\Leftarrow$": Sei also $x_n \to x_0$ für $n \to \infty$ eine Folge in I, die gegen x_0 konvergiert. Sei $I_\varepsilon(y_0)$ eine Umgebung um $y_0 := f(x_0)$. Voraussetzungsgemäß existiert eine δ-Kugel $I_\delta(x_0)$ um x_0 mit $f(I_\delta(x_0)) \subset I_\varepsilon(y_0)$. Weil $(x_n)_{n\in\mathbb{N}}$ gegen x_0 konvergiert, verbleibt sie ab einen gewissen $N \in \mathbb{N}$ in δ-Kugel, und wegen $f(I_\delta(x_0)) \subset I_\varepsilon(y_0)$ verbleibt die Bildfolge $(f(x_n))_{n\in\mathbb{N}}$ ab diesem $N \in \mathbb{N}$ in $I_\varepsilon(y_0)$, d.h. $f(x_n) \to f(x_0)$ für $n \to \infty$, wie verlangt. $\square$

Beachte: Eine Aussage über die Stetigkeit einer Funktion f kann nur in den Punkten getroffen werden, in denen f überhaupt definiert ist.

Beispiel 2.2.44. (i) Offenbar sind die konstante Funktion $c : D \to \mathbb{R}$, $x \mapsto c$ und die Identität $\mathrm{id}_D : D \to \mathbb{R}$, $x \mapsto x$ stetig auf D.
(ii) Die Signum-Funktion $sgn : \mathbb{R} \to \mathbb{R}$, $x \mapsto sgn(x)$ ist nicht stetig (auf $\mathbb{R}$), denn sie ist offenbar in 0 nicht stetig, wie im Einführungsbeispiel Bsp. 2.2.30 gezeigt wurde.

(iii) Die Betragsfunktion $|.| : \mathbb{R} \longrightarrow \mathbb{R}$, $x \mapsto |x| := \begin{cases} x, & x \geq 0 \\ -x, & x < 0 \end{cases}$ ist stetig.

Lemma 2.2.45. Komposition stetiger Funktionen ist stetig, d.h. sind $f : D \to \mathbb{R}$ und $g : \tilde{D} \to \mathbb{R}$ stetige Funktionen mit $f(D) \subset \tilde{D}$, so ist auch $g \circ f : D \to \mathbb{R}$ stetig.

Kurz:

$$\xrightarrow{\Rightarrow g \circ f \text{ stetig}}$$

$$D \xrightarrow[f \text{ stetig}]{} \tilde{D} \xrightarrow[g \text{ stetig}]{} \mathbb{R}$$

Man sagt: Stetigkeit ist *stabil* unter Komposition.

Beweis. Sei also $x_0 \in D$ und $(x_n)_{n \in \mathbb{N}}$ eine Folge in D mit $x_n \to x_0$ für $n \to \infty$. Die Stetigkeit von f in x_0 liefert $f(x_n) \to f(x_0)$. Setzt man $y_n := f(x_n)$ und $y_0 := f(x_0)$, so besagt die Stetigkeit von g, dass mit $y_n \to y_0$ auch $g(y_n) \to g(y_0)$, also $(g \circ f)(x_n) = g(f(x_n)) = g(y_n) \to g(y_0) = g(f(x_0)) = (g \circ f)(x_0)$, für $n \to \infty$. Mithin folgt die Stetigkeit von $g \circ f$ in x_0, und weil $x_0 \in D$ beliebig gewählt war, die Stetigkeit von $g \circ f$ auf ganz D. $\qquad \square$

Stetigkeit ist stabil unter den üblichen algebraischen Operationen. Genauer:

Satz 2.2.46 (Algebraische Rechenregeln). *Sind $f, g : D \to \mathbb{R}$ stetige Funktionen auf $D \subset \mathbb{R}$, so sind*

1. *(Linearität) $(\lambda f + \mu g) : D \to \mathbb{R}$, $x \mapsto (\lambda f + \mu g)(x) := \lambda f(x) + \mu g(x)$ für alle $\lambda, \mu \in \mathbb{R}$,*

2. *(Produkt) $f \cdot g : D \to \mathbb{R}$, $x \mapsto (fg)(x) := f(x)g(x)$,*

3. *(Quotient) $\dfrac{f}{g} : D \to \mathbb{R}$, $\mapsto \dfrac{f}{g}(x) := \dfrac{f(x)}{g(x)}$, falls $g(x) \neq 0$ für alle $x \in D$*

stetig.

Beweis. Die Behauptungen folgen direkt aus Satz 2.2.37. $\qquad \square$

Wieder kann aus der Kenntnis, dass die Identität und die konstante Funktion stetig sind, zusammen mit den Rechenregeln auf die Stetigkeit vieler neuer Funktionen geschlossen werden:

Korollar 2.2.47. Polynome und rationale Funktionen sind stetig.

Satz 2.2.48. *(i) Die Wurzelfunktion $\sqrt{} : \mathbb{R}_0^+ \to \mathbb{R}$, $x \mapsto \sqrt{x}$ ist stetig.*
(ii) Es sind $\exp, \sin, \cos : \mathbb{R} \to \mathbb{R}$, $x \mapsto \exp x := e^x$, $\sin x$, $\cos x$ stetig.

Beweis. Zu (i): Sei $x_0 \in \mathbb{R}^+$. Die Abschätzung

$$|\sqrt{x} - \sqrt{x_0}| = \left| \frac{(\sqrt{x} - \sqrt{x_0})(\sqrt{x} + \sqrt{x_0})}{\sqrt{x} + \sqrt{x_0}} \right| = \left| \frac{x - x_0}{\sqrt{x} + \sqrt{x_0}} \right| < \frac{1}{\sqrt{x_0}} \underbrace{|x - x_0|}_{\to 0} \Rightarrow \to 0$$

für $x \to x_0$ liefert die Stetigkeit in x_0, denn ist $x_n \to x_0$ für $n \to \infty$, also auch $|x_n - x_0| \to 0$ für $n \to \infty$, so konvergiert ersichtlich $\sqrt{x_n} \to \sqrt{x_0}$ für $n \to \infty$.
Für den Randpunkt $x_0 = 0$ und damit $\sqrt{0} = 0$ ist der rechtsseitige Grenzwert zu prüfen. Sei $(x_n)_{n \in \mathbb{N}}$ eine Folge in $\mathbb{R}_0^+$ mit $x_n \to 0$ für $n \to \infty$, und $\varepsilon > 0$. Wähle $N \in \mathbb{N}$, so dass $x_n < \varepsilon^2$ für alle $n > N$. Das ist möglich, da $(x_n)_{n \in \mathbb{N}}$ eine Nullfolge ist.

Nach Abschnitt 1.1 Aufgabe 4 ist die Wurzel streng monoton steigend, und damit $\sqrt{x_n} < \sqrt{x_N} = \sqrt{\varepsilon^2} = \varepsilon$ für alle $n > N$. Also ist $\sqrt{x}$ stetig in 0.

Zu (ii): Wir zeigen nur die Behauptung über Sinus und Kosinus. Wegen $\sin(x + \frac{\pi}{2}) = \cos(x)$ genügt es, die Stetigkeit von $\sin x$ zu zeigen. Betrachte zunächst den Fall $0 \le x < \frac{\pi}{2}$.

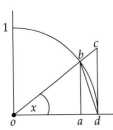

Aus der nebenstehenden Skizze am Einheitskreis erhält man

- Fläche des Dreiecks $F_\Delta(b, o, d) = \frac{\sin x}{2}$

- Fläche des Kreissektors am Einheitskreis $F_S = \frac{x}{2\pi}\pi = \frac{x}{2}$

- Fläche des Dreiecks $F_\Delta(c, o, d) = \frac{\tan x}{2}$,

und damit die Ungleichungskette $0 \le \sin x < x < \tan x$ für $0 \le x < \frac{\pi}{2}$. Wegen der Punktsymmetrie $\sin(-x) = -\sin(x)$ und $\tan(-x) = -\tan(x)$ folgt:

$$0 \le |\sin x| < |x| < |\tan x| \qquad \text{für} \qquad -\frac{\pi}{2} < x < \frac{\pi}{2}$$

Ist nun $(x_n)_{n \in \mathbb{N}}$ eine Nullfolge, so folgt mit dem Sandwichtheorem $\sin(x_n) \to 0$ für $n \to \infty$, was die Stetigkeit des Sinus in 0 zeigt. Aufgrund der algebraischen Rechenregeln Satz 2.2.46, der eben bewiesenen Stetigkeit der Wurzelfunktion sowie Lemma 2.2.45 ist $\cos x = \sqrt{1 - \sin^2 x}$ stetig in 0. Sei $x_0 \in \mathbb{R}$ beliebig und $(x_n)_{n \in \mathbb{N}}$ eine gegen x_0 konvergente Folge. Dann ist vermöge $h_n := x_n - x_0$ eine Nullfolge gegeben. Mithilfe des 1. Additionstheorems aus Satz 2.1.34 folgt

$$\sin x_n = \sin(x_0 + h_n) = \sin x_0 \cos h_n + \cos x_0 \sin h_n.$$

Aus der eben bewiesenen Stetigkeit von Sinus und Kosinus in 0 folgt $\sin h_n \to 0$ sowie $\cos h_n \to 1$ für $n \to \infty$ und mithin $\sin x_n \to \sin x_0$, wie verlangt. $\qquad \square$

Korollar 2.2.49. Die sinc-Funktion $\text{sinc} : \mathbb{R} \to \mathbb{R},\ x \mapsto \begin{cases} \dfrac{\sin x}{x}, & x \ne 0 \\ 1, & x = 0 \end{cases}$ ist stetig.

Beweis. Aus der Skizze am Einheitskreis im Beweis des Satzes entnimmt man $0 \le |\sin x| < |x| < |\tan x|$ und für $0 < |x| < \frac{\pi}{2}$ liefert Division durch $|\sin x|$ die Ungleichung

$$1 < \left|\frac{x}{\sin x}\right| < \frac{1}{|\cos x|} \qquad \text{d.h.} \qquad |\cos x| < \left|\frac{\sin x}{x}\right| < 1.$$

Aus der im Satz 2.2.48 (ii) bewiesenen Stetigkeit des Kosinus in 0 und dem Sandwichtheorem Satz 2.2.39 folgt die Behauptung. $\qquad \square$

Wie sich Stetigkeit bzw. Nicht-Stetigkeit anschaulich fassen lässt, soll Abb. 2.19 verdeutlichen.

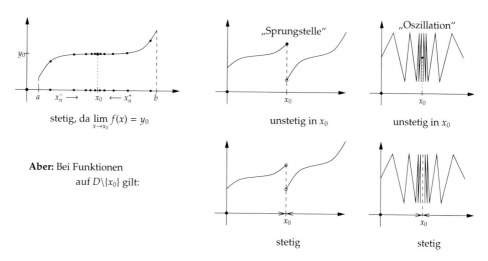

Abbildung 2.19: Anschauliche Bedeutung der Stetigkeit.

Beispiel 2.2.50. Die Funktion $f : \mathbb{R}^* \to \mathbb{R}$, $x \mapsto \frac{1}{x}$ ist stetig auf ganz $\mathbb{R}^*$.

Definition 2.2.51 (Beschränktheit). Ein Funktion $f : D \to \mathbb{R}$ heißt **beschränkt**, wenn es eine Konstante $C \in \mathbb{R}$ gibt, so dass $|f(x)| \leq C$ für alle $x \in D$ gilt, d.h.:

$$f : D \to \mathbb{R} \text{ beschränkt} \quad :\Longleftrightarrow \quad \exists_{C \in \mathbb{R}} \forall_{x \in D} : |f(x)| \leq C$$

Satz 2.2.52. *Sei $f : [a, b] \to \mathbb{R}$ eine stetige Funktion auf einem kompakten Intervall $[a, b] \subset \mathbb{R}$. Dann*

(i) *(Schrankensatz) ist f beschränkt.*

(ii) *(Satz vom Minimum und Maximum) nimmt f auf $[a, b]$ sowohl Minimum als auch Maximum an, d.h. es gibt Zahlen $\xi_1, \xi_2 \in [a, b]$ mit $f(\xi_1) \leq f(x) \leq f(\xi_2)$ für alle $x \in [a, b]$.*

(iii) *(Zwischenwertsatz) nimmt f jeden Wert zwischen $f(a)$ und $f(b)$ an, d.h. ist $\eta \in \mathbb{R}$ mit $f(a) \leq \eta \leq f(b)$, so gibt es ein $\xi \in [a, b]$ mit $f(\xi) = \eta$.*

Der Beweis dieses anschaulich zwar einleuchtenden Satzes ist nicht evident, und erfordert Hilfsmittel, die außerhalb der hier behandelten Themen liegen. Daher lassen wir den Beweis aus und verweisen interessierte Leser auf [Fr95] Kap. 8.

Bemerkung 2.2.53. (i) Ist f wie im Satz, so nimmt f jeden Funktionswert zwischen Minimum $m := f(\xi_1)$ und Maximum $M := f(\xi_2)$ an, d.h. für jedes $\eta \in \mathbb{R}$ mit $f(\xi_1) \leq \eta \leq f(\xi_2)$ gibt es ein $\xi \in [a, b]$ mit $\eta = f(\xi)$.
(ii) Der Zwischenwertsatz lässt sich auch für nicht kompakte Intervalle formulieren: Das stetige Bild eines allgemeinen Intervalls ist wieder eines, d.h. $f : I \to \mathbb{R}$ eine stetige Funktion auf einen allgemeinen Intervall, so ist Bild$(f) = f(I) \subset \mathbb{R}$ wieder ein allgemeines Intervall.

Eine Teilmenge $B \subset \mathbb{R}$ heißt *beschränkt*, falls es eine Konstante $R > 0$ mit $B \subset (-R, R)$. Damit lassen sich die kompakten Intervalle wie folgt charakterisieren:

Notiz 2.2.54. Ein allgemeines Intervall $I \subset \mathbb{R}$ ist genau dann kompakt, wenn es beschränkt und abgeschlossen ist.

Damit kann obiger Satz 2.2.52 auch wie folgt formuliert werden:

Bemerkung 2.2.55. Stetige Bilder kompakter Intervalle sind kompakt, d.h. ist $f : K \to \mathbb{R}$ eine stetige Funktion auf einem kompakten Intervall $K \subset \mathbb{R}$, so ist Bild(f) = $f(K) \subset \mathbb{R}$ ebenfalls ein kompaktes Intervall.

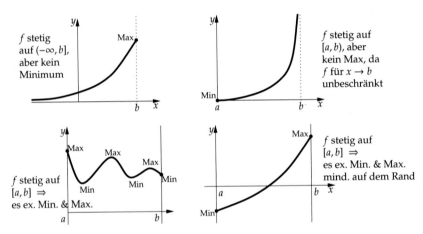

Abbildung 2.20: Zur Existenz und Lage von Minimum und Maximum stetiger Funktionen.

Eine wichtige Anwendung des Zwischenwertsatzes liegt in der Existenz von Nullstellen:

Korollar 2.2.56. Sei $f : I \to \mathbb{R}$ eine stetige Funktion auf einem allgemeinen Intervall $I \subset \mathbb{R}$. Gilt $f(a) < 0$ und $f(b) > 0$ für zwei $a, b \in I$ mit $a < b$, so hat $f_{|[a,b]}$ mindestens eine Nullstelle, d.h. es gibt es $\xi \in [a, b]$ mit $f(\xi) = 0$.

Beispiel 2.2.57. Jedes Polynom ungeraden Grades hat mindestens eine Nullstelle.

Beweis. Sei $p(x)$ ein Polynom ungeraden Grades auf $\mathbb{R}$. Dann gilt $p(x) \to +\infty$ für $x \to +\infty$ und $p(x) \to -\infty$ für $x \to -\infty$. Also gibt es $a < b$ in $\mathbb{R}$ mit $f(a) < 0$ und $f(b) > 0$ und daher eine Nullstelle, gemäß dem Korollar.   □

Beispiel 2.2.58 (Übung). Betrachte $f(t) = e^t - 3t$ auf $[0, 1]$. Zeigen Sie, dass f eine Nullstelle hat.

Aufgaben

R.1. Man untersuche die folgenden Folgen $(a_n)_{n \in \mathbb{N}}$ auf Konvergenz:

$$(a)\, a_n := (-1)2^n \quad (b)\, a_n := (-1)^n n \quad (c)\, a_n := \frac{32n^2 - 2n + 10}{(8n-3)(n+1)} \quad (d)\, a_n := \frac{n^3 - 7n^2}{5n(n+1)}$$

Begründen Sie jeweils durch Rechnung und formale Argumente.

R.2. Die Funktionen $\sinh(x) := \frac{1}{2}(e^x - e^{-x})$ sowie $\cosh(x) := \frac{1}{2}(e^x + e^{-x})$ werden Sinus Hyperbolicus und Kosinus Hyperbolicus genannt.

 (a) Bestimmen Sie den Definitionsbereich und das Bild der beiden Funktionen.

 (b) Zeigen Sie in allen Einzelheiten, und ohne dabei auf die Definition zurückzugreifen, dass beide Funktionen stetig auf ihren ganzen Definitionsbereich sind.

 (c) Zeigen Sie, dass cosh eine gerade und sinh eine ungerade Funktion ist. Erinnerung: Eine Funktion f heißt gerade (ungerade), falls $f(-x) = f(x)$ $(f(-x) = -f(x))$ gilt.

 (d) Bestimmen Sie $\lim\limits_{x \to \pm\infty} \sinh(x)$ und $\lim\limits_{x \to \pm\infty} \cosh(x)$ und skizzieren Sie die Graphen der beiden Funktionen.

 (e) Beweisen Sie den hyperbolischen Pythagoras $\cosh^2 x - \sinh^2 x = 1$.

 (f) Berechnen Sie die Umkehrfunktionen Arsinh $:= (\sinh)^{-1}$ sowie Arcosh $:= (\cosh)^{-1}$, die sogenannten Areafunktionen. Geben Sie Definitionsbereiche und die Abbildungsvorschrift explizit an. (Hinweis: Auf welcher Einschränkung des Definitionsbereiches ist sinh bzw. cosh injektiv?)

R.3. Bestimme $\lim\limits_{x \to 0} x \sin(\frac{1}{x})$. (Hinweis: Sandwichtheorem)

R.4. Zeigen Sie, dass $\lim\limits_{x \to 0} \frac{1 - \cos x}{x} = 0$ gilt. (Hinweis: Zeigen Sie mittels 3. binomischer Formel die Ungleichung $\frac{1 - \cos x}{|x|} < |x|$, und folgern Sie daraus die Behauptung. Ein Beweis via L'HOSPITAL ist nicht gestattet!)

T.1. Zeigen Sie durch vollständige Induktion

 (a) die BERNOULLIsche Ungleichung $(1+x)^n \geq 1 + nx$ für $x \geq -1$ und $n \in \mathbb{N}_0$.

 (b) die geometrische Summenformel $\sum\limits_{k=0}^{n} x^k = \frac{x^{n+1} - 1}{x - 1}$ für $x \in \mathbb{R} \backslash \{1\}$ und $n \in \mathbb{N}_0$. Wie lässt sich alternativ dies auch direkt zeigen?

T.2. Untersuchen Sie das Konvergenzverhalten der *geometrischen Folge* $(x_n)_{n \in \mathbb{N}}$ mit $x_n := x^n$. Hinweis: Betrachten Sie dazu die vier Fälle $|x| > 1, x = 1, x = -1, |x| < 1$. Die BERNOULLIsche Ungleichung aus Aufgabe T.1. (a) kann verwendet werden.

T.3. Man zeige, dass die Folge $(a_n)_{n \in \mathbb{N}}$ mit $a_n := (1 + \frac{1}{n})^n$ monoton wachsend ist. Man zeige dazu $a_n/a_{n-1} \geq 1$ für $n \geq 1$. Warum ist das ausreichend? (Hinweis: BERNOULLIsche Ungleichung)

T.4. Man zeige mithilfe des Sandwichtheorems $\lim_{n \to \infty} \dfrac{n}{2^n} = 0$. (Hinweis: Zeige mittels Induktion $n^2 \leq 2^n$ für alle $n \geq 4$.)

2.3   Ableitung

Die unbestimmten Größen betrachte ich im Folgenden als in stetiger Bewegung wachsend oder abnehmend, d.h. als fließend oder abfließend. Und ich bezeichne sie mit den Buchstaben z, y, x, v und ihre Fluxionen oder Wachstumsgeschwindigkeiten drücke ich durch dieselben Buchstaben mit Punkten versehen aus, also durch $\dot{z}, \dot{y}, \dot{x}, \dot{v}$. Von diesen Fluxionen gibt es wieder Fluxionen oder mehr oder weniger rasche Änderungen. Man kann die zweiten Fluxionen von , z, y, x, v nennen und so bezeichnen: $\ddot{z}, \ddot{y}, \ddot{x}, \ddot{v}$; ...

ISAAC NEWTON[8], 1643–1727

In diesem Kapitel erinnern wir an den aus der Schule wohlbekannten Ableitungsbegriff, und vertiefen das eine oder andere gegebenenfalls.

2.3.1   Definition und erste Eigenschaften

Bei der Ableitung handelt es sich, wie bei der Stetigkeit, um eine lokale Eigenschaft einer Funktion bei einem festen Punkt x_0 des Definitionsbereiches. Anschaulich gesprochen beschreibt sie bei einer um $x_0 \in D$ differenzierbaren Funktion das dortige Steigungsverhalten.

Definition 2.3.1 (Ableitung). (i) Eine Funktion $f : D \to \mathbb{R}$ heißt **in x_0 differenzierbar**, falls

$$f'(x_0) := \lim_{x \to x_0} \frac{f(x) - f(x_0)}{x - x_0} = \lim_{h \to 0} \frac{f(x_0 + h) - f(x_0)}{h}$$

existiert, und dieser Grenzwert heißt **Ableitung von f in x_0**.
(ii) Die Gerade durch $(x_0, f(x_0)) \in G_f$ mit Steigung $f'(x_0)$ wird **Tangente** an den Graphen von f im Punkte $(x_0, f(x_0))$ genannt.

---

[8]„Abhandlungen über die Quadratur von Kurven" (1704) übersetzt aus dem Lateinischen von G. KOWALSKI 1908

(iii) Ist $x_0 \in D$ ein Randpunkt, d.h. $x_0 \in \partial D$, so wollen wir f in x_0 **differenzierbar** nennen, wenn einer der beiden folgenden halbseitigen Grenzwerte existiert:

$$f'_+(x_0) := \lim_{x \to x_0^+} \frac{f(x) - f(x_0)}{x - x_0} \qquad \text{bzw.} \qquad f'_-(x_0) := \lim_{x \to x_0^-} \frac{f(x) - f(x_0)}{x - x_0}$$

(iv) Ist die Funktion f an jeder Stelle $x_0 \in D$ differenzierbar, so heißt f **differenzierbar auf** D oder schlechthin **differenzierbar**.

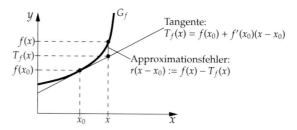

Abbildung 2.21: Affine Approximation von f bei x_0 durch die Tangente T_f in $(x_0, f(x_0)) \in G_f$.

Differenzierbarkeit in x_0 bedeutet also anschaulich, dass f *lokal* um x_0 durch seine Tangente T_f approximiert (d.h. angenähert) werden kann, denn in einer kleinen ε-Kugel um x_0 unterscheiden sich Funktionswerte und Tangentenwerte nur geringfügig. Wir wollen die Anschauung von Abb. 2.21 formal rechtfertigen: Beschreibt $T(x) := f(x_0) + a(x - x_0)$ eine Gerade durch den Punkt $(x_0, f(x_0))$, so nennen wir $r(x) := r(x - x_0) := f(x) - T(x)$ den *Approximationsfehler* oder den *Fehlerterm* von T in x bezüglich f bei x_0.

Lemma 2.3.2. Die durch $x \mapsto f(x_0) + a(x - x_0)$ gegebene Gerade T, genannt *affin-lineare* Funktion, ist genau dann Tangente am Graphen von f im Punkte $(x_0, f(x_0)) \in G_f$ (d.h. $a = f'(x_0)$), wenn $\frac{r(x)}{x - x_0} = \frac{f(x) - T(x)}{x - x_0} \to 0$, für $x \to x_0$ gilt.

Beweis. Sei $x \mapsto f(x_0) + a(x - x_0) = T(x)$ eine Gerade durch $(x_0, f(x_0)) \in G_f$, so dass der Fehlerterm $r(x) = f(x) - T(x) = f(x) - f(x_0) - a(x - x_0)$ nicht nur für $x \to x_0$ gegen null, sondern auch dann noch, wenn wir beide Seiten durch $x - x_0$ teilen, d.h.

$$0 = \lim_{x \to x_0} \frac{f(x) - T(x)}{x - x_0} = \lim_{x \to x_0} \frac{f(x) - f(x_0) - a(x - x_0)}{x - x_0} \qquad \Longleftrightarrow \qquad \lim_{x \to x_0} \frac{f(x) - f(x_0)}{x - x_0} = a,$$

was äquivalent zu $f'(x_0) = a$ ist. $\qquad\square$

Diese Sichtweise wird vor allem im Höherdimensionalen nützlich sein. Zusammenfassend:

Korollar 2.3.3. Eine Funktion $f : D \to \mathbb{R}$ ist genau dann differenzierbar in $x_0 \in D$, falls es eine affin-lineare Abbildung $T_f : \mathbb{R} \to \mathbb{R}$, $x \mapsto T_f(x) := f(x_0) + a(x - x_0)$ von

f bei x_0 gibt, für die der Fehlerterm $r(x) := f(x) - T_f(x)$ für $x \to x_0$ schneller gegen null geht, wie für die Funktion $x - x_0$, genauer $\lim\limits_{x \to x_0} r(x)/(x - x_0) = 0$. Die Konstante $a \in \mathbb{R}$ ist dann durch $a = f'(x_0)$ gegeben.

Notation 2.3.4. Statt $f'(x_0)$ sind folgende Schreibweisen üblich:

- NEWTONsche Notation $f' = \dot{f}$, falls f als Funktion der Zeit t, also $f(t)$ aufgefasst wird; in der Physik und Technik häufig anzutreffen.

- LEIBNIZsche Notation $f' = \frac{df}{dx}$, deren Vorteil in der klaren Anweisung, *wonach* angeleitet werden soll, liegt.

Ebenfalls anzutreffen $\left.\frac{d}{dx} f(x)\right|_{x=x_0}$ oder $f'(x)|_{x=x_0}$ für die Ableitung an einer gewissen Stelle x_0.

Beispiel 2.3.5. (i) Ist $f(x) := x^2 + 3$, so schreibt man auch

$$\frac{df}{dx}(x) = \frac{d}{dx} f(x) = \frac{d}{dx}(x^2 + 3).$$

(ii) Ein Vorteil der LEIBNIZ-Notation:

$$\frac{d}{dx}(x^2 + \lambda x) = 2x + \lambda \neq x = \frac{d}{d\lambda}(x^2 + \lambda x).$$

(iii) Sei $f(x) = x^2 + 3$ und $x_0 = 1$. Dann wird $f'(1)$ auch durch die anonyme Schreibweise

$$\left.\frac{d}{dx}(x^2 + 3)\right|_{x=1}$$

ersetzt.

Satz 2.3.6. *Eine in $x_0 \in D$ differenzierbare Funktion $f : D \to \mathbb{R}$ ist dort auch stetig.*

Beweis. Sei also f differenzierbar in $x_0 \in D$. Mithilfe von Kor. 2.3.3 folgt

$$\lim_{x \to x_0} f(x) = \lim_{x \to x_0} \left(f(x_0) + f'(x_0)(x - x_0) + r(x) \right) = f(x_0),$$

denn der Fehlerterm $r(x)$ geht für $x \to x_0$ erst recht gegen null. □

Die Umkehrung des Satzes gilt freilich nicht, denn $|.| : \mathbb{R} \to \mathbb{R}$, $x \mapsto |x|$ ist nach Bsp. 2.2.44 (iii) zwar um den Nullpunkt stetig, jedoch dort nicht differenzierbar. (Warum genau?!)

Bemerkung 2.3.7. Ist $f : D \to \mathbb{R}$ differenzierbar (auf D), so ist die Ableitung f' selbst auch eine Funktion auf ganz D, d.h.

$$\boxed{f' : D \longrightarrow \mathbb{R}, \quad x_0 \longmapsto f'(x_0),}$$

denn für jedes $x_0 \in D$ lässt sich ja – weil f differenzierbar auf D ist – die Tangentensteigung $f'(x_0)$ in $(x_0, f(x_0)) \in G_f$ zuordnen.

Merke: $f'(x_0) \in \mathbb{R}$, aber f' ist eine Funktion.

Es ist daher ganz natürlich, Fragen nach Stetigkeit oder Differenzierbarkeit an f' zu stellen. Dies erhellt den Begriff der

Definition 2.3.8 (Höhere Ableitungen). Ist mit f auch f' differenzierbar, so heißt $f'' := (f')'$ die **zweite Ableitung** von f. Induktiv fortfahrend erhält man somit die **n'te Ableitung**, auch *n*-**fache Ableitung** von f genannt, vermöge $f^{(n)} := (f^{(n-1)})'$. Als sinnvoll erweist sich zudem die Festlegung $f^{(0)} := f$, und also zusammenfassend:

$$\boxed{f^{(0)} := f, \quad f^{(n)} := (f^{(n-1)})'} \qquad \text{bzw.} \qquad \boxed{f^{(n)} := \frac{\mathrm{d}^n f}{\mathrm{d}x^n} := \frac{\mathrm{d}}{\mathrm{d}x}\left(\frac{\mathrm{d}^{n-1} f}{\mathrm{d}x^{n-1}}\right)}$$

Beispiel 2.3.9. Für eine differenzierbare Funktion f braucht die Ableitung f' nicht differenzierbar zu sein. Beispielsweise ist $f : \mathbb{R} \to \mathbb{R}$, $x \mapsto x \cdot |x|$ für jedes $x \in \mathbb{R}$ differenzierbar. Allerdings ist f' im Nullpunkt nicht differenzierbar.

Übung: Skizziere den Graphen von f, berechne sodann $f'(x)$. Warum ist f' nicht differenzierbar?

Definition 2.3.10 ($\mathscr{C}^k$-Funktionen). Sei $k \in \mathbb{N}_0$. Unter einer $\mathscr{C}^k$-**Funktion** versteht man eine k-fach differenzierbare Funktion $f : D \to \mathbb{R}$, deren k'te Ableitung $f^{(k)}$ immer noch stetig ist. Ist f sogar unendlich oft differenzierbar, so spricht man von einer **glatten** - oder $\mathscr{C}^\infty$-**Funktion**.

Notation 2.3.11. Es bezeichne $\mathscr{C}^k(D, \mathbb{R}) := \{f : D \to \mathbb{R} \mid f \text{ ist } \mathscr{C}^k\}$. Gelegentlich schreiben wir einfach $\mathscr{C}^k(D)$ statt $\mathscr{C}^k(D, \mathbb{R})$, wenn keine Missverständnisse zu befürchten sind.

Bemerkung 2.3.12. Nach Definition ist $f \in \mathscr{C}^0(D) \Leftrightarrow f$ stetig. Die $\mathscr{C}^0$-Funktionen sind also die stetigen Funktionen. Auch sieht man $\mathscr{C}^\infty(D) = \bigcap_{k \in \mathbb{N}_0} \mathscr{C}^k(D)$ unmittelbar ein.

Beachte: Ist f differenzierbar, so braucht f' nicht stetig zu sein. Betrachte dazu folgendes

Beispiel 2.3.13 (Gegenbeispiel). Die Funktion

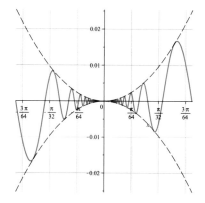

$$f : \mathbb{R} \to \mathbb{R}, \ x \mapsto \begin{cases} x^2 \sin \frac{1}{x}, & x \neq 0 \\ 0, & x = 0 \end{cases}$$

ist auf ganz $\mathbb{R}$ differenzierbar, aber die Ableitung f' ist in Null nicht stetig. D.h. f ist differenzierbar, aber nicht $\mathscr{C}^1$. Einen Nachweis führen wir in Abschnitt 2.3.3 durch.

Vorbereitend auf Abschnitt 2.3.4 und Satz 2.3.25 halten wir abschließend

Satz 2.3.14 (Mittelwertsatz der Differentialrechnung). *Sei* $f : [a, b] \to \mathbb{R}$ *stetig, und auf* (a, b) *differenzierbar. Dann gibt es einen Punkt* $\xi \in (a, b)$ *mit:*

$$\boxed{f'(\xi) = \frac{f(b) - f(a)}{b - a}}$$

Geometrische Bedeutung:
Für ein passendes $\xi \in (a, b)$ entspricht die Se-
kantensteigung durch die Punkte $(a, f(a))$ und
$(b, f(b))$ des Graphen von f der Tangentensteigung in $(\xi, f(\xi)) \in G_f$.

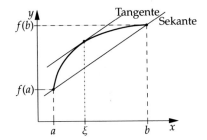

Beweis. Die Funktion $F(x) := f(x) - \frac{f(b)-f(a)}{b-a}(x - b)$ hat als stetige Funktion auf
dem Kompaktum $[a, b]$ nach Satz 2.2.52 (ii) ein Extremum. Weiter ist sie nach
Abschnitt. 2.3.2 ersichtlich differenzierbar mit $F(a) = F(b)$. Ist F nicht konstant, so
gibt es ein $x_0 \in (a, b)$ mit $f(x_0) > f(a)$ oder $f(x_0) < f(a)$. Dann wird das Extremum, je
nachdem, ob es ein globales Maximum oder - Minimum (siehe auch Def. 2.3.33) ist,
in $\xi \in (a, b)$ angenommen, was bekanntlich oder gemäß Satz 2.3.35 $F'(\xi) = 0$ und
alsdann die Behauptung impliziert. Im Falle F konstant, so ist jedes $\xi \in (a, b)$ recht,
und die Ableitung $F'(\xi) = 0$, wie wir sogleich im folgenden Abschnitt einsehen
werden. $\square$

Notiz 2.3.15. Ist f wie im Satz gegeben, und $t_0 \in [a, b]$ sowie $h \in \mathbb{R}$ mit $t_0 + h \in [a, b]$,
so besagt der Mittelwertsatz, dass es $0 < \theta < 1$ gibt, mit:

$$\boxed{f'(t_0 + \theta h) = \frac{f(t_0 + h) - f(t_0)}{h}}$$

2.3.2 Ableitungsregeln

Dieser Abschnitt verfolgt zweierlei: Zum einen geht es darum, wie man aus
bekannten differenzierbaren Funktionen neue herstellt, zum anderen sollen
dabei Regeln aufgestellt werden, welche die Ableitung selbst konkret berechnen
können. Ganz nach dem bewährten Vorbild der Vorkapitel beginnen wir:

Sei $D \subset \mathbb{R}$. Direkt aus der Definition folgt:

- Die konstanten Funktion $c : D \to \mathbb{R}$, $x \mapsto c$ ist differenzierbar mit Ableitung
  $\frac{d}{dx} c \equiv 0$.

- Die Identität $\mathrm{id}_D : D \to \mathbb{R}$, $x \mapsto x$ ist differenzierbar mit Ableitung $\mathrm{id}'_D(x) = \frac{d}{dx} x \equiv 1$.

Übung: Man prüfe diese Regeln anhand der Definition nach.

Satz 2.3.16 (Algebraische Rechenregeln). *Seien $f, g : D \to \mathbb{R}$ differenzierbare Funktionen. Dann ist*

1. *(Linearität)* $\lambda f + \mu g : D \to \mathbb{R}$, $x \mapsto (\lambda f + \mu g)(x) := \lambda f(x) + \mu g(x)$ *differenzierbar mit*

$$\boxed{(\lambda f + \mu g)' = \lambda f' + \mu g'} \qquad \forall_{\lambda, \mu \in \mathbb{R}}.$$

2. *(Produktregel)* $f \cdot g : D \to \mathbb{R}$, $x \mapsto (f \cdot g)(x) := f(x)g(x)$ *differenzierbar mit*

$$\boxed{(f \cdot g)' = f' \cdot g + f \cdot g'.}$$

3. *(Quotientenregel)* $\frac{f}{g} : D \to \mathbb{R}$, $x \mapsto \frac{f}{g}(x) := \frac{f(x)}{g(x)}$ *(falls $g(x) \neq 0 \forall_{x \in D}$) differenzierbar mit*

$$\boxed{\left(\frac{f}{g}\right)' = \frac{g f' - f g'}{g^2}.}$$

Beweis. Die Behauptungen folgen im Wesentlichen aus den Limes Rechenregeln (vgl. Satz 2.2.37) und folgenden Umformungen:
Zu 1.: Es gilt:

$$
\begin{aligned}
(\lambda f + \mu g)'(x_0) &:= \lim_{x \to x_0} \frac{(\lambda f + \mu g)(x) - (\lambda f + \mu g)(x_0)}{x - x_0} \\
&= \lambda \lim_{x \to x_0} \frac{f(x) - f(x_0)}{x - x_0} + \mu \lim_{x \to x_0} \frac{g(x) - g(x_0)}{x - x_0} \\
&= \lambda f'(x_0) + \mu g'(x_0)
\end{aligned}
$$

Zu 2.: Es gilt:

$$
\begin{aligned}
(fg)'(x_0) &:= \lim_{x \to x_0} \frac{(fg)(x) - (fg)(x_0)}{x - x_0} \\
&= \lim_{x \to x_0} \frac{1}{x - x_0}\Big((fg)(x) - f(x)g(x_0) + f(x)g(x_0) - (fg)(x_0)\Big) \\
&= \lim_{x \to x_0} \left(f(x)\frac{g(x) - g(x_0)}{x - x_0} + \frac{f(x) - f(x_0)}{x - x_0}g(x_0)\right) \\
&\overset{(*)}{=} f(x_0) \lim_{x \to x_0} \frac{g(x) - g(x_0)}{x - x_0} + g(x_0) \lim_{x \to x_0} \frac{f(x) - f(x_0)}{x - x_0} \\
&= f(x_0)g'(x_0) + g(x_0)f'(x_0)
\end{aligned}
$$

Diskussion: Welche Regeln und welche Voraussetzungen gehen in $(*)$ genau ein?
Zu 3.: Wir zeigen die Behauptung zunächst für den Spezialfall $f = 1$. Dann gilt:

$$
\begin{aligned}
\left(\frac{1}{g}\right)'(x_0) &:= \lim_{x \to x_0} \frac{\left(\frac{1}{g}\right)(x) - \left(\frac{1}{g}\right)(x_0)}{x - x_0} = \lim_{x \to x_0} \frac{\frac{g(x_0) - g(x)}{g(x)g(x_0)}}{x - x_0} = \lim_{x \to x_0} \frac{-1}{g(x)g(x_0)}\frac{g(x) - g(x_0)}{x - x_0} \\
&= -\frac{1}{g^2(x_0)}g'(x_0)
\end{aligned}
$$

Wegen $f/g = f \cdot 1/g$ folgt die Quotientenregel aus der Produktregel.
Übung: Man folgere die Quotientenregel aus der Produktregel durch explizite
Rechnung.   □

Unmittelbar aus den algebraischen Rechenregeln folgt das

Korollar 2.3.17. Polynome und rationale Funktionen sind differenzierbar.

Von fundamentaler Bedeutung ist die

Satz 2.3.18 (Kettenregel). *Sind $D \xrightarrow{f} \tilde{D} \xrightarrow{g} \mathbb{R}$ jeweils differenzierbare Funktionen, so
auch die Komposition $g \circ f : D \to \mathbb{R}$ mit $(g \circ f)'(x) = g'(f(x)) \cdot f'(x)$ für alle $x \in D$, also*

$$\Rightarrow g \circ f \ \textit{diffbar}$$

$$D \xrightarrow[f \ \textit{diffbar}]{} \tilde{D} \xrightarrow[g \ \textit{diffbar}]{} \mathbb{R} \qquad \textit{mit} \qquad \boxed{(g \circ f)' = (g' \circ f) \cdot f'.}$$

Beweis. Es gilt:

$$(g \circ f)'(x_0) := \lim_{x \to x_0} \frac{g(f(x)) - g(f(x_0))}{x - x_0} = \lim_{x \to x_0} \frac{g(f(x)) - g(f(x_0))}{f(x) - f(x_0)} \cdot \frac{f(x) - f(x_0)}{x - x_0}$$

Die Stetigkeit von f impliziert $y := f(x) \to f(x_0) =: y_0$ für $x \to x_0$, und daher mit
den Limes-Rechenregeln Satz 2.2.37

$$(g \circ f)'(x_0) = \lim_{y \to y_0} \frac{g(y) - g(y_0)}{y - y_0} \cdot \lim_{x \to x_0} \frac{f(x) - f(x_0)}{x - x_0} = g'(f(x_0)) \cdot f'(x_0).$$

□

Korollar 2.3.19 (Umkehrregel). Sei $f : I \to \mathbb{R}$ eine differenzierbare Injektion auf
einem allgemeinen Intervall $I \subset \mathbb{R}$ mit $f'(x) \neq 0$ für alle $x \in I$. Dann ist $J := f(I)$
ebenfalls ein allgemeines Intervall (nach Satz 2.2.53) und die Umkehrfunktion
$f^{-1} : J \to I$ wieder differenzierbar, mit

$$\boxed{(f^{-1})'(y_0) = \frac{1}{f'(x_0)}} \qquad \textit{wobei} \qquad y_0 := f(x_0).$$

Zum Beweis. Mittels Kettenregel $1 = \mathrm{id}_I'(x_0) = (f^{-1} \circ f)'(x_0) = (f^{-1})'(f(x_0)) \cdot f'(x_0)$,
also $(f^{-1})'(f(x_0)) = \frac{1}{f'(x_0)}$. Setze $y_0 := f(x_0)$. Dann folgt die Umkehrformel.   □

Übung: Die n'te Wurzel ist auf $\mathbb{R}^+$ differenzierbar. Warum nicht in 0?

Mit Satz 2.2.46 und Satz 2.3.16 folgt unmittelbar der

Satz 2.3.20 (Übertragung auf $\mathscr{C}^k$-Funktionen). *Sind f, g zwei $\mathscr{C}^k$-Funktionen mit
$k \in \mathbb{N}$, so auch – sofern definiert –*

$$\lambda f + \mu g, \quad f \cdot g, \quad \frac{f}{g}, \quad g \circ f, \quad f^{-1}$$

*wieder $\mathscr{C}^k$. Insbesondere gelten die vorher genannten Ableitungsregeln auch für $\mathscr{C}^k$-
Funktionen.*

2.3.3 Erste Beispiele

Ausgehend von $\frac{d}{dx}c \equiv 0$ und $\frac{d}{dx}\text{id} \equiv 1$ werden wir mittels algebraischer Rechenregeln, Komposition und Umkehrregel die Ableitung sehr vieler Funktionen berechnen, als da wären: Polynome, rationale Funktionen, Wurzelfunktionen, etc.

Problem zur Anwendung dieser Ableitungsregeln ist allerdings, dass in freier Wildbahn uns selten Funktionen der Gestalt f oder g begegnen, sondern eher in anonymer Schreibweise:

$$\frac{d}{dx}\left(\sqrt{\frac{1 - x^n}{1 + x^n}} \right)$$

Man braucht folglich einen geübten Blick, um zu erkennen, aus welchen (einfacheren) Bestandteilen bzw. Bausteinen komplexe Formeln aufgebaut sind, um sie damit den Regeln zugänglich zu machen. Aus diesem Grunde widmen wir uns zunächst der Berechnung solcher „elementaren Bausteine".

Beispiel 2.3.21. Sei $n \in \mathbb{N}$. Für alle $x \in \mathbb{R}$ gilt

$$\frac{d}{dx}x^n = nx^{n-1}.$$

Beweis. Wir zeigen die Behauptung via Induktion:
Induktionsanfang: Für $n = 1$ ist $\frac{d}{dx}x^1 = \frac{d}{dx}x = 1 \cdot x^0 = 1$, d.h. die Formel ist richtig.
Induktionsschluss $n \rightsquigarrow n + 1$: Angenommen, es gäbe ein $n \in \mathbb{N}$, für das die Formel $\frac{d}{dx}x^n = nx^{n-1}$ wahr ist. Dann ist nachzuweisen, dass sie für $n + 1$ auch wahr ist. Mithilfe der Induktionsannahme und der Produktregel folgt

$$\frac{d}{dx}x^{n+1} = \frac{d}{dx}(x^n \cdot x) = \left(\frac{d}{dx}x^n\right)x + x^n\left(\frac{d}{dx}x\right) = nx^{n-1} \cdot x + x^n \cdot 1 = (n+1)x^n.$$

$\square$

Dies verallgemeinernd auf *ganze Zahlen* führt auf

Beispiel 2.3.22. Sei $n \in \mathbb{Z}$. Für alle $x \in \mathbb{R}$ gilt

$$\frac{d}{dx}x^n = nx^{n-1}.$$

Beweis. Für $n = 0$ ist $\frac{d}{dx}x^0 = \frac{d}{dx}1 = 0$, und für $n \in \mathbb{N}$ liefert die Quotientenregel:

$$\frac{d}{dx}x^{-n} = \frac{d}{dx}\frac{1}{x^n} = \frac{x^n \cdot 0 - 1 \cdot nx^{n-1}}{x^{2n}} = -nx^{-n-1}$$

$\square$

Beispiel 2.3.23. Für $n \in \mathbb{N}$ lautet die Ableitung der n'ten Wurzelfunktion $\sqrt[n]{\ }$: $\mathbb{R}^+ \to \mathbb{R}$, $x \mapsto \sqrt[n]{x}$ wie folgt:

$$\frac{\mathrm{d}}{\mathrm{d}x}\sqrt[n]{x} = \frac{1}{n}x^{\frac{1}{n}-1} = \frac{1}{n}\frac{\sqrt[n]{x}}{x}$$

Beweis. Für $n \in \mathbb{N}$ ist $f : \mathbb{R}^+ \to \mathbb{R}^+$, $x \mapsto x^n$ bijektiv und damit umkehrbar, mit Umkehrung $f^{-1} := \sqrt[n]{\ } : \mathbb{R}^+ \to \mathbb{R}^+$, $y \mapsto y^{\frac{1}{n}} = \sqrt[n]{y}$. Wegen $f'(x) = nx^{n-1} \neq 0$ für alle $x \in \mathbb{R}^+$, folgt mit der Umkehrregel unter Beachtung $x = \sqrt[n]{y}$:

$$(f^{-1})'(y) = \frac{1}{f'(x)} = \frac{1}{nx^{n-1}} = \frac{1}{n}\frac{1}{(\sqrt[n]{y})^{n-1}} = \frac{1}{n}\left(y^{-\frac{1}{n}}\right)^{n-1} = \frac{1}{n}y^{\frac{1}{n}-1}$$

$\square$

Aus den wenigen vorangegangenen Beispielen lässt sich die Ableitung recht komplex-zusammengesetzter Funktionen berechnen:

Beispiel 2.3.24. (Übung) Sei $n \in \mathbb{N}$. Dann gilt (Details nachrechnen!):

$$\frac{\mathrm{d}}{\mathrm{d}x}\left(\sqrt{\frac{1-x^n}{1+x^n}}\right) = -\frac{nx^{n-1}}{(1+x^n)^2}\sqrt{\frac{1+x^n}{1-x^n}}$$

Zum Beweis. Betrachte $\sqrt{\frac{1-x^n}{1+x^n}} = g(f(x))$ mit $f(x) := \frac{1-x^n}{1+x^n}$ für $|x| < 1$ und $g(y) := \sqrt{y}$ für $y > 0$. Damit ist $g'(y) = \frac{1}{2}\frac{1}{\sqrt{y}}$ und nach der Kettenregel

$$\frac{\mathrm{d}}{\mathrm{d}x}\left(\sqrt{\frac{1-x^n}{1+x^n}}\right) = \frac{\mathrm{d}}{\mathrm{d}x}g(f(x)) = \frac{1}{2}\sqrt{\frac{1+x^n}{1-x^n}} \cdot f'(x).$$

Mit der Quotientenregel folgt nunmehr $f'(x) = -\frac{2nx^{n-1}}{(1+x^n)^2}$, und also die Behauptung.

$\square$

Von zentraler Bedeutung ist der

Satz 2.3.25. *Die Exponentialfunktion* $\exp : \mathbb{R} \to \mathbb{R}$, $x \mapsto e^x$ *ist (auf ganz* $\mathbb{R}$) *differenzierbar mit:*

$$\frac{\mathrm{d}}{\mathrm{d}x}e^x = e^x \qquad \text{für alle } x \in \mathbb{R},$$

insbesondere ist die Exponentialfunktion glatt, d.h. $\exp \in \mathscr{C}^\infty(\mathbb{R})$.

Beweis. Für jedes $n \in \mathbb{N}$ ist gemäß Kettenregel und Bsp. 2.3.21 $\frac{\mathrm{d}}{\mathrm{d}x}(1+\frac{x}{n})^n = (1+\frac{x}{n})^{n-1}$, und aus dem Mittelwertsatz 2.3.14 folgt damit

$$\frac{1}{h}\left((1+\frac{x+h}{n})^n - (1+\frac{x}{n})^n\right) = (1+\frac{\xi_n}{n})^{n-1}, \qquad \text{für ein } \xi_n \in (x, x+h).$$

Die Anwendung der Limes-Rechenregeln aus Satz 2.2.20 auf die vorangegangene Zeile liefert einerseits $\lim\limits_{n\to\infty}\left(1+\frac{\xi_n}{n}\right)^n = \lim\limits_{n\to\infty}\left(1+\frac{\xi_n}{n}\right)^{n-1} = \frac{1}{h}\left(e^{x+h}-e^x\right)$. Wegen $x < \xi_n < x+h$ ist für $0 < h < 1$ andererseits

$$\left(1+\frac{x}{n}\right)^n \le \left(1+\frac{\xi_n}{n}\right)^n \le \left(1+\frac{x+h}{n}\right)^n \le \left(1+\frac{x+1}{n}\right)^n,$$

und im Limes für $n\to\infty$ folglich:

$$e^x \le \frac{1}{h}\left(e^{x+h}-e^x\right) \le e^{x+h} \le e^{x+1} \qquad (*)$$

Nach Multiplikation mit h folgt zunächst $\lim\limits_{h\to 0^+}(e^{x+h}-e^x) = 0$, und alsdann $\lim\limits_{h\to 0^+}\frac{1}{h}(e^{x+h}-e^x) = e^x$. Analog bei linksseitiger Annäherung an x, d.h. $\lim\limits_{h\to 0^-}(e^{x+h}-e^x) = 0$ sowie $\lim\limits_{h\to 0^-}\frac{1}{h}(e^{x+h}-e^x) = e^x$. Also gilt $\lim\limits_{h\to 0}\frac{1}{h}(e^{x+h}-e^x) = e^x$, was die Differenzierbarkeit von exp in x zeigt. $\qquad\square$

Bemerkung 2.3.26. Der Beweis von Satz 2.3.25 liefert also

- insbesondere die noch offene Stetigkeit der Exponentialfunktion aus Satz 2.2.48.

- eine formale Rechtfertigung des naheliegende Ansatzes

$$\frac{d}{dx}e^x = \frac{d}{dx}\lim\limits_{n\to\infty}\left(1+\frac{x}{n}\right)^n = \lim\limits_{n\to\infty}\frac{d}{dx}\left(1+\frac{x}{n}\right)^n = \lim\limits_{n\to\infty}\left(1+\frac{x}{n}\right)^{n-1} = e^x,$$

und damit die Zulässigkeit der Vertauschung von lim und $\frac{d}{dx}$. Dies ist keine Selbstverständlichkeit!

Satz 2.3.27. *Der Sinus* $\sin : \mathbb{R} \to \mathbb{R}$, $x \mapsto \sin x$ *ist (auf ganz $\mathbb{R}$) differenzierbar, mit:*

$$\boxed{\frac{d}{dx}\sin x = \cos x} \qquad \textit{für alle } x \in \mathbb{R}$$

Beweis. Sei $x \in \mathbb{R}$. Definitionsgemäß gilt:

$$\sin'(x) = \lim\limits_{h\to 0}\frac{\sin(x+h)-\sin(x)}{h} \overset{(1)}{=} \lim\limits_{h\to 0}\frac{2\cos\left(x+\frac{h}{2}\right)\sin\left(\frac{h}{2}\right)}{h}$$

$$\overset{(2)}{=} \underbrace{\lim\limits_{h\to 0}\cos\left(x+\frac{h}{2}\right)}_{=\cos x}\underbrace{\lim\limits_{h\to 0}\frac{\sin\left(\frac{h}{2}\right)}{\frac{h}{2}}}_{=1,\ \text{Kor.2.2.49}} = \cos x$$

In (1) nutzen wir Aufgabe 2.1.3 7(iii) und in (2) gehen sowohl die Stetigkeit der Sinus- und Kosinusfunktion aus Satz 2.2.48 (ii) als auch die Limes-Rechenregeln aus Satz 2.2.37 ein. $\qquad\square$

Die Ableitung des Kosinus gewinnt man analog.

Zusammenfassend erhalten wir aus den bekannten Ableitungen , den Ableitungsregeln (algebraische Regeln, Kettenregel, Umkehrregel):

$f(x)$	$f'(x)$	$f(x)$	$f'(x)$	$f(x)$	$f'(x)$	$f(x)$	$f'(x)$
e^x	e^x	$\sin x$	$\cos x$	$\arcsin x$	$\frac{1}{\sqrt{1-x^2}}$	$\sinh x$	$\cosh x$
$\ln x$	$\frac{1}{x}$	$\cos x$	$-\sin x$	$\arccos x$	$-\frac{1}{\sqrt{1-x^2}}$	$\cosh x$	$\sinh x$
$x^\alpha,\ \alpha \in \mathbb{R}$	$\alpha x^{\alpha-1}$	$\tan x$	$\frac{1}{\cos^2 x}$	$\arctan x$	$\frac{1}{1+x^2}$	Arcosh x	$\frac{1}{\sqrt{x^2-1}}$
$a^x,\ a \in \mathbb{R}^+$	$a^x \ln a$	$\cot x$	$-\frac{1}{\sin^2 x}$	$\text{arccot } x$	$-\frac{1}{1+x^2}$	Arsinh x	$\frac{1}{\sqrt{x^2+1}}$

Tabelle 2.1: Ableitung elementarer Funktionen

Die fehlenden Beweise erfolgen größtenteils in den Übungsaufgaben am Ende des
Abschnitts. Nunmehr haben wir alle Zutaten um den fehlenden Nachweis aus
Bsp. 2.3.13 zu führen:

Beispiel 2.3.28 (Übung). Die durch

$$f : \mathbb{R} \to \mathbb{R},\ x \mapsto \begin{cases} x^2 \sin \frac{1}{x}, & x \neq 0 \\ 0, & x = 0 \end{cases}$$

gegebene Funktion ist zwar differenzierbar, jedoch ist ihre Ableitung nicht stetig.
D.h. nicht jede differenzierbare Funktion ist automatisch $\mathscr{C}^1$. (Man führe die Details
im folgenden Beweis aus!)

Zum Beweis. 1. Schritt: f ist für jedes $x \neq 0$ offenbar (warum genau?!) differenzierbar, mit:

$$f'(x) := \frac{d}{dx}\left(x^2 \sin \frac{1}{x}\right) = 2x \sin \frac{1}{x} - \cos \frac{1}{x}$$

Wir sehen sofort, dass f' gemäß Satz 2.2.46 und Lemma 2.2.45 stetig für alle $x \neq 0$
ist.
2. Schritt: f ist in 0 differenzierbar, denn definitionsgemäß ist

$$f'(0) := \lim_{h \to 0} \frac{h^2 \sin \frac{1}{h} - 0}{h} = \lim_{h \to 0} h \sin \frac{1}{h} \leq \lim_{h \to 0} h \cdot |\sin \frac{1}{h}| \leq \lim_{h \to 0} h \cdot 1 = 0,$$

was aufgrund der Abbildung des Graphen von f in Bsp. 2.3.13 nicht überrascht.
3. Schritt: f' ist nicht stetig in 0. Zwar ist $x_k := \frac{1}{2k\pi}$ eine Nullfolge, aber $f'(x_k) \to 1 \neq$
$f'(0)$.   □

2.3.4   Weitere Eigenschaften differenzierbarer Funktionen

Im folgenden Abschnitt widmen mir uns weiteren Eigenschaften differenzierbarer
Funktionen, die im Besonderen zur Bestimmung von Extremwerten herangezogen
werden.

Wir ziehen einige Folgerungen aus dem Mittelwertsatz 2.3.14.

Satz 2.3.29. *Sei* $f : [c,d] \to \mathbb{R}$ *auf dem kompakten Intervall* $[c,d] \subset \mathbb{R}$ *stetig und im Inneren, also dem offenen Intervall* $(c,d) \subset \mathbb{R}$ *differenzierbar. Dann gilt:*

(i) $f' \equiv 0 \iff f$ *konstant*

(ii) $f' = g' \iff f = g + k$ *mit* $k \in \mathbb{R}$, *und wobei* $g : [c,d] \to \mathbb{R}$ *stetig und auf* (c,d) *differenzierbar.*

(iii) $f' \geq 0$ *(bzw.* $f' \leq 0$*)* $\iff$ f *ist monoton wachsend (bzw. fallend).*

(iv) $f' > 0$ *(bzw.* $f' < 0$*)* $\implies$ f *ist streng monoton wachsend (bzw. fallend).*

Beachte: Die Umkehrung der Implikation in (iv) des Satzes gilt *nicht*, wie das Beispiel der streng monoton wachsenden Funktion $f(x) = x^3$ mit $f'(0) = 0$ zeigt.

Beweis. Zu (i): „⇒": Angenommen, es gäbe $a < b$ im Intervall $[c,d]$ mit $f(a) \neq f(b)$. Dann folgt aus dem Mittelwertsatz

$$0 \neq \frac{f(b) - f(a)}{b - a} = f'(\xi) \qquad \text{für ein } \xi \in (a,b) \subset [c,d],$$

was also auch $f' \neq 0$ impliziert.

„⇐": Ist umgekehrt $f \equiv c$ für ein $c \in \mathbb{R}$, so haben wir zu Beginn von Abs. 2.3.2 $f' \equiv 0$ eingesehen.

Zu (ii): Aus der Linearität der Ableitung in Satz 2.3.16, 1. folgt $f' = g' \Leftrightarrow f' - g' = 0 \Leftrightarrow (f - g)' = 0$ und dem eben bewiesenen Teil (i) sodann die Behauptung.

Zu (iii): „⇐": Sei f o.B.d.A.[9] monoton wachsend. Wegen Satz 2.2.20 (iv) folgt für alle $x > x_0$:

$$\frac{f(x) - f(x_0)}{x - x_0} \geq 0 \underset{x \to x_0}{\implies} f'(x_0) \geq 0$$

„⇒": Für $x > x_0$ gilt nach dem Mittelwertsatz $\frac{f(x)-f(x_0)}{x-x_0} = f'(\xi) \geq 0$ mit $\xi \in (x_0, x)$, also $f(x) \geq f(x_0)$.

Zu (iv): Geht analog wie (iii) „⇒". $\qquad\qquad\square$

Beispiel 2.3.30. Wegen

$$\tan'(x) \overset{\text{Aufg. 1}}{=} \frac{1}{\cos^2(x)} \overset{\text{Pythagoras}}{=} \frac{\sin^2(x) + \cos^2(x)}{\cos^2(x)} = \tan^2(x) + 1 > 0$$

ist der Tangens auf dem offenen Intervall $(-\frac{\pi}{2}, +\frac{\pi}{2})$ gemäß (iv) des Satzes streng monoton steigend und somit nach Bem. 2.1.7 injektiv. Als stetige Funktion auf einem allgemeinen Intervall ist sein Bild aufgrund von Bem. 2.2.53 wieder ein allgemeines Intervall. Da $\tan x \to \pm\infty$, für $x \to \pm\frac{\pi}{2}$ ist dieses Intervall sogar ganz $\mathbb{R}$. Damit haben wir die Bijektion

$$\tan_{|(-\frac{\pi}{2}, \frac{\pi}{2})} : \left(-\frac{\pi}{2}, \frac{\pi}{2}\right) \overset{\cong}{\longrightarrow} \mathbb{R}, \; x \longmapsto \tan x,$$

ganz wie im Abs 2.1.3 behauptet.

---

[9] d.h. ohne Beschränkung der Allgemeinheit

Korollar 2.3.31 (Anwendung auf Differentialgleichungen 1. Ordnung). Seien $a, b \in \mathbb{R}$. Für eine gesuchte differenzierbare Funktion $f : \mathbb{R} \to \mathbb{R}$, $x \mapsto f(x)$ gelte

$$f' = af \quad (:\Leftrightarrow \forall_{x \in \mathbb{R}} : f'(x) = af(x)) \qquad \text{mit} \qquad f(0) = b. \tag{2.1}$$

Dann erfüllt die Funktion $f(x) := be^{ax}$ das durch (2.1) gestellte, sogenannte *Anfangswertproblem*. Sie ist die einzige, die das tut.

Beweis. 1. Zunächst rechnet man nach, dass $f(x) = be^{ax}$ das Anfangswertproblem löst. Denn für jedes $x \in \mathbb{R}$ ist $f'(x) = abe^{ax} = af(x)$ und $f(0) = be^{a \cdot 0} = b$.
2. Zur Eindeutigkeit von f: Angenommen, es gäbe eine weitere Funktion u, die auch das Anfangswertproblem löst. Setze $F(x) := u(x)e^{-ax}$. Mit der Produktregel folgt

$$F'(x) = u'(x)e^{-ax} - u(x)ae^{-ax},$$

und weil $u' = au$ gilt, wird die rechte Seite null, d.h. $F'(x) = 0$ für alle $x \in \mathbb{R}$. Nach Satz 2.3.29 (i) ist dies äquivalent zu

$$F \equiv c$$

mit einem $c \in \mathbb{R}$. Weil voraussetzungsgemäß $u(0) = b$ ist, folgt $c = F(0) = u(0)e^{-a \cdot 0} = b$ und daher $b = u(x)e^{-ax}$, d.h. $u(x) = be^{ax} = f(x)$ für alle $x \in \mathbb{R}$. □

Gleichungen, in denen eine gesuchte Funktion und deren Ableitungen auftauchen, heißen *Differentialgleichungen*. Man schreibt (2.1) auch in der Form $\dot{x} = ax$ mit gesuchter Funktion $x(t)$ oder $y' = ay$ mit gesuchter Funktion $y(x)$. In Technik und Naturwissenschaft werden Wachstumsprozesse, barometrische Höhenformel, RC- oder RL-Netzwerke in der Elektrotechnik durch solche Differentialgleichungen beschrieben.

Bemerkung 2.3.32. Die Exponentialfunktion ist durch (2.1) charakterisiert, d.h. exp ist die eindeutig bestimmte Funktion mit $\exp' = \exp$ und $\exp(0) = 1$.

Definition 2.3.33 (Extrema). Sei $f : I \to \mathbb{R}$ auf einem offenen Intervall $I \subset \mathbb{R}$ und $x_0 \in I$.
(i) Man nennt x_0 ein **lokales Maximum** (bzw. **– Minimum**), falls es eine ε-Kugel um x_0 gibt, so dass für alle $x \in \overset{\circ}{K}_\varepsilon(x_0) = (x_0 - \varepsilon, x_0 + \varepsilon)$ gilt $f(x) \leq f(x_0)$ (bzw. $f(x) \geq f(x_0)$).
(ii) Ist sogar $f(x) < f(x_0)$ (bzw. $f(x) > f(x_0)$) für alle $x \in \overset{\circ}{K}_\varepsilon(x_0) \setminus \{x_0\}$, so spricht man von einem **isolierten** oder **strikten** lokalen Maximum (bzw. - Minimum).
(iii) Gelten die Ungleichungen aus (i) bzw. (ii) für alle $x \in I$, so spricht man von einem **globalen** (isolierten) Maximum (bzw. Minimum).
(iv) Ist $f : [a, b] \to \mathbb{R}$ eine Funktion auf einem kompakten Intervall, so übertragen sich oben genannte Begriffe in naheliegender Weise auch auf Randpunkte. Hierzu ist für die Einhaltung der jeweiligen Ungleichung die ε-Kugel mit dem Intervall $[a, b]$ zu schneiden.

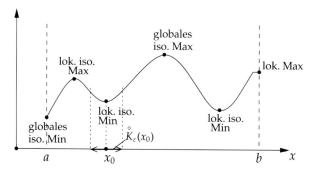

Abbildung 2.22: Zur Anschauung lokaler, globaler, isolierter Extrema.

Sprechweise 2.3.34. Der Begriff *Extremum* subsumiert die Begriffe Maximum und Minimum.

Satz 2.3.35 (Notwendiges Kriterium für ein Extremum). *Hat eine Funktion $f : I \to \mathbb{R}$ auf einem offenen Intervall $I \subset \mathbb{R}$ in $x_0 \in I$ ein Extremum, und ist sie dort differenzierbar, so gilt $f'(x_0) = 0$.*

Beweis. O.B.d.A. habe f in $x_0 \in I$ ein lokales Maximum. (Im Falle eines Minimums ist analog zu verfahren.) Dann existiert eine ε-Kugel um x_0, so dass $f(x) \leq f(x_0)$ für jedes $x \in (x_0 - \varepsilon, x_0 + \varepsilon)$ gilt. Es gibt zwei Fälle:

1. Ist $x < x_0$, so $\dfrac{f(x) - f(x_0)}{x - x_0} \geq 0$ und daher $f'_-(x_0) := \lim\limits_{x \to x_0^-} \dfrac{f(x) - f(x_0)}{x - x_0} \geq 0$.

2. Ist $x > x_0$, so $\dfrac{f(x) - f(x_0)}{x - x_0} \leq 0$ und daher $f'_+(x_0) := \lim\limits_{x \to x_0^+} \dfrac{f(x) - f(x_0)}{x - x_0} \leq 0$.

Da f in x_0 differenzierbar ist, folgt $f'(x_0) = f'_-(x_0) = f'_+(x_0) = 0$. □

Beachte: Dies ist nur ein notwendiges Kriterium, jedoch nicht hinreichend, denn die Funktion $f(x) := x^3$ ist differenzierbar in $x_0 = 0$ mit $f'(x) = 3x^2$ und daher $f'(0) = 0$, gleichwohl f dort *kein* Extremum besitzt.

Sprechweise 2.3.36. Man sagt, f habe *lokal* um (oder bei) x_0 die Eigenschaft $\mathfrak{E}$, wenn es eine ε-Kugel um x_0 gibt, so dass f für alle x in dieser Kugel die Eigenschaft $\mathfrak{E}$ hat, d.h. $f_{|\overset{\circ}{K}_\varepsilon(x_0)}$ hat die Eigenschaft $\mathfrak{E}$.

Satz 2.3.37 (Hinreichendes Kriterium für ein Extremum). *Sei $f : (a, b) \to \mathbb{R}$ eine differenzierbare Funktion und $x_0 \in (a, b)$ mit $f'(x_0) = 0$.*
(i) Ist f' lokal bei x_0 streng monoton fallend (bzw –steigend), so besitzt f in x_0 ein lokales isoliertes Maximum (bzw. – Minimum)
(ii) Ist darüber hinaus f zweimal differenzierbar, so hat f in x_0 ein lokales isoliertes Maximum (bzw. – Minimum), falls $f''(x_0) < 0$ (bzw. $f''(x_0) > 0$) gilt.

Beweis. O.B.d.A. betrachten wir den Fall des Maximums.
Zu (i): Sei $\varepsilon > 0$ so gewählt, dass die ε-Kugel $I_\varepsilon := (x_0 - \varepsilon, x_0 + \varepsilon)$ noch ganz in (a, b) liegt und dass $f'_{|I_\varepsilon}$ streng monoton fallend ist, d.h. für alle $0 < h < \varepsilon$

gilt $f'(x_0 - h) > f'(x_0) = 0 > f'(x_0 + h)$. Nach Satz 2.3.29 (iv) gilt, dass $f_{|I_\varepsilon}$ links der Nullstelle von f' streng monoton wächst, und rechts der Nullstelle streng monoton fällt. Das bedeutet $f(x) < f(x_0)$ für alle $x \in I_\varepsilon \backslash \{x_0\}$ und also hat f in x_0 lokales isoliertes Maximum.

Zu (ii): Angenommen, es gilt die Vorbemerkung: Ist $f''(x_0) > 0$, so ist f' bei x_0 streng monoton steigend. Dann folgt die Behauptung aus (i). Beweis der Vorbemerkung: Setzt man für den Differenzenquotienten

$$\Delta f'(x, x_0) := \frac{f'(x) - f'(x_0)}{x - x_0},$$

so bedeutet definitionsgemäß $\lim_{x \to x_0} \Delta f'(x, x_0) = f''(x_0) > 0$ nichts anderes, als dass für jede Folge $x_n \to x_0$ stets $\Delta f'(x_n, x_0) \to f''(x_0)$ impliziert. Für $\eta := f''(x_0)/2 > 0$ und $\varepsilon := f''(x_0) - \eta$ findet sich daher eine δ-Kugel um x_0, so dass für alle $x \in I_\delta :=$ $(x_0 - \delta, x_0 + \delta)$ die Bildpunkte $\Delta f'(x, x_0)$ ganz in der ε-Kugel $(f''(x_0) - \varepsilon, f''(x_0) + \varepsilon)$ landen; und da jedes y in der ε-Kugel $> \eta > 0$ ist, folgt $\Delta f'(x, x_0) > \eta > 0$ für alle x in der δ-Kugel. Für $x_1 < x_0 < x_2 \in I_\delta$ schließen wir nunmehr $f'(x_1) < f'(x_0) < f(x_2)$, d.h. f' ist streng monoton steigend bei x_0.   □

Man könnte auf die Idee kommen und die Vorbemerkung im Beweis von (ii) des Satzes als überflüssig ansehen, weil das bereits aus Satz 2.3.29 (iv) folgt. Bei genauerer Betrachtung wird jedoch klar, dass die Monotonie-Voraussetzungen von *globaler* Natur sind, und davon wird dort im Beweis Gebrauch gemacht. In (ii) des vorangegangenen Satzes wissen wir aber nur $f''(x_0) > 0$ an genau *einem* Punkt. $f'' > 0$ ist eben nicht dasselbe wie $f''(x_0) > 0$ für ein $x_0 \in (a, b)$.

Beachte: Es ist (i) im Satz allgemeiner als (ii): Betrachte $f(x) = x^4$. Dann gilt $f'(0) = 0 = f''(0)$ und damit ist (ii) nicht anwendbar. Aber $f'(x) = 4x^3$ ist streng monoton steigend und nach (i) hat f in $x_0 = 0$ daher ein lokales isoliertes Minimum, sogar ein globales.

Bemerkung 2.3.38. Satz 2.3.37 ist nur hinreichend, aber nicht notwendig. Beispielsweise ist

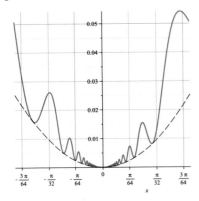

$$f : \mathbb{R} \to \mathbb{R}, \ x \mapsto \begin{cases} 2x^2 + x^2 \sin \dfrac{1}{x}, & x \neq 0 \\ 0, & x = 0 \end{cases}$$

in $x_0 = 0$ differenzierbar mit $f'(0) = 0$ und hat dort ein globales Minimum. Aber $f'(x) = 4x + 2x \sin \frac{1}{x} - \cos \frac{1}{x}$ ändert in jeder ε-Kugel um $x_0 = 0$ sein Vorzeichen beliebig oft, und damit ist auch (i) nicht anwendbar.

Eine weitere Folgerung aus dem Mittelwertsatz ist das

Korollar 2.3.39 (L'HOSPITAL). Sei $I \subset \mathbb{R}$ ein allgemeines Intervall, $x_0 \in \mathbb{R} \cup \{\pm\infty\}$. Für zwei differenzierbare Funktionen $f, g : I \to \mathbb{R}$ mit $g'(x) \neq 0$ für alle $x \in I$ gelte

$$\lim_{x \to x_0} f(x) = 0 = \lim_{x \to x_0} g(x) \qquad \text{oder} \qquad \lim_{x \to x_0} |f(x)| = +\infty = \lim_{x \to x_0} |g(x)|.$$

Dann gilt:

$$\lim_{x \to x_0} \frac{f'(x)}{g'(x)} = c \in \mathbb{R} \quad \Longrightarrow \quad \lim_{x \to x_0} \frac{f(x)}{g(x)} = c$$

Zum Beweis. Vorbemerkung: Ist f auf $[a, b]$ stetig, sowie in (a, b) differenzierbar, so existiert ein $\xi \in (a, b)$ mit:

$$\frac{f'(\xi)}{g'(\xi)} = \frac{f(b) - f(a)}{g(b) - g(a)} \tag{2.2}$$

Denn: Nach dem Mittelwertsatz Satz 2.3.14 gilt jedenfalls $g(a) \neq g(b)$, denn bestünde Gleichheit, so gäbe es ein $a < \theta < b$ mit $g'(\theta) = 0$, im $\lightning$ zur Voraussetzung $g' \neq 0$. Das macht die ersichtlich auf (a, b) differenzierbare und auf $[a, b]$ stetige Funktion

$$H(x) := f(x) - \frac{f(b) - f(a)}{g(b) - g(a)} g(x)$$

wohldefiniert. Weil $H(a) = H(b)$, folgt wiederum mit dem Mittelwertsatz die Existenz eines $a < \xi < b$ mit $H'(\xi) = 0$ und somit die Gleichung (2.2). Für die Behauptung des Satzes sind im Wesentlichen vier Fälle zu unterscheiden:

1. $x_0 \in \mathbb{R}$ mit $\lim\limits_{x \to x_0} f(x) = 0 = \lim\limits_{x \to x_0} g(x)$

2. $x_0 = \infty$ mit $\lim\limits_{x \to x_0} f(x) = 0 = \lim\limits_{x \to x_0} g(x)$

3. $x_0 \in \mathbb{R}$ mit $\lim\limits_{x \to x_0} |f(x)| = +\infty = \lim\limits_{x \to x_0} |g(x)|$

4. $x_0 = \infty$ mit $\lim\limits_{x \to x_0} |f(x)| = +\infty = \lim\limits_{x \to x_0} |g(x)|$

Zu 1.: Da $x \in \mathbb{R}$ können wir $I = [a, b]$ annehmen. Entweder liegt $x_0 \in (a, b)$ oder im Rand von I, o.B.d.A. $x_0 = a$. Folglich sind f, g jedenfalls stetig auf $[a, b]$ und differenzierbar in (a, b) mit $f(a) = 0 = g(a)$. Die Vorbemerkung liefert alsdann

$$\frac{f(x)}{g(x)} = \frac{f(x) - f(a)}{g(x) - g(a)} = \frac{f'(a + \xi_x(x - a))}{g'(a + \xi_x(x - a))}, \qquad 0 < \xi_x < 1,$$

und also im Limes für $x \to x_0 = a$ die Behauptung.

Zu 2.: Da $x_0 = \infty$ (o.B.d.A $x_0 = +\infty$), können wir $I = [a, +\infty)$ mit $a > 0$ annehmen. Via $x := 1/t$ erfüllen die Funktionen $f(1/t), g(1/t)$ den 1. Fall, nämlich zunächst auf dem Intervall $(0, 1/a]$ und sodann auf $[0, 1/a]$ nach Festlegung $f(1/0) = 0 = g(1/0)$. Die Kettenregel liefert nunmehr

$$\lim_{x \to \infty} \frac{f(x)}{g(x)} = \lim_{t \to 0} \frac{f(1/t)}{g(1/t)} = \lim_{t \to 0} \frac{\frac{d}{dt} f(1/t)}{\frac{d}{dt} g(1/t)} = \lim_{t \to 0} \frac{\frac{df}{dx}(1/t) \frac{dx}{dt}}{\frac{dg}{dt}(1/t) \frac{dx}{dt}} = \lim_{x \to \infty} \frac{f'(x)}{g'(x)}.$$

Zu 3.: Da $x_0 \in \mathbb{R}$, können wir $I = [a, b)$ mit $x_0 = b$ annehmen. Weiter betrachten wir hier nur den Fall $f(x) \to +\infty \leftarrow g(x)$ für $x \to b$. Sei

$$\lim_{x \to b} \frac{f'(x)}{g'(x)} =: q \in \mathbb{R} \cup \{\pm\infty\}.$$

Sei $q \in \mathbb{R}$. Zu $\varepsilon > 0$ gibt es ein $\delta > 0$, so dass $q - \varepsilon < f'(x)/g'(x) < q + \varepsilon$ für $b - \delta < x < b$. Für je zwei x, y mit $b - \delta < y < x < b$ existiert nach Vorbemerkung ein $\xi \in (y, x)$ mit

$$q - \varepsilon < \frac{f'(\xi)}{g'(\xi)} = \frac{f(x) - f(y)}{g(x) - g(y)} = \frac{f(x)}{g(x)} \cdot \underbrace{\frac{1 - \frac{f(y)}{f(x)}}{1 - \frac{g(y)}{g(x)}}}_{=:(*)} < q + \varepsilon.$$

Je kleiner ε gewählt wird, desto näher rücken wir mit y an b heran, und daher nähert sich $(*)$ immer mehr der 1, womit $\lim_{x \to b} f'(x)/g'(x) = \lim_{x \to b} f(x)/g(x)$ folgt. Ähnlich sieht man den Fall $q = \infty$ ein; zu jedem $N \in \mathbb{N}$ existiert ein $\delta > 0$, so dass $f'(x)/g'(x) > N$ für alle $b - \delta < x < b$, und daher auch via Vorbemerkung

$$\frac{f'(\xi)}{g'(\xi)} = \frac{f(x) - f(y)}{g(x) - g(y)} = \frac{f(x)}{g(x)} \cdot \frac{1 - \frac{f(y)}{f(x)}}{1 - \frac{g(y)}{g(x)}} > N,$$

für alle y, x mit $b - \delta < y < x < b$. Analoge Limesbetrachtungen wie bei $q \in \mathbb{R}$ liefern die Behauptung.

Zu 4.: Folgt ähnlich wie der 2. Fall. $\square$

Bemerkung 2.3.40. (i) Die L'Hospitalschen Regeln lassen sich nicht nur für die oben bewiesenen Fälle „$\frac{0}{0}$" oder „$\frac{\infty}{\infty}$", sondern auch „$0 \cdot \infty$" sowie „$\infty - \infty$" anwenden. Denn:

- „$0 \cdot \infty$": $f \cdot g = \frac{f}{1/g} \rightsquigarrow \text{„}\frac{0}{0}\text{"}$

- „$\infty - \infty$": $\frac{1}{f} - \frac{1}{g} = \frac{g-f}{fg} \rightsquigarrow \text{„}\frac{0}{0}\text{"}$,

(ii) L'Hospital kann auch mehrfach angewendet werden, sofern die beteiligten Funktionen genügend oft differenzierbar sind.

Schauen wir uns das am besten an Beispielen an:

Beispiel 2.3.41. Wir bestimmen den L'Hospital-Typ und sodann den Grenzwert:

(i) $\lim\limits_{x \to 0} \frac{\sin x}{x} \overset{\frac{0}{0} \text{ l'H}}{=} \lim\limits_{x \to 0} \frac{\cos x}{1} = 1$, wie bereits in Kor. 2.2.49 gezeigt.

(ii) $\lim\limits_{x \to \infty} \frac{\ln x}{e^x} \overset{\frac{\infty}{\infty} \text{ l'H}}{=} \lim\limits_{x \to \infty} \frac{1/x}{e^x} = \lim\limits_{x \to \infty} \frac{1}{xe^x} = 0$

(iii) $\lim\limits_{x \to \infty} x \sin \frac{1}{x} \overset{\infty \cdot 0}{=} \lim\limits_{x \to \infty} \frac{\sin \frac{1}{x}}{1/x} \overset{\text{l'H}}{=} \lim\limits_{x \to \infty} \frac{-\frac{1}{x^2} \cos \frac{1}{x}}{-\frac{1}{x^2}} = \lim\limits_{x \to \infty} \cos \frac{1}{x} = 1$

(vi) $\lim\limits_{x \to 0} \left(\frac{1}{\sin x} - \frac{1}{x} \right) \overset{\infty - \infty}{=} \lim\limits_{x \to 0} \frac{x - \sin x}{x \sin x} \overset{\text{l'H}}{=} \lim\limits_{x \to 0} \frac{1 - \cos x}{\sin x + x \cos x} \overset{\text{l'H}}{=}$
$\lim\limits_{x \to 0} \frac{\sin x}{2 \cos x - x \sin x} = \frac{0}{2} = 0$

Eine schöne Anwendung von L'Hospital ist die Berechnung des Grenzwertes der Exponentialfolge:

Beispiel 2.3.42. Es gilt $\lim\limits_{n\to\infty} \left(1 + \frac{t}{n}\right)^n = e^t$ für jedes $t \in \mathbb{R}$.

Beweis. Sei $t \in \mathbb{R}$ fest gewählt. Die Behauptung ist genau dann wahr, wenn $\ln \lim\limits_{n\to\infty} \left(1 + \frac{t}{n}\right)^n = t$ für alle $t \in \mathbb{R}$ gilt. Wir rechnen die linke Seite aus: Wegen

$$\ln \lim_{n\to\infty} \left(1 + \frac{t}{n}\right)^n = \lim_{n\to\infty} \ln \left(1 + \frac{t}{n}\right)^n = \lim_{n\to\infty} n \ln \left(1 + \frac{t}{n}\right) = \lim_{n\to\infty} \frac{\ln\left(1 + \frac{t}{n}\right)}{\frac{1}{n}}$$

$$\overset{\frac{0}{0}\,\text{l'H}}{=} \lim_{n\to\infty} \frac{1}{1 + \frac{t}{n}} \cdot \left(-\frac{t}{n^2}\right) \cdot \frac{1}{-\frac{1}{n^2}} = t$$

folgt die Behauptung. Dabei geht die Stetigkeit des ln ein, was die Vertauschung von Limes und Logarithmus ermöglicht (vgl. Bem. 2.2.42) ☐

In Bsp. 2.2.28 hatten wir gezeigt, dass die Exponentialfolge $\left(1 + \frac{t}{n}\right)^n$ für jedes $t \in \mathbb{R}$ konvergiert, und daraus die Exponentialfunktion $t \mapsto e^t$ definiert. Alternativ lässt sich exp gemäß Bem. 2.3.32 über die Eigenschaft $f' = f$ definieren. Dann liefert obiges Beispiel einen Beweis, dass der Limes der Exponentialfolge mit der Exponentialfunktion übereinstimmt. Was nützt einem das? Reicht es nicht, die Exponentialfunktion via der Exponentialfolge zu definieren? Im Prinzip ja. Das Schöne an *charakterisierenden* Eigenschaften mathematischer Objekte ist es, verschiedene Perspektiven auf ein und dasselbe Objekt zu gewinnen. Jede Perspektive hat in der Regel Vor- und Nachteile hinsichtlich der dem Objekt innewohnenden Eigenschaften. Definiert man die Exponentialfunktion via $f' = f$ für eine auf ganz $\mathbb{R}$ definierte Funktion f mit $f(0) = 1$, so ist die Differenzierbarkeit von exp auf ganz $\mathbb{R}$ unmittelbar evident, ganz im Gegensatz zur Definition von exp via Exponentialfolge.

Beispiel 2.3.43 (Übung). (i) Seien $p(x) := \sum_{k=0}^{n} a_k x^k$ und $q(x) := \sum_{k=0}^{n} b_k x^k$ mit $a_k, b_k \in \mathbb{R}$ für alle $k = 0, 1..., n$ Polynome vom Grade n. Man zeige:

$$\lim_{x\to\infty} \frac{p(x)}{q(x)} = \frac{a_n}{b_n}$$

(ii) Man zeige, dass gilt:

$$\lim_{x\to 2} \frac{x^3 - 2x^2 - x + 2}{x^2 - 5x + 6} = -3$$

Aufgaben

R.1. Berechnen Sie die Ableitung folgender Funktionen:

(d) x^x für $x > 0$

(a) $e^{-x}(\sin x - \cos x)$

(e) $x \ln \sqrt{1 + x^2}$

(b) $\arcsin \dfrac{2}{x}$ für $x \neq 0$

(c) $\dfrac{x^2}{4}\left((\ln x)^2 + \dfrac{1}{2} \ln x + \dfrac{1}{8}\right)$ für $x > 0$

R.2. Berechnen Sie die Ableitung des Arsinh : $(\sinh)^{-1} : \mathbb{R} \to \mathbb{R}$ auf zweierlei Weise; einmal mithilfe der Kettenregel, und einmal mithilfe der Umkehrregel. (Hinweis: Achten Sie darauf, dass Sie die Voraussetzungen für die Anwendung dieser Regeln auch prüfen müssen.)

R.3. Sei

$$f : [-3\pi, +3\pi] \to \mathbb{R}, \ x \mapsto f(x) := \begin{cases} \frac{\sin x}{x}, & x \neq 0 \\ 1, & x = 0. \end{cases}$$

(a) Zeigen Sie anhand der Definition, das f in $x_0 = 0$ differenzierbar ist.

(b) Zeigen Sie, dass f gerade ist. (Hinweis: Nutzen Sie diese Symmetrie ab jetzt!)

(c) Bestimmen Sie alle Nullstellen von f.

(d) Berechnen Sie die Ableitung von f. (Hinweis: Fallunterscheidung!)

(e) Skizzieren Sie den Graphen von f.

(f) Was bewirkt $f(\omega_0 x)$ mit $\omega_0 > 0$ geometrisch? (Hinweis: Fallunterscheidung!) Skizzieren Sie für $\omega_0 = 2$ den Graphen in die bereits vorhandene Skizze ein.

R.4. Bestimmen Sie Art und Lage der Extrema der Funktion:

$$f : [0, 6] \longrightarrow \mathbb{R}, \quad x \longmapsto f(x) = 1/4(x^3 - 9x^2 + 15x - 4)$$

T.1. Beweisen Sie unter Zuhilfenahme der Ableitungsregeln folgende weiteren Ableitungsregeln unter Angabe des dafür passenden Definitionsbereiches:

$$
\begin{aligned}
(\ln x)' &= \frac{1}{x} \\
(x^\alpha)' &= \alpha x^{\alpha-1} \quad \text{für } \alpha \in \mathbb{R} \\
(a^x)' &= a^x \ln a \quad \text{für } a > 0 \\
(\tan x)' &= \frac{1}{\cos^2 x}
\end{aligned}
\qquad
\begin{aligned}
(\arctan x)' &= \frac{1}{1 + x^2} \\
(\arcsin x)' &= \frac{1}{\sqrt{1 - x^2}} \\
(\sinh x)' &= \cosh x
\end{aligned}
$$

T.2. Sei $t \in \mathbb{R}$. Man bestimme:

$$\lim_{x \to 0}(1 + tx)^{\frac{1}{x}}$$

2.4 Integration

Nachdem wir die Bedingungen für die Möglichkeit eines bestimmten Integrals im Allgemeinen, d.h. ohne besondere Voraussetzungen über die Natur der zu integrierenden Function, untersucht haben, soll nun diese Untersuchung in besonderen Fällen theils angewandt, theils weiter ausgeführt werden, und zwar zunächst für Functionen, welche zwischen je zwei noch so engen Grenzen unendlich oft unstetig sind.

BERNHARD RIEMANN[10], 1826–1866

Ziel dieses Kapitels ist eine Wiederholung und Vertiefung des Integralkalküls in einer Variablen. Nach einer Einführung beginnen wir mit dem klassischen RIEMANN-Integral, formulieren sodann den Hauptsatz der Differential-und Integralrechnung zusammen mit weiteren Eigenschaften des RIEMANN-Integrals und wenden uns abschließend den uneigentlichen Integralen zu.

2.4.1 Einführung

Integration kann algebraisch, wie geometrisch betrachtet werden, nämlich – lax gesprochen – so:

- Integration ist die Umkehrung der Ableitung.

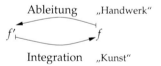

- Integration liefert vorzeichentreuen Flächeninhalt „unter dem Graphen".

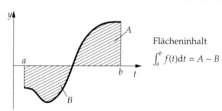

Wir werden uns beiden Themen widmen; ersteres führt auf den Hauptsatz der Differential- und Integralrechnung, und zweites auf die Berechnung bestimmter Integrale nach RIEMANN, mit dem wir auch gleich beginnen wollen ...

---

[10]Über die Darstellbarkeit einer Function durch eine trigonometrische Reihe, Habilitation, 1854.

2.4.2   Das Riemann-Integral

Sei fortan $f : [a, b] \to \mathbb{R}$ eine beschränkte Funktion auf dem kompakten Intervall $[a, b] \subset \mathbb{R}$. Unser Ziel ist die Bestimmung des Flächeninhaltes, die vom Graphen der Funktion f über einem kompakten Intervall $[a, b]$ eingeschlossen wird.

Idee des RIEMANNschen Integrals:

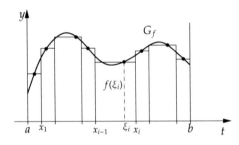

- Zerlege $[a, b]$ in Teilintervalle der Länge $\Delta x_i := x_i - x_{i-1}$.

- Approximiere Flächeninhalt F unter dem Graphen durch Aufsummieren der Flächeninhalte aller Säulen:

$$F_n = \sum_{i=1}^{n} f(\xi_i) \Delta x_i \quad \text{mit} \quad \xi_i \in [x_{i-1}, x_i]$$

- Lasse Feinheit der Teilintervalle $\Delta_x := \max\{\Delta x_i\}$ gegen null gehen, d.h. für $n \to \infty$ gilt $F_n \to F$.

Um den Grenzprozess zu formalisieren, geht man bei der RIEMANN-Integration zu Ober- und Untersumme über.

Definition 2.4.1. (i) Unter einer **Zange** Z wollen wir eine Unterteilung

$$a =: x_0 < x_1 < \ldots < x_n := b$$

des Intervalls $[a, b]$ zusammen mit Höhenangaben $k_i \le h_i$ für $i = 1, \ldots, n$ verstehen.
(ii) Wir sagen, f sei **in der Zange**, wenn jeweils $k_i \le f(x) \le h_i$ für alle $x \in [x_{i-1}, x_i]$ gilt.
(iii) Der Gesamtflächeninhalt

$$\mathcal{U}(Z) := \sum_{i=1}^{n} k_i \Delta x_i \quad O(Z) := \sum_{i=1}^{n} h_i \Delta x_i \quad O(Z) - \mathcal{U}(Z) = \sum_{i=1}^{n} (h_i - k_i) \Delta x_i$$

soll **Untersumme**, **Obersumme** und **Integraltoleranz** der Zange Z heißen.

Definition 2.4.2 (RIEMANN-Integrierbarkeit). Eine beschränkte Funktion $f : [a, b] \to \mathbb{R}$ heißt RIEMANN-**integrierbar** oder einfach R-**integrierbar**, wenn sie mit beliebig kleiner positiver Integraltoleranz in die Zange genommen werden kann. Etwas formaler ausgedrückt:

$$\boxed{f \text{ ist } R\text{-integrierbar} \quad :\Longleftrightarrow \quad \forall_{\varepsilon > 0} \exists_{\text{Zange } Z \text{ für } f} : O(Z) - \mathcal{U}(Z) < \varepsilon}$$

Lemma 2.4.3. Ist $f : I := [a, b] \to \mathbb{R}$ RIEMANN-integrierbar, so gibt es genau eine Zahl $\mathcal{I}$, für die gilt $\mathcal{U}(Z) \le \mathcal{I} \le O(Z)$ für alle Zangen, in die f genommen werden kann.

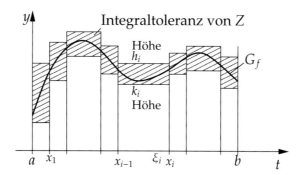

Abbildung 2.23: Zur Konstruktion des Riemann-Integrals: f ist in der Zange Z.

Zum Beweis. Zur Eindeutigkeit: Angenommen, es gäbe eine weitere Zahl $\mathcal{J}$, so dass $\mathcal{U}(Z) \leq \mathcal{J} \leq O(Z)$, für alle Zangen Z, in die f genommen werden kann. O.B.d.A. sei $I < \mathcal{J}$. Wähle Zange Z um f mit $O(Z) - \mathcal{U}(Z) < \varepsilon := \mathcal{J} - I$. Daraus erhält man

$$\mathcal{U}(Z) \leq I \leq O(Z) < \mathcal{U}(Z) + \varepsilon \leq I + \varepsilon = \mathcal{J},$$

das sagt $O(Z) < \mathcal{J}$, im Widerspruch zur Voraussetzung $\mathcal{U}(Z) \leq \mathcal{J} \leq O(Z)$. Also gilt doch $I = \mathcal{J}$.

Zur Existenz: *Idee:* Wir zeigen im ersten Schritt, dass für je zwei Zangen Z, Z' in die f genommen wurde, die Untersumme der einen stets unter der Obersumme der anderen Zange liegt, also $\mathcal{U}(Z) \leq O(Z')$. Das bedeutet aber alsdann: Jedes $O(Z')$ liegt über alle Untersummen $\mathcal{U}(Z)$ von f; man sagt auch $O(Z')$ ist eine „obere Schranke" für die Menge

$$M := \{\mathcal{U}(Z) \mid f \text{ in } Z\} \subset \mathbb{R},$$

der Untersummen von f. Man setzt nun I als die *kleinste* obere Schranke für M, notiert mit $\sup M \in \mathbb{R}$. D.h. I ist die kleinste Zahl in $\mathbb{R}$, für die $\mathcal{U}(Z) \leq I$ für alle $\mathcal{U}(Z) \in M$. Daher ist $\mathcal{U}(Z) \leq I \leq O(Z)$ für alle Zangen Z in die f genommen werden kann, wie im Lemma behauptet. Die Idee nunmehr ausführend:

1. Schritt: Ist f in den Zangen Z, Z', so gilt $\mathcal{U}(Z) \leq O(Z')$. Denn: Zu Z, Z' Zangen um f gibt es eine Zange Z'' zu einer „gemeinsamen Verfeinerung" der Zerlegung von $[a, b]$, d.h. die durch die Vereinigung der Unterteilungspunkte beider Zangen Z, Z' gegebene Zerlegung von $[a, b]$, mit den Unterhöhen von Z'' als die jeweils größere der beiden Unterhöhen von Z' und Z', also $k_i'' := \max\{k_i, k_i'\}$ für alle i, und den Oberhöhen von Z'' als die jeweils kleinere der beiden Oberhöhen von Z und Z', also $h_i'' := \min\{h_i, h_i'\}$ für alle i. Alsdann ist f auch in der Zange Z'' mit $\mathcal{U}(Z) \leq \mathcal{U}(Z'') \leq O(Z'') \leq O(Z')$.

2. Schritt: Die Krux des Beweises ist allerdings die Existenz der *kleinsten oberen Schranke*. Dazu wird die Vollständigkeit der reellen Zahlen (siehe Anhang Kap. 9.1) benutzt, d.h. das jede nicht-leere Menge $M \subset \mathbb{R}$, die überhaupt eine obere Schranke hat, auch eine kleinste obere Schranke besitzt, was wir jetzt verwenden wollen. Es ist also nur noch $M \neq \emptyset$ nachzuweisen. Das folgt aber aus der vorausgesetzten R-Integrierbarkeit von f. $\square$

Definition 2.4.4 (Riemann-Integral). Die nach dem Lemma eindeutig bestimmte Zahl I heißt das (bestimmte) Riemann-**Integral** oder R-**Integral** von f über $I :=$

$[a, b]$ und man schreibt dafür

$$\mathcal{I} := \int_I f := \int_a^b f(t)\, dt$$

Obergrenze
$$\int_a^b \underbrace{f(t)}_{\text{Integrand}} \, dt \leftarrow \text{Integrationsvariable}$$
Untergrenze   Integrand

Notation 2.4.5. Es bezeichne $\mathscr{R}_{[a,b]}$ die Menge aller R-integrierbaren Funktionen auf $[a, b] \subset \mathbb{R}$.

Beispiel 2.4.6. (i) Die konstante Funktion $c : [a, b] \to \mathbb{R}$, $x \mapsto c$ ist R-integrierbar; sie lässt sich sogar mit Nulltoleranz in der Zange nehmen:

$$F_n = \sum_{i=1}^n f(\xi_i)\Delta x_i = \sum_{i=1}^n c\Delta x_i = c(b - a) \quad \Longrightarrow \quad \int_a^b c\, dt = c(b - a)$$

Je nach Vorzeichen von c liefert auch das Integral ein positives bzw. negatives „Flächenmaß".

(ii) Für jedes kompakte Intervall $[a, b] \subset \mathbb{R}$ ist die Identität $\mathrm{id}_{[a,b]} : [a, b] \to \mathbb{R}$, $t \mapsto t$ R-integrierbar.

Beispiel 2.4.7. Wir konstruieren uns eine Funktion, die als Grenzwert der folgenden Funktionenfolge entsteht: Sei f_0 die konstante Funktion 1 über $[-1, 1]$, die Funktion f_1 entsteht aus f_0 durch Nullsetzen an der halben Intervalllänge, also bei $t = 0$. Halbiert man die beiden so entstandenen Intervalle und setzt die Funktion dort wieder null, so erhält man f_2.

$$f_0 : [-1, 1] \to \mathbb{R} \qquad f_1 : [-1, 1] \to \mathbb{R} \qquad f_2 : [-1, 1] \to \mathbb{R}$$
$$t \mapsto 1 \qquad t \mapsto \begin{cases} 0, & t = 0 \\ 1, & t \neq 0 \end{cases} \qquad t \mapsto \begin{cases} 0, & t = \pm\frac{1}{2}, 0 \\ 1, & t \neq 0 \end{cases}$$

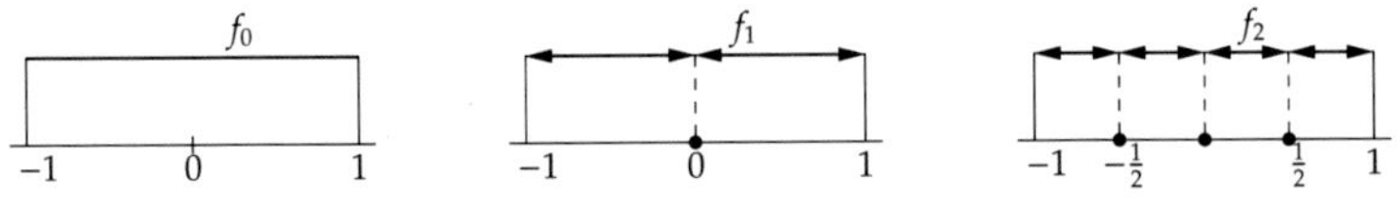

Abbildung 2.24: Anschauung der erstens f_n's.

Diesen Prozess induktiv fortsetzend liefert demnach:

$$f_{n+1} : [-1, 1] \to \mathbb{R}$$
$$t \mapsto \begin{cases} 0, & t \in \left\{\frac{k}{2^n} | k \in \mathbb{Z}, -2^n < k < 2^n\right\} \\ 1, & \text{sonst} \end{cases}$$

Jedes dieser f_n's ist R-integrierbar, jedoch lässt sich $f := \lim_{n\to\infty} f_n$ in keine Zange nehmen, denn $\mathcal{U}(Z) = 0$ und $\mathcal{O}(Z) \geq 2$ und daher $\mathcal{O}(Z) - \mathcal{U}(Z) \geq 2$ für jede Zange Z, in der wir f nehmen können, also $f \notin \mathscr{R}_{[-1,1]}$.

Merke: Nicht jede beschränkte Funktion über einen kompakten Intervall ist R-integrierbar.

Dieses Beispiel zeigt, dass Beschränktheit nur ein notwendiges, aber kein hinreichendes Kriterium für die R-Integrierbarkeit ist.

Satz 2.4.8 (Hinreichende Integrabilitätskriterien). *(i) Jede stetige Funktion auf einem kompakten Intervall ist R-integrierbar.*
(ii) Jede beschränkte Funktion $f : [a, b] \to \mathbb{R}$ mit endlich vielen Unstetigkeitsstellen ist R-integrierbar.

Zum Beweis. Zu (i): Sei $\varepsilon > 0$. Es ist f in die Zange zu nehmen, so dass die Integraltoleranz kleiner ε ist. Nach der in Lemma 2.2.43 charakterisierenden Eigenschaft stetiger Funktionen, gibt es zu jedem festen $x_0 \in I$ eine von diesem x_0 abhängige δ_{x_0}-Kugel um x_0, deren Bild ganz in der ε-Kugel um $f(x_0)$ liegt. Aufgrund der Kompaktheit von $I = [a, b]$ gibt es zu vorgegebenen $\varepsilon > 0$ sogar ein von $x_0 \in I$ *unabhängiges* $\delta > 0$ mit $f(I_\delta(x_0)) \subset I_\varepsilon(f(x_0))$. Wir können dies auch so ausdrücken: Zu $\varepsilon > 0$ existiert ein $\delta > 0$, so dass zu je zwei Punkten $x, y \in I$, deren Abstand kleiner δ ist, stets $|f(x) - f(y)| < \varepsilon$ folgt. Funktionen mit dieser Eigenschaft werden *gleichmäßig stetig* genannt. Stetige Funktionen auf kompakten Intervallen sind daher gleichmäßig stetig. Einen Beweis dafür findet man z.B. in [Fo99], §11. Wieder geht die Vollständigkeit von $\mathbb{R}$ ein, genauer der Satz von Bolzano-Weierstrass, der in Prop. 7.1.22 behandelt wird. Die behauptete R-Integrierbarkeit folgt nunmehr aus der gleichmäßigen Stetigkeit von f. Denn: Wähle $\delta > 0$ so klein, dass

$$|f(x) - f(y)| < \varepsilon' := \frac{\varepsilon}{4(b-a)}, \quad \text{für alle } |x - y| < \delta.$$

Wähle Zerlegung von I mit einer Teilintervalllänge $\Delta x_i < \delta$ und Höhenangaben $k_i \leq h_i$ mit $f(\xi_i) \pm \varepsilon'$, für jedes $i = 1, ..., n$, wobei die $\xi_i \in \Delta x_i$ beliebig vorgegeben sind. Das liefert eine Zange Z um f mit Integraltoleranz

$$O(Z) - \mathcal{U}(Z) = \sum_{i=1}^{n}(h_i - k_i)\Delta x_i = \sum_{i=1}^{n}(f(\xi_i)+\varepsilon' - (f(\xi_i)-\varepsilon')\Delta x_i = 2\varepsilon' \sum_{i=1}^{n}\Delta x_i = 2\varepsilon'(b-a) = \frac{\varepsilon}{2} < \varepsilon$$

Zu (ii): (Idee) Betrachte zunächst Funktionen mit nur einer Unstetigkeitsstelle in $x_0 \in I :=$ $[a, b]$. Als beschränkte Funktion hat f auch nur eine endliche maximale „Schwankungsbreite", also gibt es eine Konstante $C \in \mathbb{R}$, so dass $|f(x) - f(x')| \leq C$ für alle $x, x' \in I$ gilt. Wähle δ_1-Kugel um x_0 mit $\delta_1 := \varepsilon/(10C)$. Dann ist f auf jeden der beiden kompakten Teilintervalle[11] des Komplements $\bar{I} := I \backslash (I \cap (x_0 - \delta_1, x_0 + \delta_1))$ nach (i) gleichmäßig stetig. Also gibt es ein $\delta_2 > 0$, so dass für je zwei Punkte x, y, die in einem der Teilintervalle liegen und deren Abstand $|x - y| < \delta_2$ ist, gilt $|f(x) - f(y)| < \varepsilon' := \varepsilon/(5(b-a))$. Wähle Zerlegung von $[a, b]$ mit $\Delta x_i < \delta := \min\{\delta_1, \delta_2\}$ und $k_i \leq h_i$ mit $f(\xi_i) \pm \varepsilon'$ wie in (i) für alle i, sofern Δx_i noch ganz in $\bar{I}$ passt, und $\Delta x_j < \delta$ mit $\Delta x_j \subset (x_0 - \delta_1, x_0 + \delta_1)$ sowie $k_j \leq h_j$ mit $f(x_0) \pm C$ für alle j, so erhalten wir insgesamt eine Zange Z um f mit Integraltoleranz (und Beachtung von (i)):

$$O(Z) - \mathcal{U}(Z) = \sum_{i}(h_i - k_i)\Delta x_i + \sum_{j}(h_j - k_j)\Delta x_j \leq 2\varepsilon' \sum_{i}\Delta x_i + 2C\sum_{j}\Delta x_j \leq \frac{2}{5}\varepsilon + C\sum_{j}\Delta x_j$$

Da die Länge der Teilintervalle im 2. Summanden höchstens $\delta + 2\delta_1 + \delta \leq 4\delta_1 = 4\frac{\varepsilon}{10C} = \frac{2\varepsilon}{5C}$ ist, folgt $O(Z) - \mathcal{U}(Z) = \frac{2}{5}\varepsilon + \frac{2}{5}\varepsilon = \frac{4}{5}\varepsilon < \varepsilon$. Diese Konstruktion induktiv fortsetzend liefert die Behauptung. □

---

[11] Ggf. ist ein Teilintervall $\emptyset$, falls $x_0 \in \partial I$.

Es geht noch etwas allgemeiner, was wir hier ohne Beweis festhalten wollen:

Notiz 2.4.9. Jede beschränkte Funktion $f : [a,b] \to \mathbb{R}$, die überall bis auf einer abzählbaren Teilmenge von $[a,b]$ stetig ist, ist R-integrierbar.

Hat also der Graph einer Funktion f nur endlich oder abzählbar unendlich viele Sprungstellen, und ist f in allen anderen Punkten stetig, so ist f R-integrierbar. Unsere Vorstellungskraft schärfend betrachte das folgende Beispiel einer Funktion $f : [0,1] \to \mathbb{R}$, wie in Abb. 2.25 dargestellt.

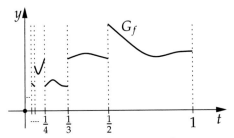

Abbildung 2.25: f springt an den Stellen $\frac{1}{n}$ und ist doch in $\mathscr{R}_{[0,1]}$.

Weil für Intervalle $[a,b]$ stets $a < b$ gilt, erweisen sich folgende Festlegungen als nützlich:

Vereinbarung: Man setzt $\displaystyle\int_a^a f(t)\, dt := 0$ und $\displaystyle\int_a^b f(t)\, dt := -\int_b^a f(t)\, dt.$

Die Notation für die Integrationsvariablen ist unerheblich, d.h. es ist:

$$\int_a^b f(t)\, dt = \int_a^b f(x)\, dx$$

Satz 2.4.10 (Algebraische Rechenregeln). *Seien $f, g \in \mathscr{R}_{[a,b]}$. Dann gilt:*

1. *(Linearität) $\lambda f + \mu g \in \mathscr{R}_{[a,b]}$ für alle $\lambda, \mu \in \mathbb{R}$.*

2. *(Produkte) $f \cdot g \in \mathscr{R}_{[a,b]}$.*

3. *(Monotonie) $f \leq g \implies \displaystyle\int_a^b f(t)\, dt \leq \int_a^b g(t)\, dt.$*

4. *(Dreiecks-Ungleichung) $|f| \in \mathscr{R}_{[a,b]}$ mit $\left| \displaystyle\int_a^b f(t)\, dt \right| \leq \int_a^b |f(t)|\, dt.$*

Zum Beweis. Seien $f, g \in \mathscr{R}_{[a,b]}$. Zunächst eine Vorbemerkung: Wir werden im Folgenden stets o.B.d.A annehmen, dass alle Zangen für f und g auf eine gemeinsame Zerlegung des Intervalls $[a, b]$ beruhen. Denn ist Z^f eine Zange für f mit der Zerlegung $a = y_0 < y_1 < \ldots < y_k = b$ und Z^g eine für g mit $a = \tilde{y}_0 < \tilde{y}_1 < \ldots < \tilde{y}_l = b$, so bildet offenbar die Vereinigung dieser Zerlegungspunkte, die wir mit $a = x_0 < x_1 < \ldots < x_{k+l=:n}$ bezeichnen wollen, der Zangen von f und g mit den jeweiligen Höhenangaben, neue Zangen für f und g, die wir wieder mit Z^f und Z^g bezeichnen.

Zu 1.: Sei $\varepsilon > 0$. Seien $\lambda \neq 0 \neq \mu$. Wähle Zangen Z^f um f bzw. Z^g um g, so dass $O(Z^f) - \mathcal{U}(Z^f) := \sum_{i=1}^{n}(h_i^f - k_i^f)\Delta x_i < \varepsilon/(2\lambda)$ und $O(Z^g) - \mathcal{U}(Z^g) := \sum_{i=1}^{n}(h_i^g - k_i^g)\Delta x_i < \varepsilon/(2\mu)$. Setzt man $h_i^{\lambda f + \mu g} := \lambda h_i^f + \mu h_i^g$ und $k_i^{\lambda f + \mu g} := \lambda k_i^f + \mu k_i^g$ für jedes $i = 1, \ldots, n$, so liefert dies, zusammen mit derselben Zerlegung von $[a, b]$ wie Z^f, eine Zange $Z^{\lambda f + \mu g}$ für $\lambda f + \mu g$. Folglich:

$$O(Z^{\lambda f + \mu g}) - \mathcal{U}(Z^{\lambda f + \mu g}) = \sum_{i=1}^{n}(\lambda h_i^f + \mu h_i^g - \lambda k_i^f - \mu k_i^g)\Delta x_i = \lambda \underbrace{\sum_{i=1}^{n}(h_i^f - k_i^f)\Delta x_i}_{<\varepsilon/(2\lambda)} + \mu \underbrace{\sum_{i=1}^{n}(h_i^g - k_i^g)\Delta x_i}_{<\varepsilon/(2\mu)} < \varepsilon$$

Damit ist die Intergraltoleranz von $\lambda f + \mu g$ kleiner als ε, wie verlangt. Die Fälle $\lambda = 0$ oder $\mu = 0$ sind trivial.

Zu 2.: Wähle Zangen Z^f um f und Z^g um g, so dass $\sum_{i=1}^{n}(h_i^f - k_i^f)\Delta x_i < \varepsilon/(2M)$ bzw. $\sum_{i=1}^{n}(h_i^g - k_i^g)\Delta x_i < \varepsilon/(2M)$ für ein noch zu bestimmendes $M \in \mathbb{R}$.

Als R-integrierbare Funktionen sind f und g jedenfalls beschränkt, und somit auch alle h_i^f und h_i^g endlich. Also gibt es eine Konstante $M \in \mathbb{R}$ mit $h_i^f \leq M$ und $k_i^g \leq M$ für alle $i = 1, \ldots, n$. Setze nun $h_i^{gf} := h_i^f h_i^g$ sowie $k_i^{fg} := k_i^f k_i^g$. Alsdann ist Z^{fg} mit derselben Intervallzerlegung und dieser Höhenangaben offenbar eine Zange für fg mit Intergraltoleranz:

$$
\begin{aligned}
\sum_{i=1}^{n}(h_i^{fg} - k_i^{fg})\Delta x_i &= \sum_{i=1}^{n}(h_i^f h_i^g - k_i^f k_i^g)\Delta x_i \\
&= \sum_{i=1}^{n}(h_i^f h_i^g + h_i^f k_i^g - h_i^f k_i^g - k_i^f k_i^g)\Delta x_i \\
&= \sum_{i=1}^{n}[h_i^f(h_i^g - k_i^g) + (h_i^f - k_i^f)k_i^g]\Delta x_i \\
&\leq M \underbrace{\sum_{i=1}^{n}(h_i^g - k_i^g)\Delta x_i}_{<\varepsilon/(2M)} + M \underbrace{\sum_{i=1}^{n}(h_i^f - k_i^f)\Delta x_i}_{<\varepsilon/(2M)} \\
&< \varepsilon
\end{aligned}
$$

Zu 3.: Es genügt die Behauptung $0 \leq f$ folgt $0 \leq \int_a^b f \, dx$ zu zeigen, denn die Linearitätseigenschaft (vgl. Satz 2.4.12 (i) und (2.5)) impliziert:

$$f \leq g \Leftrightarrow 0 \leq g - f \implies 0 \leq \int_a^b (g-f)(x)\,dx = \int_a^b g(x)\,dx - \int_a^b f(x)\,dx \Leftrightarrow \int_a^b f(x)\,dx \leq \int_a^b g(x)\,dx$$

Sei also $\varepsilon > 0$. Als RIEMANN-integrierbare Funktion lässt sich f in die Zange Z mit Integraltoleranz kleiner ε nehmen, und weil $f \geq 0$, können wir für eine solche Zange Z alle k_i's ≥ 0

machen. Alsdann haben wir:

$$0 \leq \mathcal{U}(Z) \leq \int_a^b f(x)\,dx \leq O(Z) < \mathcal{U}(Z) + \varepsilon$$

Zu 4. Wegen $-|f| \leq f \leq |f|$ und der Monotonie folgt

$$-\int_a^b |f(x)|\,dx \leq \int_a^b f(x)\,dx \leq \int_a^b |f(x)|\,dx$$

und also die Dreiecksungleichung. Ist nun f in der Zange Z mit $\sum_{i=1}^n (h_i - k_i)\Delta x_i < \varepsilon/2$, so auch die Funktionen

$$f_+(x) := \max(f(x), 0) \quad f_-(x) := \max(-f(x), 0)$$

durch gegebenenfalls Hinzunahme der Stelle $x_0 \in [a, b]$, an den das Vorzeichen wechselt, zu den Zerlegungspunkten in $[a, b]$ und Nullsetzen der Höhenangaben dort, wo $f_\pm$ null ist. Also sind mit f auch $f_\pm \in \mathcal{R}_{[a,b]}$. Aufgrund der Linearität und der Darstellung $|f| = f_+ + f_-$ ist mit f auch $|f| \in \mathcal{R}_{[a,b]}$. $\qquad \square$

Aus der Monotonie sowie Bsp. 2.4.6 folgt das

Korollar 2.4.11 (Stetigkeitseigenschaft). Sei $f \in \mathcal{R}_{[a,b]}$ und es gäbe $m, M \in \mathbb{R}$ mit $m \leq f(t) \leq M$ für alle $t \in [a, b]$. Dann gilt

$$m(b - a) \leq \int_a^b f(t)\,dt \leq M(b - a).$$

Satz 2.4.12 (Eigenschaften des Integrals bzgl. des Integrationsbereiches). *(i) Sei* $f : [a, b] \to \mathbb{R}$ *und* $c \in [a, b]$. *Dann ist:*

$$\left(f_{|[a,c]} \in \mathcal{R}_{[a,c]} \quad und \quad f_{|[c,b]} \in \mathcal{R}_{[c,b]} \right) \quad \Longleftrightarrow \quad f \in \mathcal{R}_{[a,b]},$$

und es gilt:

$$\int_a^b f(t)\,dt = \int_a^c f(t)\,dt + \int_c^b f(t)\,dt \qquad (2.3)$$

(ii) Sind $f, g \in \mathcal{R}_{[a,b]}$ *höchstens auf einer abzählbaren Teilmenge verschieden, so gilt*

$$\int_a^b f(t)\,dt = \int_a^b g(t)\,dt.$$

Insbesondere: Ändert man f *an höchstens abzählbar vielen Stellen ab, so bleibt sein bestimmtes Integral unverändert.*

Zum Beweis. Zu (i): „⇒": Sei also $f \in \mathcal{R}_{[a,b]}$ und $c \in (a,b)$ (wäre c ein Randpunkt, so ist die Behauptung trivial). Sei $\varepsilon > 0$. Dann gibt es eine Zange Z um f mit Integraltoleranz kleiner ε. Weil eine Verfeinerung der Zerlegung P von $[a,b]$ die Höhenangaben potentiell nur näher an f heranbringt, nehmen wir c zu den Zerlegungspunkten hinzu, falls er noch nicht dabei ist. Dann sind vermöge $P_{[a,c]} := P \cap [a,b]$ und $P_{[c,b]} := P \cap [c,b]$ mit den jeweils selben Höhenangaben wie von Z wieder Zangen $Z^{[a,c]}$ um $f_{[a,c]}$ bzw. $Z^{[c,b]}$ um $f_{[c,b]}$ mit Intergraltoleranz von jeweils kleiner als ε gegeben. Also ist mit $f \in \mathcal{R}_{[a,b]}$ auch $f_{|[a,c]} \in \mathcal{R}_{|[a,c]}$ und $f_{|[c,b]} \in \mathcal{R}_{|[c,b]}$.

„⇐": Das ist klar, denn sind $Z^{[a,c]}$ und $Z^{[c,b]}$ Zangen um die jeweiligen Einschränkungen von f, so dass deren Integraltoleranz kleiner $\varepsilon/2$ ist, so liefert die Vereinigung der Zerlegungspunkte von $[a,c]$ bzw. $[c,b]$ mit den jeweiligen Höhenangaben wieder eine Zange Z um f mit Integraltoleranz kleiner $\varepsilon/2 + \varepsilon/2 = \varepsilon$. Also ist auch $f \in \mathcal{R}_{[a,b]}$.

Das verwenden wir um (2.3) nachzuweisen: Seien $\varepsilon > 0$ und f in der Zange Z mit Integraltoleranz $< \varepsilon$. Dann gilt

$$\int_a^b f \le \mathcal{O}(Z) < \mathcal{U}(Z) + \varepsilon = \mathcal{U}(Z^{[a,c]}) + \mathcal{U}(Z^{[c,b]}) + \varepsilon \le \int_a^c f + \int_c^b f \implies \int_a^b f \le \int_a^c f + \int_c^b f,$$

und die umgekehrte Relation „$\ge$" folgt aus

$$\int_a^c f + \int_c^b f \le \mathcal{O}(Z^{[a,c]}) + \mathcal{O}(Z^{[c,b]}) < \mathcal{U}(Z^{[a,c]}) + \mathcal{U}(Z^{[c,b]}) + \varepsilon = \mathcal{U}(Z) + \varepsilon \le \int_a^b f + \varepsilon$$

und also die Gleichheit.

Zu (ii): Aufgrund der Linearität des R-Integrals genügt es nachzuweisen: Ist $f = 0$ bis auf endlich viele Punkte, so ist $f \in \mathcal{R}_{[a,b]}$ mit $\int_a^b f = 0$. Dies folgt aus dem Beweis von Satz 2.4.8 (ii). Der allgemeine Fall ist eine unmittelbare Konsequenz aus Notiz 2.4.9.   □

2.4.3   HDI und Eigenschaften

Im folgenden Abschnitt wollen wir den Zusammenhang zwischen Integration und Differentiation herstellen. Dies geschieht über den *Hauptsatz der Differential- und Integralrechnung*, kurz HDI genannt. Dazu zunächst

Satz 2.4.13 (Mittelwertsatz der Integralrechnung). *Sind* $f, g \in \mathcal{C}^0([a,b])$ *stetig und* $g(x) \ge 0$ *für alle* $x \in [a,b]$, *so gibt es ein* $\xi \in [a,b]$ *mit:*

$$\boxed{\int_a^b f(x)g(x)\,\mathrm{d}x = f(\xi)\int_a^b g(x)\,\mathrm{d}x}$$

Beweis. Weil f stetig auf $[a,b]$ ist, nimmt f nach Satz 2.2.46 (ii) sein Minimum m und Maximum M an. Wegen $g(x) \ge 0$ folgt $mg(x) \le f(x)g(x) \le Mg(x)$ für alle $x \in [a,b]$ und aufgrund der Monotonieeigenschaft

$$m\int_a^b g(t)\,\mathrm{d}t \le \int_a^b f(t)g(t)\,\mathrm{d}t \le M\int_a^b g(t)\,\mathrm{d}t.$$

Also gilt $\int_a^b g(t)f(t)\,dt = y_0 \int_a^b g(t)\,dt$ für ein $m \le y_0 \le M$. Weil f stetig ist, gibt es nach dem Zwischenwertsatz Bem. 2.2.53 (i) ein $\xi \in [a,b]$ mit $f(\xi) = y_0$. □

Korollar 2.4.14. Ist $g \equiv 1$, so gibt es ein $\xi \in [a,b]$ mit:

$$\int_a^b f(t)dt = f(\xi)(b-a)$$

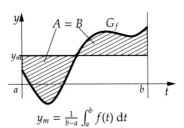

$$y_m = \tfrac{1}{b-a} \int_a^b f(t)\,dt$$

Man nennt $y_m := f(\xi)$ den *Mittelwert* von f.

Merke: Der (arithmetische) Mittelwert y_m unterteilt den Graphen von f derart, dass bezogen auf das gemeinsame Intervall $[a,b]$ oberhalb und unterhalb der konstanten Funktion $y = y_m$ zwei gleiche Flächen entstehen.

Definition 2.4.15 (Stammfunktion und unbestimmtes Integral). Sei $f : I \to \mathbb{R}$ eine Funktion auf einem allgemeinen Intervall $I \subset \mathbb{R}$. Eine differenzierbare Funktion $F : I \to \mathbb{R}$ heißt **Stammfunktion** von f, falls $F' = f$. Die Menge aller Stammfunktionen von f werde mit

$$\int f := \int f(x)\,dx := \{F : I \to \mathbb{R} \mid F' = f\}$$

bezeichnet; sie heißt das **unbestimmte Integral** von f.

Theorem 2.4.16 (HDI). *Sei $f : I \to \mathbb{R}$ eine stetige Funktion auf einem allgemeinen Intervall $I \subset \mathbb{R}$ und $a < b \in I$. Dann gilt:*

(i) *(Existenz) Die durch $F_a(x) := \int_a^x f(t)dt$ mit $x \in I$ gegebene Funktion $F_a : I \to \mathbb{R}$ ist Stammfunktion von f, d.h.*

$$f(x) = \frac{d}{dx} \int_a^x f(t)\,dt. \tag{2.4}$$

(ii) *(Eindeutigkeit) Jede andere Stammfunktion von f unterscheidet sich von F_a nur um eine Konstante, d.h. $F(x) = F_a(x) + K$ mit $K \in \mathbb{R}$.*

(iii) *(Integralberechnung) Ist $F : I \to \mathbb{R}$ irgendeine Stammfunktion von f, so gilt:*

$$\int_a^b f(x)dx = F(b) - F(a) =: F(x)\Big|_a^b =: \Big[F(x)\Big]_a^b$$

Notiz 2.4.17. Die Voraussetzung an den Definitionsbereich von f ist wesentlich, da der HDI falsch wird, wenn man beliebige Definitionsbereiche $D \subset \mathbb{R}$ statt allgemeine Intervalle zuließe.

Beweis. [des HDI] Zu (i): Für $a < b$ in I ist $f_{|[a,b]} : [a, b] \to \mathbb{R}$ als stetige Funktion auf dem kompakten Intervall $[a, b]$ gemäß Satz 2.4.8 (i) R-integrierbar.

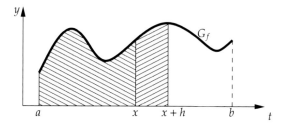

Abbildung 2.26: Flächenzuwachs $F_a(x + h) - F_a(x)$.

Beweis-Idee: Definiere Flächenfunktion $F_a(x) := \int_a^x f(t)\mathrm{d}t$ gemäß Abb. 2.26. Dann gilt für den Flächenzuwachs:

$$F_a(x+h) - F_a(x) = \int_a^{x+h} f(t)\mathrm{d}t - \int_a^x f(t)\mathrm{d}t \overset{\text{Satz 2.4.12(i)}}{=} \int_x^{x+h} f(t)\mathrm{d}t \overset{\text{Kor.2.4.14}}{=} f(\xi)h \text{ für ein } \xi \in [x, x+h]$$

Mithin ist $F_a'(x) = \lim_{h \to 0} \frac{1}{h}(F_a(x+h) - F_a(x)) = \lim_{h \to 0} f(\xi) = f(x)$, denn für $h \to 0$ strebt $x + h \to x$ und damit auch $\xi \to x$.

Zu (ii): Sind F und G zwei Stammfunktionen von f, so gilt $F' = f$ und $G' = f$; also mit Satz 2.3.16 (i) auch $0 = f - f = F' - G' = (F - G)'$, d.h. gemäß Satz 2.3.29 (ii) $F - G = K$ mit einer Konstanten $K \in \mathbb{R}$.

Zu (iii): Nach (i) ist $F_a(x) = \int_a^x f(t)\mathrm{d}t$ und nach (ii) ist $F_a = F + K$ mit $K \in \mathbb{R}$. Also folgt:

$$\int_a^b f(t)\mathrm{d}t = F_a(b) - 0 = F_a(b) - \int_a^a f(t)\mathrm{d}t = F_a(b) - F_a(a) = F(b) - F(a)$$

$\square$

Merke: Der Hauptsatz der Differential- und Integralrechnung besagt:

- Integration ist *Umkehroperation* der Differentiation.

- wie man RIEMANN-Integrale mittels einer Stammfunktion konkret berechnen kann.

Woher bekommt man Stammfunktionen?

1. Man lese die Ableitungstabelle Tab. 2.1 „rückwärts".

f	F
$x^\alpha,\ \alpha \neq -1$	$\dfrac{1}{\alpha+1}x^{\alpha+1} + C$
$\dfrac{1}{x},\ x \neq 0$	$\ln|x| + C$
e^x	$e^x + C$
$\sin x$	$-\cos x + C$
$\dfrac{1}{1+x^2}$	$\arctan x + C$

Tabelle 2.2: Ein paar Standard-Stammfunktionen F.

2. Computeralgebrasysteme, wie Maple, Matlab,

3. Integrationstechniken, siehe nachfolgenden Abschnitt.

Schauen wir uns ein paar Beispiele an:

Beispiel 2.4.18. (i) Für $x > 0$ und $\alpha \in \mathbb{R}$ hat die Funktion $x^\alpha := \exp(\alpha \ln x)$ die Ableitung $(x^\alpha)' = \alpha x^{\alpha-1}$. Daher ist $x^{\alpha+1}/(\alpha+1)$, für $\alpha \neq -1$ eine Stammfunktion von x^α mit:

$$\int_a^b x^\alpha \, dx \overset{\text{HDI}}{=} \frac{b^{\alpha+1} - a^{\alpha+1}}{\alpha+1} \qquad \text{für } a, b > 0$$

(ii) Für $x > 0$ haben wir bekanntlich $(\ln x)' = \frac{1}{x}$ und nach dem HDI die Darstellung:

$$(\ln x)' = \frac{d}{dx} \int_a^x \frac{1}{t} \, dt = \frac{1}{x} \qquad \text{für } a > 0$$

Also ist $\ln x$ eine Stammfunktion von $\frac{1}{x}$. Speziell für $a = 1$ erhalten wir

$$\int_1^x \frac{1}{t} \, dt \overset{\text{HDI}}{=} \ln x - \ln 1 = \ln x,$$

womit sich nunmehr die alternative Definition des ln via „Integralfunktion" gemäß Def. 2.1.25 erhellt.

Beispiel 2.4.19 (Übung). Zeigen Sie, dass $F(x) := \frac{1}{3}x^3 - 3\sin(2x)$ Stammmfunktion von $f(x) := x^2 - 6\cos(2x)$ und berechnen Sie das bestimmte Integral:

$$\int_1^2 (x^2 - 6\cos(2x)) \, dx$$

2.4.4   Integrationstechniken

Integrationstechniken dienen dem Auffinden von Stammfunktionen einer gegebenen R-integrierbaren Funktion $f : [a, b] \to \mathbb{R}$, und alsdann, wie der HDI lehrt,
der Berechnung bestimmter Integrale. Zu den wichtigsten Methoden gehören

- Partielle Integration,

- Substitution, sowie

- Partialbruchzerlegung,

welche der Reihe nach hier vorgestellt werden. Zunächst ist evident:

Bemerkung 2.4.20 (Linearität). Sei $I \subset \mathbb{R}$ ein allgemeines Intervall. Sind $f, g \in \mathcal{R}_I$
und $a < b$ in I, so gilt:

$$\int_a^b (\lambda f(t) + \mu g(t))\, dt = \lambda \int_a^b f(t)\, dt + \mu \int_a^b g(t)\, dt \quad \text{für alle } \lambda, \mu \in \mathbb{R} \quad (2.5)$$

Beweis. Zunächst besagt Satz 2.4.12 (i) $\lambda f + \mu g \in \mathcal{R}_{[a,b]}$, womit die linke Seite
wohldefiniert wird. Setze $b := x$ in beide Seiten ein, und differenziere nach x. Die
Linearität der Ableitung Satz 2.3.16 und der HDI liefern sodann:

$$\frac{d}{dx} \underbrace{\int_a^x (\lambda f + \mu g)(t)\, dt}_{=:F(x)} = \lambda f(x) + \mu g(x) = \lambda \frac{d}{dx} \int_a^x f(t)\, dt + \mu \frac{d}{dx} \int_a^x g(t)\, dt$$

$$= \frac{d}{dx} \underbrace{\lambda \int_a^x f(t)\, dt + \mu \int_a^x g(t)\, dt}_{=:G(x)}$$

Das besagt, dass die Ableitung beider Seiten von (2.5) identisch ist, und also
gemäß Satz 2.3.29 unterscheiden sich die Integralfunktionen F und G nur um eine
Konstante $C \in \mathbb{R}$. Setzt man nun $x := a$ in F sowie G ein, so folgt unmittelbar $C = 0$
und also die Behauptung. $\square$

Beispiel 2.4.21 (Übung). Man bestimme $\int_1^2 (x^2 - 6\cos(2x))\, dx$.

Satz 2.4.22 (Partielle Integration). *Sei $I \subset \mathbb{R}$ ein allgemeines Intervall. Sind $f, g \in \mathcal{C}^1(I)$
und $a < b$ in I, so gilt:*

$$\int_a^b f(t)g'(t)\, dt = \left[f(t)g(t)\right]_a^b - \int_a^b f'(t)g(t)\, dt$$

Beweis. Zunächst sind die auf beiden Seiten der Gleichungen stehenden Integrale wohldefiniert, denn mit $f, g \in \mathscr{C}^1(I)$ ist definitionsgemäß $f', g' \in \mathscr{C}^0(I)$, also auch $fg', f'g \in \mathscr{C}^0(I)$ (warum genau?!). Damit sind die Integranden stetig, und nach Satz 2.4.8 folglich R-integrierbar. Wir zeigen nun, dass die Produktregel $(fg)' = fg' + f'g$ äquivalent zur partiellen Integration ist. Setze dazu $b = x$ und differenziere nach x. Damit ist

$$\frac{\mathrm{d}}{\mathrm{d}x} \int_a^x f(t)g'(t)\, \mathrm{d}t = \frac{\mathrm{d}}{\mathrm{d}x} \Big[f(t)g(t) \Big]_a^x - \frac{\mathrm{d}}{\mathrm{d}x} \int_a^x f'(t)g(t)\, \mathrm{d}t,$$

denn alle drei Abblildungen sind gemäß HDI nach x differenzierbar. Anwendung des HDI (2.4) auf diese Gleichung liefert der Reihe nach $f(x)g'(x) = \big(f(x)g(x)\big)' - f'(x)g(x)$ und also die Produktregel. $\qquad\square$

Bezeichnet $u := f$, $v := g$, so lautet die Formel für die partielle Integration kurz und knapp:

$$\int uv' = uv - \int u'v$$

Die partielle Integration wird also in der Regel auf Integrale angewendet, deren Integrand aus einem Produkt von Funktionen besteht. Dabei stellt sich grundsätzlich die Frage, welche Rolle von u bzw. von v' übernommen wird. Schauen wir dazu auf folgendes

Beispiel 2.4.23. Man berechne $\displaystyle\int_0^1 xe^x\, \mathrm{d}x$.

Wir haben also folgende zwei Möglichkeiten:

1. Setze $u(x) := x$ und $v'(x) := e^x$. Dann ist $u'(x) = 1$ und $v(x) = e^x$ und daher

$$\int_0^1 x \cdot e^x\, \mathrm{d}x = [x \cdot e^x]_0^1 - \int_0^1 e^x\, \mathrm{d}x.$$

   Das rechte Integral stellt demnach eine *Vereinfachung* des ausgänglichen dar, da es eine direkte Berechnung ermöglicht, womit sich

$$\int_0^1 xe^x\, \mathrm{d}x = [xe^x]_0^1 - [e^x]_0^1 = 1 \cdot e^1 - 0 \cdot e^0 - (e^1 - e^0) = e - e + 1 = 1$$

   ergibt.

2. Setze $v'(x) := x$ und $u(x) := e^x$. Dann ist $v(x) = \frac{x^2}{2}$ und $u'(x) = e^x$ und daher:

$$\int_0^1 x \cdot e^x\, \mathrm{d}x = \Big[\frac{x^2}{2} \cdot e^x \Big]_0^1 - \frac{1}{2} \int_0^1 x^2 \cdot e^x\, \mathrm{d}x$$

Das rechte Integral stellt somit eine *Verkomplizierung* des ausgänglichen dar, weil der Exponent von x von 1 auf 2 erhöht, während er im ersten Fall vom 1 auf 0 (da $x^0 = 1$) erniedrigt wurde. Ad hoc haben wir weder eine Stammfunktion parat, noch greift eine der Integrationstechniken, weswegen der zweite Ansatz nicht sinnvoll ist.

Diskussion: Warum kann man o.B.d.A. $v(x) = e^x$ verwenden? Nach dem HDI wäre auch $\tilde{v}(x) = e^x + C$ mit $C \in \mathbb{R}$ eine Stammfunktion von v'.

Übung: Man bestimme ohne erneute partielle Integration $\int xe^x \, \mathrm{d}x$.

Manchmal führt die partielle Integration auch dann noch zum Erfolg, wenn der Integrand kein Produkt zweier nicht-trivialer Funktionen ist. Alsdann behilft man sich via $f = 1 \cdot f$ und geht wie im folgenden Beispiel vor:

Beispiel 2.4.24. Setze $u(x) := \ln x$ und $v'(x) := 1$. Dann ist $u'(x) := \frac{1}{x}$ und $v(x) = x$, und daher:

$$\int_1^2 \ln x \, \mathrm{d}x = \int_1^2 1 \cdot \ln x \, \mathrm{d}x = [x \cdot \ln x]_1^2 - \int_1^2 \frac{1}{x} \cdot x \, \mathrm{d}x = 2\ln 2 - 1$$

Manchmal ist die partielle Integration mehrfach durchzuführen, wie gleich ersichtlich wird.

Beispiel 2.4.25. Man bestimme $\int_0^1 x^2 e^x \, \mathrm{d}x$.

Setze $u(x) := x^2$ und $v'(x) := e^x$. Dann ist $u'(x) = 2x$ und $v(x) = e^x$ und daher:

$$\int_0^1 x^2 e^x \, \mathrm{d}x = \left[x^2 e^x\right]_0^1 - 2\int_0^1 xe^x \, \mathrm{d}x = e - 2\int_0^1 xe^x \, \mathrm{d}x$$

Gleichwohl das rechte Integral gegenüber dem ausgänglichen sich vereinfacht hat (denn der Exponent von x hat sich von 2 auf 1 verringert), ist eine direkte Berechnung der Stammfunktion nicht evident. Jedoch führt eine erneute partielle Integration zum Ziel. Beispiel 2.4.23 liefert nämlich:

$$\int_0^1 x^2 e^x \, \mathrm{d}x = e - 2\int_0^1 xe^x \, \mathrm{d}x = e - 2$$

Fazit: Gegebenenfalls ist die partielle Integration mehrfach anzuwenden, bis das dabei entstehende Integral der Berechnung einer Stammfunktion zugänglich wird.

Beispiel 2.4.26. Man bestimme $\int \cos^2(x) \, \mathrm{d}x$.

Setze $u(x) := \cos x$ und $v'(x) := \cos x$. Dann ist $u'(x) = -\sin x$ und $v(x) = \sin x$ und daher:

$$\begin{aligned}
\int \cos^2 x \, dx &= \sin x \cos x + \int \sin^2 x \, dx \\
&= \sin x \cos x + \int (1 - \cos^2 x) \, dx \\
&= \frac{1}{2} \sin 2x + \int dx - \int \cos^2 x \, dx \\
&= x + \frac{1}{2} \sin 2x - \int \cos^2 x \, dx
\end{aligned}$$

Hier kommt der „Trick": Addition von $\int \cos^2 x \, dx$ auf beiden Seiten der letzten Gleichung liefert:

$$2 \int \cos^2 x \, dx = x - \frac{1}{2} \sin 2x \quad \text{d.h.} \quad \int \cos^2 x \, dx = \frac{1}{2}\left(x - \frac{1}{2} \sin 2x\right) + C, \; C \in \mathbb{R}$$

Satz 2.4.27 (Substitution). *Sei $f : I \to \mathbb{R}$, $x \mapsto f(x)$ eine stetige Funktion auf einem allgemeinen Intervall $I \subset \mathbb{R}$ und $\varphi : [a, b] \to I$, $t \mapsto \varphi(t)$ eine $\mathscr{C}^1$-Funktion. Dann gilt*

$$\boxed{\int_a^b (f \circ \varphi)(t) \dot{\varphi}(t) \, dt = \int_{\varphi(a)}^{\varphi(b)} f(x) \, dx} \qquad \text{mit } x := \varphi(t) \text{ und } \frac{dx}{dt} = \dot{\varphi}.$$

Zum Beweis. Sei $x \in [a, b]$. Wir behaupten die Gleichheit der Stammfunktionen $F(x)$ und $G(x)$, definiert vermöge:

$$F(x) := \int_a^x f(\varphi(t))\dot{\varphi}(t) \, dt = \int_{\varphi(a)}^{\varphi(x)} f(u) \, du =: G(x)$$

Aus dem HDI und der Kettenregel folgt nämlich $F'(x) = f(\varphi(x))\varphi'(x)$ sowie $G'(x) = f(\varphi(x))\varphi'(x)$, also $F' = G'$ auf $[a, b]$, womit sich die beiden gemäß Satz 2.3.29 (ii) nur um eine Konstante unterscheiden können. Aber wegen $F(a) = G(a) = 0$ folgt $F = G$ auf ganz $[a, b]$. □

Diskussion: Warum sind die Integrale in der Substitutionsregel wohldefiniert?

Beispiel 2.4.28 (Standardanwendung). Sei f wie im Satz 2.4.27. Für $c \in \mathbb{R}$ gilt:

- $$\int_a^b f(t + c) \, dt = \int_{a+c}^{b+c} f(x) \, dx \qquad \text{mit } x := t + c$$

- $$c \int_a^b f(ct) \, dt = \int_{ac}^{bc} f(x) \, dx \qquad \text{mit } x := ct$$

Das besagt: Kennt man eine Stammfunktion von $t \mapsto f(t)$, so auch von $t \mapsto f(at+b)$ mit $a, b \in \mathbb{R}$.

Betrachten wir dazu ein konkretes

Beispiel 2.4.29. Für $A, \alpha \in \mathbb{R}$ und $\omega \in \mathbb{R}^*$ ist gemäß der Standardanwendung:

$$\int_a^b A\cos(\omega t + \alpha)\, dt = \frac{A}{\omega} \int_{\omega a + \alpha}^{\omega b + \alpha} \cos x \, dx = \frac{A}{\omega}\big(\sin(\omega b + \alpha) - \sin(\omega a + \alpha) \big)$$

Freilich geht es auch zu Fuß: Dazu setze $x := \varphi(t) := \omega t + \alpha$, womit wir $\frac{dx}{dt} = \dot{\varphi} = \omega$ und als neue Integrationsgrenzen $x_0 := \varphi(a) = \omega a + \alpha$ sowie $x_1 := \varphi(b) = \omega b + \alpha$ erhalten. Mit der Linearität Bem. 2.4.20 und der Substitutionsregel Satz 2.4.27 folgt:

$$\int_a^b A\cos(\omega t + \alpha)\, dt = \frac{1}{\omega} \int_a^b A\cos(\omega t + \alpha)\omega\, dt = \frac{A}{\omega} \int_{x_0}^{x_1} \cos x \, dx = \frac{A}{\omega} \sin x \Big|_{x_0}^{x_1}$$

$$= \frac{A}{\omega}\big(\sin(\omega b + \alpha) - \sin(\omega a + \alpha) \big)$$

Beispiel 2.4.30. Für $|x| < 1$ bestimme $\displaystyle\int \sqrt{1 - x^2}\, dx$ und sodann $\displaystyle\int_{-1}^1 \sqrt{1 - x^2}\, dx$.

Für $x := \varphi(t) := \sin t$, wobei $-\frac{\pi}{2} \le t \le \frac{\pi}{2}$, mit $\frac{dx}{dt} = \cos t$, erhält man mit Hilfe von Bsp. 2.4.26

$$\int \sqrt{1 - x^2}\, dx = \int \sqrt{1 - \sin^2 t}\, \cos t \, dt = \int \cos^2 t \, dt = \frac{1}{2}\big(t + \sin t \cos t \big) + C$$

$$= \frac{1}{2}\big(\arcsin x + x\sqrt{1 - x^2} \big) + C,$$

mit $C \in \mathbb{R}$. Der HDI liefert nunmehr das R-Integral

$$\int_{-1}^1 \sqrt{1 - x^2}\, dx = \frac{1}{2}(\arcsin(1) + 1\sqrt{1 - 1^2} - \arcsin(-1) - (-1)\sqrt{1 - (-1)^2}) = \frac{1}{2}\Big(\frac{\pi}{2} + \frac{\pi}{2}\Big) = \frac{\pi}{2},$$

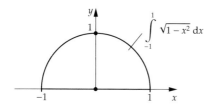

was dem wohlbekannten Flächeninhalt eines halben Einheitskreises (d.h. Radius $r = 1$) entspricht.

Beispiel 2.4.31 (Logarithmische Ableitung). Sei $\varphi : [a, b] \to \mathbb{R}$ eine $\mathscr{C}^1$-Funktion mit $\varphi(t) \neq 0$ für alle $t \in [a, b]$. Dann gilt mit $x := \varphi(t)$ und $\frac{dx}{dt} = \dot{\varphi}$:

$$\int_a^b \frac{\dot{\varphi}(t)}{\varphi(t)}\, dt = \int_{\varphi(a)}^{\varphi(b)} \frac{dx}{x} = \ln|\varphi(t)|\Big|_a^b$$

Diskussion: Warum existieren die Integrale in der „Logarithmischen Ableitung"?

Beispiel 2.4.32. Es ist $\displaystyle\int \frac{1}{x \ln x}\, dx = \int \frac{1/x}{\ln x}\, dx = \ln|\ln x| + C$, mit $C \in \mathbb{R}$.

Zum Schluss widmen wir uns der Partialbruchzerlegung über den reellen Zahlen, mit deren Hilfe sich eine Stammfunktion für rationale Funktionen (loc. cit. Def. 2.1.20) auffinden lässt. Wir demonstrieren es an einem konkreten

Beispiel 2.4.33. Man berechne das unbestimmte Integral $\displaystyle\int \frac{2x + 1}{1 + x - x^4 - x^5}\, dx$.

1. *Schritt (Nennerpolynom faktorisieren)*: Zerlegung des Nenners in Polynome niedrigsten Grades, d.h. so lange Linearfaktoren $(x - x_k)$ abspalten wie möglich. Polynomdivision mit der erratenen Nullstelle $x_0 = -1$ liefert $(-x^5 - x^4 + x + 1) : (x + 1) = -x^4 + 1$. Alsdann haben wir:

$$1 + x - x^4 - x^5 = (1 - x^4)(x + 1) = (x^2 + 1)(1 - x^2)(x + 1) = -(x^2 + 1)(x + 1)^2(x - 1)$$

2. *Schritt (Partialbruchansatz)*: Die Anzahl der Faktoren des Nennerpolynoms liefert unter Berücksichtigung der Nullstellenordnungen die Anzahl der Summanden in der sogenannten *Partialbruchzerlegung* (rechte Seite)

$$\frac{2x + 1}{1 + x - x^4 - x^5} = -\frac{2x + 1}{(x + 1)^2(x - 1)(x^2 + 1)} = \frac{A}{x + 1} + \frac{B}{(x + 1)^2} + \frac{C}{x - 1} + \frac{Dx + E}{x^2 + 1},$$

mit noch zu bestimmenden Konstanten $A, B, C, D, E \in \mathbb{R}$. Der Sinn dieses „Ansatzes" liegt darin, dass zu jedem Summanden der rechten Seite in evidenter Weise eine Stammfunktion angegeben werden kann, womit das komplizierte Ausgangsintegral (der linken Seite) in eine Summe von leicht integrierbaren Summanden zerlegt wurde. Multipliziert man beide Seiten der obigen Gleichung mit dem Nennerpolynom durch, so entsteht:

$$2x+1 = A(1-x^4)+B(1+x^2)(1-x)-C(1+x^2)(x+1)^2+(Dx+E)(1-x^2)(x+1) \quad (2.6)$$

3. *Schritt (Bestimmung der Konstanten)*: Wir stellen hier die sogenannte *Einsetzmethode* vor. (In Aufgabe 5 wird auch der *Koeffizientenvergleich* behandelt.) Dazu setzen wir die Nullstellen des Nennerpolynoms, also $x = \pm 1$, und alsdann so lange möglichst zum Rechnen einfache Zahlen, z.B. $x = 0, \pm 2$, jeweils in (2.6) ein, bis die Anzahl der gesuchten Konstanten A, B, C, D, E mit

der Anzahl der sich ergebenden Gleichungen übereinstimmt. Einsetzen von $x = 0, \pm 1, \pm 2$ liefert das „lineare Gleichungssystem"(LGS):

$$
\begin{array}{rclcl}
x &=& 0 &:& 1 = A + B - C + E \\
x &=& 1 &:& 3 = -8C \\
x &=& -1 &:& -1 = 4B \\
x &=& 2 &:& 5 = -15A - 5B - 45C - 18D - 9E \\
x &=& -2 &:& -3 = -15A + 15B - 5C - 6D + 3E
\end{array}
$$

Wieder an die Schulkenntnisse anknüpfend rechnet man nach, dass

$$
A = \frac{1}{8}, \quad B = -\frac{1}{4}, \quad C = -\frac{3}{8}, \quad D = \frac{1}{4}, \quad E = \frac{3}{4}
$$

die Lösung des LGS ist, und also die gesuchte Integraldarstellung via Partialbruchzerlegung:

$$
\int \frac{2x + 1}{1 + x - x^4 - x^5} \, dx = \frac{1}{8} \int \frac{dx}{x + 1} - \frac{1}{4} \int \frac{dx}{(1 + x)^2} - \frac{3}{8} \int \frac{dx}{x - 1} + \frac{1}{4} \int \frac{x + 3}{1 + x^2} \, dx
$$
(2.7)

4. *Schritt (Bestimmung einer Stammfunktion eines jeden „Partialsummanden")*. D.h. wir berechnen wie folgt für jeden Summanden der rechten Seite von (2.7) eine Stammfunktion:

$$
\int \frac{dx}{x + 1} = \ln|x + 1| + C_1, \; C_1 \in \mathbb{R}
$$

$$
\int \frac{dx}{(1 + x)^2} = -\frac{1}{1 + x} + C_2, \; C_2 \in \mathbb{R}
$$

$$
\int \frac{dx}{x - 1} = \ln|x - 1| + C_3, \; C_3 \in \mathbb{R}
$$

$$
\int \frac{x + 3}{1 + x^2} \, dx \overset{(*)}{=} \frac{1}{2} \int \frac{2x}{1 + x^2} \, dx + 3 \int \frac{dx}{1 + x^2} = \frac{1}{2} \ln(1 + x^2) + 3 \arctan x + C_4,
$$

mit $C_4 \in \mathbb{R}$. Das erste Integral auf der rechten Seite ist von $(*)$ von der Form „Logarithmische Ableitung" Bsp. 2.4.31, und das zweite entnimmt man aus Tabelle für Stammfunktionen Tab. 2.2.

5. *und letzter Schritt (Zusammenfassen und vereinfachen)*: Wir brauchen nur noch die im 4. Schritt gefundenen Stammfunktionen in (2.7) einzu setzen und zu vereinfachen, sofern möglich. Alsdann haben wir:

$$
\int \frac{2x + 1}{1 + x - x^4 - x^5} \, dx = \ln \left| \frac{(1 + x)(1 + x^2)}{(x - 1)^3} \right|^{\frac{1}{8}} + \frac{1}{4} \cdot \frac{1}{x + 1} + \frac{3}{4} \arctan x + C, \; C \in \mathbb{R}
$$

Damit haben wir das ausgängliche unbestimmte Integral berechnet.

2.4.5 Uneigentliche Integrale

Mit dem bisher entwickelten Integrationsbegriff lassen sich Funktionen nur auf *kompakten* Intervallen behandeln. Dies ist aber zu restriktiv; man möchte auch Funktionen über *allgemeine Intervalle* integrieren können, z.B. solche Integrale:

$$\int_0^1 \frac{1}{x} \, dx \qquad \text{oder} \qquad \int_{-\infty}^{\infty} \frac{1}{1+x^2} \, dx$$

Im ersten Fall gilt es, eine unbeschränkte Funktion auf einem beschränkten Intervall zu integrieren (links), im zweiten Fall eine beschränkte Funktion auf einem unbeschränkten Intervall (rechts). Dabei stellen sich auch hier die Fragen:

- Inwieweit existieren die Integrale? und wenn ja:

- Ist eine Interpretation als *vorzeichentreuer Flächeninhalt* unter dem Graphen möglich?

Dies führt nunmehr auf

Definition 2.4.34 (Uneigentliche Integrale). Sei $I \subset \mathbb{R}$ ein allgemeines Intervall mit Rand $a < b \in \mathbb{R} \cup \{\pm\infty\}$. Ist $f : I \to \mathbb{R}$ eine auf jeden kompakten Teilintervall von I RIEMANN-integrierbare Funktion, so heißt f über I **uneigentlich integrierbar**, wenn der Doppellimes

$$\int_a^b f(x) \, dx := \lim_{\varepsilon \to 0^+} \lim_{\delta \to 0^+} \int_{a+\varepsilon}^{b-\delta} f(x) \, dx \; :\Longleftrightarrow \; \exists_{x_0 \in I} : \left(\lim_{\varepsilon \to 0^+} \int_{a+\varepsilon}^{x_0} f(x) \, dx \text{ und } \lim_{\delta \to 0^+} \int_{x_0}^{b-\delta} f(x) \, dx \right)$$

existiert, d.h. beide Grenzwerte existieren *unabhängig* voneinander.

Sprechweise 2.4.35. (i) Das oben formal definierte Integral – ohne Grenzwertbetrachtung – wird *uneigentliches Integral* genannt.
(ii) Man sagt dann auch das uneigentliche Integral ist *konvergent*, wenn der Doppellimes existiert; es heißt *absolut konvergent*, falls das uneigentliche Integral

$$\int_a^b |f(x)| \, dx$$

konvergent ist.
(iii) Ein nicht konvergentes uneigentliches Integral heißt *divergent*.

Notation 2.4.36. Ist $I \subset \mathbb{R}$ ein allgemeines Intervall mit Rand $a < b \in \mathbb{R} \cup \{\pm\infty\}$, so schreiben wir auch:

$$\int_I f(t) \, dt := \int_a^b f(t) \, dt$$

Beispielsweise ist dann:

$$\int_0^1 \frac{dx}{x} = \int_{(0,1]} \frac{dx}{x} \qquad \int_{-\infty}^\infty \frac{dx}{1+x^2} = \int_{\mathbb{R}} \frac{dx}{1+x^2} \qquad \int_0^\infty e^{-x}\,dx = \int_{\mathbb{R}_0^+} e^{-x}\,dx$$

Die Definition uneigentlicher Integraler umfasst insbesondere:

- Für $f : [a,\infty) \to \mathbb{R}$ genügt es offenbar, die RIEMANN-Integrierbarkeit auf jedem Kompaktum der Form $[a,R]$ und die Existenz

$$\int_a^\infty f(x)\,dx = \lim_{R\to+\infty} \int_a^R f(x)\,dx$$

  nachzuweisen, damit f uneigentlich R-integrierbar ist. Analog im Falle $(-\infty, a]$.

- Eine auf jedem Kompaktum $[a, b]$ RIEMANN-integrierbare Funktion $f : \mathbb{R} \to \mathbb{R}$ ist also uneigentlich R-integrierbar, falls der Doppellimes

$$\boxed{\int_{\mathbb{R}} f(x)\,dx := \lim_{A\to+\infty} \lim_{B\to-\infty} \int_A^B f(x)\,dx}$$

  existiert.

In der Praxis begegnet man häufig den Fällen $a = 0$ bzw. $I = \mathbb{R}$. Wie lässt sich die Definition des uneigentlichen Integrals anschaulich fassen? Dazu betrachte Abb. 2.27:

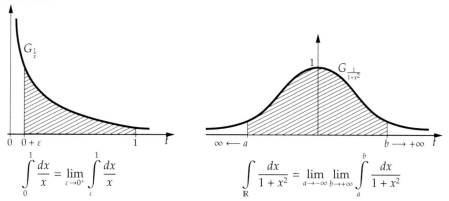

Abbildung 2.27: Konvergieren die Integrale der rechten Seiten, so liefert das uneigentliche Integral wieder eine geometrische Interpretation als vorzeichentreue Fläche unter dem Graphen.

Beispiel 2.4.37. Sei $\lambda \in \mathbb{R}_0^+$. Betrachte einerseits

$$(1) \quad \int_\varepsilon^1 t^{-\lambda}\mathrm{d}t = \begin{cases} -\ln(\varepsilon) & \lambda = 1 \Rightarrow \text{divergent für } \varepsilon \to 0 \\ \frac{1}{\lambda-1}\left(\frac{1}{\varepsilon^{\lambda-1}} - 1\right) & \lambda \neq 1, \end{cases}$$

und andererseits

$$(2) \quad \int_1^R t^{-\lambda}\mathrm{d}t = \begin{cases} \ln(R) & \lambda = 1 \Rightarrow \text{divergent für } R \to +\infty \\ \frac{1}{\lambda-1}\left(1 - \frac{1}{R^{\lambda-1}}\right) & \lambda \neq 1. \end{cases}$$

In (1) ist $\lim\limits_{\varepsilon\to 0} \varepsilon^{\lambda-1} = \lim\limits_{\varepsilon\to 0} e^{(\lambda-1)\ln(\varepsilon)} = +\infty$ für $0 \leq \lambda < 1$, und analoge Rechnung in (2) liefert $\lim\limits_{R\to\infty} R^{\lambda-1} = \lim\limits_{R\to\infty} e^{(\lambda-1)\ln(R)} = +\infty$ für $\lambda > 1$. Beides zusammengesetzt ergibt:

$$A := \int_0^1 t^{-\lambda}\,\mathrm{d}t = \frac{1}{1-\lambda} \quad \text{für } 0 \leq \lambda < 1 \qquad B := \int_1^\infty t^{-\lambda}\,\mathrm{d}t = \frac{1}{\lambda-1} \quad \text{für } \lambda > 1$$

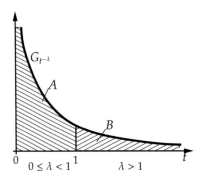

Abbildung 2.28: Die uneigentlichen Integrale A und B liefern für die genannten λ's die vorzeichentreue Fläche unter dem Graphen.

Beispiel 2.4.38 (Übung). Berechne das uneigentliche Integral, sofern existent, von:

$$\int_{\mathbb{R}} \frac{1}{1 + x^2} \,\mathrm{d}x$$

Fazit: Uneigentliche Integrale können demnach unbeschränkten Funktionen auf einem beschränkten Intervall, oder beschränkten Funktionen auf einem unbeschränkten Intervall in der Tat einen *endlichen* Flächenwert zuordnen.

Beispiel 2.4.39. Wir behaupten, dass das folgende uneigentliche Integral existiert:

$$\int_{\mathbb{R}} \frac{\sin x}{x} \,\mathrm{d}x$$

Beweis. Da $\frac{\sin x}{x}$ eine gerade Funktion ist, genügt es, die Existenz von $\int_0^\infty \frac{\sin x}{x} \mathrm{d}x$ nachzuweisen. Wegen $\frac{\sin x}{x} \to 1$ für $x \to 0$ als stetige Fortsetzung (Kor. 2.2.49) und der gemäß Satz 2.4.12 (i) möglichen Aufteilung des Integrals in

$$\int_0^\infty \frac{\sin x}{x} \mathrm{d}x = \int_0^1 \frac{\sin x}{x} \mathrm{d}x + \int_1^\infty \frac{\sin x}{x} \mathrm{d}x,$$

ist das erste Integral aufgrund des stetigen Integranden (Satz 2.4.8 (i)) auf dem Kompaktum $[0,1]$ existent. Für das zweite Integral führen wir eine partielle Integration durch: Für $R > 1$ ist:

$$\int_1^R \frac{1}{x} \sin x \, \mathrm{d}x \overset{P.I.}{=} -\frac{1}{x} \cos x \Big|_1^R - \int_1^R \frac{\cos x}{x^2} \, \mathrm{d}x = \underbrace{-\frac{1}{R} \cos R}_{\to 0, \, R \to \infty} + \cos 1 - \int_1^R \frac{\cos x}{x^2} \, \mathrm{d}x$$

Die Dreiecksungleichung aus Satz 2.4.10 4., angewandt auf das letzte Integral, liefert

$$\left| \int_1^R \frac{\cos x}{x^2} \, \mathrm{d}x \right| \leq \int_1^R \left| \frac{\cos x}{x^2} \right| \, \mathrm{d}x \leq \int_1^R \frac{1}{x^2} \mathrm{d}x = \underbrace{-\frac{1}{R}}_{\to 0, \, R \to \infty} + 1$$

und also konvergiert auch $\int_1^\infty \frac{\sin x}{x} \mathrm{d}x$. Mithin folgt die Behauptung. □

2.4.6 Ausblick: Cauchy-Hauptwert

Einen schwächeren Integralbegriff ist durch den CAUCHY[12]-Hauptwert gegeben.

Definition 2.4.40 (CAUCHY-Hauptwert). (i) Sei $f : I\backslash\{x_0\} \to \mathbb{R}$ eine nicht notwendig beschränkte Funktion, und I enthalte einen Punkt $x_0 \in I$, an dem f nicht definiert ist. Dann heißt für $a < x_0 < b$ in I

$$\fint_a^b f(x) \, \mathrm{d}x := \lim_{\varepsilon \to 0^+} \left(\int_a^{x_0-\varepsilon} f(x) \, \mathrm{d}x + \int_{x_0+\varepsilon}^b f(x) \, \mathrm{d}x \right)$$

der CAUCHY-**Hauptwert** von f für x_0.

(ii) Sei $f : \mathbb{R} \to \mathbb{R}$ eine nicht notwendig beschränkte Funktion. Dann heißt der symmetrische Grenzwert

$$\fint_{-\infty}^\infty f(x) \, \mathrm{d}x := \lim_{R \to \infty} \int_{-R}^R f(x) \, \mathrm{d}x$$

der CAUCHY-**Hauptwert** von f.

---

[12] AUGUSTIN-LOUIS CAUCHY (1789-1857) französischer Mathematiker.

Notation 2.4.41. Die Integralbezeichnung für den Cauchy-Hauptwert ist in der Literatur nicht einheitlich. Weitere geläufige Notationen sind $\fint = P\int = \mathrm{CHP}\int$, oder es wird einfach nur das gewöhnliche Integralzeichen $\int$ verwendet. Der Anwender muss im letztgenannten Fall selbst wissen, was gemeint ist.

Beachte: Es gilt: $\displaystyle\lim_{A\to-\infty}\lim_{B\to\infty}\int_A^B f(x)\,\mathrm{d}x =: \int_{\mathbb{R}} f(x)\,\mathrm{d}x \neq \fint_{\mathbb{R}} f(x)\,\mathrm{d}x := \lim_{R\to\infty}\int_{-R}^R f(x)\,\mathrm{d}x.$

Links steht das *uneigentliche Integral*, rechts der Cauchy-Hauptwert.

Merke: Ist f uneigentlich integrabel, so hat es den Cauchy-Hauptwert, aber nicht umgekehrt!

Beispiel 2.4.42 (Übung). Existiert $\int_{-1}^1 \frac{dx}{x}$ im uneigentlichen bzw. Cauchy-Sinne?

Aufgaben

R.1. Man berechne die uneigentlichen Integrale:

(a) $\displaystyle\int_{\mathbb{R}} \frac{\mathrm{d}x}{1+x^2}$ (b) $\displaystyle\int_{-a}^{+a} \frac{x^2}{\sqrt{a^2-x^2}}\,\mathrm{d}x$ mithilfe der Substitution $x := a\sin t$.

(c) $\displaystyle\int_1^{\infty} \frac{\mathrm{d}x}{e^x - e^{-x}}\,dx$ mithilfe der Substitution $u := e^x$.

R.2. Berechne das unbestimmte Integral:

(a) $\displaystyle\int x^2 \ln x \,\mathrm{d}x$ (b) $\displaystyle\int x\sin(3x^2 - 5)\,\mathrm{d}x$

R.3. Untersuchen Sie $\displaystyle\int_{\mathbb{R}} \sin x\,dx$ sowohl auf Existenz als Cauchy-Hauptwert als auch als uneigentliches Integral (Begründen Sie!).

R.4. Unter dem **Effektivwert** einer R-integrierbaren Funktion $f \in \mathcal{R}_{[a,b]}$ versteht man das bestimmte Integral

$$\|f\|_2 := \left\{ \frac{1}{b-a} \int_a^b |f|^2(t)\mathrm{d}t \right\}^{\frac{1}{2}}.$$

(i) Berechnen Sie den Effektivwert $\|f\|_2$ und Mittelwert f_m (im Periodenintervall T) von

(a) einer sinusförmigen Wechselspannung mit Amplitude $a \in \mathbb{R}_0^+$
und Kreisfrequenz $\omega = \frac{2\pi}{T}$.

(b) eines PWM-Signals (=pulsweiten
moduliertes Signal) mit Amplitu-
de $a \in \mathbb{R}_0^+$, Periodendauer T und
Tastverhältnis $v_T := \frac{t_i}{T}$ mit Im-
pulsdauer t_i.

(ii) Skizzieren Sie f, f_m sowie $\|f\|_2$ ein und dasselbe Diagramm. Was fällt auf?

R.5. Berechne das bestimmte Integral $\displaystyle\int_a^b \frac{1}{1-x^2}\,dx$ mittels Partialbruchzerlegung

und bestimme die gesuchten Konstanten im Partialbruchansatz sowohl
durch Koeffizientenvergleich als auch durch die Einsetzmethode.

T.1. (Vergleichskriterium zur Konvergenzanalyse uneigentlicher Integrale) Seien
$f \in \mathscr{C}^0([a,\infty))$, $g \in \mathscr{C}^0((0,b])$ und $\lambda, M \in \mathbb{R}$. Dann gilt:

$$(a)\ |f(x)| \leq M\frac{1}{x^\lambda} \quad 0 \leq x < \infty, \quad \lambda > 1 \quad \Rightarrow \quad \int_0^\infty f(x)dx < \infty$$

$$(b)\ |g(x)| \leq M\frac{1}{x^\lambda} \quad 0 < x \leq b, \quad 0 \leq \lambda < 1 \quad \Rightarrow \quad \int_0^b g(x)dx < \infty$$

Führen Sie den Beweis in folgenden Schritten durch:

(i) Skizzieren Sie die Situation im Falle (a), d.h. $f, |f|$ und $M\frac{1}{x^\lambda}$. Beachte
dazu Bsp. 2.4.37. Das liefert Anschauung für den Beweis von:

(ii) Es konvergiert die Funktion $\int_a^c |f(x)|dx$ ür $c \to \infty$.

(iii) Es konvergiert die Funktion $\int_a^c (f(x)+|f(x)|)dx$ für $c \to \infty$ aus demselben
Grund.

(iv) Man folgere die Behauptung aus den vorangegangenen beiden Schritten.

(v) Für (b) verfahre man analog.

Kapitel 3

Lineare Algebra in reellen Vektorräumen

Algebra is being no mere art, nor language, nor primarily a science of quantity, but rather a science of order of progression.

Sir William Rowan Hamilton, 1805–1865

3.1 Einführung

Betrachte das folgende Widerstands- oder R-Netzwerk, genauer einen belasteten Spannungsteiler. Gegeben seien dabei U_0, R_1, R_2, R_3, gesucht sind alle Zweigströme I_1, I_2, I_3 und Teilspannungen U_1, U_2, U_3. Zur Lösung dieser Aufgabe zieht man physikalische Gesetze heran; im vorliegenden

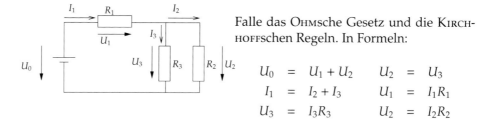

Falle das Ohmsche Gesetz und die Kirchhoffschen Regeln. In Formeln:

$$
\begin{aligned}
U_0 &= U_1 + U_2 & U_2 &= U_3 \\
I_1 &= I_2 + I_3 & U_1 &= I_1 R_1 \\
U_3 &= I_3 R_3 & U_2 &= I_2 R_2
\end{aligned}
$$

Durch Elimination der Teilspannungen U_1, U_2, U_3 erhält man das *lineare Glei-*

© Springer-Verlag GmbH Deutschland, ein Teil von Springer Nature 2021
J. Dambrowski, *Mathematik für technische Studiengänge im ersten Studienjahr*,
https://doi.org/10.1007/978-3-662-62852-2_3

chungssystem (kurz LGS) in den Unbekannten I_1, I_2, I_3:

$$
\underbrace{
\begin{array}{rcl}
R_1 I_1 + R_2 I_2 &=& U_0 \\
R_1 I_1 + R_3 I_3 &=& U_0 \\
I_1 - I_2 - I_3 &=& 0 \\
R_2 I_2 - R_3 I_3 &=& 0
\end{array}
}_{\text{LGS in expliziter Form}}
\quad \Longleftrightarrow \quad
\underbrace{
\begin{pmatrix}
R_1 & R_2 & 0 \\
R_1 & 0 & R_3 \\
1 & -1 & -1 \\
0 & R_2 & -R_3
\end{pmatrix}
}_{=:A \in M_{4\times 3}(\mathbb{R})}
\cdot
\underbrace{
\begin{pmatrix}
I_1 \\
I_2 \\
I_3
\end{pmatrix}
}_{=:I \in \mathbb{R}^3}
=
\underbrace{
\begin{pmatrix}
U_0 \\
U_0 \\
0 \\
0
\end{pmatrix}
}_{=:U \in \mathbb{R}^4}
\qquad (3.1)
$$

$$\underbrace{}_{\text{LGS in Matrixform } A \cdot I = U}$$

Bezeichnet

$$\mathscr{L}\ddot{o}s(A, U) := \{ I := (I_1, I_2, I_3) \in \mathbb{R}^3 \mid I \text{ genügt dem LGS (3.1)} \}$$

die Menge aller Lösungen $I := (I_1, I_2, I_3)$, welche das lineare GLeichungssystem (3.1) erfüllen, so kann die Lineare Algebra folgende Fragen beantworten:

1. (Existenz und Eindeutigkeit von Lösungen) Hat (3.1) überhaupt Lösungen, d.h. gibt es ein Tripel $(I_1, I_2, I_3) \in \mathbb{R}^3$, das nach Einsetzen in das LGS zu einer wahren Aussage führt? Und wenn ja, wie viele gibt es?

2. Ist $\mathscr{L}\ddot{o}s(A, U)$ nur eine stupide Menge, oder hat es eine reichhaltigere Struktur? Und wenn dem so ist, wie hilft diese Kenntnis, Lösungen zu finden?

Hauptgegenstand der Linearen Algebra:
Strukturanreicherung von Mengen zu sogenannten *Vektorräumen* und von Abbildungen von Mengen zu strukturerhaltenden sogenannten *linearen Abbildungen*. Was nützt einen solch ein Konzept? Nämlich das:

• Kenntnis und Handhabe **aller** Elemente einer Menge mit so einer Zusatzstruktur, bei Kenntnis ausgezeichneter Elemente (Erzeuger) dieser „Menge".

• Berechnung von „(Teil-)Mengen" (z.B. $\mathscr{L}\ddot{o}s(A, U)$) aus den Eigenschaften strukturerhaltender Abbildungen.

• „Transformation" eines Problems in ein zur Lösung besser geeignetes Koordinatensystem.

Dieses Konzept ist von fundamentaler Bedeutung und wird uns durch den ganzen Kurs begleiten. Scheinbar verschiedene Probleme mit verschiedenen Lösungswegen werden im Lichte der Linearen Algebra zu *einer* Problemklasse mit *einer* Lösungsstrategie zusammenfallen. Diese Struktur schafft Ordnung in unseren Gedanken und mithin prägen sich die erlernten Methoden erheblich leichter ein.

3.2 Grundbegriffe: Vektoren und Vektorräume über $\mathbb{R}$

Als einführendes Beispiel beginnen wir mit dem reellen n-dimensionalen Standardraum $\mathbb{R}^n$. Ausgehend von den reellen Zahlen $\mathbb{R}$ konstruieren wir induktiv, via kartesisches Produkt (siehe Def. 1.2.28) den $\mathbb{R}^n$ wie folgt:

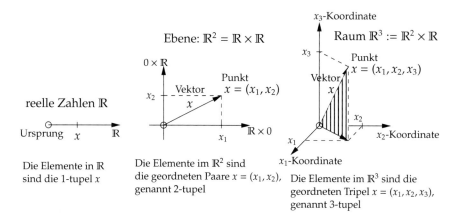

Abbildung 3.1: Konstruktionsprozess des Standardraums $\mathbb{R}^n$.

Auch andere Anschauungen vom $\mathbb{R}^3$ werden sich als sinnvoll erweisen:

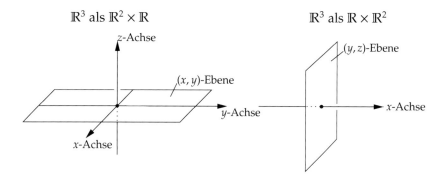

Allgemein haben wir folgende

Definition 3.2.1 (Standardraum). Für $n = 1$ setze $\mathbb{R}^1 := \mathbb{R}$. Sodann definiere induktiv

$$\mathbb{R}^n := \mathbb{R}^{n-1} \times \mathbb{R} = \mathbb{R} \times \cdots \times \mathbb{R} = \{x = (x_1, x_2, ..., x_n) \,|\, x_1, ..., x_n \in \mathbb{R}\},$$

d.h. die Menge aller (geordneten) n-tupel $(x_1, ..., x_n)$ reeller Zahlen. Wir nennen diese Menge den **reellen Standardraum der Dimension** n. Ferner wird $\mathbb{R}^0 := \{0\}$ vereinbart.

Die Sinnhaftigkeit dieser Vereinbarung wird sich noch weisen.

Bemerkung 3.2.2. (i) Die Elemente $x \in \mathbb{R}^n$ heißen *Punkte* oder *Vektoren*.
(ii) Die Reihenfolge innerhalb eines n-tupels $(x_1, .., x_n) \in \mathbb{R}^n$ ist wichtig, z.B. ist im $\mathbb{R}^2$ der Punkt $x := (1, 2) \neq (2, 1) =: y$ (Bild!). Daher:

Zwei n-tupel $(x_1, ..., x_n)$ und $(y_1, ..., y_n)$ im $\mathbb{R}^n$ sind genau dann gleich, falls gilt $x_k = y_k$ für alle $k = 1, ..., n$.

(iii) Die Zahlen x_k mit $k = 1, ..., n$ werden *Komponenten* des n-tupels $x := (x_1, ..., x_n)$ genannt. Für $k \in \{1, ..., n\}$ heißt x_k die k'te *Komponente* des Vektors x.

Notation 3.2.3. (i) Ein Element $x \in \mathbb{R}^n$ schreibt man als (Spalten-)Vektor

$$x = \begin{pmatrix} x_1 \\ \vdots \\ x_n \end{pmatrix}$$

oder als Zeilenvektor $x = (x_1, ..., x_n)$. Insbesondere: Beide Notationen stellen dasselbe Element $x \in \mathbb{R}^n$ dar.

(ii) Mithilfe der *Transposition* „T" werden Zeilenvektoren in Spaltenvektoren umgewandelt, und umgekehrt, d.h.:

$$(x_1, ..., x_n)^T = \begin{pmatrix} x_1 \\ \vdots \\ x_n \end{pmatrix} ; \qquad \begin{pmatrix} x_1 \\ \vdots \\ x_n \end{pmatrix}^T = (x_1, ..., x_n)$$

(iii) Für jedes $n \in \mathbb{N}$ hat der $\mathbb{R}^n$ ein ausgezeichnetes Element, nämlich den *Nullvektor*:

$$0 := (0, 0, ..., 0)^T \in \mathbb{R}^n$$

Er wird oftmals *(Koordinaten-)Ursprung* genannt.

Wie soll man sich den $\mathbb{R}^n$ mit $n > 3$ vorstellen?

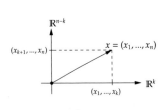 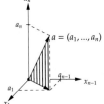 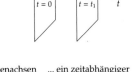

Z.B. sei zufrieden mit der Veranschaulichung durch zwei Achsen $\mathbb{R}^k$ und $\mathbb{R}^{n-k}$, oder ...   ... tue so, als wären es n Koordinatenachsen gleichwohl man nur 3 zeichnen kann, oder ...   ... ein zeitabhängiger Prozess im $\mathbb{R}^{n+1}$.

Bedeutet das nicht auch einen Informationsverlust? Ja, aber es ist dennoch keine Mogelpackung. Der Sinn entfaltet sich in den konkreten Detailansichten dieser Punktmengen. Beispielsweise spielt sich beim oberen Halbraum $\mathbb{H}_o := \{x \in \mathbb{R}^n \mid x_n > 0\}$ alles in der letzten Koordinate x_n ab. Also zeichnet man $\mathbb{H}_o \subset \mathbb{R}^{n-1} \times \mathbb{R}$.

Merke: Niederdimensionale Skizzen werden hochdimensional beschriftet.

Bemerkung 3.2.4. Im $\mathbb{R}^n$ kann man auch rechnen; grundlegend sind hierfür zwei Abbildungen (auch Verknüpfungen oder Operationen genannt), nämlich die *Addition* als „innere Verknüpfung"

$$+ : \mathbb{R}^n \times \mathbb{R}^n \longrightarrow \mathbb{R}^n, \quad (x, y) \longmapsto x + y := (x_1 + y_1, x_2 + y_2, ..., x_n + y_n),$$

sowie die *skalare Multiplikation* als „äußere Verknüpfung"

$$\cdot : \mathbb{R} \times \mathbb{R}^n \longrightarrow \mathbb{R}^n, \quad (\lambda, x) \longmapsto \lambda x := (\lambda x_1, \lambda x_2, ..., \lambda x_n).$$

Addition und skalare Multiplikation werden demnach komponentenweise durchgeführt. Geometrisch sind diese beiden Abbildungen wohlbekannt (z.B. aus der Physik). Ferner liest man gleichsam aus den Bildern ab: $x + y = y + x$ für alle

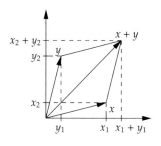

Vektoraddition via
Kräfteparallelogramm

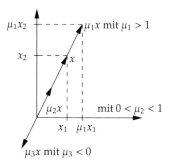

skalare Multiplikation
Streckung/Stauchung

Abbildung 3.2: Anschauliche Bedeutung der Operationen im Standardraum $\mathbb{R}^n$.

$x, y \in \mathbb{R}^n$; des weiteren gilt $x + 0 = 0 + x = x$ für jedes $x \in \mathbb{R}^n$, d.h. der Nullvektor ist *neutrales Element* bezüglich der Addition; sodann $x - x := x + (-x) = 0$ für jedes $x \in \mathbb{R}^n$, d.h. das Element $-x := (-1) \cdot x$ ist sogenanntes *additives Inverses* zu $x \in \mathbb{R}^n$, und weitere Eigenschaften ...

Eine Verallgemeinerung der hier vorgestellten Konzepte im $\mathbb{R}^n$ führt auf den abstrakten Vektorraumbegriff.

Definition 3.2.5 ($\mathbb{R}$-Vektorraum)**.** Unter einem **Vektorraum über** $\mathbb{R}$ oder $\mathbb{R}$**- Vektorraum** versteht man ein Tripel $(V, +, \cdot)$, bestehend aus einer Menge V, und zwei Abbildungen (auch Verknüpfungen oder Operationen genannt)

$$+ : V \times V \longrightarrow V, \quad (x, y) \quad \longmapsto \quad x + y \quad \text{(Addition auf } V\text{)}$$
$$\cdot : \mathbb{R} \times V \longrightarrow V, \quad (\lambda, x) \quad \longmapsto \quad \lambda \cdot x \quad \text{(skalare Multiplitation auf } V\text{)}$$

mit folgenden Eigenschaften (auch genannt *Vektorraumaxiome*):

AG1: $\forall_{x,y \in V} \; : \; x + y = y + x$ (Kommutativität)

AG2: $\forall_{x,y,z \in V} : x + (y + z) = (x + y) + z$ (Assoziativität)

AG3: Es exisitiert genau ein Element $0_V \in V$, genannt das *neutrale Element* mit:

- $\forall_{x \in V} : x + 0_V = 0_V + x = x$ (neutrales Element)
- $\forall_{x \in V} \exists!_{(-x) \in V} : x + (-x) = 0_V$ (das inverse Element)

SM1: $\forall_{x \in V} \forall_{\lambda,\mu \in \mathbb{R}} : (\lambda + \mu) \cdot x = \lambda \cdot x + \mu \cdot x$

SM2: $\forall_{x,y \in V} \forall_{\lambda, \in \mathbb{R}} : \lambda \cdot (x + y) = \lambda \cdot x + \lambda \cdot y$

SM3: $\forall_{x \in V} \forall_{\lambda,\mu \in \mathbb{R}} : (\lambda\mu) \cdot x = \lambda \cdot (\mu x)$

SM4: $\forall_{x \in V} : 1 \cdot x = x$

Das einfachste Beispiel eines Vektorraums ist der Nullraum $V = \{0\}$, mit den in ersichtlicher Weise definierten Verknüpfungen.

Notation & Sprechweise 3.2.6. (i) Man nennt die Elemente $x \in V$ auch *Vektoren* oder *Punkte*.
(ii) Wie üblich, schreibt man meist λx statt $\lambda \cdot x$, sofern keine Verwechslungsgefahr besteht.
(iii) Das neutrale Element der Addition 0_V wird oft *Nullvektor* genannt, notiert mit 0 statt 0_V.
(iv) Auch ist es geläufig, vom Vektorraum V zu reden, wohl wissend, welche Verknüpfungen „$+, \cdot$" sich dahinter verbergen.
(v) Ebenso können Differenzen $x - y := x + (-y)$ – wie gewohnt – gebildet werden.

Allerlei Rechenregeln lassen sich aus Def. 3.2.5 ableiten, z.B:

Notiz 3.2.7. Ist V ein $\mathbb{R}$-Vektorraum, so gilt für alle $x \in V$, $\lambda \in \mathbb{R}$:

$$(i)\ 0 \cdot x = 0_V \quad (ii)\ \lambda \cdot 0_V = 0_V \quad (iii)\ (-1) \cdot x = -x$$
$$(iv)\ \lambda \cdot x = 0_V \qquad \Longleftrightarrow \qquad \lambda = 0 \vee x = 0_V$$

Die sehr einfachen Beweise seien dem Leser überlassen.

Beispiel 3.2.8. (i) Der reelle Standardraum $(\mathbb{R}^n, +, \cdot)$ mit

$$\mathbb{R}^n := \{x := (x_1, ..., x_n) \,|\, x_1, ..., x_n \in \mathbb{R}\}$$

zusammen mit der Addition und der skalaren Multiplikation

$$+ \ : \ \mathbb{R}^n \times \mathbb{R}^n \ \longrightarrow \ \mathbb{R}^n, (x,y) \ \longmapsto \ x + y \ := \ (x_1 + y_1, ..., x_n + y_n)$$
$$\cdot \ : \ \mathbb{R} \times \mathbb{R}^n \ \longrightarrow \ \mathbb{R}^n, (\lambda,x) \ \longmapsto \ \lambda \cdot x \ := \ (\lambda x_1, ..., \lambda x_n)$$

erfüllt die Eigenschaften aus Def. 3.2.5 und ist daher eine $\mathbb{R}$-Vektorraum.

(ii) Sei X eine beliebige Menge und $V := \text{Abb}(X, \mathbb{R}) := \{f : X \to \mathbb{R}\}$ die Menge aller Abbildungen $f : X \to \mathbb{R}$. Vermöge der beiden Operationen

$$
\begin{array}{rcccl}
+ & : & V \times V & \longrightarrow & V, \ (f, g) \ \longmapsto \ f + g \\
\cdot & : & \mathbb{R} \times V & \longrightarrow & V, \ (\lambda, f) \ \longmapsto \ \lambda \cdot f,
\end{array}
$$

wobei

$$
\begin{array}{rclcccl}
f + g & : & X & \longrightarrow & \mathbb{R}, \ x \ \longmapsto \ (f + g)(x) & := & f(x) + g(x) \\
\lambda \cdot f & : & X & \longrightarrow & \mathbb{R}, \ x \ \longmapsto \ (\lambda \cdot f)(x) & := & \lambda f(x)
\end{array}
$$

definiert sind, wird $(V, +, \cdot)$ zu einem $\mathbb{R}$-Vektorraum. Freilich sind auch hier die Vektorraumaxiome aus Def. 3.2.5 nachzuweisen.

(iii) Es bezeichne $\mathbb{R}_n[X] := \{p(X) := \sum_{k=0}^{n} a_k X^k \mid a_k \in \mathbb{R}\}$ die Menge aller Polynome $p(X) := \sum_{k=0}^{n} a_k X^k$ in einer Unbestimmten X mit reellen Koeffizienten a_k vom Grade kleiner oder gleich n. Dabei braucht „X" keine reelle Zahl zu sein, wie das bei Polynomfunktionen (vgl. Def. 2.1.18) der Fall ist. Man betrachtet hier die Unbestimmte X nur als einen „Platzhalter", weswegen die Rechenregeln in $\mathbb{R}$ nicht zur Verfügung stehen. Die beiden Operationen

$$
\begin{array}{rcccl}
+ & : & \mathbb{R}_n[X] \times \mathbb{R}_n[X] & \longrightarrow & \mathbb{R}_n[X], \ (p, q) \ \longmapsto \ p + q \\
\cdot & : & \mathbb{R} \times \mathbb{R}_n[X] & \longrightarrow & \mathbb{R}_n[X], \ (\lambda, p) \ \longmapsto \ \lambda \cdot p
\end{array}
$$

sind daher formal zu definieren, nämlich so: Für $p(X) := \sum_{k=0}^{n} a_k X^k$ und $q(X) := \sum_{k=0}^{n} b_k X^k$ Polynome in $\mathbb{R}_n[X]$ setzt man:

$$
\begin{array}{rcl}
(p + q)(X) & := & \displaystyle\sum_{k=0}^{n} (a_k + b_k) X^k \\
(\lambda \cdot p)(X) & := & \displaystyle\sum_{k=0}^{n} (\lambda a_k) X^k
\end{array}
$$

Man rechnet nach, dass damit alle Vektorraumaxiome erfüllt sind, womit $(\mathbb{R}_n[X], +, \cdot)$ zu einem $\mathbb{R}$-Vektorraum wird.

Schauen wir uns am konkreten Beispiel an, wie die Rechenoperationen angewendet werden: Seien dazu $p, q \in \mathbb{R}_n[X]$ mit $p(X) := 1 + 2X - 5X^2 - 7X^3$ und $q(X) := X - 3X^2 = 0 \cdot X^0 + 1 \cdot X^1 - 3 \cdot X^2 + 0 \cdot X^3$. Dann ist

$$
\begin{array}{rclcl}
(p + q)(X) & := & 1 + (2 + 1)X - (5 + 3)X^2 - 7X^3 & = & 1 + 3X - 8X^2 - 7X^3 \\
3 \cdot p(X) & := & 3 \cdot (1 + 2X - 5X^2 - 7X^3) & = & 3 + 6X - 15X^2 - 21X^3.
\end{array}
$$

Trivial, aber zuweilen nützlich ist die

Bemerkung 3.2.9. Ist V ein $\mathbb{R}$-Vektorraum, so folgt unmittelbar aus Def. 3.2.5:

$$
\left\{
\begin{array}{ll}
x + y \in V & \text{für alle } x, y \in V \\
\lambda x \in V & \text{für alle } x \in V, \ \lambda \in \mathbb{R}
\end{array}
\right.
\iff \lambda x + \mu y \in V, \text{ für alle } x, y \in V, \ \lambda, \mu \in \mathbb{R}
$$

Man nennt $\lambda x + \mu x$ dann auch eine *Linearkombination* der Vektoren x und y.

Wären die reellen Standardräume $\mathbb{R}^n$ mit $n \geq 0$ die einzigen $\mathbb{R}$-Vektorräume, so bräuchte man auch den abstrakten Vektorraumbegriff erst gar nicht einzuführen. Die Elemente in Bsp. 3.2.8 (ii) und (iii) sind jedoch keine Tupel von reellen Zahlen, sondern Funktionen bzw. Polynome. Dennoch verbindet diese Räume eine gemeinsame Struktur, die Vektorraumstruktur, denn alle drei Beispiele erfüllen Def. 3.2.5. Hieraus erhellt sich der Sinn, (abstrakte) Vektorräume überhaupt begrifflich einzuführen. Wir werden im Verlaufe des Buches noch viele weitere (abstrakte) Vektorräume kennenlernen.

Aufgaben

R.1. Weisen Sie in allen Einzelheiten nach, dass der reelle Standardraum $(\mathbb{R}^n, +, \cdot)$ mit den in Bsp. 3.2.8 (i) genannten Verknüpfungen in der Tat alle Axiome eines $\mathbb{R}$-Vektorraums erfüllt.

R.2. Sei X eine Menge und $V := \mathrm{Abb}(X, \mathbb{R})$ Weisen Sie in allen Einzelheiten nach, dass $(V, +, \cdot)$ mit den in Bsp. 3.2.8 (ii) genannten Verknüpfungen in der Tat alle Axiome eines $\mathbb{R}$-Vektorraums erfüllt.

R.3. Weisen Sie in allen Einzelheiten nach, dass $(\mathbb{R}_n[X], +, \cdot)$ mit den in Bsp. 3.2.8 (iii) genannten Verknüpfungen in der Tat alle Axiome eines $\mathbb{R}$-Vektorraums erfüllt.

T.1. Man beweise ausschließlich unter Zuhilfenahme der Vektorraumaxiome Notitz 3.2.7, d.h. ist V ein $\mathbb{R}$-Vektorraum, so gilt für alle $x \in V$, $\lambda \in \mathbb{R}$:

$$(i)\ 0 \cdot x = 0_V \quad (ii)\ \lambda \cdot 0_V = 0_V \quad (iii)\ (-1) \cdot x = -x$$
$$(iv)\ \lambda \cdot x = 0_V \quad \Longleftrightarrow \quad \lambda = 0 \vee x = 0_V$$

T.2. Man zeige, dass das direkte Produkt $V \times W := \{(v, w) \mid v \in V, w \in V\}$ von $\mathbb{R}$-Vektorräumen V und W vermöge der Verknüpfungen

$$(v, w) + (v', w') := (v + v', w + w') \quad \lambda(v, w) := (\lambda v, \lambda w)$$

mit $v, v' \in V, w, w' \in W, \lambda \in \mathbb{R}$ wieder ein Vektorraum über $\mathbb{R}$ ist.

3.3   Lineare Abbildungen und Matrizen

Wozu braucht man lineare Abbildungen bzw. Matrizen in der Praxis?

- Ein Solarpanel hat seine max. Leistung bei senkrechter Sonneneinstrahlung. Wie aus Abb. 3.3 hervorgeht, kann aufgrund von tages- wie jahreszeitbedingten Änderungen der Sonneneinstrahlung bei fester Montage des Panels dieses Optimum nicht dauerhaft erreicht werden. Daher sind automatische Nachführungssysteme entwickelt worden, die das Solarpanel stets in optimale Ertragsrichtung drehen. Drehungen im Raume $\mathbb{R}^3$ werden jedoch durch

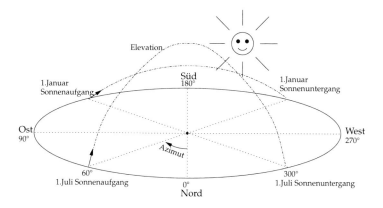

Abbildung 3.3: Jahres- und tageszeitabhängiger Sonnenstand

Rotation um die x-Achse	Rotation um die y-Achse	Rotation um die z-Achse
$D_\alpha : \mathbb{R}^3 \to \mathbb{R}^3, x \mapsto D_\alpha x$	$D_\beta : \mathbb{R}^3 \to \mathbb{R}^3, x \mapsto D_\beta x$	$D_\gamma : \mathbb{R}^3 \to \mathbb{R}^3, x \mapsto D_\gamma x$
$D_\alpha = \begin{pmatrix} 1 & 0 & 0 \\ 0 & \cos\alpha & -\sin\alpha \\ 0 & \sin\alpha & \cos\alpha \end{pmatrix}$	$D_\beta = \begin{pmatrix} \cos\beta & 0 & \sin\beta \\ 0 & 1 & 0 \\ -\sin\beta & 0 & \cos\beta \end{pmatrix}$	$D_\gamma = \begin{pmatrix} \cos\gamma & -\sin\gamma & 0 \\ \sin\gamma & \cos\gamma & 0 \\ 0 & 0 & 1 \end{pmatrix}$

Tabelle 3.1: Rotation eines Vektors $x \in \mathbb{R}^3$ um den Winkel α, β bzw. γ gegen den Uhrzeigersinn.

lineare Abbildungen, sogenannte Drehmatrizen $D_\varphi : \mathbb{R}^3 \to \mathbb{R}^3, x \mapsto D_\varphi x$ beschrieben, welche einen vorgegebenen Vektor um den Winkel φ drehen.

- Unter einem Vierpol (auch Zweitor genannt) versteht man jedes elektrische Übertragungssystem (Netzwerk) mit zwei Eingangs- und zwei Ausgangsklemmen (also vier Pole). Das Übertragungsverhalten eines linearen Vierpols wird durch eine lineare Abbildung $A : \mathbb{R}^2 \to \mathbb{R}^2$ beschrieben. Aus dem OHMschen Gesetz und den KIRCHHOFFschen Regeln leitet man im Falle des R-Netzwerkes den folgenden Zusammenhang her, Abb. 3.4 links:

$$\begin{pmatrix} U_2 \\ I_2 \end{pmatrix} = \underbrace{\begin{pmatrix} 1 & -R_1 \\ -\frac{1}{R_2} & 1 + \frac{R_1}{R_2} \end{pmatrix}}_{=:A} \cdot \begin{pmatrix} U_1 \\ I_1 \end{pmatrix}, \tag{3.2}$$

Der Ausgangsvektor, bestehend aus Ausgangsspannung U_2 und Ausgangsstrom I_2, wird berechnet durch Anwenden der Matrix A auf den Eingangsvektor, bestehend aus Eingangsspannung U_1 und Eingangsstrom I_1. In der Matrix A ist also die Abbildungsvorschrift der linearen Abbildung kodiert. Also: Kennt man A, so weiß man auch, wie der Vierpol auf beliebige Eingangsvektoren (U_1, I_1) antwortet.

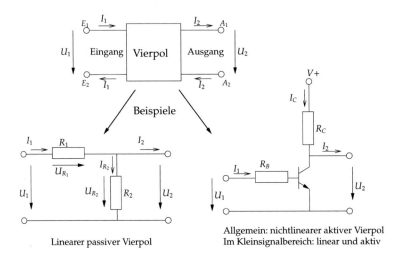

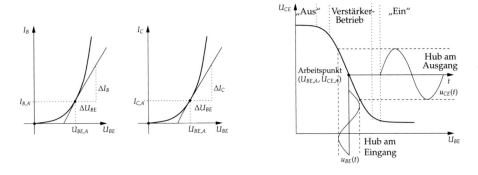

Abbildung 3.4: Vierpole als elektrische Übertragungssysteme

- Von fundamentaler Bedeutung in Naturwissenschaft und Technik ist die lineare Approximation einer nicht-linearen Abbildung um einen vorgegebenen (Arbeits-)Punkt. Gleichwohl wir diese Eigenschaft für Funktionen in mehreren Variablen noch genauer studieren werden, ist der Fall einer Variablen wohlbekannt; es handelt sich hierbei um die Tangente in einem festen Punkt $P_A := (U_{\text{BE},A}, I_{\text{BE},A})$ (vgl. Abb. 3.5 (links)), deren Steigung gerade die Ableitung der Funktion $I_B(U_{\text{BE}})$ gegeben ist.

Abbildung 3.5: Kleinsignalverhalten eines Bipolartransistors als (linearer) Verstärker

Praxisbeispiel: Der in Abb.3.4 rechts unten dargestellte Transistor in Emitterschaltung ist ein nicht-linearer Vierpol, wie man anhand seiner Übertragungskennlinie in Abb. 3.5 (rechts) entnimmt. Setzt man den Arbeitspunkt des Transistors durch Anlegen einer ausreichend hohen Basis-Emitter(gleich)spannung $U_{\text{BE},A}$, so dass der entstehende Kollektorstrom

$I_{C,A}$ im „linearen" Kennlinienbereich liegt (vgl. Abb. 3.5 (links)), so arbeitet der Transistor bei genügend kleiner $U_{BE,A}$-überlagerter Wechselspannung wie ein linearer (also verzerrungsfreier) Verstärker, d.h. sein Eingangs-/Ausgangsverhalten wird durch eine lineare Vierpol analog wie Gl. (3.2) beschrieben. Bei hohen Eingangsamplituden weicht die lineare Approximation mit der tatsächlichen Übertragungskennlinie immer mehr ab. Es entstehen sogenannte *Verzerrungen* am Ausgang. Deswegen nennt man den Bereich, in der Transistor als linearer Vierpol arbeitet, den *Kleinsignalbereich*.

Vektorräume sind – lax gesprochen – Mengen mit „linearer" Zusatzstruktur, d.h. wir können für alle $x, y \in V$ und $\lambda, \mu \in \mathbb{R}$ auch $z := \lambda x + \mu y$ bilden, und das Resultat z liegt wieder in V. Ist nun $\varphi : V \to W$ eine Abbildung zunächst von Mengen, so stellt sich die Frage: Welche Forderung müsste man an φ stellen, damit φ die „lineare Struktur" in V und W respektiert? Na klar! Wir würden verlangen, dass $\varphi(z)$ denselben Wert in W liefert wie $\lambda\varphi(x) + \mu\varphi(y) \in W$. Das erhellt die folgende

Definition 3.3.1 (Lineare Abbildung). Eine Abbildung $\varphi : V \to W$ zwischen zwei $\mathbb{R}$-Vektorräumen V und W heißt $\mathbb{R}$-**linear** oder kurz **linear**, falls für alle $x, y \in V$ und alle $\lambda, \mu \in \mathbb{R}$ gilt:

$$\boxed{\varphi(\lambda x + \mu y) = \lambda\varphi(x) + \mu\varphi(y)} \tag{3.3}$$

Bemerkung 3.3.2. (i) Insbesondere schickt jede lineare Abbildung die Null auf die Null, d.h. $\varphi(0_V) = 0_W$. Denn: $\varphi(0_V) = \varphi(v + (-v)) = \varphi(v) - \varphi(v) = 0_W$ für alle $v \in V$.
(ii) Die Linearitätsbedingung (3.3) lässt sich äquivalent in zwei Bedingungen ausdrücken:

$$\varphi(\lambda x + \mu y) = \lambda\varphi(x) + \mu\varphi(y) \quad \Longleftrightarrow \quad \begin{cases} \varphi(x + y) &= \varphi(x) + \varphi(y) & \text{(Additivität)} \\ \varphi(\lambda \cdot x) &= \lambda\varphi(x) & \text{(Homogenität)} \end{cases}$$

Notation 3.3.3. In der Linearen Algebra hat sich eingebürgert, lineare Abbildungen mit einem Großbuchstaben zu notieren, also $T : V \to W$. Für die Abbildungsvorschrift wird dabei oftmals $T(v) =: Tv$ gesetzt. Wir werden uns dieser Konvention nicht in aller Strenge unterordnen.

Beispiel 3.3.4. (i) Die Nullabbildung $0 : V \to W$, $v \mapsto 0_W$ und die Identität $\mathrm{id}_V : V \to V$, $v \mapsto v$ sind lineare Abbildungen. (Warum?)
(ii) (Übung) Für welche $w_0 \in W$ ist die Abbildung $T_{w_0} : V \to W$, $v \mapsto T_{w_0}(v) := w_0$ linear?

Um etwas Gelenkigkeit mit dem Linearitätsbegriff zu erlangen, beweise der Leser folgende

Bemerkung 3.3.5 (Algebraische Operationen). Für lineare Abbildungen $T, T' : V \to W$ und $\lambda \in \mathbb{R}$ sind vermöge

- (Summe) $T + T' : V \to W$, $v \mapsto (T + T')(v) := T(v) + T'(v)$,

- (skalare Multiplikation) $\lambda T : V \to W$, $v \mapsto (\lambda T)(v) := \lambda(Tv)$

lineare Abbildungen gegeben. Also: Linearität ist stabil unter diesen algebraischen Operationen.

Ähnlich wie in Bsp. 3.2.8 (ii) schließt man nunmehr

Korollar 3.3.6. Sind V, W Vektorräume über $\mathbb{R}$, so auch $L(V, W) := \{T : V \to W \mid T$ linear$\}$, also die Menge der linearen Abbildungen von V nach W bildet bezüglich der obigen algebraischen Operationen einen $\mathbb{R}$-Vektorraum.

Bemerkung 3.3.7 (Komposition linearer Abbildungen ist linear). Sind $U \xrightarrow{F} V \xrightarrow{G} W$ lineare Abbildungen von $\mathbb{R}$-Vektorräumen, so auch $G \circ F : U \longrightarrow W$. Kurz:

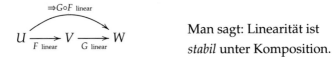

Man sagt: Linearität ist *stabil* unter Komposition.

Beweis. Seien $u, u' \in U$, sowie $\lambda, \lambda' \in \mathbb{R}$. Dann gilt:

$$
\begin{aligned}
(G \circ F)(\lambda u + \lambda' u') &:= G(F(\lambda u + \lambda' u')) && \text{(Nach Def. 1.2.52)} \\
&= G(\lambda F(u) + \lambda' F(u')) && \text{(Lineartät von } F\text{)} \\
&= \lambda G(F(u)) + \lambda' G(F(u')) && \text{(Lineartät von } G\text{)} \\
&=: \lambda(G \circ F)(u) + \lambda'(G \circ F)(u') && \text{(Nach Def. 1.2.52)}
\end{aligned}
$$

$\square$

Neben der definierenden *algebraischen* Bedeutung der Linearität einer Abbildung zwischen Vektorräumen gibt es auch eine geometrische Interpretation, die der Anschauung recht zugänglich ist. Wollen wir uns das im Spezialfall $A : \mathbb{R}^2 \to \mathbb{R}^2$ klarmachen.

Beispiel 3.3.8 (Mechanismus linearer Abbildungen). (i) Sei $A : \mathbb{R}^2 \to \mathbb{R}^2$ eine lineare Abbildung, und seien die Bilder $a_1 := Ae_1$ sowie $a_2 := Ae_2$ der Einheitsvektoren $e_1 := (1, 0)^T$ sowie $e_2 := (0, 1)^T$ des $\mathbb{R}^2$ bekannt. Dann kennt man die *ganze* lineare Abbildung, d.h. man weiß, was A mit jeden Vektor $x \in \mathbb{R}^2$ anstellt.

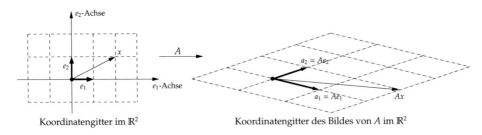

Abbildung 3.6: Mechanismus linearer Abbildungen: Kennt man sie auf den Einheitsvektoren, so auch auf *allen* Vektoren.

Denn wie aus der Schule bekannt, hat jeder Vektor $x = (x_1, x_2)^T \in \mathbb{R}^2$ die Darstellung

$$x = \begin{pmatrix} x_1 \\ x_2 \end{pmatrix} = x_1 \begin{pmatrix} 1 \\ 0 \end{pmatrix} + x_2 \begin{pmatrix} 0 \\ 1 \end{pmatrix} = x_1 e_1 + x_2 e_2$$

und die Linearitätsbedingung (3.3) besagt gerade:

$$Ax = A \left(x_1 \begin{pmatrix} 1 \\ 0 \end{pmatrix} + x_2 \begin{pmatrix} 0 \\ 1 \end{pmatrix} \right) = x_1 A \begin{pmatrix} 1 \\ 0 \end{pmatrix} + x_2 A \begin{pmatrix} 0 \\ 1 \end{pmatrix} = x_1 a_1 + x_2 a_2$$

Merke: Lineare Abbildungen vollziehen eine *Drehstreckung* der eingesetzten Vektoren.

(ii) Derselbe Mechanismus liegt auch im allgemeinen Fall linearer Abbildungen

$$A : \mathbb{R}^n \longrightarrow \mathbb{R}^m, \quad x \longmapsto Ax$$

zugrunde. Auch im $\mathbb{R}^n$ gibt es „ausgezeichnete" Vektoren $e_1, \dots, e_n$, welche definiert sind durch

$$e_k := \underbrace{(0, \dots, 0, 1, 0, \dots 0)}_{\text{an der } k\text{'ten Stelle } 1}{}^T \in \mathbb{R}^n;$$

man nennt sie die *Standard-* oder *kanonischen Einheitsvektoren* des $\mathbb{R}^n$. Kennt man nun die Bilder der Einheitsvektoren unter der linearen Abbildung A, d.h. $a_k := Ae_k$ für alle $k = 1, 2, \dots, n$, so auch auf allen Vektoren $x \in \mathbb{R}^n$. Denn: Ist nun $x \in \mathbb{R}^n$ ein beliebiger Vektor, so hat er wie im Falle $n = 2$ die Darstellung $x = x_1 e_1 + x_2 e_2 + \dots + x_n e_n$, und aus der Linearität von A folgt

$$
\begin{aligned}
Ax &= A(x_1 e_1 + x_2 e_2 + \dots + x_n e_n) = A \left(\sum_{k=1}^{n} x_k e_k \right) = \sum_{k=1}^{n} x_k A e_k = \sum_{k=1}^{n} x_k a_k \quad (3.4) \\
&= x_1 a_1 + x_2 a_2 + \dots + x_n a_n, \quad\quad\quad\quad\quad\quad\quad\quad\quad\quad\quad\quad\quad\quad (3.5)
\end{aligned}
$$

d.h. eine lineare Abbildung ist eindeutig durch die Vektoren $a_1, \dots, a_n$ festgelegt. Sind umgekehrt Vektoren $a_1, \dots, a_n$ im $\mathbb{R}^m$ gegeben, so gibt es genau eine lineare Abbildung $A : \mathbb{R}^n \to \mathbb{R}^m$ mit $Ae_k = a_k$ für alle $k = 1, 2, \dots, n$. Denn (3.5) definiert eine lineare Abbildung $A : \mathbb{R}^n \to \mathbb{R}^m$ mit $a_k = Ae_k$, weil ja

$$Ae_k = A(0e_1 + \dots + 0e_{k-1} + 1 \cdot e_k + 0e_{k+1} + \dots 0e_n) \overset{(3.5)}{=} 0a_1 + \dots + 0a_{k-1} + 1 \cdot a_k + 0a_{k+1} + \dots + 0a_n = a_k.$$

Das zeigt das folgende

Lemma 3.3.9 (Fundamental-Lemma über lineare Abbildungen im $\mathbb{R}^n$). Sind $a_1, a_2, \dots, a_n \in \mathbb{R}^m$ beliebig vorgegebene Vektoren im $\mathbb{R}^m$, so gibt es genau eine lineare Abbildung $A : \mathbb{R}^n \to \mathbb{R}^m$ mit $a_k = Ae_k$ für alle $k = 1, 2, \dots, n$.

Notation & Sprechweise 3.3.10 (Matrizenschreibweise). (i) Für (3.5) notiert man auch kompakt:

$$
Ax = x_1 a_1 + \ldots + x_n a_n =: \begin{array}{|c|c|c|c|} \hline a_1 & a_2 & \ldots & a_n \\ \hline \end{array} \begin{pmatrix} x_1 \\ x_2 \\ \vdots \\ x_n \end{pmatrix} =: \underbrace{\begin{pmatrix} a_{11} & a_{12} & \ldots & a_{1n} \\ a_{21} & a_{22} & \ldots & a_{2n} \\ \vdots & \vdots & \vdots & \vdots \\ a_{m1} & a_{m2} & \ldots & a_{mn} \end{pmatrix}}_{m \times n\text{-Matrix } A} \begin{pmatrix} x_1 \\ x_2 \\ \vdots \\ x_n \end{pmatrix}
$$

(3.6)

In der j'ten Spalte von A steht der Vektor a_j, den man in A wie folgt indiziert:

$$
a_j = \begin{pmatrix} a_{1j} \\ a_{2j} \\ \vdots \\ a_{mj} \end{pmatrix} \in \mathbb{R}^m,
$$

wodurch die *Matrix*

$$
A := \begin{pmatrix} a_{11} & a_{12} & \ldots & a_{1n} \\ a_{21} & a_{22} & \ldots & a_{2n} \\ \vdots & \vdots & \ldots & \vdots \\ a_{m1} & a_{m2} & \ldots & a_{mn} \end{pmatrix} = \left(a_{ij} \right) \begin{array}{l} i = 1,2,\ldots,m \\ j = 1,2,\ldots,n \end{array}
$$

(3.7)

als Zahlenschema oder Tabelle mit *Einträgen* oder *Komponenten* $a_{ij} \in \mathbb{R}$ in der i'ten Zeile und j'ten Spalte entsteht. Eine Matrix $A := (a_{ij})_{i,j}$ mit m Zeilen und n Spalten wird $m \times n$–*Matrix* genannt. Die Menge aller solcher $m \times n$-Matrizen mit reellen Einträgen werde mit $M_{m \times n}(\mathbb{R})$ bezeichnet.

(ii) Stimmen Zeilen- und Spaltenzahl überein, so spricht man auch von einer *quadratischen Matrix* und notiert die Menge aller solchen $n \times n$-Matrizen mit reellen Einträgen mit $M_n(\mathbb{R})$.

(iii) Mit der in (3.7) gewählten Indizierung von $A := (a_{ij})_{i,j}$ der Matrix $A \in M_{m \times n}(\mathbb{R})$ hat also der Bildvektor $y := Ax \in \mathbb{R}^m$ gemäß (3.6) die Komponenten

$$
\boxed{y_i = \sum_{j=1}^{n} a_{ij} x_j} , \ i = 1,2,\ldots,m
$$

(3.8)

Aus dem Fundamental-Lemma und der eben eingeführten Matrizenschreibweise folgt:

- Jede lineare Abbildung $A : \mathbb{R}^n \to \mathbb{R}^m$ liefert bezüglich der Standard-Einheitsvektoren $e_1, e_2, .., e_n$ genau eine Matrix $A := (a_1|...|a_n) \in M_{m \times n}(\mathbb{R})$, deren Spalten gerade $a_j = Ae_j$ für $j = 1, 2, ..., n$ gegeben sind.

- Jede Matrix $A \in M_{m \times n}(\mathbb{R})$ stiftet genau eine lineare Abbildung $A : \mathbb{R}^n \to \mathbb{R}^m$, nämlich genau jene, welche durch die Spaltenvektoren $A := (a_1|...|a_n)$ gegeben ist.

Notiz 3.3.11. Streng genommen ist eine lineare Abbildung $A : \mathbb{R}^n \to \mathbb{R}^m$, $x \mapsto Ax$ a priori von ihrer Matrix $A \in M_{m \times n}(\mathbb{R})$ und insbesondere in der Notation zu unterscheiden. A posteriori ist diese Unterscheidung überflüssig, womit sich auch die gleiche Notation rechtfertigt.

Beispiel 3.3.12. Spezielle Matrizen sind:

- Nullmatrix $0 := \begin{pmatrix} 0 & \cdots & 0 \\ \vdots & & \vdots \\ 0 & \cdots & 0 \end{pmatrix} \in M_{m \times n}(\mathbb{R})$

- Einheitsmatrix $I := E := E_n := \begin{pmatrix} 1 & & 0 \\ & \ddots & \\ 0 & & 1 \end{pmatrix} \in M_n(\mathbb{R})$

- Diagonalmatrix $D := \begin{pmatrix} \lambda_1 & & 0 \\ & \ddots & \\ 0 & & \lambda_n \end{pmatrix} \in M_n(\mathbb{R})$ mit Diagonalelementen

  $\lambda_1, ..., \lambda_n \in \mathbb{R}$

- Obere - $U := \begin{pmatrix} * & & * \\ & \ddots & \\ 0 & & * \end{pmatrix}$ bzw. untere Dreiecksmatrix $L := \begin{pmatrix} * & & 0 \\ & \ddots & \\ * & & * \end{pmatrix} \in$

  $M_n(\mathbb{R})$

- Spaltenvektor $x = \begin{pmatrix} x_1 \\ \vdots \\ x_n \end{pmatrix} \in M_{n \times 1}(\mathbb{R})$

- Zeilenvektor $x = (x_1, ..., x_n) \in M_{1 \times n}(\mathbb{R})$

Beispiel 3.3.13. (i) Sei $A : \mathbb{R}^3 \to \mathbb{R}^2$, $x \mapsto Ax := \begin{pmatrix} 1 & 2 & 3 \\ -1 & 0 & 2 \end{pmatrix} \begin{pmatrix} x_1 \\ x_2 \\ x_3 \end{pmatrix} = \begin{pmatrix} y_1 \\ y_2 \end{pmatrix}$.

Für $x = (5, 1, -1)^T \in \mathbb{R}^3$ ist:

$$y := Ax = \begin{pmatrix} 1 & 2 & 3 \\ -1 & 0 & 2 \end{pmatrix} \begin{pmatrix} 5 \\ 1 \\ -1 \end{pmatrix} = \begin{pmatrix} 1 \cdot 5 + 2 \cdot 1 + 3 \cdot (-1) \\ (-1) \cdot 5 + 0 \cdot 1 + 2 \cdot (-1) \end{pmatrix} = \begin{pmatrix} 4 \\ -7 \end{pmatrix}$$

(ii) (Übung) Berechne Ae_k mit $k = 1, 2, 3$. Kommt das Erwartete raus?

Allgemein: Für jedes $A \in M_{m \times n}(\mathbb{R})$ gilt:

$$Ae_k = \begin{pmatrix} a_1 & \cdots & a_k & \cdots & a_n \end{pmatrix} \begin{pmatrix} 0 \\ \vdots \\ 1 \\ \vdots \\ 0 \end{pmatrix} = a_k$$

Wir sind noch den Nachweis schuldig, dass jede Matrix genau eine lineare Abbildung definiert.

Beispiel 3.3.14 (Übung). Sei $A \in M_{m \times n}(\mathbb{R})$. Weisen Sie die Linearitätsbedingung aus Def. 3.3.1 anhand (3.6) nach.

Die vorangegangenen Überlegungen sind von zentraler Bedeutung im Umgang mit linear-algebraischen Problemen, nicht nur im $\mathbb{R}^n$, sondern, wie sich noch weisen wird, auf allgemeine $\mathbb{R}$-Vektorräume übertragbar. Zusammenfasssend:

Die zwei Gebote der Linearen Algebra:

1. Gebot: $\boxed{A \in M_{m \times n}(\mathbb{R}) \iff A : \mathbb{R}^n \xrightarrow{\text{linear}} \mathbb{R}^m}$

2. Gebot: $\boxed{\text{Die Spalten der Matrix sind die Bilder der Einheitsvektoren.}}$

Wollen wir uns das an einem Beispiel klarmachen:

Beispiel 3.3.15 (Übung). Betrachte folgende Abbildung:

$$f : \mathbb{R}^2 \longrightarrow \mathbb{R}^2, \qquad \begin{pmatrix} x \\ y \end{pmatrix} \longmapsto \begin{pmatrix} x \\ -y \end{pmatrix}$$

- Was macht f geometrisch? Bild!

- Ist f linear? Wenn ja, wie sieht die darstellende Matrix aus?

Lemma 3.3.16 (Algebraische Operationen). (i) Sind $A, B : \mathbb{R}^n \to \mathbb{R}^m$ lineare Abbildungen, d.h. $A, B \in M_{m \times n}(\mathbb{R})$, so ist auch

- $A + B : \mathbb{R}^n \longrightarrow \mathbb{R}^m, \quad x \longmapsto (A + B)x := Ax + Bx$

  linear, und die Matrix der Summenabbildung ist durch komponentenweise Summation der Matrixeinträge gegeben, d.h.:

$$A + B = \begin{pmatrix} a_{11} + b_{11} & \dots & a_{1n} + b_{1n} \\ \vdots & & \vdots \\ a_{m1} + b_{m1} & \dots & a_{mn} + b_{mn} \end{pmatrix} \in M_{m \times n}(\mathbb{R}) \qquad \text{(Matrix-Addition)}$$

- $\lambda A : \mathbb{R}^n \longrightarrow \mathbb{R}^m, \quad x \longmapsto (\lambda A)x := \lambda(Ax) \qquad \text{für alle } \lambda \in \mathbb{R}$

  linear, und die Matrix der Abbildung λA ist durch komponentenweise skalare Multiplikation der Matrixeinträge mit λ gegeben, d.h.:

$$\lambda A = \begin{pmatrix} \lambda a_{11} & \dots & \lambda a_{1n} \\ \vdots & & \vdots \\ \lambda a_{m1} & \dots & \lambda a_{mn} \end{pmatrix} \in M_{m \times n}(\mathbb{R}) \qquad \text{(skalare Matrixmultiplikation)}$$

(ii) Sind $\mathbb{R}^n \xrightarrow{A} \mathbb{R}^m \xrightarrow{B} \mathbb{R}^r$ lineare Abbildungen, d.h. $A \in M_{m \times n}(\mathbb{R}), B \in M_{r \times m}(\mathbb{R})$, so ist auch das Kompositum

$$C := B{\cdot}A := B{\circ}A : \mathbb{R}^n \longrightarrow \mathbb{R}^r, (B{\circ}A)x := (B{\cdot}A)x := B(Ax) \quad \text{(Matrizenmultiplikation)}$$

linear, und die Komponenten c_{ij} der Produktmatrix C werden gebildet durch:

$$\boxed{c_{ij} = \sum_{k=1}^{m} b_{ik} a_{kj}} \tag{3.9}$$

Häufig notiert man die Komposition $B \circ A$ auch $B \cdot A$ oder einfach nur BA und

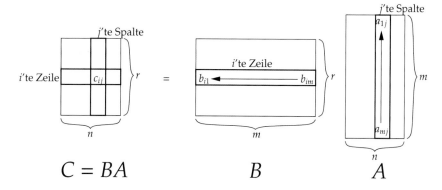

$$C = BA \qquad\qquad B \qquad\qquad A$$

Abbildung 3.7: Anschauung zur Bildung des Matrizenproduktes $C = BA$.

bezeichnet diese als *Matrixmultiplikation*.

(iii) Ist $A : \mathbb{R}^n \to \mathbb{R}^m$ eine lineare Abbildung, d.h. $A \in M_{m \times n}(\mathbb{R})$, so ist auch ihre *transponierte*

$$A^T : \mathbb{R}^m \longrightarrow \mathbb{R}^n \quad x \longmapsto A^T x \qquad \text{mit} \qquad (A^T)_{ij} := a_{ji}$$

linear. Die zugehörige Matrix $A^T \in M_{n \times m}(\mathbb{R})$ heißt *transponierte Matrix* von A.
Anschaulich:

$$M_{m \times n}(\mathbb{R}) \ni \quad m \underbrace{\begin{array}{|c|c|c|c|} \hline a_1 & a_2 & \cdots & a_n \\ \hline \end{array}}_{n} \quad \overset{T}{\longmapsto} \quad \underbrace{\begin{array}{|c|} \hline a_1^T \\ \hline a_2^T \\ \hline \vdots \\ \hline a_n^T \\ \hline \end{array}}_{m} n \quad \in M_{n \times m}(\mathbb{R})$$

Merke: Die Transposition T ordnet jeder $m \times n$-Matrix A die $n \times m$-Matrix A^T zu, die durch Transposition aller Spaltenvektoren von A gegeben ist.

Beweis. Die Bemerkungen 3.3.5 und 3.3.7 besagen, dass Summe, skalare Multiplikation und Komposition stabil unter linearen Abbildungen sind. Die Linearität der Transposition folgt unmittelbar aus deren Definition. Es verbleibt demnach, die spezifische Gestalt der Matrizen nachzuweisen: Dazu verwenden wir das 2. Gebot der Linearen Algebra: „Die Spalten der Matrix sind die Bilder der Einheitsvektoren."
Zu (i): Es ist

$$(A+B)e_j := a_j + b_j = \sum_{i=1}^{m}(a_{ij}+b_{ij})e_i, \text{ und } (\lambda A)e_j := \lambda(Ae_j) = \lambda a_j = \lambda \sum_{i=1}^{m} a_{ij}e_i = \sum_{i=1}^{m}(\lambda a_{ij})e_i.$$

Zu (ii): Zunächst ist $Ae_j = a_j = \sum_{k=1}^{m} a_{kj}e_k$ und aus der Linearität von B folgt damit

$$BAe_j = B\left(\sum_{k=1}^{m} a_{kj}e_k\right) = \sum_{k=1}^{m} a_{kj}Be_k = \sum_{k=1}^{m} a_{kj} \sum_{i=1}^{r} b_{ik}e_i = \sum_{i=1}^{r}\underbrace{\left(\sum_{k=1}^{m} b_{ik}a_{kj}\right)}_{=:\, c_{ij}}e_i = \sum_{i=1}^{r} c_{ij}e_i = c_j,$$

womit sich die Formel für die Einträge des Matrizenproduktes (3.9) rechtfertigt.
$\square$

Beispiel 3.3.17 (Übung). Gegeben seien folgende Matrizen:

$$A := \begin{pmatrix} 1 & 1 & 0 \\ 0 & 1 & 0 \end{pmatrix}, \quad B := \begin{pmatrix} 1 & 0 & 0 \\ 1 & 1 & 0 \end{pmatrix}, \quad C := \begin{pmatrix} 1 & 0 \\ 1 & -1 \\ 0 & 1 \end{pmatrix}, \quad D := \begin{pmatrix} 1 & 0 & 0 \\ 1 & 1 & 0 \\ 0 & -1 & 1 \end{pmatrix}$$

Bestimmen Sie für jede Matrix die Dimension, d.h. die Zeilen- und Spaltenzahl m bzw. n in $M_{m \times n}(\mathbb{R})$. Geben Sie A, B, C, D als lineare Abbildung $\mathbb{R}^n \to \mathbb{R}^m$ an. Welche Matrixprodukte können gebildet werden? Berechne diese und alsdann $A + B$, $2A$, A^T.

Merke: Multiplikation von Matrizen ist dasselbe wie Komposition linearer Abbildungen ...

... und dies bedeutet insbesondere, dass die Bildung der Komposition erst einmal möglich sein muss.

Bemerkung 3.3.18. Die Bildung des Matrixproduktes BA zweier Matrizen $A \in M_{m \times n}(\mathbb{R})$, $B \in M_{m' \times n'}(\mathbb{R})$ ist genau dann möglich, falls die Zeilenzahl von A der Spaltenzahl von B entspricht, d.h. wenn $m = n'$ gilt. Dann ist nämlich:

$$\mathbb{R}^n \xrightarrow{A} \mathbb{R}^m \xrightarrow{B} \mathbb{R}^{m'}$$

Unmittelbar aus Lemma 3.3.16 folgt das

Korollar 3.3.19. Die Menge $M_{m \times n}(\mathbb{R})$ aller $m \times n$-Matrizen bildet zusammen mit der Matrixaddition „+" und der skalaren Matrixmultiplikation „·" einen $\mathbb{R}$-Vektorraum.

Diskussion: Wie lässt sich das genau begründen?

Satz 3.3.20 (Algebraische Rechenregeln). *(i) Sind $\mathbb{R}^n \xrightarrow{A} \mathbb{R}^m \xrightarrow{B} \mathbb{R}^k \xrightarrow{C} \mathbb{R}^l$ lineare Abbildungen, d.h. $A \in M_{m \times n}(\mathbb{R}), B \in M_{k \times m}(\mathbb{R}), C \in M_{l \times k}(\mathbb{R})$, so gilt:*

$$\boxed{C(BA) = (CB)A = CBA} \qquad \text{(Assoziativität)}$$

(ii) Für alle $\lambda \in \mathbb{R}$ und alle lineare Abbildungen $\mathbb{R}^n \xrightarrow{A} \mathbb{R}^m \xrightarrow{B} \mathbb{R}^k$ (d.h. $A \in M_{m \times n}(\mathbb{R}), B \in M_{k \times m}(\mathbb{R})$) gilt:

$$\boxed{\lambda(BA) = (\lambda B)A = B(\lambda A)}$$

(iii) Sind $A, B : \mathbb{R}^n \longrightarrow \mathbb{R}^m$, $C : \mathbb{R}^m \longrightarrow \mathbb{R}^k$ lineare Abbildungen, d.h. $A, B \in M_{m \times n}(\mathbb{R}), C \in M_{k \times m}(\mathbb{R})$, so gilt:

$$\boxed{C(B + A) = CB + CA} \qquad \text{(1. Distributivgesetz)}$$

Sind $B : \mathbb{R}^n \longrightarrow \mathbb{R}^m$, $C, A : \mathbb{R}^m \longrightarrow \mathbb{R}^k$ lineare Abbildungen, d.h. $B \in M_{m \times n}(\mathbb{R}), C, A \in M_{k \times m}(\mathbb{R})$, so gilt:

$$\boxed{(C + A)B = CB + AB} \qquad \text{(2. Distributivgesetz)}$$

Beachte: Nicht alle bekannten Rechenregeln mit Zahlen lassen sich auf Matrizen übertragen.

Beispiel 3.3.21. (i) Für $A := \begin{pmatrix} 1 & -1 \\ 2 & -1 \end{pmatrix}$, $B := \begin{pmatrix} 1 & 1 \\ 4 & -1 \end{pmatrix}$ ist

$$AB = \begin{pmatrix} 1 & -1 \\ 2 & -1 \end{pmatrix}\begin{pmatrix} 1 & 1 \\ 4 & -1 \end{pmatrix} = \begin{pmatrix} -3 & 2 \\ -2 & 3 \end{pmatrix} \neq \begin{pmatrix} 3 & -2 \\ 2 & -3 \end{pmatrix} = \begin{pmatrix} 1 & 1 \\ 4 & -1 \end{pmatrix}\begin{pmatrix} 1 & -1 \\ 2 & -1 \end{pmatrix} = BA,$$

und weiter gemäß den Rechenregeln aus Satz 3.3.20

$$(A + B)^2 = A^2 + AB + BA + B^2 = A^2 + B^2 = \begin{pmatrix} 4 & 0 \\ 0 & 4 \end{pmatrix} \neq \begin{pmatrix} -2 & 4 \\ -4 & 10 \end{pmatrix} = A^2 + 2AB + B^2.$$

Mithin gilt *nicht* $AB = BA$, und damit auch *nicht* die binomische Formel $(A + B)^2 = A^2 + 2AB + B^2$.

(ii) Für $A := \begin{pmatrix} 1 & 1 \\ 2 & 2 \end{pmatrix}$ und $B := \begin{pmatrix} -1 & 1 \\ 1 & -1 \end{pmatrix}$ ist $AB = 0$.

Merke: Die Matrixmultiplikation ist weder kommutativ noch *nullteilerfrei*, d.h. aus $A \neq 0$ und $B \neq 0$ folgt nicht $BA \neq 0$.

Lemma 3.3.22 (Rechenregeln für die Transposition). Die Transposition ist eine Bijektion

$$\boxed{^T : M_{m \times n}(\mathbb{R}) \xrightarrow{\cong} M_{n \times m}(\mathbb{R}), \quad A \longmapsto A^T}$$

zwischen dem $\mathbb{R}$-Vektorraum der $m \times n$-Matrizen und dem $\mathbb{R}$-Vektorraum der $n \times m$-Matrizen, mit folgenden Eigenschaften:

1. (Linearität) $(\lambda A + \mu B)^T = \lambda A^T + \mu B^T$ für alle $A, B \in M_{m \times n}(\mathbb{R})$ und alle $\lambda, \mu \in \mathbb{R}$.

2. $(A^T)^T = A$ für alle $A \in M_{m \times n}(\mathbb{R})$.

3. Sind $\mathbb{R}^n \xrightarrow{A} \mathbb{R}^m \xrightarrow{B} \mathbb{R}^k$ linear (d.h. $A \in M_{m \times n}(\mathbb{R}), B \in M_{k \times m}(\mathbb{R})$), so gilt $(BA)^T = A^T B^T$.

Beweis. Nur die letzte Behauptung ist nicht unmittelbar klar. Wir berechnen den (i, j)'ten Eintrag im Produkt BA und transponieren:

$$((BA)_{ij})^T = \left(\sum_{k=1}^m b_{ik} a_{kj} \right)^T = \sum_{k=1}^m b_{jk} a_{ki} = \sum_{k=1}^m a_{ik}^T b_{kj}^T = (A^T B^T)_{ij}$$

$\square$

Definition 3.3.23 (Symmetrische Matrizen). Eine Matrix $A \in M_n(\mathbb{R})$ heißt **symmetrisch**, falls $A^T = A$. Es bezeichne $\mathrm{Sym}_n(\mathbb{R}) := \{A \in M_n(\mathbb{R}) \mid A^T = A\}$ die Menge der symmetrischen $n \times n$-Matrizen mit reellen Einträgen.

Beispiel 3.3.24 (Übung). Geben Sie einige symmetrische Matrizen an.

Bemerkung 3.3.25. Symmetrische Matrizen sind stabil unter Addition (weil nach dem obigen Lemma mit $A, B \in \mathrm{Sym}_n(\mathbb{R}) \Rightarrow (A + B)^T = A^T + B^T = A + B$, d.h. $A + B \in \mathrm{Sym}_n(\mathbb{R})$) und skalarer Multiplikation (weil nach demselben Lemma für $A \in \mathrm{Sym}_n(\mathbb{R})$ und $\lambda \in \mathbb{R}$ ist $(\lambda A)^T = \lambda A^T = \lambda A$, d.h. $\lambda A \in \mathrm{Sym}_n(\mathbb{R})$).

Aufgaben

R.1. Prüfen Sie, ob die folgenden Abbildungen linear sind, und geben Sie in diesem Falle die darstellende Matrix bezüglich der Standardvektoren an:

(a) Die Nullabbildung und die Identität auf $\mathbb{R}^n$ sind gegeben durch $0 : \mathbb{R}^n \to \mathbb{R}^m$, $x \mapsto 0(x) := 0$ bzw. $\mathrm{id} : \mathbb{R}^n \to \mathbb{R}^n$, $x \mapsto \mathrm{id}(x) := x$.

(b) Sei $i = 1, ..., n$. Dann heißt die durch $p_i : \mathbb{R}^n \to \mathbb{R}$, $x = (x_1, ..., x_n) \mapsto x_i$ gegebene Abbildung die kanonischen Projektionen auf die i'te Komponente des Vektors $x = (x_1, ..., x_n)^T$.

(c) $f : \mathbb{R}^2 \to \mathbb{R}$ mit $f(x, y) := 2x - 3y + 1$.

(d) $f : \mathbb{R}^3 \to \mathbb{R}^2$ mit $f(x, y, z) := \begin{pmatrix} x + y - z \\ 3x + 5z \end{pmatrix}$.

(e) Betrachte die Abbildung:

$$f : \mathbb{R}^2 \to \mathbb{R}^2, \ (x, y) \mapsto f(x, y) := \begin{pmatrix} xy \\ x + y \end{pmatrix}$$

(f) Sei $t \in \mathbb{R}$. Betrachte die Abbildung:

$$f : \mathbb{R}^2 \to \mathbb{R}^2, \ (x, y) \mapsto f(x, y) := \begin{pmatrix} x \cos t - y \sin t \\ x \sin t + y \cos t \end{pmatrix}$$

R.2. (a) (Drehmatrix im $\mathbb{R}^2$:) (i) Bestimmen Sie die Matrix A_φ der linearen Abbildung $\mathbb{R}^2 \to \mathbb{R}^2$, $x \mapsto A_\varphi x$, die eine Drehung von $x \in \mathbb{R}^2$ gegen den Uhrzeigersinn um den Winkel φ ausführt. (ii) Berechnen Sie A_π und deuten Sie die lineare Abbildung A_π geometrisch. (iii) Zeigen Sie $A_{-\varphi} = A_\varphi^T$. Was bedeutet dies geometrisch? (iv) Zeigen Sie durch explizites Nachrechnen, dass $A_\varphi A_\psi = A_\psi A_\varphi = A_{\varphi + \psi}$ gilt.

(b) (Drehmatrizen im $\mathbb{R}^3$:) Bestimmen Sie die Drehmatrizen $A_\varphi, B_\varphi, C_\varphi$, welche jeweils eine Drehung um die $x-$, $y-$, $z-$Achse um den Winkel φ gegen den Uhrzeigersinn beschreiben und berechnen Sie $A_{\pi/2} B_{\pi/2}$, $B_{\pi/2} A_{\pi/2}$ sowie $C_{\pi/2} B_{\pi/2} A_{\pi/2}$. Was bedeutet dies jeweils geometrisch?

R.3. Sei $f : \mathbb{R}^3 \to \mathbb{R}^2$ die lineare Abbildung, welche die Punkte $P_1 := (1, 0, 0)$, $P_2 := (0, 1, 0)$, $P_3 := (1, 1, 1)$ im $\mathbb{R}^3$ der Reihe nach auf $Q_1 := (2, 1)$, $Q_2 := (3, -1)$, $Q_3 := (6, 0)$ im $\mathbb{R}^2$ abgebildet. Wie lautet die darstellende Matrix von f? Auf welchen Punkt Q wird $P := (2, 1, 3)$ vermöge f abgebildet?

T.1. Man zeige, dass die Transposition $^T : M_{m \times n}(\mathbb{R}) \to M_{n \times m}(\mathbb{R})$ mit $A \mapsto A^T$ eine lineare Abbildung von dem $\mathbb{R}$-Vektorraum der $m \times n$-Matrizen in den $\mathbb{R}$-Vektorraum der $n \times m$-Matrizen ist.

T.2. (i) Es bezeichne $\mathscr{C}^1(I)$ den $\mathbb{R}$-Vektorraum der stetig-differenzierbaren ($=\mathscr{C}^1$-) Funktionen $f : I \to \mathbb{R}$ auf dem allgemeinen Intervall $I \subset \mathbb{R}$, und $\mathscr{C}^0(I)$ den $\mathbb{R}$-Vektorraum der stetigen Funktionen $f : I \to \mathbb{R}$ auf I. Zeigen Sie, dass der Ableitungsoperator $\dfrac{\mathrm{d}}{\mathrm{d}x} : \mathscr{C}^1(I) \longrightarrow \mathscr{C}^0(I)$, $f \longmapsto f'$ eine lineare Abbildung von $\mathscr{C}^1(I)$ nach $\mathscr{C}^0(I)$ ist. Definieren Sie sodann $\frac{\mathrm{d}^k}{\mathrm{d}x^k}$ in geeigneter Weise, und prüfen Sie auf Linearität.

(ii) Es bezeichne $\mathscr{R}(I)$ den $\mathbb{R}$-Vektorraum der R-integrierbaren Funktionen auf einem kompakten Intervall $I := [a,b] \subset \mathbb{R}$. Zeigen Sie, dass der Integraloperator, definiert durch $\displaystyle\int_a^b : \mathscr{R}(I) \longrightarrow \mathbb{R}$, $f \longmapsto \displaystyle\int_a^b f(t)\mathrm{d}t$ eine lineare Abbildung von $\mathscr{R}(I)$ nach $\mathbb{R}$ ist.

Hinweis: Der Nachweis über die Vektorraumstruktur von $\mathscr{C}^k(I)$, mit $k = 0, 1, 2, \dots$ und $\mathscr{R}(I)$ erfolgt in den Übungsaufgaben des darauffolgenden Abschnittes 3.4.

3.4 Unterräume

Oftmals haben uns interessierende Teilmengen von Vektorräumen wieder eine Vektorraumstruktur, z.B. $\mathrm{Sym}_n(\mathbb{R}) \subset M_n(\mathbb{R})$, denn die Summe symmetrischer Matrizen ist wieder eine symmetrische Matrix, und die skalare Multiplikation mit einer symmetrischen Matrix bleibt wieder eine symmetrische Matrix; man sagt die Verknüpfungen

$$+ \; : \; \mathrm{Sym}_n(\mathbb{R}) \times \mathrm{Sym}_n(\mathbb{R}) \; \longrightarrow \; \mathrm{Sym}_n(\mathbb{R}), \quad (A, B) \; \longmapsto \; A + B$$
$$\cdot \; : \; \mathbb{R} \times \mathrm{Sym}_n(\mathbb{R}) \; \longrightarrow \; \mathrm{Sym}_n(\mathbb{R}), \quad (\lambda, A) \; \longmapsto \; \lambda \cdot A$$

sind *abgeschlossen* in $\mathrm{Sym}_n(\mathbb{R})$, weswegen sie als Einschränkung der Verknüpfungen „+" bzw. „·" von $M_n(\mathbb{R})$ auf $\mathrm{Sym}_n(\mathbb{R})$ gelesen werden können.

Für die Lösungsmenge linearer (homogener) Gleichungssysteme werden wir eine ähnliche Beobachtung machen.

Definition 3.4.1 (Unterraum). Sei V ein $\mathbb{R}$-Vektorraum. Eine Teilmenge $U \subset V$ heißt ein **Untervektorraum** über $\mathbb{R}$ oder einfach **Unterraum** oder **linearer Teilraum**, falls gilt:

U1: $0 \in U$

U2: Sind $u_1, u_2 \in U$, so auch $u_1 + u_2 \in U$

U3: Ist $u \in U$, so auch $\lambda u \in U$ für alle $\lambda \in \mathbb{R}$

Bemerkung 3.4.2. Die Axiome $U2$ und $U3$ können zusammengefasst werden durch die äquivalente Formulierung:

$$\text{Sind } u_1, u_2 \in U, \text{ so auch } \lambda_1 u_1 + \lambda_2 u_2 \in U \text{ für alle } \lambda_1, \lambda_2 \in \mathbb{R}$$

Notation 3.4.3. Ist U ein Untervektorraum von V, so schreiben wir gelegentlich auch $U \leq V$.

Eine Teilmenge $U \subset \mathbb{R}^n$ ist also ein Untervektorraum im $\mathbb{R}^n$, falls $0 \in U$ und mit $u_1, u_2 \in U$ auch $\lambda_1 u_1 + \lambda_2 u_2 \in U$ für alle $\lambda_1, \lambda_2 \in \mathbb{R}$ gilt.

Notiz 3.4.4. Würde man $0 \in U$ nicht fordern, so wäre $U = \emptyset$ auch ein zulässiger Untervektorraum. Dies soll aber gerade ausgeschlossen werden.

Ist also $U \leq V$ ein Untervektorraum in V, so besagt U2 die Wohldefiniertheit der Abbildung $+_{|U} : U \times U \to U, (u, u') \mapsto u +_{|U} u' := u + u'$, nämlich als Einschränkung der Addition $+$ von V auf U, die wir mit demselben Zeichen $+$ fortan notieren wollen. Ersichtlich ist damit die innere Verknüpfung „$+$" auf U assoziativ und kommutativ, womit AG1 und AG2 der Vektorraumaxiome nachgewiesen sind. Aus U3 erhalten wir die (wohldefinierte) äußere Verknüpfung $\cdot_{|U} : \mathbb{R} \times U \to U, (\lambda, u) \mapsto \lambda \cdot_{|U} u =: \lambda u$ als Einschränkung der skalaren Multiplikation von V auf U. Wegen U1 gibt es das neutrale Element 0, das insbesondere $u + 0 = u$ für alle $u \in U$ erfüllt. Sei $u \in U$ gegeben. Dann liegt nach U3 auch $-u := (-1) \cdot u \in U$ und also $u + (-u) = 0$, womit die Existenz des Inversen gezeigt ist, und insgesamt gilt demnach AG3. Die Axiome SM1-SM4 folgen ebenso leicht aus den den Untervektorraumaxiomen U1,U2,U3, so dass wir nunmehr festhalten können:

Bemerkung 3.4.5. Ist $U \leq V$ ein Untervektorraum im $\mathbb{R}$-Vektorraum V, so ist $(U, +, \cdot)$, mit den Einschränkungen der Addition und skalaren Multiplikation von V auf U, selbst ein R-Vektorraum.

Dieses kleine und unscheinbare Resultat werden wir im weiteren Verlauf des Buches immer wieder verwenden, weil es den Nachweis einer Vektorraumstruktur erheblich vereinfacht, wenn dazu nur drei statt der sieben Vektorraumaxiome nachgerechnet werden müssen, sofern die als Vektorraum nachzuweisende Menge in einem bekannten größeren Vektorraum enthalten ist.

Beispiel 3.4.6. (i) Für jeden Vektorraum V ist $U := \{0\} \subset V$ ein Untervektorraum.
(ii) $\mathscr{L}\ddot{o}s := \{(x_1, x_2) \in \mathbb{R}^2 \mid a_1 x_1 + a_2 x_2 = 0, \ a_1, a_2 \in \mathbb{R}\} \leq \mathbb{R}^2$ ist ein Untervektorraum von $\mathbb{R}^2$, nämlich die Lösungsmenge des gegebenen linearen Gleichungssystems (=LGS) $a_1 x_1 + a_2 x_2 = 0$.
(iii) Sei $I := [a, b] \subset \mathbb{R}$ ein kompaktes Intervall. Mit den Sätzen 2.2.46, 2.3.16 und 2.4.10 folgt, dass die in der Inklusionskette

$$\mathscr{C}^1(I) \subset \mathscr{C}^0(I) \subset \mathscr{R}(I) \subset \mathrm{Abb}(I, \mathbb{R})$$

beteiligten Mengen allesamt Untervektorräume in $\mathrm{Abb}(I, \mathbb{R})$ sind.

Definition 3.4.7 (Linearkombination & Lineare Hülle). Seien $v_1, ..., v_n \in V$ Vektoren in V. Für $\lambda_1, ..., \lambda_n \in \mathbb{R}$ nennt man $\lambda_1 v_1 + ... + \lambda_n v_n$ eine **Linearkombination** der Vektoren $v_1, ..., v_n$. Die Menge aller Linearkombinationen

$$\boxed{\mathrm{Lin}(v_1, ..., v_n) := \mathrm{Lin}_{\mathbb{R}}(v_1, ..., v_n) := \{\lambda_1 v_1 + ... + \lambda_n v_n \mid \lambda_1, ..., \lambda_n \in \mathbb{R}\}}$$

wird **Lineare Hülle** der Vektoren $v_1, ..., v_n$ genannt. Wir vereinbaren $\mathrm{Lin}(\emptyset) := \{0\}$.

Notation & Sprechweise 3.4.8. Weitere in der Literatur gebräuchliche Notationen für $\mathrm{Lin}(v_1, ..., v_n)$ sind $\mathrm{span}(v_1, ..., v_n)$ oder $< v_1, ..., v_n >_{\mathbb{R}}$. Man spricht auch von den $v_1, ..., v_n$ *aufgespannten* bzw. *erzeugten* Teilraum in V.

Bemerkung 3.4.9. Ersichtlich ist $\mathrm{Lin}(v_1, ..., v_n) \leq V$ ein Untervektorraum.

Damit ergibt sich eine Fülle neuer Beispiele von Untervektorräumen:

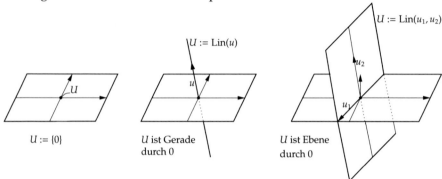

Abbildung 3.8: Die Lineare Hülle liefert viele neue Beispiele von Untervektorräumen.

Definition 3.4.10 (Kern & Bild linearer Abbildungen). Sei $T : V \to W$ eine lineare Abbildung von $\mathbb{R}$-Vektorräumen V, W. Dann heißt

- $\mathrm{Kern}(T) := T^{-1}(0) := \{x \in V \mid Tx = 0\} \subset V$

- $\mathrm{Bild}(T) := \{Tx \mid x \in V\} \subset W$

der **Kern** (auch Nullraum genannt) bzw. das **Bild** von T.

Insbesondere sind damit Kern und Bild linearer Abbildungen $A : \mathbb{R}^n \to \mathbb{R}^m$, d.h. für Matrizen $A \in M_{m \times n}(\mathbb{R})$ erklärt.

Lemma 3.4.11. Der Kern und das Bild einer linearen Abbildung $T : V \to W$ sind Untervektorräume von V bzw. W, d.h. es gilt:

$$T : V \overset{\text{linear}}{\longrightarrow} W \quad \Longrightarrow \quad \begin{cases} \mathrm{Kern}(T) \leq V \\ \mathrm{Bild}(T) \leq W \end{cases}$$

Beweis. Wir haben die Untervektorraumaxiome nachzuweisen. Sei also $T : V \to W$ eine lineare Abbildung. Weil lineare Abbildungen die Null auf die Null schicken, ist jedenfalls $0 \in \mathrm{Bild}(T)$ und ebenso $0 \in \mathrm{Kern}(T)$. Seien $v_1, v_2 \in \mathrm{Kern}(T)$, d.h. $T(v_k) = 0$ für $k = 1, 2$, und $\lambda_1, \lambda_2 \in \mathbb{R}$. Aufgrund der Linearität von T gilt $T(\lambda_1 v_1 + \lambda_2 v_2) = \lambda_1 T(v_1) + \lambda_2 T(v_2) = 0$. Also ist $\lambda_1 v_1 + \lambda_2 v_2 \in \mathrm{Kern}(T)$, und folglich ist der Kern ein Untervektorraum in V. Sind nun $w_1, w_2 \in \mathrm{Bild}(T)$, d.h. es existieren $v_1, v_2 \in V$ mit $Tv_k = w_k$, für $k = 1, 2$. Wiederum mit der Linearität von T folgt

$\lambda_1 w_1 + \lambda_2 w_2 = \lambda_1 T(v_1) + \lambda_2 T(v_2) = T(\lambda_1 v_1 + \lambda_2 v_2)$, für beliebige $\lambda_1, \lambda_2 \in \mathbb{R}$. Also liegt mit $w_1, w_2 \in \text{Bild}(T)$ auch jede Linearkombination $\lambda_1 w_1 + \lambda_2 w_2 \in \text{Bild}(T)$. Mithin ist $\text{Bild}(T)$ ein Untervektorraum in W. □

Weitere Beispiele von Untervektorräumen folgen sogleich.

Bemerkung 3.4.12. Sind $U_1, U_2 \leq V$ Untervektorräume im Vektorraum V, so ist

(i) der *Durchschnitt* $U_1 \cap U_2 \leq V$ wieder ein Untervektorraum in V.

(ii) die *Summe* $U_1 + U_2 := \{u_1 + u_2 \mid u_1 \in U_1, \; u_2 \in U_2\} \leq V$ ein Untervektorraum in V.

Beweis. Zu (i): Wegen $0 \in U_1$ und $0 \in U_2$ folgt $0 \in U_1 \cap U_2$. Seien $u, u' \in U_1 \cap U_2$, d.h. $u, u' \in U_1$ und $u, u' \in U_2$; also auch $\lambda u + \lambda' u'$ für jedes $\lambda, \lambda' \in \mathbb{R}$ sowohl in U_1 als auch in U_2 (denn beide sind nach Voraussetzung Untervektorräume). Aber das bedeutet schließlich $\lambda u + \lambda' u' \in U_1 \cap U_2$. Mithin folgt (i).

Übung: Man beweise (ii). □

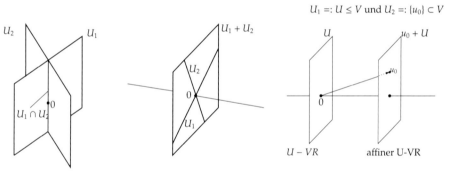

Abbildung 3.9: Durchschnitt und Summe von Untervektorräumen bzw. Teilmengen von V.

Selbstverständlich kann die Summe auch von zwei beliebigen Teilmengen von V gebildet werden, insbesondere der in Abb. 3.9 rechts dargestellte „affine" Raum $u_0 + U$. Eine Teilmenge $U' \subset W$ heißt *affiner Unterraum*, falls sie von der Form $U' = u_0 + U$ für einen Untervektorraum $U \leq W$ und ein $u_0 \in W$.

Diskussion: Wann ist $u_0 + U$ ein Untervektorraum in V? (Begründung!)

Von besonderer Bedeutung ist

Definition 3.4.13 (Direkte Summe). Sind U, V Untervektorräume in einem Vektorraum W, so heißt der Untervektorraum

$$U \oplus V := \begin{cases} U + V \\ U \cap V = \{0\} \end{cases}$$

die **direkte Summe** aus U und V.

Übung: Welche der Summen ist direkt, und was kommt dabei raus?

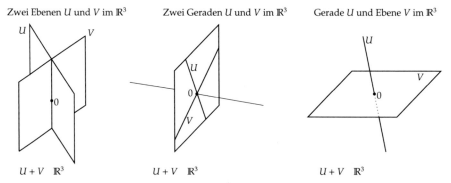

Abbildung 3.10: Welche der Summen ist direkt, und was kommt dabei raus?

Die Besonderheit direkte Summe liefert das folgende

Lemma 3.4.14. Sind $U, V \leq W$ Unterräume im Vektorraum W mit $U \cap V = \{0\}$, so hat jeder Vektor $x \in U \oplus V$ eine eindeutige Darstellung (oder Zerlegung) in

$$x = u + v \qquad \text{mit} \qquad \begin{cases} u \in U \\ v \in V. \end{cases}$$

Beweis. Definitonsgemäß sind in $U + V$ alle Vektoren der Form $x = u + v$ mit $u \in U$ und $v \in V$. Nun zur Eindeutigkeit: Angenommen, es gäbe $\tilde{u} \in U$ und $\tilde{v} \in V$ mit $x = \tilde{u} + \tilde{v}$. Folglich

$$\tilde{u} + \tilde{v} = x = u + v \Leftrightarrow U \ni \tilde{u} - u = v - \tilde{v} \in V,$$

da U und V Untervektorräume von W sind. Wäre nun $\tilde{u} - u \neq 0 \neq v - \tilde{v}$, so gäbe ein nicht-triviales Element $y \neq 0$ im Schnitt $U \cap V$, was aufgrund der *direkten* Summe $U \oplus V$ nicht sein kann. Also ist $\tilde{u} - u = 0 = v - \tilde{v}$ und also $u = \tilde{u}$ und $\tilde{v} = v$. □

Definition 3.4.15 (Komplementäre Unterräume). Zwei Untervektorräume $U, V \leq W$ in W heißen **komplementär** in W, falls W Zerlegung von U und V ist, d.h. $W = U \oplus V$.

Übung: Welcher der Untervektorräume in Abb. 3.10 ist komplementär in $\mathbb{R}^3$?

Bemerkung 3.4.16. Da Untervektorräume selbst die Struktur eines Vektorraums tragen, lassen sich in naheliegender Weise auch lineare Abbildungen zwischen Untervektorräumen definieren. Sind also U, V Vektorräume und $U' \leq U$ und $V' \leq V$, so heißt eine Abbildung $\varphi : U' \to V'$ *linear* (genauer $\mathbb{R}$-linear), falls für alle $x, y \in U'$ und alle $\lambda, \mu \in \mathbb{R}$ gilt $\varphi(\lambda x + \mu y) = \lambda \varphi(x) + \mu \varphi(y)$. Insbesondere stehen damit alle Begrifflichkeiten, wie Kern, Bild einer linearen Abbildung zur Verfügung.

Lemma 3.4.17. Eine lineare Abbildung $\varphi : V \to W$ zwischen Vektorräumen V und W ist genau dann injektiv, falls ihr Kern nur aus der Null besteht, d.h. Kern $\varphi = \{0\}$.

Beweis. „$\Rightarrow$": Sei also φ injektiv, und $x \in \text{Kern}\,\varphi$, d.h. $\varphi(x) = 0 = \varphi(0)$, weil jede lineare Abbildung die Null auf die Null schickt. Aus der Injektivität von φ folgt unmittelbar $x = 0$.
„$\Leftarrow$": Sei also $\varphi(x) = \varphi(y)$, d.h. $\varphi(x) - \varphi(y) = 0$. Wegen der Linearität von φ folgt $\varphi(x) - \varphi(y) = \varphi(x - y) = 0$. Da der Kern von φ voraussetzungsgemäß nur aus der Null besteht, gilt $x - y = 0$, also $x = y$. Mithin ist φ injektiv. $\qquad\qquad\square$

Die Bedeutung von Kern und Bild linearer Abbildungen entfaltet sich nicht nur, um Injektivität, Surjektivität oder Bijektivität zu charakterisieren, sondern auch bei strukturellen Fragestellungen zur Lösungsmenge linearer Gleichungssysteme:

Sei $w \in W$ ein fest vorgegebener Vektor und $\varphi : V \to W$ eine lineare Abbildung von $\mathbb{R}$-Vektorräumen V und W. Gesucht ist nun die Menge aller Vektoren $v \in V$, welche die *lineare inhomogene Gleichung* (kurz: inhomogene LG)

$$\boxed{\varphi(v) = w} \tag{3.10}$$

erfüllen. In Matrixsprache bedeutet dies:

Definition 3.4.18 (LGS). Sei $b \in \mathbb{R}^m$ fest vorgegeben und $A : \mathbb{R}^n \to \mathbb{R}^m$ eine lineare Abbildung (d.h. $A \in M_{m \times n}(\mathbb{R})$). Für gesuchte $x \in \mathbb{R}^n$ heißt dann

$$\boxed{Ax = b} \tag{3.11}$$

lineares inhomogenes Gleichungssystem (kurz: inhomogenes LGS), und

$$\boxed{Ax = 0} \tag{3.12}$$

das zum inhomogenen LGS gehörige **homogene Gleichungssystem** (kurz: homogenes LGS). In Komponentenschreibweise lautet (3.11) wie folgt:

$$
\begin{array}{rcl}
a_{11}x_1 + a_{12}x_2 + \ldots + a_{1n}x_n & = & b_1 \\
a_{21}x_1 + a_{22}x_2 + \ldots + a_{2n}x_n & = & b_2 \\
\vdots & & \vdots \\
a_{m1}x_1 + a_{m2}x_2 + \ldots + a_{mn}x_n & = & b_m
\end{array} \tag{3.13}
$$

Im allgemeinen Falle linearer Abbildungen $\varphi : V \to W$ und festem $w \in W$ heißt für gesuchte $v \in V$

$$\varphi(v) = 0$$

die zu (3.10) gehörige *homogene lineare Gleichung* (kurz: homogene LG).

Satz 3.4.19 (Über die Lösungsstruktur von LG/LGS). *Sei $\varphi : V \to W$ eine lineare Abbildung von $\mathbb{R}$-Vektorräumen und $w \in W$ fest vorgegeben. Dann gilt:*

1. Die Lösungsmenge $\mathscr{L}\ddot{o}s_h(\varphi) := \{v \in V \mid \varphi(v) = 0\} \subset V$ der homogenen LG $\varphi(v) = 0$ ist gerade der Kern von φ, d.h.:

$$\boxed{\mathscr{L}\ddot{o}s_h(\varphi) = \text{Kern}\,\varphi}$$

Insbesondere trägt $\mathscr{L}\ddot{o}s_h(\varphi)$ die Struktrur eines Untervektorraumes von V, d.h. $\mathscr{L}\ddot{o}s_h(\varphi) \leq V$.

2. Ist $v_0 \in V$ irgendeine spezielle Lösung der inhomogenen LG $\varphi(v) = w$, d.h. $\varphi(v_0) = w$, so ist die Lösungsmenge $\mathscr{L}\ddot{o}s(\varphi, w) := \{v \in V \mid \varphi(v) = w\}$ der inhomogenen LG $\varphi(v) = w$ gegeben durch $v_0 + \text{Kern}\,\varphi$, d.h.:

$$\boxed{\mathscr{L}\ddot{o}s(\varphi, w) = v_0 + \text{Kern}(\varphi)}$$

Insbesondere trägt $\mathscr{L}\ddot{o}s(\varphi, w)$ die Struktur eines affinen Unterraumes von V.

Beweis. Zu 1.: Klar, denn $\varphi(v) = 0 \Leftrightarrow v \in \text{Kern}\,\varphi$; zusammen mit Lemma 3.4.11 folgt die Behauptung.

Zu 2.: Sei $v_0 \in V$ eine spezielle Lösung der inhomogenen LG, d.h. $\varphi(v_0) = w$, und $v \in \mathscr{L}\ddot{o}s(\varphi, w)$. Dann gilt:

$$\varphi(v) = w \quad\Leftrightarrow\quad \varphi(v) = \varphi(v_0) \Leftrightarrow \varphi(v) - \varphi(v_0) = 0 \overset{\varphi \text{ linear}}{\Leftrightarrow} \varphi(v - v_0) = 0 \Leftrightarrow v - v_0 \in \text{Kern}\,\varphi$$
$$\Leftrightarrow \quad v \in v_0 + \text{Kern}\,\varphi$$

$$\square$$

Korollar 3.4.20. Es gilt: $w \notin \text{Bild}\,\varphi \iff \mathscr{L}\ddot{o}s(\varphi, w) = \emptyset$

Das sagt: Liegt $w \notin \text{Bild}(\varphi)$, so hat die inhomogene LG $\varphi(v) = w$ keine Lösung.

Bemerkung 3.4.21. Jede homogene LG hat die (triviale) Nullösung, d.h. $0 \in \mathscr{L}\ddot{o}s_h(\varphi) = \text{Kern}(\varphi)$, denn der Kern enthält als Untervektorraum stets die Null.

Der Struktursatz 3.4.19 und die obige Bemerkung gelten insbesondere für lineare Abbildungen $A : \mathbb{R}^n \to \mathbb{R}^m$, und also für lineare Gleichungssysteme der Form (3.13).

Definition 3.4.22 (Isomorphismus). Eine bijektive lineare Abbildung $\varphi : V \to W$ von $\mathbb{R}$-Vektorräumen heißt ein **Isomorphismus**. Man notiert dies oftmals mit $\varphi : V \overset{\cong}{\longrightarrow} W$. Zwei Vektorräume V und W heißen **isomorph**, falls es einen Isomorphismus $\varphi : V \overset{\cong}{\to} W$ gibt. Man schreibt dann $V \cong W$.

Lemma 3.4.23. Ist $\varphi : V \overset{\cong}{\longrightarrow} W$ ein Isomorphismus, so ist die Umkehrabbildung $\varphi^{-1} : W \overset{\cong}{\longrightarrow} V$ ebenfalls ein Isomorphismus; insbesondere ist φ^{-1} linear.

Beweis. Zur leichteren Schreibweise setze $\psi := \varphi^{-1}$. Gemäß Bem. 3.3.2 (ii) ist ψ genau dann $\mathbb{R}$-linear, falls sie additiv und homogen ist. Dazu: Sei $w \in W$ und

$\lambda \in \mathbb{R}$. Da φ bijektiv ist, gibt es genau ein $v \in V$ mit $\varphi(v) = w$. Damit, und der Homogenität von φ folgt

$$\psi(\lambda w) = \psi(\lambda \varphi(v)) = \psi(\varphi(\lambda v)) = (\psi \circ \varphi)(\lambda v) \overset{(*)}{=} \lambda v = \lambda \psi(w).$$

Also ist ψ homogen. Sei nun $w_1, w_2 \in W$. Da φ bijektiv ist, gibt es eindeutig bestimmte $v_1, v_2 \in V$ mit $\varphi(v_1) = w_1$ und $\varphi(v_2) = w_2$. Damit und der Additivität von φ folgt

$$\psi(w_1+w_2) = \psi(\varphi(v_1)+\varphi(v_2)) = \psi(\varphi(v_1+v_2)) = (\psi \circ \varphi)(v_1+v_2) \overset{(*)}{=} v_1+v_2 = \psi(w_1)+\psi(w_2).$$

Also ist $\psi = \varphi^{-1}$ additiv und insgesamt eine lineare Abbildung. Die Gleichheit $(*)$ ist dabei eine direkte Konsequenz von Theorem 1.2.58 (iii). □

Bemerkung 3.4.24 (Übung). (i) Die Identität $\mathrm{id}_V : V \to V$, $v \mapsto v$ ist offenbar ein Isomorphismus.

(ii) Sind $\varphi : U \overset{\cong}{\longrightarrow} V$ und $\psi : V \overset{\cong}{\longrightarrow} W$ zwei Isomorphismen, so auch die Komposition $\psi \circ \varphi : U \to W$ wieder ein Isomorphismus. Kurz:

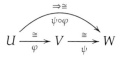   Man sagt: Isomorphie ist
                              stabil unter Komposition.

Nota bene: Dem Kenner mag der nun folgende völlig richtig eingeführte Begriff etwas *gekünstelt* erscheinen. Das ist aber im Moment notwendig, da wir nach Möglichkeit einen systematischen Aufbau in diesem Buche verfolgen, und also können wir Resultaten über invertierbare Matrizen auch nicht vorgreifen. Insofern mögen es Eingeweihte als *vorläufige* Definition betrachten.

Notation & Sprechweise 3.4.25. Eine Matrix $A \in M_{m \times n}(\mathbb{R})$ heißt *invertierbar*, falls die zugehörige lineare Abbildung $A : \mathbb{R}^n \overset{\cong}{\longrightarrow} \mathbb{R}^m$ ein Isomorphismus ist. Es bezeichne

$$\mathrm{GL}_{m \times n}(\mathbb{R}) := \{A \in M_{m \times n}(\mathbb{R}) \mid A \text{ ist invertierbar}\}$$

die Menge aller invertierbaren $m \times n$-Matrizen mit reellen Einträgen.

Bemerkung 3.4.26. Nach Theorem 1.2.58 (iii) ist also eine Matrix $A \in M_{m \times n}(\mathbb{R})$ genau dann invertierbar, wenn sie eine (und dann nur eine) inverse Matrix $A^{-1} \in M_{n \times m}(\mathbb{R})$ hat mit $AA^{-1} = E_m \in M_m(\mathbb{R})$ und $A^{-1}A = E_n \in M_n(\mathbb{R})$.

Aufgaben

R.1. Zeigen Sie durch konkrete Rechnung, dass die Menge $\mathscr{L}\ddot{o}s := \{(x_1, x_2) \in \mathbb{R}^2 \mid a_1 x_1 + a_2 x_2 = 0, \ a_1, a_2 \in \mathbb{R}\} \le \mathbb{R}^2$ ein Untervektorraum von $\mathbb{R}^2$ ist.

R.2. Im $\mathbb{R}^3$ definieren wir die Untervektorräume:

$$V := \text{Lin}((a,b,c)^T \mid a = b = c \in \mathbb{R}) \text{ und } W := \text{Lin}((0,b,c)^T \mid b,c \in \mathbb{R})$$

Man zeige, dass $\mathbb{R}^3 = V \oplus W$ gilt.

R.3. Finden Sie einen zum Untervektorraum $U := \text{Lin}((1,1,0),(1,1,1))$ komplementären Untervektorraum des $\mathbb{R}^3$.

R.4. Bestimmen Sie den Durchschnitt $W := U \cap V$ der beiden Untervektorräume $U := \text{Lin}_{\mathbb{R}}\{u_1, u_2\} \leq \mathbb{R}^3$ und $V := \text{Lin}_{\mathbb{R}}\{v_1, v_2\} \leq \mathbb{R}^3$ mit $u_1 := (0,0,1)^T$, $u_2 := (1,1,0)^T$, $v_1 := (0,1,1)^T$, $v_2 := (1,0,1)^T$.

R.5. Man zeige, dass die Drehmatrix

$$D_\varphi := \begin{pmatrix} \cos(\varphi) & -\sin(\varphi) \\ \sin(\varphi) & \cos(\varphi) \end{pmatrix}$$

ein Isomorphismus auf den $\mathbb{R}^2$ ist. (Hinweis: Was sollte die inverse Drehmatrix tun? Schreiben Sie sie hin, und gehen Sie für den Nachweis der Isomorphie wie in Bem. 3.4.26 vor.)

R.6. Sei $A := (a_1|...|a_n) \in M_n(\mathbb{R})$. Man zeige, dass vermöge $A \mapsto (a_1, a_2, ..., a_n)^T \in \mathbb{R}^{n^2}$ ein Isomorphismus $\varphi : M_n(\mathbb{R}) \to R^{n^2}$ von $\mathbb{R}$-Vektorräumen gegeben. Auf diese Weise identifizieren sich die $n \times n$-Matrizen mit den Vektoren im $\mathbb{R}^{n^2}$, was wir fortan mit $M_n(\mathbb{R}) \cong \mathbb{R}^{n^2}$ zum Ausdruck bringen wollen.

T.1. Es bezeichne $\mathscr{C}^1(I)$ die Menge der stetig-differenzierbaren ($=\mathscr{C}^1$-) Funktionen $f : I \to \mathbb{R}$ auf dem allgemeinen Intervall $I \subset \mathbb{R}$, und $\mathscr{C}^0(I)$ die Menge der stetigen Funktionen $f : I \to \mathbb{R}$ auf I. Zeigen Sie, dass $\mathscr{C}^k(I)$ für $k = 0, 1$ die Struktur eines $\mathbb{R}$-Vektorraums trägt. Wie ist das bei $k > 1$? (Hinweis: Direkt aus der Definition nachrechnen, oder aber einen „größeren" $\mathbb{R}$-Vektorraum finden, in dem alle $\mathscr{C}^k(I)$'s enthalten sind.)

T.2. Es bezeichne $\mathscr{R}(I)$ die Menge der R-integrierbaren Funktionen auf einem kompakten Intervall $I := [a,b] \subset \mathbb{R}$. Zeigen Sie, dass $\mathscr{R}(I)$ die Struktur eines $\mathbb{R}$-Vektorraums trägt. (Hinweis: Vorgehensweise analog wie in (i).)

T.3. Eine Abbildung $f : \mathbb{R} \to \mathbb{R}$ heißt T-periodisch, wenn es eine Konstante $T > 0$ gibt, mit $f(t + T) = f(t)$ für alle $t \in \mathbb{R}$. Man zeige, dass gilt

$$\text{Per}_T(\mathbb{R}) := \{f : \mathbb{R} \to \mathbb{R} \mid \forall_{t \in \mathbb{R}} : f(T + t) = f(t)\} \leq \text{Abb}(\mathbb{R}, \mathbb{R}),$$

d.h. die T-periodischen Funktionen bilden einen Untervektorraum im Vektorraum $\text{Abb}(\mathbb{R}, \mathbb{R})$ aller Abbildungen auf $\mathbb{R}$.

T.4. Sei $M_n(\mathbb{R})$ der $\mathbb{R}$-Vektorraum der quadratischen $n \times n$-Matrizen. Sei

$$\text{Skew}_n(\mathbb{R}) := \{A \in M_n(\mathbb{R}) \mid A^T = -A\}$$

die Menge der *schiefsymmetrischen Matrizen* in $M_n(\mathbb{R})$. Man zeige:

(a) $\mathrm{Skew}_n(\mathbb{R}) \le M_n(\mathbb{R})$, d.h. die schiefsymmetrischen Matrizen bilden einen Untervektorraum in $M_n(\mathbb{R})$.

(b) $\frac{1}{2}(A + A^T) \in \mathrm{Sym}_n(\mathbb{R})$ und $\frac{1}{2}(A - A^T) \in \mathrm{Skew}_n(\mathbb{R})$ für alle $A \in M_n(\mathbb{R})$.

(c) $M_n(\mathbb{R}) = \mathrm{Sym}_n(\mathbb{R}) \oplus \mathrm{Skew}_n(\mathbb{R})$.

T.5. Sind $\varphi : U \to V$ und $\psi : V \to W$ Isomorphismen von Vektorräumen, so auch das Komposition $\psi \circ \varphi : U \to W$ ein Isomorphismus.

3.5 Basis und Dimension

Wozu Basen? Reichen die Standardeinheitsvektoren im $\mathbb{R}^n$ nicht aus? **Dazu:**

- Eine Basis ermöglicht für *jeden* Vektor in V – und das sind ja in aller Regel ∞ viele – eine Darstellung durch eine Familie wohlbekannter Basisvektoren. Vielfach genügt dafür sogar eine *endliche* Anzahl von Basisvektoren. Also: Kennt man eine Basis von V, so kennt man *alle* Vektoren in V.

- Die kanonischen Einheitsvektoren $(e_1, e_2, ..., e_n)$ des $\mathbb{R}^n$ reichen nicht als Basis, denn:

  1. In abstrakten Vektorräumen hat man keine Einheitsvektoren zur Verfügung.
  2. Jede Basis in einem Vektorraum liefert ein „Koordinatensystem", womit Vektoren vorteilhaft oder gar unvorteilhaft dargestellt werden können. Mit andern Worten: Ein Problem ist oftmals erst durch geeignete Koordinatenwahl einer Lösungsstrategie zugänglich oder es vereinfacht sich der Rechenaufwand erheblich.

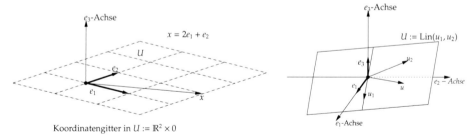

Abbildung 3.11: Links: Ebene U aufgespannt durch die Einheitsvektoren $U = \mathrm{Lin}(e_1, e_2) \le \mathbb{R}^3$; rechts: schiefe Ebene, aufgespannt durch die Vektoren u_1, u_2, d.h. $U := \mathrm{Lin}(u_1, u_2) \le \mathbb{R}^3$.

Nicht immer liegt der zu untersuchende Untervektorraum so angenehm, dass er von Standardeinheitsvektoren aufgespannt wird, wie in Abb. 3.11 links. Für den „schief gelegenen" Untervektorraum $U := \mathrm{Lin}(u_1, u_2)$ in Abb. 3.11 rechts gilt:

$$\text{unvorteilhafte Darstellung:} \quad u = \lambda_1 e_1 + \lambda_2 e_2 + \lambda_3 e_3 \quad \text{für geeignete } \lambda_1, \lambda_2, \lambda_3 \in \mathbb{R}$$

$$\text{vorteilhafte Darstellung:} \quad u = \mu_1 u_1 + \mu_2 u_2 \quad \text{für geeignete } \mu_1, \mu_2 \in \mathbb{R}$$

Wenn das noch nicht überzeugt, möge man sich bitte eine geeignet schiefe Ebene im $\mathbb{R}^{10000}$ statt $\mathbb{R}^3$ vorstellen. Grundlegend für den Begriff der Basis ist

Definition 3.5.1 (Lineare (Un-)abhängigkeit). Sei V ein $\mathbb{R}$-Vektorraum. Ein n-tupel $(v_1, ..., v_n)$ von Vektoren in V heißt **linear unabhängig** über $\mathbb{R}$, falls keiner dieser Vektoren aus den anderen linearkombiniert werden kann, d.h.:

$$\boxed{\lambda_1 v_1 + \lambda_2 v_2 + ... + \lambda_n v_n = 0 \quad \Longrightarrow \quad \lambda_1 = \lambda_2 = ... = \lambda_n = 0}$$

Gibt es indes auch nur ein $\lambda_k \neq 0$ auf der rechten Seite der Implikation, so heißt das n-tupel $(v_1, ..., v_n)$ **linear abhängig**, oder anders ausgedrückt: Ein nicht linear unbabhängiges n-tupel $(v_1, ..., v_n)$ heißt linear abhängig.

Bemerkung 3.5.2. Unmittelbar evident ist:

(i) Ein 1-tupel $v \in V$ ist genau dann linear unabhängig, wenn $v \neq 0$ gilt.

(ii) Ein 2-tupel (v_1, v_2) in V ist genau dann linear unabhängig, falls weder $v_1 = \lambda v_2$ noch $v_2 = \mu v_1$ für ein $\lambda, \mu \in \mathbb{R}$ möglich ist.

(iii) Ein n-tupel $(v_1, ..., v_n)$ in V ist genau dann linear unabhängig, falls es nicht möglich ist, ein v_i als Linearkombination der verbleibenden des n-tupels darzustellen.

Merke: Ein 0-Vektor verdirbt die lineare Unabhängigkeit eines jeden n-tupels.

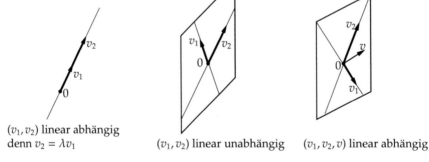

(v_1, v_2) linear abhängig
denn $v_2 = \lambda v_1$

(v_1, v_2) linear unabhängig (v_1, v_2, v) linear abhängig

Abbildung 3.12: Einige Spezialfälle zur linearen (Un-)abhängikeit.

Beispiel 3.5.3 (Übung). (i) Im $\mathbb{R}^2$ ist das 2-tupel $(v_1, v_2) := \left(\begin{pmatrix} 1 \\ 1 \end{pmatrix}, \begin{pmatrix} 1 \\ -1 \end{pmatrix} \right)$ linear unabhängig.

(ii) Im $\mathbb{R}^2$ ist das 2-tupel $(v_1, v_2) := \left(\begin{pmatrix} 2 \\ 4 \end{pmatrix}, \begin{pmatrix} 3 \\ 6 \end{pmatrix} \right)$ linear abhängig.

Definition 3.5.4 (Basis). Ein linear unabhängiges n-tupel $(v_1, ..., v_n)$ in einem $\mathbb{R}$-Vektorraum V heißt eine **Basis** von V, wenn seine lineare Hülle ganz V ist, d.h. $\text{Lin}(v_1, ..., v_n) = V$.

Lemma 3.5.5 (Charakterisierung von Basen). Sei $\mathscr{V} := (v_1, ..., v_n)$ ein n-tupel von Vektoren in einem $\mathbb{R}$-Vektorraum V. Dann sind äquivalent:

(i) $\mathscr{V}$ ist eine Basis von V.

(ii) Jeder Vektor $v \in V$ lässt sich in eindeutiger Weise schreiben lässt als Linear-kombination der v_i's, d.h.:

$$\boxed{v = \sum_{k=1}^{n} \lambda_k v_k \quad \text{mit den } \lambda_1, ..., \lambda_n \in \mathbb{R}} \tag{3.14}$$

(iii) $\mathscr{V}$ ist „unverlängerbar" linear unabhängig, d.h. für jedes $v \in V$ ist das $(n+1)$-tupel $(v_1, ..., v_n, v)$ linear abhängig.

(iv) $\mathscr{V}$ ist „unverkürzbares" Erzeugendensystem, d.h. nimmt man auch nur einen Vektor aus $\mathscr{V}$, so ist das verbleibende System kein Erzeugendensystem von V mehr, d.h. $\mathrm{Lin}(v_1, ..., v_{i-1}, v_{i+1}, ..., v_n) \subsetneq V$, für jedes $i = 1, ..., n$.

Beweis. (i) $\Rightarrow$ (ii): Sei also $(v_1, ..., v_n)$ eine Basis von V. Weil definitionsgemäß $\mathrm{Lin}(v_1, ..., v_n) = V$ gilt, lässt sich jedenfalls jeder Vektor $v \in V$ als Linearkombinati-on der v_k's schreiben. Es verbleibt demnach nur, die Eindeutigkeit der Darstellung (3.14) nachzuweisen. Angenommen v ließe sich auf zweierlei Weisen schreiben d.h.:

$$\sum_{k=1}^{n} \lambda_k v_k = v = \sum_{k=1}^{n} \mu_k v_k.$$

Folglich $\sum_{k=1}^{n}(\lambda_k - \mu_k)v_k = 0$, womit aufgrund der linearen Unabhängigkeit der v_k's für jedes $k = 1, ..., n$ folgt $\lambda_k - \mu_k = 0$ und also $\lambda_k = \mu_k$ für alle $k = 1, ..., n$.

(ii) $\Leftarrow$ (i): Sei also jedes $v \in V$ eindeutig durch das n-tupel $(v_1, .., v_n)$ gemäß (3.14) darstellbar. Damit ist jedenfalls $\mathrm{Lin}(v_1, ..., v_n) = V$. Also verbleibt die lineare Un-abhängigkeit zu zeigen. Sei also $\lambda_1 v_1 + ... + \lambda_n v_n = 0$. Dann erfüllt jedenfalls die triviale Lösung $\lambda_1 = \lambda_2 = ... = \lambda_n = 0$ diese Bedingung. Weil aber die Darstellung der 0 insbesondere eindeutig ist (nach Voraussetzung), gibt es keine andere Linear-kombination der 0. Aber das ist gerade die lineare Unabhängigkeit von $(v_1, ..., v_n)$, und mithin eine Basis.

(ii) $\Rightarrow$ (ii): Sei $v \in V$. Nach (iii) ist $v = \lambda_1 v_1 + ... + \lambda_n v_n$, also $\lambda_1 v_1 + ... + \lambda_n v_n + (-1)v = 0$, d.h. $(v_1, ..., v_n, v)$ ist linear abhängig.

(i) $\Rightarrow$ (iv): Angenommen, $\mathscr{V}$ ist verkürzbar, o.E. sei $i = 1$. Damit erhalten wir $v_1 = \lambda_2 v_2 + ... + \lambda_n v_n$, also $(-1)v_1 + \lambda_2 v_2 + ... + \lambda_n v_n = 0$, d.h. $\mathscr{V}$ ist linear abhängig und also keine Basis.

(iii) $\Rightarrow$ (i): Ist $\mathscr{V}$ unverlängerbar linear unabhängig und $v \in V$. Dann ist nach Voraussetzung $(v_1, ..., v_n, v)$ linear abhängig, womit aus der Linearkombination $\lambda_1 v_1 + ... \lambda_n v_n + \lambda v = 0$ mindestens ein Koeffizient $\neq 0$ ist. Da $\mathscr{V}$ linear unabhängig ist, folgt aber $\lambda \neq 0$, also:

$$v = -\frac{\lambda_1}{\lambda} v_n - .... - \frac{\lambda_n}{\lambda} v_n$$

Mithin ist $\mathrm{Lin}(v_1, ..., v_n) = V$ und also $\mathscr{V}$ eine Basis.

(iv) $\Rightarrow$ (ii): Sei $\mathscr{V}$ ein Erzeugendensystem. Angenommen, es gilt die Eindeutigkeitseigenschaft nicht, dann existiert ein $v \in V$ mit zwei Darstellungen, nämlich

$$\lambda_1 v_1 + ... + \lambda_n v_n = v = \mu_1 v_1 + ... + \mu v_n$$

mit $\lambda_i \neq \mu_i$ für ein $i = 1, ..., n$. O.B.d.A. sei $\lambda_1 \neq \mu_1$. Nach Subtraktion und Division oder durch $\lambda_1 - \mu_1$ erhalten wir $v_1 = \frac{\mu_2 - \lambda_2}{\lambda_1 - \mu_1} v_2 + ... + \frac{\mu_n - \lambda_n}{\lambda_1 - \mu_1} v_n$, d.h. das Erzeugendensystem $\mathscr{V}$ ist verkürzbar. □

Sprechweise 3.5.6. Man nennt die Darstellung (3.14) auch *Entwicklung von v nach der Basis* $(v_1, ..., v_n)$, und die λ_k's die *Entwicklungskoeffizienten* oder *Koordinaten* von v bezüglich der Basis $(v_1, ..., v_n)$.

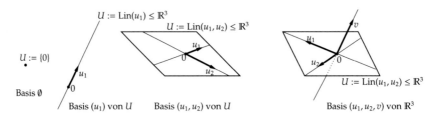

Abbildung 3.13: Anschauung für Basen in Untervektorräumen des $\mathbb{R}^3$.

Beispiel 3.5.7. (i) Die Standardeinheitsvektoren $(e_1, ..., e_n)$ bilden offenbar eine Basis des $\mathbb{R}^n$.

(ii) Die Matrizen

$$E_{11} := \begin{pmatrix} 1 & 0 \\ 0 & 0 \end{pmatrix}, \ E_{12} := \begin{pmatrix} 0 & 1 \\ 0 & 0 \end{pmatrix}, \ E_{21} := \begin{pmatrix} 0 & 0 \\ 1 & 0 \end{pmatrix}, \ E_{22} := \begin{pmatrix} 0 & 0 \\ 0 & 1 \end{pmatrix} \ \in M_2(\mathbb{R})$$

bilden eine Basis des $\mathbb{R}$-Vektorraums $M_2(\mathbb{R})$ aller 2×2-Matrizen. (Warum?)

(iii) Das $(n + 1)$-tupel $(1, X, X^2, ..., X^n)$ ist eine Basis des $\mathbb{R}$-Vektorraums $\mathbb{R}_n[X]$ aller reellen Polynome vom Grad $\leq n$. (Warum?)

Übung: Geben Sie eine kanonische Basis für $M_{m \times n}(\mathbb{R})$ an!

Sprechweise 3.5.8. Man nennt die kanonischen Einheitsvektoren $(e_1, ..., e_n)$ auch die *Standardbasis* des $\mathbb{R}^n$ und die Koordinatenlinien der Standardbasis werden *kartesische Koordinaten* genannt.

Wir verallgemeinern nun das Fundamental-Lemma 3.3.9 für lineare Abbildungen $A : \mathbb{R}^n \to \mathbb{R}^m$ auf beliebige $\mathbb{R}$-Vektorräume.

Lemma 3.5.9 (Fundamental-Lemma über lineare Abbildungen). Ist $(v_1, ..., v_n)$ eine Basis des $\mathbb{R}$-Vektorraums V (z.B. $V \leq \mathbb{R}^n$) und sind $w_1, ..., w_n$ beliebig vorgegebene Vektoren im $\mathbb{R}$-Vektorraum W, (z.B. $W \leq \mathbb{R}^m$), so gibt es genau eine lineare Abbildung $\varphi : V \to W$ mit $\varphi(v_k) = w_k$ für alle $k = 1, ..., n$.

Beweis. Der Beweis verläuft ganz analog wie in Lemma 3.3.9. Sei $\varphi : V \to W$ linear mit $\varphi(v_k) = w_k$ für alle $k = 1, ..., n$. Ist $v \in V$, so gibt es nach Lemma 3.5.5 die Darstellung von v bezüglich der Basis $(v_1, ..., v_n)$, d.h. $v = \sum_{k=1}^{n} \lambda_k v_k$ mit eindeutig bestimmten Koeffizienten $\lambda_1, ..., \lambda_n \in \mathbb{R}$. Damit:

$$\varphi(v) = \varphi\left(\sum_{k=1}^{n} \lambda_k v_k\right) \overset{\varphi \text{ linear}}{=} \sum_{k=1}^{n} \lambda_k \varphi(v_k) = \sum_{k=1}^{n} \lambda_k w_k \tag{3.15}$$

Wenn es also eine lineare Abbildung φ mit $\varphi(v_k) = w_k$ für alle k's gibt, so ist sie durch (3.15) auf der Basis eindeutig festgelegt. Sind umgekehrt $w_1, ..., w_n \in W$ gegeben, so definiere $\varphi(v)$ wie in (3.15) für die Existenz von φ. Dann leistet φ das Verlangte. $\square$

Fazit:

- Weiß man von einer linearen Abbildung $\varphi : V \to W$, wie sie auf die Basisvektoren $(v_1, ..., v_n)$ antwortet, so auch auf *jeden* anderen Vektor $v \in V$.

- Mittels Basen lassen sich lineare Abbildungen konstruieren.

- Die Aufgabe, ein homogenes LGS $Ax = 0$ lösen zu wollen, besteht also im Auffinden einer Basis des Untervektorraums $\mathscr{L}\ddot{o}s_h(A) = \text{Kern}(A)$. D.h.: Kennt man eine Basis des Lösungsraumes $\mathscr{L}\ddot{o}s_h(A)$, so kennt man *alle* Lösungen des homogenen LGS $Ax = 0$.

Definition 3.5.10 (Basis-Isomorphismus). Sei V ein $\mathbb{R}$-Vektorraum und $(v_1, ..., v_n)$ eine Basis von V. Unter einem **Basis-Isomorphismus** versteht man den Isomorphismus $\Phi : \mathbb{R}^n \overset{\cong}{\to} V$ von dem $\mathbb{R}$-Vektorraum $\mathbb{R}^n$ nach V, der die Standardbasis $(e_1, ..., e_n)$ des $\mathbb{R}^n$ auf die Basis $(v_1, ..., v_n)$ von V abbildet, d.h. $\Phi(e_k) = v_k$ für alle $k = 1, .., n$. Also:

$$\boxed{\begin{array}{ccc} \Phi : \mathbb{R}^n & \overset{\cong}{\longrightarrow} & V \\ e_k & \longmapsto & \Phi(e_k) := v_k \end{array}}$$

Notation 3.5.11. Ist $\mathcal{V} := (v_1 ... , v_n)$ eine Basis von V, so schreibt man statt Φ oftmals $\Phi_{(v_1, ..., v_n)}$ oder $\Phi_{\mathcal{V}}$, wenn unklar ist, bezüglich welcher Basis Φ gemeint ist.

Bemerkung 3.5.12. Existenz und Eindeutigkeit des Basis-Isomorphismus $\Phi_{\mathcal{V}} : \mathbb{R}^n \to V$ folgen unmittelbar aus dem Fundamental-Lemma für lineare Abbildungen Lemma 3.5.9. Für jedes $x \in \mathbb{R}^n$ gilt demnach:

$$v := \Phi_{\mathcal{V}}(x) = \Phi_{\mathcal{V}}\left(\sum_{k=1}^{n} x_k e_k\right) = \sum_{k=1}^{n} x_k \Phi_{\mathcal{V}}(e_k) = \sum_{k=1}^{n} x_k v_k$$

Offenbar ist $\Phi_{\mathcal{V}}^{-1} : V \overset{\cong}{\to} \mathbb{R}^n$ gegeben durch $v_k \longmapsto e_k$, für $k = 1, ..., n$. Damit ist $\Phi_{\mathcal{V}}^{-1}(v) = x = (x_1, ..., x_n)^T \in \mathbb{R}^n$.

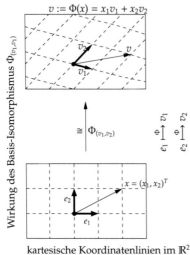

kartesische Koordinatenlinien im $\mathbb{R}^2$

Hier:
-abstrakte Vektorräume, abstrakte Basis
-Unterverktorräume des $\mathbb{R}^n$, Basis des U-VRs
-der $\mathbb{R}^n$ selbst, aber andere Basis als Standardbasis,
    also Koordinatensystem von $\Phi_{(v_1,...,v_n)}$

Hier:
gewohnte Umgebung des $\mathbb{R}^n$
mit der Standardbasis $(e_1, ..., e_n)$,
also den kartesischen Koordinaten

Abbildung 3.14: Mechanismus des Basis-Isomorphismus Φ zu gegebener Basis $(v_1, .., v_n)$ in V.

Eine erste wichtige Anwendung der Basis-Isomorphismen sind „Koordinaten-transformationen". Eine lineare Abbildung, die Basen in Basen überführt, heißt eine (lineare) *Koordinatentransformation*. Sie spielen auch in der ingenieurwissen-wissenschaftlichen Praxis eine wesentliche Rolle.

Beispiel 3.5.13. Sei $P \in \mathbb{R}^2$ ein fest gewählter Punkt. Bezüglich der Standardbasis $\mathcal{B} := (e_1, e_2)$ habe P die Darstellung $x = (3, 1)^T = 3e_1 + e_2$. Sei nun (v_1, v_2) mit $v_1 := (1, 1)^T$ und $v_2 := (1, -1)^T$ eine weitere Basis. Welche Koordinaten hat P bezüglich dieser Basis? Da diese Art Fragestellung von fundamentaler Bedeutung ist, gehen wir sie schrittweise an:

1. Warum ist (v_1, v_2) eine Basis?

2. Tragen Sie P, die Standardbasis (e_1, e_2) sowie die Basis (v_1, v_2) in das kartesi-sche Koordinatensystem $\mathbb{R}^2$ ein.

3. Wie lassen sich die Koordinaten von P bzgl. der Standardbasis und bzgl. (v_1, v_2) graphisch ermitteln?

4. Wie lassen sich die neuen Koordinaten aus den alten (d.h. kartesischen) für P bestimmen?

Zu 1.: Sei also $\lambda_1 v_1 + \lambda_2 v_2 = 0$, d.h.:

$$\begin{array}{rclclcl} \lambda_1 + \lambda_2 & = & 0 & \Leftrightarrow & \lambda_1 & = & -\lambda_2 \\ \lambda_1 - \lambda_2 & = & 0 & \Leftrightarrow & \lambda_1 & = & \lambda_2 \end{array} \right\} \implies \lambda_1 = 0 = \lambda_2$$

Also ist (v_1, v_2) linear unabhängig. Es verbleibt $\mathrm{Lin}(v_1, v_2) = \mathbb{R}^2$ nachzuweisen. Sei dazu $x := (x_1, x_2)^T \in \mathbb{R}^2$ beliebig vorgegeben. Es sind $\lambda_1, \lambda_2 \in \mathbb{R}$ zu finden, mit

$\lambda_1 v_1 + \lambda_2 v_2 = x$. Dazu lösen wir das Gleichungssystem nach λ_1, λ_2 auf (sofern möglich):

$$\begin{array}{rcl}
\lambda_1 + \lambda_2 & = & x_1 \\
\lambda_1 - \lambda_2 & = & x_2
\end{array} \implies \left\{ \begin{array}{rcl}
\lambda_1 & = & \frac{1}{2}(x_1 + x_2) \\
\lambda_2 & = & \frac{1}{2}(x_2 - x_1)
\end{array} \right.$$

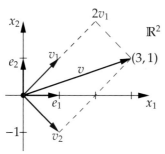

Zu 2.&3.: Die Koeffizienten von v bezüglich der Basis (v_1, v_2) ergeben sich durch das aus der Schule bekannte „Kräfteparallelogramm". Verlängerung der Koordinantenlinien über v_1 und v_2 hinaus und Parallelverschiebung der v_1-Koordinatenlinie entlang der v_2-Koordinatenlinie bis zur Spitze von v, sowie der v_2-Koordinatenlinie entlang v_1, liefert ein Parallelogramm, aus dem die Koeffizienten gemäß nebenstehender Zeichnung entnommen werden können.

Zu 4.: Beide Koordinaten sollen denselben Vektor v im $\mathbb{R}^2$ beschreiben. Also gilt $3e_1 + e_2 = y_1 v_1 + y_2 v_2$ mit noch zu bestimmenden Koeffizientenvektor $y := (y_1, y_2)^T$. Dies führt auf das lineare Gleichungssystem:

$$\begin{array}{rcl}
y_1 + y_2 & = & 3 \\
y_1 - y_2 & = & 1
\end{array} \tag{3.16}$$

Die zweite Gleichung nach y_1 auflösen $y_1 = 1 + y_2$ und sodann in die erste Gleichung einsetzen, ergibt $3 = 1 + 2y_2$, also $y_2 = 1$ und $y_1 = 2$. Inwieweit spielt der Basis-Isomorphismus eine Rolle?

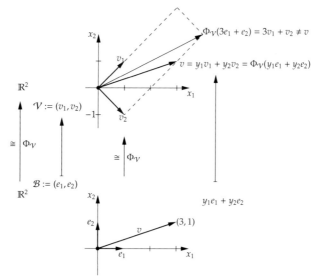

Abbildung 3.15: Gesucht ist der Koeffizientenvektor $y := (y_1, y_2)^T = y_1 e_1 + y_2 e_2$, der via Basis-Isomorphismus $\Phi_\mathcal{V}$ auf v abgebildet wird.

Die Wahl der Basis $\mathcal{V} := (v_1, v_2)$ im $\mathbb{R}^2$ entspricht der Wahl des Basis-Isomorphismus:

$$\Phi := \Phi_{\mathcal{V}} : \mathbb{R}^2 \longrightarrow \mathbb{R}^2, (e_1, e_2) \longmapsto (v_1, v_2)$$

Um die Koeffizienten von v bezüglich der Basis $\mathcal{V}$ zu bestimmen, führt der Weg $\phi(v) = \Phi(3e_1 + e_2) = 3v_1 + v_2 = (4,2)^T \neq (3,1) = v$ nicht zum Ziel. Vielmehr fasst man die Koeffizienten y_1, y_2 von v bezüglich $\mathcal{V}$ als Koeffizientenvektor $y := (y_1, y_2)^T = y_1 e_1 + y_2 e_2$ bezülich der Standardbasis $\mathcal{B}$ auf und bestimmt diesen Vektor so, dass dessen Bild unter dem Basis-Isomorphismus Φ auf v abgebildet wird (vgl. dazu Abb. 3.15). Das bedeutet:

$$(*) \qquad \Phi(y) = \Phi(y_1 e_1 + y_2 e_2) = y_1 v_1 + y_2 v_2 \stackrel{!}{=} v = 3e_1 + e_2$$

Wegen $v_i := \Phi(e_i)$ mit $i = 1, 2$ und daher $A := (v_1, v_2) \in M_2(\mathbb{R})$ die darstellende Matrix von Φ, lässt sich $(*)$ in Matrizenform wie folgt ausdrücken:

$$Ay = x \quad \Longleftrightarrow \quad \begin{pmatrix} 1 & 1 \\ 1 & -1 \end{pmatrix} \begin{pmatrix} y_1 \\ y_2 \end{pmatrix} = \begin{pmatrix} 3 \\ 1 \end{pmatrix}$$

Das führt auf dasselbe Gleichungssystem wie in (3.16) oben. Der Basis-Isomorphismus $A = \Phi$ transformiert die „y-Koordinaten" in die „x-Koordinaten". Insbesondere ist A invertierbar, womit die inverse Matrix A^{-1} existiert. Somit können wir obige Gleichung nach y „auflösen", nämlich vermöge Multiplikation von A^{-1} von links auf beiden Seiten, d.h. $A^{-1}Ay = Ey = y = A^{-1}x$. Es gilt also A^{-1} zu bestimmen. In Kor. 3.8.29 wird ein Standardverfahren vorgestellt. Einstweilen begnügen wir uns mit der A^{-1} definierenden Eigenschaft aus Bem. 3.4.26, d.h. wir berechnen A^{-1} aus $A^{-1}A = E$ und $AA^{-1} = E$ als Lösung der linearen Gleichungssysteme

$$\begin{pmatrix} 1 & 1 \\ 1 & -1 \end{pmatrix} \begin{pmatrix} a & b \\ c & d \end{pmatrix} = \begin{pmatrix} 1 & 0 \\ 0 & 1 \end{pmatrix} \quad \text{sowie} \quad \begin{pmatrix} a & b \\ c & d \end{pmatrix} \begin{pmatrix} 1 & 1 \\ 1 & -1 \end{pmatrix} = \begin{pmatrix} 1 & 0 \\ 0 & 1 \end{pmatrix}$$

in den gesuchten Variablen a, b, c, d. Aus dem linken LGS erhalten wir

$$\begin{aligned} a + c &= 1 & b + d &= 0 \\ a - c &= 0 & b - d &= 1 \end{aligned}$$

Hieraus entnimmt man sofort $a = b = c = \frac{1}{2}$ und $d = -\frac{1}{2}$. Dasselbe kommt raus, wenn man das rechte LGS löst und also lautet die inverse Matrix

$$A^{-1} = \frac{1}{2} \begin{pmatrix} 1 & 1 \\ 1 & -1 \end{pmatrix} = \frac{1}{2}A$$

Wenn wir nunmehr $y = A^{-1}x$ berechnen, d.h.

$$\frac{1}{2} \begin{pmatrix} 1 & 1 \\ 1 & -1 \end{pmatrix} \begin{pmatrix} 3 \\ 1 \end{pmatrix} = \begin{pmatrix} 2 \\ 1 \end{pmatrix},$$

erhalten wir erwartungsgemäß dasselbe Ergebnis.

Merke: Basis-Isomorphismen vermitteln zwischen verschiedenen Koordinatensystemen.

Einschub über kommutative Diagramme: Wir haben bereits die Komposition $g \circ f : X \to Z$ zweier Abbildungen $f : X \to Y$ und $g : Y \to Z$ von Mengen dargestellt durch ein sogenanntes *Diagramm*:

$$X \xrightarrow{f} Y \xrightarrow{g} Z$$
$$\underbrace{\qquad\qquad}_{g \circ f}$$

Dies ist nur ein Beispiel eines in der modernen Mathematik nicht mehr wegzudenkenden sehr anschaulichen Konzeptes, mit dessen Hilfe Probleme, in denen mehrere Abbildungen im Spiel sind, sich erheblich vereinfachen lassen. Im Rahmen dieses Kurses sind folgende Typen von Diagrammen von Bedeutung:

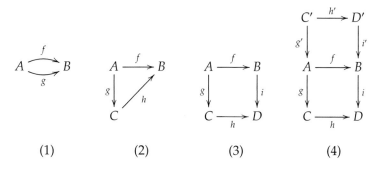

$$(1) \qquad\qquad (2) \qquad\qquad (3) \qquad\qquad (4)$$

Notation & Sprechweise 3.5.14. Man sagt, dass Diagramm

- (1) heißt *kommutativ*, wenn $f = g$ gilt.

- (2) heißt *kommutativ*, wenn $f = h \circ g$ gilt.

- (3) heißt *kommutativ*, wenn $i \circ f = h \circ g$ gilt.

- (4) heißt *kommutativ*, wenn das obere Quadrat und das untere Quadrat kommutativ sind.

Was bedeutet also Kommutativität im Falle (2)? Wann immer ein Element $a \in A$ vorgegeben ist, so ergeben sich zwei Wege – entlang der Abbildungspfeile –, um nach B zu kommen. Nämlich, entweder man wendet zunächst a auf g und den Bildpunkt $g(a)$ auf h, oder man bildet einfach $f(a)$. Kommutativität bedeutet, dass man in beiden Fällen dasselbe Element in B erreicht hat, also $h(g(a)) = f(a)$ für alle $a \in A$.

Merke: Ein Diagramm ist kommutativ, wenn jedes Element entlang der Abbildungspfeile zweier beliebiger Wege mit gemeinsamem Anfangspunkt (Quelle) auf dasselbe Element im Ziel des gemeinsamen Endpunktes dieser beiden Wege abgebildet wird.

Übung: Zeigen Sie: Ist (4) kommutativ, so gilt $h \circ g \circ g' = i \circ i' \circ h'$, d.h. kommutieren die kleinen Quadrate, so auch das große.

Bemerkung 3.5.15. Sei V ein Vektorraum und $\mathcal{V} := (v_1, ..., v_n)$, $\tilde{\mathcal{V}} := (\tilde{v}_1, ..., \tilde{v}_n)$ zwei Basen in V.

Dann gibt es Basis-Isomorphismen

$$\begin{aligned} \Phi_{\mathcal{V}} : \mathbb{R}^n &\longrightarrow V \quad e_k \longmapsto v_k \\ \Phi_{\tilde{\mathcal{V}}} : \mathbb{R}^n &\longrightarrow V \quad e_k \longmapsto \tilde{v}_k \end{aligned} \quad , \; k = 1, ..., n$$

und gemäß Bem. 3.4.24 (ii) einen Isomorphismus

$$T_{\mathcal{V}}^{\tilde{\mathcal{V}}} := \Phi_{\tilde{\mathcal{V}}}^{-1} \circ \Phi_{\mathcal{V}} : \mathbb{R}^n \overset{\cong}{\longrightarrow} \mathbb{R}^n, \; x \longmapsto \tilde{x} := T_{\mathcal{V}}^{\tilde{\mathcal{V}}}(x) \qquad (3.17)$$

genannt *Koordinatentransformation* oder *Basiswechselmatrix*,
so dass das nebenstehende Diagramm kommutativ ist.
Das bedeutet also $\Phi_{\mathcal{V}} = \Phi_{\tilde{\mathcal{V}}} \circ T_{\mathcal{V}}^{\tilde{\mathcal{V}}}$. Nach Lemma 3.5.5 hat jedes vorgegebene $v \in V$ jeweils eine eindeutige Darstellung bezüglich der Basis $\mathcal{V}$ bzw. $\tilde{\mathcal{V}}$, d.h. es gilt demnach $x_1 v_1 + x_2 v_2 + ... + x_n v_n = v = \tilde{x}_1 \tilde{v}_1 + \tilde{x}_2 \tilde{v}_2 + ... + \tilde{x}_n \tilde{v}_n$, mit eindeutig bestimmten Koordinaten $x_1, ..., x_n \in \mathbb{R}$ bzw. $\tilde{x}_1, ..., \tilde{x}_n \in \mathbb{R}$. Also transformiert die Basiswechselmatrix die x-Koordinaten von v bezüglich der Basis $\mathcal{V}$ in die $\tilde{x}$-Koordinaten bezüglich der Basis $\tilde{\mathcal{V}}$, d.h.

$$\tilde{x} = T_{\mathcal{V}}^{\tilde{\mathcal{V}}}(x) \quad \Longleftrightarrow \quad \begin{pmatrix} \tilde{x}_1 \\ \vdots \\ \tilde{x}_n \end{pmatrix} = T_{\mathcal{V}}^{\tilde{\mathcal{V}}} \begin{pmatrix} x_1 \\ \vdots \\ x_n \end{pmatrix} \qquad \text{mit} \qquad T_{\mathcal{V}}^{\tilde{\mathcal{V}}} \in \mathrm{GL}_n(\mathbb{R}) \qquad (3.18)$$

Merke: Kennt man die Basiswechselmatrix, so lassen sich die „neuen" Koordinaten aus den „alten" berechnen.

Bemerkung 3.5.16. Analog im Spezialfall $V := \mathbb{R}^n$. Sind $\mathcal{B} := (b_1, ..., b_n)$ und $\tilde{\mathcal{B}} := (\tilde{b}_1, ..., \tilde{b}_n)$ Basen im $\mathbb{R}^n$.

Dann lassen sich die Basis-Isomorphismen als invertierbare Matrizen $A := \Phi_{\mathcal{B}} \in \mathrm{GL}_n(\mathbb{R})$ bzw. $\tilde{A} := \Phi_{\tilde{\mathcal{B}}} \in \mathrm{GL}_n(\mathbb{R})$ mit $Ae_k = b_k$ bzw. $\tilde{A}e_k = \tilde{b}_k$ für alle $k = 1, .., n$ schreiben, und es kommutiert das nebenstehende Diagramm. Ist $v \in \mathbb{R}^n$ gegeben, so transformiert die Basiswechselmatrix die Koordinaten von v bzgl. $\mathcal{B}$ in die Koordinaten von v bzgl. $\tilde{\mathcal{B}}$.

Beispiel 3.5.17. Sei $\mathcal{B} := (b_1, b_2)$ mit $b_1 := (1, 1)^T$, $b_2 := (1, -1)^T$ und $\tilde{\mathcal{B}} := (\tilde{b}_1, \tilde{b}_2)$ mit $\tilde{b}_1 := (2, 1)^T$, $\tilde{b}_2 := (-1, 1)^T$ zwei Basen im $\mathbb{R}^2$. Sei ferner der Punkt P mit den kartesischen Koordinaten $P := (1, 2)^T \in \mathbb{R}^2$ gegeben.

(i) Berechnen Sie die Koordinaten von P bzgl. $\mathcal{B}$ und via Basiswechselmatrix bzgl. $\tilde{\mathcal{B}}$.

(ii) Wie lässt sich das letztere Ergebnis prüfen?

Zu (i): Die Spalten der Matrix sind die Bilder der Einheitsvektoren. Da der Basis-Isomorphismus die Standardbasis auf die gegebene Basis $\mathcal{B}$ bzw. $\tilde{\mathcal{B}}$ abbildet, erhalten wir die invertierbaren Matrizen

$$A := \Phi_{\mathcal{B}} := \begin{pmatrix} 1 & 1 \\ 1 & -1 \end{pmatrix} \quad \text{bzw.} \quad \tilde{A} := \Phi_{\tilde{\mathcal{B}}} := \begin{pmatrix} 2 & -1 \\ 1 & 1 \end{pmatrix}$$

Bezeichnet $x \in \mathbb{R}^2$ die Koordinaten eines Vektors v bzgl. $\mathcal{B}$ (Übung: Was heißt das genau?), so hat der Punkt P folgende Koordinaten bzgl. $\mathcal{B}$:

$$x = A^{-1}(1,2)^T \Leftrightarrow \begin{pmatrix} x_1 \\ x_2 \end{pmatrix} = \begin{pmatrix} 1 & 1 \\ 1 & -1 \end{pmatrix}^{-1} \begin{pmatrix} 2 \\ 1 \end{pmatrix} = \frac{1}{2}\begin{pmatrix} 1 & 1 \\ 1 & -1 \end{pmatrix}\begin{pmatrix} 2 \\ 1 \end{pmatrix} = \frac{1}{2}\begin{pmatrix} 3 \\ -1 \end{pmatrix}$$

Dabei haben wir A^{-1} bereits in Bsp. 3.5.13 berechnet. Damit lässt sich P bzgl. der Basis $\tilde{\mathcal{B}}$ mittels (3.18), also vermöge $\tilde{x} = T_{\mathcal{B}}^{\tilde{\mathcal{B}}}x$ bestimmen, mit $T := T_{\mathcal{B}}^{\tilde{\mathcal{B}}} = \tilde{A}^{-1}A$. Für die Invertierung von $\tilde{A}$ gehen wir analog wie in Bsp. 3.5.13 vor (Übung: Rechnen Sie's konkret nach!) und erhalten:

$$\tilde{A}^{-1} = \frac{1}{3}\begin{pmatrix} 1 & 1 \\ 1 & 2 \end{pmatrix}$$

Nun haben wir alle Zutaten, um P bzgl. der Basis $\tilde{\mathcal{B}}$ darstellen zu können, nämlich:

$$\begin{pmatrix} \tilde{x}_1 \\ \tilde{x}_2 \end{pmatrix} = T\begin{pmatrix} x_1 \\ x_2 \end{pmatrix} = \frac{1}{3}\begin{pmatrix} 1 & 1 \\ 1 & 2 \end{pmatrix}\begin{pmatrix} 1 & 1 \\ 1 & -1 \end{pmatrix}\frac{1}{2}\begin{pmatrix} 3 \\ -1 \end{pmatrix} = \begin{pmatrix} 1 \\ 1 \end{pmatrix}$$

Zu (ii): Letzteres lässt sich freilich auch via $\tilde{x} = \tilde{A}^{-1}(1,2)^T$ nachrechnen. Also:

$$\begin{pmatrix} \tilde{x}_1 \\ \tilde{x}_2 \end{pmatrix} = \frac{1}{3}\begin{pmatrix} 1 & 1 \\ 1 & 2 \end{pmatrix}\begin{pmatrix} 2 \\ 1 \end{pmatrix} = \begin{pmatrix} 1 \\ 1 \end{pmatrix}$$

Definition 3.5.18 (Die darstellende Matrix linearer Abbildungen). Sei $\varphi : V \to W$ eine lineare Abbildung von $\mathbb{R}$-Vektorräumen, $\mathcal{V} := (v_1, ..., v_n)$ eine Basis von V und $\mathcal{W} := (w_1, ..., w_m)$ eine Basis von W. Dann heißt die durch

$$A := \Phi_{\mathcal{W}}^{-1} \circ \varphi \circ \Phi_{\mathcal{V}} \tag{3.19}$$

gegebene lineare Abbildung $A : \mathbb{R}^n \to \mathbb{R}^m$ die **darstellende Matrix** von φ bezüglich der Basen $\mathcal{V}$ und $\mathcal{W}$, d.h. A ist so definiert, dass das folgende Diagramm kommutativ ist:

Bemerkung 3.5.19. Mithilfe der darstellenden Matrix A kann φ durch A und den Basisvektoren $(v_1, ..., v_n)$ und $(w_1, ..., w_m)$ wie folgt ausgedrückt werden: Da jede lineare Abbildung auf einer Basis festgelegt ist, genügt es, die Bilder $\varphi(v_j)$ auf der Basis $\mathcal{V}$ zu berechnen. Weil das obige Diagramm in Def. 3.5.18 kommutativ ist, gilt demnach $\varphi = \Phi_{\mathcal{W}} \circ A \circ \Phi_{\mathcal{V}}^{-1}$, also:

$$
\begin{aligned}
\varphi(v_j) &= (\Phi_{\mathcal{W}} \circ A \circ \Phi_{\mathcal{V}}^{-1})(v_j) && \text{(Auflösen nach von (3.19) nach } \varphi) \\
&= (\Phi_{\mathcal{W}} \circ A)(e_j) && \text{(nach Definition von } \Phi_{\mathcal{V}}^{-1}) \\
&= \Phi_{\mathcal{W}}(a_j) && \text{(nach dem 2. Gebot der Linearen Algebra)} \\
&= \Phi_{\mathcal{W}}\left(\sum_{i=1}^{m} a_{ij}e_i\right) && \text{(entwickle } a_j \text{ nach der Standarbasis des } \mathbb{R}^m) \\
&= \sum_{i=1}^{m} a_{ij}\Phi_{\mathcal{W}}(e_i) && \text{(Linearität von } \Phi_{\mathcal{W}}) \\
&= \sum_{i=1}^{m} a_{ij}w_i && \text{(nach Definition des Basisisomorphism } \Phi_{\mathcal{W}})
\end{aligned}
$$

Zusammenfassend:

$$
\boxed{\varphi(v_j) = \sum_{i=1}^{m} a_{ij}w_i}, \qquad \text{mit } j = 1, ..., n \tag{3.20}
$$

Merke: Basis-Isomorphismen vermitteln zwischen abstrakten linearen Abbildungen und linearen Abbildungen zwischen dem $\mathbb{R}^n$ und $\mathbb{R}^m$.

Beispiel 3.5.20 (Übung). Seien

$$
f : \mathbb{R}^3 \longrightarrow \mathbb{R}^3, \ (x, y, z) \mapsto f(x, y, z) := \begin{pmatrix} x - y + z \\ -6y + 12z \\ -2x + 2y - 2z \end{pmatrix},
$$

$\mathcal{V}_1 = \mathcal{W}_1 = B_1 := (e_1, e_2, e_3)$ sowie $\mathcal{V}_2 = \mathcal{W}_2 = B_2 := ((-1, 0, 1)^T, (-1, 2, 1)^T, (-2, 0, 4)^T)$ Basen des $\mathbb{R}^3$.

1. Zeigen Sie, dass f eine lineare Abbildung ist.

2. Zeigen Sie, dass die darstellenden Matrizen von f bzgl. B_1 bzw. B_2 wie folgt lauten:

$$
A_{B_1} = \begin{pmatrix} 1 & -1 & 1 \\ 0 & -6 & 12 \\ -2 & 2 & -2 \end{pmatrix} \quad \text{bzw.} \quad A_{B_2} = \begin{pmatrix} -6 & 0 & -24 \\ 6 & 0 & 24 \\ 0 & 1 & -1 \end{pmatrix}
$$

Zu 1: (Übung)
Zu 2: Es ist B_1 die Standardbasis und gemäß dem 2. Gebot sind die Spalten der Matrix die Bilder der Einheitsvektoren. Also berechnen wir nacheinander $a_1 = f(e_1), a_2 = f(e_2)$ und $a_3 = f(e_3)$ und erhalten die behauptete Matrix

$A_{B_1} = (a_1|a_2|a_3)$, wie erwartet. (Übung: Rechnen Sie alle Einzelheiten nach!) Um die darstellende Matrix $A := A_{B_2}$ bzgl. der Basis B_2 zu bestimmen, müssen wir Formel (3.20) anwenden, d.h. $f(b_j) = \sum_{i=1}^{3} a_{ij} b_i$ mit $j = 1, 2, 3$. Das führt auf drei lineare Gleichungssysteme, wobei jedes eine Spalte der gesuchten Matrix berechnet. Weil $b_1 = -e_1 + e_3$ folgt unter Verwendung der Linearität von f:

$$f(b_1) = -f(e_1) + f(e_3) = \begin{pmatrix} -1 \\ 0 \\ 2 \end{pmatrix} + \begin{pmatrix} 1 \\ 12 \\ -2 \end{pmatrix} = \begin{pmatrix} 0 \\ 12 \\ 0 \end{pmatrix} = a_{11} \begin{pmatrix} -1 \\ 0 \\ 1 \end{pmatrix} + a_{21} \begin{pmatrix} -1 \\ 2 \\ 1 \end{pmatrix} + a_{31} \begin{pmatrix} -2 \\ 0 \\ 4 \end{pmatrix}$$

Daraus erhalten wir das lineare Gleichungssystem

$$\begin{aligned} 0 &= - a_{11} - a_{21} - 2a_{31} \\ 12 &= 2a_{21} \\ 0 &= a_{11} + a_{21} + 4a_{31}, \end{aligned}$$

und alsdann die Lösung $a_{11} = -6, a_{21} = 6, a_{31} = 0$, also die 1. Spalte der gesuchten Matrix A. Alle weiteren Spalten berechnet man analog. (Übung: Führen Sie alle Einzelheiten aus!)

Beispiel 3.5.21. Sei $\mathbb{R}_2[X]$ der $\mathbb{R}$-Vektorraum der reellen Polynome vom Grade ≤ 2. Für $p \in \mathbb{R}_2[X]$ mit $p(X) = a_0 + a_1 X + a_2 X^2$ mit reellen Koeffizienten $a_0, a_1, a_2 \in \mathbb{R}$ ist vermöge $D[p](X) := p'(X); = a_1 + 2a_2 X$ eine lineare Abbildung $D : \mathbb{R}_2[X] \to \mathbb{R}_2[X]$, $p \mapsto D[p]$ gegeben, genannt *Differentialoperator*. Die darstellende Matrix A von D bezüglich der Basis $(1, X, X^2)$ von $\mathbb{R}_2[X]$ lautet:

$$A = \begin{pmatrix} 0 & 1 & 0 \\ 0 & 0 & 2 \\ 0 & 0 & 0 \end{pmatrix}$$

Beweis. 1. Schritt: Zunächst ist nachzuweisen, dass durch D eine lineare Abbildung gegeben ist. Seien dazu $p, q \in \mathbb{R}_2[X]$ mit $p(X) := a_0 + a_1 X + a_2 X^2$ und $q(X) := b_0 + b_1 X + b_2 X^2$. Aus der Definition von D folgt:

$$\begin{aligned} D[p + q](X) &= D((a_0 + b_0) + (a_1 + b_1)X + (a_2 + b_2)X^2) = (a_1 + b_1) + 2(a_2 + b_2)X \\ &= a_1 + 2a_2 X + b_1 + 2b_2 X = D[p](X) + D[q](X) \end{aligned}$$

Genauso einfach sieht man $D[\lambda p] = \lambda D[p]$.

2. Schritt: Berechnung der darstellenden Matrix A von D. Die Wahl der Basis $(1, X, X^2)$ in $\mathbb{R}_2[X]$ entspricht der Wahl des Basis-Isomorphismus $\Phi : \mathbb{R}^3 \to \mathbb{R}_2[X]$, definiert durch $e_1 \mapsto 1, e_2 \mapsto X, e_3 \mapsto X^2$.

Auf den Basiselementen antwortet D definitionsgemäß:

$\mathbb{R}_2[X] \xrightarrow{\ D\ } \mathbb{R}_2[X]$

$\Phi \Big\uparrow \cong \qquad \cong \Big\uparrow \Phi$

$\mathbb{R}^3 - \underset{A}{-} - \rightarrow \mathbb{R}^3$

$$D(1) = 0$$
$$D(X) = 1$$
$$D(X^2) = 2X$$

Durch Vergleich mit (3.20) erhalten wir unmittelbar die darstellende Matrix A.

□

Übung: Wie übersetzt sich D der abstrakten Welt oben, in die kartesische Koordinatenwelt des $\mathbb{R}^3$ unten im Diagramm? Was hat also A genau mit dem Differentialoperator D zu tun?

Es stellt sich nunmehr die Frage: Hat jeder Vektorraum eine Basis?

Satz 3.5.22 (Basisergänzungssatz). *Sei V ein Vektorraum über den reellen Zahlen. Gilt $\mathrm{Lin}(v_1, ..., v_r, \tilde{v}_1, ..., \tilde{v}_s) = V$ und ist $(v_1, ..., v_r)$ linear unabhängig, so lässt sich das r-tupel $(v_1, ..., v_r)$, zusammen mit den Vorratsvektoren $(\tilde{v}_1, ..., \tilde{v}_s)$ zu einer Basis $(v_1, ..., v_r, \tilde{v}_{i_1}, ..., \tilde{v}_{i_m})$ mit $1 \leq m \leq s$ von ganz V ergänzen.*

Beweis. Schritt 0: Gilt bereits $\mathrm{Lin}(v_1, ..., v_r) = V$, so haben wir bereits eine Basis gefunden.

Schritt 1: Angenommen, die lineare Hülle der Aufbauvektoren $(v_1, ..., v_r)$ ist nicht ganz V, dann gibt es mindestens ein $\tilde{v}_k$ mit $1 \leq k \leq s$, der nicht zu den Aufbauvektoren linear abhängig ist. Wir zeigen, dass $(v_1, ..., v_r, \tilde{v}_k)$ mit $1 \leq k \leq s$ ein linear unabhängiges $r + 1$-tupel ist. Sei dazu $\lambda_1 v_1 + ... + \lambda_r v_r + \mu \tilde{v}_k = 0$. Dann folgt jedenfalls $\mu = 0$, weil sonst $\tilde{v}_k = -\frac{1}{\mu}(\lambda_1 v_1 + ... + \lambda_r v_r)$ wäre. Mithin sind aber alle $\lambda_1 = \lambda_2 = ... = \lambda_r = 0$, da $(v_1, ..., v_r)$ voraussetzungsgemäß linear unabhängig sind. Schritt 2: Führe Schritt 1 so lange durch, bis die lineare Hülle der Aufbauvektoren ganz V und also eine Basis von V gefunden ist.   □

Korollar 3.5.23. Jeder Vektorraum, der aus endlich vielen Vektoren erzeugt ist, d.h. es gibt $v_1, ..., v_s \in V$ mit $\mathrm{Lin}(v_1, ..., v_s) = V$, hat eine Basis.

Beweis. Ist $V = \{0\}$, so sagen wir V habe die leere Basis $\emptyset$. Sei $V \neq \{0\}$. Dann folgt die Behauptung aus dem Basisergänzungssatz.   □

Sprechweise 3.5.24. Die Anzahl n der Vektoren einer Basis heißt *Länge* der Basis.

Korollar 3.5.25. Je zwei Basen von V haben dieselbe Länge, d.h. sind $\mathscr{V} := (v_1, ..., v_r)$ und $\tilde{\mathscr{V}} := (\tilde{v}_1, ..., \tilde{v}_s)$ zwei Basen von V, so folgt $r = s$.

Beweis. Angenommen, es gäbe zwei Basen wie oben unterschiedlicher Länge, o.B.d.A. $r < s$. Die Idee ist nun, sukzessive jeden Vektor in $\mathscr{V}$ durch einen Vektor in $\tilde{\mathscr{V}}$ zu ersetzen, wobei nach jedem Austausch das neue r-tupel wieder eine Basis in V ist. Hat man alle Vektoren in $\mathscr{V}$ durch Vektoren von $\tilde{\mathscr{V}}$ ersetzt, so liegt nach Konstruktion wieder eine Basis von V vor, was allerdings wegen $r < s$ nicht möglich. Widerspruch. Wir starten den Prozess durch Entfernen von v_1 in $\mathscr{V}$.

Nach dem Basisergänzungssatz gibt es ein $\tilde{v}_{i_1}$ in $\tilde{\mathcal{V}}$, so dass $(v_2, ..., v_r, \tilde{v}_{i_1})$ linear unabhängig ist. Wir zeigen mun, dass dieses r-tupel sogar eine Basis ist. Denn: Da $\mathcal{V}$ eine Basis ist, gilt

$$\tilde{v}_{i_1} \stackrel{(*)}{=} \lambda_1 v_1 + ... + \lambda_r v_r$$

mit $\lambda_1, ..., \lambda_r \in \mathbb{R}$. Dabei ist $\lambda_1 \neq 0$, denn sonst wäre $\tilde{v}_{i_1}$ eine Linearkombination aus $v_2, ..., v_r$, was der linearen Unabhängigkeit von $(v_1, ..., v_r, \tilde{v}_{i_1})$ widerspräche. Also kann man (*) nach v_1 auflösen, was $v_1 = \frac{1}{\lambda_1}(\tilde{v}_{i_1} - \lambda_2 v_2 - ... - \lambda_r v_r)$ impliziert. Da wir das aus $\mathcal{V}$ entfernte v_1 wieder aus $(\tilde{v}_{i_1}, v_2, ..., v_r)$ und also alle $v \in V$ linear kombinieren können, haben wir eine Basis vor uns.

Sukzessives Fortsetzen dieses Ersetzungsprozesses liefert die Basis $(\tilde{v}_{i_1}, ..., \tilde{v}_{i_r})$ von V, was der Annahme $r < s$ widerspricht (weil nach Lemma 3.5.5 (iv) eine Basis ein unverkürzbares Erzeugendensystem ist; also doch $r = s$. $\qquad\square$

Definition 3.5.26 (Dimension). Man nennt die damit wohlbestimmte Länge einer Basis von V die **Dimension** von V und schreibt dafür $\dim_{\mathbb{R}}(V)$ oder einfach $\dim V$.

Sprechweise 3.5.27. Ein Vektorraum heißt *endlich-dimensional*, wenn eine (dann jede) Basis eine endliche Länge hat. Andernfalls sprechen wir von einem *unendlich-dimensionalen* Vektorraum.

Bemerkung 3.5.28. Im Basisergänzungssatz ist von einer *endlichen* Anzahl von Aufbau- und Vorratsvektoren die Rede, weswegen wir nur gezeigt haben, dass jeder *endlich*-dimensionale Vektorraum eine Basis hat. Jedoch gilt auch im unendlich-dimenionalen Fall, dass jeder Vektorraum eine Basis hat. Wir nehmen dies fortan (ohne Beweis) zur Kenntnis.

Beispiel 3.5.29. Unmittelbar aus Bsp.3.5.7 folgt:

(i) Der $\mathbb{R}^n$ hat Dimension n, da die Standardeinheitsvektoren $(e_1, .., e_n)$ eine Basis bilden.

(ii) Der $\mathbb{R}$-Vektorraum $M_2(\mathbb{R})$ hat Dimension 4, da $(E_{11}, E_{12}, E_{21}, E_{22})$ eine Basis in $M_2(\mathbb{R})$.

(iii) Der $\mathbb{R}$-Vektorraum der Polynome vom Grad $\leq N$ ist $N + 1$-dimensional, da $(1, X, X^2, ..., X^N)$ eine Basis von $\mathbb{R}_N[X]$ ist.

(iv) Der Vektorraum $\mathbb{R}[X] := \{p(X) := a_0 + a_1 X + ... + a_n X^n \mid a_0, a_1, ..., a_n \in \mathbb{R}, n \in \mathbb{N}_0\}$ aller – also beliebigen Grades – reellen Polynome ist unendlich-dimensional, denn man kann zeigen, dass die Familie $(1, X, X^2, ...)$ eine Basis von $\mathbb{R}[X]$ ist.

(v) Wie wir noch sehen werden, ist $\mathscr{C}^\infty(\mathbb{R})$ ein unendlich-dimensionaler Vektorraum und wegen $\mathscr{C}^\infty(\mathbb{R}) \subset \mathscr{C}^k(\mathbb{R}) \subset \mathscr{C}^0(\mathbb{R}) \subset \text{Abb}(\mathbb{R}, \mathbb{R})$ mit $k \in \mathbb{N}$ auch alle anderen.

Übung: Was ist $\dim M_{m \times n}(\mathbb{R})$?

Merke: Jedes n-tupel linear unabhängiger Vektoren im $\mathbb{R}^n$ ist eine Basis.

Übung: Man zeige, dass $b_1 := (2,1)^T, b_2 := (-1,1)^T$ eine Basis des $\mathbb{R}^2$ bilden.

Ziehen wir weitere Folgerungen aus den Basisergänzungssatz:

Korollar 3.5.30. Es gelten folgende Aussagen:

(i) Zwei Vektorräume (insbesondere zwei Untervektorräume des $\mathbb{R}^n$) V und W sind genau dann isomorph, wenn sie dieselbe Dimension haben, d.h. $\dim V = \dim W$ gilt.

(ii) Zu jedem Untervektorraum U im Vektorraum W gibt es einen komplementären Untervektorraum $V \le W$ mit $W = U \oplus V$.

(iii) Sei W ein Vektorraum. Ist $U \le W$ und $\dim U = \dim W$, so folgt $U = W$.

(iv) Jede invertierbare Matrix $A \in M_{m \times n}(\mathbb{R})$ ist notwendig quadratisch, d.h. $m = n$. Infolgedessen schreiben wir fortan für die Menge aller invertierbaren $n \times n$-Matrizen:

$$\boxed{GL_n(\mathbb{R}) := \{A \in M_n(\mathbb{R}) \mid A \text{ ist invertierbar}\}}$$

Beweis. Zu (i): „$\Rightarrow$": Sei $\varphi : V \xrightarrow{\cong} W$ ein Isomorphismus, und $(v_1, ..., v_n)$ eine Basis von V. Wir behaupten: Dann ist $(\varphi(v_1), ..., \varphi(v_n))$ eine Basis von W. Da φ als Isomorphismus insbesondere surjektiv ist, gilt $\mathrm{Lin}(\varphi(v_1), ..., \varphi(v_n)) = W$. Es ist aber φ als Isomorphismus insbesondere auch injektiv, was gemäß Lemma 3.4.17 gleichbedeutend ist mit $\mathrm{Kern}\,\varphi = 0$. Damit folgt

$$0 = \lambda_1 \varphi(v_1) + ... + \lambda_n \varphi(v_n) = \varphi(\lambda_1 v_1 + ... + \lambda_n v_n) \Leftrightarrow \lambda_1 v_1 + ... + \lambda_n v_n = 0,$$

also $\lambda_1 = ... = \lambda_n = 0$, da $(v_1, ..., v_n)$ als Basis von V linear unabhängig sind. Also ist $(\varphi(v_1), ..., \varphi(v_n))$ linear unabhängig und schließlich eine Basis von W.
„$\Leftarrow$": Wähle Basen $(v_1, ..., v_n)$ von V und $(w_1, ..., w_n)$ von W. Dann gibt es nach dem Fundamental-Lemma 3.5.9 genau eine lineare Abbildung $\varphi : V \to W$ mit $\varphi(v_i) = w_i$ für alle $i = 1, ..., n$, aber auch genau eine lineare Abbildung $\psi : W \to V$ mit $\psi(w_i) = v_i$. Wegen $\varphi \circ \psi = \mathrm{id}_W$ und $\psi \circ \varphi = \mathrm{id}_V$ ist φ auch bijektiv, und also ein Isomorphismus.

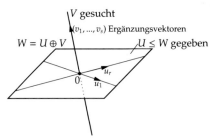

Abbildung 3.16: Anschauung: Niederdimensionale Skizzen hochdimensional beschriftet.

Zu (ii): Wähle Basis $(u_1, ..., u_r)$ von U und ergänze diese zu einer Basis $(u_1, ..., u_r, v_1, ..., v_s)$ von W. Setze $V := \mathrm{Lin}(v_1, ..., v_s)$. Dann gilt jedenfalls $W =$

$U + V$. Es verbleibt, $U \cap V = \{0\}$ zu zeigen. Dazu: Angenommen, es gäbe ein $w \in U \cap V$. Dann hat w nach Lemma 3.5.5 eindeutige Darstellung $\lambda_1 u_1 + ... + \lambda_r u_r = w = \mu_1 v_1 + ... + \mu_s v_s$ bzgl. der jeweiligen Basis. Also gilt $0 = w - w = \lambda_1 u_1 + ... + \lambda_r u_r - \mu_1 v_1 - ... - \mu_s v_s$. Weil aber $(u_1, ..., u_r, v_1, ..., v_s)$ eine Basis von W ist, und insbesondere linear unabhängig, verschwinden alle Koeffizienten, d.h. $\lambda_1 = ... = \lambda_r = \mu_1 = ... = \mu_s = 0$, und das bedeutet $w = 0$, womit die Summe $W = U + V$ direkt ist, d.h. $W = U \oplus V$.

Zu (iii): Klar! Denn ist $(u_1, ..., u_r)$ eine Basis von U und gilt $\dim U = \dim W$, so auch eine von W, denn käme nur ein weiterer linear unabhängiger Verktor dazu, so wäre $\dim W > \dim U$, $\frac{1}{2}$ zur Voraussetzung.

Zu (iv): folgt direkt aus (i) (Denn $A \in \mathrm{GL}_{mxn}(\mathbb{R}) \Leftrightarrow A : \mathbb{R}^n \stackrel{\cong}{\to} \mathbb{R}^m$ ein Isomorphismus, aber nach (i) gibt es den bloß bei gleichdimensionalen Vektorräumen; also $m = n$.). $\qquad \square$

Korollar 3.5.31. Es gilt $\mathbb{R}^n \cong \mathbb{R}^m \Longleftrightarrow n = m$.

Beispiel 3.5.32 (Übung). Sei $U := \mathrm{Lin}(u_1, u_2)$, mit $u_1 := (1, 1, 0)^T, u_2 := (1, 1, 1)^T$. Also ist (u_1, u_2) eine Basis von U. Ergänze sie zu einer Basis des $\mathbb{R}^3$, so dass $\mathbb{R}^3 = U \oplus W$.

Wir beschließen diesen Abschnitt mit einer weiteren Folgerung aus dem Basisergänzungssatz:

Satz 3.5.33 (Dimensionsformel für Untervektorräume). *Sind $U, V \leq W$ Untervektorräume in einem Vektorraum W, so gilt:*

$$\boxed{\dim_{\mathbb{R}}(U \cap V) + \dim_{\mathbb{R}}(U + V) = \dim_{\mathbb{R}} U + \dim_{\mathbb{R}} V} \qquad (3.21)$$

Beweis. Eränze eine Basis $(u_1, ..., u_l)$ von $U \cap V$ jeweils zu einer Basis $(u_1, ..., u_l, v_1, ..., v_m)$

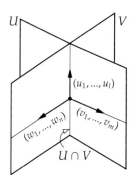

von U und zu einer Basis $(u_1, ..., u_l, w_1, ..., w_n)$ von V. Wenn wir jetzt wüssten, dass

$$(u_1, ..., u_l, v_1, ..., v_m, w_1, ..., w_n) \qquad (3.22)$$

eine Basis von $U + V$ ist, wären wir fertig. Die besagte Dimensionsformel folgt dann aufgrund $l + (l + m + n) = (l + m) + (l + n)$ in ersichtlicher Weise. Sei also

$$\lambda_1 u_1 + ... + \lambda_l u_l + \mu_1 v_1 + ... + \mu_m v_m + \nu_1 w_1 + ... + \nu_n w_n = 0$$

Zur Abkürzung setze:

$$u := \lambda_1 u_1 + ... + \lambda_l u_l, \quad v := \mu_1 v_1 + ... + \mu_m v_m, \quad w := \nu_1 w_1 + ... + \nu_n w_n$$

Folglich gilt $w = -v - u \in U$, und sowieso $w \in V$. Also ist $w \in U \cap V$ und daher Linearkombination der u_i's, d.h. $w = \alpha_1 u_1 + ... + \alpha_l u_l$ mit eindeutig bestimmten

α_i's. Es folgt

$$0 = w - w = \alpha_1 u_1 + \ldots + \alpha_l u_l - v_1 w_1 - \ldots - v_n w_n,$$

und weil $(u_1, \ldots, u_l, w_1, \ldots, w_n)$ als Basis von V linear unabhängig ist, verschwinden alle α_i's und v_j's. Mithin ist $w = 0$, womit wir $u + v = 0$ erhalten. Das wiederum impliziert das Verschwinden aller λ_i's wie μ_j's, da $(u_1, \ldots, u_l, v_1, \ldots, v_m)$ voraussetzungsgemäß linear unabhängig ist. Alsdann folgt die lineare Unabhängigkeit von (3.22). Ersichtlich spannen diese Vektoren ganz $U + V$ auf, womit in der Tat (3.22) als Basis nachgewiesen ist.   □

Korollar 3.5.34. Gilt $U, V \leq W$ mit $U \cap V = 0$, so ist $U \oplus V \leq W$ mit:

$$\boxed{\dim(U \oplus V) = \dim U + \dim V}$$

Insbesondere: Sind U, V komplementäre Untervektorräume von W, so gilt:

$$\dim W = \dim(U \oplus V) = \dim U + \dim V$$

Beispiel 3.5.35. Betrachte $U := \mathrm{Lin}(e_1, e_2)$ und $V := \mathrm{Lin}((1, 1, 1)^T)$ im $\mathbb{R}^3$. Dann ist $\mathbb{R}^3 = U \oplus V$ und daher $\dim \mathbb{R}^3 = 3 = \dim U + \dim V = 2 + 1$, wie erwartet.

Die Formeln lassen sich also anschaulich ganz plausibel machen.

Aufgaben

R.1. Betrachte im $\mathbb{R}^3$ den Punkt $P := (1, 2, 3)$.

   (i) Zeigen Sie, dass $b_1 := (1, 1, 0)^T, b_2 := (0, -1, 1)^T, b_3 := (1, 0, -1)^T$ eine Basis des $\mathbb{R}^3$ ist.

   (ii) Geben Sie die Koordinaten $x := (x_1, x_2, x_3)^T$ des zu P gehörigen Vektors v bezüglich der Standardbasis e_1, e_2, e_3 des $\mathbb{R}^3$ an, und berechnen Sie die Koordinaten $y := (y_1, y_2, y_3)^T$ bezüglich der Basis b_1, b_2, b_3.

R.2. Sei $\mathcal{A} := (a_1, \ldots, a_4)$ eine Basis von $\mathbb{R}^4$ und $\mathcal{B} = (b_1, b_2, b_3)$ eine Basis des $\mathbb{R}^3$. Es sei $f : \mathbb{R}^4 \to \mathbb{R}^3$ die lineare Abbildung, definiert durch:

$$\begin{aligned}
f(a_1) &= b_2 - b_1 \\
f(a_2) &= b_1 + b_2 \\
f(a_3) &= b_1 - b_3 \\
f(a_4) &= b_1 + b_2 + b_3
\end{aligned}$$

Bestimmen Sie die darstellende Matrix A von f bezüglich der Basen $\mathcal{A}$ und $\mathcal{B}$.

R.3. Betrachte im $\mathbb{R}^2$ die Basis $\mathcal{A} := (a_1, a_2)$ mit $a_1 := (1, 2)^T$ und $a_2 := (2, 1)^T$ und ferner im $\mathbb{R}^3$ die Basis $\mathcal{B} := (b_1, b_2, b_3)$ mit $b_1 := (1, 1, 1)^T, b_2 := (1, -1, 0)^T, b_3 := (2, 1, 0)$. Sei $f : \mathbb{R}^2 \to \mathbb{R}^3$ die lineare Abbildung, welche definiert ist durch $f(x_i) := y_i$, $i = 1, 2$ mit $x_1 := (1, 1)^T, x_2 := (0, 1)^T$ und $y_1 := (1, 0, 1)^T, y_2 := (0, 1, 0)^T$. Bestimmen Sie die darstellende Matrix bezüglich der Basen $\mathcal{A}$ und $\mathcal{B}$.

T.1. Man beweise Bem. 3.5.2 (iii), d.h. ein n-tupel von Vektoren $(v_1, ..., v_n)$ im $\mathbb{R}$-Vektorraum V ist genau dann linear abhängig, falls einer von ihnen als Linearkombination der anderen geschrieben werden kann.

T.2. Sei $S := (v_1, ..., v_m)$ eine System von Vektoren in einem Vektorraum V.

    (a) Enthält S ein linear abhängiges Teilsystem, so ist S linear abhängig.

    (b) Ist S linear unabhängig, so auch jedes Teilsystem.

T.3. (i) Seien $f_1, f_2 : V \to W$ lineare Abbildungen zwischen den Vektorräumen V und W mit Kern$(f_1) =$ Kern(f_2). Man zeige, dass es einen Isomorphismus $F : W \to W$ mit $f_2 = F \circ f_1$ gibt.

(ii) Seien $f_1, f_2 : V \to W$ lineare Abbildungen zwischen den Vektorräumen V und W mit Bild$(f_1) =$ Bild(f_2). Man zeige, dass es einen Isomorphismus $F : B \to V$ mit $f_2 = f_1 \circ F$ gibt.

T.4. (*) Sei U eine $\mathbb{R}$-Vektorraum. Eine lineare Abbildung $P : U \to U$ heißt eine *Projektion*, falls $P \circ P = P$ gilt.

(i) Zeigen Sie, dass für jede Projektion $U =$ Kern$(P) \oplus$ Bild(P) gilt.

(ii) Zeigen Sie, dass es umgekehrt zu jeder Zerlegung $U = V \oplus W$ in komplementäre Unterräume eine Projektion $P : U \to U$ mit Kern$(P) = W$ und Bild$(P) = V$.

3.6   Rang und dessen Bestimmung

Seien V und W Vektorräume. Von zentraler Bedeutung in der Linearen Algebra ist die *Dimensionsformel für lineare Abbildungen* $\varphi : V \to W$. Sie verbindet Quelle V, Kern und Bild von φ, und wird uns wichtige Dienste bei der konkreten Beurteilung der Existenz und Eindeutigkeit von Lösungen linearer Gleichungssysteme leisten.

Definition 3.6.1 (Rang). Ist $\varphi : V \to W$ eine lineare Abbildung von Vektorräumen V und W, so heißt

$$\boxed{\text{rg}(\varphi) := \dim_{\mathbb{R}} \text{Bild}(\varphi) \leq \dim_{\mathbb{R}} W}$$

der **Rang** von φ.

Insbesondere ist der Rang einer linearen Abbildung $A : \mathbb{R}^n \to \mathbb{R}^m$, d.h. $A \in M_{m \times n}(\mathbb{R})$, damit definiert, nämlich als $\text{rg}(A) := \dim \text{Bild}\, A \leq m$.

Bemerkung 3.6.2. Es gilt:

$$\boxed{\operatorname{rg}(A) = \text{Maximalzahl linear unabhängiger Spalten von } A}$$

Beweis. Die Spalten der Matrix sind die Bilder der Einheitsvektoren. Es bezeichne also $Ae_j =: a_j$ die j'te Spalte von A. Wegen (3.6) ist also für jedes $x \in \mathbb{R}^n$

$$
\begin{aligned}
\text{Bild}(A) \quad &:= \quad \{Ax \mid x \in \mathbb{R}^n\} = \{a_1 x_1 + \dots + a_n x_n \mid x = (x_1, \dots, x_n) \in \mathbb{R}^n,\ a_j := Ae_j\} \\
&= \quad \text{Lin}(a_1, \dots, a_n) \leq \mathbb{R}^m.
\end{aligned}
$$

Als Untervektorraum besitzt Bild(A) nach dem Basisergänzungssatz eine Basis aus mindestens $\operatorname{rg}(A)$ linear unabhängiger Spaltenvektoren, aber auch nicht mehr, denn sonst gäbe es eine längere Basis von Bild(A). □

Satz 3.6.3 (Dimensionsformel für lineare Abbildungen). *Sei* $\varphi : V \to W$ *eine lineare Abbildung der Vektorräume V und W. Dann gilt:*

$$\boxed{\dim_\mathbb{R} V = \dim_\mathbb{R} \operatorname{Kern} \varphi + \dim_\mathbb{R} \operatorname{Bild} \varphi = \dim_\mathbb{R} \operatorname{Kern} \varphi + \operatorname{rg}(\varphi)} \tag{3.23}$$

Beweis. Sei $U_1 := \operatorname{Kern} \varphi$. Nach Kor. 3.5.30 (ii) gibt es einen zu U_1 komplementären Untervektorraum $U_2 \leq V$ mit $U_1 \oplus U_2 = V$. Wir behaupten, dass die Einschränkung $\varphi_{|U_2} : U_2 \to \varphi(V)$ ein Isomorphismus ist. Wegen $U_1 \cap U_2 = 0$ besteht der Kern nur aus der 0, was die Injektivität von φ_{U_2} zeigt. Andererseits ist $\varphi_{|U_2}$ auch surjektiv, denn jedes $v \in V$ hat nach Lemma 3.4.14 eindeutige Zerlegung $v = u_1 + u_2$ mit $u_1 \in U_1$ und $u_2 \in U_2$. Aus der Linearität von φ folgt $\varphi(v) = \varphi(u_1) + \varphi(u_2) = \varphi(u_2)$, weil $u_1 \in \operatorname{Kern} \varphi$ und daher $\varphi(u_1) = 0$. Damit ist $\operatorname{rg} \varphi = \dim \operatorname{Bild} \varphi = \dim U_2$. Aus der Dimensionsformel für Untervektorräume Satz 3.5.33 folgt nunmehr $\dim(V) = \dim(U_1 \oplus U_2) = \dim \operatorname{Kern} \varphi + \operatorname{rg} \varphi$. □

Korollar 3.6.4. Es gilt:

(i)

$$\text{Ist } \varphi : V \to W \text{ linear} \begin{cases} \text{injektiv} \\ \text{surjektiv,} \end{cases} \text{so folgt} \begin{cases} \dim V \leq \dim W \\ \dim V \geq \dim W. \end{cases}$$

(ii) Eine lineare Abbildung $\varphi : V \to W$ zwischen gleichdimensionalen Vektorräumen V und W ist genau dann injektiv, wenn sie surjektiv ist; und dies ist genau dann der Fall, wenn sie bijektiv ist. Genauer gesagt: Ist $\varphi : V \to W$ linear mit $\dim V = \dim W < \infty$, so gilt:

$$\boxed{\varphi \text{ injektiv} \quad \Longleftrightarrow \quad \varphi \text{ surjektiv} \quad \Longleftrightarrow \quad \varphi \text{ bijektiv}}$$

Merke: Für den Beweis, dass eine lineare Abbildung $\varphi : V \to W$ ein Isomorphismus ist, genügt es, die meistens einfachere Injektivität nachzuweisen. Insbesondere: $A \in M_n(\mathbb{R})$ ist invertierbar $\Leftrightarrow \operatorname{Kern}(A) = \{0\} \Leftrightarrow \{x \in \mathbb{R}^n \mid Ax = 0\} = \mathscr{L}\ddot{o}s_h(A) = \{0\}$

Satz 3.6.5 (Rangsatz). *Sei $\varphi : V \to W$ eine lineare Abbildung vom $\operatorname{rg}\varphi = r$ zwischen dem n-dimensionalen $\mathbb{R}$-Vektorraum V und dem m-dimensionalen $\mathbb{R}$-Vektorraum W. Dann gibt es Basen $\mathcal{V}, \mathcal{W}$ von V bzw. W, so dass die darstellende Matrix A von φ bzgl. dieser beiden Basen die Gestalt*

$$A = E_r^{m \times n} := \left(\begin{array}{cc|c} 1 & & 0 \\ & \ddots & & 0 \\ 0 & & 1 & \\ \hline & 0 & & 0 \end{array} \right) = \left(\begin{array}{c|c|c|c} & & & \\ e_1^{(m)} & \cdots & e_r^{(m)} & 0 \\ & & & \end{array} \right) = \left(\begin{array}{cc} E_r & 0 \\ 0 & 0 \end{array} \right)$$

hat, d.h. es kommutiert das nebenstehende Diagramm, und die zu $E_r^{m \times n}$ gehörige lineare Abbildung $E_r^{m \times n} : \mathbb{R}^n \to \mathbb{R}^m$ ist nichts anderes als die Projektion auf die ersten r Komponenten, also:

$$(x_1, ..., x_n)^T \mapsto (x_1, ..., x_r, 0, ..., 0)^T \in \mathbb{R}^m$$

Beweis. Wir ergänzen eine Basis $(v_1, ..., v_t)$ von $\operatorname{Kern}\varphi$ zu einer Basis $\mathcal{V} := (\tilde{v}_1, ..., \tilde{v}_r, v_1, ..., v_t)$ von V. Die hinzugenommenen $(\tilde{v}_1, ..., \tilde{v}_r)$ liefern eine Basis $(\varphi(\tilde{v}_1), ..., \varphi(\tilde{v}_r))$ von $\operatorname{Bild}\varphi$, die wir zu einer Basis $\mathcal{W} := (\varphi(\tilde{v}_1), ..., \varphi(\tilde{v}_r), w_1, ..., w_s)$ von W ergänzen. Das die Matrix A definierende kommutative Diagramm

liefert gerade:

$$A e_i^{(n)} := (\Phi_{\mathcal{W}}^{-1} \circ \varphi \circ \Phi_{\mathcal{V}})(e_i^{(n)}) = \begin{cases} e_i^{(m)} & 1 \le i \le r \\ 0 & r < i \le m \end{cases}$$

Also hat A die behauptete Gestalt. $\qquad\square$

Wie wird der Rang einer Matrix konkret bestimmt? Dazu:

Bemerkung 3.6.6. Eine Matrix $A : \mathbb{R}^n \to \mathbb{R}^m$ der Gestalt

$$A = \left[\begin{array}{cc|c} a_{11} & & * \\ & \ddots & & * \\ 0 & & a_{rr} & \\ \hline & 0 & & 0 \end{array} \right] \in M_{m \times n}(\mathbb{R}) \tag{3.24}$$

mit $a_{ii} \ne 0$ für $i = 1, ..., r$ hat Rang r. Man sagt, A befinde sich in *strikter Zeilenstufenform*.

Beweis. Es ist $\operatorname{rg}(A) = \dim \operatorname{Bild}(A) =$ Maximalzahl linear unabhängiger Spalten. Weil A in den letzten $m - r$ Zeilen lauter Nullen stehen hat, folgt $Ax = (y_1, .., y_r, 0, ...0)^T \in \mathbb{R}^m$ für jedes $x \in \mathbb{R}^n$, und daher ist $\operatorname{Bild}(A) \subset \mathbb{R}^r \times \{0\} \subset \mathbb{R}^m$. Es gilt aber auch $\operatorname{Bild}(A) \supset \mathbb{R}^r \times \{0\}$, denn ist $y := (y_1, ..., y_r, 0, ..., 0)^T \in \mathbb{R}^r \times 0$, so genügt es, Vektoren der Form $x := (x_1, .., x_r, 0, ...0)^T \in \mathbb{R}^r \times 0 \subset \mathbb{R}^n$ einzusetzen, um y zu erreichen. Das liegt daran, weil das folgende inhomogene LGS eine eindeutige Lösung hat:

$$
\begin{array}{ccccccccc}
a_{11}x_1 & + & \cdots & + & a_{1r}x_r & = & y_1 & & x_1 & = & \cdots \\
& \ddots & & & \vdots & = & \vdots & & & & \vdots \\
& & a_{r-1r-1}x_{r-1} & + & a_{r-1r}x_r & = & y_{r-1} & \Leftrightarrow & x_{r-1} & = & \frac{a_{rr}y_{r-1} - a_{r-1r}y_r}{a_{rr}a_{r-1r-1}} \\
& & & & \hat{a}_{rr}x_r & = & y_r & \Leftrightarrow & x_r & = & \frac{y_r}{a_{rr}}
\end{array}
$$

Den Lösungsvektor $x = (x_1, ..., x_r, 0..., 0) \in \mathbb{R}^m$ erhält man dabei durch sukzessives Lösen der Einzelgleichungen von unten nach oben. Also ist $\operatorname{Bild}(A) = \mathbb{R}^r \times 0$ und also $\operatorname{rg}(A) = r$. $\qquad\square$

Will man also den Rang einer Matrix A bestimmen, die noch nicht auf (3.24) gebracht wurde, so sind Umformungen an A nötig, die den Rang nicht verändern. Dazu:

Definition 3.6.7 (Elementare Umformungen). Unter einer **elementaren Spaltenumformung** einer Matrix $A \in M_{m \times n}(\mathbb{R})$ versteht man jeden der folgenden Prozesse:

S1: Multiplikation einer Spalte von A mit $\lambda \in \mathbb{R}^*$.

S2: Addition des λ-fachen einer Spalte zu einer anderen.

S3: Vertauschung zweier Spalten.

In naheliegender Weise sind die **elementare Zeilenumformungen** Z1, Z2 und Z3 definiert.

Lemma 3.6.8. Sei $A \in M_{m \times n}(\mathbb{R})$.

  (i) Elementare Spaltenumformungen ändern das Bild von A nicht.

  (ii) Elementare Zeilenumformungen ändern den Kern von A nicht.

  (iii) Elementare Spalten- und Zeilenumformungen ändern den Rang von A nicht.

  (iv) Transposition ändert den Rang von A nicht, d.h. es gilt $\operatorname{rg}(A) = \operatorname{rg}(A^T)$.

Sprechweise 3.6.9. Ist $A \in M_{m \times n}(\mathbb{R})$, so nennt man die maximal linear unabhängigen Zeilen von A den *Zeilenrang* und die maximal linear unabhängigen Spalten auch *Spaltenrang* von A.

Lemma 3.6.8 (iv) besagt gerade:

$$\boxed{\text{Zeilenrang} = \text{Spaltenrang}}$$

Schnell ein

Beispiel 3.6.10. Man bestimme den Rang von $A := \begin{pmatrix} 1 & 1 & 1 \\ 2 & 2 & 2 \\ 3 & 3 & 3 \end{pmatrix}$.

Ersichtlich ist die Maximalzahl linear unabhängiger Spalten 1 und daher sehen wir mit Bem. 3.6.2 sofort $\operatorname{rg}(A) = 1$. Alternativ lässt sich A durch elementare Zeilenumformungen auch ganz leicht in strikter Zeilenstufenform (3.24) wie folgt bringen:

$$\begin{pmatrix} 1 & 1 & 1 \\ 2 & 2 & 2 \\ 3 & 3 & 3 \end{pmatrix} \xrightarrow[]{3.Z=3\cdot1.Z-3.Z} \begin{pmatrix} 1 & 1 & 1 \\ 2 & 2 & 2 \\ 0 & 0 & 0 \end{pmatrix} \xrightarrow[]{2.Z=2\cdot1.Z-2.Z} \begin{pmatrix} 1 & 1 & 1 \\ 0 & 0 & 0 \\ 0 & 0 & 0 \end{pmatrix}$$

$$\xrightarrow[]{3.S=1.S-3.S} \begin{pmatrix} 1 & 1 & 0 \\ 0 & 0 & 0 \\ 0 & 0 & 0 \end{pmatrix} \xrightarrow[]{2.S=1.S-2.S} \begin{pmatrix} 1 & 0 & 0 \\ 0 & 0 & 0 \\ 0 & 0 & 0 \end{pmatrix}$$

Man beginnt also, von „links-unten" in Richtung „rechts-oben" die Einträge von A zu Null zu machen. Nach der 2. elementaren Zeilenumformung ist A bereits in strikter Zeilenstufenform, und wir lesen den Rang als die Anzahl der Stufen unmittelbar ab. Wir können aber mit elementaren Spaltenumformungen so lange weitermachen, bis wir A auf die Gestalt vom Rangsatz 3.6.5 gebracht haben; einfach, um mal zu sehen, dass es am konkreten Beispiel auch klappt. Die Dimensionsformel für lineare Abbildungen liefert sofort einen 2-dimensionalen Kern, denn $A : \mathbb{R}^3 \to \mathbb{R}^3$ und $3 = \dim \mathbb{R}^3 = \operatorname{rg} A + \dim \operatorname{Kern} A = 1 + \dim \operatorname{Kern} A$.

Beweis. [des Lemmas:] Zu(i): Es ist $\operatorname{Bild}(A) := \{Ax \mid x \in \mathbb{R}^n\} = \{a_1x_1 + \ldots + a_nx_n \mid x := (x_1, \ldots, x_n)^T \in \mathbb{R}^n\}$ mit $A = (a_1|\ldots|a_n)$, also $\operatorname{Bild}(A) = \operatorname{Lin}(a_1, \ldots, a_n)$. Offenbar bleibt dies bei Vertauschung der Spaltenvektoren a_j erhalten, ebenso bei λ-facher Multiplikation einer Spalte a_j. Sei z.B. $\tilde{A} := (a_1 + \lambda a_2|a_2|\ldots|a_n)$. Dann gilt $\operatorname{Bild}(\tilde{A}) = \operatorname{Lin}(a_1 + \lambda a_2, a_2, \ldots, a_n) = \operatorname{Lin}(a_1, \ldots, a_n) = \operatorname{Bild}(A)$. Also ändern elementare Spaltenumformungen das Bild von A nicht; insbesondere bleibt der Rang unverändert. Zu (ii): Sei $x \in \operatorname{Kern}(A) := \{x \in \mathbb{R}^n \mid Ax = 0\}$, d.h. Komponentenschreibweise $\sum_{j=1}^{n} a_{ij}x_j = 0$ für alle $i = 1, \ldots, m$. Offenbar bleibt der Kern bei Vertauschung zweier Zeilen derselbe; desgleichen bei λ-fachen einer Zeile. Schlägt man z.B. das λ-fache der 2. Zeile auf die 1. Zeile, so folgt:

$$\sum_{j=1}^{n} (a_{1j} + \lambda a_{2j})x_j = \sum_{j=1}^{n} a_{1j}x_j + \lambda \sum_{j=1}^{n} a_{2j}x_j = 0 + 0 = 0.$$

Also lassen elementare Zeilenumformungen den Kern unverändert, insbesondere dim Kern(A).

Zu (iii): Wegen (i) und der Dimensionsformel für lineare Abbildungen gilt $n = \dim \mathbb{R}^n = \mathrm{rg}(A) + \dim \mathrm{Kern}(A)$, also bleibt $\mathrm{rg}(A)$ bei elementaren Zeilenumformungen unverändert.

zu (iv): Dies folgt sofort aus (iii).   □

Aufgaben

R.1. Bestimme den Rang folgender Matrizen:

$$A := \begin{pmatrix} 3 & 5 & 7 \\ 4 & 6 & 8 \\ 1 & 3 & 4 \end{pmatrix} \text{ und } B := \begin{pmatrix} 0 & 1 & 1 & 1 \\ 1 & 3 & 4 & 2 \\ 1 & 2 & 3 & 1 \\ 1 & 0 & 1 & -1 \end{pmatrix}.$$

R.2. Sei $f : \mathbb{R}^2 \to \mathbb{R}^2, (x, y) \mapsto (2x - y, -8x + 4y)^T$. Bestimmen Sie das Bild von f. (Hinweis: Wie sieht die darstellende Matrix von f aus? Bestimme Basis des Bildes!).

R.3. Für welche $t \in \mathbb{R}$ sind die Vektoren $(1, 2, 3)^T, (4, t, 5)^T, (-1, -2, 0)^T) \in \mathbb{R}^3$ linear abhängig?

R.4. Seien $x := (2, 1, 0)^T, y := (1, -1, 2)^T, z := (0, 3, 4)^T$ Vektoren im $\mathbb{R}^3$.

- Man zeige, dass (x, y, z) linear abhängig sind.
- Für welche $a, b, c \in \mathbb{R}$ liegt $(a, b, c)^T \in \mathrm{Lin}(x, y, z)$?

R.5. Liegt der Vektor $u := (3, 4, 5, 1)^T$ in der linearen Hülle von $v_1 := (2, 3, -1, 0)^T$, $v_2 := (0, -3, 7, 1)^T, v_3 := (0, 0, -1, 1)^T$? Überlegen Sie sich möglichst mehrere Lösungswege! Formulieren und begründen Sie ein Lemma, unter welchen Bedingungen ein vorgegebener Vektor $u \in \mathbb{R}^n$ in der linearen Hülle einer Menge von Vektoren $(v_1, ..., v_m)$ liegt! (Hinweis: Fallunterscheidung für n, m.) Wie groß ist die Dimension des von den Vektoren (u, v_1, v_2, v_3) im obigen Beispiel aufgespannten Untervektorraums?

T.1. Der Vektorraum

$$\mathbb{R}[X] := \{p(X) := \sum_{k=0}^{n} a_k X^k \mid a_0, a_1, ..., a_n \in \mathbb{R}, n \in \mathbb{N}_0\}$$

aller Polynome mit reellen Koeffizienten hat bekanntlich für jedes $n \in \mathbb{N}$ den Untervektorraum $\mathbb{R}_n[X] := \{p \in \mathbb{R}[X] \mid \deg(p) \le n\}$ der reellen Polynome vom Grade kleiner oder gleich n.

(a) Zeigen Sie, dass der Ableitungsoperator $D : \mathbb{R}[X] \to \mathbb{R}[X], p \mapsto p'$, mit $D(p) := (a_0 + a_1 X + ... + a_n X^n)' := a_1 + 2a_2 X + ... + na_n X^{n-1}$ eine lineare Abbildung auf $\mathbb{R}[X]$ ist.

(b) Bestimmen Sie Kern und Bild des auf den Untervektorraunm $\mathbb{R}_n[X]$ eingeschränkten Ableitungsoperators $D : \mathbb{R}_n[X] \to \mathbb{R}[X]$. Bestimmen Sie ferner die Dimension von Kern und Bild von D.

T.2. Für $x \in \mathbb{R}^m$ und $y \in \mathbb{R}^n$ ist vermöge $a_{ij} := x_i y_j$ eine Matrix $A \in M_{m \times n}(\mathbb{R})$ gegeben. Man zeige, dass jede so entstandene Matrix den Rang 0 oder 1 hat.

3.7   Lineare Gleichungssysteme

Wir wollen nun lineare Gleichungssysteme (=LGS) der Gestalt

$$Ax = b \quad \text{mit} \quad A \in M_{m \times n}(\mathbb{R}),\ b \in \mathbb{R}^m$$

konkret lösen. Es bezeichne

$$\mathscr{L}\ddot{o}s(A, 0) := \mathscr{L}\ddot{o}s_h(A) := \{x \in \mathbb{R}^n \mid Ax = 0\} = \text{Kern}(A)$$

den Lösungsraum (Untervektorraum des $\mathbb{R}^n$) des homogenen LGS $Ax = 0$, und

$$\mathscr{L}\ddot{o}s(A, b) := \mathscr{L}\ddot{o}s(A) := \{x \in \mathbb{R}^n \mid Ax = b\} = x_0 + \text{Kern}(A)$$

der Lösungsraum (affine Untervektorraum im $\mathbb{R}^n$) des inhomogenen LGS $Ax = b$, wobei x_0 eine spezielle Lösung von $Ax = b$ ist. Wir verwenden stillschweigend die Ergebnisse der Lösungstheorie Satz 3.4.19 samt nachfolgenden Korollar und der Bemerkung. Vorerst eine

Sprechweise 3.7.1. (i) Ist $Ax = b$ ein LGS wie oben, so heißt A die *Koeffizientenmatrix* von $Ax = b$ und die Matrix $(A, b) \in M_{m \times n+1}(\mathbb{R})$ die *erweiterte Koeffizientenmatrix* von $Ax = b$.
(ii) Besteht der Lösungsraum eines LGS $Ax = b$ aus genau einer Lösung, so nennt man das LGS *eindeutig lösbar*.

Satz 3.7.2 (LGS-Lösungstheorie). *Sei $Ax = b$ eine LGS mit $A \in M_{m \times n}(\mathbb{R})$ und $b \in \mathbb{R}^m$. Dann gilt:*

(i) *$Ax = b$ ist lösbar, d.h. $\mathscr{L}\ddot{o}s(A, b) \neq \emptyset$* $\iff$ *$\text{rg}(A) = \text{rg}(A, b)$.*

(ii) *Ist $x_0 \in \mathbb{R}^n$ eine Lösung von $Ax = b$, d.h. $x_0 \in \mathscr{L}\ddot{o}s(A, b)$, so ist:*

$$\boxed{\mathscr{L}\ddot{o}s(A, b) = x_0 + \mathscr{L}\ddot{o}s_h(A) = x_0 + \text{Kern}(A)}$$

Insbesondere: Ist $(b_1, ..., b_n)$ eine Basis des Kerns von A, so gilt:

$$\boxed{\mathscr{L}\ddot{o}s(A, b) = \left\{ x_0 + \sum_{k=1}^{n} \lambda_k b_k \ \middle| \ \lambda_1, ..., \lambda_n \in \mathbb{R} \right\}}$$

Man nennt die Basis $(b_1, ..., b_n)$ ein Fundamentalsystem von Lösungen des homogenen LGS $Ax = 0$, und $x_0 \in \mathscr{L}\ddot{o}s(A, b)$ eine spezielle Lösung des inhomogenen LGS $Ax = b$.

(iii) $Ax = b$ ist eindeutig lösbar $\Leftrightarrow$ rg$(A) =$ rg$(A, b) = n$. In diesem Falle ist $\mathscr{L}\ddot{o}s_h(A) = \{0\} =$ Kern(A).

Beweis. Zu (i): Wir haben also $A : \mathbb{R}^n \to \mathbb{R}^m$, $x \mapsto Ax$ und $\tilde{A} := (A, b) : \mathbb{R}^{n+1} \to \mathbb{R}^m$, $\tilde{x} \mapsto \tilde{A}\tilde{x}$. Seien $(e_1, ..., e_n)$ die Standardbasis des $\mathbb{R}^n$ und $(\tilde{e}_1, ..., \tilde{e}_{n+1})$ die Standardbasis des $\mathbb{R}^{n+1}$. Dann gilt $Ae_i = \tilde{A}\tilde{e}_i$ für alle $1 \le i \le n$, und $\tilde{A}\tilde{e}_{n+1} = b$ (nach Definition von $\tilde{A} := (A, b)$). Folglich ist Bild$(A) \subset$ Bild$(\tilde{A})$ und daher rg$(A) \le$ rg$(\tilde{A})$. Mit Kor. 3.4.20 folgt nunmehr:

$$Ax = b \text{ lösbar} \Leftrightarrow \mathscr{L}\ddot{o}s(A, b) \ne \emptyset \Leftrightarrow b \in \text{Bild}(A) \Leftrightarrow \text{Bild}(A) = \text{Bild}(\tilde{A}) \Rightarrow \text{rg}(A) = \text{rg}(\tilde{A})$$

Zu (ii): Folgt direkt aus Satz 3.4.19 (ii).
Zu (iii): Es ist $A \in M_{m \times n}(\mathbb{R}) \Leftrightarrow A : \mathbb{R}^n \to \mathbb{R}^m$ linear. Mit der Dimensionsformel für lineare Abbildungen erhalte $n = \dim \mathbb{R}^n = \dim \text{Kern}(A) + \text{rg}(A) = \dim \mathscr{L}\ddot{o}s_h(A) + \text{rg}(A)$. Ist $\mathscr{L}\ddot{o}s(A, b) = \{x_0\}$, so folgt mit (i) rg$(A) =$ rg(A, b) und mit (ii) $\mathscr{L}\ddot{o}s(A, b) = x_0 + \text{Kern}(A) = x_0$, wobei $\dim \text{Kern}(A) = 0$ und also nach der Dimensionsformel für lineare Abbildungen rg$(A) = n$. Ist umgekehrt rg$(A) =$ rg$(A, b) = n$, so ist $\dim \text{Kern}(A) = 0$, d.h. Kern$(A) = \{0\}$ und wieder mit (ii) $\mathscr{L}\ddot{o}s(A, b) = x_0$. $\square$

Korollar 3.7.3. Ist $A \in M_n(\mathbb{R})$ (also quadratisch), so ist das LGS $Ax = b$ genau dann eindeutig lösbar, wenn $A \in GL_n(\mathbb{R})$.

Beweis. Nach Satz 3.7.2 ist $Ax = b$ genau eindeutig lösbar, wenn rg$(A) =$ rg$(A, b) = n$, und dies ist gemäß Kor. 3.6.4 genau dann der Fall, wenn $\dim \text{Kern}(A) = 0$, d.h. A ist ein Isomorphismus und A invertierbar, d.h. $A \in GL_n(\mathbb{R})$. $\square$

Sprechweise 3.7.4. Eine Matrix $A \in M_{m \times n}(\mathbb{R})$ befindet ist auf *Zeilenstufenform*, wenn sie von der Gestalt:

$$A = \begin{pmatrix} \underline{a_{1j_1}} & & & & \\ & \underline{a_{2j_2}} & & * & \\ & & \ddots & & \\ 0 & & & \underline{a_{rj_r}} & \cdots \end{pmatrix}$$

Die Einträge $a_{1j_1}, ..., a_{rj_r}$ mit $1 \le j_1 \le .... \le j_r \le \min\{n, m\}$ heißen *Pivots*, und müssen $\ne 0$ sein. Es ist dabei möglich, dass eine Stufe mehrere Einträge „lang" ist, also mehrere Einträge hat. Ein Pivot ist demnach der erste Eintrag in solch einer Stufe. Alle anderen innerhalb einer Stufe – sofern die Stufe mehrere Einträge hat – heißen NICHT-PIVOTELEMENTE.

Lösungskonzept für LGS $Ax = b$ nach dem Gaußschen Eliminationsverfahren:

1. Bilde erweiterte Koeffizientenmatrix (A, b).

2. Bringe (A, b) mittels elementarer Zeilenumformungen (nicht - Spaltenumformungen!) auf Zeilenstufenform.

3. Jedes Nicht-Pivotelement innerhalb einer Stufe in der Zeilenstufenform wird ein *frei wählbarer Parameter* im Lösungsvektor x_0, der mit λ_j durchnummeriert.

4. Ablesen des Lösungsraumes $\mathscr{L}$ös(A, b) durch Ablesen des Fundamentalsystems und einer speziellen Lösung $x_0 \in \mathscr{L}$ös(A, b) des inhomogenen LGS gemäß dem Vorgehen im Beweis von Bem. 3.6.6.

Bemerkung 3.7.5. Der Vorteil des GAUSSschen Eliminationsverfahrens liegt auch darin, dass es die Lösbarkeit, d.h. $\mathscr{L}$ös$(A, b) = \emptyset$ bzw. $\mathscr{L}$ös$(A, b) \neq \emptyset$, gleich mit beantwortet.

Die Rechtfertigung für das Funktionieren des Verfahrens liefert

Satz 3.7.6 (Zur Lösungstheorie mit dem GAUSSschen Eliminationsverfahren). *Es gilt:*

(i) *Jede Matrix $A \in M_{m \times n}(\mathbb{R})$ kann durch elementare Zeilenumformungen auf Zeilenstufenform gebracht werden.*

(ii) *Ist (A, b) die erweiterte Koeffizientenmatrix des LGS $Ax = b$, so verändern elementare Zeilenumformungen den Lösungsraum nicht, d.h. entsteht $(\tilde{A}, \tilde{b})$ durch elementare Zeilenumformungen aus (A, b), so gilt*

$$\mathscr{L}\ddot{o}s(A, b) = \mathscr{L}\ddot{o}s(\tilde{A}, \tilde{b}).$$

Insbesondere ist

$$\mathscr{L}\ddot{o}s_h(A) = \mathscr{L}\ddot{o}s_h(\tilde{A}),$$

da elementare Zeilenumformungen den Kern nicht verändern.

(iii) *Ist (A, b) in strikter Zeilenstufenform, d.h.*

$$(A, b) = \left(\begin{array}{ccc|cc}
a_{11} & & * & & \\
 & \ddots & & * & * \\
0 & & a_{rr} & & \\
\hline
 & & & & b_{r+1} \\
 & 0 & & 0 & \vdots \\
 & & & & b_m
\end{array} \right),$$

so gilt:

$$\boxed{\operatorname{rg}(A) = \operatorname{rg}(A, b) \iff b_{r+1} = \ldots = b_m = 0}$$

D.h., ist nur ein $b_i \neq 0$ für $r + 1 \leq i \leq m$, so ist $\mathscr{L}$ös$(A, b) = \emptyset$, d.h. $Ax = b$ hat keine Lösung.

Bemerkung 3.7.7. Die Aussage (iii) des obigen Satzes bleibt richtig, wenn (A, b) in Zeilenstufenform vorliegt.

Beispiel 3.7.8. Man bestimme den Rang, eine Basis des Kerns sowie des Bildes von

$$A := \begin{pmatrix} 0 & 0 & 0 & 2 & -1 \\ 0 & 1 & -2 & 1 & 0 \\ 0 & -1 & 2 & 1 & -1 \\ 0 & 0 & 0 & 1 & 2 \end{pmatrix}.$$

(i) Rangbestimmung: Es bezeichne $i.Z \leftrightsquigarrow j.Z$ die Vertauschung der i'ten Zeile mit der j'ten. Wir bringen $A \in M_{4 \times 5}(\mathbb{R})$ auf Zeilenstufenform wie folgt:

$$\begin{pmatrix} 0 & 0 & 0 & 2 & -1 \\ 0 & 1 & -2 & 1 & 0 \\ 0 & -1 & 2 & 1 & -1 \\ 0 & 0 & 0 & 1 & 2 \end{pmatrix} \xrightarrow{1.Z \leftrightsquigarrow 2.Z} \begin{pmatrix} 0 & 1 & -2 & 1 & 0 \\ 0 & 0 & 0 & 2 & -1 \\ 0 & -1 & 2 & 1 & -1 \\ 0 & 0 & 0 & 1 & 2 \end{pmatrix}$$

$$\xrightarrow{3.Z = 1.Z + 3.Z} \begin{pmatrix} 0 & 1 & -2 & 1 & 0 \\ 0 & 0 & 0 & 2 & -1 \\ 0 & 0 & 0 & 2 & -1 \\ 0 & 0 & 0 & 1 & 2 \end{pmatrix} \xrightarrow{2.Z \leftrightsquigarrow 4.Z} \begin{pmatrix} 0 & 1 & -2 & 1 & 0 \\ 0 & 0 & 0 & 1 & 2 \\ 0 & 0 & 0 & 2 & -1 \\ 0 & 0 & 0 & 2 & -1 \end{pmatrix}$$

$$\xrightarrow{4.Z = 3.Z - 4.Z} \begin{pmatrix} 0 & 1 & -2 & 1 & 0 \\ 0 & 0 & 0 & 1 & 2 \\ 0 & 0 & 0 & 2 & -1 \\ 0 & 0 & 0 & 0 & 0 \end{pmatrix} \xrightarrow{4.Z = 2 \cdot 3.Z - 4.Z} \begin{pmatrix} 0 & 1 & -2 & 1 & 0 \\ 0 & 0 & 0 & 1 & 2 \\ 0 & 0 & 0 & 0 & 5 \\ 0 & 0 & 0 & 0 & 0 \end{pmatrix} =: \tilde{A}$$

Die letzte Matrix ist in Zeilenstufenform mit 3 Stufen. Also ist $\operatorname{rg} A = 3$ und aufgrund der Dimensionsformel $\dim \operatorname{Kern} A = 5 - 2 = 2$.

(ii) Basis des Kerns: D.h. eine Basis von $\mathscr{L}\ddot{o}s_h(A)$. Im vorangegangenen Schritt hatten wir nur Zeilenumformungen vorgenommen, und die ändern den Kern von A nicht. Wegen $\dim \operatorname{Kern} A = 2$ sind zwei freie Parameter zu wählen. Dazu sucht man gemäß dem Lösungskonzept die Nicht-Pivotelemente, das sind $a_{11} = 0$ und $a_{13} = -2$, in der Zeilenstufenform. Im Lösungsvektor x setzen wir daher $\lambda_1 := x_1$ und $\lambda_2 := x_3$. Insbesondere hat das LGS $Ax = 0$ unendlich viele Lösungen. Bildet man $\tilde{A}x = 0$, so erhalten wir, das LGS wieder von unten nach oben auflösend:

$$\begin{array}{rcrcccccll}
x_2 & - & 2\lambda_2 & + & x_4 & & & = & 0 & \implies & x_2 = 2\lambda_2 \\
& & & & x_4 & + & 2x_5 & = & 0 & \implies & x_4 = 0 \\
& & & & & & 5x_5 & = & 0 & \implies & x_5 = 0
\end{array}$$

Das bedeutet, jeder Vektor $x \in \mathbb{R}^5$ mit

$$x = \begin{pmatrix} \lambda_1 \\ 2\lambda_2 \\ \lambda_2 \\ 0 \\ 0 \end{pmatrix} = \lambda_1 \begin{pmatrix} 1 \\ 0 \\ 0 \\ 0 \\ 0 \end{pmatrix} + \lambda_2 \begin{pmatrix} 0 \\ 2 \\ 1 \\ 0 \\ 0 \end{pmatrix} = \lambda_1 b_1 + \lambda_2 b_2, \quad \lambda_1 \lambda_2 \in \mathbb{R}$$

wobei $b_1 := e_1, b_2 := (0, 2, 1, 0, 0)^T$, liegt im Kern von A, d.h. $\text{Kern}(A) = \mathscr{L}\ddot{o}s_h(A) = \text{Lin}(b_1, b_2)$ mit der Basis (b_1, b_2).

(iii) Basis von Bild A: Die Spalten der Matrix spannen das Bild auf, wie z.B. aus Bem. 3.6.2 hervorgeht. Es sind also die maximal linear unabhängigen Spalten von A zu bestimmen. Dazu führen wir elementaren Spaltenumformungen durch, denn diese lassen nach Lemma 3.6.8 das Bild von A unverändert. Wieder arbeiten wir uns von links-unten nach rechts-oben und versuchen so, die Spalten zu Null zu machen. Also:

$$\begin{pmatrix} 0 & 0 & 0 & 2 & -1 \\ 0 & 1 & -2 & 1 & 0 \\ 0 & -1 & 2 & 1 & -1 \\ 0 & 0 & 0 & 1 & 2 \end{pmatrix} \xrightarrow{2.S = 2 \cdot 2.S + 3.S} \begin{pmatrix} 0 & 0 & 0 & 2 & -1 \\ 0 & 0 & -2 & 1 & 0 \\ 0 & 0 & 2 & 1 & -1 \\ 0 & 0 & 0 & 1 & 2 \end{pmatrix} \xrightarrow{4.S = 5.S - 2 \cdot 4.S}$$

$$\begin{pmatrix} 0 & 0 & 0 & -5 & -1 \\ 0 & 0 & -2 & -2 & 0 \\ 0 & 0 & 2 & -3 & -1 \\ 0 & 0 & 0 & 0 & 2 \end{pmatrix} \xrightarrow{3.S = 2 \cdot 4.S + 3 \cdot 3.S} \begin{pmatrix} 0 & 0 & -10 & -5 & -1 \\ 0 & 0 & -10 & -2 & 0 \\ 0 & 0 & 0 & -3 & -1 \\ 0 & 0 & 0 & 0 & 2 \end{pmatrix} \rightsquigarrow \text{rg}(A) = 3$$

Somit verbleiben 3 Spalten in der Zeilenstufenform, die offenbar linear unabhängig sind und ganz Bild A aufspannen. Mithin ist:

$$\text{Bild } A = \text{Lin}\left(\begin{pmatrix} -10 \\ -10 \\ 0 \\ 0 \end{pmatrix}, \begin{pmatrix} 5 \\ -2 \\ -3 \\ 0 \end{pmatrix}, \begin{pmatrix} -1 \\ 0 \\ -1 \\ 2 \end{pmatrix} \right)$$

Beispiel 3.7.9 (Übung). Man untersuche die Lösbarkeit des LGS $Ax = b$, mit

$$A := \begin{pmatrix} 3 & 5 & 7 \\ 4 & 6 & 8 \\ 1 & 3 & 4 \end{pmatrix}, \qquad b := \begin{pmatrix} 1 \\ 2 \\ 3 \end{pmatrix},$$

und bestimme im Falle der Lösbarkeit die Lösungsmenge.

Beispiel 3.7.10 (Übung). Man bestimme alle Lösungen von $Ax = b$ mit:

$$
A := \begin{pmatrix} 1 & 1 & -1 & 1 \\ 2 & -1 & -1 & 2 \\ 0 & -3 & 1 & 0 \\ -3 & 3 & 1 & -3 \end{pmatrix}, \qquad b := \begin{pmatrix} 3 \\ 4 \\ -2 \\ -5 \end{pmatrix}
$$

Elementare Zeilenumformungen liefern für die erweiterte Koeffizientenmatrix eine Zeilenstufenform:

$$
(A, b) := \left(\begin{array}{cccc|c} 1 & 1 & -1 & 1 & 3 \\ 2 & -1 & -1 & 2 & 4 \\ 0 & -3 & 1 & 0 & -2 \\ -3 & 3 & 1 & -3 & -5 \end{array} \right) \rightsquigarrow \left(\begin{array}{cccc|c} 1 & 1 & -1 & 1 & 3 \\ 0 & 3 & -1 & 0 & 2 \\ 0 & 0 & 0 & 0 & 0 \\ 0 & 0 & 0 & 0 & 0 \end{array} \right)
$$

Aufgaben

R.1. Sei $A \in M_4(\mathbb{R})$ wie folgt gegeben:

$$
A := \begin{pmatrix} 0 & 1 & 1 & 1 \\ 1 & 3 & 4 & 2 \\ 1 & 2 & 3 & 1 \\ 1 & 0 & 1 & -1 \end{pmatrix}
$$

(a) Bestimmen Sie eine Basis von Kern und Bild der Matrix A durch elementare Zeilen- bzw. Spaltenumformungen. Welchen Rang hat A?

(b) Bestimmen Sie den Lösungsraum $\mathscr{L}\ddot{o}s(A, b)$, d.h. die allgemeine Lösung des inhomogenen linearen Gleichungssystems $Ax = b$ mit $b = (2, 7, 5, 1)^T$.

R.2. Man zeige, dass die Vektoren $x := (1, 2, 3)^T, y := (0, 1, 2)^T, z := (0, 0, 1)^T$ den ganzen $\mathbb{R}^3$ aufspannen.

R.3. Seien $A := \begin{pmatrix} 1 & 1 \\ 1 & 0 \end{pmatrix}, B := \begin{pmatrix} 0 & 0 \\ 1 & 1 \end{pmatrix}, C := \begin{pmatrix} 0 & 2 \\ 0 & -1 \end{pmatrix}$ und $D := \begin{pmatrix} 3 & 1 \\ 1 & -1 \end{pmatrix}$ in $M_2(\mathbb{R})$. Man zeige, dass

(a) (A, B, C) linear unabhängig in $M_2(\mathbb{R})$ sind.

(b) D sich als Linearkombination aus A, B, C schreiben lässt.

R.4. Seien $f(X) := X^2 + 4X - 3, f_1(X) := X^2 - 2X + 5, f_2(X) := 2X^2 - 3X$ und $f_3(X) := X + 3$ Polynome im $\mathbb{R}$-Vektorraum der $\mathbb{R}[X] := \{a_0 + a_1 X + \ldots + a_n X^n \mid a_k \in \mathbb{R}, n \in \mathbb{N}_0\}$ aller Polynome in einer Unbestimmten mit reellen Koeffizienten. Man prüfe die lineare Unabhängigkeit des 3-tupels (f_1, f_2, f_3) in $\mathbb{R}[X]$ und schreibe sodann f als Linearkombination von f_1, f_2 und f_3.

T.1. Seien $U \leq \mathbb{R}^n$ ein Untervektorraum im $\mathbb{R}^n$ und $x_0 \in \mathbb{R}^n$ beliebig vorgegeben. Dann gibt es ein lineares Gleichungssystem mit n Gleichungen und n Unbekannten, so dass $U + x_0$ dessen Lösungsmenge ist, d.h. es gibt $A \in M_n(\mathbb{R})$ und $b \in \mathbb{R}^n$, so dass für $Ax = b$ gilt $\mathscr{L}\ddot{o}s(A,b) = U + x_0$.

3.8 Multilinearität und Determinante

Die erste Idee, der Algebra durch Bildung kombinatorischer Aggregate, die heute Determinanten genannt werden, zur Hülfe zu kommen, rührt, wie Professor DIRICHLET *bemerkt hat, von* LEIBNIZ *her.*

RICHARD BALTZER[1], 1818–1887

Die mathematische Grundausbildung beginnt in der Analysis mit der Differential- und Integralrechnung von Funktionen *einer* Variablen, und setzt diese später für Funktionen in *mehreren* Variablen fort. In der Linearen Algebra geht man ähnlich vor. Zuerst studiert man lineare Abbildungen *einer* Variablen und später kommen die „linearen Abbildungen" in mehreren Variablen, die sogenannten *multilinearen* Abbildungen, d.h. linear in jeder Variablen, hinzu. Das Standardbeispiel für eine multilineare Abbildung ist die Determinante, von der im folgenden Abschnitt hauptsächlich die Rede sein wird. Das Konzept der Multilinearität öffnet aber nicht nur die eine Türe zur Determinante, sondern gleichzeitig mehrere, z.B. die für Skalarprodukte, Vektorprodukt, Tensorprodukte oder den Differentialformkalkül der Vektoranalysis, der aus der technisch-naturwissenschaftlichen Praxis nicht wegzudenken ist.

3.8.1 Motivation

Als einführendes und motivierendes Beispiel wollen wir die Frage beantworten, inwieweit sich elementargeometrisch die Fläche eines Parallelogramms axiomatisch beschreiben lässt. Betrachte:

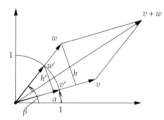

Ein Parallelogramm im $\mathbb{R}^2$ wird bekanntlich durch zwei Vektoren $v = (v_1, v_2)^T, w = (w_1, w_2)^T \in \mathbb{R}^2$ aufgespannt. Definiere Flächenfunktion $F := F(v,w)$ gemäß nebenstehender Skizze wie folgt: $v = \lambda v'$ und $w = \mu w'$ für geeignete $\lambda, \mu \in \mathbb{R}$. Mithilfe der Additionstheoreme (siehe Satz 2.1.34) folgt:

$$h'(v',w') = \sin(\beta - \alpha) = \cos(\alpha)\sin(\beta) - \cos(\beta)\sin(\alpha)$$

$$\Rightarrow F(v,w) = \lambda\mu \cdot F'(v',w') = \lambda\mu \cdot h'(v',w') = \begin{vmatrix} \lambda\cos(\alpha) & \mu\cos(\beta) \\ \lambda\sin(\alpha) & \mu\sin(\beta) \end{vmatrix}$$

---

[1]Oberlehrer am städtischen Gymnasium in Dresden

Wegen $\begin{cases} v_1 = \lambda\cos(\alpha) & w_1 = \mu\cos(\beta) \\ v_2 = \lambda\sin(\alpha) & w_2 = \mu\sin(\beta) \end{cases}$ folgt $F(v,w) = \begin{vmatrix} v_1 & w_1 \\ v_2 & w_2 \end{vmatrix} := v_1 w_2 - v_2 w_1.$

$$(3.25)$$

Welche Erwartungen, d.h. genauer, welche elementargeometrische Eigenschaften würden wir von einer Flächenfunktion erwarten? Dazu:

A1: Die Fläche F ist invariant unter Scherung, d.h. Scherung lässt die Fläche unverändert.

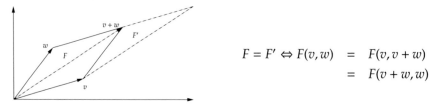

$$\begin{aligned} F = F' \Leftrightarrow F(v,w) &= F(v,v+w) \\ &= F(v+w,w) \end{aligned}$$

A2: Die Fläche F ändert sich proportional bei Skalierung einer jeden Seite.

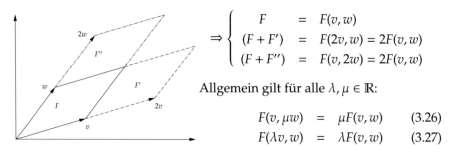

$$\Rightarrow \begin{cases} F &= F(v,w) \\ (F+F') &= F(2v,w) = 2F(v,w) \\ (F+F'') &= F(v,2w) = 2F(v,w) \end{cases}$$

Allgemein gilt für alle $\lambda, \mu \in \mathbb{R}$:

$$F(v,\mu w) = \mu F(v,w) \qquad (3.26)$$
$$F(\lambda v,w) = \lambda F(v,w) \qquad (3.27)$$

A3: (Normierung) Das Einheitsquadrat hat Fläche $F(e_1,e_2) = 1$.

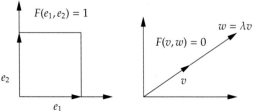

Abbildung 3.17: Zur Anschauung von Axiom A3 und A4.

A4: Ein entartetes Parallelogramm hat Fläche null, d.h $F(v,w) = 0 \Leftrightarrow (v,w)$ linear abhängig.

A5: Vertauschung der Reihenfolge zweier in F eingesetzter Vektoren ändert das Vorzeichen der Flächenfunktion F, d.h. $F(v,w) = -F(w,v)$ (F misst die Orientierung des 2-tupels (v,w)).

Zu A5: Definitionsgemäß gilt $F(w, v) = \lambda\mu \cdot h'(w', v') = \lambda\mu \sin(\alpha - \beta) = -\lambda\mu \sin(\beta - \alpha) = -F(v, w)$, oder man liest diese Eigenschaft direkt aus Formel (3.25) ab.

Bemerkung 3.8.1. (i) Wir können F als Abbildung $F : \mathbb{R}^2 \times \mathbb{R}^2 \to \mathbb{R}$, $(v, w) \mapsto F(v, w)$ auffassen, oder alternativ v, w als Spaltenvektoren der Matrix $A := (v|w) \in M_2(\mathbb{R})$; damit erhalte die Abbildung $F : M_2(\mathbb{R}) \to \mathbb{R}$, $A \mapsto F(A) := F(v, w)$.
(ii) Man kann zeigen, das die Axiome A1, A2 gleichbedeutend mit

(A1)′: (Bilinearität von F). Für alle $v, v_1, v_2, w, w_1, w_2 \in \mathbb{R}^2$ und alle $\lambda_1, \lambda_2 \in \mathbb{R}$ gilt:

$$
\begin{aligned}
F(\lambda_1 v_1 + \lambda_2 v_2, w) &= \lambda_1 F(v_1, w) + \lambda_2 F(v_2, w) \quad \text{(Linearität im 1. Argument)} \\
F(v, \lambda_1 w_1 + \lambda_2 w_2) &= \lambda_1 F(v, w_1) + \lambda_2 F(v, w_2) \quad \text{(Linearität im 2. Argument)}
\end{aligned}
$$

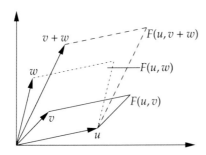

$$\Rightarrow F(u, v + w) = F(u, v) + F(u, w)$$

Analog der Fall $F(u + v, w) = F(u, w) + F(v, w)$. Das bedeutet anschaulich, dass die Flächenfunktion F additiv in beiden Variablen ist. Zusammen mit der Skalierungseigenschaft in beiden Variablen, wie dies in den obigen beiden Formeln ausgedrückt ist, erhält man schließlich die Linearität von F in beiden Variablen, und daher heißt F auch eine *bilineare Abbildung*.

(A2)′: Ist $A \in M_2(\mathbb{R})$, so gilt $F(A) = 0 \Leftrightarrow \text{rg}(A) < 2$.

(iii) Man rechnet nach, dass F die Axiome A1-A5 erfüllt und dass (3.25) mit der Determinante einer 2×2-Matrix (siehe auch (3.29)) übereinstimmt, d.h. $F(A) = \det(A) = a_{11}a_{22} - a_{21}a_{12}$.

Merke: $\det(A)$ ist der orientierte normierte Flächeninhalt des von den Spaltenvektoren von A aufgespannten Parallelogramms (vgl. Abb. 3.18).

Existenz und Eindeutigkeit von det ist bereits durch die Axiome (A1)′, A3 und A5 gegeben; alle weiteren Axiome folgen sodann.
(iv) Alles oben Gesagte lässt sich entsprechend für $n > 2$ verallgemeinern. Man hat also eine Abbildung

$$\det : M_n(\mathbb{R}) \longrightarrow \mathbb{R}, \ A \longmapsto \det(A),$$

welche das n-dimensionale Volumen des von den Spaltenvektoren von A aufgespannten Spats berechnet. Sie ist die einzige n-lineare Abbildung det, welche A5 und $\det(e_1, ..., e_n) = 1$ (das Analogon zu A3) erfüllt. Die restlichen Axiome folgen sodann.

Spat im $\mathbb{R}^3$ mit $\mathrm{Vol}^3(u, v, w)$

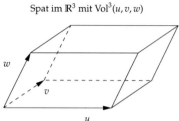

w

v

u

Abbildung 3.18: 3-dimensionales Spat im $\mathbb{R}^3$ mit $\det(u, v, w) = \mathrm{Vol}^3(u, v, w)$.

3.8.2   Multilinearität

Definition 3.8.2 (Mulitlinearität). Seien $V_1, V_2, \ldots, V_r, W$ Vektorräume über $\mathbb{R}$ mit $r > 1$.
(i) Seien $v_1, \ldots, v_{i-1}, v_{i+1}, \ldots, v_r$ fest gewählte Vektoren mit $v_j \in V_j$. Eine Abbildung

$$\omega : V_1 \times V_2 \times \cdots \times V_r \longrightarrow W, \quad (v_1, v_2, \ldots, v_r) \longmapsto \omega(v_1, v_2, \ldots, v_r)$$

heißt **linear in der i'ten Variablen**, falls für alle $v_i, v_i' \in V_i$ und alle $\lambda, \mu \in \mathbb{R}$ gilt:

$$\omega(v_1, \ldots, \underbrace{\lambda v_i + \mu v_i'}_{i\text{'te Stelle}}, \ldots, v_r) = \lambda \cdot \omega(v_1, \ldots, v_i, \ldots, v_r) + \mu \cdot \omega(v_1, \ldots, v_i', \ldots, v_r).$$

(ii) Ist ω in jeder der r Variablen linear, so heißt ω **r-linear** oder **multilinear**.

Wir schreiben künftig $\lambda \omega$ statt $\lambda \cdot \omega$.

Sprechweise 3.8.3. (i) Statt linear in der i'ten Variablen, spricht man auch von *Linearität im i'ten Argument* der Abbildung ω.
(ii) Ist $r = 1$, d.h. $\omega : V_1 =: V \to W$, $v \mapsto \omega(v)$, so liegt gewöhnliche Linearität vor. Im Falle $r = 2$ spricht man auch von einer *bilinearen* Abbildung $\omega : V_1 \times V_2 \to W$, $(v_1, v_2) \mapsto \omega(v_1, v_2)$; im Falle $r = 3$ von einer *trilinearen* Abbildung $\omega : V_1 \times V_2 \times V_3 \to W$, $(v_1, v_2, v_3) \mapsto \omega(v_1, v_2, v_3)$.

Merke: Man stelle sich eine r-lineare Abbildung $\omega(v_1, \ldots, v_r)$ als *Produkt* von r Faktoren vor und lasse sich beim Rechnen von den üblichen Regeln für das Produkt leiten.

Beispiel 3.8.4 (Matrizenprodukt). Betrachte die bilineare Abbildung $\omega : M_n(\mathbb{R}) \times M_n(\mathbb{R}) \to M_n(\mathbb{R})$, $(A, B) \mapsto \omega(A, B) := A \cdot B := AB$. Für beliebige $\lambda, \lambda', \mu, \mu' \in \mathbb{R}$ gilt dann:

$$\underbrace{\omega(\lambda A + \lambda' A', \mu B + \mu' B')}_{(\lambda A + \lambda' A') \cdot (\mu B + \mu' B')} \overset{\text{Lin.1.Arg.}}{=} \underbrace{\lambda \omega(A, \mu B + \mu' B')}_{=\lambda A (\mu B + \mu' B')} + \underbrace{\lambda' \omega(A', \mu B + \mu' B')}_{\lambda' A' (\mu B + \mu' B')}$$

$$\overset{\text{Lin.2.Arg.}}{=} \underbrace{\lambda \mu \omega(A, B)}_{=\lambda \mu AB} + \underbrace{\lambda \mu' \omega(A, B')}_{=\lambda \mu' AB'} + \underbrace{\lambda' \mu \omega(A', B)}_{=\lambda' \mu A'B} + \underbrace{\lambda' \mu' (A', B')}_{\lambda' \mu' A'B'}$$

So, wie man die Distributivgesetze und die skalare Multiplikation beim Matrizenprodukt intuitiv anwenden würde, so nutzt man implizit die Bilinearität der Produktabbildung auf $M_n(\mathbb{R})$ aus. Insofern rechnet sich's ganz in gewohnter Weise.

Das folgende Lemma sieht schlimmer aus, als es ist. Unbehagen bereitet hier nur die Notation, die etwas gewöhnungsbedürftig ist, nicht jedoch der Inhalt. Bekanntlich besagt das Fundamental-Lemma 3.5.9 für lineare Abbildungen:

- Ist $f : V \to W$ eine lineare Abbildung, so kennt man f vollständig (d.h. man weiß, wohin $f(v)$ für beliebiges $v \in V$ abgebildet wird), wenn man f auf irgendeiner Basis in V kennt.

- Ist $(v_1, ..., v_n)$ eine Basis von V, und sind $y_1, ..., y_n$ Vektoren in W, so gibt es genau eine lineare Abbildung $f : V \to W$ mit $f(v_i) = y_i$. (Das sagt, wie man lineare Abbildungen konstruiert.)

Das nachfolgende Lemma verallgemeinert genau diese beiden Resultate auf multilineare Abbildungen $\omega : V_1 \times \cdots \times V_r \to W$. Dazu ist allerdings eine ausgefeilte Notation zur Buchführung notwendig, denn in jedem der V_i's ist eine Basis $\left(v_1^{(i)}, ..., v_{d_i}^{(i)}\right)$ zu wählen, wobei der Index (i) angibt, dass diese Basis zu V_i gehört. Haben die V_i's die Dimensionen d_i, so ist ω vollständig bestimmt, wenn ω für alle möglichen Kombinationen von Einsetzungen von Basisvektoren in ω erklärt ist; das sind immerhin $d_1 \cdot \ldots \cdot d_r$ viele. Ist $(x_1, ..., x_r) \in V_1 \times \cdots \times V_r$ ein beliebiges r-tupel, so lässt sich jedes x_i eindeutig als Linearkombination der Basis von V_i schreiben, d.h. $x_i = \sum_{k=1}^{d_i} \lambda_k^{(i)} v_k^{(i)}$. Die Multilinearität sorgt nun dafür, dass alle Summen und Entwicklungskoeffizienten $\lambda_k^{(i)}$ vor das ω geschrieben werden können und also in ω selbst nur noch alle Kombinationen von Basisvektoren der V_i's stehen. Warum stehen dann im Lemma $\lambda_{\mu_i}^{(i)}$ statt der $\lambda_k^{(i)}$? Dazu: Im Fall linearer Abbildungen, d.h. $r = 1$, hat man eine Basis $(v_1, ..., v_{d_1})$ in $V = V_1$ und Vektoren $y_1, ..., y_{d_1}$ in W gegeben. Im Fall $r = 2$ sind es zwei Basen, eine in V_1 und eine V_2. Würde man die Vektoren in W einfach mit $y_1, ..., y_{d_1 \cdot d_2}$ durchnummerieren, so bliebe die Zuordnung $\omega(v_k^{(1)}, v_l^{(2)})$ bezüglich der eingesetzten Basisvektoren unklar. Daher verpasst man den y's zwei Indices, nämlich y_{kl} mit $1 \le k \le d_1$ und $1 \le l \le d_2$, d.h. man denkt sich $y_{kl} := \omega(v_k^{(1)}, v_l^{(2)})$ als eine $d_1 \times d_2$- Matrix. Für $r = 3$ hat man y_{klm} und für $r = 100$ geht uns das Alphabet aus. Es bleibt uns daher nichts anderes übrig, als die klm's wieder zu nummerieren, z.B. mit $\mu_1 \mu_2 \mu_3$, also allgemein $y_{\mu_1 \mu_2 ... \mu_r} := \omega(v_{\mu_1}^{(1)}, ..., v_{\mu_r}^{(r)})$. Mit dieser Notation können wir nun endlich formulieren:

Lemma 3.8.5 (Fundamental-Lemma für multilineare Abbildungen). Seien $V_1, ..., V_r$ Vektorräume über $\mathbb{R}$ der Dimension $d_1, d_2, ..., d_r$, und für jeder der V_i's eine Basis $\left(v_1^{(i)}, ..., v_{d_i}^{(i)}\right) =: \left(v_{\mu_i}^{(i)}\right)_{1 \le \mu_i \le d_i}$ mit $i = 1, ..., r$ gegeben. Dann gibt es zu jeder Familie $(\omega_{\mu_1 ..., \mu_r})_{1 \le \mu_i \le d_i, 1 \le i \le r}$ von Vektoren in einem $\mathbb{R}$-Vektorraum W genau eine r-lineare Abbildung

$$\omega : V_1 \times \cdots \times V_r \longrightarrow W, \quad (x_1, ..., x_r) \longmapsto \omega(x_1, ..., x_r) = \sum_{\mu_1, ..., \mu_r} \lambda_{\mu_1}^{(1)} \cdot \ldots \cdot \lambda_{\mu_r}^{(r)} \cdot \omega_{\mu_1 ... \mu_r},$$

mit $\omega(v_{\mu_1}^{(1)}, ..., v_{\mu_r}^{(r)}) = \omega_{\mu_1...\mu_r}$ für alle Indizes $1 \le \mu_i \le d_i$ und $i = 1, ..., r$. Dabei sind $\left(\lambda_{\mu_i}^{(i)}\right)_{1 \le \mu_i \le d_i} = \left(\lambda_1^{(i)}, ..., \lambda_{d_i}^{(i)}\right)$ die Entwicklungskoeffizienten des Vektors $x_i \in V_i$ bezüglich der Basis $\left(v_{\mu_i}^{(i)}\right)_{1 \le \mu_i \le d_i}$.

Beweis. Wir zeigen die Behauptung exemplarisch für den Fall $r = 2$. Der allgemeine Fall geht ganz analog. Sei $(v_1^{(1)}, ..., v_{d_1}^{(1)})$ eine Basis in V_1 und $(v_1^{(2)}, ..., v_{d_2}^{(2)})$ eine Basis in V_2. Ferner sei $(\omega_{\mu_1\mu_2})_{1 \le \mu_i \le d_i, i=1,2}$ eine Familie von Vektoren in W.

Beh.: Es gibt genau eine bilineare Abbildung $\omega : V_1 \times V_2 \to W$, $(x_1, x_2) \mapsto \omega(x_1, x_2)$ mit $\omega(v_{\mu_1}^{(1)}, v_{\mu_2}^{(2)}) = \omega_{\mu_1\mu_2}$ für alle $1 \le \mu_i \le d_i$ und $i = 1, 2$.

Beweis: Sei ω wie in der Behauptung und $x_1 \in V_1$, $x_2 \in V_2$ beliebig vorgegeben. Ist $x_i = \sum_{\mu_i=1}^{d_i} \lambda_{\mu_i}^{(i)} v_{\mu_i}^{(i)}$ die Darstellung von x_i bezüglich der Basis $(v_1^{(i)}, ..., v_{d_i}^{(i)})$ mit $i = 1, 2$, so gilt:

$$\omega(x_1, x_2) = \omega\left(\sum_{\mu_1=1}^{d_1} \lambda_{\mu_1}^{(1)} v_{\mu_1}^{(1)}, \sum_{\mu_2=1}^{d_2} \lambda_{\mu_2}^{(2)} v_{\mu_2}^{(2)}\right) = \sum_{\mu_1=1}^{d_1} \sum_{\mu_2=1}^{d_2} \lambda_{\mu_1}^{(1)} \lambda_{\mu_2}^{(2)} \omega\left(v_{\mu_1}^{(1)}, v_{\mu_2}^{(2)}\right)$$

$$= \sum_{\mu_1=1}^{d_1} \sum_{\mu_2=1}^{d_2} \lambda_{\mu_1}^{(1)} \lambda_{\mu_2}^{(2)} \omega_{\mu_1\mu_2}$$

Zur Eindeutigkeit: Gäbe es noch eine bilineare Abbildung $\tilde{\omega}$ mit $\tilde{\omega}(v_{\mu_1}^{(1)}, v_{\mu_2}^{(2)}) = \omega_{\mu_1\mu_2}$, so folgt aus der obigen Rechnung sofort $\omega = \tilde{\omega}$, womit die Eindeutigkeit von ω gezeigt ist.

Zur Existenz: Definiere ω durch obige Formel. Dann verbleibt nur noch die Bilinearität zu zeigen. Sei $\tilde{x}_1 = \sum_{\mu_1=1}^{d_1} \tilde{\lambda}_{\mu_1}^{(1)} v_{\mu_1}^{(1)} \in V_1$. Dann ist

$$\omega(x_1 + \tilde{x}_1, x_2) = \omega\left(\sum_{\mu_1=1}^{d_1} (\lambda_{\mu_1}^{(1)} + \tilde{\lambda}_{\mu_1}^{(1)}) v_{\mu_1}^{(1)}, \sum_{\mu_2=1}^{d_2} \lambda_{\mu_2}^{(2)} v_{\mu_2}^{(2)}\right)$$

$$= \sum_{\mu_1=1}^{d_1} \sum_{\mu_2=1}^{d_2} (\lambda_{\mu_1}^{(1)} + \tilde{\lambda}_{\mu_1}^{(1)}) \lambda_{\mu_2}^{(2)} \omega\left(v_{\mu_1}^{(1)}, v_{\mu_2}^{(2)}\right)$$

$$= \sum_{\mu_1=1}^{d_1} \sum_{\mu_2=1}^{d_2} \lambda_{\mu_1}^{(1)} \lambda_{\mu_2}^{(2)} \omega\left(v_{\mu_1}^{(1)}, v_{\mu_2}^{(2)}\right) + \sum_{\mu_1=1}^{d_1} \sum_{\mu_2=1}^{d_2} \tilde{\lambda}_{\mu_1}^{(1)} \lambda_{\mu_2}^{(2)} \omega\left(v_{\mu_1}^{(1)}, v_{\mu_2}^{(2)}\right)$$

$$= \omega(x_1, x_2) + \omega(\tilde{x}_1, x_2)$$

Damit ω additiv in der 1. Variablen. Für $\lambda \in \mathbb{R}$ ist

$$\omega(\lambda x_1, x_2) = \omega\left(\sum_{\mu_1=1}^{d_1} (\lambda \lambda_{\mu_1}^{(1)}) v_{\mu_1}^{(1)}, \sum_{\mu_2=1}^{d_2} \lambda_{\mu_2}^{(2)} v_{\mu_2}^{(2)}\right) = \sum_{\mu_1=1}^{d_1} \sum_{\mu_2=1}^{d_2} (\lambda \lambda_{\mu_1}^{(1)}) \lambda_{\mu_2}^{(2)} \omega\left(v_{\mu_1}^{(1)}, v_{\mu_2}^{(2)}\right)$$

$$= \lambda \sum_{\mu_1=1}^{d_1} \sum_{\mu_2=1}^{d_2} \lambda_{\mu_1}^{(1)} \lambda_{\mu_2}^{(2)} \omega\left(v_{\mu_1}^{(1)}, v_{\mu_2}^{(2)}\right) = \lambda \omega(x_1, x_2),$$

d.h. ω ist homogen und damit linear in der 1. Variablen. Die Linearität in der 2. Variablen geht analog, was die Bilinearität von ω zeigt. □

Wir betrachten jetzt $V_1 = V_2 = \cdots V_r = V$.

Definition 3.8.6 (Symmetrie-Eigenschaften). Eine r-lineare Abbildung $\omega : V \times \cdots \times V \to W$ heißt:

$$\begin{cases} \textbf{symmetrisch,} \\ \textbf{alternierend,} \end{cases} :\Longleftrightarrow \omega(v_1, ..., v_i, ..., v_j, ...v_r) = \begin{cases} \omega(v_1, ..., v_j, ..., v_i, ...v_r) \\ -\omega(v_1, ..., v_j, ..., v_i, ...v_r) \end{cases}$$

Es ist also ω alternierend (symmetrisch), falls sich das Vorzeichen von ω (nicht) ändert.

Beispiel 3.8.7 (Übung). (i) Das aus der Schule wohlbekannte kanonische - oder Standardskalarprodukt $\mathbb{R}^3 \times \mathbb{R}^3 \to \mathbb{R}$, $(x, y) \mapsto \langle x, y \rangle := x_1 y_1 + x_2 y_2 + x_3 y_3$ auf dem $\mathbb{R}^3$ ist eine symmetrische Bilinearform.
(ii) Sei $I := [a, b] \subset \mathbb{R}$ ein kompaktes Intervall in $\mathbb{R}$ und $V := \mathscr{R}(I)$ der $\mathbb{R}$-Vektorraum der R-integrierbaren Funktionen auf I. Nach Satz 2.4.10 ist mit $f, g \in \mathscr{R}(I)$ auch das Produkt $fg \in \mathscr{R}(I)$. Daher ist die vermöge

$$V \times V \longrightarrow \mathbb{R}, \ (f, g) \longmapsto \int_a^b f(t) g(t) \, dt$$

gegebene Abbildung wohldefiniert. Darüber hinaus ist sie nach demselben Satz bilinear und ersichtlich symmetrisch.

Von praktischem Interesse ist das folgende

Lemma 3.8.8. Eine r-lineare Abbildung $\omega : V \times \cdots \times V \to W$ ist genau dann alternierend, falls sie auf jedes linear abhängige r-tupel mit Null antwortet.

Beweis. „$\Rightarrow$:" Sei also ω alternierend und $(v_1, ..., v_r)$ ein linear abhängiges r-tupel in V. O.B.d.A sei $v_1 = \lambda_2 v_2 + \cdots \lambda_r v_r$, d.h. v_1 ist eine Linearkombination der übrigen Vektoren des r-tupels. Dann gilt:

$$\begin{aligned} \omega(v_1, ..., v_r) &= \omega(\lambda_2 v_2 + \lambda_3 v_3 + \cdots + \lambda_r v_r, v_2, ..., v_r) \\ &\overset{(1)}{=} \lambda_2 \omega(v_2, v_2, v_3, ..., v_r) + \lambda_3 \omega(v_3, v_2, v_3, .., v_r) + \cdots + \lambda_r \omega(v_r, v_2, v_3..., v_r) \\ &\overset{(2)}{=} -\lambda_2 \omega(\underbrace{v_2, v_2}_{\text{vertauscht}}, v_3, ..., v_r) - \lambda_3 \omega(\underbrace{v_3, v_2, v_3}_{v_3\text{'s vertauscht}}, .., v_r) - \cdots - \lambda_r \omega(\underbrace{v_r, v_2, v_3}_{v_r\text{'s vertauscht}}..., v_r) \\ &\overset{(3)}{=} -\omega(\lambda_2 v_2 + \lambda_3 v_3 + \cdots + \lambda_r v_r, v_2, ..., v_r) \\ &= -\omega(v_1, ..., v_r) \end{aligned}$$

In (1) ist die Linearität im 1. Argument verwendet worden; in (2) geht die Voraussetzung ein, dass ω alternierend ist; in (3) wiederum die Linearität im 1. Argument.

Insgesamt also $2\omega(v_1, ..., v_r) = 0$, d.h. $\omega(v_1, ..., v_r) = 0$ und also antwortet ω auf linear abhängige r-tupel mit Null.

„$\Leftarrow$:" Sei nun vorausgesetzt, dass ω auf jedes linear abhängige r-tupel mit Null antwortet. Zu zeigen ist, dass ω bei Vertauschung zweier Variablen das Vorzeichen wechselt. Betrachte dazu das linear abhängige r-tupel $(v_1, ..., v_i + v_j, ..., v_i + v_j, ...v_r)$, das an der i'ten und j'ten Stelle in ω jeweils denselben Vektor $v_i + v_j$ stehen hat. Dann folgt

$$0 = \omega(\underbrace{..., v_i + v_j}_{i\text{'te Stelle}}, ..., \underbrace{v_i + v_j}_{j\text{'te Stelle}}, ...)$$

$$= \underbrace{\omega(..., v_i, ..., v_i, ...)}_{=0} + \omega(..., v_i, ..., v_j, ...) + \omega(..., v_j, ..., v_i, ...) + \underbrace{\omega(..., v_j, ..., , v_j, ...)}_{=0}$$

und damit die Behauptung. □

Diskussion: Wie viele alternierende r-lineare Abbildungen gibt es, wenn $r > \dim V$?

Bemerkung 3.8.9. (i) Eine bijektive Selbstabbildung $\tau : \{1, ..., r\} \overset{\cong}{\to} \{1, ..., r\}$ heißt eine *Permutation*; man spricht auch von einer *Anordnung* der Zahlen der $1, ..., r$. Jede solche Abbildung (Anordnung) lässt sich durch Hintereinanderausführung (Komposition) von Vertauschungen (von Zahlen) schreiben. Jedoch kann ein und dasselbe τ aus verschiedene Komposition von Vertauschungen hervorgehen, d.h. die Darstellung ist nicht eindeutig. Bezeichnet τ_{ij} die Vertauschung der i'ten und der j'ten Zahl im r-tupel, so rechnet man beispielsweise für gegebenes $\tau : \{1, 2, 3, 4, 5\} \to \{1, 2, 3, 4, 5\}$ wie folgt:

$$\begin{pmatrix} 1 \\ 2 \\ 3 \\ 4 \\ 5 \end{pmatrix} \overset{\tau}{\mapsto} \begin{pmatrix} 3 \\ 2 \\ 4 \\ 5 \\ 1 \end{pmatrix} \Longleftrightarrow \begin{pmatrix} 1 \\ 2 \\ 3 \\ 4 \\ 5 \end{pmatrix} \overset{\tau_{13}}{\mapsto} \begin{pmatrix} 3 \\ 2 \\ 1 \\ 4 \\ 5 \end{pmatrix} \overset{\tau_{15}}{\mapsto} \begin{pmatrix} 3 \\ 2 \\ 5 \\ 4 \\ 1 \end{pmatrix} \overset{\tau_{45}}{\mapsto} \begin{pmatrix} 3 \\ 2 \\ 4 \\ 5 \\ 1 \end{pmatrix}$$

(ii) Die Menge aller Permutationen $\tau : \{1, 2, ..., r\} \to \{1, 2, ..., r\}$ werde mit S_r bezeichnet. Offenbar hat S_r genau $r! := r \cdot (r - 1) \cdot (r - 2) \cdot .... \cdot 3 \cdot 2 \cdot 1$, lies r-*Fakultät*, Elemente. Die S_5 hat demnach $5! = 5 \cdot 4 \cdot 3 \cdot 2 \cdot 1 = 120$ Elemente, d.h. $|S_5| = 120$.

Bemerkung 3.8.10. Sei $\tau \in S_r$ eine beliebige Permutation.
(i) Für jede symmetrische multilineare Abbildung $\omega : V \times \cdots \times V \to W$ gilt definitionsgemäß $\omega(v_1, ..., v_r) = \omega(v_{\tau_1}, v_{\tau_2}, ..., v_{\tau_r})$ mit $\tau_i := \tau(i)$ und $i = 1, .., r$.
(ii) Ist $\omega : V \times \cdots \times V \to W$ eine alternierende r-lineare Abbildung, so gilt

$$\omega(v_{\tau_1}, ..., v_{\tau_r}) = sgn(\tau)\omega(v_1, ..., v_r), \text{ wobei}$$

$$sgn(\tau) := \begin{cases} 1 & \text{, gerader Anzahl von Vertauschungen} \\ -1 & \text{, ungerader Anzahl von Vertauschungen} \end{cases}$$
$$= (-1)^{\text{Anzahl der Vertauschungen}}.$$

Korollar 3.8.11. Ist $\omega : V \times \cdots \times V \to W$ eine r-lineare Abbildung, so genügt es in Anwesenheit einer Basis in V im
(i) symmetrischen Falle, ω nur auf aufsteigenden Indices $\mu_1 \leq \ldots \leq \mu_r$ festzulegen, da alle anderen bei Vertauschung sich nicht ändern.
(ii) im alternierenden Falle, ω nur auf streng aufsteigenden Indices $\mu_1 < \ldots < \mu_r$ festzusetzen, da alle anderen entweder durch $sgn(\tau)$ festgelegt sind oder bei gleichen Indices wegen Lemma 3.8.8 verschwinden. Ist $\dim(V) = r$, so ist ω durch einen Vektor in W bereits eindeutig festgelegt, weil es ja nur die eine streng aufsteigende Folge $1 < 2 < \ldots < r$ gibt.

Bisher hatten wir r-lineare Abbildungen mit beliebigem $\dim(V) < \infty$ betrachtet. Wir ziehen nun im Spezialfall n-linearer Abbildungen mit $\dim(V) = n$ folgendes

Korollar 3.8.12. Im Falle $\dim(V) = n$ gibt es in Anwesenheit einer Basis $(v_1, \ldots, v_n)$ von V und jedem $w \in W$ genau eine n-lineare alternierende Abbildung

$$\omega : V \times \cdots \times V \longrightarrow W, \quad \omega(x_1, \ldots, x_n) = w \sum_{\tau \in S_n} sgn(\tau) \cdot \lambda_{\tau_1}^{(1)} \cdot \ldots \cdot \lambda_{\tau_n}^{(n)}$$

mit $\omega(v_1, \ldots, v_n) = w$. Dabei sind $\lambda_{\tau_1}^{(i)}, \ldots, \lambda_{\tau_n}^{(i)}$ wieder die Entwicklungskoeffizienten von x_i bezüglich der Basis $(v_1, \ldots, v_n)$ von V.
(ii) Im Falle $V = \mathbb{R}^n$, $W = \mathbb{R}$ und der Standardbasis $(e_1, \ldots, e_n)$ des $\mathbb{R}^n$ gibt es genau eine n-lineare alternierende Abbildung

$$\det : \mathbb{R}^n \times \cdots \times \mathbb{R}^n \longrightarrow \mathbb{R}, \quad \det(a_1, \ldots, a_n) = \sum_{\tau \in S_n} sgn(\tau) \cdot a_{\tau_1 1} \cdot \ldots \cdot a_{\tau_n n}$$

mit $\det(e_1, \ldots, e_n) = 1$. Dabei sind $a_{\tau_j j}$ die Komponenten von $a_j = \sum_{i=1}^n a_{ij} e_i$.

3.8.3 Die Determinante

Die Determinante wird gebraucht für:

- Existenz und Berechnung der inversen Matrix.

- Existenz und Berechnung einer Lösung für ein lineares Gleichungssystem.

- Bestimmung von Extremwerten bei Funktionen in mehreren Variablen (gemäß Kap. 8.4).

- Bestimmung eines Lösungsfundamentalsystems linearer Differentialgleichungen mit konstanten Koeffizienten (Eigenwertberechnung gemäß Kap. 5.3).

- Integration in verschiedenen Koordinatensystemen (Volumenkorrekturfaktor in der Integraltransformationsformel in Kap. 8.5.3).

Satz 3.8.13. *Es gibt genau eine alternierende multilineare Abbildung*

$$\det : \mathbb{R}^n \times \cdots \times \mathbb{R}^n \longrightarrow \mathbb{R}, \quad (v_1, ..., v_n) \longmapsto \det(v_1, ..., v_n)$$

in n Variablen mit $\det(e_1, ..., e_n) = 1$.

Definition 3.8.14 (Determinante). Sie heißt die **Determinantenfunktion** oder einfach die **Determinante**. Ist $A := (a_1|a_2|...|a_n) \in M_n(\mathbb{R})$ mit Spaltenvektoren $a_1, a_2, ..., a_n \in \mathbb{R}^n$, so nennt man die Zahl

$$\det(A) := \det(a_1, ..., a_n) \in \mathbb{R}$$

die **Determinante von** A, womit det auch als Abbildung $\det : M_n(\mathbb{R}) \to \mathbb{R}$ gelesen werden kann.

Notation 3.8.15. Oftmals wird $\det(A)$ mit $|A|$ notiert.

Beweis. [des Satzes] Die behauptete Existenz und Eindeutigkeit der Determinante mit den angegebenen Eigenschaften folgt unmittelbar aus Kor. 3.8.12 (ii). Die dort angegebene Formel trägt den Namen LEIBNIZ[2]-*Formel*; für $A \in M_n(\mathbb{R})$ ist also:

$$\det(A) := \sum_{\tau \in S_n} sgn(\tau) \cdot a_{\tau_1 1} \cdot a_{\tau_2 2} \cdot \ldots \cdot a_{\tau_n n} \qquad \text{(LEIBNIZ-Formel)} \qquad (3.28)$$

$\square$

Bemerkung 3.8.16. (i) Die Determinante wird demnach durch Summation über das Produkt aller Zeilen-Permutationen von Einträgen der Spaltenvektoren $a_1, ..., a_n$ berechnet, d.h. wir haben so viele Summanden in der LEIBNIZ-Formel, wie Elemente (=Permutationen) in S_n; das sind also nach Bem. 3.8.9 (ii) $n!$ Summanden. Das Wachstum von $n!$ abschätzen zu können, rechnen wir mal die ersten Terme aus:

$$|S_1| = 1, |S_2| = 2! = 2, |S_3| = 3! = 6, |S_4| = 4! = 24, |S_5| = 5! = 120, |S_6| = 6! = 720$$

Allgemein lässt sich $n!$ mit der STIRLING[3]schen Formel $n! \approx \sqrt{2\pi n} \left(\frac{n}{e}\right)^n$ abschätzen. Die Determinante einer 60x60-Matrix hatte dann ca. 10^{80} Summanden, was der Anzahl aller Atome im Universum entspricht. Vom Standpunkt praktisch-numerischer Anforderungen ist eine solche Matrix jedoch klein. Es geht allerdings schon aus den Beispielrechnungen hervor, dass die LEIBNIZ-Formel zur manuellen Berechnung der Determinante allenfalls für kleine Matrizen, $n = 1, 2, 3$ geeignet ist.

(ii) Alternativ kann det durch die LEIBNIZ-Formel definiert werden. Dann sind alle behaupteten Eigenschaften (Eindeutigkeit, alternierend, multilinear und $\det(E_n) = 1$) nachzurechnen.

---

[2]GOTTFRIED WILHELM LEIBNIZ (1646-1716) deutscher Mathematiker
[3]JAMES STIRLING (1692-1770) schottischer Mathematiker

Bemerkung 3.8.17 (Berechnung der Determinante kleiner Matrizen). (i) Für $n = 1$ ist $\det(a) = a$ für alle $a \in M_1(\mathbb{R}) = \mathbb{R}$.

(ii) Im Falle $n = 2$ besteht die S_2 genau aus zwei Permutationen, der Identität id : $(1, 2) \mapsto (1, 2)$ und $\tau := \tau_{1,2} : (1, 2) \mapsto (2, 1)$. Mit der LEIBNIZ-Formel folgt:

$$\det(A) = \begin{vmatrix} a_{11} & a_{12} \\ a_{21} & a_{22} \end{vmatrix} = sgn(\mathrm{id}) \cdot a_{\mathrm{id}_1 1} a_{\mathrm{id}_2 2} + sgn(\tau) a_{\tau_1 1} a_{\tau_2 2} = a_{11} a_{22} - a_{21} a_{12} \quad (3.29)$$

Man beachte die Übereinstimmung zur Parallelogramm-Formel (3.25) aus der Motivation.

(iii) Im Falle $n = 3$ hat S_3 sechs Permutationen und also hat det sechs Summanden, nämlich

$$\begin{pmatrix} 1 \\ 2 \\ 3 \end{pmatrix} \xrightarrow{\mathrm{id}} \begin{pmatrix} 1 \\ 2 \\ 3 \end{pmatrix}, \quad \begin{pmatrix} 1 \\ 2 \\ 3 \end{pmatrix} \begin{matrix} \nearrow^{\tau_{12}} \\ \xrightarrow{\tau_{23}} \\ \searrow_{\tau_{13}} \end{matrix} \begin{pmatrix} 1 \\ 3 \\ 2 \end{pmatrix} \xrightarrow{\tau_{12}} \begin{pmatrix} 2 \\ 3 \\ 1 \end{pmatrix}$$

$$\begin{pmatrix} 2 \\ 1 \\ 3 \end{pmatrix} \xrightarrow{\tau_{23}} \begin{pmatrix} 3 \\ 1 \\ 2 \end{pmatrix}$$

$$\begin{pmatrix} 3 \\ 2 \\ 1 \end{pmatrix},$$

d.h. also: id, $\tau_{12} \cdot \tau_{23}$, $\tau_{23} \cdot \tau_{12}$, bei denen $sgn = 1$ ist, da entweder gar nicht oder zweimal getauscht wurde, und $\tau_{12}, \tau_{23}, \tau_{13}$, mit $sgn = -1$, da nur eine Vertauschung. Wende obiges Schema und die LEIBNIZ-Formel an, so folgt:

$$\det(A) = a_{11}a_{22}a_{33} + a_{31}a_{12}a_{23} + a_{21}a_{32}a_{13} - a_{21}a_{12}a_{33} - a_{11}a_{32}a_{23} - a_{31}a_{22}a_{13}$$

So lässt sich die Formel schlecht einprägen, weswegen sich die Regel von SARRUS[4] etabliert hat:

$$\det(A) = \begin{vmatrix} a_{11} & a_{12} & a_{13} \\ a_{21} & a_{22} & a_{23} \\ a_{31} & a_{32} & a_{33} \end{vmatrix} \begin{matrix} a_{11} & a_{12} \\ a_{21} \\ a_{31} & a_{32} \end{matrix} = \begin{matrix} a_{11}a_{22}a_{33} + a_{12}a_{23}a_{31} + a_{13}a_{21}a_{32} \\ -a_{31}a_{22}a_{13} - a_{32}a_{23}a_{11} - a_{33}a_{21}a_{12} \end{matrix} \quad (3.30)$$

Das ist dieselbe Formel wie oben, nur sind diese Faktoren bei der Regel von SARRUS so angeordnet, dass die positiven Summanden von links oben bei a_{11} von $\det(A)$ beginnend diagonal nach unten die Matrixeinträge multipliziert werden, und die negativen Summanden von links unten bei a_{31} beginnend diagonal nach oben die Matrixeinträge multipliziert werden; und beide Vorgänge jeweils zweimal wiederholt zur Diagonalreihe. Die letzten beiden Spalten dienen nur dazu, das Schema besser kenntlich zu machen.

---

[4]PIERRE FREDERIC SARRUS (1798-1861) französischer Mathematiker

Zur Berechnung großer Matrizen werden wir auf ein anderes Verfahren zurückgreifen. Wir wollen nun wesentliche Eigenschaften der Determinante zusammenfassen.

Satz 3.8.18 (Weitere Eigenschaften der Determinante). *Sei $A \in M_n(\mathbb{R})$.*
(i) Für jedes $\lambda \in \mathbb{R}$ gilt $\det(\lambda A) = \lambda^n \det(A)$.
(ii) Ist eine der Spalten von A null, so ist $\det(A) = 0$.
(iii) Entsteht $\tilde{A}$ aus A durch Vertauschung zweier Spalten, so gilt $\det(\tilde{A}) = -\det(A)$, d.h.
det ist alternierend in den Spalten.
(iv) Entsteht $\tilde{A}$ aus A durch Addition des λ-fachen der j'ten Spalte zur i'ten Spalte, so ist
$\det(\tilde{A}) = \det(A)$, d.h. geometrisch: Das durch die Spaltenvektoren $a_1, ..., a_n$ aufgespannte
Spatvolumen ist invariant unter Scherung.
(v) (Multiplikationssatz) Für $B \in M_n(\mathbb{R})$ gilt:

$$\boxed{\det(AB) = \det(A)\det(B)}$$

Insbesondere: Sind $A, S \in \mathrm{GL}_n(\mathbb{R})$, so:

$$\det(B^k) = \det(B)^k \ (k \in \mathbb{N}), \ \ \det(A^{-1}) = \frac{1}{\det(A)}, \ \ \det(S^{-1}BS) = \det(B)$$

(vi) (Symmetrie in Zeilen und Spalten) Es gilt: $\det\left(A^T\right) = \det(A)$
(vii) Die Determinante einer oberen oder unteren Dreiecksmatrix ist das Produkt ihrer
Diagonalelemente, d.h.

$$\begin{vmatrix} a_{11} & & * \\ & \ddots & \\ 0 & & a_{nn} \end{vmatrix} = a_{11} \cdot a_{22} \cdot ... \cdot a_{nn} = \begin{vmatrix} a_{11} & & 0 \\ & \ddots & \\ * & & a_{nn} \end{vmatrix}.$$

(viii) Sind $B, C, D \in M_n(\mathbb{R})$, so gilt:

$$\begin{vmatrix} A & B \\ 0 & D \end{vmatrix} = \det(A) \cdot \det(D) = \begin{vmatrix} A & 0 \\ C & D \end{vmatrix}.$$

Beweis. Zu (i)-(iii): (i) folgt direkt aus der Mulitlinearität; (ii) direkt aus Lemma 3.8.8 und (iii) ist gerade die Eigenschaft alternierend.
Zu (iv): Die Mulitlinearität von ω impliziert

$$\underbrace{\det(..., a_i + \lambda a_j, ..., a_j, ...)}_{\text{i'te Stelle}} \overset{\omega \text{ multilinear}}{=} \det(..., a_i, ..., a_j, ...) + \lambda \underbrace{\det(..., a_j, ..., a_j, ...)}_{=0, \text{ wegen Lem.3.8.8}}.$$

Zu (v): Für beliebiges, aber festes $A \in M_n(\mathbb{R})$ definiere die Abbildung $\omega : \mathbb{R}^n \times$
$... \times \mathbb{R}^n \to \mathbb{R}$ vermöge $\omega(b_1, ..., b_n) := \det(AB)$. Die Abbildung ist in jeder Variablen linear, denn $AB = (Ab_1 | \cdots | Ab_n)$, also $\omega(b_1, ..., b_n) = \det(AB) = \det(Ab_1, ..., Ab_n)$. Daher ist für jedes $j = 1, ..., n$ die Abbildung $b_j \mapsto \det(..., Ab_j, ...)$ linear und also ω

multilinear. ω ist alternierend, da det es ist. Also ist ω alternierend und n-linear. Solches ist nach Kor. 3.8.12 eindeutig bis auf einen Faktor $w \in \mathbb{R}$, und dieses w ist gerade $\omega(e_1, ..., e_n) = \det(AE_n) = \det(A)$, d.h. ω ist eindeutig festgelegt durch $w = \det(A)$. Das Kor. 3.8.12 besagt nun

$$\omega(b_1, ..., b_n) = \det(A) \sum_{\tau \in S_n} sgn(\tau) \cdot b_{\tau_1 1} \cdot \ldots \cdot b_{\tau_n n},$$

und die Summe darin ist ja gerade die LEIBNIZ-Formel für $\det(B)$, d.h. ist $\omega = \det(A) \cdot \det$ und also $\omega(B) := \det(AB) = \det(A) \det(B)$.
Ist $A \in GL_n(\mathbb{R})$, so gilt $E_n = AA^{-1}$ und nach dem eben bewiesenen Multiplikationssatz $1 = \det(E_n) = \det(AA^{-1}) = \det(A) \det(A^{-1})$. Die restlichen Behauptungen in (v) sind klar.
Zu (vi): Sei $A \in M_n(\mathbb{R})$ und A^T mit $a_{ij}^T = a_{ji}$. Mit der LEIBNIZ-Formel folgt:

$$\begin{aligned}
\det(A^T) &= \sum_{\sigma \in S_n} sgn(\sigma) \cdot a_{\sigma_1 1}^T \cdot \ldots \cdot a_{\sigma_n n}^T \\
&= \sum_{\sigma \in S_n} sgn(\sigma) \cdot a_{1 \sigma_1} \cdot \ldots \cdot a_{n \sigma_n} \\
&\overset{(*)}{=} \sum_{\sigma \in S_n} sgn(\sigma^{-1}) \cdot a_{\sigma_1^{-1} 1} \cdot \ldots \cdot a_{\sigma_n^{-1} n} \\
&= \det(A)
\end{aligned}$$

Zu (*): Hier wird benutzt, dass $a_{1 \sigma_1} \cdot \ldots \cdot a_{n \sigma_n} = a_{\sigma_1^{-1} 1} \cdot \ldots \cdot a_{\sigma_n^{-1} n}$ für alle $\sigma \in S_n$ ist, denn bis auf Reihenfolge enthalten beide Produkte dieselben Faktoren. Ferner gilt $sgn(\sigma) = sgn(\sigma^{-1})$, denn jedes σ ist Komposition von Vertauschungen; und so viele Vertauschungen, die nötig waren, um eine bestimmte Anordnung σ herzustellen, braucht man auch wieder, um sie rückgängig zu machen. Weil in S_n alle Elemente Bijektionen sind, folgt schließlich, dass auch σ^{-1} mit $\sigma \in S_n$ die ganze S_n durchläuft.
Zu (vii): Ist eines der $a_{ii} = 0$, so bilden die Spalten von A ein linear abhängiges n-tupel, was $\det A = 0$ impliziert [weil dann die $(i-1)$'te und i'te Spalte auf derselben Zeilenstufe liegen, und daher die ersten i Spalten von A linear abhängig sind]. Ist keines der a_{ii}'s null, so wende (iv) iterativ an (welches ja det nicht ändert) und erhalte Diagonalmatrix mit $a_{11}, ..., a_{nn}$ in der Diagonalen, deren Determinante gleich $a_{11} \cdots a_{nn} \cdot \det E = a_{11} \cdots a_{nn}$ ist.
Zu (viii): Wir zeigen nur die erste Gleichheit; die zweite folgt völlig analog. Nach Satz 3.7.6 (i) kann jede Matrix durch elementare Zeilenumformungen auf Zeilenstufenform gebracht werden. Da wir dabei nicht fordern, dass die Diagonalelemente auf 1 normiert sind (sofern diese ungleich null sind), reichen dazu elementare Zeilenumformungen vom Typ Z_2 und Z_3. Wir bringen damit die Matrix A auf Zeilenstufenform und nennen diese $\tilde{A}$. Die dabei aus B entstehende Matrix werde mit $\tilde{B}$ bezeichnet. Sodann bringen wir D auf Zeilenstufenform $\tilde{D}$. Wegen (iii) und (iv) dieses Satzes folgt $\det A = (-1)^k \det \tilde{A}$ sowie $\det D = (-1)^l \det \tilde{D}$, was schließlich

$$\begin{vmatrix} A & B \\ 0 & D \end{vmatrix} = (-1)^{k+l} \begin{vmatrix} \tilde{A} & \tilde{B} \\ 0 & \tilde{D} \end{vmatrix} \overset{(vii)}{=} (-1)^{k+l} \det(\tilde{A}) \cdot \det(\tilde{D}) = (-1)^{2(k+l)} \det A \det D = |A| \cdot |D|$$

unter Anwendung von (vii) impliziert.   □

Beachte: Eine Regel wie $\det(A + B) = \det(A) + \det(B)$ gilt für $n \geq 2$ nicht!

Beispiel 3.8.19 (Gegenbeispiel). Seien:

$$A := \begin{pmatrix} 1 & 2 \\ 2 & 5 \end{pmatrix}, \ B := \begin{pmatrix} 3 & 1 \\ 1 & 3 \end{pmatrix} \implies A + B = \begin{pmatrix} 4 & 3 \\ 3 & 8 \end{pmatrix}$$

Dann gilt: $\det(A) = 1, \det(B) = 8, \det(A + B) = 23$, also $\det(A + B) \neq \det(A) + \det(B)$.

Bemerkung 3.8.20. (i) Aus (vii) des Satzes folgt sofort, dass die Determinante einer Diagonalmatrix das Produkt ihrer Diagonalelemente ist, d.h.:

$$\begin{vmatrix} \lambda_1 & & 0 \\ & \ddots & \\ 0 & & \lambda_n \end{vmatrix} = \lambda_1 \cdot \lambda_2 \cdot \ldots \cdot \lambda_n$$

(ii) Wegen (vi) des Satzes ist det nicht nur alternierend und multilinear in den Spalten, sondern auch in den *Zeilen*; die Aussagen (i)-(iv) des Satzes gelten entsprechend für Zeilen.

Welche Informationen aus einer nicht-verschwindenden Determinante extrahiert werden können, zeigt das folgende

Lemma 3.8.21. Für ein Matrix $A \in M_n(\mathbb{R})$ sind folgende Aussagen äquivalent:

(i) A hat nicht-verschwindende Determinante, d.h. $\det(A) \neq 0$.

(ii) Die Spalten von $A = (a_1|a_2|...|a_n)$ sind linear unabhängig.

(iii) A hat vollen Rang, d.h. $\mathrm{rg}(A) = n$.

(iv) Der Kern von A ist trivial, d.h. $\mathrm{Kern}(A) = \{0\}$.

(v) $A : \mathbb{R}^n \overset{\cong}{\to} \mathbb{R}^n$ ist ein Isomorphismus, d.h. A ist invertierbar, und also $A \in \mathrm{GL}_n(\mathbb{R})$.

(vi) Für jedes $b \in \mathbb{R}^n$ ist das lineare Gleichungssystem $Ax = b$ eindeutig lösbar.

Beweis. (i) $\Rightarrow$ (ii) : Wären die Spalten von A linear abhängig, so würde det nach Lemma 3.8.8 mit Null antworten.
(ii) $\Rightarrow$ (i) : Sind die Spalten $a_1, ..., a_n$ linear unabhängig im $\mathbb{R}^n$, so aus Dimensionsgründen (siehe auch Merke unter Bsp. 3.5.29) eine Basis. Ist $w := \det(a_1, ..., a_n) \in \mathbb{R}$ das Bild von det unter dieser Basis in $\mathbb{R}$, so ist det nach Kor. 3.8.12 bereits eindeutig festgelegt. Wäre $\det(A) = 0$, so nach dem gleichen Korollar det die Nullabbildung, im Widerspruch zu $\det(E_n) = 1$.
Alle weiteren Äquivalenzen sind in den vorangegangenen Abschnitten bewiesen worden.   □

Unser nächstes Ziel wird sein, wie man Determinanten konkret berechnet, und darüber hinaus wollen wir einige weitere Eigenschaften und Anwendungen vorstellen.

Notation 3.8.22. Sei $A \in M_n(\mathbb{R})$. Dann wird die durch Weglassen der i'ten Zeile und j'ten Spalte aus A hervorgehenende $(n-1) \times (n-1)$-Matrix

$$A_{ij} := \begin{pmatrix} a_{11} & \cdots & a_{1j} & \cdots & a_{1n} \\ \vdots & & \vdots & & \vdots \\ a_{i1} & \cdots & a_{ij} & \cdots & a_{in} \\ \vdots & & \vdots & & \vdots \\ a_{n1} & \cdots & a_{nj} & \cdots & a_{nn} \end{pmatrix} \in M_{(n-1)}(\mathbb{R})$$

mit A_{ij} bezeichnet.

Beispiel 3.8.23. Für $A := \begin{pmatrix} 0 & 1 & 2 \\ 3 & 2 & 1 \\ 1 & 1 & 0 \end{pmatrix}$ erhalte $A_{22} = \begin{pmatrix} 0 & 2 \\ 1 & 0 \end{pmatrix}$ sowie $A_{13} = \begin{pmatrix} 3 & 2 \\ 1 & 1 \end{pmatrix}$.

Demnach entsteht A_{22} aus A, durch Weglassen der 2. Zeile und 2. Spalte; und A_{13} durch Weglassen der 1. Zeile und 3. Spalte.

Satz 3.8.24 (LAPLACEscher Entwicklungssatz). *Für jede Matrix $A \in M_n(\mathbb{R})$ gilt:*

$$\det(A) = \sum_{i=1}^{n} (-1)^{i+j} a_{ij} \det(A_{ij}) \qquad \text{(Entwicklung nach der j'ten Spalte) (3.31)}$$

$$\det(A) = \sum_{j=1}^{n} (-1)^{i+j} a_{ij} \det(A_{ij}) \qquad \text{(Entwicklung nach der i'ten Zeile) (3.32)}$$

Der LAPLACE[5]sche Entwicklungssatz ist nur ein Verfahren, um die Summanden in der LEIBNIZ-Formel in eine vorgegebene Reihenfolge zu bringen. Rechnen wir gleich ein

Beispiel 3.8.25. (i) Entwicklung nach der 2. Spalte liefert:

$$\begin{vmatrix} 0 & 1 & 2 \\ 3 & 2 & 1 \\ 1 & 1 & 0 \end{vmatrix} = (-1)^{1+2} 1 \begin{vmatrix} 3 & 1 \\ 1 & 0 \end{vmatrix} + (-1)^{2+2} 2 \begin{vmatrix} 0 & 2 \\ 1 & 0 \end{vmatrix} + (-1)^{3+2} 1 \begin{vmatrix} 0 & 2 \\ 3 & 1 \end{vmatrix} = 1 - 4 + 6 = 3$$

(ii) Andererseits liefert die Entwicklung nach der 3. Zeile:

$$\begin{vmatrix} 0 & 1 & 2 \\ 3 & 2 & 1 \\ 1 & 1 & 0 \end{vmatrix} = (-1)^{3+1} 1 \begin{vmatrix} 1 & 2 \\ 2 & 1 \end{vmatrix} + (-1)^{3+2} 1 \begin{vmatrix} 0 & 2 \\ 3 & 1 \end{vmatrix} + (-1)^{3+3} 0 \cdot \begin{vmatrix} 0 & 1 \\ 3 & 2 \end{vmatrix} = -3 + 6 + 0 = 3$$

---

[5]PIERRE-SIMON LAPLACE (1749-1827) französischer Mathematiker

Also hat man sich durch die 0 in der dritten Zeile einen Summanden gespart. Wir fassen dies zusammen:

Merke: Rechne vorteilhaft, d.h. suche eine Spalte oder Zeile in der Matrix A mit möglichst vielen Nullen und kleinen Zahlenwerten und wende LAPLACE-Formel auf diese Zeile bzw. Spalte an.

Auch der LAPLACEsche Entwicklungssatz eignet sich nicht notwendig für große Matrizen, denn es sind im Allgemeinen n^2 Determinanten zu bestimmen. Die entscheidende Beobachtung zur Berechnung der Determinante ist: Nach Satz 3.8.18 (iii) und (iv) unter Beachtung von (vi) bewirken

   II Addition des λ-fachen einer Zeile zu einer anderen keine Änderung der Determinante,

   III Vertauschen zweier Zeilen einen Vorzeichenwechsel der Determinante.

Nach Satz 3.7.6 (i) kann jede Matrix auf Zeilenstufenform gebracht werden. Dazu genügen bereits die genannten zwei der insgesamt drei elementaren Zeilenumformungen. Geht $\tilde{A}$ aus A durch k-maliges Vertauschen zweier Zeilen hervor, so gilt $\det(\tilde{A}) = (-1)^k \det(A)$. Eine quadratische Matrix in Zeilenstufenform ist bereits in oberer Dreiecksgestalt, deren Determinante sich gemäß Satz 3.8.18 (vii) sehr einfach als Produkt ihrer Diagonalelemente berechnen lässt. Wir fassen zusammen:

Satz 3.8.26 (Zeilenstufenverfahren). *Sei $A \in M_n(\mathbb{R})$. Bringe A durch elementare Zeilenumformungen von Typ II und III auf Zeilenstufenform (=obere Dreiecksmatrix) $\tilde{A}$. Sei k die Anzahl der verwendeten Zeilenvertauschungen. Dann gilt:*

$$\det(A) = (-1)^k \det(\tilde{A}) = (-1)^k \tilde{a}_{11} \cdot \ldots \cdot \tilde{a}_{nn}.$$

Insbesondere: A hat genau dann vollen Rang n, wenn alle Diagonalelemente $\tilde{a}_{ii} \neq 0$.

Ein einfaches Beispiel zur Berechnung der Determinante via Zeilenstufenform:

Beispiel 3.8.27. Sei A wie in Bsp. 3.8.25, mit bekannter Determinante 3. Anwendung des Zeilenstufenverfahrens liefert:

$$\begin{vmatrix} 0 & 1 & 2 \\ 3 & 2 & 1 \\ 1 & 1 & 0 \end{vmatrix} \underset{1.Z.\leftrightarrow 3.Z.}{=} - \begin{vmatrix} 1 & 1 & 0 \\ 3 & 2 & 1 \\ 0 & 1 & 2 \end{vmatrix} \underset{2.Z.=(-3)1.Z.+2.Z}{=} - \begin{vmatrix} 1 & 1 & 0 \\ 0 & -1 & 1 \\ 0 & 1 & 2 \end{vmatrix} \underset{3.Z.=2.Z+3.Z}{=} - \begin{vmatrix} 1 & 1 & 0 \\ 0 & -1 & 1 \\ 0 & 0 & 3 \end{vmatrix} = 3$$

Vorgehensweise zur Berechnung der Determinante einer $n \times n$-Matrix $A \in M_n(\mathbb{R})$:

1. Enthält A eine 0-Zeile oder 0-Spalte, so ist $\det(A) = 0$.

2. Ist eine Spalte (bzw. Zeile) eine Linearkombination aus anderen Spalten (bzw. Zeilen), so ist $\det(A) = 0$.

3. Besteht A aus kleineren quadratischen Blockmatrizen, wie in Satz 3.8.18 (viii), so ist $\det(A) =$Produkt der Determinanten der Diagonalblockmatrizen.

4. Enthält A sehr viele Nullen, so wende LAPLACE-Formel an.

5. Ist $n > 3$: Bringe A durch elementare Zeilenumformungen von Typ II und III auf Zeilenstufenform und wende Satz 3.8.26 an.

Bemerkung 3.8.28. (i) Es kann sinnvoll sein 4. und 5. im Rechenverfahren zu kombinieren.

(ii) Aufgrund der Zeilen-/Spalten-Symmetrie (vgl. Satz 3.8.18 (vi)) kann es von Vorteil sein, statt elementare Zeilenumformungen vom Typ II und III die entsprechenden Spaltenumformungen an der Matrix durchzuführen, um obere bzw. unter Dreiecksgestalt herzustellen.

Korollar 3.8.29 (Inversionsformel). Definiert man zu $A \in M_n(\mathbb{R})$ die Matrix B vermöge

$$b_{ij} := (-1)^{i+j} \det(A_{ji}) = (-1)^{i+j} \det((A^T)_{ij}),$$

so gilt:

$$AB = \begin{pmatrix} \det(A) & & 0 \\ & \ddots & \\ 0 & & \det(A) \end{pmatrix} \tag{3.33}$$

Ist $A \in \mathrm{GL}_n(\mathbb{R})$, so berechnet sich die inverse Matrix A^{-1} durch:

$$\boxed{A^{-1} = \frac{1}{\det(A)} B} \tag{3.34}$$

Beweis. Wir berechnen die Komponenten von AB wie folgt:

$$(AB)_{ij} = \sum_{k=1}^{n} a_{ik} b_{kj} = \sum_{k=1}^{n} a_{ik} (-1)^{j+k} \det A_{jk}$$

Für $i = j$ ist das gerade $\det A$ bezüglich der Entwicklung nach der i'ten Zeile von A (nach dem LAPLACEschen Entwicklungssatz). Auf diese Weise erhalten wir demnach alle Diagonalelemente $(AB)_{ii} = \det A$ für $i = 1, ..., n$, wie behauptet. Für $i \neq j$ steht auch eine Entwicklungsformel für die Determinante einer Matrix $\tilde{A}$ da, doch ist es nicht die von A selbst, sondern man nimmt A und ersetzt darin alle Einträge in der j'ten Zeile durch jene in der i'ten Zeile, also:

$$\tilde{A} = \begin{pmatrix} & & \\ \hline a_{i1} & \cdots & a_{in} \\ \hline & & \\ \hline a_{i1} & \cdots & a_{in} \\ \hline & & \end{pmatrix} \begin{array}{l} \\ i\text{'te Zeile} \\ \\ j\text{'te Zeile} \\ \end{array}$$

Weil $\det$ als alternierende multilineare Abbildung nach Lemma 3.8.8 auf linear abhängige Spalten- oder Zeilenvektoren mit Null antwortet, folgt $(AB)_{ij} = \det \tilde{A} = 0$ für $i \neq j$. Entsprechend rechnet man $BA = \det(A)E$ nach, womit Formel (3.34) bewiesen ist. $\square$

Vorgehen zum Auffinden der inversen Matrix:

1. Berechne $\det(A)$. Ist $\det(A) = 0 \rightsquigarrow A \notin GL_n(\mathbb{R}) \rightsquigarrow$ Abbruch!

2. Berechne Matrix $B := (b_{ij})_{i,j=1,\dots n}$ mit $b_{ij} := (-1)^{i+j} \det(A_{ji})$.

3. Schreibe A^{-1} gemäß Formel (3.34) hin und vereinfache so weit wie möglich.

Beispiel 3.8.30. (i) Sei:

$$A := \begin{pmatrix} 0 & 1 & 2 \\ 3 & 2 & 1 \\ 1 & 1 & 0 \end{pmatrix} \qquad \text{Berechne } A^{-1}!$$

Zu 1.: Bekanntermaßen (siehe Bsp. 3.8.25) ist $\det(A) = 3$, d.h. $A \in GL_n(\mathbb{R})$ und daher existiert A^{-1}.

Zu 2.: Berechnung von B: Es gilt

$$b_{11} = (-1)^{1+1} \begin{vmatrix} 2 & 1 \\ 1 & 0 \end{vmatrix} = -1 \quad b_{21} = (-1)^{2+1} \begin{vmatrix} 3 & 1 \\ 1 & 0 \end{vmatrix} = 1 \quad b_{31} = (-1)^{3+1} \begin{vmatrix} 3 & 2 \\ 1 & 1 \end{vmatrix} = 1$$

$$b_{12} = (-1)^{1+2} \begin{vmatrix} 1 & 2 \\ 1 & 0 \end{vmatrix} = 2 \quad b_{22} = (-1)^{2+2} \begin{vmatrix} 0 & 2 \\ 1 & 0 \end{vmatrix} = -2 \quad b_{32} = (-1)^{3+2} \begin{vmatrix} 0 & 1 \\ 1 & 1 \end{vmatrix} = 1$$

$$b_{13} = (-1)^{1+3} \begin{vmatrix} 1 & 2 \\ 2 & 1 \end{vmatrix} = -3 \quad b_{23} = (-1)^{2+3} \begin{vmatrix} 0 & 2 \\ 3 & 1 \end{vmatrix} = 6 \quad b_{33} = (-1)^{3+3} \begin{vmatrix} 0 & 1 \\ 3 & 2 \end{vmatrix} = -3$$

also $B = \begin{pmatrix} -1 & 2 & -3 \\ 1 & -2 & 6 \\ 1 & 1 & -3 \end{pmatrix}$. Die Probe $\begin{pmatrix} 0 & 1 & 2 \\ 3 & 2 & 1 \\ 1 & 1 & 0 \end{pmatrix} \begin{pmatrix} -1 & 2 & -3 \\ 1 & -2 & 6 \\ 1 & 1 & -3 \end{pmatrix} = \begin{pmatrix} 3 & 0 & 0 \\ 0 & 3 & 0 \\ 0 & 0 & 3 \end{pmatrix}$,

liefert das Erwartete.

Zu 3.: Damit erhalten wir schließlich

$$A^{-1} = \frac{1}{3} \begin{pmatrix} -1 & 2 & -3 \\ 1 & -2 & 6 \\ 1 & 1 & -3 \end{pmatrix}.$$

(ii) (Übung) Häufiger Fall beim praktischen Rechnen ist $n = 2$. Für alle $A \in GL_2(\mathbb{R})$ gilt nämlich:

$$\begin{pmatrix} a & b \\ c & d \end{pmatrix}^{-1} = \frac{1}{ad - bc} \begin{pmatrix} d & -b \\ -c & a \end{pmatrix}$$

Aus $\det A = \det A^T$ und der Inversionsformel folgt das

Korollar 3.8.31. Für jedes $A \in GL_n(\mathbb{R})$ gilt $(A^T)^{-1} = (A^{-1})^T$.

Bemerkung 3.8.32. Mit dieser Formel und dem Rangsatz lässt sich $\mathrm{rg}(A) = \mathrm{rg}(A^T)$ beweisen.

Denn: Der Rangsatz besagt insbesondere, dass es zu jeder linearen Abbildung $A : \mathbb{R}^n \to \mathbb{R}^m$ Basen im $\mathbb{R}^n$ bzw. $\mathbb{R}^m$ gibt, so dass die darstellende Matrix bzgl. dieser Basen gerade $E_r^{m \times n}$ ist, also die Projektion auf die ersten r Koordinaten. Es bezeichne die zu den Basen gehörigen Basis-Isomorphismen mit Φ und Ψ. Dann gilt $A = \Psi E_r^{m \times n} \Phi^{-1}$ und wegen $(AB)^T = B^T A^T$ folgt $A^T = (\Phi^{-1})^T E_r^{n \times m} \Psi^T$ und also die Behauptung.

Mithilfe der Inversionsformel können lineare Gleichungssysteme der Form $Ax = b$ mit $A \in \mathrm{GL}_n(\mathbb{R})$ und $b \in \mathbb{R}^n$ gelöst werden. Weil A invertierbar ist, folgt $x = A^{-1}b$, mit eindeutig bestimmten Lösung $x \in \mathbb{R}^n$. Für die Auflösung nach x ist die Matrixinversion nicht nötig.

Satz 3.8.33 (CRAMER[6]sche Regel). *Sei $A := (a_1, ..., a_n) \in \mathrm{GL}_n(\mathbb{R})$ und $b \in \mathbb{R}^n$. Dann ist das lineare Gleichungssystem $Ax = b$ eindeutig lösbar mit*

$$\boxed{x_i = \frac{1}{\det(A)} \det(a_1, ...a_{i-1}, b, a_{i+1}, ..., a_n).} \tag{3.35}$$

(Die i'te Spalte von A wird durch b ersetzt.)

Bemerkung 3.8.34. Für die Lösung eines linearen Gleichungssystems mit n Gleichungen und n Unbekannten mittels der CRAMERschen Regel sind $n + 1$ Determinanten vom Typ einer $n \times n$-Matrix zu berechnen. Für $n > 3$ ist hier das GAUSS-Eliminationsverfahren effektiver. Vorteil des Verfahrens ist jedoch eine konkrete Lösungsformel, die automatisch scheitert, wenn das Gleichungssystem nicht eindeutig lösbar ist.

Aufgaben

R.1. (i) Sei $A \in M_3(\mathbb{R})$ wie folgt gegeben:

$$A := \begin{pmatrix} 1 & 2 & 3 \\ 1 & 1 & 2 \\ 2 & -1 & 2 \end{pmatrix}$$

Berechnen Sie $\det(A)$ mithilfe des LAPLACEschen Entwicklungssatzes und der Regel von SARRUS.

(ii) Zeigen Sie, dass die Determinante der Drehmatrizen (vgl. Beginn von Abschitt 3.3 sowie die dortige Aufgabe 2 (a) und (b)) jeweils 1 haben.

---

[6]GABRIEL CRAMER (1704–1752) schweizer Mathematiker

R.2. Seien folgende Matrizen gegeben:

$$(a) \begin{pmatrix} 1 & 3 & -5 & 1 & 4 \\ 4 & 2 & 2 & 0 & -3 \\ 0 & 0 & 1 & 2 & 3 \\ 0 & 0 & 0 & 4 & 5 \\ 0 & 0 & 0 & 0 & -6 \end{pmatrix} \quad (b) \begin{pmatrix} 1 & -2 & 7 \\ -4 & 8 & 5 \\ 2 & -4 & 3 \end{pmatrix} \quad (c) \begin{pmatrix} 3 & -1 & 4 & -5 \\ 6 & -2 & 5 & 2 \\ 5 & 8 & 1 & 4 \\ -9 & 3 & 12 & 15 \end{pmatrix}$$

$$(d) \begin{pmatrix} 1 & 0 & 0 & 3 \\ 2 & 7 & 0 & 6 \\ 0 & 6 & 3 & 0 \\ 7 & 3 & 1 & -5 \end{pmatrix} \quad (e) \begin{pmatrix} 1 & 2 & 3 & 4 & 0 & 0 & 0 \\ 1 & 0 & 2 & 3 & 0 & 0 & 0 \\ 0 & 1 & 1 & 1 & 0 & 0 & 0 \\ 2 & 3 & 0 & 1 & 0 & 0 & 0 \\ 6 & 7 & 1 & 3 & 1 & 2 & 1 \\ 9 & 5 & 3 & 2 & 0 & 3 & 5 \\ 4 & 3 & 0 & 5 & 1 & 2 & 4 \end{pmatrix}$$

Berechnen Sie $\det(A)$ mit möglichst geringem Aufwand. (Hinweis: Wende z.B. die Vorgehensweise unter Bsp. 3.8.27 an.)

R.3. (i) Sei $A \in M_3(\mathbb{R})$ wie folgt gegeben:

$$A := \begin{pmatrix} 1 & 2 & 3 \\ 2 & 5 & 3 \\ 1 & 0 & 8 \end{pmatrix}$$

Prüfen Sie, ob A invertierbar, und bestimmen ggf. die inverse Matrix A^{-1} sowohl mittels Inversionsformel als auch durch elementare Zeilenumformungen.

(ii) Sei $A := \begin{pmatrix} a & b \\ c & d \end{pmatrix} \in M_2(\mathbb{R})$. Beweisen Sie die folgende Inversionsformel:

$$\begin{pmatrix} a & b \\ c & d \end{pmatrix}^{-1} = \frac{1}{ad - bc} \begin{pmatrix} d & -b \\ -c & a \end{pmatrix}$$

(iii) Man löse mittels CRAMERsche Regel das folgende lineare Gleichungssystem:

$$\begin{aligned} 6 &= x_1 + 2x_3 \\ 30 &= -3x_1 + 4x_2 + 6x_3 \\ 8 &= -x_1 + 2x_2 + 3x_3 \end{aligned}$$

Warum kann es nur genau eine Lösung geben? (Begründung!)

T.1. (VANDERMONDE[7]-Determinante) Betrachte das Polynom in den Unbestimmten X_1, X_2, X_3 definiert durch:

$$V_3(x_1, x_2, x_3) := \det \begin{pmatrix} 1 & X_1 & X_1^2 \\ 1 & X_2 & X_2^2 \\ 1 & X_3 & X_3^2 \end{pmatrix}$$

Analog definiert man das Polynom in n Unbestimmten:

$$V_n(X_1, ..., Xn) := \det \begin{pmatrix} 1 & X_1 & \ldots & X_1^{n-1} \\ 1 & X_2 & \ldots & X_2^{n-1} \\ \vdots & \vdots & \ldots & \vdots \\ 1 & X_n & \ldots & X_n^{n-1} \end{pmatrix}$$

Man zeige:

(a) $V_3(X_1, X_2, X_3) = (X_2 - X_1)(X_3 - X_1)(X_3 - X_2)$.

(b) $V_n(X_1, ..., X_n) = \prod_{1 \leq i < j \leq n}(X_j - X_i)$

3.9 Quadratische Formen, Skalar- und Kreuzprodukt

As all roads are said to lead to Rome, so I find, in my case at least, that algebraical inquiries sooner or later end at the Capitol of Modern Algebra over whose shining portal is inscripted, Theory of Invariants.

JAMES JOSEPH SYLVESTER, 1814–1897

Im folgenden Abschnitt wenden wir die Resultate aus dem Abschnitt über Multilinearität im Spezialfall bilinearer Abbildungen $\omega : V \times V \to W$ an, und vertiefen diese weiter.

3.9.1 Quadratische Formen

Hauptanwendungsbereich der quadratischen Formen wird die Extremwerttheorie von Funktionen in mehreren Variablen sein. Ziel dabei ist, in Analogie zur Analysis in einer Variablen (vgl. hierzu die Sätze 2.3.35 und 2.3.37), notwendige und hinreichende Bedingungen für ein lokales Extremum (Minimum oder Maximum) einer Funktion in mehreren Variablen zu formulieren.

Sei V ein $\mathbb{R}$-Vektorraum. Eine bilineare Abbildung $\beta : V \times V \longrightarrow \mathbb{R}$, $(v, v') \longmapsto \beta(v, v')$ (mit Zielbereich $\mathbb{R}$ statt einem beliebigen Vektorraum W) heißt eine *Bilinearform* auf V. Wieder unterscheidet man symmetrische Bilinearformen (d.h.

---

[7]ALEXANDRE-THÉOPHILE VANDERMONDE (1735–1796) französischer Mathematiker, Chemiker und Musiker

$\beta(v, v') = \beta(v', v)$ für alle $v, v' \in V$) und alternierende (in diesem Fall auch *schief-symmetrische* genannt) Bilinearformen (d.h. $\beta(v, v') = -\beta(v', v)$ für alle $v, v' \in V$).
Wie bereits aus dem Fundamental-Lemma für multilineare Abbildungen (Lemma 3.8.5) bekannt, ist eine r-lineare Abbildung ω durch ihre Werte $(\omega_{\mu_1...\mu_r})_{1\le \mu_i \le d_i, i=1,...,r}$ auf allen Basiselementen eindeutig bestimmt. Im Spezialfall von Bilinearformen $\beta : V \times V \to \mathbb{R}$, also $r = 2$, hat man vereinfachend $(\beta_{\mu_1, \mu_2})_{1\le \mu_i \le n, i=1,2} = (\beta_{ij})_{1\le i,j\le n}$, womit die folgende Definition einleuchtet:

Definition 3.9.1 (Darstellende Matrix). Ist $\beta : V \times V \to \mathbb{R}$ eine Bilinearform auf V und $\mathcal{V} := (v_1, ..., v_n)$ eine Basis von V, so definieren wir die Matrix $B := (b_{ij})_{i,j=1,...,n} \in M_n(\mathbb{R})$ mit den Einträgen:

$$\boxed{b_{ij} := \beta_{ij} := \beta(v_i, v_j)}$$

Sie heißt die **darstellende Matrix** von β bezüglich der Basis $\mathcal{V}$.

Mithilfe der darstellenden Matrix B lassen sich die Werte $\beta(v, v')$ für beliebige $v, v' \in V$ durch ein einprägsames Bildungsgesetz ausrechnen. Im Fall $\dim V = 2$ sieht man das besonders leicht: Sei also (v_1, v_2) eine Basis von V und $v = x_1 v_1 + x_2 v_2$ sowie $v' = x'_1 v_1 + x'_2 v_2$ mit $x := (x_1, x_2)^T \in \mathbb{R}^2$ und $x' := (x'_1, x'_2)^T \in \mathbb{R}^2$ gegeben. Wegen der Bilinearität von β folgt:

$$
\begin{aligned}
\beta(v, v') \quad &= \quad \beta(x_1 v_1 + x_2 v_2, x'_1 v_1 + x'_2 v_2) \\
&\overset{\beta \text{ bilinear}}{=} \quad x_1 x'_1 \cdot \beta(v_1, v_1) + x_1 x'_2 \cdot \beta(v_1, v_2) + x_2 x'_1 \cdot \beta(v_2, v_1) + x_2 x'_2 \cdot \beta(v_2, v_2) \\
&\overset{b_{ij}=\beta(v_i,v_j)}{=} \quad x_1 b_{11} x'_1 + x_1 b_{12} x'_2 + x_2 b_{21} x'_1 + x_2 b_{22} x'_2 \\
&\overset{(*)}{=} \quad (x_1, x_2) \cdot \begin{pmatrix} b_{11} & b_{12} \\ b_{21} & b_{22} \end{pmatrix} \cdot \begin{pmatrix} x'_1 \\ x'_2 \end{pmatrix}
\end{aligned}
$$

Betrachtet man die Koeffizienten x, x' von v, v' als Vektoren $x = \vec{x}$ bzw. $x' = \vec{x'}$ im $\mathbb{R}^2$, so lässt sich das Matrizenprodukt (*) kurz und bündig in der Form $\beta(v, v') = \vec{x}^T B \vec{x'}$ schreiben. Wir lassen die Vektorpfeilnotation weg und schreiben fortan $\beta(v, v') = x^T B x'$. Insbesondere: Ist $V = \mathbb{R}^2$ und B die darstellende Matrix bzgl. der Standardbasis (e_1, e_2), so gilt $\beta(x, y) = x^T B y$.
Ist β eine symmetrische Bilinearform, d.h. $\beta(v, v') = \beta(v', v)$ für alle $v, v' \in V$, d.h. in Anwesenheit einer Basis (v_1, v_2), dass gilt $\beta(v_1, v_2) = \beta(v_2, v_1)$, so ist $b_{12} = \beta(v_1, v_2) = \beta(v_2, v_1) = b_{21}$, also ist die darstellende Matrix B symmetrisch, d.h. $B^T = B$ und also $B \in \mathrm{Sym}_2(\mathbb{R})$. Ist umgekehrt die darstellende Matrix B von β symmetrisch, so folgt $\beta(v', v) = \beta(v, v')$ für alle $v, v' \in V$. Also ist β eine symmetrische Bilinearform auf V. Wir fassen diesen Spezialfall nun allgemein, also für $\dim V = n$, zusammen:

Satz 3.9.2. *Sei $\beta : V \times V \to \mathbb{R}$, $(v, v') \mapsto \beta(v, v')$ eine Bilinearform auf V, $\mathcal{V} := (v_1, ..., v_n)$ eine Basis von V und $B \in M_n(\mathbb{R})$ die darstellende Matrix von β bezüglich dieser Basis $\mathcal{V}$. Sind $v = \sum_{k=1}^n x_k v_k$ und $v' = \sum_{k=1}^n x'_k v_k$ zwei Vektoren in V mit Koeffizientenvektoren*

$x := (x_1, ..., x_n)^T, x' := (x'_1, ..., x'_n)^T \in \mathbb{R}^n$, so gilt:

$$\beta(v, v') = \sum_{i,j=1}^{n} x_i B_{ij} x'_j = \boxed{x^T} \quad \boxed{B} \quad \boxed{x'} = x^T B x' \qquad (3.36)$$

Darüber hinaus gilt:

$$\text{Es ist } \beta \text{ symmetrisch} \quad \Longleftrightarrow \quad B^T = B \quad (d.h. \ B \in \text{Sym}_n(\mathbb{R}))$$

Beweis. Wie im Falle $n = 2$ rechnet man unter Zuhilfenahme der Bilinearität nach:

$$\beta(v, v') = \beta\left(\sum_{i=1}^{n} x_i v_i, \sum_{j=1}^{n} x'_j v_j\right) = \sum_{i,j=1}^{n} x_i x'_j \cdot \beta(v_i, v_j) = \sum_{i,j=1}^{n} x_i b_{ij} x'_j = x^T B x'$$

Ist β symmetrisch, so gilt $b_{ji} := \beta(v_j, v_i) = \beta(v_i, v_j) =: b_{ij}$, und also B symmetrisch. Gilt Letzteres, d.h. $B^T = B$, so folgt unter Verwendung der Transpositionsregel:

$$\beta(v', v) = (\beta(v', v))^T = (x'^T B x)^T = x^T B^T (x'^T)^T = x^T B x' = \beta(v, v')$$

$\square$

Notiz 3.9.3. (i) Der Satz ist ein Spezialfall von Lemma 3.8.5. Insbesondere folgt nämlich:

(ii) In Anwesenheit einer Basis $\mathcal{V}$ von V ist β durch die darstellende Matrix B eindeutig bestimmt; und jedes $B \in M_n(\mathbb{R})$ liefert via $x^T B x'$ eine Bilinearform β auf V. Also: Zu vorgegebenen V und einer Basis $\mathcal{V} := (v_1, .., v_n)$ von V haben wir eine Bijektion von $\mathcal{B}il(V)$, der Menge aller Bilinearformen auf V in die Menge aller quadratischen Matrizen $M_n(\mathbb{R})$, d.h.:

$$\mathcal{B}il(V) \xrightarrow{\cong} M_n(\mathbb{R}), \quad \beta \longmapsto B$$

(iii) Analog hat man eine Bijektion von den symmetrischen Bilinearformen $\mathcal{B}il_{\text{Sym}}(V)$ auf V in die symmetrischen $n \times n$-Matrizen $\text{Sym}_n(\mathbb{R})$ d.h.:

$$\mathcal{B}il_{\text{Sym}}(V) \xrightarrow{\cong} \text{Sym}_n(\mathbb{R}), \quad \beta \longmapsto B$$

(iv) Aus $x^T B x' = x^T \tilde{B} x'$ für alle $x, x' \in \mathbb{R}^n$ folgt $B = \tilde{B}$, denn $b_{ij} = e_i^T B e_j = e_i^T \tilde{B} e_j = \tilde{b}_{ij}$.

Bemerkung 3.9.4. Die Definition der darstellenden Matrix B einer Bilinearform β ist genau so gemacht, dass via Basis-Isomorphismus $\Phi : \mathbb{R}^n \to V$, $e_i \mapsto v_i$, welcher die Standardbasis $(e_1, .., e_n)$ des $\mathbb{R}^n$ auf die in V vorgegebene Basis $\mathcal{V} = (v_1, ..., v_n)$ abbildet, das Diagramm kommutiert,

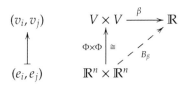

d.h. $B_\beta := \beta \circ (\Phi \times \Phi)$. Dabei ist B_β die zu β gehörige Bilinearform auf dem $\mathbb{R}^n$. Für $x, x' \in \mathbb{R}^n$ folgt:

$$
\begin{aligned}
\beta \circ (\Phi \times \Phi)(x, x') \;&=\; \beta \circ (\Phi \times \Phi)\left(\sum_{i=1}^n x_i e_i, \sum_{j=1}^n x'_j e_j \right) \\[2mm]
&\overset{(*)}{=}\; \beta\left(\sum_{i=1}^n x_i \Phi(e_i), \sum_{j=1}^n x'_j \Phi(e_j) \right) \\[2mm]
&=\; \sum_{i,j=1}^n x_i x'_j \beta(v_i, v_j) \\[2mm]
&=\; x^T B x' =: B_\beta(x, x')
\end{aligned}
$$

Damit ist die Definition von B völlig analog zur Definition der darstellenden Matrix einer linearen Abbildung gemäß Def. 3.5.18.

Diskussion: Was geht bei $(*)$ genau ein?

Beispiel 3.9.5. (i) Für $V := \mathbb{R}^n$ und $B \in M_n(\mathbb{R})$ definiert $\beta : \mathbb{R}^n \times \mathbb{R}^n \to \mathbb{R}$ mit $\beta(x, y) := x^T B y$ eine Bilinearform auf $\mathbb{R}^n$. Sie ist genau dann symmetrisch, falls B symmetrisch ist, d.h. $B \in \mathrm{Sym}_n(\mathbb{R}) \subset M_n(\mathbb{R})$. ($B$ ist dann die darstellende Matrix von β bzgl. der Standardbasis $(e_1, .., e_n)$.)
(ii) Betrachte die Bilinearform $\beta : \mathbb{R}^2 \times \mathbb{R}^2 \to \mathbb{R}$, mit $\beta(x, y) := x_1 y_1 + 2 x_1 y_2 - x_2 y_2$. Offenbar ist β bilinear (Nachrechnen!). Wie lautet die darstellende Matrix B von β bzgl. der Standardbasis (e_1, e_2) des $\mathbb{R}^2$? Dazu setze alle Kombinationen e_i, e_j mit $i, j = 1, 2$ der Standardbasis in β ein. Die Bilder davon sind dann die Matrixeinträge von B. Also:

$$
\left.
\begin{aligned}
b_{11} &:= \beta(e_1, e_1) = 1 \\
b_{12} &:= \beta(e_1, e_2) = 2 \\
b_{21} &:= \beta(e_2, e_1) = 0 \\
b_{22} &:= \beta(e_2, e_2) = -1
\end{aligned}
\right\}
\quad \Longrightarrow \quad
B = \begin{pmatrix} 1 & 2 \\ 0 & -1 \end{pmatrix}
$$

Ersichtlich ist B nicht symmetrisch, so daher auch β nicht. Man sieht es aber auch direkt, denn $\beta(e_1, e_2) = 2 \neq 0 = \beta(e_2, e_1)$. Prüfen wir nach, ob die Rechenformel (3.36) stimmig ist:

$$
x^T B y = (x_1, x_2) \cdot \begin{pmatrix} 1 & 2 \\ 0 & -1 \end{pmatrix} \cdot \begin{pmatrix} y_1 \\ y_2 \end{pmatrix} = (x_1, x_2) \cdot \begin{pmatrix} y_1 + 2 y_2 \\ -y_2 \end{pmatrix} = x_1 y_1 + 2 x_1 y_2 - x_2 y_2 = \beta(x, y)
$$

(iii) Betrachte nun die Bilinearform $\beta : \mathbb{R}^2 \times \mathbb{R}^2 \to \mathbb{R}$, mit $\beta(x, y) := x_1 y_1 + 2 x_1 y_2 + 2 x_2 y_1 - x_2 y_2$. Die darstellende Matrix B von β bzgl. der Standardbasis des $\mathbb{R}^2$ lautet:

$$
B = \begin{pmatrix} 1 & 2 \\ 2 & -1 \end{pmatrix}
$$

Offenbar gilt $B^T = B$, d.h. B ist symmetrisch und damit β eine symmetrische Bilinearform auf dem $\mathbb{R}^2$. Wiederum ist $x^T By = x_1 y_1 + 2x_1 y_2 + 2x_2 y_1 - x_2 y_2 = \beta(x, y)$.

(iv) Betrachte $\beta := \langle ., . \rangle : \mathbb{R}^n \times \mathbb{R}^n \to \mathbb{R}$ mit $\beta(x, y) := \langle x, y \rangle := \sum_{k=1}^n x_k y_k$. Man rechnet nach, dass $\langle ., . \rangle$ eine symmetrische Bilinearform ist. Die darstellende Matrix von $\langle ., . \rangle$ bzgl. der Standardbasis $(e_1, e_2, ..., e_n)$ ist gerade die Einheitsmatrix, d.h. $B = E_n$. Also ist $\langle x, y \rangle = x^T E_n y = x^T y = x_1 y_1 + x_2 y_2 + ... x_n y_n$. Wir werden später dies weiter vertiefen. Dies ist gerade das Standardskalarprodukt im $\mathbb{R}^n$. Einstweilen sei an den aus der Schule bekannten Fall $n = 3$ erinnert.

(v) Eine weitere symmetrische Bilinearformen wurde bereits in Bsp. 3.8.7 (ii) vorgestellt. Diese wird uns bei der Behandlung von trigonometrischer Polynome und FOURIER-Reihen wieder begegnen.

Warum wir uns zuerst mit symmetrischen Bilinearformen befasst hatten, statt gleich zu sagen, was eine quadratische Form ist, wird nun klar werden.

Definition 3.9.6 (Quadratische Form). Jede symmetrische Bilinearform $\beta : V \times V \to \mathbb{R}$ definiert eine Abbildung:

$$\boxed{q_\beta := q : V \longrightarrow \mathbb{R}, \quad x \longmapsto q_\beta(x) := q(x) := \beta(x, x)}$$

Sie heißt die zu β gehörige **quadratische Form** auf V.

Man notiert häufig die quadratische Form q_β einer symmetrischen Bilinearform β einfach mit q.

Unmittelbar aus den Eigenschaften symmetrischer Bilinearformen erhalten wir:

Bemerkung 3.9.7. (i) Für alle $v \in V$ und $\lambda \in \mathbb{R}$ gilt: $q(\lambda v) := \beta(\lambda v, \lambda v) = \lambda^2 \beta(v, v) = \lambda^2 q(v)$.

(ii) In Anwesenheit einer Basis definiert man die darstellende Matrix von q durch die darstellende Matrix der symmetrischen Bilinearform β.

(iii) Sei $\mathscr{V} = (v_1, ..., v_n)$ eine Basis von V und $\beta : V \times V \to \mathbb{R}$ eine symmetrische Bilinearform auf V. Ist $q_\beta : V \to \mathbb{R}$ die zu β gehörige quadratische Form, so ist für $v = x_1 v_1 + ... + x_n v_n \in V$ mit $x = (x_1, ..., x_n)^T \in \mathbb{R}^n$

$$
\begin{aligned}
q_\beta(v) \quad &:= \quad \beta(v, v) = \beta \left(\sum_{i=1}^n x_i v_i, \sum_{j=1}^n x_j v_j \right) = \sum_{i,j=1}^n x_i x_j \beta(v_i, v_j) \\
&= \quad \sum_{i,j=1}^n x_i b_{ij} x_j = x^T B x = \sum_{i=1}^n b_{ii} x_i^2 + 2 \cdot \sum_{1 \le i < j \le n} x_i b_{ij} x_j,
\end{aligned}
$$

d.h. das Rechenschema $q(v) = x^T B x$ lässt sich erwartungsgemäß für quadratische Formen anwenden. Ferner folgt aus der Symmetrie von β und weil in β zweimal der gleiche Vektor v eingesetzt wird, dass alle Terme mit Einträgen b_{ij} aus der Nebendiagonalen von B doppelt vorkommen ($B \in \text{Sym}_n(\mathbb{R})$), womit der Faktor 2 vor der letzten Summe erklärt ist. Damit erhalte via Basis-Isomorphismus das kommutative Diagramm:

$$
\begin{array}{ccc}
v_i & V \xrightarrow{\quad q \quad} \mathbb{R} \\
\Big\uparrow & \Phi \Big\uparrow {\scriptstyle\cong} \nearrow{\scriptstyle Q_B} \\
e_i & \mathbb{R}^n
\end{array}
$$

D.h. $Q_B := q \circ \Phi$, wobei $Q_B(x) = x^T B x$ die zu q gehörige quadratische Form auf dem $\mathbb{R}^n$ ist.

Auf den ersten Blick scheint es so, als ob die quadratische Form q_β einer symmmetrischen Bilinearform β nur einen Teil der Infomationen von β in sich trägt, weil sie nur weiß, wie β auf zwei gleiche Vektoren antwortet. Tatsächlich gilt aber:

Notiz 3.9.8 (Polarisierung). Jede symmetrische Bilinearform β lässt sich rückwärts aus ihrer quadratischen Form q_β rekonstruieren, nämlich vermöge :

$$
\boxed{\ \beta(v,v') = \frac{1}{2}\Big(q_\beta(v+v') - q_\beta(v) - q_\beta(v')\Big)\ } \tag{3.37}
$$

Also trägt q_β die ganze Information von β.

Beweis. (Übung) Das ist eine schöne kleine Übungsaufgabe! Setze $q := q_\beta$. Wegen

$$
q(v+v') := \beta(v+v', v+v') = \beta(v,v) + \beta(v',v') + 2 \cdot \beta(v,v'),
$$

folgt nach Auflösen nach $\beta(v,v')$ die Behauptung. Was wurde hier im Detail verwendet? Schreiben Sie den Beweis in allen Einzelheiten auf!   □

Beispiel 3.9.9. (i) Betrachte $V := \mathbb{R}^n$ und $\beta(x,y) := x^T B y = \sum_{i,j=1}^n x_i b_{ij} y_j$ mit $B \in \mathrm{Sym}_n(\mathbb{R})$. Dann ist die zugehörige quadratische Form gegeben durch:

$$
q(x) = x^T B x = \sum_{i,j=1}^n x_i b_{ij} x_j = \underbrace{\sum_{i=1}^n b_{ii} x_i^2}_{\text{Diagonalelemente von } B} + 2 \cdot \underbrace{\sum_{1 \le i < j \le n} x_i b_{ij} x_j}_{\text{Nebendiagonalelemente von } B}
$$

Wir nennen fortan die rechte Seite von q *Ableseform*, da hieraus die darstellende Matrix von q ganz leicht abgelesen werden kann.

(ii) Betrachte $q : \mathbb{R}^2 \to \mathbb{R}$ mit $q(x) := x_1^2 + 4x_1 x_2 - x_2^2$. Wie sieht die darstellende Matrix B der quadratischen Form aus? Dazu: Sortiere q auf Gestalt (i), also $q(x) = x_1^2 - x_2^2 + 2 \cdot (2x_1 x_2)$, womit Haupt- und Nebendiagonalelemente von B direkt abgelesen werden können. (Denn $b_{11} = 1, b_{22} = -1$ und $b_{12} = 2 = b_{21}$.) Folglich gilt:

$$
q(x) = x^T B x = (x_1, x_2) \begin{pmatrix} 1 & 2 \\ 2 & -1 \end{pmatrix} \begin{pmatrix} x_1 \\ x_2 \end{pmatrix}
$$

Wie lautet die zu q gehörige symmetrische Bilinearform β? Dazu: Hat man die darstellende Matrix B von q, so ist $\beta(x,y) = x^T B y = x_1 y_1 + 2x_1 y_2 + 2x_2 y_1 - x_2 y_2$, was genau unserem β aus Bsp. 3.9.5 (ii) entspricht; ansonsten wende Polarisationsformel (3.37) an.

(iii) Betrachte die quadratische Form $q(x) := 2x_1^2 - x_2^2 - 2x_1x_3 + 4x_2x_3 = 2x_1^2 - x_2^2 + 2 \cdot (-x_1x_3 + 2x_2x_3)$. Die darstellende Matrix B von q lautet demnach:

$$B := \begin{pmatrix} 2 & 0 & -1 \\ 0 & -1 & 2 \\ -1 & 2 & 0 \end{pmatrix} \quad \rightsquigarrow \quad q(x) = x^T B x$$

Von zentraler Bedeutung zur Klassifikation quadratischer Formen ist der

Satz 3.9.10 (Trägheitssatz von SYLVESTER[8] für quadratische Formen). *Sei $q : V \to \mathbb{R}$ eine quadratische Form auf V mit* $\dim V = n$. *Dann gibt es eine Basis $(s_1, ..., s_n)$ von V bzgl. derer die darstellende Matrix von q die folgende Diagonalgestalt hat:*

$$D = \begin{pmatrix} +1 & & & & & & & & \\ & \ddots & & & & & & 0 & \\ & & +1 & & & & & & \\ & & & -1 & & & & & \\ & & & & \ddots & & & & \\ & & & & & -1 & & & \\ & & & & & & 0 & & \\ & 0 & & & & & & \ddots & \\ & & & & & & & & 0 \end{pmatrix}$$

mit $\underbrace{\quad}_{=k}$ unter den $+1$'sen und $\underbrace{\quad}_{=l}$ unter den -1'sen.

Dabei sind die Zahlen

$$\left. \begin{array}{rcl} k & = & \textit{Anzahl der +1'sen} \\ l & = & \textit{Anzahl der -1'sen} \end{array} \right\} \quad \textit{und mithin die Summe } r := k + l$$

eindeutig bestimmt. Bezüglich einer solchen Basis hat die quadratische Form q die Gestalt

$$q(v) = y^T D y = y_1^2 + ... + y_k^2 - y_{k+1}^2 - ... - y_{k+l}^2, \quad \textit{für } v = y_1 s_1 + ... + y_n s_n, \quad (3.38)$$

d.h. q ist frei von gemischten Termen $y_i y_j$ für $i \neq j$.

Sprechweise 3.9.11. (i) Eine Basis $(s_1, ..., s_n)$ in V mit obiger Eigenschaft heißt auch eine SYLVESTER-*Basis*. Sie ist nicht eindeutig bestimmt.

(ii) Man nennt sowohl die Diagonalmatrix D als auch die zugehörige quadratische Form q, in Koordinaten der SYLVESTER-Basis, also in Gestalt von (3.38), SYLVESTERsche *Normalenform*.

(iii) Die Summe $r := k+l$ wird der *Rang* $\mathrm{rg}(q) = r$ der quadratischen Form q genannt. Der Rang ist unabhängig von der Wahl einer SYLVESTER-Basis.

---

[8]JAMES JOSEPH SYLVESTER (1814-1897) britischer Mathematiker

Beweis. Wir führen den Beweis mittels Induktion nach $n := \dim V$ durch. Für $n = 1$ sei $v \neq 0$. Wäre $q(v) = 0$, so ist $q \equiv 0$. Andernfalls gibt es ein $\lambda \in \mathbb{R}$ mit $q(\lambda v) = \lambda^2 q(v) = \pm 1$. Alsdann setzen wir $v_1 := \lambda v$. Für den Induktionsschluss nehmen wir an, dass die Behauptung des Satzes auf allen $n - 1$-dimensionalen Räumen gilt (Induktionsannahme). Sei also q eine quadratische Form, für die die Induktionsannahme gilt, und β die zugehörige Bilinearform von q. Der Fall $q \equiv 0$ ist trivial. Ist $q \neq 0$, so wähle (analog wie beim Induktionsanfang) ein $v_n \in V$ mit $q(v_n) = \pm 1$. Dann ist vermöge $\beta_{v_n} : V \to \mathbb{R}$ mit $v \mapsto \beta_{v_n}(v) := \beta(v, v_n)$ eine lineare Abbildung auf V gegeben. Die Dimensionsformel für lineare Abbildung besagt, dass

$$U := \operatorname{Kern} \beta_{v_n} = \{v \in V \mid \beta(v, v_n) = 0\} \leq V$$

ein $(n - 1)$-dimensionaler Unterraum von V ist. Nach Induktionsannahme können wir in U eine SYLVESTER-Basis $(v_1, ..., v_{n-1})$ wählen, so dass $q_{|U}$ die Behauptung des Satzes erfüllt. Dann ist $(v_1, ..., v_n)$ eine Basis von ganz V, denn sonst könnte v_n als Linearkombination der $v_1, ..., v_{n-1}$ geschrieben werden, was aber wegen $q(v_n) = \beta(v_n, v_n) = \beta_{v_n}(v_n) = 0$ im $\frac{\ell}{\ell}$ zu $q(v_n) = \pm 1$ wäre. Also hat die darstellende Matrix von q bezüglich dieser Basis die Gestalt:

$$D' := \begin{pmatrix} +1 & & & & & & & & \\ & \ddots & & & & & & 0 & \\ & & +1 & & & & & & \\ & & & -1 & & & & & \\ & & & & \ddots & & & & \\ & & & & & -1 & & & \\ & & & & & & 0 & & \\ & 0 & & & & & & \ddots & \\ & & & & & & & & 0 \\ & & & & & & & & \pm 1 \end{pmatrix}$$

Nach geeignetem Umsortieren der Basisvektoren rückt die ± 1 an die Stelle der $+1$'sen bzw. -1'sen in D', wie verlangt, und wir haben eine gesuchte SYLVESTER-Basis von q auf ganz V, die wir mit $(s_1, ..., s_n)$ notieren wollen.

Zur Eindeutigkeit von k, l: Setze $V^+ := \operatorname{Lin}(s_1, ..., s_k)$, $V^- := \operatorname{Lin}(s_{k+1}, ..., s_{k+l})$ sowie $V^0 := \operatorname{Lin}(s_{k+l+1}, ..., s_n)$, womit V in die direkte Summe

$$V = V^+ \oplus V^- \oplus V^0$$

zerlegt wird. Offenbar ist $q_{|V^+ \setminus 0} > 0$ und $q_{|V^- \setminus 0} < 0$. Wegen $V^0 \stackrel{(*)}{=} \{v \in V \mid \forall_{w \in V} : \beta(v, w) = 0\} \subset \{v \in V \mid q(v) = 0\}$ ist der Rang $\operatorname{rg}(q) = r = k + l$ von q nicht von der Wahl der SYLVESTER-Basis abhängig, wohl aber die Unterräume V^+, V^-. Daher prüfen wir nunmehr, ob wenigstens die Dimension konstant bleibt. Sei dazu $V = \tilde{V}^+ \oplus \tilde{V}^- \oplus \tilde{V}^0$ eine Zerlegung bzgl. einer weiteren SYLVESTER-Basis $(\tilde{s}_1, ..., \tilde{s}_{\tilde{k}}, ..., \tilde{s}_{\tilde{k}+\tilde{l}}, ..., \tilde{s}_n)$ mit der Diagonalmatrix $\tilde{D}$ und $\tilde{V}^+ := \operatorname{Lin}(\tilde{s}_1, ..., \tilde{s}_{\tilde{k}})$ sowie $\tilde{V}^- := \operatorname{Lin}(\tilde{s}_{\tilde{k}+1}, ..., \tilde{s}_{\tilde{k}+\tilde{l}})$. Wegen (*) beträgt die Anzahl der Nullen in der Diagonalen in $\tilde{D}$ jedenfalls $n - r$, womit $\tilde{V}^0 = V^0$ folgt. Zu zeigen, ist also $k = \tilde{k}$ und $l = \tilde{l}$. Wir zeigen zunächst, dass V^+ der größte Untervektorraum von V ist, auf dem $q > 0$ gilt, d.h. ist $W \leq V$ ein Untervektorraum mit $q_{|W \setminus 0} > 0$, so gilt $\dim W \leq \dim V^+$. Denn: Angenommen, es gäbe so ein $W \leq V$ mit $\dim W > \dim V^+ = \dim V - \dim(V^- \oplus V^0)$. Dann gibt es nach der Dimensionsformel für Untervektorräume Satz 3.5.33 ein $0 \neq v \in W \cap (V^- \oplus V^0)$ und wegen Lemma 3.4.14 eine eindeutige Darstellung $v = v_- + v_0$ mit $v_- \in V^-$ und $v_0 \in V^0$. Das bedeutet aber

$$q(v) = \beta(v_- + v_0, v_- + v_0) = q(v_-) + q(v_0) + 2\beta(v_-, v_0) = q(v_-) < 0,$$

im $\frac{\ell}{\ell}$ zu $q(v) > 0$ (denn Letzteres gilt für jedes $v \in W$ nach Voraussetzung). Also ist V^+ der größte Untervektorraum in V, auf dem q positiv ist. Analog prüft man die Behauptung über V^-. Wenn für jedes $W \le V$ mit $q_{|W\setminus 0} > 0$ folgt dim $W \le$ dim V^+, so auch insbesondere für $W := \tilde{V}^+$, was dim $\tilde{V}^+ \le$ dim V^+ zeigt. Aus Symmetriegründen gilt aber auch dim $V^+ \le$ dim $\tilde{V}^+$, und also dim $V^+ =$ dim $\tilde{V}^+$. Entsprechend weist man dim $V^- =$ dim $\tilde{V}^-$ nach. Das zeigt nunmehr $k = \tilde{k}$ und $l = \tilde{l}$ und schließt den Beweis ab. □

Korollar 3.9.12. (i) Sei $q : V \to \mathbb{R}$ eine quadratische Form auf dem $\mathbb{R}$-Vektorraum V. Ist $\mathscr{V} := (v_1, ..., v_n)$ eine beliebige Basis von V und B die darstellende Matrix von q bzgl. $\mathscr{V}$, also $q(v) = x^T B x$ mit $B \in \mathrm{Sym}_n(\mathbb{R})$ und $v = x_1 v_1 + ... + x_n v_n$, so gibt es eine invertierbare Matrix $S \in \mathrm{GL}_n(\mathbb{R})$ derart, dass gilt

$$S^T B S = D = \begin{pmatrix} +1 & & & & & & & \\ & \ddots & & & & & 0 & \\ & & +1 & & & & & \\ & & & -1 & & & & \\ & & & & \ddots & & & \\ & & & & & -1 & & \\ & & & & & & 0 & \\ & 0 & & & & & & \ddots \\ & & & & & & & & 0 \end{pmatrix}, \tag{3.39}$$

mit $r := \mathrm{rg}(q) = \mathrm{rg}(B) = k + l$ ist.
(ii) Ist speziell $V = \mathbb{R}^n$ mit der Standardbasis $(e_1, ..., e_n)$, und $q(x) := Q_B(x) = x^T B x$ eine quadratische Form mit darstellender Matrix $B \in \mathrm{Sym}_n(\mathbb{R})$, so bilden die Spaltenvektoren von S, also $S = (s_1 | ... | s_n)$, eine SYLVESTER-Basis für q.

Beweis. Zu (i): Sind $Q_B(x) = x^T B x$ und $Q_D(y) = y^T D y$ mit $x, y \in \mathbb{R}^n$ die quadratischen Formen auf dem $\mathbb{R}^n$ mit den darstellenden Matrizen B, D bzgl. der Basis $\mathscr{V} := (v_1, ..., v_n)$ in V bzw. einer SYLVESTER-Basis $(s_1, ..., s_n)$ in V, so gibt es Basis-Isomorphismen $\Phi, \Psi : \mathbb{R}^n \to V$, mit $\Phi(e_i) = v_i$ bzw $\Psi(e_i) = s_i$ für $i = 1, ..., n$, dass das obere und das untere Dreieck-Diagramm jeweils für sich kommutiert.

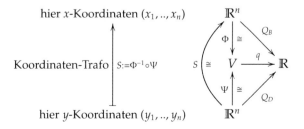

Also kommutiert vermöge $S := \Phi^{-1} \circ \Psi$ das große äußere Dreieck-Diagramm, d.h. es gilt $Q_D = Q_B \circ S$. Damit ist $Q_D(y) = Q_B \circ S(y) = Q_B(Sy) = (Sy)^T BSy = y^T(S^T BS)y = y^T Dy$ für alle $y \in \mathbb{R}^n$. Nach Notiz 3.9.3 (iv) folgt die Gleichheit $D = S^T BS$ und also das Transformationsgesetz.

Zu (ii): Im Falle $V = \mathbb{R}^n$ und der Standardbasis ist $\Phi = \mathrm{id}$ und damit die Spalten von S wegen $Se_i = \mathrm{id} \circ \Psi(e_i) = s_i$ gerade die Sylvester-Basis.   □

Notiz 3.9.13. Die Beweis-Strategie für (i) des Korollars ist von allgemeinerer Natur, nämlich: Sind $\mathcal{V}, \mathcal{V}'$ zwei beliebige Basen in V, und $q : V \to \mathbb{R}$ eine quadratische Form mit darstellenden Matrizen B bzgl. $\mathcal{V}$ bzw. B' bzgl. $\mathcal{V}'$, so gibt es eine invertierbare Matrix $T \in \mathrm{GL}_n(\mathbb{R})$ mit:

$$B' = T^T BT \tag{3.40}$$

Da via Polarisierung eine quadratische Form rückwärts ihre symmetrische Bilinearform festlegt, gilt das Transformationsgesetz freilich auch für symmetrische Bilinearformen, sogar für beliebige Bilinearformen.

Botschaft von Sylvester + Korollar:
Jede symmetrische Matrix $A \in \mathrm{Sym}_n(\mathbb{R})$ lässt sich auf Diagonalform bringen!

Um eine symmetrische Matrix $B \in \mathrm{Sym}_n(\mathbb{R})$ zu „diagonalisieren" ist also eine Sylvester-Basis zu konstruieren, was dasselbe ist, wie eine invertierbare Matrix S zu finden mit $S^T BS = D$. Dafür gibt es ein einfaches Verfahren, das gleich vorgestellt wird. Vorerst eine

Sprechweise 3.9.14. Unter einer *elementar-symmetrischen Umformung* an einer Matrix A soll eine elementare Zeilen- (bzw. Spalten-)umformung und anschließend an der neu entstandenen Matrix die dazu entsprechende elementare Spalten- (bzw. Zeilen-)umformung verstanden werden. Man spricht dann auch von einer *simultanen Zeilen- und Spaltenumformung*.

Beachte: Jede elementare Spaltenumformung entsteht durch „Transposition" einer dazu entsprechenden elementaren Zeilenumformung.

Zum Beispiel: Geht $\tilde{A}$ aus A durch Vertauschung der 1. und 3. Zeile hervor, so ist die entsprechende elementare Spaltenumformung an $\tilde{A}$ die Vertauschung von 1. und 3. Spalte. Erst wenn beide elementaren Umformungen nacheinander ausgeführt wurden, spricht man von einer elementar-symmetrischen Umformung. Sei also $B \in \mathrm{Sym}_n(\mathbb{R})$ gegeben.

Vorgehensweise zur Konstruktion einer Sylvester-Basis:

1. Schreibe B und die Einheitsmatrix E_n nebeneinander hin.

2. Führe elementar-symmetrische Umformungen an B durch:

   (a) Zuerst eine elementare Zeilen-
       umformung Z_1 und schreibe die
       neu entstandene Matrix B_{Z_1} in
       die nächste Zeile (siehe Schema
       rechts).

   (b) Sodann an B_{Z_1} die dazu *ent-
       sprechende* elementare Spalten-
       umformung S_1 und schreibe die
       neu entstandene Matrix $B_{Z_1 S_1}$ in
       die nächste Zeile.

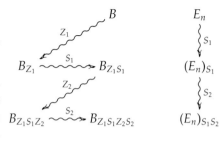

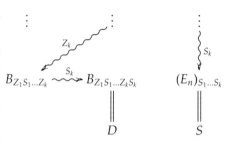

3. An E_n wird nur die letztgenann-
   te Spaltenumformung durchgeführt.
   Schreibe die so entstandene Matrix
   $(E_n)_{S_1}$ unter E_n in die nächste Zeile.

4. Führe Schritt 2. und 3. mit den neu entstanden Matrizen so lange aus, bis
   $B_{Z_1 S_1 \ldots Z_k S_k} = D$ gilt. Dann ist aus E_n die gesuchte Matrix S geworden.

Jede elementare Spalten- (bzw. Zeilen-)umformung an B ist Multiplikation einer
geeigneten Matrix T von rechts (bzw. links). Man nennt solche Matrizen auch
Elementarmatrizen. Jede elementar-symmetrische Umformung entsteht durch
Multiplikation einer geeigneten Elementarmatrix T von rechts und der dazu
transponierten Matrix T^T von links, also $T^T B T$.

Übung: Betrachte die Matrizen:

$$A = \begin{pmatrix} a & b \\ c & d \end{pmatrix} \in M_2(\mathbb{R}), \qquad B = \begin{pmatrix} a & b & c \\ d & e & f \\ g & h & i \end{pmatrix} \in M_3(\mathbb{R})$$

Man überlege sich folgende Elementarmatrizen:

1. Vertauschung der 1. und 2. Zeile (bzw. Spalte).

2. Muliplikation des λ-fachen der 1. Zeile (bzw. Spalte).

3. Addition der 2. Zeile bzw. Spalte zur 1. Zeile (bzw. Spalte).

Wie sieht folglich die Matrix T aus, welche das λ-fache der 1. Zeile (bzw. Spalte)
zum μ-fachen der 2. Zeile (bzw. Spalte) herstellt?

Bemerkung 3.9.15. Aus der Tranformationsformel in Kor. 3.9.12 und den obigen Überlegungen ergibt sich eine Rechtfertigung des Verfahrens zur Konstruktion einer SYLVESTER-Basis. Es ist dort nämlich $B_{Z_1 S_1 \ldots Z_k S_k} = S_k^T \cdots S_1^T \cdot B \cdot S_1 \cdots S_k$ und $(E_n)_{S_1 \ldots S_k} = E_n \cdot S_1 \cdots S_k$, und daher lässt sich das Verfahren auch genauer wie folgt angeben:

B	E_n
$S_1^T \cdot B \cdot S_1$	$E_n \cdot S_1$
$\vdots$	$\vdots$
$\underbrace{S_k^T \cdots S_1^T \cdot B \cdot S_1 \cdots S_k}$	$\underbrace{E_n \cdot S_1 \cdots S_k}$
$\parallel$	$\parallel$
D	S

Insbesondere ist es demnach einerlei, ob man für eine elementarsymmetrische Umformung zuerst die Zeilen- und sodann die Spaltenumformung durchführt, oder umgekehrt, denn die Matrizenmultiplikation ist ja assoziativ.

Beispiel 3.9.16. Gegeben ist die symmetrische Matrix:

$$A := \begin{pmatrix} 0 & 1 \\ 1 & 0 \end{pmatrix}$$

Die Aufgabe besteht darin, eine SYLVERSTER-Basis $S := (s_1|s_2)$ zu bestimmen, so dass A in Diagonalgestalt D gemäß (3.39) vorliegt.

Wir wollen künftig elementarsymmetrische Umformungen wie folgt notieren: Es bezeichne

- $(j) = \lambda(i) + \mu(j)$ das λ-fache der i'ten Zeile(Spalte) wird zum μ-fachen der j'ten Zeile(Spalte) hinzu addiert.

- $(i) \leftrightarrow (j)$ die Vertauschung der j'ten und i'te Zeile(Spalte).

Alsdann erhalten wir gemäß Vorgehensweise zur Bestimmung einer SYLVESTER-

Basis:

$$
\begin{array}{ccc}
& A & E_2 \\
& \| & \| \\
& \begin{pmatrix} 0 & 1 \\ 1 & 0 \end{pmatrix} & \begin{pmatrix} 1 & 0 \\ 0 & 1 \end{pmatrix} \\
(1) = (1) + (2) \quad \begin{pmatrix} 1 & 1 \\ 1 & 0 \end{pmatrix} & \begin{pmatrix} 2 & 1 \\ 1 & 0 \end{pmatrix} & \begin{pmatrix} 1 & 0 \\ 1 & 1 \end{pmatrix} \\
(2) = (1) - 2(2) \quad \begin{pmatrix} 2 & 1 \\ 0 & 1 \end{pmatrix} & \begin{pmatrix} 2 & 0 \\ 0 & -2 \end{pmatrix} & \begin{pmatrix} 1 & 1 \\ 1 & -1 \end{pmatrix} \\
(1) = \frac{1}{\sqrt{2}}(1) \quad \begin{pmatrix} \frac{2}{\sqrt{2}} & 0 \\ 0 & -2 \end{pmatrix} & \begin{pmatrix} 1 & 0 \\ 0 & -2 \end{pmatrix} & \begin{pmatrix} \frac{1}{\sqrt{2}} & 1 \\ \frac{1}{\sqrt{2}} & -1 \end{pmatrix} \\
(2) = \frac{1}{\sqrt{2}}(2) \quad \begin{pmatrix} 1 & 0 \\ 0 & -\frac{2}{\sqrt{2}} \end{pmatrix} & \begin{pmatrix} 1 & 0 \\ 0 & -1 \end{pmatrix} & \begin{pmatrix} \frac{1}{\sqrt{2}} & \frac{1}{\sqrt{2}} \\ \frac{1}{\sqrt{2}} & -\frac{1}{\sqrt{2}} \end{pmatrix} \\
& \| & \| \\
& D & S
\end{array}
$$

Zur Probe rechnet man $D = S^T A S$ nach (tun Sie das!). Bezüglich der Standardbasis (e_1, e_2) ist A die darstellende Matrix der quadratischen Form:

$$
q : \mathbb{R}^2 \longrightarrow \mathbb{R}, x \longmapsto x^T A x = (x_1, x_2) \begin{pmatrix} 0 & 1 \\ 1 & 0 \end{pmatrix} \begin{pmatrix} x_1 \\ x_2 \end{pmatrix} = 2x_1 x_2
$$

Wie sieht q bzgl. der gefundenen SYLVESTER-Basis aus? Nach Kor. 3.9.12 bilden die Spalten von S die SYLVESTER-Basis. Also:

$$
s_1 = \frac{1}{\sqrt{2}} \begin{pmatrix} 1 \\ 1 \end{pmatrix}, \quad s_2 = \frac{1}{\sqrt{2}} \begin{pmatrix} 1 \\ -1 \end{pmatrix}
$$

Ist nun $v \in \mathbb{R}^2$, so existieren eindeutig bestimmte $y_1, y_2 \in \mathbb{R}$ mit $v = y_1 s_1 + y_2 s_2$. Dann gilt:

$$
q(v) = y^T D y = (y_1, y_2) \begin{pmatrix} 1 & 0 \\ 0 & -1 \end{pmatrix} \begin{pmatrix} y_1 \\ y_2 \end{pmatrix} = y_1^2 - y_2^2
$$

Beispiel 3.9.17 (Übung). Sei:

$$
B := \begin{pmatrix} -1 & -2 & 1 \\ -2 & -3 & -2 \\ 1 & -2 & 15 \end{pmatrix} \in \mathrm{Sym}_3(\mathbb{R})
$$

Wie lautet die quadratische Form q bzgl. der Standardbasis? Man bringe q in SYLVESTERscher Normalenform.

Definition 3.9.18. (i) Eine symmetrische Bilinearform bzw. ihre quadratische Form q heißt

- **positiv definit**, falls $q(v) > 0$ für alle $v \in V^*$.

- **positiv semidefinit**, falls $q(v) \geq 0$ für alle $v \in V$.

- **negativ definit**, falls $q(v) < 0$ für alle $v \in V^*$.

- **negativ semidefinit**, falls $q(v) \leq 0$ für alle $v \in V$.

- **indefinit**, falls es ein $0 \neq v \in V$ mit $q(v) > 0$ und ein $0 \neq v' \in V$ mit $q(v') < 0$ gibt.

(ii) Eine symmetrische Matrix $B \in \mathrm{Sym}_n(\mathbb{R})$ heißt **positiv definit**, falls $x^T B x > 0$ für alle $0 \neq x \in \mathbb{R}^n$ gilt, d.h. wenn also die zugehörige quadratische Form $Q_B(x) := x^T B x$ positiv definit ist. Entsprechend sind die anderen Definitheitsbegriffe für symmetrische Matrizen erklärt.

Wie eingangs des Abschnittes erwähnt, werden wir die Definitheit quadratischer Formen, im Konkreten an symmetrischen Matrizen, prüfen, um Extremwertprobleme von Funktionen in mehreren Variablen behandeln zu können. Es wäre daher ziemlich mühsam, alle Vektoren $0 \neq x$ in die Hesse-Matrix (vgl. Kap. 8.4) einzusetzen, um über ihre Definitheit Auskunft zu erhalten, so dass uns folgender Satz die Arbeit erheblich erleichtern wird:

Satz 3.9.19. *Eine quadratische Form ist genau dann*

1. *positiv definit, wenn die Diagonalmatrix D ihrer Sylvesterschen Normalenform nur aus 1'sen in der Diagonalen besteht.*

2. *positiv semi–definit, wenn die Diagonalmatrix D ihrer Sylvesterschen Normalenform nur aus 1'sen und mindestens einer Null in der Diagonalen besteht.*

3. *negativ definit, wenn die Diagonalmatrix D ihrer Sylvesterschen Normalenform nur aus -1'sen in der Diagonalen besteht.*

4. *negativ semi–definit, wenn die Diagonalmatrix D ihrer Sylvesterschen Normalenform nur aus -1'sen und mindestens einer Null in der Diagonalen besteht.*

5. *indefinit, wenn die Diagonalmatrix D ihrer Sylvesterschen Normalenform mindestens eine +1 und eine -1 in der Diagonalen enthält.*

Zum Beweis. Dies folgt aus dem Sylvesterschen Trägheitssatz 3.9.10. □

Beispiel 3.9.20. Die im obigen Beispiel genannten Matrizen sind folglich beide indefinit.

3.9.2 Skalarprodukt und Euklidische Räume

EUKLIDische Räume sind $\mathbb{R}$-Vektorräume, die geomtrischen Fragestellungen, wie

- Welchen Abstand haben zwei Vektoren, oder ein Vektor zu einem Unterraum?

- Welchen Winkel schießen zwei Vektoren ein? Insbesondere: Wann sind zwei Vektoren senkrecht(orthogonal)? Wann sind zwei Untervektorräume orthogonal?

- Wann sind lineare Abbildungen abstandserhaltend, d.h. sind $x, y \in V$ mit Abstand $d(x, y) \in \mathbb{R}_0^+$, so heißt eine lineare Abbildung $f : V \to W$ abstandserhaltend, falls $d(x, y) = d(f(x), f(y))$.

zugänglich sind.

Aus der Schule ist das Standardskalarprodukt $\mathbb{R}^3 \times \mathbb{R}^3 \to \mathbb{R}$, $\langle x, y \rangle := \vec{x} \cdot \vec{y} := x_1 y_1 + x_2 y_2 + x_3 y_3$ auf dem $\mathbb{R}^3$ bekannt. Entsprechend definiert man das *Standardskalarprodukt* auf dem $\mathbb{R}^n$, vermöge

$$\langle ., . \rangle : \mathbb{R}^n \times \mathbb{R}^n \longrightarrow \mathbb{R}, \quad (x, y) \longmapsto \langle x, y \rangle := \vec{x} \cdot \vec{y} := x_1 y_1 + x_2 y_2 + \ldots + x_n y_n, \quad (3.41)$$

und schließlich auf jeden Untervektorraum U des $\mathbb{R}^n$ durch Einschränkung, (d.h. setze in $\langle ., . \rangle$ in (3.41) nur Vektoren aus U ein).

Notation 3.9.21. In natur- und ingenieurwissenschaftlicher Literatur wird das Standardskalarprodukt oftmas vektoriell mit $\vec{x} \cdot \vec{y}$ für Vektoren $x, y \in \mathbb{R}^n$ notiert. Beachte: Dieses Produkt bezeichnet *keine* Matrizenmultiplikation, sondern will intuitiv auf die komponentenweise Multiplikation hinweisen. Wir verwenden in diesem Buch entweder die allgemeine Notation $\langle x, y \rangle$ oder die Matrixschreibweise $x^T \cdot y = x^T y$.

Wir hatten bereits in Bsp. 3.8.7 gesehen, dass das Standardskalarprodukt eine symmetrische Bilinearform ist. Die zugehörige quadratische Form $q_{\langle .,. \rangle} : \mathbb{R}^n \to \mathbb{R}$ ist ersichtlich positiv definit, denn setzt man in (3.41) gleiche Vektoren $x \neq 0$ ein, so ist $q_{\langle .,. \rangle}(x) := \langle x, x \rangle = x_1^2 + x_2^2 + \ldots + x_n^2 > 0$. Das Paar $(\mathbb{R}^n, \langle ., . \rangle)$, bestehend aus dem reellen Standardraum $\mathbb{R}^n$ und dem Standardskalarprodukt (3.41), ist unser erstes Beispiel eines EUKLIDischen Raumes. Allgemein:

Definition 3.9.22 (Reelles Skalarprodukt/ EUKLIDischer Raum). Sei V ein $\mathbb{R}$-Vektorraum.
(i) Unter einem **Skalarprodukt** auf V verstehen wir eine positiv definite symmetrische Bilinearform:

$$\boxed{\langle ., . \rangle_V : V \times V \longrightarrow \mathbb{R}, \quad (v, v') \longmapsto \langle v, v' \rangle_V}$$

(ii) Ein **Euklidischer Raum** ist ein Paar $(V, \langle ., . \rangle_V)$, bestehend aus einem $\mathbb{R}$-Vektorraum V und einem Skalarprodukt $\langle ., . \rangle_V$ auf V.

Notation 3.9.23. Schreibe $\langle .,. \rangle$ statt $\langle .,. \rangle_V$, wenn keine Verwechslungsgefahr besteht; analog notiert man einen EUKLIDischen Raum meistens mit V statt $(V, \langle .,. \rangle_V)$, wenn klar ist oder es keine Rolle spielt, welches Skalarprodukt gemeint ist.

Es gibt viele Skalarprodukte auf einem Vektorraum V, z.B. liefert jede positiv definite Matrix $B \in \mathrm{Sym}_n(\mathbb{R})$ vermöge $\langle x, y \rangle := x^T By$ ein Skalarprodukt auf dem $\mathbb{R}^n$. Für das Standardskalarprodukt ist $B = E_n$ die Einheitsmatrix und es gilt daher $\langle x, y \rangle := x^T E_n y = x^T y$. Schauen wir uns ein Beispiel im $\mathbb{R}^2$ an.

Beispiel 3.9.24. (i) Für $x := (x_1, x_2)^T, y := (y_1, y_2)^T$ sind die beiden symmetrischen Bilinearformen

$$\langle x, y \rangle_1 \; := \; 4x_1 y_1 - 2x_1 y_2 - 2x_2 y_1 + 3x_2 y_2 \; = \; (x_1, x_2) \begin{pmatrix} 4 & -2 \\ -2 & 3 \end{pmatrix} \begin{pmatrix} y_1 \\ y_2 \end{pmatrix}$$

$$\langle x, y \rangle_2 \; := \; x_1 y_1 + x_1 y_2 + x_2 y_1 + 2x_2 y_2 \; = \; (x_1, x_2) \begin{pmatrix} 1 & 1 \\ 1 & 2 \end{pmatrix} \begin{pmatrix} y_1 \\ y_2 \end{pmatrix}$$

auf dem $\mathbb{R}^2$ positiv definit, und damit jeweils ein Skalarprodukt auf dem $\mathbb{R}^2$.
(**Übung**) Prüfen Sie nach, dass die darstellenden Matrizen so aussehen, und zeigen Sie, dass die beiden Matrizen in der Tat positiv definit sind; und bestimmen Sie eine SYLVESTER-Basis.
(ii) (**Übung**) Zeigen Sie, dass vermöge

$$\langle .,. \rangle : \mathbb{R}^3 \times \mathbb{R}^3 \longrightarrow \mathbb{R}, \; (x, y) \longmapsto \langle x, y \rangle := x^T By, \; \text{mit } B := \begin{pmatrix} 1 & 2 & -2 \\ 2 & 5 & -4 \\ -2 & -4 & 5 \end{pmatrix} \in \mathrm{Sym}_3(\mathbb{R})$$

ein Skalarprodukt auf dem $\mathbb{R}^3$ gegeben ist. (Nachprüfen!)

Diese einfachen Beispiele zeigen, warum EUKLIDische Räume das Skalarprodukt stets mit sich führen müssen, gleichwohl die Notation $\langle .,. \rangle$ immer gleich aussieht.

Beispiel 3.9.25. (i) Auf dem $(n + 1)$-dimensionalen $\mathbb{R}$-Vektorraum

$$\mathbb{R}_n[X] := \Big\{ p(X) = \sum_{k=0}^{n} a_k X^k \,|\, a_k \in \mathbb{R} \Big\}$$

der reellen Polynome vom Grade $\leq n$ ist vermöge

$$\langle .,. \rangle : \mathbb{R}_n[X] \times \mathbb{R}_n[X] \longrightarrow \mathbb{R}, \; (p, q) \longmapsto \langle p, q \rangle := \sum_{k=0}^{n} a_k b_k,$$

mit $p(X) := \sum_{k=0}^n a_k X^k$ und $q(X) := \sum_{k=0}^n b_k X^k$, ein Skalarprodukt auf $\mathbb{R}_n[X]$ gegeben, und also $(\mathbb{R}_n[X], \langle .,. \rangle)$ ein EUKLIDischer Raum.
(**Übung**) Rechnen Sie die in Def. 3.9.22 (i) angegebenen Eigenschaften nach, d.h. $\langle .,. \rangle$ ist in der Tat ein Skalarprodukt.

(ii) Sei $I := [a, b] \subset \mathbb{R}$ ein kompaktes Intervall und $k \geq 0$. Dann ist auf $\mathbb{R}$-Vektorraum $V := \mathscr{C}^k(I)$ der $\mathscr{C}^k$ - Funktionen auf I vermöge

$$\langle .,. \rangle : \mathscr{C}^k(I) \times \mathscr{C}^k(I) \longrightarrow \mathbb{R},\ (f, g) \longmapsto \langle f, g \rangle := \int_a^b f(t)g(t)\, dt \qquad (3.42)$$

ein Skalarprodukt gegeben, das $(\mathscr{C}^k(I), \langle .,. \rangle)$ zu einem EUKLIDischen Raum macht.

Beweis. Zuerst ist die Frage der Wohldefiniertheit von $\langle .,. \rangle$ zu klären, d.h. ob das Integral überhaupt existiert. Dazu: Nach Satz 2.3.6 ist jede differenzierbare Funktion auch stetig, und die $\mathscr{C}^k$-Funktionen sind per Definition für alle $k > 0$ differenzierbar und für $k = 0$ aber immer noch stetig. Nach Satz 2.4.8(i) ist aber jede stetige Funktion auf einem Kompaktum R-integrierbar, womit die Wohldefiniertheit des Skalarproduktes gezeigt ist. Dass $\langle .,. \rangle$ eine symmetrische Bilinearform ist, haben wir bereits in Bsp. 3.8.7 (ii) gesehen. Es verbleibt zu zeigen, dass $\langle .,. \rangle$ positiv definit ist.

Dazu verwenden wir eine nützliche Charakterisierung:

Bemerkung 3.9.26. Sei β eine symmetrische Bilinearform auf V. Dann gilt:

$$\beta \text{ positiv definit} \quad \Longleftrightarrow \quad \begin{cases} (a) & \beta(v, v) \geq 0 \quad \text{für alle } v, \in V \\ (b) & \beta(v, v) = 0 \Leftrightarrow v = 0 \end{cases}$$

Zurück zum Beweis des Beispiels 3.9.25 (ii): Offenbar gilt $\int_a^b (f(t))^2\, dt \geq 0$, womit die Bedingung (a) aus der Bemerkung erfüllt ist. Ist $f = 0$, d.h. $f(t) = 0$ für alle $t \in I$, so ist auch $\int_a^b (f(t))^2\, dt = 0$. Gilt umgekehrt Letzteres, für ein $f \in \mathscr{C}^k(I)$ so folgt aus der Stetigkeit[9] von f, dass $f = 0$ ist. Damit genügt Gl.(3.42) auch der Bedingung (b). $\qquad\qquad\square$

Beachte: Die Abbildung (3.42) ist auch für $f, g \in \mathscr{R}_I$ wohldefiniert und definiert daher eine symmetrische Bilinearform auf $\mathscr{R}_I$, jedoch ist diese nicht mehr positiv definit, weil aus $f \in \mathscr{R}_I$ mit $\int_a^b |f(t)|^2\, dt = 0 \Rightarrow f = 0$. Ändert man die Nullfunktion an endlich oder abzählbar vielen Stellen ab, so bleibt dennoch ihr R-Integral null, gleichwohl $f \neq 0$, im Widerspruch zu (b). Die Stetigkeit, wie Sie in Bsp. 3.9.25 (ii) implizit vorliegt, ist also der Schlüssel, warum die symmetrische Bilinearform (3.42) positiv definit ist, und damit ein Skalarprodukt ist.

Definition 3.9.27 (Norm eines Skalarproduktes). Sei $(V, \langle .,. \rangle)$ ein EUKLIDischer Raum. Für jeden Vektor $v \in V$ heißt die reelle Zahl

$$\|v\| := \sqrt{\langle v, v \rangle}$$

---

[9]D.h.: Ist $x_0 \in I$ mit $f(x_0) \neq 0$, so existiert $\overset{\circ}{K}_\delta(x_0) \subset \mathbb{R}$ um x_0 mit $f_{\underset{|\overset{\circ}{K}_\delta(x_0)}{}} \neq 0$. Also ist $\int_a^b (f(t))^2 dt \neq 0$.

die **Norm** oder die **Länge** von v. Insbesondere nennt man für jedes $v, w \in V$ die reelle Zahl

$$d(v, w) := \|v - w\|$$

den **Abstand** („d" bedeutet „Distanz") von v und w.

Damit sind wir in der Lage, den Abstand zweier Vektoren zu berechnen.

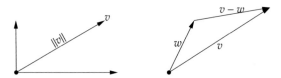

Abbildung 3.19: Norm eines Vektors und Abstand zweier Vektoren.

Beispiel 3.9.28. (i) Im $\mathbb{R}^4$ mit dem Standardskalarprodukt $\langle ., . \rangle$ betrachte den Vektor $x := (4, 2, 1, 2)^T$. Seine Länge ist:

$$\|x\| := \sqrt{\langle x, x \rangle} = \sqrt{x_1^2 + x_2^2 + x_3^2 + x_4^2} = \sqrt{16 + 4 + 1 + 4} = 5$$

(ii) Allgemein: Für einen Vektor $x := (x_1, ..., x_n)^T \in \mathbb{R}^n$ mit dem Standardskalarprodukt $\langle ., . \rangle$ ist die Norm $\|x\|$ gegeben durch:

$$\|x\| := \sqrt{\langle x, x \rangle} = \sqrt{x_1^2 + x_2^2 + \ldots + x_n^2} \tag{3.43}$$

Sie wird oftmals *Euklidische Norm* des Standardraumes $\mathbb{R}^n$ genannt.
(iii) Sei $k \geq 0$ und $I := [a, b] \subset \mathbb{R}$ ein kompaktes Intervall. Im EUKLIDischen Raum $(\mathscr{C}^k(I), \langle ., . \rangle)$ mit dem Skalarprodukt $\langle f, g \rangle := \int_a^b f(t)g(t)\, \mathrm{d}t$ aus Bsp. 3.9.25 (ii) ist die Norm von f gegeben durch:

$$\|f\| := \sqrt{\langle f, f \rangle} = \sqrt{\int_a^b (f(t))^2 \, \mathrm{d}t}$$

Ist $f(t)$ ein Spannungssignal, so ist $\|f\|$ die Energie, welche im Zeitintervall $b - a$ in einem Widerstand von 1Ω umgesetzt wird. In der Signalverarbeitung werden alle Signale $f(t)$ aus einem Signalraum $\mathfrak{X}$, für welche dies Integral (wobei hier $-\infty \leq a < b \leq +\infty$ möglich ist) existiert, als *energiebeschränkt* bezeichnet.

Von fundamentaler Bedeutung in der EUKLIDischen Geometrie ist das folgende

Lemma 3.9.29 (CAUCHY-SCHWARZ[10]sche Ungleichung). Sei $(V, \langle ., . \rangle)$ ein EUKLIDischer Raum mit Norm $\|.\|$. Dann gilt für alle $v, w \in V$:

$$|\langle v, w \rangle| \leq \|v\| \cdot \|w\| \tag{3.44}$$

---

[10]HERMANN AMANDUS SCHWARZ (1843–1921) deutscher Mathematiker

Beweis. Für alle $\lambda \in \mathbb{R}$ gilt:

$$\langle v + \lambda w, v + \lambda w \rangle = \|v\|^2 + |\lambda|^2 \cdot \|w\|^2 + \lambda \underbrace{\langle w, v \rangle}_{=\langle v, w \rangle} + \lambda \langle v, w \rangle \geq 0$$

Für $\|w\| \neq 0$ setze $\lambda := -\frac{\langle v, w \rangle}{\|w\|^2}$. Sodann erhalte

$$\|v\|^2 + \frac{|\langle v, w \rangle|^2}{\|w\|^2} - \frac{\langle v, w \rangle}{\|w\|^2} \langle v, w \rangle - \frac{\langle v, w \rangle}{\|w\|^2} \langle v, w \rangle \geq 0,$$

also

$$\|v\|^2 \|w\|^2 + |\langle v, w \rangle|^2 - 2|\langle v, w \rangle|^2 = \|v\|^2 \|w\|^2 - |\langle v, w \rangle|^2 \geq 0,$$

und daher $|\langle v, w \rangle|^2 \leq \|v\|^2 \|w\|^2$. Die Fälle $\langle v, w \rangle = 0$ oder $\|v\| = 0$ oder $\|w\| = 0$ schließt man trivialerweise aus, da dies offensichtlich zu wahren Aussagen in der Behauptung führt. □

Mithilfe der CAUCHY-SCHWARZschen Ungleichung lässt sich die Dreiecksungleichung beweisen und der Öffnungswinkel zweier Vektoren definieren, wie wir gleich sehen werden.

Lemma 3.9.30. Sei $(V, \langle ., . \rangle)$ ein EUKLIDischer Raum. Dann erfüllt die Abbildung

$$\|.\| : V \longrightarrow \mathbb{R}, \|v\| := \sqrt{\langle v, v \rangle}$$

folgende Eigenschaften:

(i) Für alle $v \in V$ gilt: $\|v\| \geq 0$ und $\|v\| = 0 \Leftrightarrow v = 0$

(ii) Für alle $v \in V$, $\lambda \in \mathbb{R}$ gilt: $\|\lambda v\| = |\lambda| \|v\|$

(iii) Für alle $v, w \in V$ gilt: $\|v + w\| \leq \|v\| + \|w\|$ (Dreiecksungleichung)

Beweis. (i) ist trivial; daher gleich zu (ii): Für $\lambda \in \mathbb{R}$ und $v \in V$ gilt:

$$\|\lambda v\| = \sqrt{\langle \lambda v, \lambda v \rangle} = \sqrt{\lambda^2 \langle v, v \rangle} = \sqrt{\lambda^2 \|v\|^2} = |\lambda| \|v\|$$

Zu (iii): Es ist

$$\|v + w\|^2 = \langle v + w, v + w \rangle = \|v\|^2 + \|w\|^2 + 2\langle v, w \rangle \leq \|v\|^2 + \|w\|^2 + 2|\langle v, w \rangle|$$
$$\overset{(*)}{\leq} \|v\|^2 + \|w\|^2 + 2(\|v\| \|w\|) = (\|v\| + \|w\|)^2,$$

wobei in $(*)$ CAUCHY-SCHWARZsche Ungleichung verwendet wurde. Damit folgt (iii). □

Definition 3.9.31 (Normierter Raum)**.** Sei V ein Vektorraum. Eine Abbildung $\|.\|$: $V \to \mathbb{R}$, $v \mapsto \|x\|$ heißt eine **Norm** auf V, falls sie die drei oben im Lemma genannten Eigenschaften hat. Das Paar $(V, \|.\|)$ wird **normierter (Vektor-)Raum** genannt.

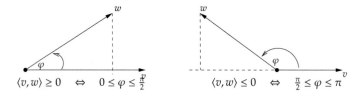

$$\langle v, w \rangle \geq 0 \quad \Leftrightarrow \quad 0 \leq \varphi \leq \tfrac{\pi}{2} \qquad\qquad \langle v, w \rangle \leq 0 \quad \Leftrightarrow \quad \tfrac{\pi}{2} \leq \varphi \leq \pi$$

Abbildung 3.20: Anschauung zur Winkeldefinition.

Wenn jede Norm von einem Skalarprodukt käme, so bräuchten wir sie erst gar nicht formal einzuführen. Indes gibt es Normen, die nicht von einem Skalarprodukt herkommen. Im Moment genügt es aber zu wissen:

Notiz 3.9.32. Ist $(V, \langle ., . \rangle)$ ein EUKLIDischer Raum, so auch vermöge $\langle ., . \rangle$ in kanonischer Weise ein *normierter Raum* $(V, \|.\|)$.

Bemerkung 3.9.33 (Geometrische Interpretation). Sei V ein EUKLIDischer Raum mit Norm $\|.\|$. Dann gilt:

(i) Sind $v, w \in V \setminus \{0\}$, so erlaubt die CAUCHY-SCHWARZSCHE Ungleichung wegen $\frac{|\langle v,w \rangle|}{\|v\| \cdot \|w\|} \leq 1$, den *Öffnungswinkel* φ zwischen v und w bezüglich $\langle ., . \rangle$ zu definieren, nämlich als die eindeutig bestimmte Zahl $\varphi \in [0, \pi]$, für die gilt:

$$\cos \varphi := \frac{\langle v, w \rangle}{\|v\| \cdot \|w\|} \tag{3.45}$$

(ii) Die Gleichheit in (3.44) der CAUCHY-SCHWARZSCHEN Ungleichung gilt genau dann, falls v und w linear abhängig sind.

(iii) Die Dreiecksungleichung ist genau dann eine Gleichung, falls v und w linear abhängig sind.

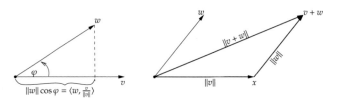

Abbildung 3.21: Die Länge des Summenvektors ist stets kleiner oder gleich der Summe der Einzelvektoren.

Definition 3.9.34 (Orthogonalität). (i) Zwei Vektoren $v, w \in V$ heißen zueinander **orthogonal**, und man schreibt dafür $v \perp w$, falls $\langle v, w \rangle = 0$.
(ii) Der Vektor $v \in V$ heißt **orthogonal zur Teilmenge** $A \subset V$, und man schreibt dafür $v \perp A$, falls $v \perp a$ für alle $a \in A$ gilt.
(iii) **Zwei Teilmengen** $A, B \subset X$ heißen **orthogonal**, und man schreibt dafür $A \perp B$, falls für je zwei Vektoren $a \in A, b \in B$ gilt $a \perp b$.

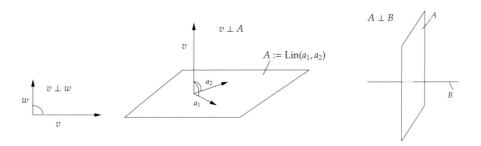

Abbildung 3.22: Anschauungen zum Begriff „Senkrecht"

Bemerkung 3.9.35. (i) Für $v, w \in V$ mit $v \perp w$ folgt $w \perp v$.
(ii) Sind $v_1 \perp w$ und $v_2 \perp w$, so auch $(\lambda_1 v_1 + \lambda_2 v_2) \perp w$ für alle $\lambda_1, \lambda_2 \in \mathbb{R}$. Denn:
Seien $v_1 \perp w$ und $v_2 \perp w$ sowie $\lambda_1, \lambda_2 \in \mathbb{R}$. Wegen der Linearität von $\langle ., .\rangle$ im 1.
Argument folgt

$$\langle \lambda_1 v_1 + \lambda_2 v_2, w \rangle \overset{\text{Linearität}}{=} \lambda_1 \underbrace{\langle v_1, w \rangle}_{=0,\, v_1 \perp w} + \lambda_2 \underbrace{\langle v_2, w \rangle}_{=0,\, v_2 \perp w} = 0.$$

(iii) Ist $v \perp w$ für alle $w \in V$, so folgt $v = 0$ (wegen der positiven Definitheit von $\langle ., .\rangle$), d.h. der einzige Vektor, der auf allen Vektoren in V senkrecht steht, ist der Nullvektor.
(iv) Es ist $v \perp w$ genau dann, falls der PYTHAGORAS $\|v + w\|^2 = \|v\|^2 + \|w\|^2$ gilt, denn:

$$\|v + w\|^2 = \langle v + w, v + w \rangle = \|v\|^2 + \|w\|^2 + 2 \underbrace{\langle v, w \rangle}_{=0,\, \text{da } v \perp w}$$

(v) Sind $U_1 \perp U_2$ Untervektorräume im EUKLIDISCHEN Raum V, so folgt unmittelbar $U_1 \cap U_2 = \{0\}$, denn gäbe es einen Vektor $v \in U_1 \cap U_2$, so wäre $v \perp v$, d.h. $\langle v, v \rangle = \|v\|^2 = 0$, d.h gemäß Lemma 3.9.30 (i) $\|v\| = 0 \iff v = 0$. Also kann v nur der Nullvektor sein.

Beispiel 3.9.36. (i) Im $\mathbb{R}^3$ mit dem Standardskalarprodukt stehen die Vektoren $x := (1, 2, 3)^T$ und $y := (-5, 1, 1)^T$ senkrecht aufeinander.
(ii) Betrachte den EUKLIDISCHEN Raum $\mathscr{C}^0([-\pi, \pi])$ mit dem Skalarprodukt $\langle f, g \rangle := \int_{-\pi}^{\pi} f(t)g(t) \, dt$ aus Bsp. 3.9.25 (ii). Dann gilt $f(t) := \sin(t) \perp \cos(t) =: g(t)$, denn mittels partieller Integration folgt:

$$\langle f, g \rangle = \int_{-\pi}^{\pi} \sin(t) \cos(t) \, dt \overset{\text{P.I.}}{=} \sin^2(t)|_{-\pi}^{\pi} - \int_{-\pi}^{\pi} \cos(t) \sin(t) \, dt$$

Damit haben wir $2 \int_{-\pi}^{\pi} \sin(t) \cos(t) \, dt = 0$ und mithin $\langle f, g \rangle = 0$. [alternativ verwende $2 \sin(t) \cos(t) = \sin(2t)$.]

(iii) Im $\mathbb{R}^2$ betrachte die Vektoren $x := (-4, 3)^T$ und $y := (2, 1)^T$. Bezüglich des Standardskalarproduktes ist $\langle x, y \rangle = (-4) \cdot 2 + 3 \cdot 1 = -5$, der Abstand von x und y beträgt $d(x, y) := \|x - y\| := \sqrt{\langle x - y, x - y \rangle} = 2\sqrt{10}$ sowie $\cos(\varphi) := \frac{-5}{5 \cdot \sqrt{5}} = -\frac{\sqrt{5}}{5}$, also schließen x und y einen Winkel $\angle(x, y)$ von ca. 116° ein. Jedoch bezüglich des Skalarproduktes $\langle x, y \rangle_2$ aus Bsp. 3.9.24 (i) ist:

$$\langle x, y \rangle_2 \;\; := \;\; (-4, 3)^T \begin{pmatrix} 1 & 1 \\ 1 & 2 \end{pmatrix} \begin{pmatrix} 2 \\ 1 \end{pmatrix} = 0 \neq -5$$

$$\|x - y\|_2 \;\; := \;\; \sqrt{\langle (-6, 2)^T, (-6, 2)^T \rangle_2} = 2\sqrt{5} \neq 2\sqrt{10}$$

$$\angle_2(x, y) \;\; = \;\; 90° \neq 116°$$

Merke: Winkelmaß $\angle(v, w)$, Abstandsmaß $d(v, w)$ oder Norm $\|v\|$ hängen von der Wahl des $\langle ., . \rangle$ ab! Anderes Skalarprodukt auf V impliziert auch andere Norm, Abstände und Winkel!

Definition 3.9.37 (Orthonormalität). Sei $(V, \langle ., . \rangle)$ ein EUKLIDischer Raum. Zwei Vektoren $v_1, v_2 \in V$ heißen **orthonormal**, falls sie orthogonal sind, und jeder der beiden die Länge 1 hat. Man spricht hingegen bei einem k-tupel $(v_1, .., v_k)$ von Vektoren $v_1, .., v_k \in V$ von einem **Orthonormalsystem (ONS)**, falls gilt:

$$\langle v_i, v_j \rangle = \delta_{ij} := \begin{cases} 0, & i \neq j \\ 1, & i = j \end{cases} \tag{3.46}$$

Lemma 3.9.38. Sei $(V, \langle ., . \rangle)$ ein EUKLIDischer Raum und $(v_1, ..., v_k)$ ein ONS in V. Dann ist $(v_1, ..., v_k)$ linear unabhängig.

Beweis. Sei $\lambda_1 v_1 + \ldots + \lambda_k v_k = 0$. Dann folgt $0 = \langle \lambda_1 v_1 + \ldots + \lambda_k v_k, v_j \rangle = \lambda_1 \langle v_1, v_j \rangle + \ldots + \lambda_k \langle v_k, v_j \rangle = \lambda_j \langle v_j, v_j \rangle = \lambda_j$ für jedes festes $j \in \{1, .., k\}$. Mithin ist $\lambda_1 = \cdots = \lambda_k = 0$ und also das k-tupel $(v_1, ..., v_k)$ linear unabhängig. $\qquad\square$

Beispiel 3.9.39. (i) Im EUKLIDischen Standardraum $\mathbb{R}^n$ ist $(e_1, .., e_k)$ für $k \leq n$ ein ONS.
(ii) Normiert man in Bsp. 3.9.36 (ii) die Sinus- und Kosinusfunktion mit $1/\sqrt{\pi}$, also $f(t) := \frac{1}{\sqrt{\pi}} \sin(t)$ und $g(t) := \frac{1}{\sqrt{\pi}} \cos(t)$, so sind f und g in $\mathscr{C}^0([-\pi, \pi])$ nicht nur orthogonal, sondern orthonormal. Denn: Es verbleibt die Normierungseigenschaft zu zeigen, d.h. $\langle f, f \rangle = \langle g, g \rangle = 1$. Mittels partieller Integration folgt

$$\|\sin(t)\|^2 = \int_{-\pi}^{\pi} \sin^2(t)\, dt \overset{P.I.}{=} \underbrace{\sin(t) \cos(t)|_{-\pi}^{\pi}}_{=0} - \int_{-\pi}^{\pi} \cos^2(t)\, dt \Leftrightarrow 2 \int_{-\pi}^{\pi} \sin^2(t)\, dt = \underbrace{\int_{-\pi}^{\pi} 1\, dt}_{=2\pi},$$

d.h. $\|\sin(t)\|^2 = \langle \sin(t), \sin(t) \rangle = \pi$ und damit $\|\sin(t)\| = \sqrt{\pi}$. Analog verfahre man mit $\cos(t)$, und erhalte $\|\cos(t)\| = \sqrt{\pi}$.

Von besonderer Bedeutung in Euklidischen Räumen sind Basen, deren Vektoren alle die Länge 1 haben und paarweise senkrecht aufeinander stehen. Genau das besagt die folgende

Definition 3.9.40 (Orthonormalbasis (ONB)). Sei $(V, \langle ., . \rangle)$ ein Euklidischer Raum. Unter einer **Orthonormalbasis** oder kurz **ONB** versteht man eine Basis $(v_1, ..., v_n)$ mit der Eigenschaft (3.46).

Selbstverständlich ist ein ONS $(v_1, ..., v_n)$ genau dann eine ONB von V, falls $\text{Lin}_\mathbb{R}(v_1, ..., v_n) = V$ ist. Man spricht in diesem Zusammenhang auch von einem *vollständigen* ONS.

Merke: Eine ONB ist vollständiges ONS!

Beispiel 3.9.41. (i) Im $\mathbb{R}^n$ mit dem Standardskalarprodukt $\langle ., . \rangle$ ist die Standardbasis $(e_1, e_2, ..., e_n)$ offenbar bereits eine ONB.
(ii) Im $\mathbb{R}^2$ mit dem Standardskalarprodukt bildet das 2-tupel (b_1, b_2) mit $b_1 := \frac{1}{\sqrt{2}}(1,1)^T$, $b_2 := \frac{1}{\sqrt{2}}(1,-1)^T$ eine ONB. Denn ersichtlich ist $\|b_1\| = \|b_2\| = 1$ und $\langle b_1, b_2 \rangle = 0$.

Ein wesentlicher Nutzen von ONBs ist die konkrete Berechnung der Entwicklungskoeffizienten eines gegebenen Vektors $v \in V$.

Satz 3.9.42 (Entwicklung nach ONBs). *Sei $(V, \langle ., . \rangle)$ ein Euklidischer Raum und $(v_1, .., v_n)$ eine ONB von V. Ist $v \in V$ beliebig vorgegeben, so gilt:*

$$v = \langle v, v_1 \rangle v_1 + \langle v, v_2 \rangle v_2 + \ldots \langle v, v_n \rangle v_n = \sum_{k=1}^{n} \langle v, v_k \rangle v_k$$

Beweis. Nach Lemma 3.5.5 hat jeder Vektor $v \in V$ bzgl. vorgegebener Basis $(v_1, ..., v_n)$ von V eine eindeutige Darstellung $v = \lambda_1 v_1 + \ldots + \lambda_n v_n$ mit den Entwicklungskoeffizienten $\lambda_1, ..., \lambda_n \in \mathbb{R}$. Bilden wir auf beiden Seiten der Darstellung das Skalarprodukt $\langle ., v_j \rangle$, folgt,

$$\langle v, v_j \rangle = \langle \lambda_1 v_1 + \ldots + \lambda_n v_n, v_j \rangle \overset{(1)}{=} \lambda_1 \langle v_1, v_j \rangle + \ldots + \lambda_j \langle v_j, v_j \rangle + \ldots + \lambda_n \langle v_n, v_j \rangle \overset{(2)}{=} \lambda_j,$$

wobei in (1) die Linearität von $\langle ., . \rangle$ im 1. Argument verwendet wurde, und in (2) geht ein, dass $(v_1, ..., v_n)$ eine ONB ist, und damit $\langle v_i, v_j \rangle = 0$ für alle $i \neq j$, so dass nur ein Term in der Summe verbleibt, nämlich der j'te; aber im Falle $i = j$ ist $\langle v_j, v_j \rangle = 1$ (nach Definition einer ONB). $\square$

Definition 3.9.43 (Orthogonales Komplement). Sei $(V, \langle ., . \rangle)$ ein Euklidischer Raum und $U \leq V$ ein Untervektorraum. Dann heißt

$$U^\perp := \{v \in V \mid v \perp U\} \subset V$$

das **orthogonale Komplement** von U in V.

Lemma 3.9.44. Das orthogonale Komplement $U^\perp$ eines Untervektorraumes U in V ist selbst ein Untervektorraum in V mit $U \cap U^\perp = \{0\}$.

Beweis. Es sind die zwei Untervektorraumeigenschaften nachzurechnen, nämlich $0 \in U^\perp$, sowie: Sind $v_1, v_2 \in U^\perp$ so auch $\lambda_1 v_1 + \lambda_2 v_2 \in U^\perp$. Wegen $0 \perp v$ für alle $v \in V$, und insbesondere für alle $u \in U$, also $0 \perp U$ und damit $0 \in U^\perp$ folgt die 1. Eigenschaft. Die zweite Eigenschaft und letzte Behauptung folgen unmittelbar aus Bem. 3.9.35 (ii) bzw. (v). □

Unser Hauptresultat in diesem Abschnitt ist das folgende

Theorem 3.9.45 (Orthogonale Projektion). *Sei $(V, \langle ., . \rangle)$ ein EUKLIDischer Raum, $U \leq V$ ein Untervektorraum und $(u_1, ..., u_k)$ eine ONB in U. Ist $v \in V$ beliebig vorgegeben, so ist vermöge*

$$\mathrm{Proj}_U : V \longrightarrow V, \quad \mathrm{Proj}_U(v) = \sum_{i=1}^{k} \langle v, u_i \rangle u_i$$

eine lineare Abbildung gegeben. Dabei hat $\mathrm{Proj}_U(v)$ die Eigenschaft der besten Approximation von v in U, d.h. es gilt:

$$d(v, U) := \| v - \mathrm{Proj}_U(v) \| < \| v - u \| \quad \text{für alle } u \in U \setminus \{\mathrm{Proj}_U(v)\}$$

Definition 3.9.46 (Orthogonale Projektion). Man nennt $\mathrm{Proj}_U(v)$ die **orthogonale Projektion** v in U und $d(v, U)$ den **Abstand** von v und dem Untervektorraum U.

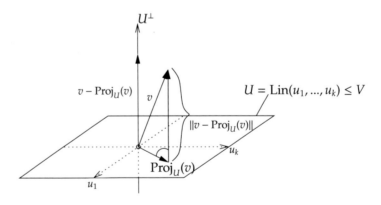

Abbildung 3.23: Anschauung zur orthogonalen Projektion von v auf U.

Beweis. Wegen der Linearität von $\langle ., . \rangle$ im 1. Argument ist die Abbildung $\mathrm{Proj}_U : V \to V$ ersichtlich linear mit $\mathrm{Bild}(\mathrm{Proj}_U) = U$, denn für jedes $v \in V$ ist $\mathrm{Proj}_U(v)$ eine Linearkombination der ONB $(u_1, ..., u_k)$ in U und damit also ein Element in U, siehe Abb. 3.23, und ist $u \in U$, so sagt der Entwicklungssatz nach ONBs Satz 3.9.42, dass $u = \sum_{i=1}^{k} \langle u, u_i \rangle u_i = \mathrm{Proj}_U(u)$, wobei die letztere Gleichheit wegen der

Eindeutigkeit der Entwicklungskoeffizienten $\langle u, u_i \rangle \in \mathbb{R}$ folgt. Mit Bem. 3.9.35 (ii) folgt $(v - \mathrm{Proj}_U(v)) \perp U \Leftrightarrow \langle v - \mathrm{Proj}_U(v), u_j \rangle = 0$ für alle $u_1, ..., u_k$, also

$$\langle v - \mathrm{Proj}_U(v), u_j \rangle = \langle v - \sum_{i=1}^{k} \langle v, u_i \rangle u_i, u_j \rangle = \langle v, u_j \rangle - \sum_{i=1}^{k} \langle v, u_i \rangle \underbrace{\langle u_i, u_j \rangle}_{=\delta_{ij}} = \langle v, u_j \rangle - \langle v, u_j \rangle = 0,$$

für alle $j = 1, .., k$. Nun zur Eigenschaft der besten Approximation: Sei $u \in U$ beliebig. Dann ist

$$v - u = v - \mathrm{Proj}_U(v) + \underbrace{\mathrm{Proj}_U(v) - u}_{\in U},$$

und $(v - \mathrm{Proj}_U(v)) \perp \mathrm{Proj}_U(v)$. Also läst sich Pythagoras[11] aus Bem. 3.9.35 (iv) anwenden, womit für jedes $u \in U \backslash \{\mathrm{Proj}_U(v)\}$ gilt

$$\|v - u\|^2 = \|v - \mathrm{Proj}_U(v)\|^2 + \underbrace{\|\mathrm{Proj}_U(v) - u\|^2}_{>0} > \|v - \mathrm{Proj}_U(v)\|^2,$$

und also $\|v - \mathrm{Proj}_U(v)\| < \|v - u\|$ für alle $u \in U \backslash \{\mathrm{Proj}_U(v)\}$. $\qquad\square$

Korollar 3.9.47. Ist V ein Euklidischer Raum mit $\langle ., . \rangle$ und $U \leq V$ ein Untervektorraum, so hat jeder Vektor $v \in V$ eine eindeutige Darstellung (auch Zerlegung von v genannt) der Form

$$v = u + w \qquad \text{mit} \qquad \begin{cases} u \in U \\ w \in U^\perp \end{cases}, \quad \text{d.h. es gilt:} \quad V = U \oplus U^\perp$$

Notation & Sprechweise 3.9.48. Sind $U_1, U_2 \leq V$ orthogonale Untervektorräume im Euklidischen Raum $(V, \langle ., . \rangle)$, so gilt nach Bem. 3.9.35 (v) $U_1 \cap U_2 = \{0\}$ und daher spricht man von einer *orthogonalen Summe* und schreibt $U_1 \oplus U_2$ statt $U_1 \oplus U_2$.

Zum Beweis. Sei $v \in V$ beliebig vorgegeben. Dann liefert die beste Approximation aus Theorem 3.9.45 den Vektor $u := \mathrm{Proj}_U(v) \in U$ und ferner $w := v - u \in U^\perp$. Damit ist $v = u + w$, wie verlangt. Zur Eindeutigkeit der Darstellung: Angenommen, es gibt eine weitere Zerlegung von v, d.h. $v = u' + w'$ mit $u \in U$ und $w' \in U^\perp$. Dann folgt

$$u + w = v = u' + w' \quad \Longleftrightarrow \quad \underbrace{u' - u}_{\in U} = \underbrace{w - w'}_{\in U^\perp},$$

und da nach Bem.3.9.35 (v) U und $U^\perp$ nur den Nullvektor gemein haben, folgt $u = u'$ und $w = w'$. $\qquad\square$

Es stellt sich nun die Frage: Gibt es in Euklidischen Räumen stets eine ONB? Wir wissen, dass jeder $\mathbb{R}$-Vektorraum eine Basis hat, und in Anwesenheit eines Skalarproduktes, lässt sich als erste Anwendung der orthogonalen Projektion die Existenz einer ONB durch folgendes Konstruktionsverfahren sichern:

---

[11]Pythagoras von Samos um (570–510) v. Chr. antiker griechischer Philosoph

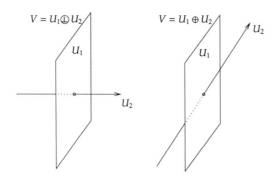

orthogonale (direkte) Summe   direkte Summe (keine orthogonale!)

Abbildung 3.24: Unterschied orthogonale und direkte Summe

Satz 3.9.49 (GRAM-SCHMIDT[12]sches Orthonormalisierungsverfahren). *Ist* $(V, \langle., .\rangle)$ *ein* EUKLID*ischer Raum, und* $w_1, ..., w_n$ *eine beliebige Basis in* V, *so gewinnt man durch folgende Iteration*

$$v_1 := \frac{w_1}{\|w_1\|}, \qquad v_{k+1} = \frac{w_{k+1} - \sum_{i=1}^{k} \langle w_{k+1}, v_i \rangle v_i}{\|w_{k+1} - \sum_{i=1}^{k} \langle w_{k+1}, v_i \rangle v_i\|} \qquad (3.47)$$

eine ONB $v_1, ..., v_n$ *in* V *mit* $\mathrm{Lin}(w_1, ..., w_k) = \mathrm{Lin}(v_1, ..., v_k)$ *für alle* $k = 1, ..., n$.

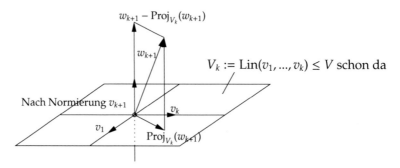

Abbildung 3.25: Orthonormalisieren mit dem GRAM-SCHMIDT-Verfahren

Vorgehen zum Orthonormalisieren mittels GRAM-SCHMIDT-Verfahren:

1. Starte mit w_1. Durch Normierung $v_1 := \frac{w_1}{\|w_1\|}$ erhalte ersten Basisvektor v_1.

2. Sind $(v_1, .., v_k)$ schon konstruiert, so erhalte v_{k+1} aus w_{k+1} wie folgt:

   Projizieren: $\mathrm{Proj}_{V_k}(w_{k+1}) = \sum_{i=1}^{k} \langle w_{k+1}, v_i \rangle v_i$

   Subtrahieren: $w_{k+1} - \mathrm{Proj}_{V_k}(w_{k+1})$

---

[12]ERHARD SCHMIDT (1876-1959) deutscher -, JØRGEN P. GRAM (1850-1916) dänischer Mathematiker

$$\textbf{Normieren: } v_{k+1} = \frac{w_{k+1} - \text{Proj}_{V_k}(w_{k+1})}{\|w_{k+1} - \text{Proj}_{V_k}(w_{k+1})\|}$$

Das oben genannte Vorgehen liefert also genau die Formel (3.47) in Satz 3.9.49. Die Formel prägt sich nicht so ohne Weiteres ein, jedoch bei Kenntnis der orthogonalen Projektion und Abb. 3.25 vor Augen leitet sich die Formel (3.47) gleichsam von selbst ab.

Beispiel 3.9.50. Betrachte im $\mathbb{R}^3$ den Untervektorraum $V := \text{Lin}(w_1, w_2)$ mit $w_1 := (0, 3, 4)^T$ und $w_2 := (2, 1, 3)^T$. Finde ONB in V. Dazu: Wende GRAM-SCHMIDT an: $v_1 = \frac{w_1}{\|w_1\|} = \frac{(0,3,4)^T}{\sqrt{9+16}} = \frac{1}{5}(0, 3, 4)^T$. Für v_2 müssen wir der Reihe nach: Projizieren, Subtrahieren und schließlich Normieren. Also: Projizieren liefert $\text{Proj}_{V_1}(w_2) = \langle w_2, v_1 \rangle v_1 = \frac{1}{5}(0 + 3 + 12)\frac{1}{5}(0, 3, 4)^T = \frac{3}{5}(0, 3, 4)^T$; Subtrahieren $u := w_2 - \text{Proj}_{V_1}(w_2) = (2, 1, 3)^T - \frac{3}{5}(0, 3, 4)^T = \frac{1}{5}(10, -4, 3)^T$; Normieren $\|u\| = \frac{1}{5}\sqrt{100 + 16 + 9} = \sqrt{5}$ und also $v_2 = \frac{\sqrt{5}}{25}(10, -4, 3)^T$.

Korollar 3.9.51. Jeder endlich-dimensionale EUKLIDische Raum hat eine ONB.

Das Prinzip der orthogonalen Projektion ist aber nicht nur von theoretischem Interesse, weil es z.B. die Existenz von ONBs in EUKLIDischen Räumen sichert, sondern es ist auch ein zentrales Hilfsmittel zur Lösung von ingenieurwissenschaftlichen Fragestellungen in der Praxis, z.B. Näherungslösungen linearer Gleichungssysteme, und damit insbesondere die *Methode der kleinsten Quadrate* zur optimalen Anpassung linearer bzw. polynomialer Zusammenhänge in Messdaten.

Auch werden wir das Prinzip der orthogonalen Projektion auf ∞-dimensionale EUKLIDische (und unitäre) Räume übertragen. Wir kommen u.a. im Kapitel über FOURIER-Reihen des 2. Bandes darauf zurück.

3.9.3 Geometrische Bedeutung der Determinante

Wir wollen nun die bereits in Abschnitt 3.8.1 zur Motivation der Determinante genannten geometrischen Eigenschaften, genauer *Orientierung einer Basis* und *Volumenmessung*, präzisieren und verallgemeinern. Zunächst wenden wir uns dem Begriff der *Orientierung* zu:

Definition 3.9.52 (Orientierung einer Basis). Eine Basis $(b_1, ..., b_n)$ im $\mathbb{R}^n$ heißt **positiv orientiert** oder **rechtshändig**, falls $\det B > 0$ mit $B := (b_1 | ... | b_n) \in \text{GL}_n(\mathbb{R})$. Sie heißt **negativ orientiert** oder **linkshändig**, wenn $\det B < 0$.

Einer nicht-verschwindenden Determinante kann demnach noch weitere Information entnommen werden. Per Konstruktion von det gilt $\det E = 1 > 0$ und also ist die Standardbasis des $\mathbb{R}^n$ positiv orientiert. Eine Vertauschung der Reihenfolge zwei Basiselemente von $(e_1, ..., e_n)$, z.B. den 1. mit dem 2. Basisvektor führt zu einer negativen Orientierung von $(e_2, e_1, e_3 ..., e_n)$, da det alternierend ist. Auch ist $(-e_1, e_2, ..., e_n)$ eine linkshändige Basis des $\mathbb{R}^n$, denn ersichtlich ist $\det(-e_1 | e_2 | ... | e_n) = -\det(E) = -1 < 0$.

Beispiel 3.9.53. (i) Das 3-tupel (b_1, b_2, b_3) mit $b_1 := (0, 3, 1)^T, b_2 := (1, 2, 1)^T, b_3 := (2, 1, 0)$ ist eine positiv orientierte Basis im $\mathbb{R}^3$, denn gemäß Bsp. 3.8.25 hatten wir bereits gesehen, dass gilt:

$$\det(b_1|b_2|b_3) = \begin{vmatrix} 0 & 1 & 2 \\ 3 & 2 & 1 \\ 1 & 1 & 0 \end{vmatrix} = 3 > 0$$

(ii) Das 2-tupel $b_1 := (1, 1)^T, b_2 := (1, -1)^T$ ist eine negativ orientierte Basis im $\mathbb{R}^2$, denn:

$$\det(b_1|b_2) = \begin{vmatrix} 1 & 1 \\ 1 & -1 \end{vmatrix} = -2 < 0$$

Merke: Für alle $B \in GL_n(\mathbb{R})$ misst det die Orientierung bzw. Händigkeit der durch die Spalten von B gegebenen Basis $B = (b_1|...|b_n)$ im $\mathbb{R}^n$.

Notiz 3.9.54. (i) Die Menge $\mathscr{B}$ aller Basen $(b_1, ..., b_n)$ im $\mathbb{R}^n$ kann in kanonischer Weise mit dem Untervektorraum der invertierbaren $n \times n$-Matrizen $GL_n(\mathbb{R})$ identifiziert werden. (Warum?!)
(ii) Da $\det A$ für $A \in GL_n(\mathbb{R})$ entweder < 0 oder > 0 ist, zerfällt die $GL_n(\mathbb{R})$ in zwei Teilmengen $G^+ := \{A \in GL_n(\mathbb{R}) \mid \det A > 0\}$ und $G^- := \{A \in GL_n(\mathbb{R}) \mid \det A < 0\}$, d.h.

$$GL_n(\mathbb{R}) = G^+ \cup G^-, \qquad \text{mit} \quad G^+ \cap G^- = \emptyset,$$

und also ist G^+, G^- eine *Zerlegung* von $GL_n(\mathbb{R})$ im Sinne von Def. 1.2.25. Offenbar liegt die Standardbasis $(e_1, .., e_n)$ des $\mathbb{R}^n$ in G^+.
(iii) Eine Basis $(b_1, ..., b_n)$ des $\mathbb{R}^n$ ist genau dann positiv orientiert, wenn sie dieselbe Orientierung wie die Standardbasis hat.

Definition 3.9.55. Ein lineare Bijektion, also ein Isomorphismus $A : \mathbb{R}^n \overset{\cong}{\to} \mathbb{R}^n$, $x \mapsto Ax$ heißt:

$$\begin{aligned} \textbf{orientierungserhaltend} \quad &:\Longleftrightarrow \quad \det A > 0, \\ \textbf{orientierungsumkehrend} \quad &:\Longleftrightarrow \quad \det A < 0 \end{aligned}$$

Beispiel 3.9.56. Drehungen eines Vektors $x \in \mathbb{R}^2$ werden durch die Drehmatrizen der Form $D_\varphi : \mathbb{R}^2 \to \mathbb{R}^2, x \mapsto D_\varphi(x)$, mit $\varphi \in [0, 2\pi]$ und

$$D_\varphi := \begin{pmatrix} \cos\varphi & -\sin\varphi \\ \sin\varphi & \cos\varphi \end{pmatrix}$$

beschrieben. Ihre Determinante ist offenbar gleich 1, d.h. $D_\varphi \in G^+$, d.h. ein orientierungserhaltender Isomorphismus.

Bemerkung 3.9.57. Ist $(b_1, ..., b_n)$ eine positiv (bzw. negativ) orientierte Basis des $\mathbb{R}^n$, und $A : \mathbb{R}^n \overset{\cong}{\to} \mathbb{R}^n$ ein orientierungserhaltender Isomorphismus, d.h. $A \in G^+$, so ist $(Ab_1, ..., Ab_n)$ eine positiv (bzw. negativ) orientierte Basis im $\mathbb{R}^n$.

Beweis. O.B.d.A. sei $(b_1, ..., b_n)$ eine positiv orientierte Basis im $\mathbb{R}^n$, d.h. $\det B > 0$ mit $B := (b_1|...|b_n)$. Als Basis hat B nach Lemma 3.8.21 sowieso nicht-verschwindende Determinante. Dann folgt mit dem Multiplikationssatz für Determinanten (Satz 3.8.18 (v)) $\det(Ab_1|...|Ab_n) = \det(A \cdot B) = \det A \cdot \det B > 0$, weil nach Voraussetzung A orientierungserhaltend und B positiv orientiert war. Also ist $(Ab_1, ..., Ab_n)$ eine positiv orientierte Basis (Basis, weil det nicht verschwindet, positiv orientiert, weil größer Null). □

Merke: Ein orientierungserhaltender Isomorphismus erhält die Händigkeit einer Basis; ein orientiertungsumkehrender Isomorphismus dreht Händigkeit einer Basis um.

Notiz 3.9.58. Sind $(a_1, ..., a_n)$ und $(b_1, ..., b_n)$ zwei Basen im $\mathbb{R}^n$, so gibt es nach dem Fundamental-Lemma der Linearen Algebra (Lemma 3.5.9) genau einen Isomorphismus $T \in \mathrm{GL}_n(\mathbb{R})$ mit $Ta_i = b_i$ für $i = 1, ..., n$. Die zwei Basen sind genau dann gleich-orientiert, falls $\det T > 0$.

Beweis. Wegen $Ta_i = b_i$ und damit $B = TA$ folgt analog wie oben:

$$\det B = \det(Ta_1|...|Ta_n) = \det(TA) = \det T \cdot \det A \qquad (3.48)$$

Sind A, B o.B.d.A. positiv orientiert, so ist $\det A > 0$ und $\det B > 0$ und damit nach (3.48) auch $\det T > 0$. Gilt umgekehrt $\det T > 0$, so folgt aus (3.48), dass $\det A, \det B$ beide > 0 oder beide < 0 sind. □

Kommen wir nun zur *Volumenmessung*. Dazu gehen wir elementargeometrisch vor:

Definition 3.9.59 (*k*-Spat). Für $a_1, ..., a_k \in \mathbb{R}^n$ Vektoren im $\mathbb{R}^n$ heißt

$$\mathrm{Spat}(a_1, ..., a_k) := \left\{ \sum_{i=1}^{k} \lambda_i a_i \,|\, 0 \leq \lambda_i \leq 1, \text{ für alle } i = 1, ..., k \right\} \subset \mathbb{R}^n$$

das von den $a_1, ..., a_k$ aufgespannte *k*-**Spat** oder **Parallelpepid**.

Für $k = 1$ ist also das von einem Vektor a_1 aufgespannte 1-Spat nichts anderes als die Strecke mit Länge $\|a_1\|$ selbst. Für $k = 2$ erhält man die von a_1 und a_2 aufgespannte Parallelogrammfläche mit Seitenlängen $\|a_1\|$ und $\|a_2\|$; und im Falle $k = 3$ eben das von den Vektoren a_1, a_2, a_3 aufgespannte Volumen des 3-Spates (auch Paralleltop genannt) mit den Kantenlängen $\|a_1\|, \|a_2\|, \|a_3\|$.

Bisher haben wir *k*-Spate als Teilmengen des $\mathbb{R}^n$ definiert. Die Zuordnung eines *k*-dimensionalen Volumens eines *k*-Spates kommt jetzt. Dazu gehen wir nach wohlbekanntem Schema aus der Schule, nämlich „Grundfläche mal Höhe" vor.

Definition 3.9.60 (Spat-Volumen). Das *k*-**dimensionale Volumen** $\mathrm{Vol}^k(a_1, ..., a_k)$ des von den Vektoren $a_1, .., a_k$ aufgespannten *k*-Spates im $\mathbb{R}^n$ definieren wir induktiv wie folgt:

$$\mathrm{Vol}^1(a_1) := \|a_1\|, \qquad \mathrm{Vol}^k(a_1, ..., a_k) := \|h_k\| \cdot \mathrm{Vol}^{k-1}(a_1, ..., a_{k-1}),$$

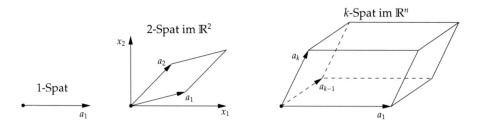

Abbildung 3.26: Beispiele von k-Spate für $k = 1, 2$ und beliebiges k

wobei $h_k := a_k - \text{Proj}_{V_{k-1}}(a_k)$ durch Differenz von a_k und der orthogonalen Projektion $\text{Proj}_{V_{k-1}}(a_k)$ von a_k auf den von den $a_1, .., a_{k-1}$ aufgespannten Untervektorraum $V_{k-1} := \text{Lin}(a_1, ..., a_{k-1})$ entsteht, d.h. $\|h_k\| = \text{d}(a_k, V_{k-1})$.

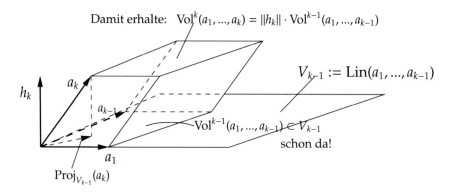

Abbildung 3.27: Zur induktiven Berechnung des k-dimensionalen Volumens des k-Spates im $\mathbb{R}^n$ via orthogonaler Projektion.

Beachte: Die Definition enthält neben $k = n$ auch den Fall $k < n$.

Die geometrische Interpretation des Integrals einer Funktion $f : [a, b] \to \mathbb{R}$ als Flächeninhalt unter dem Graphen zur x-Achse berücksichtigt sowohl positive als auch negative Flächenanteile des Graphen. Das ist auch aus der Konstruktion des RIEMANN-Integrals ersichtlich: Wenn wir f in eine Zange nehmen, so tragen die kleinen Rechteckflächen aus der Ober- bzw. Untersumme das Vorzeichen von f mit sich. Aus diesem Grunde kann es auch sinnvoll sein, dem k-dimensionalen Volumen des k-Spates ein Vorzeichen zu geben:

Definition 3.9.61 (Orientiertes Spat-Volumen). Für jedes n-tupel $(a_1, ..., a_n)$ im $\mathbb{R}^n$ definieren wir das n-dimensionale **orientierte Spat-Volumen** als

$$\text{orVol}(a_1, ..., a_n) := \begin{cases} +\text{Vol}^n(a_1, ..., a_n), & \text{falls } (a_1, ..., a_n) \text{ eine rechthändige Basis} \\ -\text{Vol}^n(a_1, ..., a_n), & \text{falls } (a_1, ..., a_n) \text{ eine linkshändige Basis} \\ 0, & \text{sonst, d.h. falls } (a_1, ..., a_n) \text{ keine Basis} \end{cases}$$

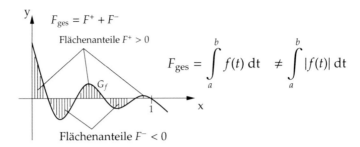

Abbildung 3.28: Das Riemann-Integral berücksichtigt positive wie negative Flächenanteile unter dem Graphen.

des $\mathbb{R}^n$ ist.

Wenn $(a_1, .., a_n)$ keine Basis ist, also linear abhängig, so sagt uns die Anschauung bereits, dass das n-dimensionale Spat-Volumen null ist. Das liefert die Abbildung

$$\text{orVol} : \underbrace{\mathbb{R}^n \times \cdots \times \mathbb{R}^n}_{n \text{ mal}} \longrightarrow \mathbb{R}, \quad (a_1, ..., a_n) \longmapsto \text{orVol}(a_1, ..., a_n), \tag{3.49}$$

die jedem n-tupel $(a_1, ..., a_n)$ von Vektoren im $\mathbb{R}^n$ das n-dimensionale orientierte Volumen $\text{orVol}(a_1, ..., a_n)$ zuordnet.

Satz 3.9.62. *Es ist* orVol *eine alternierende Multilinearform auf dem* $\mathbb{R}^n$.

Zum Beweis. Idee: Wir zeigen die Linearität in der letzten Variablen. Wenn sich dann bei Vertauschung der Argumente das Volumen unverändert bleibt, also dann auch die Vertauschung der jeweils letzten $n - 1$ Vektoren mit dem letzten Vektor, so haben wir damit nicht nur die Linearität in allen Variablen gezeigt, sondern auch die alternierende Eigenschaft, aufgrund der Definition des Vorzeichenwechsels des orientierten Volumens.

1. Schritt: orVol ist linear im letzten Argument. Dazu sei $(a_1, ..., a_{n-1})$ linear unabhängig. Betrachte das orthogonale Komplement $V_{n-1}^\perp$ von $V_{n-1} := \text{Lin}(a_1, ..., a_{n-1})$ und wähle darin einen Vektor $v_n \neq 0$ mit $\|v_n\| = 1$ derart, dass $(a_1, ..., a_{n-1}, v_n)$ eine positiv orientierte Basis in $\mathbb{R}^n$ ist. Da $\dim V_{n-1}^\perp = 1$ gibt es nur zwei Möglichkeiten für die Wahl eines solchen v_n. Aus Abb.3.29 entnimmt man $\text{orVol}^n(a_1, ..., a_n) = \langle a_n, v_n \rangle \text{Vol}^{n-1}(a_1, ..., a_{n-1})$, was offensichtlich linear in a_n ist.

2. Schritt: Das n-dimensionale Spat-Volumen hängt nicht von der Reihenfolge der eingesetzten Vektoren ab. Es genügt, dies für die beiden letzten Argumente zu prüfen, d.h.:

$$\text{Vol}^n(a_1, ..., a_{n-2}, a_{n-1}, a_n) = \text{Vol}^n(a_1, ..., a_{n-2}, a_n, a_{n-1})$$

Denn: Zunächst erreicht man beliebige Vertauschungen durch mehrmaliges Vertauschen der jeweils letzten $n - 1$ Vektoren mit den letzten Vektor, und sodann liefert Induktion die restlichen Vertauschungen.

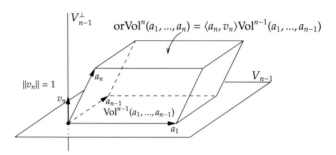

Abbildung 3.29: Das Skalarprodukt $\langle a_n, v_n \rangle$ projiziert a_n auf $V_{n-1}^{\perp}$ und liefert wegen $\|v_n\| = 1$ gerade die Höhe des n-dimensionalen Spates.

Übung: Sei (a, b, c, d, e, f) gegeben. Vertausche 3. und 4. Argument ausschließlich durch Vertauschungen mit dem letzten Argument.

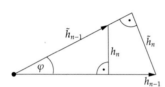

Nach Def. 3.9.60 wird das Spatvolumen induktiv aufgebaut, und daher $\mathrm{Vol}^n(a_1, ..., a_n) = h_n h_{n-1} \mathrm{Vol}^{n-2}(a_1, ..., a_{n-2})$, mit den Höhen h_n, h_{n-1}. Anlog hat man die Formel in der vertauschten Variante mit den Höhen $\tilde{h}_n, \tilde{h}_{n-1}$. Also bleibt $h_n h_{n-1} = \tilde{h}_n \tilde{h}_{n-1}$ nachzuweisen.

Alle vier Höhenvektoren liegen im zweidimensionalen Untervektorraum $V_{n-2}^{\perp}$. Aus Abb. 3.29 entnimmt man sodann nebenstehendes Dreieck. Wegen $\sin \varphi = h_n/\tilde{h}_{n-1} = \tilde{h}_n/h_{n-1}$ folgt die Behauptung.   □

Damit können wir das Hauptresultat dieses Abschnittes formulieren, nämlich die **geometrische Bedeutung der Determinante**:

Korollar 3.9.63. Die Determinante einer Matrix $A \in M_n(\mathbb{R})$ ist das n-dimensionale orientierte Volumen des von den Spaltenvektoren $A := (a_1 | ... | a_n)$ aufgespannten Spats, d.h.:

$$\boxed{\det A = \mathrm{orVol}(a_1, .., a_n)} \quad \text{insbesondere:} \quad \boxed{|\det A| = \mathrm{Vol}^n(a_1, ..., a_n)}$$

Beweis. Die Determinante ist gemäß Satz 3.8.13 die einzige alternierende Multilinearform, die auf der Standardbasis $(e_1, .., e_n)$ mit 1 antwortet. Nach obigem Satz ist aber auch orVol eine alternierende Multilinearform mit $\det E = \mathrm{orVol}(e_1, ..., e_n) = 1$. Mithin ist $\det E = \mathrm{orVol}(e_1, .., e_n)$.   □

Sprechweise 3.9.64. Eine lineare Bijektion $A : \mathbb{R}^n \xrightarrow{\cong} \mathbb{R}^n$, also ein Isomorphismus $A \in \mathrm{GL}_n(\mathbb{R})$, wird auch *(lineare) Transformation* genannt.

Wie ändert sich das Volumen eines n-Spates im $\mathbb{R}^n$, das aus den Basisvektoren $b_1, ..., b_n$ aufgespannt wird, unter einer Transformation $A \in \mathrm{GL}_n(\mathbb{R})$? Genauer: Ist $\mathrm{Vol}^n(b_1, ..., b_n)$ bekannt, und $A \in \mathrm{GL}_n(\mathbb{R})$ gegeben, was ist dann $\mathrm{Vol}^n(Ab_1, ..., Ab_n)$?

Bemerkung 3.9.65. Für den einfachen Falle der Standardbasis $E := (e_1, ..., e_n)$ ist ja $\text{Vol}^n(e_1, ..., e_n) = \det E = 1$ das Volumen des Einheitswürfels W^n (mit Kantenlänge $l = 1$). Weil die Spalten der Matrix die Bilder der Einheitsvektoren sind, folgt $\text{Vol}^n(Ae_1, ..., Ae_n) = |\det(a_1, ..., a_n)| = |\det A|$, wobei $a_1, ..., a_n$ die Spaltenvektoren von A sind, d.h. das Volumen des Bildes von W^n unter A ist gerade $|\det A|$. Hat der Würfel Kantenlänge $l > 0$, so wird er von $(le_1, ..., le_n)$ im $\mathbb{R}^n$ aufgespannt. Damit ist $\text{Vol}^n(A(le_1), ..., A(le_n)) = |\det(l \cdot A)| = l^n |\det A|$.

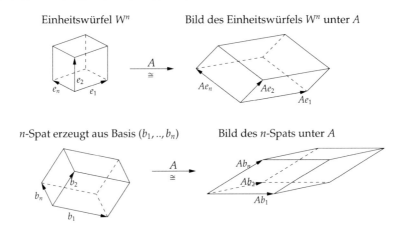

Einheitswürfel W^n — Bild des Einheitswürfels W^n unter A

n-Spat erzeugt aus Basis $(b_1, .., b_n)$ — Bild des n-Spats unter A

Abbildung 3.30: Wirkung der Transformation $A \in \text{GL}_n(\mathbb{R})$ als Volumenkorrekturfaktor $|\det A|$.

Allgemein: Ist $B := (b_1 ...., b_n)$ eine beliebige Basis des $\mathbb{R}^n$, so gilt $\text{Vol}^n(Ab_1, .., Ab_n) = |\det(A \cdot B)| = |\det A \cdot \det B| = |\det A| \cdot |\det B| = |\det A| \cdot \text{Vol}^n(b_1, ..., b_n)$.

Merke: Das Volumen des Bildspates unter A unterscheidet sich vom Volumen des Spates um den Volumenkorrekturfaktor $|\det A|$, kurz:

$$\boxed{\text{Vol}^n(Ab_1, .., Ab_n) = |\det A| \cdot \text{Vol}^n(b_1, ..., b_n)} \tag{3.50}$$

Diese Formel wird der Schlüssel zum Verständnis der *Integraltransformationsformel* (vgl. Kap. 8.5.3) sein.

3.9.4 Das Vektor- oder Kreuzprodukt im $\mathbb{R}^3$

Bisher haben wir verschiedene Bilinearformen, also bilineare Abbildungen mit Zielbereich $\mathbb{R}$ kennengelernt. Jetzt betrachten wir eine Spezialität des $\mathbb{R}^3$, das *Vektor- oder Kreuzprodukt*. Dies ist eine „Produktverknüpfung" auf dem $\mathbb{R}^3$, das zwei Vektoren $x, y \in \mathbb{R}^3$ wieder zu einem Vektor $z := x \times y \in \mathbb{R}^3$ verknüpft.

Praktische Anwendungen des Kreuzproduktes sind:

- Mechanik starrer Körper: Drehmoment, Drehimpuls;

- Kraft auf im elektromagnetischen Feld bewegte Ladungen (LORENZ-Kraft);

- Magnetfeld eines Strom durchflossenen Leiters;

- Magnetfeld beliebiger Stromverteilungen (BIOT-SAVARTsches Gesetz);

- Rotationsfreiheit von Vektorfeldern und Existenz eines Potentials;

Im Folgenden sei, wenn nicht anders gesagt, der $\mathbb{R}^3$ stets mit dem Standardskalarprodukt ausgestattet.

Definition 3.9.66 (Vektorprodukt). Unter dem **Kreuz- oder Vektorprodukt** auf dem $\mathbb{R}^3$ versteht man die schiefsymmetrische bilineare Abbildung

$$\mathbb{R}^3 \times \mathbb{R}^3 \longrightarrow \mathbb{R}^3, (x, y) \longmapsto x \times y,$$

welche durch Festlegungen auf der Standardbasis (e_1, e_2, e_3) wie folgt definiert ist:

$$\boxed{e_1 \times e_2 := e_3, \quad e_2 \times e_3 := e_1, \quad e_3 \times e_1 := e_2}$$

Was wir schon so oft angewendet haben, funktioniert auch hier: Nach dem Fundamental-Lemma für multilineare Abbildungen (Lemma 3.8.5) genügt es, eine bilineare Abbildung auf einer Basis zu kennen; und so leiten wir eine Abbildungsvorschrift aus obiger Definition her, wie das Vektorprodukt auf beliebige $x, y \in \mathbb{R}^3$ antwortet:

Lemma 3.9.67. Für alle $x, y \in \mathbb{R}^3$ gilt:

$$x \times y = \begin{pmatrix} x_2 y_3 - x_3 y_2 \\ x_3 y_1 - x_1 y_3 \\ x_1 y_2 - x_2 y_1 \end{pmatrix} \tag{3.51}$$

Beweis. Sind nämlich $x, y \in \mathbb{R}^3$, so gilt:

$$
\begin{aligned}
x \times y &= (x_1 e_1 + x_2 e_2 + x_3 e_3) \times (y_1 e_1 + y_2 e_2 + y_3 e_3) \\
&\overset{(1)}{=} x_1 y_1 (e_1 \times e_1) + x_1 y_2 (e_1 \times e_2) + x_1 y_3 (e_1 \times e_3) \\
&+ x_2 y_1 (e_2 \times e_1) + x_2 y_2 (e_2 \times e_2) + x_2 y_3 (e_2 \times e_3) \\
&+ x_3 y_1 (e_3 \times e_1) + x_3 y_2 (e_3 \times e_2) + x_3 y_3 (e_3 \times e_3) \\
&\overset{(2)}{=} 0 + x_1 y_2 e_3 - x_1 y_3 e_2 - x_2 y_1 e_3 + 0 + x_2 y_3 e_1 + x_3 y_1 e_2 - x_3 y_2 e_1 + 0 \\
&= \begin{pmatrix} x_2 y_3 - x_3 y_2 \\ x_3 y_1 - x_1 y_3 \\ x_1 y_2 - x_2 y_1 \end{pmatrix}
\end{aligned}
$$

In (1) wurde lediglich die Bilinearität verwendet, während in (2) ausgenutzt wurde, dass $e_k \times e_k = 0$, da nach Lemma 3.8.8 jede alternierende bilineare Abbildung auf linear abhängige 2-tupel mit Null antwortet, und $e_k \times e_l = -e_l \times e_k$ für $k \neq l$, da das Kreuzprodukt schiefsymmetrisch ist. □

Bemerkung 3.9.68. Einprägsam ist das nicht gerade, aber folgende *Merkregel* schon; es gilt nämlich

$$
x \times y = \text{Det} \begin{pmatrix} e_1 & x_1 & y_1 \\ e_2 & x_2 & y_2 \\ e_3 & x_3 & y_3 \end{pmatrix} := e_1 \cdot \begin{vmatrix} x_2 & y_2 \\ x_3 & y_3 \end{vmatrix} - e_2 \cdot \begin{vmatrix} x_1 & y_1 \\ x_3 & y_3 \end{vmatrix} + e_3 \begin{vmatrix} x_1 & y_1 \\ x_2 & y_2 \end{vmatrix}
$$

$$
= \begin{pmatrix} x_2 y_3 - x_3 y_2 \\ x_3 y_1 - x_1 y_3 \\ x_1 y_2 - x_2 y_1 \end{pmatrix}
$$

und entwickle mittels LAPLACE-Formel (Satz 3.8.24) nach der 1. Spalte.

Achtung: $\text{Det} \neq \det$

Aus den definierenden Eigenschaften (genauer der Bilinearität) ergeben sich unmittelbar eine Reihe von Rechenregeln (die beiden Distributivgesetze, Homogenität in beiden Argumenten, d.h. $(\lambda x) \times y = \lambda(x \times y) = x \times (\lambda y)$ für alle $x, y \in \mathbb{R}^3$ und alle $\lambda \in \mathbb{R}$), was man von einem Produkt erwartet. Wie das Matrizenprodukt ist auch das Kreuzprodukt nicht kommutativ (weil schiefsymmetrisch). Im Gegensatz zum Matrizenprodukt oder dem gewöhnlichen Produkt reeller Zahlen ist jedoch:

Beachte: Das Kreuzprodukt ist *nicht* assoziativ, d.h. es gibt $x, y, z \in \mathbb{R}^3$ mit:

$$
(x \times y) \times z \neq x \times (y \times z)
$$

Machen wir uns das geschwind an einem Beispiel klar:

Beispiel 3.9.69. Betrachte die Vektoren $e_1 := (1, 0, 0)^T, e_2 := (0, 1, 0)^T, b := (1, 1, 0)^T \in \mathbb{R}^3$. Dann ist $(e_1 \times e_2) \times b = e_3 \times b = (-1, 1, 0)^T$; aber $e_1 \times (e_2 \times b) = e_1 \times (-e_3) = -(e_1 \times e_3) = e_2$.

Satz 3.9.70 (Eigenschaften des Vektorproduktes). *(i) Es gilt:* $x, y \in \mathbb{R}^3$ *linear abhängig* $\Leftrightarrow x \times y = 0$.
(ii) Für alle $x, y, z \in \mathbb{R}^3$ *gilt:*

$$
\boxed{\langle x \times y, z \rangle := (x \times y)^T \cdot z = \det(x, y, z) = \text{orVol}^3(x, y, z),} \tag{3.52}
$$

also das orientierte Volumen des von den Vektoren x, y, z *aufgespannten 3-Spates. Insbesondere gilt* $(x \times y) \perp x, y$ *sowie:*

$$
\boxed{\langle x \times y, z \rangle = \langle y \times z, x \rangle = \langle z \times x, y \rangle} \tag{3.53}
$$

(iii) Für alle $x, y, z \in \mathbb{R}^3$ *gilt:*

$$
\boxed{\|x \times y\|^2 + \langle x, y \rangle^2 = \|x\|^2 \cdot \|y\|^2}
$$

Insbesondere: Sind $x, y \in \mathbb{R}^3 \setminus \{0\}$, so ist

$$\boxed{\|x \times y\| = \|x\| \cdot \|y\| \cdot \sin \varphi,}$$ (3.54)

wobei $\varphi := \angle(x, y)$ der von den Vektoren x, y eingeschlossene Winkel ist. Geometrisch:

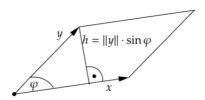

Abbildung 3.31: $\|x \times y\|$ ist die von x, y aufgespannte Parallelogrammfläche.

Beweis. Zu (i): „ $\Rightarrow$ 1 Seien x, y linear abhängig, d.h. es gibt ein $\lambda \in \mathbb{R}$ mit $y = \lambda x$. Wegen der Schiefsymmetrie ist $x \times x = -x \times x$ und daher $x \times x = 0$ für alle $x \in \mathbb{R}^3$. Damit sowie der Homogenitätseigenschaft folgt $x \times y = x \times (\lambda x) = \lambda(x \times x) = 0$.

„ $\Leftarrow$ 1 : Sei also $x \times y = 0$. Es ist zu zeigen, dass x, y linear abhängig sind. Dazu: Wegen der Merkregel ist

$$0 = x \times y = e_1 \cdot \underbrace{\begin{vmatrix} x_2 & y_2 \\ x_3 & y_3 \end{vmatrix}}_{\text{1. Komponente}} - e_2 \cdot \underbrace{\begin{vmatrix} x_1 & y_1 \\ x_3 & y_3 \end{vmatrix}}_{\text{2. Komponente}} + e_3 \underbrace{\begin{vmatrix} x_1 & y_1 \\ x_2 & y_2 \end{vmatrix}}_{\text{3. Komponente}},$$

d.h. jede Komponente des Vektors $x \times y$, und damit jede 2×2-Determinante verschwindet. Aber das bedeutet, dass jeder der drei 2×2-Matrizen linear abhängige Spalten hat. Also gibt es $\lambda_i \in \mathbb{R}$, wobei $i = 1, 2, 3$, mit

$$\begin{pmatrix} y_2 \\ y_3 \end{pmatrix} = \lambda_1 \begin{pmatrix} x_2 \\ x_3 \end{pmatrix}, \quad \begin{pmatrix} y_1 \\ y_3 \end{pmatrix} = \lambda_2 \begin{pmatrix} x_1 \\ x_3 \end{pmatrix}, \quad \begin{pmatrix} y_1 \\ y_2 \end{pmatrix} = \lambda_3 \begin{pmatrix} x_1 \\ x_2 \end{pmatrix},$$

und weil x_3, y_3 in der zweiten Komponente von $x \times y$ auch auftauchen, folgt $\lambda_1 = \lambda_2$, und weil x_1, y_1 auch in der dritten Komponente von $x \times y$ auftauchen, folgt schließlich $\lambda_1 = \lambda_2 = \lambda_3$ und also $y = \lambda x$.

Zu (ii): Wende Merkregel an und nutze die Linearität des Standard-Skalarproduktes im 1. Argument aus. Dann folgt

$$
\begin{aligned}
(x \times y)^T \cdot z &= \left(\begin{vmatrix} x_2 & y_2 \\ x_3 & y_3 \end{vmatrix} e_1 - \begin{vmatrix} x_1 & y_1 \\ x_3 & y_3 \end{vmatrix} e_2 + \begin{vmatrix} x_1 & y_1 \\ x_2 & y_2 \end{vmatrix} e_3 \right)^T \cdot \begin{pmatrix} z_1 \\ z_2 \\ z_3 \end{pmatrix} \\
&= \begin{vmatrix} x_2 & y_2 \\ x_3 & y_3 \end{vmatrix} z_1 - \begin{vmatrix} x_1 & y_1 \\ x_3 & y_3 \end{vmatrix} z_2 + \begin{vmatrix} x_1 & y_1 \\ x_2 & y_2 \end{vmatrix} z_3 \\
&= \det \begin{pmatrix} z_1 & x_1 & y_1 \\ z_2 & x_2 & y_2 \\ z_3 & x_3 & y_3 \end{pmatrix} \overset{(*)}{=} \det \begin{pmatrix} x_1 & y_1 & z_1 \\ x_2 & y_2 & z_2 \\ x_3 & y_3 & z_3 \end{pmatrix},
\end{aligned}
$$

wobei in (∗) *zwei* Spaltenvertauschungen eingehen, die das Vorzeichen der Determinante gemäß Bem. 3.8.10 (ii) nicht ändert. Die Gleichheit bzgl. orVol$^3(x, y, z)$ folgt direkt aus Kor. 3.9.63. Wegen $\det(x, y, z) = \det(y, z, x) = \det(z, x, y)$ folgt (3.53), denn jede davon entsteht aus der vorangegangenen durch Vertauschung zweier Spalten. Setzt man in $\det(x, y, z)$ für $z = x$ oder $z = y$ ein, so verschwindet die Determinante (da die Spalten linear abhängig sind) und also steht $x \times y$ sowohl senkrecht auf x, als auch senkrecht auf y.

Zu (iii): Man startet einerseits wieder mit der Merkregel und erhält

$$
\|x \times y\|^2 = \begin{vmatrix} x_2 & y_2 \\ x_3 & y_3 \end{vmatrix}^2 + \begin{vmatrix} x_1 & y_1 \\ x_3 & y_3 \end{vmatrix}^2 + \begin{vmatrix} x_1 & y_1 \\ x_2 & y_2 \end{vmatrix}^2,
$$

und andererseits rechnet man nach, dass $\|x\|^2\|y\|^2 - \langle x, y\rangle^2$ dasselbe wie oben ergibt. Zu Gl. (3.54): Es ist $\|x \times y\|^2 = \|x\|^2 \cdot \|y\|^2 - \langle x, y\rangle^2 = \|x\|^2 \cdot \|y\|^2 - (\|x\|^2 \cdot \|y\|^2 \cos^2 \varphi) = \|x\|^2 \cdot \|y\|^2(1 - \cos^2 \varphi) = \|x\|^2 \cdot \|y\|^2 \sin^2 \varphi$ und da $\sin \varphi \geq 0$ für $0 \leq \varphi \leq \pi$ folgt die Behauptung.   □

Der Satz besagt insbesondere, gemäß (ii) und (iii), dass $(x \times y)$ senkrecht auf der von den Vektoren x, y aufgespannten Parallelogrammfläche steht, und damit gibt es prinzipiell zwei mögliche Richtungen für $x \times y$. Welche es ist, ist eine Frage der Orientierung:

Korollar 3.9.71. (i) Ist (x, y) ein linear unabhängiges 2-tupel im $\mathbb{R}^3$, so ist $(x, y, x \times y)$ eine positiv orientierte Basis.
(ii) Ein 3-tupel (x, y, z) ist genau dann eine positiv orientierte Basis im $\mathbb{R}^3$, falls $\alpha := \angle(z, x \times y) < \frac{\pi}{2}$.

Beweis. Zu (i): Nach Voraussetzung ist (x, y) linear unabhängig ist, d.h. x, y spannen eine Ebene im $\mathbb{R}^3$ auf. Gemäß obigem Satz (ii) gilt ferner $(x \times y) \perp x, y$. Also ist auch $(x, y, x \times y)$ linear unabhängig und aus Dimensionsgründen jedenfalls eine Basis des $\mathbb{R}^3$. Definitionsgemäß (Def. 3.9.52) ist $(x, y, x \times y)$ positiv orientiert, falls $\det(x, y, x \times y) > 0$. Wiederum mit obigem Satz (ii) folgt $\det(x, y, x \times y) = \langle x \times y, x \times y \rangle = \|x \times y\|^2 \geq 0$, und Letzteres ist nach Lemma 3.9.30 (i) (die Norm ist positiv definit) genau dann null, wenn $x \times y = 0$ ist; aber nach (i) des Satzes gilt dies genau

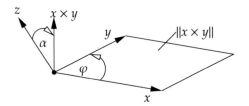

Abbildung 3.32: Das 3-tupel (x, y, z) bildet eine rechtshändige Basis, da $\alpha < 90°$ ist

dann, wenn (x, y) linear abhängig sind. Das kann aber nicht sein, weil ja (x, y) nach Voraussetzung linear unabhängig ist. Also ist $\|x \times y\| > 0$ und mithin ist $(x, y, x \times y)$ eine rechtshändige Basis des $\mathbb{R}^3$.

Zu (ii): Vorbemerkung: Mit obigen Satz 3.9.70 (ii) und Bem. 3.9.33 (iii) (d.h. $\langle a, b \rangle = \|a\| \cdot \|b\| \cdot \cos \alpha$ mit $\alpha := \angle(a, b)$) folgt:

$$\det(x, y, z) = \langle x \times y, z \rangle = \|x \times y\| \cdot \|z\| \cos(\alpha)$$

" $\Rightarrow$ ": Ist (x, y, z) rechtshändig, d.h. $\det(x, y, z) > 0$, so folgt aus der Vorbemerkung $\alpha < 90°$.

" $\Leftarrow$ ": Ist umgekehrt $\alpha = \angle(z, x \times y) < 90°$, so ist gemäß Vorbemerkung $\det(x, y, z) > 0$. $\qquad \square$

Im $\mathbb{R}^3$ gibt es für orientierte Basen eine vor allem in den Ingenieurwissenschaften etablierte

Sprechweise 3.9.72 (Rechte-Hand-Regel). Spreizt man *Daumen, Zeigefinger. Mittelfinger* der rechten Hand, so bilden die Richtungen, in die die Finger weisen, in genau der besagten Reihenfolge ein sogenanntes *Rechtssystem*.

Das Korollar besagt gerade, dass das Kreuzprodukt aus zwei linear unabhängigen Vektoren x, y vermöge $(x, y, x \times y)$ ein Rechtssystem ist, d.h. eine positiv orientierte Basis im $\mathbb{R}^3$. Beispielsweise bilden die Standardbasisvektoren $(e_1, e_2, e_3 = e_1 \times e_2)$ ein Rechtssystem.

Beispiel 3.9.73. Betrachte das aus Bsp. 3.9.53 (i) bekannte 3-tupel (b_1, b_2, b_3) mit $b_1 := (0, 3, 1)^T, b_2 := (1, 2, 1)^T, b_3 := (2, 1, 0)^T$ Anwendung von Korollar (ii) liefert:

$$b_1 \times b_2 = (1, 1, -3)^T \quad \Rightarrow \quad \alpha = \arccos\left(\frac{\langle b_1 \times b_2, b_3 \rangle}{\|b_1 \times b_2\| \cdot \|b_3\|}\right) \approx 66° < 90°,$$

also bildet (b_1, b_2, b_3) ein Rechtssystem, d.h. positiv orientierte Basis im $\mathbb{R}^3$, ganz wie im Bsp.3.9.53 (i) gesehen.

Aufgaben

R.1. Betrachte die quadratische Form $q(x_1, x_2, x_3) := x_1^2 + 4x_1x_2 + 4x_2^2 + 6x_2x_3 + x_3^2$ auf dem $\mathbb{R}^3$.

(a) Bestimmen Sie die darstellende Matrix $B \in \mathrm{Sym}_3(\mathbb{R})$ von q bezüglich der Standardbasis.

(b) Zeigen Sie, dass q eine indefinite quadratische Form ist, indem Sie B auf SYLVESTERsche Normalenform

$$D := \begin{pmatrix} 1 & 0 & 0 \\ 0 & 1 & 0 \\ 0 & 0 & -1 \end{pmatrix}$$

bringen, und geben Sie eine SYLVESTER-Basis $S := (s_1, s_2, s_3)$ für q an. Führen Sie anschließend vermöge $D = S^T A S$ eine Probe durch.

(c) Wie sieht q bezüglich der SYLVERSTER-Basis aus?

R.2. Berechnen Sie den Kosinus des Winkels φ zwischen

(i) den Vektoren $v := (1, 1, 1)^T$ und $w := (1, 0, 0)^T$ im $\mathbb{R}^3$.

(ii) den Raumdiagonalen eines Würfels.

R.3. (GRAM-SCHMIDT) Im $\mathbb{R}^4$ mit dem Standardskalarprodukt sei folgendes System $\mathcal{W} := (w_1, w_2, w_3)$ von Vektoren gegeben:

$$w_1 := \begin{pmatrix} 0 \\ 1 \\ 1 \\ 1 \end{pmatrix}, \quad w_2 := \begin{pmatrix} 1 \\ 0 \\ 1 \\ 1 \end{pmatrix}, \quad w_3 := \begin{pmatrix} 1 \\ 1 \\ 0 \\ 1 \end{pmatrix}$$

(a) Zeigen Sie, dass $\mathcal{W}$ linear unabhängig ist.

(b) Konstruieren Sie via GRAM-SCHMIDT aus $\mathcal{W}$ ein Orthonormalsystem (ONS) im $\mathbb{R}^4$.

R.4. Sei $(\mathbb{R}^3, \langle ., . \rangle)$ der EUKLIDische Raum mit dem Standardskalarprodukt $\langle x, y \rangle := x_1 y_1 + x_2 y_2 + x_3 y_3$. Betrachte den Untervektorraum $U := \mathrm{Lin}\{u_1, u_2\}$ mit $u_1 := (1, 0, 0)^T$, $u_2 := \frac{1}{\sqrt{2}}(0, 1, 1)^T$, d.h. die von u_1 und u_2 aufgespannte Ebene im $\mathbb{R}^3$. Sei ferner der Vektor $v := (1, 2, 3)^T$ gegeben. (Skizze!)

(a) Zeigen Sie, dass (u_1, u_2) eine Orthonormalbasis (ONB) von U ist.

(b) Berechnen Sie die orthogonale Projektion $\mathrm{Proj}_U(v)$ von v auf den Unterraum U.

(c) Berechnen Sie den Abstand von v zu U. In welcher Weise ist dies optimal?

(d) Zeigen Sie, dass gilt $\left(v - \mathrm{Proj}_U(v) \right) \perp U$.

R.5. Betrachte den Euklidischen Raum $(\mathscr{C}^0([-\pi, \pi]), \langle ., . \rangle)$, bestehend aus dem $\mathbb{R}$-Vektorraum der stetigen Funktionen Funktionen auf dem Intervall $[-\pi, \pi] \subset \mathbb{R}$ und dem Skalarprodukt $\langle f, g \rangle := \int_{-\pi}^{\pi} f(t)g(t)dt$ auf $\mathscr{C}^0([-\pi, \pi])$. Sei nun $U := \text{Lin}\{\sin(t), \cos(t)\}$ der durch die Funktionen $\sin, \cos$ aufgespannte Teilraum in $\mathscr{C}^0([-\pi, \pi])$ und $f \in \mathscr{C}^0([-\pi, \pi])$ mit $f(t) := t$. (Bild!)

(a) Berechnen Sie die orthogonale Projektion $\text{Proj}_U(f)$ von f auf den Unterraum U.

(b) Berechnen Sie den Abstand von f zu U. In welcher Weise ist dies optimal?

(c) Zeigen Sie, dass $\left(f - \text{Proj}_U(f)\right) \perp U$.

R.6. Betrachte in $(\mathscr{C}^0([-\pi, \pi]), \langle ., . \rangle)$ mit dem Skalarprodukt

$$\langle f, g \rangle := \frac{1}{\pi} \int_{-\pi}^{\pi} f(t)g(t)dt,$$

die Funktionen $\varphi_k(t) := \cos(kt)$ und $\psi_k(t) := \sin(kt)$.

Zeigen Sie, dass die Familie

$$\left(\frac{1}{2}, \cos(kt), \sin(kt) \right)_{k \in \mathbb{N}} \tag{3.55}$$

ein ONS in $\mathscr{C}^0([-\pi, \pi])$ ist. Hierzu ist zu zeigen, dass

(1) $\langle \varphi_k, \frac{1}{2} \rangle = 0$ und $\langle \psi_k, \frac{1}{2} \rangle = 0$ für alle $k \in \mathbb{N}$,

(2) $\langle \varphi_k, \psi_k \rangle = 0$ für alle $k \in \mathbb{N}$,

(3) $\langle \varphi_k, \varphi_l \rangle = 0$ für alle $k \neq l$ und $\langle \varphi_k, \varphi_k \rangle = 1$,

(4) $\langle \psi_k, \psi_l \rangle = 0$ für alle $k \neq l$ und $\langle \psi_k, \psi_k \rangle = 1$

gilt. Hinweis: Verwende dazu folgende Additionstheoreme:

$$
\begin{aligned}
\cos((k+l)t) &= \cos(kt)\cos(lt) - \sin(kt)\sin(lt) \\
\cos((k-l)t) &= \cos(kt)\cos(lt) + \sin(kt)\sin(lt)
\end{aligned}
$$

R.7. Gegeben sei ein Dreieck $\Delta(A, B, C)$ mit den Eckpunkten $A := (1, 2, 3)$, $B = (0, 0, 5)$, $C := (-1, 1, 1)$ im $\mathbb{R}^3$.

(i) Berechnen Sie den Flächeninhalt des Dreiecks $\Delta(A, B, C)$.

(ii) Welchen Flächeninhalt hat die Projektion von $\Delta(A, B, C)$ auf die yz-Ebene?

(Hinweise: Bild! Methode 1: Der Schnittwinkel α zweier Ebenen ist definiert als der Winkel $0 < \alpha < 90°$ zwischen den Normalenvektoren. Methode 2: Orthogonale Projektion der Punkte A, B, C auf die yz-Ebene.)

T.1. (GRAM-SCHMIDT und lineare Abhängigkeit) Im $\mathbb{R}^4$ mit dem Standardskalarprodukt sei folgendes System $\mathscr{S} := (s_1, ..., s_4)$ von Vektoren gegeben:

$$s_1 := \begin{pmatrix} 1 \\ 0 \\ 0 \\ 1 \end{pmatrix}, \quad s_2 := \begin{pmatrix} 0 \\ 1 \\ 2 \\ -1 \end{pmatrix}, \quad s_3 := \begin{pmatrix} 2 \\ 1 \\ 2 \\ 1 \end{pmatrix}, \quad s_4 := \begin{pmatrix} 0 \\ 1 \\ 1 \\ 2 \end{pmatrix}$$

(a) Zeigen Sie, dass $\mathscr{S}$ ein linear abhängiges 4-tupel im $\mathbb{R}^4$ ist.

(b) Wenden Sie GRAM-SCHMIDschem Orthonormalisierungsprozess auf $\mathscr{S}$ an.

  (i) Welches Teilsystem von Vektoren aus $\mathscr{S}$ ist orthonormalisierbar?

  (ii) Warum eignet sich GRAM-SCHMIDT als *Detektor* linear abhängiger Vektoren? (Hinweis: Bild!)

T.2. Für $\Omega \in \mathbb{R}^3$, einen fest vorgegebenen Vektor, betrachte die Abbildung

$$F : \mathbb{R}^3 \longrightarrow \mathbb{R}^3, \quad x \longmapsto \Omega \times x.$$

(i) Zeigen Sie, dass F eine lineare Abbildung ist, ohne dabei die Linearitätsbedingung nachzurechnen.

(ii) Bestimmen Sie Rang und Kern, sowie die darstellende Matrix A von F.

11

Kapitel 4

Algebraische Strukturen

Die *Mathematisierung* der Ingenieurwissenschaften schreitet unaufhörlich voran.

Harro Heuser, Hellmuth Wolf[1]

Axiomatische (mathematische) Strukturen gibt es *geometrische* wie *algebraische*. Im ersten Fall kann dies z.B. durch ein Skalarprodukt $\langle .,. \rangle : \mathbb{R}^n \times \mathbb{R}^n \to \mathbb{R}$ auf dem $\mathbb{R}^n$ geschehen. Anstatt eine konkrete Abbildungsvorschrift hinzuschreiben, führt man $\langle .,. \rangle$ *axiomatisch* als positiv definite symmetrische Bilinearform ein (vgl. Abschnitt 3.9). Wie wir gesehen hatten, verbergen sich hinter dieser Definition ∞-viele konkrete Abbildungssvorschriften, die allesamt Skalarprodukte auf dem $\mathbb{R}^n$ sind. Jedes $\langle .,. \rangle$ verleiht vermöge Abstands- und Winkelmaß dem $\mathbb{R}^n$ eine *geometrische* Struktur.

Ähnlich verhält es sich bei *algebraischen* Strukturen. Hier hat man jedoch eine Abbildung $\star : X \times X \to X$ auf einer Menge X, welche zwei Elemente $(x, y) \in X \times X$ zu einem neuen Element $x \star y$ in X verknüpft, weswegen man auch von einer *Verknüpfung* spricht. Beispielsweise ist die Vektoraddition auf dem $\mathbb{R}^n \times \mathbb{R}^n \to \mathbb{R}^n$, $(x, y) \mapsto (x + y)$ eine solche Verknüpfung. Auch bei algebraischen Strukturen werden Verknüpfungen durch einen Satz von Axiomen *charakterisiert*, anstatt konkrete Abbildungsvorschriften jedes Mal neu hinzuschreiben. Als erste zentrale algebraische Struktur hatten wir die $\mathbb{R}$-Vektorräume eingeführt (vgl. Kap. 3). Jedoch sind in den Natur- wie Ingenieurwissenschaften Vektorräume über einen beliebigen *Körper*, im Besonderen den Körper der komplexen Zahlen, von Bedeutung.

Welchen Nutzen hat ein Ingenieur von (axiomatischer) Strukturmathematik?

- Die Erkenntnis, dass scheinbar (äußerlich) verschiedene Rechenmethoden einem gemeinsamen, der *mathematischen Struktur* innewohnenden Grundprinzip folgen, ist für das Verständnis, wie auch für die erfolgreiche Anwendung der Methoden fundamental. Durch diese Sichtweise, gleichsam vom

---

[1] Aus dem Vorwort *Algebra, Funktionalanalysis und Codierung*, Teubner, 1986

© Springer-Verlag GmbH Deutschland, ein Teil von Springer Nature 2021
J. Dambrowski, *Mathematik für technische Studiengänge im ersten Studienjahr*,
https://doi.org/10.1007/978-3-662-62852-2_4

höheren Standpunkt aus, werden Zusammenhänge überhaupt erst sichtbar, und vor allem, lässt sich das Gelernte viel besser einprägen. Das ist der große Gewinn der Strukturmathematik.

- Moderne Standardliteratur der Signalverarbeitung/Systemtheorie (Kiencke-Jäckel, Hoffmann), oder Regelungstechnik (Lunze, Reischke) verwendet mehr und mehr strukturmathematische Begriffe. Insofern sollte die Strukturmathematik in wohldosierter Form ihren Platz in der mathematischen Grundausbildung der Ingenieure finden.

4.1   Gruppen, Ringe, Körper

Als Grundwortschatz der axiomatischen Strukturmathematik darf man die Gruppen, Ringe und Körper durchaus ansehen. Daraus abgeleitet und für uns wesentliches Ziel sind die Vektorräume über einen Körper k. Wir werden insbesondere die wohlbekannten $\mathbb{R}$-Vektorräume als Abfallprodukt erkennen. Beginnen wollen wir mit den Gruppen, welche sich als wesentlicher Bestandteil der k-Vektorräume ergeben werden.

4.1.1   Gruppen

Erinnerung: Unter dem *kartesischen Produkt* $M \times N$ zweier Mengen M, N versteht man die Menge aller geordneten Paare (m, n) mit $m \in M$ und $n \in N$, also $M \times N :=$ $\{(m, n) \mid m \in M, \ n \in N\}$.

Definition 4.1.1 (Innere Verknüpfung). Eine **(innere) Verknüpfung** auf einer Menge G ist eine Abbildung

$$\mu : G \times G \longrightarrow G, \quad (a, b) \longmapsto \mu(a, b) := a \star b.$$

Notation & Sprechweise 4.1.2. Statt $\mu(a, b)$ schreibt man auch $a \star b$, also $\star : G \times G \to G$, $(a, b) \mapsto a \star b$, um dem Wesen einer *Verknüpfung* zweier Elemente aus G zu einem neuen Element *in* G stärkeren Ausdruck zu verleihen.

Wie sieht $\star$ konkret aus? Zwei Beispiele aus dem täglichen Leben sind Addition und Multiplikation natürlicher Zahlen. Setze also $G := \mathbb{N}$ und als innere Verknüpfungen $\star$ definiere:

$$+ : \mathbb{N} \times \mathbb{N} \longrightarrow \mathbb{N}, \ \longrightarrow (x, y) \longmapsto x + y, \quad \text{sowie} \quad \cdot : \mathbb{N} \times \mathbb{N} \longrightarrow \mathbb{N}, \ \longrightarrow (x, y) \longmapsto x \cdot y$$

Freilich kann man $\mathbb{N}$ durch $\mathbb{Z}, \mathbb{Q}, \mathbb{R}$ ersetzen, und erhielte entsprechende Verknüpfungen für Addition und Multiplikation.

Beispiel 4.1.3. (i) Die Addition von Matrizen:

$$+ : M_{m \times n}(\mathbb{R}) \times M_{m \times n}(\mathbb{R}) \longrightarrow M_{m \times n}(\mathbb{R}), (A, B) \longmapsto A + B$$

(ii) Multiplikation von Matrizen:

$$\cdot : M_n(\mathbb{R}) \times M_n(\mathbb{R}) \longrightarrow M_n(\mathbb{R}), (A, B) \longmapsto A \cdot B$$

(iii) Sei X eine beliebige Menge und $\wp(X) := \{A \subset X\}$ die Potenzmenge von X, d.h. das Mengensystem aller Teilmengen von X. Dann sind Vereinigung und Durchschnitt Verknüpfungen auf $\wp(X)$, d.h.:

$$\cap : \wp(X) \times \wp(X) \to \wp(X), (A, B) \mapsto A \cap B, \qquad \cup : \wp(X) \times \wp(X) \to \wp(X), (A, B) \mapsto A \cup B$$

(iv) Sei X eine beliebige Menge, und $M := \text{Abb}(X, X)$ die Menge aller Selbstabbildungen $f : X \to X$, $x \mapsto f(x)$ auf X. Dann stiftet die gewöhnliche *Komposition* $\circ$ von Abbildungen eine Verknüpfung auf M, d.h.:

$$\circ : M \times M :\longrightarrow M, \ (f, g) \longmapsto \left(f \circ g : X \to X, x \mapsto (f \circ g)(x) := f(g(x)) \right)$$

Betrachte den Spezialfall einer *endlichen* Menge $X := \{1, 2, ..., n\}$ und

$$S_n := \{\sigma : X \to X \mid \sigma \text{ ist Bijektion}\} = \{\sigma : X \overset{\cong}{\to} X\}$$

die Menge aller bijektiven Selbstabbildungen $\sigma : \{1, ..., n\} \to \{1, ..., n\}$, $k \mapsto \sigma(k)$, auch *Permutationen* genannt (vgl. Bem. 3.8.9). Auch hier liefert die gewöhnliche Komposition $\circ$ von Abbildungen eine Verknüpfung auf S_n mit $n > 0$.

(v) Ist V ein $\mathbb{R}$-Vektorraum, so ist definitionsgemäß auf V eine innere Verknüpfung, die Vektoraddition erklärt:

$$+ : V \times V \longrightarrow V, \quad (x, y) \longmapsto x + y$$

Als Beispiele hatten wir in Kap. 3 u.a. die reellen Standardräume $\mathbb{R}^n$ ($n \geq 0$) mit komponentenweiser Addition $x + y := (x_1 + y_1, ..., x_n + y_n)^T \in \mathbb{R}^n$ oder $V := \text{Abb}(X, \mathbb{R}) := \{f : X \to \mathbb{R}\}$ der Menge aller reellwertigen Abbildungen auf X mit $f + g : X \to \mathbb{R}$, $x \mapsto (f + g)(x) := f(x) + g(x)$ kennengelernt.

(vi) Das Potenzieren auf $\mathbb{N}$, d.h. $\odot : \mathbb{N} \times \mathbb{N} \to \mathbb{N}, (a, b) \mapsto a^b$, ist eine innere Verknüpfung auf $\mathbb{N}$.

Von besonderen Interesse sind innere Verknüpfungen:

Definition 4.1.4 (Eigenschaften von $\star$). Sei $\star : G \times G \to G$, $(a, b) \mapsto a \star b$ eine innere Verknüpfung auf G.

1. Sie heißt **assoziativ**, falls $(a \star b) \star c = a \star (b \star c)$ für alle $a, b, c \in G$ gilt.

2. Sie heißt **kommutativ**, falls $a \star b = b \star a$ für alle $a, b \in G$.

3. Ein Element $e \in G$ heißt **neutrales Element**, falls $e \star a = a = a \star e$ für alle $a \in G$.

4. Ein Element $\bar{a} \in G$ heißt **inverses Element** von $a \in G$, falls $\bar{a} \star a = e = a \star \bar{a}$.

BEISPIEL	$(M_{m×n}(\mathbb{R}), +)$	$(M_n(\mathbb{R}), ·)$	$(\wp(X), ∩)$	$(\wp(X), ∪)$
ASSOZIATIV	√	√	√	√
KOMMUTATIV	√	-	√	√
∃ NEUTR. EL.	√	√	√	√
∃ INVERSES	√	-	-	-

BEISPIEL	$(S_n, ∘)$	$(V, +)$	$(\mathbb{N}, ⊙)$	$(M, ∘)$
ASSOZIATIV	√	√	-	√
KOMMUTATIV	-	√	-	-
∃ NEUTR. EL.	√	√	-	√
∃ INVERSES	√	√	-	-

Tabelle 4.1: Eigenschaften der oben in Bsp. 4.1.3 eingeführten Verknüpfungen.

Merke: Ist „$\star$" assoziativ, kann die Klammerung weggelassen werden, d.h. man schreibt $a \star b \star c$.

Man fasst strukturell gleiche Verknüpfungen durch Einführung folgender Begriffe zusammen:

Definition 4.1.5. (i) Ein Paar $(G, \star)$, bestehend aus einer Verknüpfung $\star$ auf einer Menge G, heißt ein **Gruppoid**.

(ii) Eine **Halbgruppe** ist ein Gruppoid $(G, \star)$, dessen innere Verknüpfung das Assoziativitätsgesetz erfüllt.

(iii) Ein **Monoid** ist eine Halbgruppe $(G, \star)$, mit der zusätzlichen Eigenschaft, dass G ein neutrales Element bzgl. der Verknüpfung $\star$ besitzt.

(iv) Eine **Gruppe** ist ein Monoid $(G, \star)$, so dass jedes Element von G ein inverses bzgl. der Verknüpfung $\star$ besitzt.

Ersichtlich haben wir die folgende Implikationskette:

$$\boxed{\text{Gruppe} \implies \text{Monoid} \implies \text{Halbgruppe} \implies \text{Gruppoid}}$$

Ein Gruppoid ist demnach mit der schwächsten Struktur ausgestattet; eine Gruppe ist am strukturreichsten.

Beispiel 4.1.6. (i) Gruppoide sind: $(\mathbb{N}, ⊙)$ mit $a ⊙ b := a^b$ (vgl. Tab. 4.1) sowie $(\wp(X), \backslash)$, wobei X eine beliebige Menge ist, und die Verknüpfung $A \star B := A\backslash B := A ∩ (X\backslash B)$ für $A, B ⊂ X$ ist. Denn: $(a^b)^c ≠ a^{(b^c)}$, weil beispielsweise $(2^2)^3 = 64 ≠ 256 = 2^{(2^3)}$. Der Nachweis durch Gegenbeispiel im 2. Fall möge der Leser als Übung selbst finden.

(ii) Es ist $(\mathbb{N}, +)$ eine kommutative Halbgruppe, da wir definitionsgemäß $\mathbb{N} := \{1, 2, 3, ...\}$ kein neutrales Element bzgl. der Addition $\mathbb{N}$ haben.

(iii) (a) Kommutative Monoide sind $(\mathbb{N}_0, +)$ mit neutralem Element $0 ∈ \mathbb{N}_0$ sowie $(\mathbb{N}, ·)$ und $(\mathbb{Z}, ·)$ mit jeweils der 1 als neutrales Element.

(b) Es ist $(M_n(\mathbb{R}), \cdot)$ ein nicht kommutativer Monoid, denn die Matrizenmultiplikation ist assoziativ, und ein neutrales Element ist gerade durch die Einheitsmatrix $E \in M_n(\mathbb{R})$ gegeben.

(c) Für eine beliebige Menge X sind $(\wp(X), \cap)$ und $(\wp(X), \cup)$ kommutative Monoide, denn Vereinigung und Durchschnitt sind ersichtlich assoziativ und kommutativ; bzgl. $\cap$ ist X und bzgl. $\cup$ ist $\emptyset$ ein neutrales Element. (denn: $A \cap X = X \cap A = A$ und $A \cup \emptyset = \emptyset \cup A = A$ für jede Teilmenge $A \subset X$.)

Allen vorangegangenen Beispielen gemein ist ein Fehlen des Inversen, entweder gänzlich oder nur einzelne Elemente. Bekanntlich ist ja z.B. nicht jede quadratische Matrix $A \in M_n(\mathbb{R})$ invertierbar, womit $(M_n(\mathbb{R}), \cdot)$ keine Gruppe ist. Jedoch bezüglich der Matrizenaddition ist $(M_{m \times n}(\mathbb{R}), +)$ eine kommutative Gruppe. Statt kommutativ sagt man auch:

Sprechweise 4.1.7. Statt von einer kommutativen Gruppe $(G, \star)$ spricht man von einer *abelschen*[2] Gruppe, d.h. für alle $a, b \in G$ gilt $a \star b = b \star a$.

Notation 4.1.8. Es haben sich in der Literatur folgende Gepflogenheiten eingebürgert:

(i) Eine Gruppenverknüpfung wird meistens *multiplikativ* geschrieben, d.h. $(G, \cdot)$ statt $(G, \star)$. Dies ist unabhängig davon, ob es sich bei der Verknüpfung tatsächlich um ein Produkt im gewöhnlichen Sinne handelt. Für das neutrale Element notiert man dann 1 statt e, und nennt dies 1-*Element*, das Inverse zu $g \in G$ wird mit g^{-1} bezeichnet, also $g \cdot g^{-1} = 1$. Oftmals schreibt man sogar ab statt $a \cdot b$.

(ii) ABELsche Gruppen werden dabei meistens (aber nicht immer) *additiv* geschrieben, d.h. $(G, +)$ statt $(G, \cdot)$. Das neutrale Element notiert man mit 0 und wird das *Nullelement* genannt, das inverse Element zu $g \in G$ mit $-g$, also $g + (-g) = 0$. Damit ist auch geklärt, was $a - b := a + (-b)$ für $a, b \in G$ bedeutet.

(iii) Vielfach notiert man eine Gruppe nur mit G, statt $(G, \cdot)$, wenn die Verknüpfung klar ist.

Beachte: (i) Die Notation (Symbole) 0 oder 1 für das neutrale Element in einer (ABELschen) Gruppe ist i.A. keine *Zahl* 0 oder 1, gleichwohl die Bedeutung an die *Eigenschaft „neutrales Element zu sein"* der Zahl 0 bzw. 1 erinnern soll. Der Schluss, jede Gruppe hat entweder die *Zahl* 0 oder 1 als neutrales Element ist demnach falsch.

(ii) Die Notationen $\cdot$, $+$ sind verführerisch, denn sie verleiten zu Annahmen, dass die wohlbekannten Rechenregeln für gewöhnliche *Zahlen* gelten, die i.A. nicht zutreffen. *Aufpassen!*

Bemerkung 4.1.9. (i) Will man etwas über eine Gruppe G sagen, die man nicht näher kennt, so schreiben wir die Verknüpfung multiplikativ; und additiv, falls indes die Gruppe ABELsch ist; jeweils mit oben genannten Gepflogenheiten.

---

[2]Nach dem norwegischen Mathematiker NILS HENRIK ABEL (1802-11829)

(ii) Will man etwas über eine ganz bestimmte Gruppe sagen, z.B. $(\wp(X), \cap)$, so verwenden wir auch das *konkrete und eingängige* Verknüpfungszeichen.

(iii) Jede additiv geschriebene Gruppe $(G, +)$ ist jedenfalls Abelsch, aber eine multiplikativ geschriebene Gruppe $(G, \cdot)$ kann, muss aber nicht, Abelsch sein (denke z.B. an $(\mathbb{R}^+, \cdot)$).

Zuweilen haben wir schon von *dem* neutralen von G oder *dem* inversen Element von $g \in G$ gesprochen, während in Def. 4.1.5 lediglich von der Existenz solcher Elemente die Rede ist. Damit wäre allerdings nicht ausgeschlossen, dass es mehrere neutrale bzw. inverse Elemente geben kann. In der Tat gilt aber:

Notiz 4.1.10. (i) In einer Gruppe kann es nur genau ein neutrales Element geben, denn wäre $\tilde{1}$ auch neutral, so $\tilde{1} = \tilde{1} \cdot 1 = 1 \cdot \tilde{1} = 1$. Man spricht dann auch von *dem* neutralen Element von G
(ii) In einer Gruppe hat jedes Element genau ein inverses Element, denn wären $g', \tilde{g}$ zwei Inverse von g, so $\tilde{g} = 1 \cdot \tilde{g} = (g' \cdot g) \cdot \tilde{g} = g' \cdot (g \cdot \tilde{g}) = g' \cdot 1 = g'$. Man spricht dann auch von *dem* inversen Element von g und schreibt g^{-1}.

Fassen wir den Gruppenbegriff unter obigen Gesichtspunkten noch einmal zusammen:

Definition 4.1.11 (Gruppe). Unter einer **Gruppe** versteht man also ein Paar $(G, \cdot)$, bestehend aus einer Menge G und einer (inneren) Verknüpfung $\cdot : G \times G \to G, (a, b) \mapsto a \cdot b$, welche den folgenden, sogenannten *Gruppenaxiomen* genügt:

G1 (Assoziativität) Für alle $a, b, c \in G$ gilt $(a \cdot b) \cdot c = a \cdot (b \cdot c) = a \cdot b \cdot c$.

G2 (Neutrales Element) Es gibt es genau ein Element $1 \in G$, so dass für alle $g \in G$ gilt $g \cdot 1 = g = 1 \cdot g$.

G3 (Inverses Element) Für jedes $g \in G$ gibt es genau ein inverses Element g^{-1} mit $g \cdot g^{-1} = 1 = g^{-1} \cdot g$.

Übung: Schreiben Sie die Definition einer *additiv* geschriebenen Gruppe $(G, +)$ nieder.

Es genügt, in den Gruppenaxiomen nur die Existenz des neutralen - und inversen Elementes zu fordern. Die Eindeutigkeit folgt aus obiger Notiz. Aus pragmatischen Gründen verfolgen wir hier kein minimalistisches Axiomensystem.

Beispiel 4.1.12. (i) Die triviale Gruppe, die nur aus dem neutralen Element besteht.
(ii) Es sind $(\mathbb{Z}, +)$, $(\mathbb{Q}, +)$, $(\mathbb{R}, +)$ Abelsche Gruppen mit neutralem Element, der Zahl 0. Für jedes a ist $-a$ das zugehörige inverse Element.
(iii) Es sind $(\mathbb{Q}^*, \cdot)$, $(\mathbb{R}^*, \cdot)$, $(\mathbb{R}^+, \cdot)$ Abelsche Gruppen mit neutralem Element, der Zahl 1. Zu jedem a ist $a^{-1} := 1/a$ das zugehörige inverse Element.
(iv) Die Restklassenmenge mod 2 ist vermöge folgender Festlegung eine Abelsche Gruppe $(\mathbb{Z}_2, +)$ mit $\mathbb{Z}_2 := \{0, 1\}$. Man setzt $0 + 0 =: 0$, $0 + 1 =: 1$ und $1 + 1 =: 0$, also

in tabellarischer Form:

+	0	1
0	0	1
1	1	0

(v) Ist $(V, +, \cdot)$ ein $\mathbb{R}$-Vektorraum, so stimmen die Vektorraumaxiome AG1,AG2,AG3 (vgl. Def. 3.2.5) genau mit den Gruppenaxiomen überein, d.h genauer: Jeder Vektorraum $(V, +, \cdot)$ enthält die zugrunde liegende Abelsche Gruppe $(V, +)$. Das neutrale Element ist der Nullvektor 0_V, und zu jeden $v \in V$ ist $-v$ das zu v gehörige inverse Element. Insbesondere:

(a) Der reelle Standardraum $(\mathbb{R}^n, +)$ ist bezüglich der Vektoraddition eine Abelsche Gruppe.

(b) Im $\mathbb{R}$-Vektorraum der $m \times n$-Matrizen ist $(M_{m \times n}(\mathbb{R}), +)$ eine Abelsche Gruppe bezülich der Matrizenaddition. Das neutrale Element ist die Nullmatrix, und zu jeder Matrix $A \in M_{m \times n}(\mathbb{R})$ ist $-A$ das inverse Element von A.

(c) Im $\mathbb{R}$-Vektorraum $V := \mathrm{Abb}(I, \mathbb{R})$ der reellwertigen Funktionen $f : I \to \mathbb{R}$ auf einem allgemeinen Intervall $I \subset \mathbb{R}$ ist $(V, +)$ eine Abelsche Gruppe bezüglich der punktweisen Addition von Funktionen aus V. Das neutrale Element ist die Nullfunktion $0 : I \to \mathbb{R}$, $x \mapsto 0 \in \mathbb{R}$. Zu jedem $f \in V$ ist $-f$ das inverse Element von f.

(vi) Sei X eine beliebige Menge. In Bsp. 4.1.3 hatten wir die Menge aller Selbstabbildungen $M := \mathrm{Abb}(X, X)$ mit der Komposition $\circ$ als Verknüpfung betrachtet und gesehen, dass $(M, \circ)$ ein Monoid ist. Das neutrale Element ist die Identität $\mathrm{id} : X \to X$, und die Komposition von Funktionen ist gemäß Kap. 1.2 assoziativ. Jedoch ist nicht jedes $f \in M$ automatisch invertierbar, d.h. eine Bijektion (man nehme z.B. die konstante Abbildung). Schränkt man allerdings M ein auf die Teilmenge $N := \mathrm{Aut}(X) \subset M$ der bijektiven Selbstabbildungen $X \overset{\cong}{\to} X$, so ist $(N, \circ)$ offenbar eine (nicht-Abelsche) Gruppe. Das inverse Element zu $f \in N$ ist die *inverse* Abbildung f^{-1}.

Insbesondere: Ist $X := \{1, 2, ..., n\}$ eine endliche Menge, so ist $(S_n, \circ)$ eine (nicht-Abelsche) Gruppe. Sie heißt die *symmetrische Gruppe* oder *Permutationsgruppe*, wovon wir bereits in Kap.3.8.9 über Determinanten Gebrauch gemacht hatten.

Satz 4.1.13 (Rechenregeln). *Ist $(G, \cdot)$ eine Gruppe, so gilt für alle $a, b, x, y \in G$:*

1. *(Inversenregel)* $\quad (a \cdot b)^{-1} = b^{-1} \cdot a^{-1}, \qquad$ *und damit* $\qquad \left(a^{-1}\right)^{-1} = a$

2. *(Kürzungsregel)* $\quad a \cdot x = a \cdot y \Rightarrow x = y \qquad$ *und* $\qquad x \cdot a = y \cdot a \Rightarrow x = y$

3. *Die Gleichungen $a \cdot x = b$ und $y \cdot a = b$ sind eindeutig lösbar durch*

$$x = a^{-1} \cdot b \qquad \textit{bzw.} \qquad y = b \cdot a^{-1}.$$

Beweis. Ad 1.: Seien $a, b \in G$. Dann gilt:

$$(b^{-1} \cdot a^{-1}) \cdot (a \cdot b) \overset{G1}{=} b^{-1} \cdot (a^{-1} \cdot a) \cdot b \overset{G3}{=} b^{-1} \cdot 1 \cdot b \overset{G1}{=} b^{-1} \cdot (1 \cdot b) \overset{G2}{=} b^{-1} \cdot b \overset{G3}{=} 1$$

Analog rechnet man $(a \cdot b) \cdot (b^{-1} \cdot a^{-1}) = 1$ nach. Beide Rechnungen besagen, dass $b^{-1} \cdot a^{-1}$ ein Inverses von $a \cdot b$ ist, und da es nach der Notiz nur genau ein Inverses geben kann, folgt die Gleichheit $(a \cdot b)^{-1} = b^{-1} \cdot a^{-1}$. Für die Folgerung beachte: $(a^{-1})^{-1} = a \Leftrightarrow (a^{-1})^{-1} \cdot a^{-1} = 1 = a^{-1} \cdot (a^{-1})^{-1}$. Nach der eben gezeigten Rechenregel ist $(a^{-1})^{-1} \cdot a^{-1} = (a \cdot a^{-1})^{-1} = 1^{-1} \overset{(!)}{=} 1$; analog die umgekehrte Richtung. Also sind a und $(a^{-1})^{-1}$ Inverse von a^{-1} und wegen der Eindeutigkeit (Notiz) folgt die Gleichheit.

Ad 2.: Aus $ax = ay$ folgt $a^{-1}ax = 1 \cdot x = x = a^{-1}ay = 1 \cdot y = y$. Die 2. Behauptung folgt analog.

Ad 3.: Offenbar ist $x := a^{-1}b$ Lösung der Gleichung $ax = b$. Die Eindeutigkeit folgt aus der Kürzungsregel, denn wäre $\tilde{x}$ auch eine Lösung von $ax = b$, so $ax = b = a\tilde{x}$, also nach der Kürzungsregel $x = \tilde{x}$. Die Behauptung über zweite Gleichung $ya = b$ ist nunmehr klar.   □

Übung: Formulieren Sie diesen Satz für additiv geschriebene Gruppen, und zeigen Sie (∗).

Bemerkung 4.1.14. Sind $(G, \star_G)$, $(H, \star_H)$ Gruppen, so auch das kartesische Produkt $G \times H$ vermöge der durch

$$(g, h) \star_{G \times H} (g', h') := (g \star_G g', h \star_H h')$$

gegebenen Verknüpfung auf $G \times H$ wieder eine Gruppe. Man nennt $(G \times H, \cdot)$ das **direkte Produkt** der Gruppen G und H. Freilich lassen wir die Indizes an den Verknüpfungszeichen weg und schreiben $(g, h)(g', h') := (gg', hh')$, wohlwissend von welcher Verknüpfung die Rede ist. Die Elemente in $G \times H$ sind also Paare (g, h) mit $g \in G$ und $h \in H$.

Beweis. Wir müssen die drei Gruppenaxiome nachprüfen, d.h.

1. Assoziativität der Produktverknüpfung:
Seien $x := (g, h)$, $y := (g', h')$ und $z := (g'', h'')$ beliebige Elemente in $G \times H$. Dann gilt

$$(x \cdot y) \cdot z = ((g, h) \cdot (g', h')) \cdot (g'', h'') = (gg', hh') \cdot (g'', h'') = (gg'g'', hh'h''),$$

andererseits ist

$$x \cdot (y \cdot z) = (g, h) \cdot ((g', h') \cdot (g'', h'')) = (g, h) \cdot (g'g'', h'h'') = (gg'g'', hh'h''),$$

also ist die Produktverknüpfung auf $G \times H$ assoziativ.

2. Neutrales Element:
Setze $1_{G \times H} := (1_G, 1_H)$, wobei man wiederum die Indizes weglässt, also $1 := (1, 1) \in G \times H$. Für $(g, h) \in G \times H$ ist folglich $(g, h) \cdot 1 = (g \cdot 1, h \cdot 1) = (g, h) = (1 \cdot g, 1 \cdot h) = 1 \cdot (g, h)$ und also ist 1 das neutrale Element in $G \times H$,

3. Inverses Element:
Sei $x := (g, h) \in G \times H$. Setze $x^{-1} := (g^{-1}, h^{-1}) \in G \times H$. Das ist möglich, da G und H voraussetzungsgemäß Gruppen sind. Damit ist

$$x \cdot x^{-1} = (g, h) \cdot (g^{-1}, h^{-1}) = (gg^{-1}, hh^{-1}) = (1, 1) = (g^{-1}g, h^{-1}h) = (g^{-1}, h^{-1}) \cdot (g, h) = x^{-1}x.$$

Also hat jedes Element in $G \times H$ sein inverses.   □

Beispiel 4.1.15. Betrachte $(G, +) := (\mathbb{R}, +) =: (H, +)$. Dann ist das direkte Produkt der beiden Gruppen wie folgt gegeben: $(\mathbb{R}^2, +) := (\mathbb{R} \times \mathbb{R}, +)$ mit $(x_1, x_2)^T + (y_1, y_2)^T := (x_1 + y_1, x_2 + y_2)^T$. Ersichtlich ist also das direkte Produkt ABELscher Gruppen wieder ABELsch. Entsprechend kann die ABELsche Gruppe $(\mathbb{R}^n, +) = (\mathbb{R}, +) \times \cdots \times (\mathbb{R}, +)$ mit komponentenweiser Addition $(x_1, ..., x_n)^T + (y_1, ..., y_n)^T := (x_1 + y_1, ..., x_n + y_n)$ als n-faches direktes Produkt von $(\mathbb{R}, +)$ definiert werden.

Neue Gruppen tauchen in vielen Fällen in Gestalt von Untergruppen bereits vorhandener Gruppen auf.

Definition 4.1.16 (Untergruppe). Eine Teilmenge $H \subset G$ einer Gruppe G heißt eine **Untergruppe** von G, wenn folgende Eigenschaften erfüllt sind:

- (UG1:) Das neutrale Element 1 von G liegt auch in H.

- (UG2:) Sind $a, b \in H$, so auch $ab \in H$.

- (UG3:) Ist $a \in H$, so auch $a^{-1} \in H$.

Notation 4.1.17. Ist H eine Untergruppe einer Gruppe G, so schreiben wir auch $H \leq G$.

Bemerkung 4.1.18. Ist $H \leq G$, so ist auf H die Verknüpfung $H \times H \to H, (a, b) \mapsto ab$ als Einschränkung der Verknüpung von G gegeben, und damit ist H selbst eine Gruppe.

Beweis. Wegen UG2 ist die Verknüpfung auf H *abgeschlossen* in H, weil die Verknüpfung irgend zweier Elemente aus H stets wieder ein Element von H liefert, und nicht etwa in $G \backslash H$. Damit folgt auch die Assoziativität der Verknüpfung auf H. Weil das neutrale Element 1 von G gemäß UG1 auch in H liegt, und $H \subset G$, so wirkt 1 auch in H als neutrales Element. Die Bedingung UG3 sichert die Existenz des inversen Elementes. $\square$

Beachte: Betrachte in $(\mathbb{R}^+, \cdot)$ die Teilmenge $H := [1/2, 2] \subset \mathbb{R}^+$. Dann erfüllt H die Bedingungen UG1 und UG3 aus Def. 4.1.16, verletzt aber die UG2, d.h. die Verknüpfung $H \times H \to H$ ist nicht abgeschlossen. Denn: Für $a := 3/2 =: b$ liegt $a \cdot b = 2.25 \notin H$, aber freilich in $\mathbb{R}^+$. Mithin definiert H keine Untergruppe in $(\mathbb{R}^+, \cdot)$.

Beispiel 4.1.19. Es sind

1. $(\mathbb{R}^+, \cdot) \leq (\mathbb{R}^*, \cdot)$ oder $(m\mathbb{Z}, +) \leq (\mathbb{Z}, +) \leq (\mathbb{Q}, +) \leq (\mathbb{R}, +)$ alles ABELsche Untergruppen. Für festes $m \in \mathbb{N}$ ist dabei $m\mathbb{Z} := \{m \cdot k \mid k \in \mathbb{Z}\}$.

2. alle Untervektorräume U eines Vektorraumes V über $\mathbb{R}$ hat bzgl. der Vektoraddition ABELsche Untergruppen, d.h. ist $U \leq V$ als $\mathbb{R}$-Vektorraum, so gilt insbesondere $(U, +) \leq (V, +)$ als ABELsche Gruppe. Insbesondere:

   (a) $(\mathscr{C}^1(I), +) \leq (\mathscr{C}^0(I), +) \leq (\mathscr{R}_I, +) \leq (\text{Abb}(I, \mathbb{R}), +)$ (mit $I \subset \mathbb{R}$ kompakten Intervall) alles ABELsche Untergruppen. (Was ändert sich, wenn I ein allgemeines Intervall ist?)

   (b) $\text{Sym}_n(\mathbb{R}), +) \leq (M_n(\mathbb{R}), +)$ oder $(\text{GL}_n(\mathbb{R}), +) \leq (M_n(\mathbb{R}), +)$ alles ABELsche Untergruppen.

3. $(GL_n(\mathbb{R}), \cdot) \leq Aut(\mathbb{R}^n), \circ)$ (nicht-ABELsche) Untergruppe der Gruppe $Aut(\mathbb{R}^n, \circ)$ aller bijektiven Selbstabbildungen des $\mathbb{R}^n$.

Wenn man tiefer in die Strukturmathematik eindringt, wird man gewahr, dass *mathematische Strukturen* (z.B. Gruppen, Vektorräume und später Ringe, Körper, etc.), nicht isoliert nebeneinanderstehen, sondern stets auch Beziehungen zwischen *gleichartigen* Strukturen existieren. Unter allen solchen Beziehungen, d.h. genauer Abbildungen zwischen gleichartigen mathematischen Strukturen, nehmen jene, welche verträglich mit der Struktur sind, eine besondere Stellung ein. Es sind die sogenannten *Morphismen* (=strukturerhaltende Abbildungen):

Definition 4.1.20 (Homomorphismus & Isomorphismus von Gruppen). (i) Seien $(G, \star_G)$ und $(H, \star_H)$ Gruppen, wobei $\star_G$ die Verknüpfung in G und $\star_H$ die Verknüpfung in H bezeichne. Unter einem **Gruppenhomomorphismus** (auch **Homomorphismus** von Gruppen genannt) versteht man eine Abbildung $\varphi : (G, \star_G) \to (H, \star_H)$ mit

$$\boxed{\varphi(g \star_G g') = \varphi(g) \star_H \varphi(g')}, \qquad \text{für alle } g, g' \in G. \qquad (4.1)$$

(ii) Ein **Gruppenisomorphismus** (auch **Isomorphismus** von Gruppen genannt) ist ein bijektiver Gruppenhomomorphismus. Man schreibt dann $\varphi : G \xrightarrow{\cong} H$. Zwei Gruppen G und H heißen **isomorph**, wenn es einen Isomorphismus $\varphi : G \xrightarrow{\cong} H$ gibt; wir schreiben dafür kurz $G \cong H$.

Die Definition lässt keinen Zweifel darüber, wann die Verknüpfung in G, und wann die Verknüpfung in H zu verwenden ist. Das entspricht jedoch nicht den Gepflogenheiten beim praktischen Hantieren. Auch hier gilt:

Notation 4.1.21. (i) Man schreibt einfach $\varphi : G \to G'$ und obige Bedingung drückt man lax durch

$$\varphi(gg') = \varphi(g)\varphi(g')$$

aus.

(ii) In additiver Schreibweise liest sich die Bedingung (4.1) wie folgt $\varphi(g + g') = \varphi(g) + \varphi(g')$.

Es kann natürlich Gruppenhomomorphismen geben, wo multiplikative wie additive Gruppen beteiligt sind. Ein prominentes Beispiel ist

Beispiel 4.1.22. (i) die Exponentialfunktion: $\exp : (\mathbb{R}, +) \longrightarrow (\mathbb{R}^+, \cdot)$. Die Homomorphiebedingung ist gerade durch die Funktionalgleichung gegeben (vgl. Kap. 2.1.3) und lautet

$$\exp(x + y) = e^{x+y} = e^x e^y = \exp(x)\exp(y) \qquad \text{für alle } x, y \in \mathbb{R}.$$

(ii) Auch die Umkehrabbildung, der Logarithmus $\ln : (\mathbb{R}^+, \cdot) \to (\mathbb{R}, +)$, ist ein Gruppenhomomorphismus, denn die Logarithmusregeln besagen $\ln(xy) = \ln x + \ln y$ für alle $x, y \in \mathbb{R}^+$.

(iii) Wegen $\exp \circ \ln = id_{\mathbb{R}^+}$ und $\ln \circ \exp = id_\mathbb{R}$ ist exp gemäß Kap. 1.2 eine Bijektion mit Inversem ln und also ist exp (und damit auch ln) ein Gruppenisomorphismus, d.h.

$$\exp : (\mathbb{R}, +) \xrightarrow{\cong} (\mathbb{R}^+, \cdot).$$

Beispiel 4.1.23. (i) Die Determinante liefert den Gruppenhomomorphismus det :
$(GL_n(\mathbb{R}), \cdot) \to (\mathbb{R}^*, \cdot)$, denn nach dem Multiplikationssatz (vgl. Kap. 3.8 gilt

$$\det(A \cdot B) = \det A \cdot \det B, \qquad \text{für alle } A, B \in GL_n(\mathbb{R}).$$

(ii) Die Abbildung $|.| : (\mathbb{R}^*, \cdot) \to (\mathbb{R}^*, \cdot), x \mapsto |x|$ ist ein Gruppenhomomorphismus,
denn die Betragsregeln besagen $|xy| = |x| \cdot |y|$ für alle $x, y \in \mathbb{R}^*$.
(iii) Jede lineare Abbildung $f : V \to W$ zwischen den $\mathbb{R}$-Vektorräumen V und W
ist wegen $f(v + v') = f(v) + f(v')$ definitionsgemäß ein Homomorphismus auf den
von V und W zugrunde liegenden ABELschen Gruppen $(V, +)$ bzw. $(W, +)$.

Bemerkung 4.1.24. Für jede Gruppe G ist id $: G \to G, g \mapsto g$ ersichtlich ein
Gruppenhomomorphismus; und sind $\varphi : G \to H$ und $\psi : H \to L$ Gruppenhomomorphismen, so auch die Komposition $\psi \circ \varphi : G \to L$, kurz:

$$G \xrightarrow{\varphi^{\text{Hom}}} H \xrightarrow{\psi^{\text{Hom}}} L$$
$$\Rightarrow \psi \circ \varphi \text{ Hom}$$

d.h. die Eigenschaft, ein Homomorphismus von Gruppen zu sein, ist *stabil* unter
Komposition.

Man beachte die Analogie zu den $\mathbb{R}$-Vektorräumen: Für jeden Vektorraum V ist
die id $: V \to V$ eine lineare Abbildung, und lineare Abbildungen sind auch stabil
unter Komposition (vgl. Kap. 3.3). Weitere Analogien können mit stetigen oder
differenzierbaren Funktionen $f : \mathbb{R} \to \mathbb{R}$ hergestellt werden.

Lemma 4.1.25. Ist $\varphi : G \to H$ ein Gruppenhomomorphismus, so gilt:

$$\boxed{\varphi(1) = 1 \qquad \text{und} \qquad \varphi(g^{-1}) = (\varphi(g))^{-1} \quad \text{für alle } g \in G}$$

Beweis. Es ist $\varphi(1) = \varphi(1 \cdot 1) = \varphi(1)\varphi(1)$ und daher $1 = \varphi(1)\varphi(1)^{-1} = \varphi(1)\varphi(1)\varphi(1)^{-1} = \varphi(1)$. Damit folgern wir weiter $1 = \varphi(1) = \varphi(gg^{-1}) = \varphi(g)\varphi(g^{-1})$
und also $\varphi(g)^{-1} = \varphi(g^{-1})$, d.h. $\varphi(g^{-1})$ ist invers zu $\varphi(g)$. □

Übung: Wie liest sich das Lemma bei additiv geschriebener Gruppe? Die 1. Eigenschaft kennen wir bereits von den $\mathbb{R}$-Vektorräumen; in welchem Zusammenhang?

In Analogie zu den $\mathbb{R}$-Vektorräumen definieren wir Kern und Bild eines Homomorphismus von Gruppen und notieren sodann wohlbekannte Eigenschaften.

Definition 4.1.26 (Kern & Bild). Ist $\varphi : G \to H$ ein Gruppenhomomorphismus von
G nach H, so nennt man $\text{Kern}(\varphi) := \{g \in G \,|\, \varphi(g) = 1\} \subset G$ **Kern** und $\text{Bild}(\varphi) :=$
$\{\varphi(g) \,|\, g \in G\} \subset H$ das **Bild** von φ.

Notiz 4.1.27. (i) Es gilt $\text{Kern } \varphi \leq G$ und $\text{Bild } \varphi \leq H$, d.h. Kern und Bild eines
Gruppenhomomorphismus sind Untergruppen.
(ii) Ein Gruppenhomomorphismus $\varphi : G \to H$ ist genau dann injektiv, falls sein
Kern trivial ist, d.h. $\text{Kern}(\varphi) = \{1\}$ (oder additiv geschrieben $\text{Kern}(\varphi) = \{0\}$).

Beweis. Zu (i): Nach dem Lemma 4.1.25 ist $\varphi(1) = 1$ und daher ist $1 \in \operatorname{Kern} \varphi$ und $1 \in \operatorname{Bild} \varphi$. Für $a, b \in \operatorname{Kern} \varphi$ folgt mit der Homomorphieeigenschaft $\varphi(ab) = \varphi(a)\varphi(b) = 1 \cdot 1 = 1$, also auch $ab \in \operatorname{Kern} \varphi$. Sei $a \in \operatorname{Kern} \varphi$. Mit Lemma 4.1.25 folgt $\varphi(a^{-1}) = \varphi(a)^{-1} = 1^{-1} = 1$, also auch $a^{-1} \in \operatorname{Kern} \varphi$ und also ist $\operatorname{Kern} \varphi$ eine Untergruppe von G. Sind $x, y \in \operatorname{Bild} \varphi$, so gibt es Elemente $a, b \in G$ mit $\varphi(a) = x$ und $\varphi(b) = y$. Damit ist $xy = \varphi(a)\varphi(b) = \varphi(ab)$ und also $xy \in \operatorname{Bild} \varphi$. Ist $x \in \operatorname{Bild} \varphi$, so gibt es ein $a \in G$ mit $\varphi(a) = x$. Folglich $x^{-1} = \varphi(a)^{-1} = \varphi(a^{-1})$, d.h. $x^{-1} \in \operatorname{Bild} \varphi$ und also Bild φ eine Untergruppe von H.

Zu (ii): Sei $\operatorname{Kern} \varphi = \{1\}$. Es ist die Injektivität von φ zu zeigen. Sei dazu $\varphi(a) = \varphi(b)$. Mit Lemma 4.1.25 und der Homomorphieeigenschaft folgt $\varphi(a)\varphi(b)^{-1} = \varphi(a)\varphi(b^{-1}) = \varphi(ab^{-1}) = 1$. Also ist $ab^{-1} \in \operatorname{Kern} \varphi$, und weil voraussetzungsgemäß $\operatorname{Kern} \varphi = \{1\}$, folgt $ab^{-1} = 1$, d.h. $a = b$, und also ist φ injektiv. Sei nun umgekehrt φ injektiv. Es ist $\operatorname{Kern} \varphi = \{1\}$ nachzuweisen. Dazu sei $a \in \operatorname{Kern} \varphi$, d.h. $\varphi(a) = 1$. Lemma 4.1.25 besagt insbesondere $\varphi(1) = 1 = \varphi(a)$. Da φ voraussetzungsgemäß injektiv ist, folgt $a = 1$ und damit ist der Kern von φ trivial. $\square$

4.1.2   Ringe und Körper

Der mühevollen Vorarbeit können wir uns nun entspannter der nächsten (axiomatischen) algebraischen Struktur, den Ringen, widmen.

Definition 4.1.28 (Ring). Unter einem **Ring** versteht man ein Tripel $(R, +, \cdot)$, bestehend aus einer Menge R und zwei Verknüpfungen

$$+ : R \times R \longrightarrow R, \ (x, y) \longmapsto x + y, \qquad \cdot : R \times R \longrightarrow R, \ (x, y) \longmapsto x \cdot y,$$

genannt *Addition* bzw. *Multiplikation*, so dass folgende *Ringaxiome* erfüllt sind:

1. $(R, +)$ ist eine ABELsche Gruppe.

2. Die Multiplikation ist assoziativ, d.h. es gilt:

    $$a \cdot (b \cdot c) = (a \cdot b) \cdot c = a \cdot b \cdot c \qquad \text{für alle } a, b, c \in R$$

3. Es gelten beide Distributivgesetze, d.h. für alle $a, b, c \in R$ gilt:

    $$a \cdot (b + c) = a \cdot b + a \cdot c \qquad \text{und} \qquad (a + b) \cdot c = a \cdot c + b \cdot c$$

Notation 4.1.29. Das Multiplikationszeichen wird oftmals weggelassen. Wie üblich schreibe für einen Ring einfach nur R statt $(R, +, \cdot)$, wenn klar ist, bezüglich welcher Verknüpfungen R gegeben ist.

Ein Ring R hat also zwei Verknüpfungen, eine additive, so dass $(R, +)$ eine ABELsche Gruppe ist, und eine multiplikative, so dass $(R^*, \cdot)$ eine (nicht notwendig kommutative) Halbgruppe ist. Beide Verknüpfungen sollen in der Weise miteinander *verträglich* sein, dass die beiden Distributivgesetze gelten.

Ringe *können* eine Reihe weiterer Eigenschaften haben, welche wie folgt erklärt sind:

Definition 4.1.30. Sei $(R, +, \cdot)$ ein Ring.

(i) Ist die Halbgruppe $(R^*, \cdot)$ ein Monoid, d.h. R^* hat das neutrales Element 1 bezüglich der Multiplikation, so heißt R ein **Ring mit** 1.

(ii) Ist die Halbgruppe $(R^*, \cdot)$ kommutativ, so heißt R ein **kommutativer Ring**.

(iii) Hat R^* die Eigenschaften (i) und (ii), so heißt R ein **kommutativer Ring mit** 1.

(iv) R heißt **nullteilerfrei**, wenn mit $a \neq 0$ und $b \neq 0$ stets auch $ab \neq 0$ folgt.

Bemerkung 4.1.31. (i) Nicht jeder Ring muss also ein multiplikatives neutrales Element (1-Element) besitzen. Wenn er aber eines hat, so ist dieses nach Notiz 4.1.10 (i) eindeutig.
(ii) Im Falle eines kommutativen Ringes braucht man nur eines der beiden Distributivgesetze zu fordern. Das andere folgt sodann.

Lemma 4.1.32. Für jeden Ring R gilt $a \cdot 0 = 0 = 0 \cdot a$, d.h. ist mindestens ein Faktor in einem Produkt 0, so auch das Produkt.

Beweis. Aus dem einen Distributivgesetz folgt zunächst $a0 = a(0 + 0) = a0 + a0$, weil ja $0 = 0 + 0$ das additive neutrale Element ist. Wegen der Kürzungsregel aus Satz 4.1.13 2. (Addition des Inversen von $a0$ auf beiden) $0 = a0 + (-a0) = a0 - a0 = a0 + (a0 + (-a0)) = a0$, d.h. $0 = a0$. Dabei wurde in der letzten Gleichheit das Assoziativgesetz bezüglich der Addition verwendet. Analog folgert man $0 = 0a$ mit dem anderen Distributivgesetz. □

Bemerkung 4.1.33. Das Lemma formuliert also eine hinreichende Bedingung, wann das Produkt zweier Ringelemente 0 ist. Diese ist aber nicht notwendig, wie die Forderung der Nullteilerfreiheit in Def. 4.1.30 (iv) suggeriert. Für einen nullteilerfreien Ring gilt dann nämlich:

$$\boxed{ab = 0 \quad \Longleftrightarrow \quad a = 0 \vee b = 0}$$

Korollar 4.1.34. Gilt $1 = 0$ in einem Ring R mit 1, so ist R der Nullring, d.h. $R = \{0\}$.

Beweis. Wegen des Lemmas folgt $a = 1a = 0a = 0$ für alle $a \in R$. □

Beispiel 4.1.35. (i) Die Ringe $(\mathbb{Z}, +, \cdot)$, $(\mathbb{Q}, +, \cdot)$ und $(\mathbb{R}, +, \cdot)$ sind kommutative nullteilerfreie Ringe mit 1.
(ii) Für festes $m \in \mathbb{N}$ mit $m > 1$ ist $(m\mathbb{Z}, +, \cdot)$ ein kommutativer Ring *ohne* 1. Für $m = 2$ ist dies der Ring der geraden ganzen Zahlen, und die 1 gehört nicht dazu.
(iii) Für $n \geq 2$ ist $(M_n(\mathbb{R}), +, \cdot)$ weder kommutativ noch nullteilerfrei, aber ein Ring mit 1. In Kap. 3.3 hatten wir an konkreten Beispielen gesehen, dass es $A, B \in M_2(\mathbb{R})$ gibt, mit $AB \neq BA$, sowie $0 \neq A, B \neq 0$ mit $AB = 0$ gilt.
(iv) Es bezeichne

$$\mathbb{R}[X] := \left\{ p(X) = \sum_{k=0}^{n} a_k X^k \,\Big|\, a_k \in \mathbb{R},\ n \in \mathbb{N} \right\} = \bigcup_{n \in \mathbb{N}} \mathbb{R}_n[X]$$

die Menge aller Polynome mit reellen Koeffizienten $a_k \in \mathbb{R}$ in der *Unbestimmten X*. Die Elemente in $\mathbb{R}[X]$ sind also Polynome der Form $p(X) := \sum_{k=0}^{n} a_k X^k$ mit einem $n \in \mathbb{N}$. Wir vereinbaren, dass wir einen Summanden $a_k X^k$ in der Summe weglassen, wenn $a_k = 0$ ist. Der höchst vorkommende Exponent von X mit null verschiedenen Koeffizienten heißt der *Grad des Polynoms* und wird mit $\deg(p)$ bezeichnet. Ist also in p der Koeffizient $a_n \neq 0$, so ist $\deg(p) = n$. Erkläre auf $\mathbb{R}[X]$ Addition und Multiplikation

$$+ : \mathbb{R}[X] \times \mathbb{R}[X] \longrightarrow \mathbb{R}[X], \ (p,q) \longmapsto p+q \qquad \cdot : \mathbb{R}[X] \times \mathbb{R}[X] \longrightarrow \mathbb{R}[X], \ (p,q) \longmapsto p \cdot q$$

wie folgt: Für $p(X) := \sum_{k=0}^{n} a_k X^k$ und $q(X) := \sum_{k=0}^{m} b_k X^k$ setze:

$$(p+q)(X) \ := \ p(X) + q(X) := \sum_{k=0}^{\max(n,m)} \underbrace{(a_k + b_k)}_{=:c_k} X^k$$

$$(pq)(X) \ := \ p(X)q(X) := \underbrace{a_0 b_0}_{i+j=0} + \underbrace{(a_1 b_0 + a_0 b_1)}_{i+j=1} X + \underbrace{(a_2 b_0 + a_1 b_1 + a_0 b_2)}_{i+j=2} X^2 + \ldots$$

$$= \ \sum_{k=0}^{n+m} \underbrace{\left(\sum_{i+j=k} a_i b_j \right)}_{=:c_k} X^k = \sum_{k=0}^{n+m} \underbrace{\left(\sum_{l=0}^{k} a_l b_{k-l} \right)}_{=:c_k} X^k$$

Also: Addition und Multiplikation von Polynomen liefern wieder Polynome mit den neuen reellen Koeffizienten c_k, d.h. es sind in der Tat Verknüpfungen. In $\mathbb{R}[X]$ gelten folgende Gradformeln

$$\boxed{\deg(p+q) = \max(\deg(p), \deg(q)) \qquad \text{und} \qquad \deg(pq) = \deg(p) + \deg(q),}$$

sofern zusätzlich folgende Konvention getroffen wird: Bezeichnet 0 das Nullpolynom, so setzt man $\deg(0) := -\infty$, und rechnet $(-\infty) + (-\infty) = -\infty$, $(-\infty) + n = n - \infty = -\infty$, $-\infty < n$ für alle $n \in \mathbb{Z}$. Polynome vom Grad 1 werden *linear*, solche von Grad 2 *quadratisch* und jene vom Grad 3 *kubisch* genannt. Die beiden Verknüpfungen „$+, \cdot$" sind offenbar kommutativ und erfüllen die Ringaxiome. Das Nullelement ist das Nullpolynom (alle a_k's sind null) und das 1-Element ist das konstante Polynom $1 = 1X^0$, wobei $1 \in \mathbb{R}$ das 1-Element von $\mathbb{R}$ ist. Aus der rechten Gradformel folgt die Nullteilerfreiheit (Übung!). Damit ist $(\mathbb{R}[X], +, \cdot)$ ein nullteilerfreier kommutativer Ring mit $1 \neq 0$. Er wird auch *Polynomring* in der Unbestimmten X über $\mathbb{R}$ genannt.

Übung: Seien $p(X) := 2 - 2X + X^3$ und $q(X) := X - 3X^2$ Polynome in $\mathbb{R}[X]$. Man bestimme $\deg(p), \deg(q), \deg(pq)$ und pg; Letzteres sowohl durch obige Multiplikationsformel als auch durch „gewöhnliches Ausmultiplizieren". Was fällt auf?

(v) Sei $V := \text{Abb}(I, \mathbb{R})$ die Menge aller reellwertigen Funktionen $f : I \to \mathbb{R}$ auf einem allgemeinen Intervall $I \subset \mathbb{R}$. Dann ist $(V, +, \cdot)$ mit der punktweisen Addition und - Multiplikation, d.h. $(f + g)(t) := f(t) + g(t)$ und $(fg)(t) := f(t)g(t)$, ein kommutativer Ring mit 1. Die Nullfunktion $0 : I \to \mathbb{R}$, $t \mapsto 0$ ist das neutrale Element bezüglich der Addition, und die konstante Funktion $1 : I \to \mathbb{R}$, $t \mapsto 1 \in \mathbb{R}$ ist das neutrale Element bezüglich der Multiplikation. Da jedes allgemeine Intervall definitionsgemäß mehr als einen Punkt hat (vgl. Kap. 2.1.1), hat V Nullteiler. Sind nämlich $t_0 \neq t_1$ zwei verschiedene Elemente in I, so setze

$$f(t) := \begin{cases} 1, & t = t_0 \\ 0, & \text{sonst} \end{cases}, \qquad g(t) := \begin{cases} 1, & t = t_1 \\ 0, & \text{sonst}. \end{cases}$$

Dann ist offenbar: $f \neq 0, g \neq 0$, aber $fg = 0$. Insbesondere bleiben genau diese Ringeigenschaften bei folgenden Teilmengen erhalten:

(a) $(\mathscr{C}^0(I), +, \cdot) \subset V$, also die stetigen Funktionen auf I. Warum? (Übung!)

(b) $(\mathscr{C}^\infty(I), +, \cdot) \subset V$, also die $\mathscr{C}^\infty$-Funktionen auf I. Denn: Betrachte $f, g : \mathbb{R} \to \mathbb{R}$ mit:

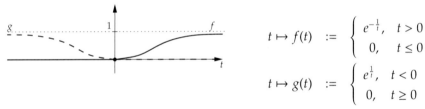

$$t \mapsto f(t) \quad := \quad \begin{cases} e^{-\frac{1}{t}}, & t > 0 \\ 0, & t \leq 0 \end{cases}$$

$$t \mapsto g(t) \quad := \quad \begin{cases} e^{\frac{1}{t}}, & t < 0 \\ 0, & t \geq 0 \end{cases}$$

In der Tat ist $f, g \in \mathscr{C}^\infty(\mathbb{R})$. Für $t \neq 0$ ist dies evident; im Falle $t = 0$ sei $f^{(k)}(0) = g^{(k)})(0) = 0$ für alle $k \geq 0$ ohne Beweis zur Kenntnis genommen. Somit sind $g, f \neq 0$, jedoch $fg = 0$, wie behauptet.

In Analogie zu Untergruppen definieren wir:

Definition 4.1.36 (Unterring). Eine Teilmenge $S \subset R$ eines Ringes R (mit 1) heißt ein **Unterring**, wenn folgende Eigenschaften erfüllt sind:

- (UR1:) Das neutrale Element 0 (bzw. 1) von R liegt auch in S.

- (UR2:) Sind $a, b \in S$, so auch $a + b \in S$ und $ab \in S$.

- (UR3:) Ist $a \in S$, so auch $-a \in S$.

Notation 4.1.37. Ist S ein Unterring von R, so schreiben wir auch $S \leq R$.

Bemerkung 4.1.38. Ein Unterring S von R ist also eine nicht-leere Teilmenge von R, so dass S bezüglich der Einschränkung von Addition und Multiplikation von R selbst ein Ring ist.

Beispiel 4.1.39. (i) $(m\mathbb{Z}, +, \cdot) \leq (\mathbb{Z}, +, \cdot) \leq (\mathbb{Q}, +, \cdot) \leq (\mathbb{R}, +, \cdot)$ mit festem $m \in \mathbb{N}$.
(ii) Polynomringe gibt es nicht nur über den reellen Zahlen $\mathbb{R}$, sondern freilich auch über $\mathbb{Z}$ oder $\mathbb{Q}$, ja sogar über einen beliebigen Ring R. Sie werden dann mit $\mathbb{Z}[X]$, $\mathbb{Q}[X]$ bzw. $R[X]$ bezeichnet. Man beachte, dass die Produktgradformel aber nur für Polynomringe über nullteilerfreien Ringen gilt. Freilich kann jedes Polynom $p \in \mathbb{Z}[X]$ auch als Polynom in $\mathbb{R}[X]$ gelesen werden. Damit ist wegen (i) $(\mathbb{Z}[X], +, \cdot) \leq (\mathbb{Q}[X], +, \cdot) \leq (\mathbb{R}[X], +, \cdot)$. Weil jedes $r \in R$ in $R[X]$ als konstantes Polynom gelesen werden kann, ist $(R, +, \cdot) \leq (R[X], +, \cdot)$.
(iii) Sei $I \subset \mathbb{R}$ ein kompaktes Intervall und $0 < k \in \mathbb{N}$. Dann haben wir die Inklusionskette
$$\mathscr{C}^\infty(I) \leq \mathscr{C}^k(I) \leq \mathscr{C}^0(I) \leq \mathscr{R}_I \leq \mathrm{Abb}(I, \mathbb{R}).$$

Was ändert sich in der Kette von Unterringen, wenn wir allgemeine Intervalle $I \subset \mathbb{R}$ zulassen?

Definition 4.1.40 (Homomorphismus & Isomorphismus von Ringen). Eine Abbildung $f : R \to S$ von einem Ring R in einen Ring S heißt ein

(i) **Ringhomomorphismus** (auch **Homomorphismus** von Ringen genannt), falls gilt:

$$\boxed{\varphi(a + b) = \varphi(a) + \varphi(b) \quad \text{und} \quad \varphi(ab) = \varphi(a)\varphi(b),} \qquad \text{für alle } a, b \in R$$

Für einen **Homomorphismus von Ringen mit** 1 wird zudem $\varphi(1) = 1$ gefordert.

(ii) **Isomorphismus** von Ringen, falls f ein bijektiver Ringhomomorphismus ist. Man schreibt dann $\varphi : R \xrightarrow{\cong} S$. Zwei Ringe R und S heißen **isomorph**, wenn es einen Isomorphismus $\varphi : R \xrightarrow{\cong} S$ gibt; wir schreiben dafür kurz $R \cong S$.

Bemerkung 4.1.41. Ein Gruppenhomomorphismus respektiert automatisch das neutrale Element, d.h. er schickt das neutrale Element auf das neutrale Element. Weil $(R, +)$ eine ABELsche Gruppe ist, folgt gemäß Lemma 4.1.25 $\varphi(0) = 0$. Bei Ringen mit 1 fehlt der multiplikativen Struktur $(R^*, \cdot)$ i.A. die inversen Elemente zur vollen Gruppenstruktur. Wie der Beweis von Lemma 4.1.25 gezeigt hat, ist aber die Existenz von $\varphi(1)^{-1}$ erforderlich, um $\varphi(1) = 1$ zu folgern. Wenn also Homomorphismen von Ringen mit 1 die 1 respektieren sollen, muss man es *explizit* fordern.

Man definiert **Kern** und **Bild** eines Ringhomomorphismus $\varphi : R \to S$ ganz analog wie bei Gruppen, nämlich Kern $\varphi := \{r \in R \,|\, \varphi(r) = 0\} \subset R$ und Bild $\varphi := \{\varphi(r) \,|\, r \in R\} \subset S$.
Wie im Falle von Gruppen gilt auch hier:

Bemerkung 4.1.42. (i) Es gilt Kern $\varphi \leq R$ und Bild $\varphi \leq S$, d.h. Kern und Bild eines Ringhomomorphismus sind Unterringe.
(ii) Ein Ringhomomorphismus $\varphi : R \to S$ ist injektiv $\iff$ Kern $\varphi = \{0\}$.

Bemerkung 4.1.43. Für jeden Ring R (mit 1) ist die Identität id : $R \to R$, $r \mapsto r$ ersichtlich ein Ringhomomorphismus (mit 1), und sind $\varphi : R \to S$ und $\psi : S \to T$ Ringhomomorphismen, so auch die Komposition $\psi \circ \varphi : R \longrightarrow$, kurz:

$$R \xrightarrow{\varphi^{\text{Hom}}} S \xrightarrow{\psi^{\text{Hom}}} T$$
$$\Rightarrow \psi \circ \varphi \text{ Hom}$$

D.h. die Eigenschaft, ein *Homomorphismus* von Ringen (mit 1) zu sein, ist stabil unter Komposition.

Beispiel 4.1.44. Sei $\mathscr{C}^0(I)$ der Ring der stetigen Funktionen auf einem allgemeinen Intervall $t_0 \in I \subset \mathbb{R}$. Dann definiert die *Evaluation* an der Stelle $t_0 \in I$

$$\mathscr{C}^0(I) \longrightarrow \mathbb{R}, \quad \varphi \longmapsto \varphi(t_0)$$

einen Ringhomomorphismus von $(\mathscr{C}^0(I), +, \cdot)$ nach $(\mathbb{R}, +, \cdot)$.

In einem kommutativen Ring $(R, +, \cdot)$ kann man addieren, subtrahieren und multiplizieren, jedoch gilt die Kürzungsregel nicht (vgl. Satz 4.1.13 (ii)) , denn $(R^*, \cdot)$ ist nur eine Halbgruppe. Es fehlt also das multiplikative Inverse in $(R^*, \cdot)$, um schlussendlich auch *dividieren* zu können, und also alle vier Grundrechenarten zur Verfügung stehen. Die Mangel wird durch folgende Definition ausgeglichen:

Definition 4.1.45 (Körper)**.** Ein kommutativer Ring R heißt ein **Körper**, falls $(R \backslash \{0\}, \cdot)$ eine ABELsche Gruppe ist.

Notation 4.1.46. Geläufige Bezeichnungen sind $k, K, \mathbb{K}$, im angelsächsischen Raum F oder $\mathbb{F}$ (aus dem Englischen *Field*).

Bemerkung 4.1.47. (i) Jeder Körper ist insbesondere ein kommutativer Ring mit 1, d.h. Körper sind spezielle Ringe.
(ii) In jedem Körper ist $1 \neq 0$, da $1 \in k^* := k \backslash \{0\}$. Also besteht ein Körper aus *mindestens* zwei Elementen, nämlich 0 und 1.
(iii) Jeder Körper ist nullteilerfrei. (Warum? Übung!) Mit Lemma 4.1.32 folgt damit die von den Zahlen gewohnte Regel $xy = 0 \Leftrightarrow x = 0 \vee y = 0$.

Notiz 4.1.48. Ein Ringhomomorphismus $\varphi : k \to R$ von einem Körper k in einen Ring R ist entweder injektiv oder null.

Beweis. Bem. 4.1.42 (ii) verwendend nehmen wir an, es gäbe ein $0 \neq x \in k$ mit $\varphi(x) = 0$. Dann ist aber $\varphi(a) = \varphi(xx^{-1}a) = \varphi(x)\varphi(x^{-1}a) = 0$ für jedes $a \in k$, womit φ die Nullabbildung ist.   □

Da Körper spezielle Ringe sind, haben wir unmittelbar auch die Begriffe *Homomorphismus* und *Isomorphismus* von Körpern zur Hand:
Ein **Körperhomomorphismus** $\varphi : k \to k'$ ist nichts anderes als ein Homomorphismus auf den zugrunde liegenden Ringen mit 1. Ein bijektiver Körperhomomorphismus heißt ein **Körperisomorphismus**.

Beispiel 4.1.49. (i) Der Körper der *rationalen Zahlen* $(\mathbb{Q}, +, \cdot)$ mit:

$$\mathbb{Q} := \left\{ \frac{p}{q} \mid p, q \in \mathbb{Z}, \; q \neq 0 \right\}$$

(ii) Der Körper der *reellen Zahlen* $(\mathbb{R}, +, \cdot)$, der aus $\mathbb{Q}$ durch Vervollständigung[3] hervorgeht.

(iii) Ausgehend vom Ring $\mathbb{Z}$ der ganzen Zahlen gewinnt man durch *Quotientenbildung* den Körper der rationalen Zahlen, $\mathbb{Q}$, wie in (i) vorgestellt. Dieselbe Vorgehensweise, angewandt auf den Polynomring $\mathbb{R}[X]$ (statt $\mathbb{Z}$), liefert den Quotientenkörper

$$\mathbb{R}(X) := \left\{ \frac{p}{q} \;\middle|\; p, q \in \mathbb{R}[X], \; q \neq 0 \right\}$$

der *rationalen Funktionen* über $\mathbb{R}$.

(iv) Vermöge

+	0	1
0	0	1
1	1	0

$\cdot$	0	1
0	0	0
1	0	1

sind zwei Verknüpfungen auf $\mathbb{Z}_2$, der Restklassenmenge mod 2, gegeben. Nach Bsp. 4.1.12 (iv) ist $(\mathbb{Z}_2, +)$ eine ABELsche Gruppe. Die Multiplikation $\cdot$ auf $\mathbb{Z}_2$ ist gerade so definiert, dass $(\mathbb{Z}_2^*, \cdot)$ die triviale Gruppe ist, und mit den neutralen Element 0 der Addition das Lemma 4.1.32 erfüllt. Also ist $(\mathbb{Z}_2, +, \cdot)$ ein Körper, der kleinste, den es gibt. Er spielt in der Kodierungstheorie eine wichtige Rolle.

Definition 4.1.50 (Unterkörper). Eine Teilmenge $k \subset K$ in einem Körper K heißt ein **Unterkörper**, falls gilt:

- (UK1:) $0, 1 \in k$

- (UK2:) $a, b \in k$, so auch $a - b \in k$

- (UK3:) $a \in k, b \in k^*$, so auch $ab^{-1} \in k$

Sprechweise 4.1.51. Man spricht bei Körpern weniger von einem Unterkörper $k \leq K$, sondern von einem *Teilkörper*, oder, alternativ „K ist eine *Körpererweiterung* von k". Man schreibt auch $K \supset k$.

Bemerkung 4.1.52. Bekanntlich ist $\mathbb{Q} \subset \mathbb{R}$. Man sagt $\mathbb{Q}$ ist in $\mathbb{R}$ *eingebettet*, und da $\mathbb{Q}$ selbst ein Körper ist, so liegt $(\mathbb{Q}, +, \cdot) \leq (\mathbb{R}, +, \cdot)$ als Unterkörper in den reellen Zahlen. .

---

[3]Man nimmt alle Grenzwerte von Folgen, die von Intervallschachtelungen in $\mathbb{Q}$ kommen, und in $\mathbb{Q}$ nicht konvergent sind, hinzu. Die Menge dieser Grenzwerte bilden gerade die *irrationalen* Zahlen $\mathbb{I}$, und damit ist $\mathbb{R} = \mathbb{Q} \cup \mathbb{I}$. Wir setzen die Konstruktion der reellen Zahlen als aus der Schule bekannt voraus, verweisen aber den interessierten Leser zur Wiederauffrischung auf [Fr95], Satz 4.29.

Aufgaben

R.1. (i) Sei R ein Ring, $\emptyset \neq X$ eine nicht-leere Menge. Bezeichnet $\mathrm{Abb}(X, R)$ die Menge aller Abbildungen $f : X \to R$, so definieren Sie auf R Addition und Multiplikation in naheliegender Weise, und zeigen Sie sodann, dass $(\mathrm{Abb}(X, R), +, \cdot)$ ein Ring ist.

(ii) Ist $M := \mathrm{Abb}(X, \mathbb{R})$ ein kommutativer Ring mit 1, wenn R einer ist? (Begründung!)

(iii) Ist M ein Körper, wenn R einer ist? (Begründung!)

T.1. Sei $K[X]$ der Polynomring in einer Variablen über einen Körper K.

(i) Es bezeichne $\overline{\deg} : (K[X]\backslash\{0\}, \cdot) \to (\mathbb{Z}, +)$, $f \mapsto \deg(f)$, die Gradabbildung, die jedem von Null verschiedenen Polynom f seinen Grad $\deg(f)$ zuordnet. Man zeige, dass $\overline{\deg}$ ein Monoidhomomorphismus vom Monoid $(K[X]\backslash\{0\}, \cdot)$ in die Gruppe $(\mathbb{Z}, +)$ ist, d.h. $\overline{\deg}(fg) = \overline{\deg}(f) + \overline{\deg}(g)$, für alle $f, g \in K[X]^* := K[X]\backslash\{0\}$.

(ii) Man führt folgende zusätzliche Konvention in die Grad-Definition ein: Bezeichnet 0 das Nullpolynom, so setzt man $\deg(0) := -\infty$, und rechnet $(-\infty) + (-\infty) = -\infty$, $(-\infty) + n = n - \infty = -\infty$, $-\infty < n$ für alle $n \in \mathbb{Z}$. Welche Struktur hat dann $(\mathbb{Z} \cup \{-\infty\}, +)$? Welcher Nutzen hinsichtlich der Grad-Definition ergibt sich hieraus?

(iii) Man folgere, dass der Polynomring $K[X]$ über einen Körper K nullteilerfrei ist und damit ein kommutativer nullteilerfreier Ring mit $1 \neq 0$. Solche Ringe werden auch *Integritätsringe* oder *Integritätsbereiche* genannt.

(iv) Man zeige: Für jedes $a \in K$ ist

$$ev : K[X] \longrightarrow K, \quad f \longmapsto ev(f) := f(a)$$

ein surjektiver Ringhomomorphismus mit 1, genannt *Evaluation* von f im Punkte $a \in K$

4.2 Komplexe Zahlen und komplexe Funktionen

Bekanntermaßen hat die Gleichung $x^2 + 1 = 0$ in $\mathbb{R}$ keine Nullstellen, was zeigt, dass die reellen Zahlen in dieser Hinsicht unvollständig sind. Durch Konstruktion des Erweiterungskörpers von $\mathbb{R}$, bei dem alle Polynome in Linearfaktoren zerfallen, entsteht der Körper der komplexen Zahlen $\mathbb{C}$. Die genannte Eigenschaft der Polyome hat für die Eigenwerttheorie und die Diagonalisierbarkeit von Matrizen, oder allgemeiner von linearen Abbildungen $f : V \to V$, eine wesentliche Bedeutung. Beides wird in der Systemtheorie und in der Regelungstechnik verwendet.

Zur Darstellung elektrischer Bauelemente, wie Spulen, Kondensatoren, Widerstände und harmonischen Analyse deren Verschaltungen haben sich die komplexen Zahlen im Besonderen bewährt, so dass man mit Fug und Recht sagen kann, dass sie das Fundament der sogenannten *Wechselstromtechnik* bilden. In diesem Zusammenhang wird auch klar, warum der bisherige Funktionsbegriff auf komplexe und komplexwertige Funktionen erweitert werden muss.

4.2.1   Der Körper der komplexen Zahlen $\mathbb{C}$

Im folgenden Satz konstruieren wir den Körper der komplexen Zahlen aus dem $\mathbb{R}^2$. Es zeigt sich, dass die in Kap. 3.8 gewonnene Vorstellung von Bilinearität und Produkten auch im vorliegenden Fall stimmig ist.

Satz 4.2.1. *Das Tripel* $(\mathbb{R}^2, +, *)$, *bestehend aus der Menge* $\mathbb{R}^2 := \{(x, y) \mid x, y \in \mathbb{R}\}$, *und den zwei Verknüpfungen* $+, * : \mathbb{R}^2 \times \mathbb{R}^2 \longrightarrow \mathbb{R}^2$, *gegeben durch*

$$
\begin{pmatrix} u \\ v \end{pmatrix} + \begin{pmatrix} x \\ y \end{pmatrix} := \begin{pmatrix} u + x \\ v + y \end{pmatrix}, \qquad \text{sowie} \qquad \begin{pmatrix} u \\ v \end{pmatrix} * \begin{pmatrix} x \\ y \end{pmatrix} := \begin{pmatrix} ux - vy \\ uy + vx \end{pmatrix}, \quad (4.2)
$$

genannt Addition und komplexe Multiplikation, ist ein Körper. Dabei ist $0 := (0,0)^T \in \mathbb{R}^2$ *das Nullelement,* $1 := (1,0)^T \in \mathbb{R}^2$ *das 1-Element und das multiplikative Inverse von* $(x, y)^T \in \mathbb{R}^2 \setminus \{(0,0)^T\}$ *ist gegeben durch*

$$
\begin{pmatrix} x \\ y \end{pmatrix}^{-1} = \begin{pmatrix} \frac{x}{x^2+y^2} \\ \frac{-y}{x^2+y^2} \end{pmatrix}. \tag{4.3}
$$

Beweis. Es sind die Ringaxiome aus Def. 4.1.30, sowie die Existenz des neutralen Elementes und der inversen Elemente bezüglich der multiplikativen Verknüpfung nachzuweisen. Die Addition + ist die gewöhnliche Vektoraddition, und wir wissen bereits aus Bsp. 4.1.12 (v), dass $(\mathbb{R}^2, +)$ eine ABELsche Gruppe ist. Es verbleibt zu zeigen, dass $(\mathbb{R}^2 \setminus \{0\}, *)$ eine ABELsche Gruppenstruktur trägt. Dazu: Ersichtlich ist $*$ kommutativ. Halten wir $w := (u,v)^T \in \mathbb{R}^2$ fest, so ist

$$
\begin{pmatrix} u \\ v \end{pmatrix} * : \mathbb{R}^2 \longrightarrow \mathbb{R}^2, \quad \begin{pmatrix} x \\ y \end{pmatrix} \longmapsto \begin{pmatrix} u \\ v \end{pmatrix} * \begin{pmatrix} x \\ y \end{pmatrix}
$$

wegen

$$
\begin{pmatrix} u \\ v \end{pmatrix} * \begin{pmatrix} x \\ y \end{pmatrix} = \begin{pmatrix} u & -v \\ v & u \end{pmatrix} \begin{pmatrix} x \\ y \end{pmatrix}, \qquad \text{mit} \quad A := \begin{pmatrix} u & -v \\ v & u \end{pmatrix} \in M_2(\mathbb{R}) \tag{4.4}
$$

eine $\mathbb{R}$-lineare Abbildung, und damit ist $*$ linear im 2. Argument (Die Spalten der Matrix sind die Bilder der Einheitsvektoren!). Aus der Symmetrie (d.h. Kommutativität) von $*$ folgt die Linearität im 1. Argument, was die Bilinearität von

$* : \mathbb{R}^2 \times \mathbb{R}^2 \to \mathbb{R}^2, (w, z) \mapsto w * z$ mit $w := (u, v)^T, z := (x, y)^T$ impliziert. Genau wie im Falle des Matrizenproduktes (Bsp. 3.8.4) fallen auch hier die Begriffe *Bilinearität* und *Distributivität* zusammen. Mit diesem Kniff lässt sich die Assoziativität der komplexen Multiplikation etwas leichter nachrechnen als zu Fuß; es ist nämlich:

$$\begin{pmatrix} a \\ b \end{pmatrix} * \left[\begin{pmatrix} u \\ v \end{pmatrix} * \begin{pmatrix} x \\ y \end{pmatrix} \right] = \begin{pmatrix} a \\ b \end{pmatrix} * \left[\begin{pmatrix} u & -v \\ v & u \end{pmatrix} \begin{pmatrix} x \\ y \end{pmatrix} \right] = \begin{pmatrix} a & -b \\ b & a \end{pmatrix} \begin{pmatrix} u & -v \\ v & u \end{pmatrix} \begin{pmatrix} x \\ y \end{pmatrix}$$

$$\parallel$$

$$\left[\begin{pmatrix} a \\ b \end{pmatrix} * \begin{pmatrix} u \\ v \end{pmatrix} \right] * \begin{pmatrix} x \\ y \end{pmatrix} = \begin{pmatrix} au - bv \\ bu + av \end{pmatrix} * \begin{pmatrix} x \\ y \end{pmatrix} = \begin{pmatrix} au - bv & -(bu + av) \\ bu + av & au - bv \end{pmatrix} \begin{pmatrix} x \\ y \end{pmatrix}$$

Mithin ist $(\mathbb{R}^2, +, *)$ ein Ring. Für alle $z := (x, y)^T \in \mathbb{R}^2$ gilt:

$$\begin{pmatrix} x \\ y \end{pmatrix} * \begin{pmatrix} 1 \\ 0 \end{pmatrix} = \begin{pmatrix} 1x - 0y \\ x0 + 1y \end{pmatrix} = \begin{pmatrix} x \\ y \end{pmatrix},$$

also ist $1 := (1, 0)^T$ in der Tat das multiplikative neutrale Element. Sei nun $z := (x, y)^T \neq 0 := (0, 0)^T$. Dann gilt

$$\begin{pmatrix} x \\ y \end{pmatrix} * \begin{pmatrix} x \\ -y \end{pmatrix} = \begin{pmatrix} x^2 + y^2 \\ 0 \end{pmatrix}, \quad \text{und daher} \quad \begin{pmatrix} x \\ y \end{pmatrix}^{-1} = \begin{pmatrix} \frac{x}{x^2 + y^2} \\ \frac{-y}{x^2 + y^2} \end{pmatrix},$$

d.h. zu jedem $(x, y) \neq 0$ gibt es ein inverses Element bezüglich $*$. Das schließt den Beweis ab, denn alle Körperaxiome sind nun nachgewiesen. □

Bemerkung 4.2.2. In $(\mathbb{R}^2, +, *)$ lassen sich die reellen Zahlen $(\mathbb{R}, +, \cdot)$ wie folgt wiederfinden: Vermöge der Abbildung

$$\iota : (\mathbb{R}, +, \cdot) \longrightarrow (\mathbb{R}^2, +, *), \qquad x \longmapsto \iota(x) := \begin{pmatrix} x \\ 0 \end{pmatrix}$$

ist ein (gemäß Notiz 4.1.48 sowieso injektiver) Körperhomomorphismus (=Einbettung) gegeben, mit Bild $\iota = \mathbb{R} \times 0 \subset \mathbb{R}^2$. Wir können daher die reellen Zahlen $(\mathbb{R}, +, \cdot)$ als Teilkörper von $(\mathbb{R}^2, +, *)$ auffassen, d.h. $(\mathbb{R}, +, \cdot) \leq (\mathbb{R}^2, +, *)$.

Beweis. In der Tat ist ι ein Körperhomomorphismus, denn für $x, y \in \mathbb{R}$ ist ersichtlich $\iota(x + y) = (x + y, 0)^T = (x, 0)^T + (y, 0)^T = \iota(x) + \iota(y)$, nach den Regeln der Vektoraddition. Weil definitionsgemäß die komplexe Multiplikation reelle Zahlen in reelle Zahlen überführt, folgt

$$\iota(x) * \iota(y) = \begin{pmatrix} x \\ 0 \end{pmatrix} * \begin{pmatrix} y \\ 0 \end{pmatrix} \overset{\text{def.}}{=} \begin{pmatrix} xy - 00 \\ x0 + 0y \end{pmatrix} = \begin{pmatrix} xy \\ 0 \end{pmatrix} = \iota(xy),$$

und d.h. ι ist ein Ringhomomorphismus. Schließlich respektiert ι ersichtlich die 1, weil $\iota(1) = (1, 0)^T$. Also ist ι ein Körperhomomorphismus. □

Notation & Sprechweise 4.2.3. Es haben sich folgende Notationen und Sprechweisen etabliert:

(i) Ist vom Körper $(\mathbb{R}^2, +, *)$ die Rede, so führt man die Bezeichnung $\mathbb{C} := \mathbb{R}^2$ ein, verwendet für die komplexe Multiplikation das übliche Multiplikationszeichen $\cdot$ statt das didaktische $*$, und nennt das so entstandene Tripel $(\mathbb{C}, +, \cdot)$ den *Körper der komplexen Zahlen*, also

$$\boxed{(\mathbb{C}, +, \cdot) := (\mathbb{R}^2, +, *)}\,,$$

und schreibt fortan $\mathbb{C}$ dafür. Aufgrund der Körpereinbettung $\mathbb{R} \hookrightarrow \mathbb{C}$ im Sinne von Bem. 4.2.2 nennt man $\mathbb{C}$ auch *Erweiterungskörper* von $\mathbb{R}$.

(ii) Seine Elemente $z \in \mathbb{C}$ heißen die *komplexen Zahlen*.

(iii) Wie üblich schreibt man einfach $\mathbb{C}$ und notiert die komplexe Multiplikation $z_1 z_2$ statt $z_1 \cdot z_2$.

(iv) Für das 1-Element $(1, 0)^T$ schreibt man auch $1 \in \mathbb{C}$ und für $z \neq 0$ schreibt auch $z^{-1} := \frac{1}{z}$.

(v) Jede reelle Zahl $x \in \mathbb{R}$ kann via der Einbettung $\mathbb{R} \hookrightarrow \mathbb{C}$ aus Bem. 4.2.2 auch als komplexe Zahl $x \in \mathbb{C}$ gelesen werden. Insbesondere gilt dies für für das 1-Element $1 \in \mathbb{C}$.

(vi) Man erklärt weiter die *imaginäre Einheit* als:

$$\boxed{i := (0, 1)^T \in \mathbb{C}} \quad \text{(Mathematik und Physik)}$$

$$\boxed{j := (0, 1)^T \in \mathbb{C}} \quad \text{(Ingenieurwissenschaften)}$$

Notiz 4.2.4. Konstruktionsbedingt ist der Körper $(\mathbb{C}, +, *)$ entstanden aus dem $\mathbb{R}$ Vektorraum $\mathbb{R}^2$, womit in $\mathbb{C}$ vermöge $\cdot : \mathbb{R} \times \mathbb{C} \to \mathbb{C}$, $(\lambda, z := (x, y)) \mapsto \lambda \cdot z = \lambda z := (\lambda x, \lambda y)$ eine *skalare Multiplikation* zur Verfügung steht. Da jede komplexe Zahl $z = (x, y)^T$ auch als Vektor bzw. 2-tupel gelesen werden kann, hat der Körper der komplexen Zahlen zusätzlich eine $\mathbb{R}$-Vektorraumstruktur.

Merke: Der Körper $\mathbb{C}$ ist insbesondere ein zweidimensionaler $\mathbb{R}$-Vektorraum.

Mithilfe der imaginären Einheit $i \in \mathbb{C}$ und dem 1-Element $1 \in \mathbb{C}$ können die komplexen Zahlen $z \in \mathbb{C}$ nicht nur in Tupel- oder Vektorschreibweise $z = (x, y)^T$ dargestellt werden, sondern auch in der sogenannten

Bemerkung 4.2.5 (Normalform). Jede komplexe Zahl $z := (a, b)^T \in \mathbb{C}$ hat eine eindeutige Darstellung

$$\boxed{z = a + ib \qquad \text{mit } a, b \in \mathbb{R}} \tag{4.5}$$

und $i^2 = (-1, 0)^T = -1 \in \mathbb{R}$. Man nennt die Darstellung (4.5) die *Normalform* von $z \in \mathbb{C}$.

Beweis. Als $\mathbb{R}$-Vektorraum $\mathbb{C} = \mathbb{R}^2$ entsprechen gerade $1 := (1,0)^T$ und $i := (0,1)^T$ der Standardbasis (e_1, e_2) (vgl. Abb. 4.1 Mitte), und damit ist

$$z = \begin{pmatrix} a \\ b \end{pmatrix} = ae_1 + be_2 = a\begin{pmatrix} 1 \\ 0 \end{pmatrix} + b\begin{pmatrix} 0 \\ 1 \end{pmatrix} = a + ib.$$

□

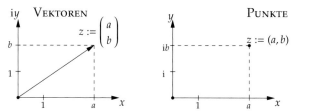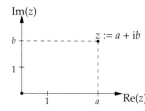

Abbildung 4.1: Visualisierung komplexer Zahlen im Standardraum $\mathbb{R}^2$. Das linke bzw. rechte Diagramm wird auch die *Gaußsche Zahlenebene* genannt.

Sprechweise 4.2.6. Für $z = a + ib \in \mathbb{C}$ erklären wir

- den *Realteil* von z: $\operatorname{Re}(z) := a \in \mathbb{R}$
- den *Imaginärteil* von z: $\operatorname{Im}(z) := b \in \mathbb{R}$

Merke: (Normalform)

$$
\begin{array}{ccccc}
z & = & a & + \mathrm{i} & b \\
  &   & \| &   & \| \\
z & = & \operatorname{Re}(z) & + \mathrm{i} & \operatorname{Im}(z)
\end{array}
$$

Beispiel 4.2.7. Fü

1. $z := 2 + i4$ ist $\operatorname{Re}(z) = 2$ und $\operatorname{Im}(z) = 4$.
2. $z := 3 - i$ ist $\operatorname{Re}(z) = 3$ und $\operatorname{Im}(z) = -1$.
3. Für $z := -5 - i8$ ist $\operatorname{Re}(z) = -5$ und $\operatorname{Im}(z) = -8$.

Beachte: Für jede komplexe Zahl $z = x + iy$ sind Real- *und* Imaginärteil *reelle* Zahlen; insbesondere $\operatorname{Im}(z) = \operatorname{Im}(x + iy) = y$ und *nicht* iy!

Beispiel 4.2.8 (Übung). Man skizziere $1 + i2, 2 - i, -1 - i3, -1 + i, \frac{3}{2}, i\frac{5}{2}$ in der GAUSSschen Zahlenebene und bestimme jeweils Real- und Imaginärteil.

Der Vorteil der Normalform liegt beim Rechnen. Offenbar sind zwei komplexe Zahlen genau dann gleich, wenn Realteil und Imaginärteil übereinstimmen, also für $z := a + ib$ und $w := x + iy$ gilt:

$$z = w \iff a + ib = x + iy \iff (a = x \wedge b = y)$$

Zwei komplexe Zahlen werden addiert, indem man die Realteile sowie die Imaginärteile addiert. Also:

$$z + w = (a + ib) + (x + iy) = (a + x) + i(b + y)$$

Während es sich bei den vorangegangenen beiden „Rechenregeln" lediglich um Umformulierungen wohlbekannter Vektorraumeigenschaften von $\mathbb{C} = \mathbb{R}^2$ handelt, zeigt sich die Schlagkraft der Normalform erst richtig bei der Multiplikation. Wendet man einerseits die Definition des Produktes (4.3) aus Satz 4.2.1 an, so liefert das $zw = (a + ib)(x + iy) = (ax - by) + i(ay + bx)$. Andererseits erhält man durch stures Ausmultiplizieren wie mit gewöhnlichen Zahlen unter Beachtung von $i^2 = -1$ und Sortieren nach Real- und Imaginärteil

$$zw = (a + ib)(x + iy) = ax + iay + ibx + i^2by = (ax - by) + i(ay + bx)$$

dasselbe Ergebnis, weswegen sich die in (4.3) eingeführte Multiplikation auf diese Weise ganz leicht einprägen lässt.

Beispiel 4.2.9 (Übung). Für $z := 2 + i4$ und $w := -3 + i8$ bestimme $z \pm w$ sowie zw in Normalform.

Realteil und Imaginärteil ordnen also jeder komplexen Zahl den Real- bzw. Imaginärteil zu, d.h. wir haben zwei Abbildungen:

$$\text{Re} : \mathbb{C} \longrightarrow \mathbb{R}, \; z \longmapsto \text{Re}(z) \quad \text{bzw.} \quad \text{Im} : \mathbb{C} \longrightarrow \mathbb{R}, \; z \longmapsto \text{Im}(z)$$

Notiz 4.2.10. Die Abbildungen $\text{Re}, \text{Im} : (\mathbb{C}, +) \longrightarrow (\mathbb{R}, +)$ sind Homomorphismen auf den zugrunde liegenden additiven Gruppen, d.h. für alle $z_1, z_2 \in \mathbb{C}$ gilt:

$$\text{Re}(z_1 + z_2) = \text{Re}(z_1) + \text{Re}(z_2) \quad \text{sowie} \quad \text{Im}(z_1 + z_2) = \text{Im}(z_1) + \text{Im}(z_2)$$

Ein Homomorphismus von Körpern liegt jedoch nicht vor, denn sind $u := x + iy$ und $v := a + ib$ so gilt:

$$\text{Re}(uv) = ax - by \neq xa = \text{Re}(u) \cdot \text{Re}(v), \quad \text{Im}(uv) = bx + ay \neq yb = \text{Im}(u) \cdot \text{Im}(v)$$

Definition 4.2.11 (Komplexe Konjugation). Für jede komplexe Zahl $z := a + ib$ heißt $\bar{z} := a - ib \in \mathbb{C}$ die zu z **konjugiert komplexe** Zahl, und die Abbildung $^- : \mathbb{C} \to \mathbb{C}, \; z \mapsto \bar{z}$ die **komplexe Konjugation**.

Die komplexe Konjugation $\bar{z}$ von $z \in \mathbb{C}$ entsteht durch Spiegelung an der Realteilachse in der GAUSSschen Zahlenebene $\mathbb{C} = \mathbb{R}^2$, wie aus der Abbildung hervorgeht.

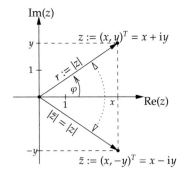

Bemerkung 4.2.12. Für jedes $z \in \mathbb{C}$ gilt:

$$\text{Re}(z) = \frac{1}{2}(z + \bar{z}), \quad \text{Im}(z) = \frac{1}{2i}(z - \bar{z}), \quad z \in \mathbb{R} \Leftrightarrow z = \bar{z}$$

Bemerkung 4.2.13. Die komplexe Konjugation $^-: \mathbb{C} \overset{\cong}{\to} \mathbb{C}$ ist ein $\mathbb{R}$-linearer Körperisomorphismus, d.h. bijektiv, und für alle $z_1, z_2 \in \mathbb{C}$, $\lambda_1, \lambda_2 \in \mathbb{R}$ gilt:

$$\boxed{\overline{\lambda_1 z_1 + \lambda_2 z_2} = \lambda_1 \overline{z_1} + \lambda_2 \overline{z_2}, \quad \overline{z_1 \cdot z_2} = \overline{z_1} \cdot \overline{z_2}, \quad \overline{1} = 1}$$

Darüber hinaus gilt für $z_2 \neq 0$:

$$\overline{\overline{z}} = z, \quad \overline{\left(\frac{z_1}{z_2}\right)} = \frac{\overline{z_1}}{\overline{z_2}}$$

Beweise: (Übung) Nachrechnen!

Beachte: Obige Regel gilt auch für jede *endliche* Linearkombination von Vektoren aus $\mathbb{C}$, d.h.

$$\overline{\sum_{k=1}^{n} \lambda_k z_k} = \sum_{k=1}^{n} \lambda_k \overline{z_k}, \qquad \text{mit } z_1, ..., z_n \in \mathbb{C} \text{ und } \lambda_1, ..., \lambda_n \in \mathbb{R}.$$

Um den Quotienten $\frac{z}{w}$ zweier komplexer Zahlen auf Normalform zu bringen, bedient man sich eines kleines „Tricks", nämlich der sogenannten *komplexkonjugierten Erweiterung*, nämlich:

$$\frac{z}{w} = \frac{a + ib}{x + iy} = \frac{(a + ib)(x - iy)}{(x + iy)(x - iy)} = \frac{ax + by + i(bx - ay)}{x^2 - ixy + ixy + y^2} = \frac{ax + by}{x^2 + y^2} + i\frac{bx - ay}{x^2 + y^2} = \frac{z\overline{w}}{|w|^2}$$
$$(4.6)$$

Schnell ein

Beispiel 4.2.14 (Übung). Für $z := 2+i4$ und $w := -3+i8$ bestimme $\frac{z}{w}$ in Normalform.

Definition 4.2.15 (Skalarprodukt & Norm). Unter dem

(i) **Standardskalarprodukt auf $\mathbb{C}$** verstehen wir die Abbildung:

$$\langle .,. \rangle : \mathbb{C} \times \mathbb{C} \longrightarrow \mathbb{C}, \quad (z, w) \longmapsto \langle z, w \rangle := z * \overline{w} = z \cdot \overline{w} = z\overline{w}$$

(ii) **Betrag** oder der **Norm** auf $\mathbb{C}$ verstehen wir die Abbildung

$$\boxed{|.| : \mathbb{C} \longrightarrow \mathbb{C}, \quad z \longmapsto |z| := \sqrt{\langle z, z \rangle} = \sqrt{z \cdot \overline{z}}.}$$

Sprechweise 4.2.16. Man nennt $|z|$ die *Norm* oder die *Länge* von z. Insbesondere bezeichnet $d(z, w) := |z - w|$ den *Abstand* von z und w.

Beachte die Analogie zur Vorgehensweise bezüglich der Einführung von Skalarprodukt $\langle .,. \rangle$, Norm $\|.\|$ und Abstand $d(.,.)$ in EUKLIDischen Räumen gemäß Kap. 3.9.2.

Lemma 4.2.17 (Eigenschaften der Norm). (i) Für jede komplexe Zahl $z := x + iy \in \mathbb{C}$ gilt

$$|z| := \sqrt{\mathrm{Re}^2(z) + \mathrm{Im}^2(z)} = \sqrt{x^2 + y^2},$$

d.h. der Betrag von z stimmt mit der EUKLIDischen Norm des zugehörigen Vektors $z = (x, y)^T$ im $\mathbb{R}^2$ überein. Insbesondere:

1. $|.| : \mathbb{C} \to \mathbb{R}$, $z \mapsto |z| \in \mathbb{R}$, mit $|z| \geq 0$ für alle $z \in \mathbb{C}$.

2. $|z| = 0 \iff z = 0$.

(ii) Der Betrag $|.| : (\mathbb{C}^*, \cdot) \to (\mathbb{R}^*, \cdot)$, $z \mapsto |z|$ ist ein Homomorphismus von der Gruppe $\mathbb{C}^* := \mathbb{C} \backslash \{0\}$ mit der komplexen Multiplikation in die Gruppe $\mathbb{R}^* := \mathbb{R} \backslash \{0\}$ mit der gewöhnlichen Multiplikation, d.h. es gilt:

$$|z \cdot w| = |z| \cdot |w|, \qquad \text{für alle } z, w \in \mathbb{C}$$

(iii) (Dreiecksungleichung) $|z + w| \leq |z| + |w|$ für alle $z, w \in \mathbb{C}$.

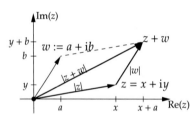

Geometrische Bedeutung der Δ-Ungleichung: In einem Dreieck $\Delta(0, z, z + w)$ mit den Ecken $0, z, z + w$ ist die Länge der Summenseite $|z + w|$ stets kleiner oder gleich als die Länge jede ihrer beteiligten Summanden $|z|$ bzw. $|w|$. Gleichheit gilt genau dann, wenn alle Ecken auf einer Geraden liegen, d.h. die Vektoren z, w linear abhängig sind.

(iv) Darüber hinaus gilt für alle $z, 0 \neq w, \in \mathbb{C}$ und $n \in \mathbb{N}_0$:

$$|z| = |\bar{z}|, \qquad \left| \frac{z}{w} \right| = \frac{|z|}{|w|}, \qquad |z^n| = |z|^n$$

Dabei sind *Potenzen* von $z \in \mathbb{C}$ wie üblich durch $z^n := z \cdot z \cdot \ldots \cdot z$ (n-mal) und $z^0 := 1$ erklärt.

Beweis. Zu (i): Es ist $|z|^2 := z\bar{z} = (x + iy)(x - iy) = x^2 + i(-i)y^2 + iyx - ixy = x^2 + y^2$, weil $i^2 = -1$. Damit folgen auch die Behauptungen unter 1. und 2. unmittelbar.

Zu (ii) Seien $z, w \in \mathbb{C}$. Dann ist $|z \cdot w|^2 = (zw)(\overline{zw}) \overset{(*)}{=} zw\bar{z}\bar{w} = z\bar{z} \cdot w\bar{w} = |z|^2 \cdot |w|^2$, wobei in $(*)$ gemäß Bem.4.2.13 eingeht, dass die komplexe Konjugation ein Körperhomomorphismus ist. Damit folgt schließlich $|zw| = |z| |w|$.

Zu (iii) Für jedes $z \in \mathbb{C}$ gilt $\mathrm{Re}(z) \leq |z|$, und daher $\mathrm{Re}(zw) \leq |zw| = |z| \cdot |w|$ für alle $z, w \in \mathbb{C}$. Aus Bem. 4.2.12 und Bem. 4.2.13 folgert man $z\bar{w} + w\bar{z} = z\bar{w} + \overline{z\bar{w}} = 2\mathrm{Re}(z\bar{w})$. Alles zusammengesetzt liefert $|z + w|^2 = (z + w)\overline{(z + w)} = |z|^2 + z\bar{w} + \bar{z}w + |w|^2 = |z|^2 + 2\mathrm{Re}(zw) + |w|^2 \leq |z|^2 + 2|z| |w| + |w|^2 = (|z| + |w|)^2$, und also die Dreiecksungleichung $|z + w| \leq |z| + |w|$.

Zu (iv): Sei $z \in \mathbb{C}$. Wegen $\bar{\bar{z}} = z$ (Bem. 4.2.13) folgt $|\bar{z}|^2 = \bar{z}\bar{\bar{z}} = \bar{z}z = z\bar{z} = |z|^2$, also $|z| = |\bar{z}|$. Anschaulich ist dies auch der Abbildung neben Def. 4.2.11 zu entnehmen. Die 2. Behauptung ist eine Übungsaufgabe, und die 3. Behauptung folgt unmittelbar aus der Homomorphieeigenschaft aus (ii), denn $|z \cdot z \cdot \ldots \cdot z| = |z| \cdot |z| \cdot \ldots \cdot |z|$.   □

Beispiel 4.2.18 (Übung). Für $z := 2 + i4$ und $w := -3 + i8$ bestimme $\langle z, w \rangle, |z|, z^2$ in Normalform.

Diskussion: Warum definiert man das Skalarprodukt auf $\mathbb{C}$ nicht durch $\langle z, w \rangle := z \cdot w$?

Fazit: In $\mathbb{C}$ werden die vier Grundrechenarten $+, -, \cdot, /$ wie gewohnt, jedoch zusätzlich unter Beachtung von $i^2 = -1$ ausgeführt. Ebenso gelten die gewohnten Rechenregeln für's Bruchrechnen, Potenzieren mit ganzen Zahlen $n \in \mathbb{Z}$. Wie üblich setzt man dazu $z^{-n} := \left(\frac{1}{z}\right)^n = \frac{1}{z^n}$.

Der in $\mathbb{R}$ wohlbekannte Binomische Lehrsatz gilt auch in $\mathbb{C}$:

Bemerkung 4.2.19 (Binomischer Lehrsatz in $\mathbb{C}$). Sei $n \in \mathbb{N}$ gegeben. Dann gilt für $z, w \in \mathbb{C}$:

$$(z + w)^n = \sum_{k=0}^{n} \binom{n}{k} z^k w^{n-k} \quad \text{mit} \quad \binom{n}{k} := \frac{n(n-1)(n-2) \cdot \ldots \cdot (n-k+1)}{1 \cdot 2 \cdot 3 \cdot \ldots \cdot k} = \frac{n!}{k!(n-k)!}.$$

Beachte: Man setzt zudem $\binom{n}{k} := 0$ für $k \in \mathbb{N}_-$. Es folgt $\binom{n}{k} = 0$ für $k > n$; Ferner erinnern wir an:

Sprechweise 4.2.20. Für $\binom{n}{k}$ sagt auch n *über* k und nennt sie *Binomialkoeffizienten*. Das Symbol $n! := n \cdot (n-1) \cdot (n-2) \cdot \ldots \cdot 2 \cdot 1$ mit $0! := 1$, wird als n *Fakultät* gelesen.

Bemerkung 4.2.21 (Potenzen von $z \in \mathbb{C}$). Für $z = x + iy \in \mathbb{C}$ und $n \in \mathbb{N}_0$ gilt:

$$z^n = (x+iy)^n = \sum_{k=0}^{n} \binom{n}{k} x^{n-k} i^k y^k = \underbrace{\sum_{k=0}^{n} \binom{n}{2k}(-1)^k x^{n-2k} y^{2k}}_{=\text{Re}(z^n)} + i \cdot \underbrace{\sum_{k=0}^{n} \binom{n}{2k+1}(-1)^k x^{n-2k-1} y^{2k+1}}_{=\text{Im}(z^n)}$$

Beweis. Die 2. Gleichheit ist die sture Anwendung des Binomischen Lehrsatzes. Idee: Spalte die Summe auf in einen Teil mit *geradem* Index $2k$ und einen Teil mit *ungeradem* Index $2k + 1$. Dazu berechne zunächst die Potenzen von i. Für $l \in \mathbb{N}_0$ gilt nämlich:

$$i^k = \begin{cases} 1, & k = 4l \\ i, & k = 4l + 1 \\ -1, & k = 4l + 2 \\ -i, & k = 4l + 3 \end{cases} \quad \text{und damit} \quad \begin{array}{rcccl} i^{2k} & = & (i^2)^k & = & (-1)^k \\ i^{2k+1} & = & i \cdot i^{2k} & = & i(-1)^k \end{array}$$

Auf diese Weise können Potenzen von z in Normalform gebracht werden. □

Neben der kartesischen Darstellung (als Vektor oder Tupel) $z = (x, y)^T \in \mathbb{C}$ und der Normalform $z = x + iy \in \mathbb{C}$, gibt es noch weitere Darstellungsformen komplexer Zahlen. Wir behandeln zunächst die der Anschauung sehr zugängliche *Polarform*.

Bemerkung 4.2.22 (Polar-Darstellung komplexer Zahlen). Jedem Punkt $P \neq (0,0)$ in der GAUSSschen Zahlenebene kann genau ein Ortsvektor $z := \overrightarrow{OP}$ vom Ursprung zu P zugeordnet werden. Der Ortsvektor z ist dann festgelegt entweder durch seine Komponenten (x, y), oder aber durch seine Länge $r := |z|$ und dem Winkel φ, der von der Realteilachse und dem Ortsvektor z eingeschlossen wird. Wir vereinbaren: Sein Vorzeichen ist positiv, d.h. $\varphi > 0$, falls z durch Drehung *gegen den Uhrzeigersinn* aus der Realteilachse entstanden ist (vgl. Abb. 4.2. Bei Drehung *im Uhrzeigersinn* gilt $\varphi < 0$.

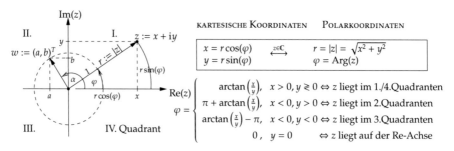

Abbildung 4.2: Polar-Darstellung, auch Polarform genannt, komplexer Zahlen $z, w \in \mathbb{C}$.

Fassen wir zusammen:

Lemma 4.2.23 (Polarform). Jede komplexe Zahl $z \in \mathbb{C}$ lässt sich in der Polarform darstellen, d.h.

$$\boxed{z = |z|(\cos(\varphi) + i\sin(\varphi))}, \tag{4.7}$$

wobei $\varphi \in (-\pi, \pi]$ der Winkel zwischen dem Vektor z und der Realteilachse ist. Für $z \in \mathbb{C}^*$ ist die Polardarstellung eindeutig.

Definition 4.2.24 (Argument & Hauptwert). Für $z \in \mathbb{C}^*$ heißt jeder Winkel $\varphi \in \mathbb{R}$ (in Bogenmaß!), welcher Gl. (4.7) erfüllt, **Argument** von z, d.h.

$$\arg(z) := \{\varphi \in \mathbb{R} \,|\, z = |z|(\cos\varphi + i\sin\varphi)\}.$$

Für $-\pi < \varphi \leq \pi$ wird φ der **Hauptwert** von z genannt, und notiert diesen mit $\text{Arg}(z)$.

Weil Sinus und Kosinus periodische Funktionen sind, ist $\arg(z)$ nicht eindeutig, denn erfüllt φ Gl. (4.7), so auch $\varphi + 2k\pi$ mit $k \in \mathbb{Z}$, also $\arg(z) = \{\text{Arg}(z) + 2k\pi \,|\, k \in \mathbb{Z}\}$.

Merke: Das Argument $\arg(z)$ ist nur bis auf Vielfache von 2π bestimmt.

Vorgehensweise zur Berechnung der Polarform einer komplexen Zahl $z \in \mathbb{C}^*$:

1. Bringe z auf Normalform, d.h. $z = \text{Re}(z) + i\,\text{Im}(z)$.

2. Berechne den Betrag von z, also $|z| := \sqrt{\text{Re}^2(z) + \text{Im}^2(z)}$.

3. Lokalisiere den Quadranten von z durch Vorzeichenbetrachtung von $\text{Re}(z)$ und $\text{Im}(z)$.

4. Berechne $\varphi = \text{Arg}(z)$ gemäß Abb. 4.2 .

5. Damit erhalte Polarform $z = |z|(\cos\varphi + i\sin\varphi)$.

Beispiel 4.2.25 (Übung). Man bestimme die Polarform folgender komplexer Zahlen und trage sie in die GAUSSsche Zahlenebene ein.

- $z = 1 + i\sqrt{3}$

- $z = -1 - i$

Beispiel 4.2.26 (Übung). Man bestimme Realteil und Imaginärteil folgender komplexer Zahlen:

- $z = 2(\cos\frac{\pi}{6} - i\sin\frac{\pi}{6})$

- $\bar{z} = \sqrt{2}(\cos\frac{\pi}{2} + i\sin\frac{\pi}{2})$

- $z = 3(\cos\pi - i\sin\pi)$

4.2.2 Komplexe Funktionen

Bisher hatten wir es mit reellwertigen Funktionen einer reellen Variablen zu tun, d.h. $f : D \to \mathbb{R}$, $x \mapsto f(x)$ mit Definitionsbereich $D \subset \mathbb{R}$ und einem Wertebereich, der ebenfalls in den reellen Zahlen liegt[4]. Jetzt nehmen wir an f zwei naheliegende Modifikationen vor, nämlich:

Sprechweise 4.2.27. (i) Unter einer *komplexwertigen Funktion* wollen wir eine Abbildung

$$f : X \to \mathbb{C}$$

auf einer beliebigen Menge $X \neq \emptyset$ in den Körper der komplexen Zahlen $\mathbb{C}$ verstehen.
(ii) Unter einer *komplexen Funktion* wollen wir eine Abbildung $f : B \to \mathbb{C}$ auf einer Teilmenge[5] $B \subset \mathbb{C}$, genannt *Bereich*, in den Körper der komplexen Zahlen $\mathbb{C}$ verstehen.

Offenbar ist jede komplexe Funktion komplexwertig. (Umkehrung?)

---

[4]daher der Name *reellwertig*
[5]Wir setzen voraus, dass es in $B \subset \mathbb{C}$ mindestens ein $z \in B$ existiert, mit $\text{Im}(z) \neq 0$, denn wir wollen Funktionen $I \to \mathbb{C}$ wegen $I \subset \mathbb{R} \subset \mathbb{C}$ nicht komplexe Funktionen nennen, sondern nur komplexwertig.

Bemerkung 4.2.28 (Algebraische Regeln). Wie bereits mehrfach gesehen, sind die üblichen Rechenoperationen, wie Addition $f + g$, skalare Multiplikation λf, Multiplikation fg, Division f/g, punktweise definiert, weswegen aus der Körperstruktur von $\mathbb{C}$ nicht nur folgt, dass $M := \mathrm{Abb}(X, \mathbb{C})$ eine $\mathbb{R}$-Vektorraumstruktur trägt, sondern auch ein kommutativer Ring mit 1 ist.

Übung: Wie sehen die Abbildungen, d.h. $f + g$, λf, $f \cdot g$ sowie $\frac{f}{g}$, konkret aus?

Bemerkung 4.2.29 (Normalform komplexwertiger Funktionen). Für eine beliebige Menge $X \neq \emptyset$ kann jede komplexwertige Funktion $f : X \to \mathbb{C}, x \mapsto f(x)$ in Gestalt

$$\boxed{f(x) = \mathrm{Re}(f(x)) + \mathrm{i}\,\mathrm{Im}(f(x)) =: u(x) + \mathrm{i}\,v(x)}$$ (Zerlegung in Real-/Imaginärteil)

geschrieben werden. Dann sind $u, v : X \to \mathbb{R}$ reellwertige Funktionen auf X.

Bemerkung 4.2.30. Im Falle $X = I \subset \mathbb{R}$ übertragen sich die Begriffe Konvergenz, Stetigkeit, Differenzierbarkeit, Integrierbarkeit sowie die damit verbundenen Rechenregeln entsprechend auf komplexwertige Funktionen $f(x) := u(x) + \mathrm{i}\,v(x)$ durch komponentenweise Anwendung dieser Begriffe und Regeln, d.h. separat auf Realteil $u(x)$ und Imaginärteil $v(x)$.

Vorsicht ist jedoch bei allen Regeln geboten, die ein „$\leq$" enthalten, so z.B. $f \leq g \Rightarrow \int f \leq \int g$. Dabei ist erst zu klären, was „$\leq$" in $\mathbb{C}$ überhaupt bedeuten soll. Der naheliegende Ansatz

$$\begin{pmatrix} z_1 \\ z_2 \end{pmatrix} =: z \leq w := \begin{pmatrix} w_1 \\ w_2 \end{pmatrix} \quad :\Longleftrightarrow \quad z_1 \leq w_1 \wedge z_2 \leq w_2,$$

für $z, w \in \mathbb{C}$, führt nicht zum Ziel, wie beispielsweise $z = 1$ und $w = \mathrm{i}$ offenbart. Es gibt demnach $z, w \in \mathbb{C}$, die nicht „vergleichbar" via „$\leq$" sind. Aber genau das ist in $\mathbb{R}$ möglich, d.h. für $x, y \in \mathbb{R}$ gilt stets $y \leq x$ oder $x \leq y$. Man sagt auch, die reellen Zahlen erfüllen die sogenannten *Anordnungsaxiome* (vgl. Anhang 9.1). Folgt daraus zwangsläufig, dass es auf $\mathbb{C}$ keine Anordnung gibt? Freilich nicht; vielleicht braucht es lediglich eine „bessere" Definition der Relation „$\leq$"? Dass es so eine Definition in der Tat nicht gibt, liegt daran, dass in angeordneten Körpern k jedenfalls $a^2 > 0$ für $a \neq 0$ gilt. Indes ist $0 \neq \mathrm{i}$ mit $\mathrm{i}^2 = -1 < 0$ ↯.

Beachte: Im Gegensatz zu $\mathbb{R}$ besitzt $\mathbb{C}$ keine Anordnung "$\leq$". Daher können keine Regeln zu den Begrifflichkeiten für komplexwertige Funktionen übernommen werden, welche auf den Anordnungsaxiomen von $\mathbb{R}$ beruhen.

Übung: Man definiere Ableitung und Integral für komplexwertige Funktionen $f : I \to \mathbb{C}$, und gebe je ein Beispiel an.

Es folgen nun einige erste Beispiele. Weitere werden uns noch reichlich im Verlaufe des Buches begegnen. Wir gehen dabei ganz analog wie bei der Konstruktion neuer reeller Funktionen aus alten vor (vgl. Kap. 2.1.2).

Beispiel 4.2.31. (i) Sei $z_0 \in \mathbb{C}$ fest vorgegeben. Dann sind vermöge

$$z_0 : \mathbb{C} \longrightarrow \mathbb{C}, \quad z \longmapsto z_0 \quad \text{(konstante Abbildung)}$$
$$\mathrm{id} : \mathbb{C} \longrightarrow \mathbb{C}, \quad z \longmapsto z \quad \quad \text{(Identität)}$$

zwei komplexe Funktionen gegeben. Mittels der algebraischen Regeln aus Bem. 4.2.28 erhält man sodann:

(ii) (komplexe Polynome) Unter einem *komplexen Polynom* (genauer: Polynomfunktion) n'ten Grades versteht man eine komplexe Funktion der Form

$$
p : \mathbb{C} \longrightarrow \mathbb{C}, \; z \longmapsto p(z) := a_0 + a_1 z + a_2 z^2 + \ldots + a_n z^n = \sum_{k=0}^{n} a_k z^k,
$$

mit $a_0, a_1, \ldots, a_n \in \mathbb{C}$ und $a_n \neq 0$. Im Falle von $\deg(p) = n = 2$ spricht man auch von einem *quadratischen Polynom*. Wiederum mit Bem. 4.2.28 erhalte:

(iii) (Rationale Funktionen) Komplexe Funktionen der Form

$$
f : B \backslash \{ z \in \mathbb{C} \, | \, q(z) = 0 \} \longrightarrow \mathbb{C}, \; z \longmapsto f(z) := \frac{p(z)}{q(z)}
$$

mit $B \subset \mathbb{C}$ und komplexen Polynomen p, q werden (komplexe) *rationale Funktionen* genannt. Sie sind von fundamentaler Bedeutung in der Systemtheorie und Regelungstechnik, denn das Übertragungsverhalten, z.B. von linearen Netzwerken (vgl. Abs. 3.3) wird durch komplexe rationale Funktionen beschrieben. Des Weiteren lassen sich gewisse Systemeigenschaften, wie „Stabilität, Kausalität" oder „Passivität", aus ihnen ablesen.

Beispiel 4.2.32 (Anwendung aus der ingenieurwissenschaftlichen Praxis). Lineare Netzwerke entstehen durch Reihen- und Parallelschaltung von elektrischen Bauelementen. Sehr häufig sind dies ohmsche Widerstände R, Kondensatoren C und Spulen L. Das Übertragungsverhalten solcher Bauelemente ist der nachstehenden Abb. 4.3 zu entnehmen.

BAUELEMENT	ÜBERTRAGUNGSVERHALTEN IM SIGNALBEREICH s	ÜBERTRAGUNGSVERHALTEN IM FREQUENZBEREICH ω
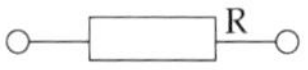 R	$H_R(s) := R$	$Z(\omega) := R$
 C	$H_C(s) := \dfrac{1}{sC}$	$Z_C(\omega) := \dfrac{1}{i\omega C}$
 L	$H_L(s) := sL$	$Z_L(\omega) := i\omega L$

Abbildung 4.3: Übertragungsfunktionen bzw. Impedanzen der RCL-Bauelemente.

Das Gesamtverhalten eines RCL-Netzwerkes ist gemäß den Regeln der Serien- und Parallelschaltung zu berechnen. Für eine Parallelschaltung eines RC-Gliedes (mit $R, C > 0$) ergibt sich demnach die *Übertragungsfunktion*

$$
H(s) = \frac{R}{1 + RCs} = \frac{1}{C} \cdot \frac{1}{s + \frac{1}{RC}}
$$

mit $s := \sigma + i\omega \in \mathbb{C}$. Offenbar hat H nur einen Pol, und der ist an der Stelle $s = -1/RC$. Hieraus erhält man, dass H für alle $s \in \mathbb{C}$ definiert ist, mit $\operatorname{Re}(s) > -1/RC$;

insbesondere ist im Definitionsbereich die Imaginärachse enthalten, weswegen sich H auch hierauf einschränken lässt, d.h. man setzt $s = i\omega$ statt $s = \sigma + i\omega$ mit $\sigma \neq 0$ in H ein. Das führt auf den *Frequenzgang*, auch *Impedanz* des linearen Netzwerkes genannt:

$$Z(\omega) := H(i\omega) = \frac{1}{C}\frac{1}{\frac{1}{RC} + i\omega} = \underbrace{\frac{R}{1 + \omega^2 R^2 C^2} - i\omega\frac{R^2 C}{1 + \omega^2 R^2 C^2}}_{\text{Normalform von } Z(\omega)}$$

Die graphische Darstellung komplexwertiger Funktionen in Normalform, d.h. gemäß Bem. 4.2.29) Zerlegung der Bildpunkte in Realteil und Imaginärteil, heißt *Nyquist*[6]-*Plot*. Konkret: Für jedes $\omega \in \mathbb{R}$ ist $Z(\omega) = \text{Re}(Z(\omega)) + i\,\text{Im}(Z(\omega))$ ein Punkt in der GAUSSschen Zahlenebene $\mathbb{C}$. Der NYQUIST-Graph entsteht also, in dem man in die komplexwertige Funktion Z alle zulässigen ω's einsetzt. Indes führt die Darstellung der Bildpunkte einer komplexwertigen Funktion in Polarform zum *Bode*[7]-*Plot*. Konkret: Für jedes $\omega \in \mathbb{R}$ lässt sich $Z(\omega)$ in Polarform $|Z(\omega)|(\cos(\varphi(\omega)) + i\sin(\varphi(\omega)))$, gemäß Abb. 4.2, schreiben, womit die reellen Funktionen,

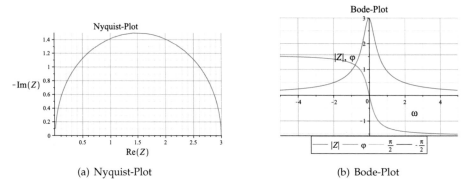

(a) Nyquist-Plot   (b) Bode-Plot

Abbildung 4.4: Graphische Darstellung der Impedanz im NYQUIST- und BODE-Plot.

$$\omega \longmapsto |Z|(\omega) := \sqrt{\text{Re}^2(Z(\omega)) + \text{Im}^2(Z(\omega))} \qquad \text{bzw.} \qquad \omega \longmapsto \varphi(\omega) := \text{Arg}(\omega)$$

genannt *Amplituden-* bzw. *Phasengang* des linearen Netzwerkes, entstehen. Die Berechnung erfolgt wie in Abb. 4.2 angegeben.

Beispiel 4.2.33 (Übung). Man bestimme Übertragungsfunktion $H(s)$ und Impedanz $Z(\omega)$ von nachfolgendem RCL-Netzwerk.

---

[6]HARRY NYQUIST (1889–1976) schwedisch-amerikanischer Ingenieur der Elektrotechnik
[7]HENDRIK WADE BODE (1905-1982) amerikanischer Ingenieur der Elektronik

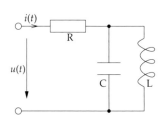

Ergebnis:

$$H(s) \quad = \quad \frac{R + Ls + RCLs^2}{1 + LCs^2}$$

$$Z(\omega) \quad = \quad R + \mathrm{i}\,\frac{\omega L}{1 - LC\omega^2}$$

Also: H und Z sind rationale Funktion aus quadratischen Polynomen im Zähler und Nenner.

Problem: Das Netzwerk stellt kein *stabiles* System dar, denn H hat Pole auf der Imaginärachse bei $\pm \mathrm{i}/\sqrt{LC}$. D.h. bei harmonischer Anregung des Systems mit $\omega \to \omega_0$, wobei $\omega_0 =: 1/\sqrt{LC}$ als Resonanzfrequenz des Parallelschwingkreises bezeichnet wird, strebt der Imaginärteil von Z gegen $\pm\infty$.

Merke: Es können an Null- und Polstellenverteilung der Übertragungsfunktion linearer Netzwerke Informationen zu Systemeigenschaften gewonnen werden.

Obige Beispiele für komplexe Funktionen geben demnach Anlass, Polynome über $\mathbb{C}$ und deren Nullstellenberechnung genauer zu studieren.

Vorbemerkung: (i) Ist $p(z) = z^2 + pz + q$ ein komplexes quadratisches Polynom und sind $z_0, z_1 \in \mathbb{C}$ zwei *Nullstellen* von p, d.h. $p(z_k) = 0$ für $k = 0, 1$, so gilt wie im Reellen $p(z) = (z - z_0)(z - z_1)$[8]. Man sagt, p *zerfalle in (ein Produkt aus) Linearfaktoren*, denn für jedes $k = 0, 1$ kommt z in $(z - z_k)$ genau in Potenz 1 vor.
(ii) Ist $p(z) = z^3 + az^2 + bz + c$ ein komplexes Polynom 3. Grades, und $z_0 \in \mathbb{C}$ eine Nullstelle von p, so gilt $p(z) = (z - z_0) \cdot q(z)$ mit einem komplexen Polynom $q(z)$ vom Grad 2. Man sagt, man habe den Linearfaktor $(z - z_0)$ von p *abgespalten*. Praktisch wird $q(z)$ durch Polynomdivision hergestellt.

Beispiel 4.2.34 (Übung). Betrachte $p(z) := z^3 - 4z^2 + (6 + \mathrm{i})z - (3 + \mathrm{i})$. Man zeige, dass $z_0 = 1 + \mathrm{i}$ eine Nullstelle von p ist, und berechne sodann das komplexe quadratische Polynom $q(z)$ mit $p(z) = (z - (1 + \mathrm{i})) \cdot q(z)$ mittels der aus der Schule wohlbekannten Polynomdivision.

Allgemein gilt:

Lemma 4.2.35. Ist $p(z) := \sum_{k=0}^{n} a_k z^k$ ein komplexes Polynom vom Grade n, und ist $z_0 \in \mathbb{C}$ eine Nullstelle von p, so lässt sich der Linearfaktor $(z - z_0)$ von p abspalten, d.h. es gibt ein komplexes Polynom $q(z)$ mit $\deg(q) = n - 1$, so dass $p(z) = (z - z_0) \cdot q(z)$ gilt.

Beachte: Wir haben damit nicht ausgeschlossen, dass $q(z_0) = 0$ ist.

Beispielsweise lässt sich bei dem reellen Polynom $p(x) := (x - 1)^2 q(x)$ der Linearfaktor $(x - 1)$ von $p(z)$ zweimal abspalten, womit sich der Begriff *Nullstelle höherer Ordnung* erhellt:

---

[8]einfach ausmultiplizieren und Satz von Vieta anwenden $z_0 + z_1 = -p$ und $z_0 z_1 = q$

Definition 4.2.36 (*k*-fache Nullstelle). Für ein komplexes Polynom $p(z)$ n'ten Grades heißt ein $z_0 \in \mathbb{C}$ **k-fache Nullstelle** von p, falls es ein komplexes Polynom $q(z)$ vom Grade $n - k$ gibt, so dass gilt:

$$p(z) = (z - z_0)^k q(z) \qquad \text{mit} \qquad q(z_0) \neq 0$$

Sprechweise 4.2.37. Man nennt k die *Vielfachheit* der Nullstelle z_0 von $p(z)$.

Übung: Bestimme alle Nullstellen und ihre Vielfachheiten:

- $p(z) = z(z - 2)^2(z + \mathrm{i})^3$

- $p(z) = (z - (1 + \mathrm{i}))(z + (1 - \mathrm{i}))(z - (1 - \mathrm{i}))$

Man kann nun so lange von p Linearfaktoren abspalten, bis das entstandene Restpolynom q keine Nullstellen mehr hat; maximal bis $\deg(q) = 0$, und das sind gerade die konstanten Polynome $\neq 0$. Die Schlagkraft der komplexen Zahlen besteht gerade darin, dass der Abspaltungsprozess stets erst beim konstanten Restpolynom endet, und also jedes nicht-konstante komplexe Polynom in Linearfaktoren zerfällt. Dies besagt gerade der

Satz 4.2.38 (Fundamentalsatz der Algebra). *Folgende Aussagen sind äquivalent:*

(i) *Jedes nicht-konstante komplexe Polynom hat eine Nullstelle in* $\mathbb{C}$.

(ii) *Jedes nicht-konstante komplexe Polynom zerfällt in Linearfaktoren über* $\mathbb{C}$, *d.h. ist*

$$p(z) := a_0 + a_1 z + a_2 z^2 + \ldots + a_{n-1} z^{n-1} + a_n z^n = \sum_{k=0}^{n} a_k z^k \qquad \text{mit } a_0, a_1, \ldots, a_n \in \mathbb{C}$$

ein komplexes Polynom vom Grad n, so gibt es bis auf Reihenfolge eindeutig bestimmte und verschiedene $z_1, \ldots, z_k \in \mathbb{C}$ *mit* $k \leq n$, *so dass gilt:*

$$p(z) = a_n(z - z_1)^{v_1} \cdot (z - z_2)^{v_2} \cdot \ldots \cdot (z - z_k)^{v_k} \qquad n = v_1 + v_2 + \ldots + v_k$$

Dabei bezeichnen $v_1, \ldots, v_k$ *die Vielfachheiten der Nullstellen* $z_1, \ldots, z_k$.

Sprechweise 4.2.39. Ein Körper heißt *algebraisch abgeschlossen*, falls eine der beiden Bedingungen des obigen Satzes erfüllt ist.

Demnach ist also der Körper $\mathbb{C}$ algebraisch abgeschlossen, der Teilkörper $\mathbb{R}$ jedoch nicht.

Hat ein komplexes Polynom $p(z) = a_0 + a_1 z + a_2 z^2 + \ldots + a_n z^n$ ausschließlich *reelle* Koeffizienten, so treten Nullstellen mit nicht-trivialem Imaginärteil stets als konjugiert komplexe Paare auf:

Lemma 4.2.40. Sei $p(z) = a_0 + a_1 z + a_2 z^2 + \ldots + a_n z^n$ ein komplexes Polyom mit reellen Koeffizienten $a_k \in \mathbb{R}$ für $k = 0, 1, \ldots, n$ und $\xi := \gamma + \mathrm{i}\omega$ eine Nullstelle von p. Dann ist auch $\bar{\xi} = \gamma - \mathrm{i}\omega$ eine Nullstelle von p.

Beweis. Sei also $\xi := \gamma + i\omega$ eine Nullstelle von $p(z)$, d.h. $p(\xi) = 0$. Mit Bem. 4.2.13 folgt:

$$p(\bar{\xi}) = \sum_{k=0}^{n} a_k \bar{\xi}^k = \sum_{k=0}^{n} a_k \overline{\xi^k} = \sum_{k=0}^{n} \overline{a_k \xi^k} = \overline{\sum_{k=0}^{n} a_k \xi^k} = \overline{p(\xi)} = \bar{0} = 0$$

$\square$

Aus dem Fundamentalsatz der Algebra und dem Lemma ziehen wir das

Korollar 4.2.41. Jedes komplexe Polynom mit lauter reellen Koeffizienten ungeraden Grades hat mindestens eine *reelle* Nullstelle.

Der einfache Beweis sei dem Leser als Übungsaufgabe überlassen.

Bemerkung 4.2.42 (Quadratische Polynome I). Wir betrachten nun spezielle quadratische komplexe Polynome, nämlich solche mit *reellen Koeffizienten*

$$
\begin{aligned}
f(z) \;:=\; & a_2 z^2 + a_1 z + a_0, \quad \text{mit} \quad a_2, a_1, a_0 \in \mathbb{R},\ a_2 \neq 0 \\
= \; & a_2\Big(z^2 + \frac{a_1}{a_2} z + \frac{a_0}{a_2}\Big) = a_2 \underbrace{(z^2 + pz + q)}_{=: p(z)} \quad \text{mit } p := \tfrac{a_1}{a_2},\ q := \tfrac{a_0}{a_2} \text{ (Normierung von } f)
\end{aligned}
$$

Damit: o.B.d.A. betrachte $p(z) = z^2 + pz + q$ mit $p, q \in \mathbb{R}$. Setze $D := \frac{p^2}{4} - q$, auch genannt *Diskriminante*. Dann ist die Lösungsstruktur (Nullstellen) der Gleichung $p(z) = 0$ wie folgt gegeben:

1. Fall: $D > 0$	2. Fall: $D = 0$	3. Fall: $D < 0$
$z_{1/2} = -\frac{p}{2} \pm \sqrt{\frac{p^2}{4} - q}$	$z = -\frac{p}{2}$	$z_{1/2} = -\frac{p}{2} \pm i\sqrt{q - \frac{p^2}{4}}$

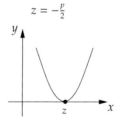 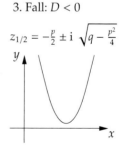

zwei verschiedene reelle Nullstellen $z_1 \neq z_2 \in \mathbb{R}$	eine doppelte reelle Nullstelle $z \in \mathbb{R}$	keine reellen, aber zwei konjugiert komplexe Nullstellen $\gamma \pm i\omega \in \mathbb{C}$

Beweis. Quadratische Ergänzung und 1. und 3. binomische Formel liefern:

$$
\begin{aligned}
0 \;=\; & z^2 + pz + q = z^2 + pz + \frac{p^2}{2^2} - \frac{p^2}{2^2} + q \\
=\; & \Big(z + \frac{p}{2}\Big)^2 - \Big(\frac{p^2}{4} - q\Big) = \Big(z + \frac{p}{2} - \sqrt{\frac{p^2}{4} - q}\Big)\Big(z + \frac{p}{2} + \sqrt{\frac{p^2}{4} - q}\Big)
\end{aligned}
$$

Also sind

$$z_{1/2} = -\frac{p}{2} \pm \sqrt{\frac{p^2}{4} - q} = -\frac{p}{2} \pm \sqrt{D}$$

Lösungen der quadratischen Gleichung $p(z) = 0$. Die drei oben genannten Fälle ergeben sich nun aus dem Vorzeichen der Diskriminante D. Der 1. Fall ist klar; beim 2. Falle fällt der Wurzelterm in der Linearfaktorzerlegung weg, und gemäß Def. 4.2.36 liegt eine 2-fache (= doppelte) Nullstelle vor. Ist $D < 0$ und nach Ausklammern einer -1 in D und wegen $i^2 = -1 \Leftrightarrow i = \sqrt{-1}$ folgt der 3. Fall. $\square$

Zur Berechnung der Nullstellen komplexer quadratischer Polynome $f(z) = a_2 z^2 + a_1 z + a_0$ mit reellen Koeffizienten a_2, a_1, a_0 bietet sich an, die folgende

Vorgehensweise zur Bestimmung der Nullstellen quadratischer Polynome:

1. NORMIEREN, d.h. $f(z) := a_2 p(z)$ mit $p(z) = z^2 + pz + q$

2. FALLSONDIERUNG, d.h. gemäß Vorzeichen von $D = \frac{p^2}{4} - q$ Fall 1. 2. oder 3. zuordnen

3. LÖSUNGSFORMEL ANWENDEN gemäß sondiertem Fall

Beispiel 4.2.43 (Übung). Bestimme die Nullstellen und gebe die Linearfaktorzerlegung an, von:

- $f(z) = 2z^2 - 6z + 17$; Lösung: $z_{1/2} = \frac{3}{2} \pm i\frac{5}{2}$

- $f(z) = z^3 + 1$ mit offensichtlicher Nullstelle $z =$

Der vorläufige Abschluss über komplexe Zahlen und Funktionen ist der Frage gewidmet: Was sind wichtige Teilmengen vom $\mathbb{C}$, welche wir künftig auch *Bereiche* $B \subset \mathbb{C}$ nennen wollen, und häufig verwendete Definitionsbereiche für komplexe Funktionen? Neben dem ganzen Raum $\mathbb{C}$ sind die wichtigsten Bausteine *Kugeln*:

Definition 4.2.44 (Kugel, Sphäre). (i) Unter einer **offenen Kugel** mit Radius $r > 0$ und Mittelpunkt $z_0 \in \mathbb{C}$ versteht man den Bereich

$$\boxed{\mathring{K}_r(z_0) := \{z \in \mathbb{C} \mid |z - z_0| < r\} \subset \mathbb{C}}.$$

(ii) Unter einer **abgeschlossenen Kugel** mit Radius $r > 0$ und Mittelpunkt $z_0 \in \mathbb{C}$ versteht man den Bereich

$$\boxed{K_r(z_0) := \{z \in \mathbb{C} \mid |z - z_0| \leq r\} \subset \mathbb{C}}.$$

Ist in (i) bzw. (ii) der Radius $r = 1$ und $z_0 = 0$, so spricht man auch von der offenen bzw. abgeschlossenen **Einheitskugel**, und notiert diese mit $\mathring{K}_1$ bzw. K_1.

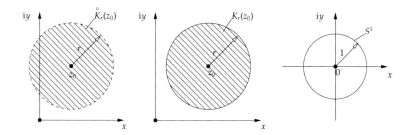

Abbildung 4.5: Offene Kugel, abgeschlossene Kugel und die Einheitssphäre in $\mathbb{C}$.

(iii) Unter einer **Sphäre** oder auch dem *Rand* einer Kugel mit Radius $r > 0$ und Mittelpunkt $z_0 \in \mathbb{C}$ versteht man den Bereich

$$\boxed{S_r^1(z_0) := \partial K_r(z_0) := \{z \in \mathbb{C} \mid |z - z_0| = r\} \subset \mathbb{C}}\,.$$

Ist speziell $r = 1$ und $z_0 = 0$, so spricht man vom *Einheitskreis* oder der **Einheitssphäre** und notiert diese mit S^1.

Offene Kugeln sind als Kandidaten für Definitionsbereiche in $\mathbb{C}$ von ähnlich wichtiger Bedeutung, wie die offenen Intervalle in $\mathbb{R}$.

Notiz 4.2.45. Offenbar gilt $K_r(z_0) = \overset{\circ}{K}_r(z_0) \cup \partial K_r(z_0)$, und $\overset{\circ}{K}_r(z_0) \cap \partial K_r(z_0) = \emptyset$.

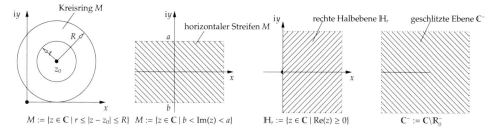

Weitere wichtige Bereiche in $\mathbb{C}$: Es bezeichne

1. $\mathbb{H}_r := \{z \in \mathbb{C} \mid \text{Re}(z) \geq 0\}$ die *rechte Halbebene* in $\mathbb{C}$.

2. $\overset{\circ}{\mathbb{H}}_r := \{z \in \mathbb{C} \mid \text{Re}(z) > 0\}$ die *offene rechte Halbebene* in $\mathbb{C}$.

3. $\mathbb{H}_l := \{z \in \mathbb{C} \mid \text{Re}(z) \leq 0\}$ die *linke Halbebene* in $\mathbb{C}$.

4. $\mathbb{H}_o := \{z \in \mathbb{C} \mid \text{Im}(z) \geq 0\}$ die *obere Halbebene* in $\mathbb{C}$.

5. $\mathbb{H}_u := \{z \in \mathbb{C} \mid \text{Im}(z) \leq 0\}$ die *untere Halbebene* in $\mathbb{C}$.

6. $\mathbb{K}_{r,R}(z_0) := \{z \in \mathbb{C} \mid r \leq |z - z_0| \leq R, \ r < R\}$ den *Kreisring* mit Mittelpunkt $z_0 \in \mathbb{C}$, Außenradius $R \in \mathbb{R}^+$ und Innenradius $r \in \mathbb{R}^+$.

7. $\mathbb{S}_h(y_1, y_2) := \{z \in \mathbb{C} \mid y_1 \leq \text{Im}(z) \leq y_2, \ y_1 < y_2\}$ den *horizontalen Streifen* in $\mathbb{C}$.

8. $S_v(x_1, x_2) := \{z \in \mathbb{C} \mid x_1 \leq \text{Re}(z) \leq x_2,\ x_1 < x_2\}$ den *vertikalen Streifen* in $\mathbb{C}$.

9. $\mathbb{C}^- := \mathbb{C} \backslash \mathbb{R}_0^-$ die *negativ geschlitzte Ebene* in $\mathbb{C}$.

Entsprechend sind die offenen Halbebenen, Kreisringe und Streifen – Weglassen *aller* Gleichheitsrelationen – definiert bzw. lassen sich geschlitzte Ebene bzgl. eines beliebigen Halbstrahles vom Ursprung o aus definieren.

Praxisbezug: Am Konvergenzbereich der LAPLACEtransformierten lassen sich Systemeigenschaften z.B. eines linearen Netzwerkes erkennen: Nicht-kausale Systeme konvergieren auf einem vertikalen Streifen, kausale wiederum auf der Halbebene mit $\text{Re}(z) > \sigma_0$; kausale, aber nicht-stabile Systeme enthalten die Imaginärachse nicht etc. es lohnt also, sich seine Vorstellungskraft für Punktmengen in $\mathbb{C}$ zu schärfen.

Beispiel 4.2.46. Betrachte folgende Punktmenge $M := \{z \in \mathbb{C} \mid |z - (i + 1)| \leq 1\}$ in $\mathbb{C}$. Zur Lösung solcher Punktmengenprobleme in $\mathbb{C}$ gibt es zwei Methoden:

Analytisch: Es gilt:

$$|z - (i + 1)|^2 \leq 1^2 \Leftrightarrow (x + iy - i - 1)(x - iy + i - 1) \leq 1$$
$$\Leftrightarrow ((x - 1) + i(y - 1))((x - 1) - i(y - 1)) \leq 1$$
$$\Leftrightarrow (x - 1)^2 + (y - 1)^2 \leq 1$$

$\Rightarrow$ Kreisgleichung, d.h. Kugel mit Mittelpunkt $z_0 := (1, 1)$ und Radius 1. Also $M = K_1(z_0)$.

Geometrisch: Gesucht sind alle Punkte $z \in \mathbb{C}$, welche zu $z_0 = 1 + i$ einen Abstand kleiner oder gleich 1 haben. Dies ist offenbar gerade die Kugel $K_1(z_0)$.

Beispiel 4.2.47 (Übung). Skizzieren Sie folgende Punktmengen von $\mathbb{C}$:

  (i) $M := \{z \in \mathbb{C} \mid |z + i| > 1\}$

 (ii) $M := \{z \in \mathbb{C} \mid -\pi < \text{Im}(z) < +\pi\}$

(iii) $M := \{z \in \mathbb{C} \mid \text{Re}(z) > 1\}$

(iv) $M := \{z \in \mathbb{C} \mid |z| = |z - i|\}$

 (v) $M := \{z \in \mathbb{C} \mid 1 \leq |z| \leq 2,\ \text{Re}(z) \geq \text{Im}(z)\}$

(vi) $S := \{z \in \mathbb{C} \mid \varphi_1 \leq \text{Arg}(z) \leq \varphi_2,\ \varphi_1 < \varphi_2\}$

Aufgaben

R.1. (i) Berechnen Sie für folgende komplexe Zahlen die Normalform und den Betrag:

$$(a)\ (3 + i2)(4 + i) \qquad (b)\ (5 - i\frac{1}{2})(2 + i3) \qquad (c)\ i(1 + i)(1 - i2)$$

$$(d)\ (1 + i + i^2 + i^3)^{100} \qquad (e)\ (1 - i)^3 \qquad (f)\ i^{2509} \qquad (g)\ \frac{1}{i^{2509}}$$

$$(h)\ \frac{8 - i}{5 + i} \qquad (i)\ \frac{\sqrt{3} + i}{(1 - i)(\sqrt{3} - i)}$$

(ii) Bestimme $x, y \in \mathbb{R}$, so dass die folgenden Gleichungen gelten:

$$(a)\ x - iy = -2 + i3 \qquad (b)\ (x + y) + i(x - y) = 3 + i$$

$$(c)\ ix + y(1 + i) = 3 - i2 \qquad (d)\ x(2 + i3) + y(1 - i4) = 7 + i5$$

(iii) Seien $z := x + iy$ und $w := a + ib$ in $\mathbb{C}$. Bestimme

$$\operatorname{Re}\left(\frac{z}{w}\right), \qquad \operatorname{Im}\left(\frac{z}{w}\right).$$

R.2. (i) Beweisen Sie, ausgehend von Satz 4.2.1 Gleichung (4.3), die folgende Identität:

$$(a)\ \frac{z_1}{z_2} = \frac{1}{|z_2|^2} z_1 \overline{z_2} \qquad \text{für } z_2 \neq 0$$

Zeigen Sie die folgende Identität: Welche Länge hat diese komplexe Zahl offenbar?

$$(b)\ \frac{1 + i}{1 - i} = i$$

(ii) Zeigen Sie mittels der CRAMERschen Regel (loc. cit. Satz 3.8.33), dass es zu gegebenen $z_1 := x_1 + iy_1, z_2 := x_2 + iy_2 \in \mathbb{C}$ mit $z_2 \neq 0$ genau eine Lösung $z := x + iy \in \mathbb{C}$ der Gleichung $z_1 = z z_2$ gibt, nämlich genau

$$z = \frac{1}{|z_2|^2} z_1 \overline{z_2}.$$

Folgern Sie daraus $\frac{z_1}{z_2} = \frac{1}{|z_2|^2} z_1 \overline{z_2}$. (Hinweis: Schreiben Sie die Gleichung $z_1 = z z_2$ in Normalform. Wann sind zwei komplexe Zahlen gleich? Das führt auf ein inhomogenes LGS, das mit der CRAMERschen Regel gelöst werden soll.)

R.3. (i) Man bestimme den Hauptwert $\operatorname{Arg}(z)$ folgender komplexe Zahlen $z \in \mathbb{C}$:

$$(a)\ z = 1 \quad (b)\ z = i \quad (c)\ z = -i \quad (d)\ z = -1 + i\sqrt{3}$$

(ii) Man bestimme das Argument $\arg(z)$ von $z = 1 - i\sqrt{3}$.

(iii) Man schreibe folgende komplexe Zahlen in Polarform:

$$(a)\ z = 2i \quad (b)\ z = -4 \quad (c)\ z = 5 + i5 \quad (d)\ z = 2\sqrt{3} - i2$$

R.4. (i) Man bestimme alle Nullstellen in $\mathbb{C}$ der folgenden komplexen Polynome und schreibe sodann die Linearfaktorzerlegungen hin.

$$(a)\ p(z) := z^4 + 1 \qquad (b)\ q(z) := z^2 + \sqrt{2}z + 1$$

Was fällt Ihnen beim Vergleich der Resultate aus (a) und (b) auf? Wie hängen p und q zusammen? Hinweis: Prüfe, ob $z_0 = 1/\sqrt{2}(1 + i)$ Nullstelle von p ist.

$$(c)\; p(z) := z^3 + (-1 - i2)z^2 + 4iz + 2 - i4$$

Hinweis: Zeigen Sie, dass $z = -1 + i2$ eine Nullstelle ist, durch Polynomdivision.

(ii) Für $a \in \mathbb{R}$ betrachte das komplexe Polynom $p(z) := z^5 - az^2 - z - a$.

(a) Zeigen Sie, dass $z_0 = i$ eine Nullstelle des komplexen Polynoms für alle $a \in \mathbb{R}$ ist.

(b) Für welche $a \in \mathbb{R}$ ist $z_1 = 1 - i\sqrt{2}$ eine Nullstelle von p. (Hinweis: Binomischer Lehrsatz in Normalform!)

(c) Angenommen, es gäbe ein $a \in \mathbb{R}$, so dass $p(z_1) = 0$ ist. Begründen Sie, warum dann p *genau* eine reelle Nullstelle haben muss. (Argumentieren Sie bitte präzise!)

R.5. (i) Skizzieren Sie die durch die folgenden Gleichungen bzw. Ungleichungen gegebenen Punktmenge in $\mathbb{C}$. Achten Sie darauf, ob der Rand zur Punktmenge gehört, oder nicht und beachten Sie dabei die Konventionen gemäß vgl. Abb. 4.5.

$$(a)\; |z| = 2, \qquad (b)\; |z + i| = \frac{1}{2} \qquad (c)\; |z - i| = |z + i| \qquad (d)\; \text{Im}(\bar{z} + i) = 3$$

$$(e)\; |z + 1| > 1 \qquad (f)\; 1 < |z - (2 + i)| < 2 \qquad (g)\; |2z - 4i| < 1 \qquad (h)\; |z| \le |z + i|$$

(ii) Skizzieren Sie folgende Teilmengen und die zugehörigen Ränder von $\mathbb{C}$:

$(a)\; K_S \;\; := \;\; \left\{ z \in \mathbb{C} \mid |z| < 1 \wedge -\dfrac{\pi}{4} < \text{Arg}(z) \le \dfrac{\pi}{4} \right\}$

$(b)\; M \;\; := \;\; \{ z \in \mathbb{C} \mid 1 < \text{Re}(z), \text{Im}(z) < 2 \wedge \text{Arg}(2 + i) \le \text{Arg}(z) \le \text{Arg}(1 + i2) \}$

Hinweis: Sind $A(x), B(x)$ Aussageformen und X eine Menge, so gilt:

$\{ x \in X \mid x \text{ erfüllt } A(x) \wedge x \text{ erfüllt } B(x) \} = \{ x \in X \mid x \text{ erfüllt } A(x) \} \cap \{ x \in X \mid x \text{ erfüllt } B(x) \}$

(iii) Skizzieren Sie die Menge aller komplexen Zahlen,

(a) deren Abstand von $z_0 \in \mathbb{C}$ kleiner als $\epsilon > 0$ ist,

(b) deren Hauptwert $\text{Arg}(z)$ innerhalb $\frac{\pi}{4}$ und $\frac{3\pi}{4}$ liegt,

(c) die auf Einheitssphäre S^1 liegen,

(c) die in der offenen linken Halbebene liegen,

und schreiben Sie diese Teilmengen konkret hin, d.h. in der Form $M := \{ z \in \mathbb{C} \mid \ldots \}$.

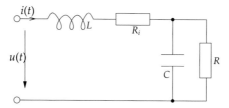

R.6. Das dynamische Verhalten einer Batterie kann im Kleinsignalbereich bis in den Sekundenbereich durch folgendes Ersatzschaltbild (lineares Netzwerk) modelliert werden:

(i) Zeigen Sie, dass die Übertragungsfunktion $H(s)$ des Netzwerkes eine rationale komplexe Funktion ist, gegeben durch:

$$H(s) = \frac{RCLs^2 + (L + R_i RC)s + (R + R_i)}{1 + RCs}$$

Für welche $s \in \mathbb{C}$ ist $H(s)$ definiert? Hinweis: Vorgehensweise wie in Bsp. 4.2.32.

(ii) Zeigen Sie, dass die Impedanz (=Frequenzgang) des Netzwerkes in Normalform wie folgt gegeben ist:

$$Z(\omega) := \frac{R_i^2 R^2 C^2 \omega^2 + (R_i + R)}{1 + R^2 C^2 \omega^2} + i\,\omega\,\frac{R^2 C^2 L \omega^2 + (L - R^2 C)}{1 + R^2 C^2 \omega^2}$$

(iii) Bestimmen Sie (nach den Grenzwertregeln) $\lim_{\omega \to 0} Z(\omega)$, sowie $\lim_{\omega \to \infty} Z(\omega)$. Hinweis: Prüfen Sie Ihr Ergebnis durch technische Plausibilität)

(iv) Bei welchen Frequenzen verhält sich die Batterie (gemäß dem Modell) wie ein ohmscher Widerstand? Nehmen Sie dazu an, dass $L - R^2 C < 0$, was bei Batterien erfüllt ist. Formulieren Sie eine geeignete Bedingung in der Sprache der Mathematik und interpretieren Sie sie technisch!

(v) Seien $R_i = 1\Omega, R = 3\Omega, C = 1F, L = 1H$. Skizzieren Sie mit dem Wissen aus den vorangegangenen Aufgabenteilen den Frequenzgang in NYQUIST- sowie BODEdiagramm. (Hinweis: Für das NYQUIST-Diagramm tragen Sie, wie in der Batterietechnik üblich, $-\mathrm{Im}(Z)$ gegbenüber $\mathrm{Re}(Z)$ auf.)

T.1. Für $f \in \mathbb{C}[X]$ mit $f(X) := \sum_{k=0}^{n} c_k X^k$, wobei $c_k \in \mathbb{C}$ für alle $k = 0, 1, ..., n$, definieren wir das *konjugierte* Polynom von f durch

$$\bar{f}(X) := \sum_{k=0}^{n} \bar{c}_k X^k,$$

indem wir die Koeffizienten konjugieren. Zeigen Sie, dass für $f, g \in \mathbb{C}[X]$ sowie $\lambda \in \mathbb{C}$:

$$\overline{f + g} = \bar{f} + \bar{g} \qquad \overline{fg} = \bar{f}\bar{g} \qquad \overline{\lambda f} = \bar{\lambda}\bar{f}$$

T.2. Sei die Menge $\mathbb{I} := \{1, i, -1, -i\} \subset \mathbb{C}$ mit der komplexen Multiplikation von $\mathbb{C}$ gegeben.

  (i) Zeichnen Sie die Elemente von $\mathbb{I}$ in die Gausssche Zahlenebene $\mathbb{C}$. Welchen Länge haben sie jeweils?

  (ii) Zeigen Sie, dass jedes Element in $\mathbb{I}$ eine Potenz von i ist, und damit $\mathbb{I}$ in die Form $\mathbb{I} = \{i^0, i^1, i^2, i^3\} = \{i^k \mid k = 0, 1, 2, 3\}$ gebracht werden kann.

  (iii) Was macht die Abbildung $\mathbb{C} \to \mathbb{C}$. $z \mapsto i^k \cdot z$ für jeweils festes $k = 0, 1, 2, 3$ geometrisch? (Hinweis: 1. Schritt: Nehmen Sie ein $z = x + iy$ und führen Sie $i^k \cdot (x + iy)$ aus; 2. Schritt: Stellen Sie für jedes $k = 0, 1, 2, 3$ die darstellende Matrix $D_k \in M_2(\mathbb{R})$ auf; 3. Schritt: Was bewirken Matrizen mit Vektoren geometrisch, und welcher Fall liegt hier vor?)

  (iv) Zeigen Sie, dass $(\mathbb{I}, \cdot)$, also bezüglich der komplexen Multiplikation eine Gruppe ist. Geben Sie zu jedem Element in $\mathbb{I}$ sein dazugehöriges Inverses an. (Hinweis: Zeige $\mathbb{I} \leq \mathbb{C}^*$.)

T.3. Betrachte die multiplikativen (Abelschen) Gruppen $(\mathbb{R}^*, \cdot)$ und $(\mathbb{C}^*, \cdot)$. Bestimmen Sie den Kern und das Bild der Betragshomomorphismen

$$\beta_{\mathbb{R}} := |.| : (\mathbb{R}^*, \cdot) \longrightarrow (\mathbb{R}^*, \cdot), \ x \longmapsto |x|,$$

$$\beta_{\mathbb{C}} := |.| : (\mathbb{C}^*, \cdot) \longrightarrow (\mathbb{R}^*, \cdot), \ z \longmapsto |z|,$$

und skizzieren Sie Ihre Ergebnisse in ein geeignetes Koordinatensystem. (Hinweis: Wie sind Kern β und Bild β definiert? Welche strukturellen Eigenschaften haben sie?)

4.3 Allgemeine k-Vektorräume

Sei fortan k ein beliebiger Körper. Gleichwohl in den Ingenieurwissenschaften auch endliche Körper (im Bereich der Codierungstheorie) einen wichtigen Platz eingenommen haben, reicht es für die meisten Zwecke aus, wenn wir bei k an $\mathbb{R}$ oder $\mathbb{C}$ denken.

Definition 4.3.1 (k-Vektorraum). Unter einem **Vektorraum** über (dem Körper) k oder k-**Vektorraum** versteht man ein Tripel $(V, +, \cdot)$, bestehend aus einer Abelschen Gruppe $(V, +)$, und einer Abbildung $\cdot : k \times V \longrightarrow V, (\lambda, v) \longmapsto \lambda \cdot v = \lambda v$, genannt skalare Multiplikation, mit folgenden Eigenschaften:

1. (SM1:)$\forall_{v \in V} \ \forall_{\lambda, \mu \in k} \ : \ (\lambda + \mu) \cdot v = \lambda \cdot v + \mu \cdot v$

2. (SM2:) $\forall_{v, w \in V} \ \forall_{\lambda, \in k} \ : \ \lambda \cdot (v + w) = \lambda \cdot v + \lambda \cdot w$

3. (SM3:) $\forall_{v \in V} \ \forall_{\lambda, \mu \in k} \ : \ (\lambda \cdot \mu) \cdot v = \lambda \cdot (\mu \cdot v)$

4. (SM4:) $\forall_{v \in V} \ : \ 1 \cdot v = v$

Notation & Sprechweise 4.3.2. Sei V ein Vektorraum.

(i) Man nennt die Elemente $x \in V$ auch *Vektoren* oder *Punkte*.

(ii) Wie üblich schreibt man meist λv statt $\lambda \cdot v$, sofern keine Verwechslungsgefahr besteht.

(iii) Das neutrale Element der Addition 0_V wird oft *Nullvektor* genannt, notiert mit 0 statt 0_V.

(iv) Auch ist es geläufig vom Vektorraum V zu reden, wohl wissend, welche Verknüpfungen „$, +, \cdot$" sich dahinter verbergen.

(v) Ebenso können Differenzen $v-v' := v+(-v')$ –wie gewohnt– gebildet werden.

(vi) Statt $\mathbb{R}$- bzw. $\mathbb{C}$-Vektorraum spricht man auch von einem *reellen* bzw. *komplexen Vektorraum*.

Aus den Vektorraumaxiomen lassen sich entsprechende Rechenregeln wie in Notiz 3.2.7 ableiten; wir verwenden diese stillschweigend. Untervektorräume werden analog wie in Abs. 3.4 definiert. Mit den Kenntnissen von Beispielen für $\mathbb{R}$-Vektorräume eröffnet sich sich eine ganze Reihe von Beispielen für k-Vektorräume gleichsam wie von selbst, nämlich:

Beispiel 4.3.3. (i) Jeder Körper k ist mit seiner Addition und Multiplikation offenbar ein Vektorraum über sich selbst; insb. hat man den $\mathbb{C}$-Vektorraum $\mathbb{C}$.
(ii) Sei $n > 1$. Der Standardraum k^n, dessen Elemente (Vektoren) sind gerade die n-tupel $x := (x_1, ..., x_n)^T$ mit $x_i \in k$. Insbesondere hat man den $\mathbb{C}$-Vektorraum $\mathbb{C}^n$. Wie gewohnt sind Addition und skalare Multiplikationen definiert. Z.B. für $x, y \in k^n$ und $\lambda \in k$ ist:

$$x + y = \begin{pmatrix} x_1 \\ x_2 \\ \vdots \\ x_n \end{pmatrix} + \begin{pmatrix} y_1 \\ y_2 \\ \vdots \\ y_n \end{pmatrix} := \begin{pmatrix} x_1 + y_1 \\ x_2 + y_2 \\ \vdots \\ x_n + y_n \end{pmatrix} \qquad \lambda z = \lambda \begin{pmatrix} x_1 \\ x_2 \\ \vdots \\ x_n \end{pmatrix} := \begin{pmatrix} \lambda x_1 \\ \lambda x_2 \\ \vdots \\ \lambda x_n \end{pmatrix}$$

Da jeder Körper k das 1-Element besitzt, gibt es im k^n auch die Standardvektoren $e_1, e_2, ..., e_n \in k^n$ mit $e_j := (0, ..., 0, 1, 0, ..., 0)$ für $j = 1, ..., n$, d.h. e_j hat in der j'ten Stelle eine 1 und sonst Nullen.

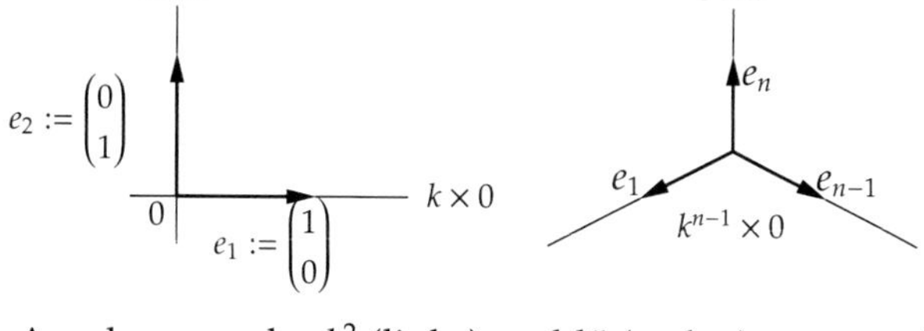

Abbildung 4.6: Anschauung des k^2 (links) und k^n (rechts), ganz nach dem Vorbild des $\mathbb{R}^n$.

(iii) Der k-Vektorraum $M_{m \times n}(k)$ der $m \times n$-Matrizen mit Einträgen aus dem Körper k. Die Rechenregeln sind genau wie im Reellen (vgl. Kap. 3.3). Freilich haben wir insbesondere $M_{m \times n}(\mathbb{C})$ den $\mathbb{C}$-Vektorraum der komplexen $m \times n$-Matrizen. Die *komplexe Konjugation* in $M_{m \times n}(\mathbb{C})$, also der (wie man sofort nachrechnet) Automorphismus (von $\mathbb{C}$-Vektorräumen) $^{-}: M_{m \times n}(\mathbb{C}) \to M_{m \times n}(\mathbb{C})$ ist dabei in naheliegender Weise

$$\bar{A} := \overline{(a_{ij})_{1 \leq i \leq m, 1 \leq j \leq n}} := (\bar{a}_{ij})_{1 \leq i \leq m, 1 \leq j \leq n}$$

gegeben, d.h. man führt die komplexe Konjugation einer Matrix durch komplexe Konjugation jedes ihrer Einträge aus. Schnell ein Beispiel: Seien $A, B \in \mathbb{C}^2$ mit

$$A := \begin{pmatrix} 1 & -i \\ 1+i & 4-i \end{pmatrix} \quad B := \begin{pmatrix} i & 1-i \\ 2-i3 & 4 \end{pmatrix}. \quad \text{Man bestimme } A+B, \, iA, \, AB, \bar{A}.$$

Lösung:

$$A+B = \begin{pmatrix} 1+i & 1-i2 \\ 3-i2 & 8-i \end{pmatrix}, iA = \begin{pmatrix} i & 1 \\ -1+i & 1+i4 \end{pmatrix}$$

$$AB = \begin{pmatrix} -3-i & 1-i5 \\ 4-i13 & 18-i4 \end{pmatrix}, \bar{A} := \begin{pmatrix} 1 & i \\ 1-i & 4+i \end{pmatrix}$$

(iv) Für eine beliebige Menge X bilden wir $V := \mathrm{Abb}(X, k^m) := \{f : X \to k^m\}$ die Menge aller Abbildungen $f : X \to k^m$, $x \mapsto f(x) := (f_1(x), ..., f_m(x))^T$. Vermöge

$$(f+g)(x) := f(x) + g(x) = \begin{pmatrix} f_1(x) \\ f_2(x) \\ \vdots \\ f_m(x) \end{pmatrix} + \begin{pmatrix} g_1(x) \\ g_2(x) \\ \vdots \\ g_m(x) \end{pmatrix} := \begin{pmatrix} f_1(x) + g_1(x) \\ f_2(x) + g_2(x) \\ \vdots \\ f_n(x) + g_n(x) \end{pmatrix},$$

sowie

$$(\lambda f)(x) := \lambda \begin{pmatrix} f_1(x) \\ f_2(x) \\ \vdots \\ f_m(x) \end{pmatrix} := \begin{pmatrix} \lambda f_1(x) \\ \lambda f_2(x) \\ \vdots \\ \lambda f_n(x) \end{pmatrix}$$

mit $f, g \in V$ und $\lambda \in k$, wird V zu einem k-Vektorraum. Im Falle $m = 1$ haben wir insbesondere den k-Vektorraum $\mathrm{Abb}(X, k)$ der k-wertigen Funktionen auf X vor uns. Der Vektorraum V ist noch nicht so interessant, aber er hat im Falle $X \subset \mathbb{R}^n$ mit $n \geq 1$ wichtige Untervektorräume, wie z.B. die $\mathscr{C}^l$-Abbildungen

- $\mathscr{C}^l(X, \mathbb{R}^m)$ auf X mit Werten in $\mathbb{R}^m$ mit $m \geq 1$,

- $\mathscr{C}^l(X, \mathbb{C})$ auf X mit Werten in $\mathbb{C}$, für $l \geq 0$. (Näheres zu diesen Räumen folgt in Kap. 8)

(v) Für jeden Körper k ist der Polynomring $k[X]$ vermöge der skalaren Multiplikation

$$\lambda \cdot p(X) := \lambda \cdot \sum_{l=0}^{n} a_l X^l = \sum_{l=0}^{n} \underbrace{\lambda \cdot a_l}_{\in k} X^l \qquad \text{mit } p \in k[X] \text{ und } \lambda \in k$$

insbesondere ein k-Vektorraum. (Die Addition ist entsprechend Bsp. 4.1.35 (iv) definiert.)

Wir werden im weiteren Verlaufe noch viele weitere, vor allem $\mathbb{C}$-Vektorräume kennenlernen, z.B. die T-periodischen Funktionen auf $\mathbb{R}$, die trigonometrischen Polynome, etc.

Strukturerhaltende Abbildungen (=Morphismen) von k-Vektorräumen sind die k-linearen Abbildungen, genauer:

Definition 4.3.4 (k-Linearität). Eine Abbildung $\varphi : V \rightarrow W$ zwischen zwei k-Vektorräumen V und W heißt k-**linear**, falls gilt:

$$\boxed{\varphi(\lambda v + \mu v') = \lambda \varphi(v) + \mu \varphi(v')} \qquad \text{für alle } v, v' \in V \text{ und alle } \lambda, \mu \in k$$

Eine k-lineare Bijektion heißt ein **Isomorphismus**. Man schreibt $\varphi : V \xrightarrow{\cong} W$, wie üblich.

Eine wichtige Beispielklasse k-linearer Abbildungen ist gerade durch die k-Matrizen $A \in M_{m \times n}(k)$ gegeben, denn jede solche Matrix stiftet eine k-lineare Abbildung $A : k^n \rightarrow k^m$, und umgekehrt.

Notation 4.3.5. Sind U, V Vektorräume über dem Körper k, so bezeichnet

$$\text{Hom}_k(U, V) := \{f : U \rightarrow V \mid f \text{ ist } k\text{-linear}\}$$

die Menge der k-linearen Abbildungen von U nach V.

Vermöge

$$+ : \text{Hom}_k(U, V) \times \text{Hom}_k(U, V) \rightarrow \text{Hom}_k(U, V), (f, g) \mapsto f + g : \begin{array}{rcl} U & \rightarrow & V \\ u & \mapsto & (f + g)(u) := f(u) + g(u) \end{array}$$

sowie

$$\cdot : k \times \text{Hom}_k(U, V) \rightarrow \text{Hom}_k(U, V), (\lambda, f) \mapsto \lambda \cdot f : \begin{array}{rcl} U & \rightarrow V \\ u & \mapsto \quad \lambda f(u) \end{array}$$

sind Addition und skalare Multiplikation gegeben. Routinemäßig prüft man die Vektorraumaxiome, wodurch für jedes Paar U, V von k-Vektorräumen $(\text{Hom}_k(U, V), +, \cdot)$ zu einem Vektorraum über k wird. Ein Beweis wird in Aufgabe T.1. erbracht.

Aufgaben

R.1. (Rechnen in $M_n(\mathbb{C})$) (i) Für $A, B \in M_2(\mathbb{C})$ mit:

$$A := \begin{pmatrix} 1 & i \\ -i & 3 \end{pmatrix}, \quad B := \begin{pmatrix} 2 & 2+i \\ 3-i & 4 \end{pmatrix} \qquad \text{Berechne } A + 3iB, \ BA, \ B^2 - A^2.$$

(ii) Betrachte folgende Matrizen:

$$A := \begin{pmatrix} 3+i2 & 0 \\ -i & 2 \\ 1+i & 1-i \end{pmatrix}, \quad B := \begin{pmatrix} -i & 2 \\ 0 & i \end{pmatrix}, \quad C := \begin{pmatrix} -1-i & 0 & -i \\ 3 & 2i & -5 \end{pmatrix}$$

   (a) Schreiben Sie jede Matrix als $\mathbb{C}$-lineare Abbildung $\mathbb{C}^n \to \mathbb{C}^m$ nieder.
   (b) Rechnen Sie nach, dass das Assoziativgesetz gilt, d.h. $A(BC)$, $(AB)C$, und überzeugen Sie sich zuerst, dass man diese Matrizenmultiplikationen überhaupt bilden darf, indem Sie die zugehörigen linearen Abbildungen hinschreiben (Diagramm!).
   (c) Berechne $(1+i)(AB) + (3-i4)A$

T.1. Seien U, V Vektorräume über dem Körper k und $\mathrm{Hom}_k(U, V) := \{f : U \to V \mid f \text{ ist } k\text{-linear}\}$ der k-Vektorraum aller k-linearen Abbildunge von U nach V. Man zeige, dass $\mathrm{Hom}_k(U, V)$ selbst ein k-Vektorraum ist.

T.2. (*) Sei S_2 die Menge aller 2×2-Matrizen mit reellen Einträgen der Form

$$A := \begin{pmatrix} \gamma & -\omega \\ \omega & \gamma \end{pmatrix}, \qquad \text{d.h.} \qquad S_2 := \left\{ A \in M_2(\mathbb{R}) \mid A = \begin{pmatrix} \gamma & -\omega \\ \omega & \gamma \end{pmatrix} \right\} \subset M_2(\mathbb{R}).$$

(i) Zeigen Sie, dass $(S_2, +, \cdot)$ mit der Matrizenaddition und -multiplikation ein Körper ist. (Hinweis: Zeige, dass $S_2 \subset M_2(\mathbb{R})$ ein Unterring ist, und prüfe sodann das Fehlende zum Körper. Alles Notwendige, was nachzurechnen ist, steht in Kap. 4!)

(ii) Zeigen Sie, dass vermöge

$$g : (\mathbb{C}, +, \cdot) \xrightarrow{\ \cong\ } (S_2, +, \cdot), \quad (\gamma + i\omega) \longmapsto \begin{pmatrix} \gamma & -\omega \\ \omega & \gamma \end{pmatrix}$$

ein $\mathbb{R}$-linearer Körperisomorphismus gegeben ist. (Hinweis: Skript: Notiz 1.1.47 und der Kommentar darunter sagt Ihnen, was zu tun ist!)

(iii) Zeigen Sie: Ist $g(z) = A$, so folgt $g(\bar{z}) = A^T$.

Nota bene: Dieser Typ Matrizen wird uns in der Theorie linearer Differentialgleichungen 2. Ordnung wieder begegnen und ist fundamental für die Konstruktion der allgemeinen Lösung des *harmonischen Oszillators* (Schwingungsdifferentialgleichung, vgl. Band 2).

Kapitel 5

Lineare Algebra in k-Vektorräumen

> *... die von mir angewandte Methode der geometrischen Analyse in Ihren Prinzipien darzulegen, so werde ich die Gesetze derselben, obgleich sie einer ganz unabhängigen Entwickelung fähig sind, aus den verwandten Gesetzen der algebraischen Analyse entlehnen.*

HERMANN GRASSMANN, 1809–1877

Unter dem Begriff *Lineare Algebra* versteht man die Theorie der Vektorräume und der linearen Abbildungen zwischen solchen. Entsprechend erweitert sich dieser Begriff zur *Multilinearen Algebra*, wenn multilineare Abbildungen mit eingeschlossen werden. Bisher haben wir die (Muliti-)Lineare Algebra ausschließlich über den reellen Zahlen $\mathbb{R}$ betrieben, und uns dabei oftmals auf *endlich*-dimensionale Vektorräume beschränkt. Es stellt sich daher die Frage, inwieweit sich die bisherige Theorie auf allgemeine Vektorräume über einen beliebigen Körper k übertragen lässt?

5.1 Was hat sich geändert?

Die gute Nachricht ist, dass bis auf ein paar wenige Ausnahmen alle Begriffe und Resultate, die im Kalkül der (endlich-dimensionalen) $\mathbb{R}$-Vektorräume (Kap. 3) entwickelt worden sind, ihre Entsprechung für k-Vektorräume haben.

Insbesondere bleibt in endlich-dimensionalen k-Vektorräumen gültig:

1. Der Matrizenkalkül mit Einträgen im Körper k gemäß Kap. 3.3.

2. Die zwei Gebote der Linearen Algebra:

   1. Gebot: $A \in M_{m \times n}(k) \iff A : k^n \to k^m$ ist k-linear

281

© Springer-Verlag GmbH Deutschland, ein Teil von Springer Nature 2021
J. Dambrowski, *Mathematik für technische Studiengänge im ersten Studienjahr*,
https://doi.org/10.1007/978-3-662-62852-2_5

2. Gebot: Die Spalten der k-Matrix sind die Bilder der Einheitsvektoren

3. Lineare Hülle, lineare Unabhängigkeit, Basis, inklusive die Charakterisierung von Basen via Lemma 3.5.5, und Dimension.

4. Das *Fundamental-Lemma über lineare Abbildungen* Lemma 3.5.9, Basis-Isomorphismus und dessen Anwendungen auf die darstellende k-Matrix k-linearer Abbildungen, Koordinatentransformationen, insbesondere die Gruppe der invertierbaren k-Matrizen

$$\mathrm{GL}_n(k) := \{A \in M_n(k) \mid A \text{ ist invertierbar}\}.$$

5. Lösungstheorie und Lösungsverfahren für lineare Gleichungssysteme gemäß Kap. 3.4 und 3.7.

6. Rang und Dimensionsformeln für Untervektorräume bzw. lineare Abbildungen gemäß Kap. 3.6.

7. k-multilineare Abbildungen, inklusive des *Fundamental-Lemmas für multilineare Abbildungen* Lemma 3.8.5. Gilt in k nicht $1 + 1 = 0$, wie das für $\mathbb{R}$ oder $\mathbb{C}$ der Fall ist, so geht der ganze Determinantenkalkül inklusive seiner geometrischen Bedeutung ohne Verluste durch.

Warnhinweise:

(a) Für **unendlich-dimensionale** k-Vektorräume sind die Begriffe *lineare Hülle, lineare Unabhängigkeit, Basis* und insbesondere die Existenz einer Basis zu verallgemeinern. Im Falle $\dim_k(V) < \infty$ bleibt alles, wie gehabt.

(b) In Körper k mit $1 + 1 = 0$, d.h. $1 = -1$, wie $k = \mathbb{Z}_2$ aus Bsp. 4.1.49 (iv), würde ein *Vorzeichenwechsel* bei Vertauschung zweier Vektoren einer alternierenden k-multilinearen Abbildung nur Symmetrie bedeuten. Deswegen ist eine allgemeine Definition für den Begriff *alternierende k-multilineare Abbildung* notwendig. Alles weitere über Multilinearität und die Determinante bleibt wie gehabt.

Zu (a):

Definition 5.1.1. Sei V ein beliebiger Vektorraum über den Körper k, und $(v_i)_{i \in I}$ eine Familie von Vektoren v_i aus V.
(i) Unter der k-**linearen Hülle** der $(v_i)_{i \in I}$ versteht man die Menge aller *endlichen* Linearkombinationen der Vektoren aus $(v_i)_{i \in I}$, d.h.:

$$
\begin{aligned}
\mathrm{Lin}_k(v_i \mid i \in I) \;:=\; & \text{Menge aller } \textit{endlichen} \text{ Linearkombinationen} \\
& \text{von Vektoren aus } (v_i)_{i \in I} \\
=\; & \left\{ \sum_{j=1}^{n} a_j v_{i_j} \mid a_j \in k, i_1, ..., i_n \in I, n \in \mathbb{N} \right\}
\end{aligned}
$$

(ii) Die Familie $(v_i)_{i \in I}$ heißt **linear unabhängig** über k, falls jede endliche Teilfamilie es im gewöhnlichen Sinne ist.

(iii) Die Familie $(v_i)_{i \in I}$ heißt eine k-**Basis** von V, falls sie linear unabhängig über k ist und den ganzen Raum V *erzeugt*, d.h. ihre lineare Hülle ist ganz V, also $V = \text{Lin}_k(v_i \mid i \in I)$.

(iv) Die wohlbestimmte Länge einer Basis $\mathcal{V} := (v_i)_{i \in I}$ heißt k-**Dimension**, d.h.

$$\dim_k(V) := |\{v_i \mid i \in I\}| = \#\{v_i \mid i \in I\}.$$

Der k-Vektorraum V heißt **endlich-dimensional**, falls es eine Basis aus endlich vielen Vektoren gibt, andernfalls heißt V **unendlich-dimensional**.

Auch die Charakterisierung von Basen (vgl. Lemma 3.5.5) gilt nach wie vor, d.h. eine Familie $(v_i)_{i \in I}$ von Vektoren in V ist genau dann eine Basis vom V, wenn jeder Vektor in V eine eindeutige Darstellung bzgl. der $(v_i)_{i \in I}$ hat, d.h. für jedes $v \in V$ gibt es endlich viele Indizes $i_1, ..., i_n \in I$ mit

$$v = \sum_{j=1}^{n} \lambda_j v_{i_j},$$

mit eindeutig bestimmten Koeffizienten $\lambda_1, ..., \lambda_n \in k$.

Der Basisergänzungssatz Satz 3.5.22 bleibt auch für beliebige Körper k mit $\dim_k V < \infty$ samt Beweis richtig. Es ist allerdings nicht evident, dass jeder (unendlich-dimensionale) k-Vektorraum überhaupt eine Basis hat, denn die Konstruktion einer Basis im Basisergänzungssatz erfolgt ja aus *endlich* vielen Vektoren, deren lineare Hülle ganz V ist. Daher kann die Voraussetzung $\dim_k V < \infty$ nicht weggelassen werden. Um zu zeigen, dass jeder unendlich-dimensionale k-Vektorraum eine Basis hat, sind Hilfsmittel aus der Mengenlehre, im Besonderen das Zorn[1]sche Lemma, erforderlich, das hier aber zu weit weg führen würde. Daher notieren wir ohne Beweis das allgemeine Resultat:

Satz 5.1.2. *Jeder (endlich- wie unendlich-dimensionale) Vektorraum über einen Körper k hat eine Basis.*

Man kann sogar zeigen, das je zwei Basen dieselbe Länge haben, womit der Dimensionsbegriff auch im unendlich-dimensionalen Fall wohldefiniert ist.

Beispiel 5.1.3. Wegen $\mathbb{C} = \mathbb{R}^2$ ist $\dim_{\mathbb{R}} \mathbb{C} = 2$, aber $\dim_{\mathbb{C}} \mathbb{C} = 1$. Ein Vektor $v \in \mathbb{C}$ ist eine $\mathbb{C}$-Basis genau dann, wenn (v, iv) eine $\mathbb{R}$-Basis von $\mathbb{C}$ ist.

Denn: Sei $v := x + iy \in \mathbb{C}$ eine $\mathbb{C}$-Basis. Dann ist jedenfalls $v \neq 0$ (Null zerstört stets die lineare Unabhängigkeit). Zur linearen Unabhängigkeit: Es gilt:

$$\lambda v + \mu i v = 0 \Leftrightarrow (\lambda x - \mu y) + i(\mu x + \lambda y) = 0 \Leftrightarrow \begin{cases} \lambda x - \mu y = 0 \\ \mu x + \lambda y = 0 \end{cases} \Leftrightarrow \begin{pmatrix} x & -y \\ y & x \end{pmatrix} \begin{pmatrix} \lambda \\ \mu \end{pmatrix} = 0$$

Die Determinante der Matrix ist $x^2 + y^2$ und diese verschwindet genau dann, falls $x = y = 0$, was aber nach Voraussetzung $v \neq 0$ nicht möglich ist. Folglich hat

---

[1]Max August Zorn (1906–1993) deutsch-amerikanischer Mathematiker

das LGS nur die triviale Lösung $\lambda = \mu = 0$, was die lineare Unabhängigkeit von (v, iv) über $\mathbb{R}$ zeigt. Aus Dimensionsgründen ist $\mathrm{Lin}_{\mathbb{R}}(v, iv) = \mathbb{R}^2 = \mathbb{C}$ und also eine $\mathbb{R}$-Basis. Ist umgekehrt (v, iv) eine $\mathbb{R}$-Basis in $\mathbb{C}$, so jedenfalls $v \neq 0$, was die lineare Unabhängigkeit von v über $\mathbb{C}$ zeigt. Sei $w \in \mathbb{C}$. Setze $\lambda := w/v$, also existiert ein $\lambda \in \mathbb{C}$ mit $w = \lambda v$, was $\mathrm{Lin}_{\mathbb{C}}(v) = \mathbb{C}$ zeigt. Also ist v eine $\mathbb{C}$-Basis.

Beispiel 5.1.4. Es ist $\dim_{\mathbb{C}} \mathbb{C}^n = n$, aber $\dim_{\mathbb{R}} \mathbb{C}^n = 2n$. Ein n-tupel $(v_1, ..., v_n) \in \mathbb{C}^n$ ist genau dann eine $\mathbb{C}$-Basis, falls $(v_1, iv_1, v_2, iv_2, ..., v_n, iv_n)$ eine $\mathbb{R}$-Basis in $\mathbb{C}^n$ ist. Denn: Sei $(v_1, ..., v_n)$ eine $\mathbb{C}$-Basis und sei

$$\lambda_1 v_1 + \lambda_1' i v_1 + ... + \lambda_n v_n + \lambda_n' i v_n = (\lambda_1 v_1 + ... + \lambda_n v_n) + i(\lambda_1' v_1 + ... + \lambda_n' v_n) = 0,$$

mit $\lambda_i, \lambda_i' \in \mathbb{R}$. Dies gilt nach dem vorangegangenen Beispiel genau dann, falls:

$$\lambda_1 v_1 + ... + \lambda_n v_n = 0 \quad \text{und} \quad \lambda_1' v_1 + ... + \lambda_n' v_n = 0$$

Weil $(v_1, ..., v_n)$ linear unabhängig über $\mathbb{C}$ (und dann erst recht über $\mathbb{R}$), verschwinden alle λ_i's und λ_i'''s. Also ist das $2n$-Tupel $(v_1, iv_1, v_2, iv_2, ..., v_n, iv_n)$ linear unabhängig über $\mathbb{R}$, und aus Dimensionsgründen alsdann ein $\mathbb{R}$-Basis des $\mathbb{C}^n = \mathbb{R}^{2n}$'s. Gilt umgekehrt Letzteres und ist $\lambda_1 v_1 + ... + \lambda_n v_n = 0$ für komplexe λ_i's, so schließt man analog auf das Verschwinden der $\lambda_i = a_i + ib_i$'s, aufgrund

$$0 = \lambda_1 v_1 + ... + \lambda_n v_n = (a_1 + ib_1)v_1 + ... + (a_n + ib_n)v_n = (a_1 v_1 + ... + a_n v_n) + i(b_1 v_1 + ... + b_n v_n).$$

Beispiel 5.1.5. Sei $M_{m \times n}(k)$ der Vektorraum der $m \times n$-Matrizen mit Einträgen aus einem Körper k. Dann durch $(E_{ij})_{1 \leq i \leq m, 1 \leq j \leq n}$, wobei E_{ij} die Matrix mit lauter Nullen als Einträgen bis auf einer 1 in der i'ten Zeile und j'en Spalte, eine k-Basis von $M_{m \times n}(k)$ gegeben, und also $\dim_k M_{m \times n}(k) = mn$. Dies folgt genau wie im reellen Falle (vgl. Bsp. 3.5.7).

Beispiel 5.1.6. Sei k ein Körper, z.B. $\mathbb{R}$ oder $\mathbb{C}$ und $k[X]$ der Polynomring über k in einer Unbestimmten. Dann ist bekanntlich (vgl. Kap. 3.5) für jedes $n \in \mathbb{N}$ das $(n + 1)$-tupel $(1, X, X^2, ..., X^n)$ linear unabhängig über k. Also ist die Familie $(X^i)_{i=0,1,2,..} = (1, X, X^2, ...)$ im k-Vektorraum $k[X]$ linear unabhängig. Da jedes Polynom in $k[X]$ endliche Linearkombination von Vektoren aus $(X^i)_{i=0,1,2,..}$ ist, erzeugt $(X^i)_{i=0,1,2,...}$ definitionsgemäß ganz $k[X]$, und ist mithin eine Basis von $k[X]$. Damit folgt $\dim_k(k[X]) = \infty$.

Zu (b):

Wir verwenden im allgemeinen Falle Lemma 3.8.8 als Definition, was uns im Reellen als Charakterisierung alternierender multilinearer Abbildungen genutzt hat.

Definition 5.1.7. Eine multilineare Abbildung $\omega : V \times \cdots \times V \to W$ über den Körper k heißt **alternierend**, falls sie auf jedes linear abhängige Tupel mit Null antwortet.

Insbesondere ist $\det : M_n(k) \to k$ die einzige alternierende Multilinearform auf k^n, die auf die Einheitsmatrix E mit 1 antwortet. Alle weiteren Resultate über und mit Derminanten gelten nach wie vor.

Sprechweise 5.1.8. In der Praxis spricht man meist von linearen statt k-linearen Abbildungen, von einer Basis statt einer k-Basis, von einer linearen Hülle statt von einer linearen Hülle über k, etc. ... . Der Körper k wird dann betont, wenn Verwechslungen zu befürchten sind.

Aufgaben

R.1. (i) Man zeige, dass die Vektoren

  (a) $v := (1 + i, 2i)^T, w := (1, 1 + i)^T \in \mathbb{C}^2$ linaer abhängig über $\mathbb{C}$, indes linear unabhängig über $\mathbb{R}$ sind.

  (b) $u := (3 + \sqrt{2}, 1 + \sqrt{2})^T, v := (7, 1 + 2\sqrt{2})^T \in \mathbb{R}^2$ linear abhängig über $\mathbb{R}$, indes linear unabängig über $\mathbb{Q}$ sind.

R.2. Seien $f, g, h \in \mathrm{Hom}_\mathbb{R}(\mathbb{R}^3, \mathbb{R}^2)$ gegeben durch $f(x, y, z) := (x + y + z, x + y)^T, g(x, y, z) := (2x + z, x + y)^T$ und $h(x, y, z) := (2x, y)^T$. Man zeige, dass das 3-tupel (f, g, h) linear unabhängig im k-Vektorraum $\mathrm{Hom}_\mathbb{R}(\mathbb{R}^3, \mathbb{R}^2)$ ist.

T.1. Man zeige, dass $\mathbb{R}$ als Vektorraum über $\mathbb{Q}$ unendlich-dimensional ist, d.h. $\dim_\mathbb{Q} \mathbb{R} = \infty$.

T.2. Sei k ein Körper mit $1 + 1 \neq 0$, und $A \in \mathrm{Skew}_n(k)$ eine schiefsymmetrische Matrix mit Einträgen in k, d.h. $A^T = -A$. Man zeige: Ist n ungerade, so ist $\det(A) = 0$. (Hinweis: Verwende Satz 3.8.18 (vi).)

T.3. Seien U, V Vektorräumw über dem Körper k mit $\dim_k(U) = n$ und $\dim_k(V) = m$. Man zeige $\dim_k(\mathrm{Hom}_k(U, V)) = nm$.

5.2 Unitäre Räume

Eine Multilinearform auf einem reellen Vektorraum V heißt im Spezialfall zweier Variablen Bilinearform. Ist diese symmetrisch und positiv definit, so spricht man bekanntlich von einem Skalarprodukt auf V. Da man damit (via der Norm $\|.\| := \sqrt{\langle ., . \rangle}$) Abstände wie Winkelmaße zur Verfügung hat, liefert ein Skalarprodukt eine „geometrische Struktur" auf reellen Vektorräumen, was auf den Begriff des EUKLIDischen Raums geführt hat. Ziel des nun folgenden Abschnittes ist, diese Art geometrische Struktur auf *komplexe* Vektorräume zu übertragen. Damit die Formeln für Abstände und Winkel gleich bleiben können, besteht also die Aufgabe darin, ein geeignetes „komplexes Skalarprodukt" einzuführen. Der naive Ansatz, es einfach als „positiv definite symmetrische komplexe Bilinearform" zu erklären, geht schon deswegen schief, weil dann

$$\langle iv, iv \rangle = i^2 \langle v, v \rangle = -\langle v, v \rangle < 0$$

folgt, anstatt $\langle v, v \rangle > 0$ für alle $v \in V^*$. Aber ohne die Eigenschaft „positiv definit" lässt sich aus einem Skalarprodukt keine Norm gewinnen (loc. cit. Lemma 3.9.30).

Also kann ein komplexes Skalarprodukt schon mal keine *bilineare* Abbildung sein. Man fordert stattdessen Linearität in der ersten und Anti- bzw. Semilinearität in der zweiten Variablen. Das führt auf

Definition 5.2.1. Sei V ein komplexer Vektorraum. Ein **(Hermitesches) Skalarprodukt** auf V ist eine Abbildung

$$\langle .,. \rangle : V \times V \longrightarrow \mathbb{C}, \quad (v,w) \longmapsto \langle v,w \rangle$$

mit folgenden Eigenschaften:

(S1) (Linearität im 1. Argument), d.h. für alle $v_1, v_2, w \in V$ und $\lambda, \mu \in \mathbb{C}$ gilt:

$$\langle \lambda v_1 + \mu v_2, w \rangle = \lambda \langle v_1, w \rangle + \mu \langle v_2, w \rangle$$

(S2) (Hᴇʀᴍɪᴛᴇizität) gilt $\overline{\langle w,v \rangle} = \langle v,w \rangle$ für alle $v, w \in V$.

(S3) (Positive Definitheit), d.h. für alle $v \in V \backslash \{0\}$ gilt $\langle v,v \rangle > 0$.

Bemerkung 5.2.2. (i) Wegen $\langle v,v \rangle = \overline{\langle v,v \rangle}$ ist jedenfalls $\langle v,v \rangle \in \mathbb{R}$ für alle $v \in V$.
(ii) (S1) und (S2) implizieren $\langle v, \lambda w_1 + \mu w_2 \rangle = \overline{\lambda} \langle v, w_1 \rangle + \overline{\mu} \langle v, w_2 \rangle$ für alle $v, w_1, w_2 \in V$ und $\lambda, \mu \in \mathbb{C}$ (Nachrechnen!). Man sagt $\langle .,. \rangle$ *ist semilinear² im 2. Argument.*
(iii) Die positive Definitheit lässt sich wie im Reellen (loc. cit. Bem. 3.9.26) durch die folgenden beiden Bedingungen charakterisieren:

$$\langle .,. \rangle \quad \text{positiv definit} \quad \Longleftrightarrow \quad \begin{cases} \langle v,v \rangle \geq 0 \text{ für alle } v \in V & \text{(positiv semidefinit)} \\ \langle v,v \rangle = 0 \Leftrightarrow v = 0 & \text{(Regularität)} \end{cases}$$

$$\tag{5.1}$$

Sprechweise 5.2.3. $\langle .,. \rangle$ heißt auch *unitäres Produkt* oder einfach *Skalarprodukt* auf V. Eine Abbildung $V \times V \to \mathbb{C}$ mit den Eigenschaften (S1) und (ii) gemäß vorstehender Bemerkung heißt auch eine *Sesquilinearform* ($1\frac{1}{2}$-fach) auf V.

Eine Sesquilinearform ist nach unserer Definition linear im 1. und semilinear im 2. Argument. Was hält einen davon ab, es nicht genau umgekehrt zu definieren? Nichts! In der Tat findet man diese Konvention in der naturwissenschaftlichen Literatur, während unser Hᴇʀᴍɪᴛᴇsches Skalarprodukt vorrangig in der mathematischen Literatur anzutreffen ist. Die inhaltlichen Aussagen bleiben von der gewählten Konvention unberührt. Wichtig ist allerdings beim Studium der Literatur, sich zu vergewissern, für welche Konvention sich der Autor entschieden hat.

Definition 5.2.4 (Unitärer Raum). Ein Paar $(V, \langle .,. \rangle)$, bestehend aus einem $\mathbb{C}$-Vektorraum V und einem Hᴇʀᴍɪᴛᴇschen Skalarprodukt $\langle .,. \rangle$ auf V, heißt ein **unitärer Raum** oder **(komplexer) Prä-Hilbertraum**.

---

² „semi" kommt aus dem Griechischen und bedeutet „halb"

Merke: Unitäre Räume tragen eine Sesquilinearform mit sich, weil $\langle .,. \rangle$ HERMI-TE[3]sch ist, während $\langle .,. \rangle$ im reellen Falle *symmetrisch* und also eine Bilinearform ist.

Beispiel 5.2.5. (i) Das einfachste Beispiel ist $V := \mathbb{C}$ mit dem *kanonischen* - oder *Standardskalarprodukt*:

$$\langle .,. \rangle : \mathbb{C} \times \mathbb{C} \longrightarrow \mathbb{C}, \ (z,w) \longmapsto \langle z,w \rangle := z \cdot \overline{w}$$

Reminiszenz: Warum ist das kanonisch, d.h. warum definiert man nicht einfach $\langle z,w \rangle := z \cdot w$?

(ii) Für jedes $n \in \mathbb{N}$ ist der $\mathbb{C}$-Vektorraum $\mathbb{C}^n$ zusammen mit seinem *kanonischen* - oder *Standardskalarprodukt*

$$\langle .,. \rangle : \mathbb{C}^n \times \mathbb{C}^n \longrightarrow \mathbb{C}, \ (z,w) \longmapsto \langle z,w \rangle := z^T \cdot \overline{w} = z_1 \overline{w}_1 + z_2 \overline{w}_2 + \ldots + z_n \overline{w}_n = \sum_{k=1}^{n} z_k \overline{w}_k$$

ein unitärer Raum. Wir nennen $(\mathbb{C}^n, \langle .,. \rangle)$ künftig auch den (komplexen) *Standardraum*.

Das nächste Beispiel formulieren wir als

Lemma 5.2.6. Sei $I := [a,b] \subset \mathbb{R}$ ein kompaktes Intervall in $\mathbb{R}$. Es bezeichne

$$\mathscr{C}^0(I) := \mathscr{C}^0(I, \mathbb{C}) := \{f : I \to \mathbb{C} \,|\, f \text{ ist stetig auf } I\}$$

die Menge aller stetigen Funktionen auf I mit Werten in $\mathbb{C}$. Bezüglich der üblichen Addition und Skalarmultiplikation sowie dem Skalarprodukt

$$\boxed{\langle .,. \rangle : \mathscr{C}^0(I) \times \mathscr{C}^0(I) \longrightarrow \mathbb{C}, \ (f,g) \longmapsto \langle f,g \rangle := \int_a^b f(t)\overline{g(t)}\mathrm{d}t}$$

auf $\mathscr{C}^0(I)$ wird $(\mathscr{C}^0(I), \langle .,. \rangle)$ zu einem (unendlich-dimensionalen) Prähilbertraum.

Beweis. Hier ist einiges zu überlegen, nämlich:

(1) (Übung)$\int_I : \mathscr{C}^0(I, \mathbb{C}) \to \mathbb{C}, \ f \mapsto \int_I f(t)\mathrm{d}t :=$? und warum gilt $\int_I f(t)\overline{g(t)}\mathrm{d}t < \infty$?

(2) In der Tat definiert $\langle .,. \rangle$ ein HERMITEsches Skalarprodukt auf $\mathscr{C}^0(I)$.

Zu (2): Das Integral ist ersichtlich sesquilinear, womit die Positiv-Definitheit nachzuweisen verbleibt. Die Charakterisierung (5.1) verwendend, folgt mit

$$\langle f,f \rangle = \int_a^b f(t)\overline{f(t)}\mathrm{d}t = \int_a^b |f(t)|^2 \mathrm{d}t \geq 0 \quad \text{für alle } f \in \mathscr{C}^0(I)$$

---

[3]CHARLES HERMITE (1822-1901) französischer Mathematiker

die erste Eigenschaft von (5.1). Für die zweite genügt es zu zeigen: Ist $f \neq 0 \Rightarrow \langle f, f \rangle \neq 0$, denn ist $f \equiv 0$, ja dann trivialerweise auch $\langle f, f \rangle = 0$. Sei also $f \neq 0$. Dann gibt es mindestens ein $t_0 \in I$ mit $f(t_0) \neq 0$ und somit auch $|f|^2(t_0) \neq 0$. Mit f ist auch $|f|^2$ stetig auf I, insbesondere also in t_0. Daher gibt es eine offene Kugel $I_\varepsilon := (t_0 - \varepsilon, t_0 + \varepsilon) \subset I$ mit $|f|^2_{|I_\varepsilon} \neq 0$. Ist nämlich $|f(t_0)|^2 = h \in \mathbb{R}^+$, so wähle $\varepsilon > 0$ so groß, dass $|f(t)|^2 > \frac{h}{2}$ für alle $t \in I_\varepsilon$. Es folgt

$$\langle f, f \rangle = \int_a^b |f(t)|^2 \mathrm{d}t \geq \int_{I_\varepsilon} |f(t)|^2 \mathrm{d}t \geq 2\varepsilon \frac{h}{2} > 0.$$

$\square$

Es stellt sich die Frage, was von den EUKLIDischen Räumen überträgt sich auf die Unitären? Es zeigt sich, dass prinzipiell Begriffe und Resultate mit naheliegenden Modifikationen erhalten bleiben. Etwas präziser soll's schon sein:

- Via $\|.\| : V \to \mathbb{R}$, $v \mapsto \|v\| := \sqrt{\langle v, v \rangle}$ ist eine Norm auf V gegeben, d.h. es gelten die Normaxiome analog wie in Lemma 3.9.30. Die Norm induziert vermöge $d(v, w) := \|v - w\|$ ein Abstandmaß auf V.

- Die CAUCHY-SCHWARZsche Ungleichung $|\langle v, w \rangle| \leq \|v\| \cdot \|w\|$ für alle $v, w \in V$ gilt auch im Komplexen, analog wie in Lemma 3.9.29.

- Aus der CAUCHY-SCHWARZschen Ungleichung gewinnt man einerseits die Dreiecksungleichung $\|v + w\| \leq \|v\| + \|w\|$, einen Bestandteil der Normaxiome, und andererseits ermöglicht sie die Einführung eines Winkelmaßes, wie Bem. 3.9.33, d.h. zu vorgegebenen $v, w \in V$ definiert $\cos(\varphi) := \frac{\langle v, w \rangle}{\|v\| \cdot \|w\|}$ den Öffnungswinkel $0 \leq \varphi \leq \pi$ zwischen v und w.

- Hieraus wird Orthogonalität (gemäß Def. 3.9.34), z.B. $v \perp w :\Leftrightarrow \langle v, w \rangle = 0$, eingeführt.

- Das wiederum führt auf die Begriffe Orthonormalsystem (ONS) (gemäß Def. 3.9.37) und Orthonormalbasis (ONB) gemäß Def. 3.9.2: Ein n-tupel $(v_1, \ldots, v_n)$ in V heißt eine ONB in V, falls es ein ONS ist, d.h. $\langle v_i, v_j \rangle = \delta_{ij}$ für alle $1 \leq i, j \leq n$, und $\mathrm{Lin}_\mathbb{C}(v_1, \ldots, v_n) = V$.

- Auch bleibt der Satz über die Entwicklung eines Vektors $v \in V$ nach einer ONB $(v_1, \ldots, v_n)$ (loc. cit. Satz 3.9.42) erhalten, d.h. jedes $v \in V$ hat eine eindeutige Darstellung $v = \sum_{i=1}^n \langle v, v_i \rangle v_i$. Der Beweis geht geht im Falle unitärer Räume wörtlich durch.

- Weiter gilt das Theorem 3.9.45 über die orthogonale Projektion samt dem dort angegebenen Korollar auch im unitären Falle, d.h.: Seien $U \leq V$ ein Untervektorraum und $(u_1, \ldots, u_k)$ eine ONB in U. Ist $v \in V$ beliebig vorgegeben, so ist vermöge der linearen Abbildung

$$\boxed{\mathrm{Proj}_U : V \longrightarrow V, \quad \mathrm{Proj}_U(v) = \sum_{i=1}^{k} \langle v, u_i \rangle u_i}$$

die *beste Approximation* von v in U gegeben, d.h. es gilt:

$$d(v, U) := \|v - \mathrm{Proj}_U(v)\| < \|v - u\| \qquad \text{für alle } u \in U \backslash \{\mathrm{Proj}_U(v)\}$$

Damit zerlegt sich jeder Vektor $v \in V$ via $v = u + w$ in eine Komponente $u \in U$ (der orthogonalen Projektion von v in U, und einer Komponente $w \in U^\perp$ im orthogonalen Komplement $U^\perp := \{v' \in V \mid \forall_{u \in U} : \langle u, v' \rangle = 0\}$. Das bedeutet, V zerfällt in eine orthogonale Summe $V = U \oplus U^\perp$.

- Auch die Formel für das GRAM-SCHMIDsche Orthonormalisierungsverfahren (loc. cit. Satz 3.9.49) kann in unitären Räumen verwendet werden.

Übung: Führen Sie die Beweise im Detail aus, indem Sie die entsprechenden Referenzen im Kapitel über EUKLIDische Räume aufsuchen und die angegebenen Beweise unter Beachtung der Eigenschaften des HERMITEschen Skalarproduktes anpassen.

Aufgaben

R.1. Sei $U := \mathrm{Lin}_\mathbb{C}(u_1, u_2) \leq \mathbb{C}^3$ der von den Vektoren $u_1 := (1, \mathrm{i}, 0)^T, u_2 := (1, 2, 1 - \mathrm{i})^T$ auf gespannte Teilraum in $\mathbb{C}^3$. Man gebe eine ONB von U an.

R.2. Zu jeder $n \times n$-Matrix A definiert man *die Spur* als die Summe der Diagonalelemente, notiert mit $\mathrm{Sp}(A)$. Man zeige, dass vermöge

$$\langle A, B \rangle := \mathrm{Sp}(\bar{B}^T A)$$

für jedes Paar $A, B \in M_{m \times n}(\mathbb{C})$ ein HERMITEsches Skalarprodukt auf dem $\mathbb{C}$-Vektorraum $M_{m \times n}(\mathbb{C})$ gegeben ist, womit $(M_{m \times n}(\mathbb{C}), \langle ., . \rangle)$ ein komplexer Prä-HILBERTraum wird.

5.3   Eigenwerte, Eigenvektoren und Diagonalisierbarkeit

Die Eigenwerttheorie findet Anwendung in den Ingenieurwissenschaften, vor allem in der Regelungstechnik zur Beschreibung und Analyse linearer Systeme:

- (vollständige Diagonalisierungsaufgabe der Systemmatrix) Herstellung der kanonischen Normalenform in Zustandsraumdarstellung durch gewöhnliche lineare Differentialgleichung gegebene dynamischer Systeme:

$$
\begin{aligned}
\dot{x}(t) &= Ax(t) + Bu(t) \implies x(t) = \int_0^t e^{A(t-\tau)} Bu(\tau)\, \mathrm{d}\tau + e^{At} x_0, \; x(0) = x_0 \\
y(t) &= Cx(t) + Du(t) \implies y(t) = \int_0^t Ce^{A(t-\tau)} Bu(\tau)\, \mathrm{d}\tau + Ce^{At} x_0 + Du(t)
\end{aligned}
$$

mit vorgegebenen Matrizen A, B, C, D.

- Dass lineare zeitinvariante Systeme bei harmonischer Anregung $x(t) = \hat{x}\sin(\omega t)$ auch mit einer harmonischen Schwingung $y(t) = \hat{y}\sin(\omega t + \varphi)$ derselben Frequenz antworten, bedeutet, dass die Familie der komplexen Exponentialfunktionen $(e^{st})_{s\in\mathbb{C}}$ Eigenvektoren des System-Operators sind.

- Stabilitätseigenschaften in Regelkreisen können an den Eigenwerten der Systemmatrix abgelesen werden. Anwendung in schwingfähigen Systemen, wie Brücken, Tragflächen, Flugzeugflügel, usw., damit ein Aufschaukeln verhindert wird.

Sei fortan k ein Körper, z.B. $k = \mathbb{R}$ oder $k = \mathbb{C}$, und V ein beliebiger k-Vektorraum; vorerst seien auch unendlich-dimensionale zugelassen.

Sprechweise 5.3.1. Sei V ein k-Vektorraum. Eine lineare Abbildung $f : V \to V$ wollen wir einen (linearen) *Operator auf V* nennen.

Notiz 5.3.2. (i) Ersichtlich sind der Nulloperator $0_V : V \to V$, $v \mapsto 0$ und die Identität $\mathrm{id}_V : V \to V$, $v \mapsto v$ lineare Operatoren auf V.
(ii) Sind $f, g : V \to V$ lineare Operatoren auf V sowie $\lambda \in k$, so auch die

- Addition $f + g : V \to V, v \mapsto (f + g)(v) := f(v) + g(v)$,

- skalare Multiplikation $\lambda f := \lambda \cdot f : V \to V$, $v \mapsto (\lambda f)(v) := \lambda \cdot (f(v))$,

- Komposition $g \circ f : V \xrightarrow{f} V \xrightarrow{g} V, v \mapsto (g \circ f)(v) := g(f(v))$

lineare Operatoren auf V. Bezeichnet $\mathrm{Op}(V)$ die Menge aller linearen Operatoren auf V, so erhalten wir alsdann den k-Vektorraum $(\mathrm{Op}(V), +, \cdot)$, der aufgrund der Komposition $\circ$ zusätzlich ein Ring mit 1 ist. Die Komposition ist als Produktstruktur bilinear, d.h. sowohl veträglich mit der skalaren Multiplikation, d.h. $\lambda(g \circ f) = (\lambda g) \circ f = g \circ (\lambda f)$, als auch mit der Addition, d.h. $g \circ (f + f') = g \circ f + g \circ f'$ und $(g + g') \circ f = g \circ f + g' \circ f$ für alle $f, f', g, g' \in \mathrm{Op}(V)$ und alle $\lambda \in k$. Man nennt einen k-Vektorraum, der zusätzlich eine Produktstruktur hat, die verträglich mit der skalaren Multiplikation und der Addition ist, auch eine k-*Algebra*.

Übung:

- Welchem Operator entspricht die $1 \in \mathrm{Op}(V)$?

- Welcher wohlbekannten k-Algebra entspricht $\mathrm{Op}(k^n)$?

- Ist $\mathrm{Op}(V)$ ein kommutativer Ring mit 1 oder nullteilerfrei?

Definition 5.3.3 (Eigenwert & Eigenvektor). Ein $\lambda \in k$ heißt **Eigenwert** des Operators $f : V \to V$, falls es einen von Null verschiedenen Vektor $v \in V^*$ gibt, genannt **Eigenvektor,** mit:

$$\boxed{f(v) = \lambda v} \tag{5.2}$$

Man sagt dann, v ist ein *Eigenvektor* von f zum Eigenwert λ, nennt (5.2) auch *Eigenwertgleichung* oder *Eigenwertproblem* für den Operator f.

Die triviale Lösung $v = 0$ der Eigenwertgleichung ist per Definition ausgeschlossen. Das ist sinnvoll, da sonst $f(0) = \lambda \cdot 0$ für *jedes* $\lambda \in k$ gelten würde. Indes kann $\lambda = 0$ vorkommen. Gleichung (5.2) lässt sich auch als Eigenwertproblem eines Operators f auffassen, d.h. gesucht sind also alle Vektoren $v \in V^*$, bei denen f durch Multiplikation mit einem $\lambda \in k$ gegeben ist.

Beispiel 5.3.4 (Übung). Betrachte:

$$f : \mathbb{R}^2 \longrightarrow \mathbb{R}^2, \qquad \begin{pmatrix} x \\ y \end{pmatrix} \longmapsto \begin{pmatrix} x \\ -y \end{pmatrix}$$

- Was macht f geometrisch?

- Ist f linear? Wenn ja, wie sieht die darstellende Matrix aus?

- Für welche $v \in \mathbb{R}^2 \setminus \{0\}$ und $\lambda \in \mathbb{R}$ gilt $f(v) = \lambda v$?

Beispiel 5.3.5. Aus Abs. 3.3 ist bekannt, dass

$$\frac{\mathrm{d}}{\mathrm{d}x} : \mathscr{C}^\infty(\mathbb{R}) \longrightarrow \mathscr{C}^\infty(\mathbb{R}), \; f \longmapsto f'$$

linear ist, und also $\frac{\mathrm{d}}{\mathrm{d}x} \in \mathrm{Op}(\mathscr{C}^\infty(\mathbb{R}))$ ein Operator auf dem $\mathbb{R}$-Vektorraum $\mathscr{C}^\infty(\mathbb{R})$. Für jedes $\lambda \in \mathbb{R}$ ist $f(x) := e^{\lambda x}$ ein Eigenvektor zum Eigenwert λ, denn für jedes $x \in \mathbb{R}$ gilt $f'(x) = \lambda e^{\lambda x} = \lambda f(x)$. Mit f ist auch cf für alle $c \in \mathbb{R}^*$ ein Eigenvektor von $\frac{\mathrm{d}}{\mathrm{d}x}$ (Warum?).

Lemma 5.3.6. Es ist $v \in V^*$ Eigenvektor zum Eigenwert $\lambda \in k$ von $f \Leftrightarrow v \in \mathrm{Kern}(f - \lambda \, \mathrm{id}_V) \setminus \{0\}$.

Beweis. Ist $v \in V^*$ ein Eigenvektor von f zum Eigenwert $\lambda \in k$, so gilt definitionsgemäß $f(v) = \lambda v$ und folglich $f(v) - \lambda v = 0 \Leftrightarrow f(v) - \lambda \, \mathrm{id}_V(v) = 0 :\Leftrightarrow (f - \lambda \, \mathrm{id}_V)(v) = 0 \Leftrightarrow v \in \mathrm{Kern}(f - \lambda \, \mathrm{id}_V) \setminus \{0\}$, wobei hier die Notiz 5.3.2 eingeht, $f - \lambda \, \mathrm{id}_V$ in der Tat ein Operator ist, d.h. in $\mathrm{Op}(V)$ liegt. $\qquad \square$

Definition 5.3.7 (Eigenraum). Man nennt $E_\lambda := \mathrm{Kern}(f - \lambda \, \mathrm{id}_V)$ den **Eigenraum** von f zum Eigenwert λ und seine Dimension $\dim_k(E_\lambda)$ **geometrische Vielfachheit** des Eigenwertes λ.

Freilich ist der Eigenraum $E_\lambda \leq V$ eines Operators $f : V \to V$ ein Untervektorraum von V. Will man betonen, zu welchem Operator ein Eigenraum gehört, so schreibt man auch $E_\lambda(f)$ statt E_λ.

Bemerkung 5.3.8. Sind $\lambda \neq \mu$ zwei verschiedene Eigenwerte des Operators f, so haben die beiden Eigenräume E_λ und E_μ nur den Nullvektor gemein, d.h. die Summe $E_\lambda + E_\mu = E_\lambda \oplus E_\mu$ ist direkt. Insbesondere: Ist $v \in E_\lambda \setminus \{0\}$, $w \in E_\mu \setminus \{0\}$, so ist (v, w) linear unabhängig.

Beweis. Wäre $v \neq 0$ ein Eigenvektor zu den Eigenwerten λ und μ, so wäre einerseits $f(v) = \lambda v$ und andererseits $f(v) = \mu v$, also $\lambda v = \mu v$, d.h. $(\lambda - \mu)v = 0$ und also $\lambda = \mu$, was im Widerspruch zur Voraussetzung $\lambda \neq \mu$ steht; also doch $v = 0$ und damit $E_\lambda \cap E_\mu = \{0\}$. Gemäß Def. 3.4.13) ist folglich die Summe $E_\lambda + E_\mu$ direkt, d.h. $E_\lambda \oplus E_\mu$.

Zur linearen Unabhängigkeit: Sei v Eigenvektor zum Eigenwert λ und w Eigenvektor zum Eigenwert μ, d.h. $0 \neq v \in E_\lambda$ und $0 \neq w \in E_\mu$. Seien $av + bw = 0$ mit $a, b \in k$. Zu zeigen ist, dass $a = b = 0$ ist. Nach Lemma 3.4.14 hat jeder Vektor $u \in E_\lambda \oplus E_\mu$ eine eindeutige Darstellung $u = u_1 + u_2$ mit $u_1 \in E_\lambda$ und $u_2 \in E_\mu$, insbesondere hat $u := 0 = 0 + 0$ nur diese Darstellung, d.h $av = 0$ und $bw = 0$ und damit $a = b = 0$, weil nach Voraussetzung $0 \neq v$ und $w \neq 0$.   □

Wir können dies wie folgt verallgemeinern:

Satz 5.3.9. *Sind $\lambda_1, ..., \lambda_l$ paarweise verschiedene Eigenwerte eines Operators $f \in \mathrm{Op}(V)$, so ist die Summe der Eigenräume direkt, d.h. $(E_{\lambda_1} \oplus E_{\lambda_2} \oplus ... \oplus E_{\lambda_l}) \leq V$. Insbesondere sind Eigenvektoren zu verschiedenen Eigenwerten stets linear unabhängig.*

Merke: Eigenräume zu verschiedenen Eigenwerten haben nur den Nullvektor gemein.

Hieraus folgt: Ist eine Basis aus Eigenvektoren $(v_1^i, ..., v_{d_i}^i)$ eines jeden Eigenraumes E_{λ_i} von $f \in \mathrm{Op}(V)$ bekannt, so liefert die Aneinanderreihung der Eigenraumbasen $(v_1^1, ..., v_{d_1}^1, ..., v_1^l, ..., v_{d_l}^l)$ eine Basis von $E_{\lambda_1} \oplus E_{\lambda_2} \oplus ... \oplus E_{\lambda_l}$. Aus der Dimensionsformel für Untervektorräume Satz 3.5.33 folgt im Spezialfalle einer *direkten* Summe

$$\dim_k(E_{\lambda_1} \oplus E_{\lambda_2} \oplus ... \oplus E_{\lambda_l}) = \dim_k(E_{\lambda_1}) + ... + \dim_k(E_{\lambda_l}) = d_1 + ... + d_l,$$

und daher das

Korollar 5.3.10. Sind $\lambda_1, ..., \lambda_l$ paarweise verschiedene Eigenwerte eines Operators f auf einem endlich-dimensionalen k-Vektorraum V, so gilt

$$\boxed{\dim_k(E_{\lambda_1}) + ... + \dim_k(E_{\lambda_l}) \leq \dim_k(V).} \qquad (5.3)$$

Insbesondere kann ein Operator auf einem n-dimensionalen Vektorraum V höchstens n verschiedene Eigenwerte haben.

Natürlich wird der Fall der Gleichheit in (5.3) von besonderem Interesse sein, denn dann hat V eine Basis aus Eigenvektoren, und d.h. bzgl. dieser Basis sieht f ganz einfach aus, wie wir noch sehen werden.

Beispiel 5.3.11. Wir folgern aus (5.3), dass $\dim_\mathbb{R} \mathscr{C}^\infty(\mathbb{R}) = \infty$ ist. Denn: Nach Bsp. 5.3.5 (ii) ist für jedes $\lambda \in \mathbb{R}$ die Funktion $f_\lambda \in \mathscr{C}^\infty(\mathbb{R})$ mit $f_\lambda(x) = e^{\lambda x}$ Eigenvektor von $\frac{d}{dx} \in \mathrm{Op}(\mathscr{C}^\infty(\mathbb{R}))$ zum Eigenwert $\lambda \in \mathbb{R}$. Damit ist die überabzählbare Familie $(f_\lambda)_{\lambda \in \mathbb{R}}$ gemäß Satz 5.3.9 linear unabhängig in $\mathscr{C}^\infty(\mathbb{R})$, was wegen (5.3) $\dim_\mathbb{R} \mathscr{C}^\infty(\mathbb{R}) = \infty$ impliziert.

Lemma 5.3.12. Sei $f \in \mathrm{Op}(V)$ und $\Phi : W \xrightarrow{\cong} V$ eine lineare Transformation, d.h. ein Isomorphismus von W in V. Dann ist vermöge des kommutativen Diagramms

$$
\begin{array}{ccc}
V & \xrightarrow{\,f\,} & V \\[2pt]
\Phi \uparrow \; \cong & & \cong \; \uparrow \Phi \\[2pt]
W & \xrightarrow{\,g\,} & W
\end{array}
$$

der via Φ zu f transformierte Operator $g := \Phi^{-1} \circ f \circ \Phi \in \mathrm{Op}(W)$ gegeben, der genau die gleichen Eigenwerte wie f hat. Die Eigenräume von g werden via Φ isomorph auf die Eigenräume von f abgebildet.

Beweis. Ist $w \in W$ Eigenvektor von g zum Eigenwert $\lambda \in k$, d.h. $g(w) = \lambda w$, so folgt aufgrund der Kommutativität des Diagramms, d.h. $f \circ \Phi = \Phi \circ g$, dass $f(\Phi(w)) = \Phi(g(w)) = \Phi(\lambda w) = \lambda \Phi(w)$; also ist $\Phi(w) \in V$ Eigenvektor von f zum Eigenwert $\lambda \in k$. $\qquad\square$

Botschaft des Lemmas: besteht darin, dass es zu gegebenem Operator $f \in \mathrm{Op}(V)$ ggf. leichter ist, die *Eigendaten* des transformierten Operators g unter einer geeigneten Transformation (also Isomorphismus Φ) zu bestimmen. Da die Eigenwerte von f und g sowieso dieselben sind, braucht man die gewonnenen Eigenvektoren von g nur via Φ in den Raum V zu transformieren und bekommt die Eigenvektoren des ursprünglichen f's.

Korollar 5.3.13. Ist V endlich-dimensional, z.B. $\dim_k(V) = n$, und $\Phi : k^n \xrightarrow{\cong} V$ ein Basis-Isomorphismus, so wird die Bestimmung der Eigendaten des Operators f

$$
\begin{array}{ccc}
V & \xrightarrow{\,f\,} & V \\[2pt]
\Phi \uparrow \; \cong & & \cong \; \uparrow \Phi \\[2pt]
k^n & \xrightarrow{\,A\,} & k^n
\end{array}
$$

zurückgeführt auf Matrizenrechnung, d.h. es sind Eigenwerte und Eigenräume der darstellenden Matrix $A \in M_n(k)$ von f zu berechnen.

Im Folgenden wollen wir uns der systematischen Bestimmung der Eigendaten von Matrizen $A \in M_n(k)$ widmen. Seien dazu fortan alle zugrunde liegenden Vektorräume endlich-dimensional.

Lemma 5.3.14. Seien $A \in M_n(k)$ und $\lambda \in k$ gegeben. Dann gilt:

$$
\boxed{\;\lambda \text{ ist Eigenwert von } A \quad \Longleftrightarrow \quad \det(A - \lambda \cdot E) = 0\;}
$$

Beweis. Für $\lambda \in k$ und $0 \neq x \in k^n$ ist die Eigenwertgleichung $Ax = \lambda x$ äquivalent zu:

$$Ax - \lambda x = 0 \iff \qquad (A - \lambda E)x = 0 \qquad \text{(Definition von } A - \lambda E)$$
$$\iff \qquad \text{Kern}(A - \lambda E) \neq \{0\} \qquad \text{(Def. 3.4.10 und } x \neq 0 \text{ ist EV)}$$
$$\iff \quad \text{LGS } (A - \lambda E)x = 0 \text{ hat Lsg. } x \neq 0 \qquad \text{(Satz 3.4.19)}$$
$$\iff \qquad \text{rg}(A - \lambda E) < n \qquad \text{(Satz 3.6.3)}$$
$$\iff \qquad \det(A - \lambda E) = 0 \qquad \text{(Lemma 3.8.21)}$$

$\square$

Es wird deutlich, wie dramatisch die in der Linearen Algebra geschaffenen Resultate aus Kap. 3 hier eingehen, und welche zentrale Rolle die Determinante in der Eigenwerttheorie einnimmt.

Definition 5.3.15. Für $A \in M_n(k)$ heißt das durch

$$\boxed{\chi_A(\lambda) := \det(A - \lambda E)} \tag{5.4}$$

definierte Polynom n'ten Grades mit Koeffizienten in k das **charakteristische Polynom** von A.

Der Name ist auch gerechtfertigt, denn fassen wir nämlich $\chi_A(\lambda) = \det(A - \lambda E)$ als Funktion in λ auf, so folgt aus der LEIBNIZformel (3.28), dass $\lambda \mapsto \chi_A(\lambda)$ ein Polynom(-funktion) n-ten Grades ist, und das Lemma sagt, dass $\lambda \in k$ ein Eigenwert von A genau dann ist, falls λ Nullstelle des charakteristischen Polynoms ist, d.h. $\chi_A(\lambda) = 0$.

Praxistipp: Wie entsteht $A - \lambda E$ aus $A \in M_n(k)$? Betrachte dazu ein $A \in M_2(k)$. Dann ist:

$$A - \lambda E = \begin{pmatrix} a & b \\ c & d \end{pmatrix} - \lambda \begin{pmatrix} 1 & 0 \\ 0 & 1 \end{pmatrix} = \begin{pmatrix} a - \lambda & b \\ c & d - \lambda \end{pmatrix}$$

Antwort: Subtrahiere λ von der Diagonalen von A.

Beispiel 5.3.16. (i) Die durch Anschauung in Bsp. 5.3.5 (i) gewonnenen Eigenwerte wollen wir nun formal nachrechnen. Dazu:

$$\chi_A(\lambda) = \det(A - \lambda E) = \begin{vmatrix} 1 - \lambda & 0 \\ 0 & -1 - \lambda \end{vmatrix} = -(1 - \lambda)(1 + \lambda) = 0 \iff \lambda_{1/2} = \pm 1$$

Also sind $\lambda = \pm 1$ die Eigenwerte von A.
(ii) (Übung) Die Drehmatrix $D_\varphi \in M_2(\mathbb{R})$ auf dem $\mathbb{R}^2$ ist definiert durch:

$$D_\varphi := \begin{pmatrix} \cos\varphi & -\sin\varphi \\ \sin\varphi & \cos\varphi \end{pmatrix}$$

Wann hat D_φ Eigenwerte, und bestimmen Sie diese in jenen Fällen.

Darüber hinaus folgt aus Lemma 5.3.14 unmittelbar das

Korollar 5.3.17. Ein Vektor $x \in k^n$ ist genau dann Eigenvektor von $A \in M_n(k)$ zum Eigenwert $\lambda \in k$, falls er nicht-triviale Lösung des homogenen Gleichungssystems $(A - \lambda E)x = 0$ ist.

Wenn nun keine Matrix, sondern ein Operator $f : V \to V$ auf einem endlich-dimensionalen Vektorraum V gegeben ist, so wird man der naheliegenden Versuchung nicht widerstehen können, und

$$\chi_f(\lambda) := \det(f - \lambda \, \mathrm{id}) := \det(A - \lambda E), \tag{5.5}$$

mit der darstellenden Matrix $A \in M_n(k)$ von f bezüglich einer in V gewählten Basis, als das *charakteristische Polynom* von f definieren. Allerdings stellt sich damit auch sofort die Frage der *Wohldefiniertheit* dieser Definition:

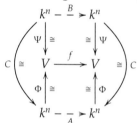 Aus der wohlbekannten Tatsache *andere Basis ⤳ andere darstellende Matrix* ist nicht klar, inwieweit die Eigenwerte von der darstellenden Matrix von f abhängen, d.h. sind $\mathscr{A}$ und $\mathscr{B}$ Basen von V, und A bzw. B die darstellenden Matrizen von $f \in \mathrm{Op}(V)$ bezüglich $\mathscr{A}$ bzw. $\mathscr{B}$, so ist zu klären, ob $\chi_A(\lambda) = 0 \Leftrightarrow \chi_B(\lambda) = 0$ ist.

Die Frage der Wohldefiniertheit von (5.5) ist insbesondere beantwortet durch das folgende

Lemma 5.3.18. Sei $f \in \mathrm{Op}(V)$ ein Operator auf dem n-dimensionalen k-Vektorraum V, und zwei Basen $\mathscr{A} := (a_1, ..., a_n)$ und $\mathscr{B} := (b_1, ..., b_n)$ in V gegeben. Bezeichnen $\Phi : k^n \overset{\cong}{\to} V, e_k \mapsto a_k$ und $\Psi : k^n \overset{\cong}{\to} V, e_k \mapsto b_k$ die zugehörigen Basis-Isomorphismen, so gilt für die darstellenden Matrizen $A := \Phi^{-1} \circ f \circ \Phi$ und $B := \Psi^{-1} \circ f \circ \Psi$ von f

$$\det A = \det B.$$

Beweis. Hier geht der Multiplikationssatz für Determinanten ein (Satz 3.8.18 (v)). Setze $C := \Phi^{-1} \circ \Psi \in \mathrm{GL}_n(k)$. Dann folgt aufgrund des oben genannten kommutativen Diagramms $B = C^{-1}AC$ und also

$$\det B = \det(C^{-1}AC) = \det C^{-1} \det A \det C = \det(C^{-1}C) \det A = \det A.$$

$\square$

Das erhellt folgende

Definition 5.3.19. Ist $f \in \mathrm{Op}(V)$ ein Operator auf einem endlich-dimensionalen k-Vektorraum und $A \in M_n(k)$ die darstellende Matrix bezüglich einer in V gegebenen Basis, so ist vermöge

$$\boxed{\det(f) := \det A}$$

die **Determinante des Operators** f gegeben. Sie ist nach dem vorstehenden Lemma 5.3.18 wohldefiniert, d.h. unabhängig von der Wahl der darstellenden Matrix, d.h. unabhängig von der Wahl einer Basis in V.

Mit dem gleichen Lemma folgt auch die Wohldefiniertheit der folgenden

Definition 5.3.20. Für einen Operator $f \in \mathrm{Op}(V)$ auf V mit $\dim_k(V) = n$ und $A \in M_n(k)$ der darstellenden Matrix einer in V gegebenen Basis heißt

$$\boxed{\chi_f(\lambda) := \chi_A(\lambda)}$$

das **charakteristische Polynom** von f.

Vorgehensweise zur Berechnung von Eigenwerten und Eigenvektoren eines Operators $f \in \mathrm{Op}(V)$:

1. (Transformation) Wähle Basis in V, d.h. einen Basis-Isomorphismus $\Phi : k^n \xrightarrow{\cong} V$, und bestimme die darstellende Matrix $A := \Phi^{-1} \circ f \circ \Phi \in M_n(k)$ von f bzgl. der durch Φ gegebenen Basis in V.

2. (Eigenwerte) Bestimme das charakteristische Polynom $\chi_f(\lambda) = \chi_A(\lambda) = \det(A - \lambda E)$ und berechne alle verschiedenen Nullstellen $\lambda_1, ..., \lambda_l \in k$ von χ_A. Das sind die Eigenwerte von A und also – nach Lemma 5.3.12 – von f.

3. (Eigenvektoren der darstellenden Matrix) Für jedes $i = 1, ..., l$ bestimme eine Basis $(u_1^i, ..., u_{d_i}^i)$ des Kerns der Matrix $(A - \lambda_i E)$, d.h. $\mathrm{Kern}(A - \lambda_i E) \subset k^n$, d.h. berechne Lösungsmenge des homogenen LGS $(A - \lambda_i E)x = 0$.

4. (Rücktransformation) Vermöge $v_j^i := \Phi(u_j^i) \in V$ ist für jedes $i = 1, ..., l$ eine Basis $(v_1^i, ..., v_{d_i}^i)$ des Eigenraumes $E_{\lambda_i}(f) = \mathrm{Kern}(f - \lambda_i \,\mathrm{id}_V)$ von f gegeben.

Bemerkung 5.3.21. Oftmals kann der 1. und 4. Schritt weggelassen werden, z.B. wenn f bereits als Matrix $A : k^n \to k^n$ gegeben ist. Aber selbst wenn $f : k^n \to k^n$ in Matrixform gegeben ist, kann eine Transformation $\Phi := S : k^n \xrightarrow{\cong} k^n$ auf eine andere Basis des k^n sinnvoll sein, weil sich dann ggf. Rechenschritte in 2. und 3. vereinfachen.

Ist $f \in \mathrm{Op}(V)$ und $\lambda_1, ..., \lambda_l \in k$ die verschiedenen Eigenwerte von f und $E_{\lambda_1}, ..., E_{\lambda_l}$ die zuhörigen Eigenräume, so ist die Einschränkung $f_{|E_{\lambda_1} \oplus ... \oplus E_{\lambda_l}}$ des Operators f auf den Unterraum $U := E_{\lambda_1} \oplus ... \oplus E_{\lambda_l}$ gemäß Satz 5.3.9 sehr gut durchschaubar.

Diskussion: Warum? Wie sieht f in diesem Falle aus?
(Hinweis: Wie sieht jede der Einschränkungen $f_{|E_{\lambda_i}}$ aus? Welche besondere Eigenschaft hat die direkte Summe für ein $u \in U$?)

Gilt sogar $V = E_{\lambda_1} \oplus ... \oplus E_{\lambda_l}$ so kennt man den *ganzen* Operator; in diesem Fall hat man eine Basis aus Eigenvektoren von V gefunden. Dies führt auf den fundamentalen Begriff der *Diagonalisierbarkeit*:

Definition 5.3.22. Ein Operator $f : V \to V$ auf einem k-Vektorraum V heißt **diagonalisierbar**, falls V eine Basis aus Eigenvektoren von f hat.

Sprechweise 5.3.23. Hat ein Operator $f \in \mathrm{Op}(V)$ eine Basis aus Eigenvektoren, d.h. f ist diagonalisierbar, so spricht man gelegentlich von einer *Eigenbasis* von f in V.

Bemerkung 5.3.24. Ein Operator $f \in \mathrm{Op}(V)$ auf V mit $\dim_k(V) = n$ ist genau dann diagonalisierbar, wenn die Summe der geometrischen Vielfachheiten seiner Eigenräume gleich n ist, d.h.

$$\boxed{\; f \in \mathrm{Op}(V) \text{ diagonalisierbar} \iff \dim_k(E_{\lambda_1}) + \ldots + \dim_k(E_{\lambda_i}) = \dim_k(V) = n. \;}$$

Insbesondere ist jeder Operator mit n verschiedenen Eigenwerten diagonalisierbar.

Satz 5.3.25. *Sei $f \in \mathrm{Op}(V)$ und $A \in M_n(k)$ die darstellende Matrix bzgl. der Basis $(v_1, \ldots, v_n)$ von V. Dann gilt:*

$$\boxed{\; f(v_i) = \lambda_i v_i \;\; \forall_{i=1,\ldots,n} \iff A = \begin{pmatrix} \lambda_1 & & 0 \\ & \ddots & \\ 0 & & \lambda_n \end{pmatrix} \;}$$

d.h. jedes v_i ist Eigenvektor zum Eigenwert λ_i genau dann, falls die darstellende Matrix A Diagonalgestalt hat, mit den nicht notwendig verschiedenen Eigenwerten $\lambda_1, \ldots, \lambda_n \in k$ in der Diagonalen.

Beweis. Wähle Basis-Isomorphismus $\Phi : k^n \to V, e_i \mapsto v_i$. Wie in Kap. 3.5 leitet man

$$\begin{array}{ccc} V & \xrightarrow{\;f\;} & V \\ \Phi \Big\uparrow \cong & & \cong \Big\uparrow \Phi \\ k^n & \xrightarrow[\;A\;]{} & k^n \end{array}$$

für die darstellende Matrix $A := \Phi^{-1} \circ f \circ \Phi \in M_n(k)$ aus nebenstehendem kommutativen Diagramm die Beziehung $f(v_j) \overset{(*)}{=} \sum_{i=1}^n a_{ij} v_i$ ab, d.h. $f(v_j)$ ist Linearkombination der v_i's mit Koeffizienten der j'ten Spalte der darstellenden Matrix A von f.

Damit: Gilt $f(v_j) = \lambda_j v_j$ für alle $j = 1, \ldots, n$, so folgt $\lambda_j = a_{jj}$ für alle $j = 1, .., n$ durch Vergleich mit $(*)$. Hat A Diagonalgestalt, so folgt genauso die linke Seite. $\qquad\square$

Wenden wir uns nun den wichtigen Spezialfall zu, dass der Operator als lineare Abbildung auf dem k^n gegeben ist, d.h. als Matrix $A \in \mathrm{Op}(k^n) = M_n(k)$.

$$\begin{array}{ccc} k^n & \xrightarrow{\;A\;} & k^n \\ S \Big\uparrow \cong & & \cong \Big\uparrow S \\ k^n & \xrightarrow[\;D\;]{} & k^n \end{array}$$

Die Wahl einer Basis $\mathscr{B} := (b_1, \ldots, b_n)$ in k^n ist dasselbe wie die Wahl eines Basis-Isomorphismus $S : k^n \to k^n$, $e_i \mapsto b_i$, der als Abbildung auf dem k^n einer invertierbaren Matrix $S \in \mathrm{GL}_n(k)$ entspricht. Die darstellende Matrix von A bzgl. der Basis $\mathscr{B}$ lautet gemäß nebenstehendem kommutativen Diagramm $D := S^{-1}AS$.

Definition 5.3.26. Eine Matrix $A \in M_n(k)$ heißt **diagonalisierbar**, falls der durch A definierte Operator $A : k^n \to k^n$ diagonalisierbar ist.

Korollar 5.3.27. Eine Matrix $A \in M_n(k)$ ist genau dann diagonalisierbar, falls es eine invertierbare Matrix $S \in GL_n(k)$ gibt, so dass $S^{-1}AS$ Diagonalgestalt hat, d.h.:

$$S^{-1}AS = D := \begin{pmatrix} \lambda_1 & & 0 \\ & \ddots & \\ 0 & & \lambda_n \end{pmatrix}, \qquad \text{mit} \quad S := (v_1|v_2|....|v_n) \qquad (5.6)$$

wobei in den Spalten von S eine Basis aus Eigenvektoren $(v_1, ..., v_n)$ des k^n steht und $\lambda_1, ..., \lambda_n \in k$ die nicht notwendig paarweise verschiedenen zugehörigen Eigenwerte von A sind.

Beweis. Die Behauptung, A diagonalisierbar $\Leftrightarrow$ $S^{-1}AS = D$, folgt unmittelbar aus Satz 5.3.25. Hat S eine Basis aus Eigenvektoren in den Spalten, so zeigen wir $S^{-1}AS = D$. Dazu: Es ist D die darstellende Matrix von A bzgl. der Eigenbasis $(v_1, ..., v_n)$. Bezeichnet $(v_1^i, ..., v_{d_i}^i)$ eine Basis aus Eigenvektoren des i'ten Eigenraumes E_{λ_i}, so ist $(v_1, ..., v_n) = (v_1^1, ..., v_{d_1}^1, v_1^2, ..., v_{d_2}^2, ..., v_1^l, ..., v_{d_l}^l)$ mit $l \leq n$. Weil $S^{-1}AS = D \Leftrightarrow AS = SD$ erhalten wir:

$$AS = (Av_1^1|...|Av_{d_1}^1|......|Av_1^l|...|Av_{d_l}^l) = (\lambda_1 v_1^1|...|\lambda_1 v_{d_1}^1|.......|\lambda_l v_1^l|...|\lambda_l v_{d_l}^l) = SD$$

$\square$

Beachte: Die Reihenfolge der Eigenwerte und Eigenvektoren in (5.6) ist wichtig, d.h. die Eigenbasis wird in S so angeordnet, dass sie den zugehörigen Eigenwerten in D entsprechen, also v_i ist Eigenvektor von A zum Eigenwert λ_i für alle $i = 1, ..., n$.

Beispiel 5.3.28. (i) Betrachte für $k = \mathbb{R}$ die Drehung um $\pi/2$, welche beschrieben wird durch

$$A := \begin{pmatrix} 0 & -1 \\ 1 & 0 \end{pmatrix}.$$

Dann hat das charakteristische Polynom $\chi_A(\lambda) = \det(A - \lambda E) = \lambda^2 + 1$ keine reellen Nullstellen, und damit keine Eigenwerte in $k = \mathbb{R}$. Ohne Eigenwerte kann es auch keine Basis aus Eigenvektoren geben, und daher ist A nicht diagonalisierbar über $\mathbb{R}$.

(ii) Für $a \in k^*$ und

$$A := \begin{pmatrix} a & 1 \\ 0 & a \end{pmatrix} \qquad \text{ist } \chi_A(\lambda) = (a - \lambda)^2 \qquad \text{und} \quad E_\lambda = \text{Lin}_k(e_1) \quad \text{also} \quad \dim_k(E_\lambda) = 1,$$

denn ein Eigenvektor $v = (x, y)^T$ von A müsste $y = 0$ und $x \neq 0$ erfüllen. Daher kann es keinen zu e_1 linear unabhängigen weiteren Eigenvektor $w \in k^2$ geben, so dass (v, w) eine Basis des k^2 wäre. Also ist A nicht diagonalisierbar.

Merke: Nicht jeder Operator ist diagonalisierbar, auch wenn er Eigenwerte hat.

Lemma 5.3.29 (Notwendiges Diagonalisierbarkeitskriterium). Ist $f \in \mathrm{Op}(V)$ mit $\dim_k V = n$ diagonalisierbar, so zerfällt das charakteristische Polynom $\chi_f(\lambda)$ in Linearfaktoren, d.h. sind $\lambda_1, ..., \lambda_l \in k$ die verschiedenen Eigenwerte von f, so gilt

$$\chi_f(\lambda) = (-1)^n(\lambda - \lambda_1)^{m_1} \cdot (\lambda - \lambda_2)^{m_2} \cdot ... \cdot (\lambda - \lambda_l)^{m_l} = (-1)^n \prod_{i=1}^{l} (\lambda - \lambda_i)^{m_i},$$

mit wohlbestimmten Multiplizitäten $m_i \geq 1$ und $m_1 + m_2 + ... + m_l = n = \dim_k(V)$.

Zum Beweis. Ist $(v_1, ..., v_n)$ eine Basis aus Eigenvektoren in V, so ist D die darstellende Diagonalmatrix mit den nicht notwendig verschiedenen Eigenwerten $\lambda_1, ..., \lambda_n$ in der Diagonalen. Dann besagt Lemma 5.3.18 $\chi_f(\lambda) = \chi_D(\lambda) = (\lambda_1 - \lambda) \cdot ... \cdot (\lambda_n - \lambda)$. Also zerfällt χ_f in Linearfaktoren. □

Bemerkung 5.3.30. Man kann zeigen, dass der führende Koeffizient im charakteristischen Polynom $\chi_f(\lambda)$ stets $(-1)^n$ ist, mit $n = \dim_k(V)$.

Definition 5.3.31. Unter der **algebraischen Vielfachheit** eines Eigenwertes $\lambda_i \in k$ von f versteht man die Vielfachheit m_i als Nullstelle im charakteristischen Polynom $\chi_f(\lambda)$ von f.

Bemerkung 5.3.32. Die geometrische Vielfachheit eines Eigenwertes ist stets kleiner gleich der algebraischen Vielfachheit.

Beweis. Sei λ ein Eigenwert des Operators f. Ergänze eine Basis $(v_1, ..., v_d)$ des Eigenraumes E_λ von λ zu einer Basis von ganz V. Dann hat die darstellende Matrix von f bezüglich dieser Basis die Gestalt

$$A = \left(\begin{array}{ccc|c} \lambda & & 0 & \\ & \ddots & & * \\ 0 & & \lambda & \\ \hline & 0 & & \tilde{A} \end{array} \right),$$

mit einer notwendig quadratischen Teilmatrix $\tilde{A}$. Mithilfe des LAPLACEschen Entwicklungssatzes Satz 3.8.24 nach der 1. Spalte folgt induktiv $\chi_f(x) = \chi_A(x) = \det(A - xE) = (\lambda - x)^d \chi_{\tilde{A}}(x)$. Hieraus sieht man sofort, dass die algebraische Vielfachheit von λ mindestens der geometrischen Vielfachheit d entspricht.

□

Ein beim praktischen Rechnen nützliches Diagonalisierbarkeitskriterium besagt: Zerfällt das charakteristische Polynom in Linearfaktoren, so ist ein Operator genau dann diagonalisierbar, wenn die geometrischen Vielfachheiten mit den algebraischen Vielfachheiten seiner Eigenwerte übereinstimmen. Zusammenfassend

Theorem 5.3.33 (Diagonalisierbarkeitskriterien). *Für einen Operator $f \in \mathrm{Op}(V)$ mit $\dim_k V = n$ sind folgende Aussagen äquivalent:*

(i) f ist diagonalisierbar.

(ii) V besitzt eine Basis aus Eigenvektoren von f.

(iii) Sind $\lambda_1, ..., \lambda_l \in k$ die verschiedenen Eigenwerte von f, so gilt $n = \dim_k V = \sum_{i=1}^{l} \dim_k E_{\lambda_i}$.

(iv) Sind $\lambda_1, ..., \lambda_l \in k$ die verschiedenen Eigenwerte von f, so gilt $V = E_{\lambda_1} \oplus E_{\lambda_2} \oplus ... \oplus E_{\lambda_l}$.

(v) Das charakteristische Polynom $\chi_f(\lambda)$ zerfällt in Linearfaktoren, und für jeden Eigenwert $\lambda \in k$ stimmen algebraische und geometrische Vielfachheit überein.

Zum Beweis. Es gilt *(i)* $\Leftrightarrow$ *(ii)* nach Definition, und für *(iii)* $\Leftrightarrow$ *(iv)* folgt die Hinrichtung aus Satz 5.3.9 und die Rückrichtung aufgrund der Dimensionsformel für Untervektorräume Satz 3.5.33. Wieder mit Satz 5.3.9 erhält man *(ii)* $\Leftrightarrow$ *(iv)*. Zu *(iv)* $\Rightarrow$ *(v)*: Wegen Lemma 5.3.29 zerfällt das charakteristische Polynom in Linearfaktoren, wobei die Summe der algebraischen Vielfachheiten n ergibt, also $n = m_1 + ... + m_l$. Die Voraussetzung besagt $m_1 + ... + m_l = n = d_1 + ... + d_l$. Da aber gemäß Bem. 5.3.32 für jedes λ_j die geometrische Vielfachheit $d_j := \dim_k E_{\lambda_j} \leq m_j$ kleiner oder gleich der algebraischen Vielfachheit von λ_j ist, folgt $m_j = d_j$ für alle $j = 1, ..., l$. Die Implikation *(v)* $\Rightarrow$ *(i)* ist trivial, was den Beweis des Theorems abschließt. $\square$

Beispiel 5.3.34. (i) Betrachte die reelle Matrix

$$A = \begin{pmatrix} -1 & 0 & 0 & 6 \\ 0 & 1 & 0 & -3 \\ 0 & 0 & 1 & 1 \\ 0 & 0 & 0 & 1 \end{pmatrix} \in M_4(\mathbb{R})$$

und bestimme algebraische und geometrische Vielfachheiten aller Eigenwerte.

Es ist nichts leichter, als die Determinante von Dreiecksmatrizen (vgl. Satz 3.8.18) zu berechnen. Das charakteristische Polynom ist folglich $\chi_A(\lambda) = (-1 - \lambda)(1 - \lambda)^3$, womit wir die algebraischen Vielfachheiten $m_1 = 1$ bzw. $m_2 = 3$ zu den Eigenwerten $\lambda_1 = -1$ bzw. $\lambda_2 = 1$ direkt ablesen können. Insbesondere zerfällt χ_A in Linearfaktoren. Die geometrischen Vielfachheiten $d_j := \dim \text{Kern}(A - \lambda_j E)$ mit $j = 1, 2$ werden via Rang gemäß Kap. 3.6 berechnet. Dazu bringen wir $A - \lambda_j E$ auf Zeilenstufenform, um den Rang abzulesen.

- Für $\lambda_1 = -1$ liefert elementare Zeilenumformungen:

$$\begin{pmatrix} 0 & 0 & 0 & 6 \\ 0 & 2 & 0 & -3 \\ 0 & 0 & 2 & 1 \\ 0 & 0 & 0 & 2 \end{pmatrix} \rightsquigarrow \begin{pmatrix} 0 & 2 & 0 & -3 \\ 0 & 0 & 2 & 1 \\ 0 & 0 & 0 & 2 \\ 0 & 0 & 0 & 6 \end{pmatrix} \rightsquigarrow \begin{pmatrix} 0 & 2 & 0 & -3 \\ 0 & 0 & 2 & 1 \\ 0 & 0 & 0 & 2 \\ 0 & 0 & 0 & 0 \end{pmatrix} \rightsquigarrow \begin{pmatrix} 0 & 1 & 0 & -\frac{3}{2} \\ 0 & 0 & 1 & \frac{1}{2} \\ 0 & 0 & 0 & 1 \\ 0 & 0 & 0 & 0 \end{pmatrix}$$

Folglich ist $\text{rg}(A - \lambda_1 E) = 3$ und also nach der Dimensionsformel $d_1 = 4 - 3 = 1 = m_1$.

- Für $\lambda_2 = 1$ liefert elementare Zeilenumformungen

$$\begin{pmatrix} -2 & 0 & 0 & 6 \\ 0 & 0 & 0 & -3 \\ 0 & 0 & 0 & 1 \\ 0 & 0 & 0 & 0 \end{pmatrix} \rightsquigarrow \begin{pmatrix} 1 & 0 & 0 & -3 \\ 0 & 0 & 0 & 1 \\ 0 & 0 & 0 & 0 \\ 0 & 0 & 0 & 0 \end{pmatrix},$$

woraus sich $\operatorname{rg}(A - \lambda_2 E) = 2$ und also $d_2 = \dim \operatorname{Kern}(A - \lambda_2 E) = 4 - 2 = 2 \neq 3 = m_2$ ergibt.

Somit besagt das Theorem, dass A nicht diagonalisierbar ist, denn die geometrische Vielfachheit von $\lambda_2 = 1$ stimmt nicht mit der algebraischen überein. Aus den jeweils letzten Matrizen kann nunmehr sehr leicht eine Basis des Eigenraumes E_{λ_j} mit $j = 1, 2$ bestimmt werden.

Übung: Tun Sie das!

Beispiel 5.3.35. Zwar hat die Matrix $A := \begin{pmatrix} 0 & -1 \\ 1 & 0 \end{pmatrix}$ gemäß Bsp. 5.3.28 (i) in $k = \mathbb{R}$ keine Eigenwerte und ist daher nicht diagonalisierbar, wohl aber zerfällt das charakteristische Polynom $\chi_A(\lambda) = \lambda^2 + 1$ nach dem Fundamentalsatz der Algebra Satz 4.2.38 über $k = \mathbb{C}$, denn $\lambda_{1/2} = \pm i \in \mathbb{C}$ sind zwei verschiedene Eigenwerte, und wegen $\dim_{\mathbb{C}} \mathbb{C}^2 = 2$ ist A diagonalisierbar über $\mathbb{C}$.

Fazit für $k = \mathbb{C}$: Hier sieht man, welche fundamentale Bedeutung die komplexen Zahlen für die Eigenwerttheorie haben: Weil nach dem Fundamentalsatz der Algebra jedes komplexe Polynom in Linearfaktoren zerfällt, zerfällt auch das charakteristische Polynom in Linearfaktoren, so dass man zur Diagonalisierbarkeit nur die algebraischen und geometrischen Vielfachheiten der Eigenwerte zu zählen hat.

Ausblickend wenden wir uns der Frage zu, welche Matrizen überhaupt diagonalisierbar sind. Wie bereits in Bsp. 5.3.28 gezeigt, ist nicht jede Matrix diagonalisierbar.

Satz 5.3.36. *Folgende Matrizengruppen sind stets diagonalisierbar:*

$$\begin{aligned} \operatorname{Sym}_n(\mathbb{R}) &:= \{A \in M_n(\mathbb{R}) \mid A^T = A\} & \text{\textit{Symmetrische Matrizen}} \\ \operatorname{Herm}_n(\mathbb{C}) &:= \{A \in M_n(\mathbb{C}) \mid \bar{A}^T = A\} & \textsc{Hermitesche}\ \textit{Matrizen} \\ \operatorname{U}_n &:= \{A \in \operatorname{GL}_n(\mathbb{C}) \mid A^{-1} = \bar{A}^T\} & \textit{Unitäre Matrizen} \end{aligned}$$

Bemerkung 5.3.37. Jede Matrix $A \in M_n(\mathbb{C})$ kann auf die sogenannte *Jordan-Normalform* gebracht werden. Auch diese hat in praktischen Fragestellungen Bewandtnis. Jedoch kann sie im Rahmen dieses Buches nicht behandelt werden. Der Leser sei hier auf Standardlektüre der Linearen Algebra von GERD FISCHER [Fi97] Kap. 4.6 oder MAX KOECHER [Ko92] Kap. 8 verwiesen.

Aus dem Trägheitssatz von SYLVESTER (vgl. Satz 3.9.10 und Kor. 3.9.12) folgt, dass jede reelle symmetrische Matrix, also jedes $A \in \text{Sym}_n(\mathbb{R})$, sich auf Diagonalgestalt bringen lässt; in der Transformationsmatrix S steht dann gerade eine SYLVE-STERbasis. Alternativ kann der Satz über die Definitheit quadratischer Formen (bzw. symmetrischer reeller Matrizen) auch in naheliegender Weise in Termen von Eigenwerten ausgedrückt werden.

Übung: Formulieren Sie einen Satz, der via Eigenwerte über die Definitheit reeller symmetrischer Matrizen bestimmt.

Im folgenden Abschnitt werden wir die Diagonalisierbarkeit reeller symmetrischer Matrizen beweisen. Das war keineswegs eine Darstellung der Eigenwerttheorie, sondern allenfalls eine Einladung dazu. Vieles gäbe es noch zu erzählen ...

Aufgaben

R.1. Betrachte die Abbildung

$$f : \mathbb{R}^3 \longrightarrow \mathbb{R}^3, \ (x, y, z)^T \longmapsto (-y + z, -3x - 2y + 3z, -2x - 2y + 3z)^T.$$

Prüfen Sie in allen Einzelheiten:

(a) Ist f linear? Wenn ja, wie lautet die darstellende Matrix bzgl. der Standardbasis?

(b) Untersuchen Sie, ob f diagonalisierbar ist und geben Sie ggf. eine Eigenbasis und Diagonalmatrix an.

R.2. (Eigenwerte, Eigenvektoren, Diagonalisierbarkeit)

Betrachte die Matrix

$$A := \begin{pmatrix} 2 & 1 + i \\ 1 - i & 3 \end{pmatrix} \in M_2(\mathbb{C})$$

(a) Zeigen Sie, dass A *hermitesch* ist, d.h. $\overline{A}^T = A$.

(b) Bestimmen Sie alle Eigenwerte von A.

(c) Bestimmen Sie zu jedem Eigenwert λ von A eine Basis des Eigenraumes E_λ.

(d) Ist A diagonalisierbar? Wenn ja, warum? Wie lautet in diesem Fall die Diagonalmatrix?

R.3. Man zeige, dass die Matrix

$$A := \begin{pmatrix} a & b \\ c & d \end{pmatrix} \in M_2(\mathbb{R})$$

für $(a - d)^2 + 4bc > 0$ diagonalisierbar ist, und für $(a - d)^2 + 4bc < 0$ nicht diagonalisierbar. Wie entscheidet man den Fall $(a - d)^2 + 4bc = 0$?

R.4. Man bestimme alle Eigenwerte des Differentialoperators:

$$\frac{\mathrm{d}^2}{\mathrm{d}t^2} : \mathscr{C}^\infty(\mathbb{R}) \to \mathscr{C}^\infty(\mathbb{R}), f \mapsto \ddot{f}$$

T.1. Man zeige: Eigenvektoren zu verschiedenen Eigenwerten symmetrischer reeller Matrizen $A \in \mathrm{Sym}_n(\mathbb{R})$ oder HERMITEscher Matrizen $A \in \mathrm{Herm}_n(\mathbb{C})$ sind orthogonal bzgl. des Standardskalarproduktes auf dem $\mathbb{R}^n$ bzw. $\mathbb{C}^n$.

T.2. Sei $(V, \langle ., . \rangle)$ ein EUKLIDischer Raum mit $\dim_\mathbb{R} V = n < \infty$. Ein Operator $f \in \mathrm{Op}(V)$ heißt *selbstadjungiert*, falls $\langle f(v), w \rangle = \langle v, f(w) \rangle$ für alle $v, w \in V$ gilt.

(i) Sei $(v_1, .., v_n)$ eine ONB in V. Zeige, dass die darstellende Matrix A eines selbstadjungierten Operators $f \in \mathrm{Op}(V)$ gegeben ist durch $a_{ij} = \langle f(v_j), v_i \rangle$, und $A \in \mathrm{Sym}_n(\mathbb{R})$. (Hinweis: Beginne: „Sei $(v_1, .., v_n)$ ONB in V. Dann ist $f(v_j) =$ Formel (3.20)...")

(ii) Sei $U \leq V$. Zeige, dass die Orthogonalprojektion $P_U \in \mathrm{Op}(V)$ selbstadjungiert ist, und bestimmen Sie alle Eigenwerte und Eigenräume. (Hinweis: Bild! Was macht P_U geometrisch? Warum muss P_U diagonalisierbar sein? Was bedeuten die E_λ's geometrisch?)

5.4 Lineare Operatoren in Euklidischen Räumen

Wie bereits in Abs. 3.9.2 gesehen, verleiht jedes Skalarprodukt auf einem reellen Vektorraum geometrische Struktur via Abstandsmaß und Winkelmaß. Im vorliegenden Abschnitt wollen wir lineare Operatoren studieren, welche also nicht nur die algebraische Struktur, sondern auch die geometrische Struktur solcher Räume respektieren. Unser Hauptanliegen ist jedoch, den Diagonalisierungskalkül auf eine besondere Klasse von Operatoren anzuwenden, nämlich den *selbstadjungierten Operatoren*, deren darstellende Matrix bezüglich einer gegebenen ON-Basis stets symmetrisch ist. Das wird einen zum Trägheitssatz von SYLVESTER Satz 3.9.19 alternativen Weg weisen, die Definitheit symmetrischer Matrizen mittels ihrer Eigenwerte zu bestimmen.

Wenn nichts anderes ausdrücklich gesagt, sei $(V, \langle ., . \rangle)$ ein EUKLIDischer Raum, d.h. also gemäß Abs. 3.9.2 ein $\mathbb{R}$-Vektorraum V zusammen mit einer positiv definiten symmetrische Bilinearform $\langle ., . \rangle : V \times V \to \mathbb{R}$, $(v, v) \mapsto \langle v, v' \rangle$, genannt *Skalarprodukt* auf V.

Definition 5.4.1. Ein Operator $T \in \mathrm{Op}(V)$ auf einem EUKLIDischen Raum V heißt **orthogonal**, falls er das Skalarprodukt erhält, d.h. wenn $\langle Tv, Tv' \rangle = \langle v, v' \rangle$ für alle $v, v' \in V$ gilt. Ist T zudem bijektiv, so heißt der Operator T eine **orthogonale Transformation**.

Fortan bezeichne $\| . \| := \sqrt{\langle ., . \rangle}$ die durch das Skalarprodukt induzierte Norm auf V. Unmittelbar aus der Definition folgt:

Notiz 5.4.2. Der identische Operator $\mathrm{id}_V : V \to V$, $v \mapsto v$ ist orthogonal. Sind $T, T' \in \mathrm{Op}(V)$ orthogonale Operatoren, so auch das Kompositum $T' \circ T \in \mathrm{Op}(V)$. Kurz:

$$V \xrightarrow[T \text{ orth}]{} V \xrightarrow[T' \text{ orth}]{} V \qquad \overset{\Rightarrow T' \circ T \text{ orth}}{\curvearrowright}$$

Man sagt: Orthogonalität ist *stabil* unter Komposition.

Bezeichnet man die orthogonalen Operatoren mit $O(V)$, so gilt ersichtlich $O(V) \subset \mathrm{Op}(V)$. Im Spezialfall $V = \mathbb{R}^n$ und dem Standardskalarprodukt $\langle .,. \rangle$ schreibt man $O(n)$ und spricht von der *orthogonalen Gruppe* der Ordnung n.

Bemerkung 5.4.3. Für $T \in O(V)$ gilt:

(i) T ist *abstandserhaltend*, d.h. $\|Tv\| = \|v\|$ für alle $v \in V$.

(ii) T ist *winkelerhaltend*; insbesondere $v \perp v' \Rightarrow Tv \perp Tv'$.

(iii) Ist T eine orthogonale Transformation, so ist das Inverse T^{-1} ebenfalls orthogonal.

(iv) Hat T einen Eigenwert $\lambda \in \mathbb{R}$, so gilt $\lambda = \pm 1$.

Beweis. Zu (i): Sei $T \in O(V)$ und $v \in V$. Dann gilt $\|Tv\| = \sqrt{\langle Tv, Tv \rangle} = \sqrt{\langle v, v \rangle} = \|v\|$. Zu (ii): Dies folgt sofort aus (i), denn definitionsgemäß ist der Winkel $0 \le \alpha \le \pi$ zwischen $Tv, Tv' \in V$ für $v, v' \in V$ wie folgt gegeben:

$$\cos \alpha := \frac{\langle Tv, Tv' \rangle}{\|Tv\| \cdot \|Tv'\|} = \frac{\langle v, v' \rangle}{\|v\| \cdot \|v'\|}$$

Zu (iii): Sei T eine orthogonale Transformation, dann ist die inverse Abbildung T^{-1} gemäß Lemma 3.4.23 jedenfalls linear. Es verbleibt zu zeigen, dass T^{-1} das Skalarprodukt erhält. Seien dazu $w, w' \in V$. Dann existieren eindeutig bestimmte $v, v' \in V$ mit $Tv = w$ und $Tv' = w'$. Unter Ausnutzung der Orthogonalität von T folgt:

$$\langle T^{-1}w, T^{-1}w' \rangle = \langle T^{-1}Tv, T^{-1}Tv' \rangle = \langle v, v' \rangle = \langle Tv, Tv' \rangle = \langle w, w' \rangle$$

Zu (iv): Sei $v \in V$ Eigenvektor zum Eigenwert $\lambda \in \mathbb{R}$ und $T \in \mathrm{Op}(V)$ orthogonal. Mit (i) folgt $\|v\| = \|Tv\| = \|\lambda v\| = |\lambda| \cdot \|v\|$, d.h. $(|\lambda| - 1) \cdot \|v\| = 0$ und also $|\lambda| = 1$, da $v \ne 0$ als Eigenvektor. $\qquad \square$

Unmittelbar aus (i) folgt: Jeder orthogonale Operator ist injektiv, denn $0 = \|Tv\| = \|v\| \Leftrightarrow v = 0$, nach den Normaxiomen in Lemma 3.9.30. Demnach ist jeder orthogonale Operator $T \in \mathrm{Op}(V)$ auf einem endlich-dimensionalen Euklidischen Raum V bereits eine orthogonale Transformation. Somit schließen wir unmittelbar

Korollar 5.4.4. Die orthogonalen Operatoren auf endlich-dimensionalem V bilden bzgl. Komposition eine Gruppe $(O(V), \circ)$, genannt die *orthogonale Gruppe* auf V.

Im Spezialfall der $O(n)$ rechtfertigt sich die bereits eingeführte Sprechweise. Aus (ii) der Bemerkung folgt weiter sofort:

Korollar 5.4.5. Ein orthogonaler Operator $T \in O(V)$ schickt ON-Basen auf ON-Basen, d.h. ist $(v_i)_{i \in I}$ eine ON-Basis in V, d.h.

$$\langle v_i, v_j \rangle = \delta_{ij} \quad \text{für alle } i, j \in I,$$

so auch die Familie $(T(v_i))_{i \in I}$.

Orthogonale Operatoren sind also abstandserhaltend. Dass diese scheinbar schwächere Bedingung nicht nur notwendig, sondern auch hinreichend ist, besagt das folgende

Lemma 5.4.6. Ein Operator ist genau dann orthogonal, wenn er abstandserhaltend ist.

Beweis. „$\Rightarrow$": Das ist aufgrund obiger Bemerkung (i) klar.
„$\Leftarrow$": Wegen $\|Tv\| = \|v\| \Leftrightarrow q : (v) := \langle v, v \rangle = \|v\|^2 = \|Tv\|^2 = \langle Tv, Tv \rangle =: q(Tv)$
überträgt sich die Normerhaltung von T auf die zum Skalarprodukt zugehörige quadratische Form q. Durch Polarisation dieser quadratischen Form erhalten wir gemäß Notiz 3.9.8 das Skalarprodukt zurück, und daher:

$$\begin{aligned}
\langle Tv, Tv' \rangle &= \frac{1}{2}\Big(q(T(v + v')) - q(Tv) - q(Tv')\Big) \\
&= \frac{1}{2}\Big(\|T(v + v')\|^2 - \|Tv\|^2 - \|Tv'\|^2\Big) \\
&= \frac{1}{2}\Big(\|v + v'\|^2 - \|v\|^2 - \|v'\|^2\Big) \\
&= \langle v, v' \rangle
\end{aligned}$$

$\square$

Hieraus erhellt sich die

Sprechweise 5.4.7. Orthogonale Operatoren werden auch *Isometrien* genannt, d.h. Abbildungen, die den Abstand erhalten. Man sagt auch *abstandstreu* statt abstandserhaltend oder *winkeltreu* statt winkelerhaltend.

Die *orthogonale Projektion* aus Theorem 3.9.45 ist nur im trvialen Fall $U = V$ orthogonal. Insofern ist hier die Bezeichnung „orthogonal" vieldeutig. Orthogonale Operatoren sind also stets winkeltreu; jedoch gilt die Umkehrung nicht.

Beispiel 5.4.8. Betrachte den Operator $T \in \text{Op}(\mathbb{R}^3)$ mit

$$T(x_1, x_2, x_3) := (x_1 \cos \varphi - x_2 \sin \varphi, x_1 \sin \varphi + x_2 \cos \varphi, x_3)^T,$$

der den Vektor $x := (x_1, x_2, x_3)^T$ um den festen Winkel φ um die x_3-Achse rotiert.

Wegen

$$
\begin{aligned}
\|Tx\|^2 &= x_1^2 \cos^2 \varphi - 2x_1 x_2 \cos \varphi \sin \varphi + x_2^2 \sin^2 \varphi + \\
&\quad + x_1^2 \sin^2 \varphi + 2x_1 x_2 \sin \varphi \cos \varphi + x_2^2 \cos^2 \varphi + x_3^2 \\
&= (x_1^2 + x_2^2) \cos^2 \varphi + (x_1^2 + x_2^2) \sin^2 \varphi + z^2 \\
&= (x_1^2 + x_2^2)(\cos^2 \varphi + \sin^2 \varphi) + x_3^2 \\
&= \|x\|^2
\end{aligned}
$$

ist T orthogonal.

Übung: Man gebe ein Beispiel für eine winkeltreue, aber nicht orthogonale lineare Abbildung an.

Kehren wir zurück zum EUKLIDischen Standardraum $(\mathbb{R}^n, \langle .,.\rangle_{\text{Std}})$. Dort lassen sich die orthogonalen linearen Abbildungen wie folgt charakterisieren:

Satz 5.4.9 (Charakterisierung der $O(n)$). *Folgende Aussagen sind äquivalent:*

(i) $A \in O(n)$

(ii) $A^T \cdot A = E$

(iii) *Die Spalten von A bilden eine ON-Basis im $\mathbb{R}^n$, d.h. A bildet die Standardbasis auf die ON-Basis ab, die durch die Spalten von A gegeben ist.*

Beweis. „(i) $\Leftrightarrow$ (ii)": Es gilt $A \in O(n) \Leftrightarrow \langle Ax, Ay \rangle_{\text{Std}} = (Ax)^T \cdot (Ay) = x^T A^T A y = x^T y = x^T E y = \langle x, y \rangle_{\text{Std}}$ für alle $x, y \in \mathbb{R}^n \Leftrightarrow A^T \cdot A = E$.
„(ii) $\Leftrightarrow$ (iii)": Das ist offensichtlich, denn $A^T A = E$ bedeutet gerade $\langle a_i, a_j \rangle_{\text{Std}} = \delta_{ij}$ mit den Spaltenvektoren a_i, a_j für alle $1 \le i, j \le n$. Da die Spalten von A die Bilder der Einheitsvektoren sind, ist damit der 2. Teil der Behauptung evident. $\qquad \square$

Als orthogonale lineare Abbildung ist $A \in O(n)$ invertierbar, was $A^T A = E \Leftrightarrow A^T A A^{-1} = A^T E = E A^{-1}$, d.h. $A^T = A^{-1}$ impliziert. Somit gilt auch $A A^T = E$. Das bedeutet, mit A ist auch A^T orthogonal. Wegen $\det^2(A) = \det(A^T) \det(A) = \det(A^T A) = \det(E) = 1$ folgt $|\det(A)| = 1$ für alle $A \in O(n)$. Zusammenfassend:

Korollar 5.4.10. Es gilt:

$$
O(n) = \{A \in GL_n(\mathbb{R}) \mid A^T = A^{-1}\}
$$

Insbesondere: Für jede orthogonale Matrix $A \in O(n)$ gilt $\det(A) = \pm 1$.

Wir wollen nun einen Zusammenhang zwischen den Gruppen $O(V)$ und $O(n)$ mit $n := \dim_{\mathbb{R}} V$ herstellen.

Notiz 5.4.11. Sei V ein n-dimensionaler EUKLIDischer Raum. Jede Wahl einer ON-Basis $(v_1, ..., v_n)$ induziert via den Basis-Isomorphismus $\Phi : \mathbb{R}^n \to V, e_i \mapsto v_i$ mit $i = 1, ..., n$ einen Gruppenisomorphismus

$$
\eta : O(V) \xrightarrow{\cong} O(n), \quad f \mapsto \Phi^{-1} \circ f \circ \Phi
$$

auf den orthogonalen Gruppen $O(V)$ und $O(n)$.

Beweis. Der Basis-Isomorphismus Φ schickt die Standard-ONB $(e_1, ..., e_n)$ auf die ONB $(v_1, .., v_n)$ in V, d.h. er ist orthogonal; desgleichen für ϕ^{-1}. Die lineare Abbildung η definiert man vermöge des unten stehenden Diagramms derart, dass es kommutiert.

$$
\begin{array}{ccc}
(V, \langle ., . \rangle) & \xrightarrow{\quad f \quad} & (V, \langle ., . \rangle) \\
\Phi \uparrow \cong & & \cong \uparrow \Phi \\
(\mathbb{R}^n, \langle ., . \rangle_{\text{Std}}) & \xrightarrow[\quad A \quad]{} & (\mathbb{R}^n, \langle ., . \rangle_{\text{Std}})
\end{array}
$$

Orthogonalität ist stabil unter Komposition und daher die darstellende Matrix $A := \eta(f) := \Phi^{-1} \circ f \circ \Phi$ von f bezüglich der Basis $(v_1, ..., v_n)$ orthogonal, d.h. $A \in O(n)$. Ebenso definiert man vermöge des Diagramms die orthogonale Abbildung

$$\xi : O(n) \longrightarrow O(V), A \longmapsto f := \Phi \circ A \circ \Phi^{-1},$$

d.h. $f \in O(V)$. Seien $f, f' \in O(n)$. Wegen

$$
\begin{aligned}
\eta(f' \circ f) &= \Phi^{-1} \circ (f' \circ f) \circ \Phi = \Phi^{-1} \circ f' \circ (\Phi \circ \Phi^{-1}) \circ f \circ \Phi \\
&= (\Phi^{-1} \circ f' \circ \Phi) \circ (\Phi^{-1} f \circ \Phi) \\
&= \eta(f') \circ \eta(f)
\end{aligned}
$$

ist η ein Gruppenhomomorphismus. Man zeigt nunmehr leicht, dass $\eta \circ \xi = \text{id}_{O(n)}$ und $\xi \circ \eta = \text{id}_{O(V)}$, d.h. $\xi = \eta^{-1}$, womit η als bijektiver Gruppenhomomorphismus und also Gruppenisomorphismus nachgewiesen ist. $\qquad \square$

Botschaft der Notiz: Ist $(V, \langle ., . \rangle)$ ein beliebiger EUKLIDischer Raum, so kann man o.B.d.A. annehmen, dass $V = \mathbb{R}^n$ und $\langle ., . \rangle = \langle ., . \rangle_{\text{Std}}$ gilt, womit man sich in geeigneten – nicht notwendig in allen – Situationen das Leben vereinfachen kann.

Definition 5.4.12. Ein Operator $f \in \text{Op}(V)$ auf einem EUKLIDischen Raum V heißt **selbstadjungiert**, falls für alle $v, v' \in V$ gilt:

$$\langle f(v), v' \rangle = \langle v, f(v') \rangle$$

Bemerkung 5.4.13. Sei $f \in \text{Op}(V)$ selbstadjungiert und $(v_1, ..., v_n)$ eine ON-Basis. Dann gilt für die darstellende Matrix A von f bezüglich dieser Basis $A^T = A$, d.h. $A \in \text{Sym}_n(\mathbb{R})$, mit $a_{ij} = \langle f(v_j), v_i \rangle$.

Beweis. Die darstellende Matrix einer linearen Abbildung wird über die Formel (3.20) gewonnen, d.h. $f(v_j) = \sum_{k=1}^n a_{kj} v_k$. Wenn wir beide Seiten in $\langle ., v_i \rangle$ einsetzen, mit einem festen v_i, so ergibt sich einerseits

$$\langle f(v_j), v_i \rangle = \sum_{k=1}^n a_{kj} \underbrace{\langle v_k, v_i \rangle}_{=\delta_{ki}} = a_{ij}$$

und andererseits unter Ausnutzung der Selbstadjungiertheit von f und der Symmetrie des Skalarproduktes

$$\langle f(v_j), v_i \rangle = \langle v_j, f(v_i) \rangle = \langle f(v_i), v_j \rangle = \sum_{k=1}^n a_{ki} \langle v_k, v_j \rangle = a_{ji},$$

also $a_{ij} = a_{ji}$, d.h. $A^T = A$.   □

Dieselbe Rechnung zeigt aber auch, dass beliebigen Operator $f \in \mathrm{Op}(V)$, der bezüglich einer ON-Basis eine symmetrische Matrix hat, bereits selbstadjungiert ist. Zusammenfassend:

Korollar 5.4.14. Ein Operator $f \in \mathrm{Op}(V)$ ist genau dann selbstadjungiert, falls seine darstellende Matrix A bezüglich einer ON-Basis in V symmetrisch ist.

Wir wollen uns nunmehr der Diagonalisierbarkeit selbstadjungierter Operatoren widmen. Dazu vorbereitend das folgende

Lemma 5.4.15. Eigenvektoren verschiedener Eigenwerte selbstadjungierter Operatoren stehen paarweise senkrecht aufeinander.

Beweis. Sei $f \in \mathrm{Op}(f)$ selbstadjungiert und v, w Eigenvektoren zu den Eigenwerten λ respektive μ mit $\lambda \neq \mu$, also $f(v) = \lambda v$ und $f(w) = \mu w$. Die Selbstadjungiertheit von f ausnutzend rechnet man:

$$0 = \langle f(v), w \rangle - \langle v, f(w) \rangle = \langle \lambda v, w \rangle - \langle v, \mu w \rangle = \lambda \langle v, w \rangle - \mu \langle v, w \rangle = (\lambda - \mu)\langle v, w \rangle$$

Da nach Voraussetzung $\lambda \neq \mu$, ist in $(\lambda - \mu)\langle v, w \rangle = 0$ nur noch $\langle v, w \rangle = 0$, d.h. $v \perp w$, wie behauptet.   □

Gemäß Satz 5.3.9 bilden die Eigenräume zu paarweise verschiedenen Eigenwerten eine direkte Summe. Hat man eine Basis aus Eigenvektoren in jedem Eigenraum E_{λ_i} gefunden, so lässt sich diese jeweils via GRAM-SCHMIDT orthonormalisieren. Die so entstandenen ON-Basen in den Eigenräumen $E_{\lambda_1}, ..., E_{\lambda_r}$ werden aneinandergereiht, womit unter Beachtung von Lemma 5.4.15 eine ON-Basis in der direkten Summe $E_{\lambda_1} \oplus \cdots \oplus E_{\lambda_r} \leq V$ entsteht, die dann freilich orthogonal ist. Insgesamt erhalten wir das

Korollar 5.4.16. Die Eigenräume zu verschiedenen Eigenwerten sind orthogonal, d.h. sind $E_{\lambda_1}, ..., E_{\lambda_r}$ Eigenräume zu paarweise verschiedenen Eigenwerten $\lambda_1, ..., \lambda_r$ eines selbstadjungierten Operators $f \in \mathrm{Op}(V)$, so gilt:

$$E_{\lambda_1} \oplus E_{\lambda_2} \oplus \ldots \oplus E_{\lambda_r} \leq V$$

Ein Operator ist definitionsgemäß diagonalisierbar, falls er eine Basis aus Eigenvektoren hat. Wir nennen einen Operator *orthogonal diagonalisierbar*, wenn er eine ON-Basis aus Eigenvektoren besitzt. Die gute Nachricht ist nun:

Theorem 5.4.17 (Orthogonale Diagonalisierung selbstadjungierter Operatoren). *Sei V ein n-dimensionaler EUKLIDischer Raum. Dann ist jeder selbstadjungierte Operator $f \in \mathrm{Op}(V)$ orthogonal diagonalisierbar.*

Beweis. Wir führen den Beweis via Induktion nach $n = \dim V$. Der Induktionsanfang $n = 1$ ist trivial, weil jede lineare Abbildung f auf einem 1-dimensionalen Vektorraum von der Form $f = a\,\mathrm{id}_V$ mit $a \in \mathbb{R}$ ist. Zum Induktionsschluss von

$n - 1$ nach n: Angenommen wir hätten einen Eigenvektor $v \in V$ von f Eigenwert λ. Für $U := v^{\perp} \leq V$ folgt mit der Selbstadjungiertheit von f:

$$\langle f(u), v \rangle = \langle u, f(v) \rangle = \langle u, \lambda v \rangle = \lambda \langle u, v \rangle = 0,$$

für alle $u \in U$ und somit $f(U) \subset U$. Nach Induktionsannahme hat die Einschränkung $f_{|U} : U \to U$ von f auf U ein selbstadjungierter Operator auf dem $n - 1$-dimensionalen Unterraum eine ON-Basis $(u_1, ..., u_{n-1})$ aus Eigenvektoren von f. Mittels $u_n := v/\|v\|$ wird sie zu einer ON-Basis $(u_1, ..., u_n)$ von ganz V ergänzt. Wenn wir also noch zeigen können, dass f irgendeinen Eigenvektor hat, dann ist das Theorem bewiesen. Dazu können wir uns wegen Notiz 5.4.11 o.B.d.A. in den Euklidischen Standardraum $(\mathbb{R}^n, \langle ., . \rangle_{\text{Std}})$ begeben und f als eine symmetrische Matrix $A \in \text{Sym}_n(\mathbb{R})$ annehmen. Wegen $\mathbb{R} \hookrightarrow \mathbb{C}$ lässt sich die Matrix A auch als $A \in M_n(\mathbb{C})$ lesen. Dann gibt es nach dem Fundamentalsatz der Algebra Satz 4.2.38 eine komplexe Nullstelle $\lambda := \alpha + i\beta \in \mathbb{C}$ des charakteristischen Polynoms χ_A von A, d.h. λ ist ein Eigenwert von A. Also gibt es einen Eigenvektor $w := u + iv \in \mathbb{C}^n \backslash 0$ mit:

$$Aw = \lambda w \Longleftrightarrow A(u + iv) = (\alpha + i\beta)(u + iv) \overset{(*)}{\Longleftrightarrow} \begin{cases} Au &= \alpha u - \beta v \\ Av &= \beta u + \alpha v \end{cases}$$

In (*) geht die $\mathbb{C}$-Linearität von A ein und anschließendes Sortieren nach Real- und Imaginärteil. Als symmetrische Matrix A gilt die Selbstadjungiertheit bezüglich des Standardskalarproduktes, d.h. $\langle Au, v \rangle_{\text{Std}} = \langle u, Av \rangle_{\text{Std}}$. Damit ergibt sich:

$$0 = \langle Au, v \rangle_{\text{Std}} - \langle u, Av \rangle_{\text{Std}} = \langle \alpha u - \beta v, v \rangle_{\text{Std}} - \langle u, \beta u + \alpha v \rangle_{\text{Std}} = -\beta \underbrace{(\|v\|^2 + \|u\|^2)}_{\neq 0}$$

Wegen $w \neq 0$ kann der Term in der Klammer nicht verschwinden und also ist $\beta = 0$, womit wir also nur einen reellen Eigenwert α haben. Im Reellen ergibt sich also $Au = \alpha u$ mit dem gesuchten Eigenvektor $u \in \mathbb{R}^n$ von A. $\qquad \square$

In Matrizensprache lautet das Theorem folgendermaßen:

Korollar 5.4.18 (Orthogonale Diagonalisierung symmetrischer Matrizen über $\mathbb{R}$). Jede reelle symmetrische Matrix $A \in \text{Sym}_n(\mathbb{R})$ hat eine orthogonale Diagonalisierung, d.h. es gibt eine orthogonale Matrix $S \in O(n)$, so dass $D = S^T A S$ eine Diagonalmatrix ist.

In der Diagonalmatrix D stehen dann die Eigenwerte von A und in den Spalten von S haben wir eine ON-Basis aus Eigenvektoren im $\mathbb{R}^n$. All das ist nicht neu, sondern eine direkte Konsequenz von Kor. 5.3.27 und obigem Theorem.

Beispiel 5.4.19. Wir wollen die Matrix $A := \begin{pmatrix} 3 & 2 \\ 2 & 6 \end{pmatrix} \in \text{Sym}_2(\mathbb{R})$ diagonalisieren.

Dazu berechnen wir die Nullstellen des charakteristischen Polynoms

$$\chi_A(\lambda) = \det(A - \lambda E) = \begin{vmatrix} 3 - \lambda & 2 \\ 2 & 6 - \lambda \end{vmatrix} = \lambda^2 - 9\lambda + 14 = 0$$

und hieraus entnimmt man $\lambda_1 = 2$ und $\lambda_2 = 7$ als Eigenwerte von A. Folglich sind die beiden Eigenräume eindimensional. Für E_{λ_1} lösen wir das lineare Gleichungssystem $(A - \lambda_1 E)x = 0$, d.h.

$$\begin{pmatrix} 1 & 2 \\ 2 & 4 \end{pmatrix} \begin{pmatrix} x_1 \\ x_2 \end{pmatrix} = 0 \Leftrightarrow x \in \text{Lin}(v_1) \text{ mit } v_1 := \begin{pmatrix} -2 \\ 1 \end{pmatrix},$$

d.h. $v_1 = (-2, 1)^T$ ist Eigenvektor zum Eigenwert $\lambda_1 = 2$. Wegen $E_{\lambda_2} = E_{\lambda_1}^\perp$ lesen wir $v_2 := (-1, -2)^T$ als einen Eigenvektor von A zum Eigenwert $\lambda_2 = 7$ sofort ab. Um eine ON-Basis des $\mathbb{R}^2$ zu gewinnen, braucht man v_1, v_2 nur noch zu normieren und erhält eine ON-Basis von Eigenvektoren für ganz $\mathbb{R}^2$. Die Spalten der Transformationsmatrix S sind ja gerade die normierten Eigenvektoren von A, d.h.:

$$S := \frac{1}{\sqrt{5}} \begin{pmatrix} -2 & -1 \\ 1 & -2 \end{pmatrix}$$

Übung: Man rechne $S^T = S^{-1}$ explizit nach und zeige, dass erwartungsgemäß $S^T A S = D$ mit $D = \begin{pmatrix} 2 & 0 \\ 0 & 7 \end{pmatrix}$ gilt.

Vorgehensweise zur Diagonalisierung symmetrischer Matrizen $A \in \text{Sym}_n(\mathbb{R})$:

1. (Eigenwerte) Man bestimme eine Linearfaktorzerlegung des charakteristischen Polynoms $\chi_A(\lambda) = c(\lambda - \lambda_1)^{v_1} \cdots (\lambda - \lambda_r)^{v_r}$ mit paarweise verschiedenen Eigenwerten $\lambda_1, ..., \lambda_r$ mit ihren Vielfachheiten $v_1, ..., v_r$ und $r \leq n$ sowie einer Konstanten $c \in \mathbb{R}$.

2. (Basis der Eigenräume) Für jedes λ_i mit $i = 1, ..., r$ bestimme man eine Basis des Eigenraumes E_{λ_i} durch Lösen des LGS $A - \lambda_i E = 0$.

3. (Orthonormalisieren) Mittels GRAM-SCHMIDT orthonormalisiere jede im Schritt 2 gefundene Eigenbasis, unabhängig in jedem Eigenraum E_{λ_i}. Durch Aneinanderreihung der r ON-Basen der Eigenräume $E_{\lambda_1}, ..., E_{\lambda_r}$ erhalten wir die gesuchte ON-Basis aus Eigenvektoren des ganzen Raumes.

Aufgaben

R.1. Man bestimme die Eigenwerte und eine ON-Basis aus Eigenvektoren folgender symmetrischer Matrizen:

$$(a) \begin{pmatrix} 2 & 1 & 1 \\ 1 & 2 & -1 \\ 1 & -1 & 2 \end{pmatrix} \qquad (b) \begin{pmatrix} 4 & 2 & 2 \\ 2 & 4 & 2 \\ 2 & 2 & 4 \end{pmatrix}$$

R.2. Für $b \neq 0$ bestimme man $S \in O(2)$, so dass $S^T A S$ Diagonalgestalt hat:

$$A := \begin{pmatrix} a & b \\ b & a \end{pmatrix}$$

R.3. Sei $A \in M_{m \times n}(\mathbb{R})$. Dann hat $A^T A$ eine ON-Basis aus Eigenvektoren.

T.1. Sei $Ax = b$ mit $A \in M_n(\mathbb{R})$ und $0 \neq b \in \mathbb{R}^n$ ein lineares Gleichungssystem auf dem EUKLIDischen Raum $(\mathbb{R}^n, \langle .,. \rangle)$. Alle Spalten a_j der Matrix A sollen bzgl. $\langle .,. \rangle$ senkrecht auf b stehen. Man zeige: Das Gleichungssystem ist unlösbar, d.h. $\mathscr{L}\ddot{o}s(A, b) = \emptyset$.

T.2. Seien $f, g \in Op(V)$ selbstadjungierte Operatoren. Man zeige: $f \circ g$ ist selbstadjungiert genau dann, falls $f \circ g = g \circ f$ gilt.

Kapitel 6

Approximation von Funktionen

Nicht Natur erklären - was sie letzten Grundes nie kann - sondern Natur beherrschen ist ihre eigentliche Aufgabe. Es darf nie vergessen werden, daß es eine schaffende Technik gibt, welche die Ansätze der theoretischen Wissenschaft in die Tat umsetzt.

FELIX KLEIN

In Abs. 2.3 haben wir gesehen, dass die Tangente an einer in $t_0 \in I$ differenzierbaren Funktion $f : I \to \mathbb{R}$ lokal um diesen Punkt eine gute Annäherung (d.h. Approximation) darstellt. Je weiter man sich allerdings von t_0 entfernt, desto schlechter wird im Allgemeinen die Approximation von f durch ihre Tangente in $(t_0, f(t_0))$. Es ist daher naheliegend, statt einer Geraden, ein Polynom höheren Grades zu verwenden. Das führt auf den Begriff des n'en TAYLOR-Polynoms, das eine lokal um t_0 genügend oft differenzierbare Funktion von n'er Ordnung bei t_0 approximiert.

6.1 Lineare Approximation

Ziel dieses Abschnittes ist, die linear algebraische Natur der Ableitung, genauer des *Differentials* df, einer differenzierbaren Funktion $f : I \to \mathbb{R}$ auf einem allgemeinen Intervall $I \subset \mathbb{R}$ zu verstehen, und die damit verbundene Approximationseigenschaft.

Bisher haben wir die Ableitung $f'(t_0)$ einer Funktion $f : I \to \mathbb{R}$ als den Limes seines Differenzenquotienten

$$f'(t_0) := \lim_{h \to 0} \frac{f(t_0 + h) - f(t_0)}{h} = \lim_{t \to t_0} \frac{f(t) - f(t_0)}{t - t_0}$$

definiert. *Geometrisch:* Aus der Sekante durch die Punkte $(t_0, f(t_0))$ und $(t_0 + h, f(t_0 + h))$ wird im Limes für $h \to 0$ bzw. $t \to t_0$, sofern er existiert, die Tangente an den

313

© Springer-Verlag GmbH Deutschland, ein Teil von Springer Nature 2021
J. Dambrowski, *Mathematik für technische Studiengänge im ersten Studienjahr*,
https://doi.org/10.1007/978-3-662-62852-2_6

Graphen von f im Punkte $(t_0, f(t_0))$, vgl. Abb. 6.1 links). Die Abbildung f heißt *differenzierbar in* t_0, falls dieser Limes existiert; sie heißt *differenzierbar* (auf I), wenn f in jedem Punkt $t_0 \in I$ differenzierbar ist.

Affine Approximation von f durch   Lineare Approximation von $h \mapsto f(t_0 + h) - f(t_0)$
die Tangente T_f in $(t_0, f(t_0))$ durch das Differential df_{t_0} in t_0

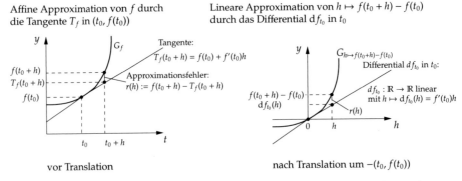

vor Translation   nach Translation um $-(t_0, f(t_0))$

Abbildung 6.1: Vergleich Tangente T_f und Differential df von f.

Jetzt klären wir, was die Ableitung f' mit linearen Abbildungen zu tun hat. Dazu rufen wir uns zunächst einige wohlbekannte Tatsachen aus Kap. 2.3 in Erinnerung, die ohne Müh' auch aus Abb. 6.1 (links) wieder entnommen werden können:

1. Die Steigung der Tangente $T_f : \mathbb{R} \to \mathbb{R}$, $h \mapsto f(t_0) + f'(t_0)h$ in t_0 entspricht gerade $f'(t_0)$.

2. Die Tangente approximiert[1] den Graphen von f *lokal* um $(t_0, f(t_0))$, d.h. in einer genügend kleinen (offenen) ε-Kugel $\overset{\circ}{K}_\varepsilon(t_0) := (t_0 - \varepsilon, t_0 + \varepsilon)$ ist der Fehlerterm $r(h) := f(t_0 + h) - T_f(t_0 + h)$ mit $h := t - t_0$ für $t \in \overset{\circ}{K}_\varepsilon(t_0)$ klein.

3. Ist $f : I \to \mathbb{R}$ differenzierbar, so ist die Tangentensteigung $f'(t_0)$ abhängig vom Punkt $t_0 \in I$, und d.h. es gibt demnach eine Abbildung $f' : I \to \mathbb{R}$, $t_0 \mapsto f'(t_0)$.

4. Die Tangentengleichung T_f ist für $f(t_0) \neq 0$ keine lineare Abbildung $\mathbb{R} \to \mathbb{R}$, sondern eine *affine* Abbildung, oder, was dasselbe ist, ein Polynom(-funktion) in h vom Grad ≤ 1.

Idee: Sei $f : I \to \mathbb{R}$ differenzierbar. Statt f lokal um t_0 durch die affine Tangentenabbildung $h \mapsto T_f(t_0 + h)$ darzustellen, approximiere die *Änderung der Funktion f bei t_0*, d.h. die Funktion $h \mapsto f(t_0 + h) - f(t_0)$ durch die *lineare* Abbildung $h \mapsto f'(t_0)h$. Geometrisch ist das eine Translation des Aufpunktes $(t_0, f(t_0))$ des Graphen von f in den Ursprung des Koordinatensystems, wie Abb. 6.1 (rechts) zu entnehmen ist. Die Tangente an den so entstandenen Graphen im Ursprung ist dann ersichtlich eine lineare Abbildung. Für jedes $t_0 \in I$ hat man demnach via der Ableitung $f'(t_0) \in \mathbb{R}$ die lineare Abbildung $h \mapsto f'(t_0)h$ gegeben, welche die

---

[1] approximieren $\triangleq$ annähern

Funktion $h \mapsto f(t_0 + h) - f(t_0)$ lokal bei 0 linear approximiert.

Wenn nichts anderes ausdrücklich gesagt wird, sei $I \subset \mathbb{R}$ fortan ein allgemeines Intervall in $\mathbb{R}$.

Definition 6.1.1 (Differential). Sei $f : I \to \mathbb{R}$ eine differenzierbare Funktion. Unter dem **Differential** df von f versteht man die Abbildung

$$\begin{aligned} df : I &\longrightarrow M_1(\mathbb{R}) = \text{Menge aller 1x1-Matrizen} = \mathbb{R} \\ t_0 &\longmapsto df_{t_0} : \mathbb{R} \longrightarrow \mathbb{R}, \; h \longmapsto df_{t_0}(h) := f'(t_0)h, \end{aligned}$$

d.h. das Differential df ordnet jedem Punkt $t_0 \in I$ die lineare Abbildung $df_{t_0} : \mathbb{R} \to \mathbb{R}, \; h \mapsto df_{t_0}(h) := f'(t_0)h$ zu.

Beispiel 6.1.2. Das Differential der Identität $\text{id} : I \to \mathbb{R}, t_0 \mapsto t_0$ ordnet jedem $t_0 \in I$ die lineare Abbildung $dt := d(\text{id})_{t_0} : \mathbb{R} \to \mathbb{R}, \; h \mapsto dt(h) = \text{id}'(t_0) \cdot h = h$, also die Identität auf $\mathbb{R}$ zu.

Beachte: Statt dt liest man in der Literatur für das Differential der Identität auch dx, und für die Abweichung von der Stelle t_0 bzw. x_0 ist neben h auch die Notation Δt bzw. Δx üblich.

Das Fundamental-Lemma der Linearen Algebra (vgl. Lemma 3.5.9) sagt, dass eine lineare Abbildung vollständig bekannt ist, wenn man weiß, wie sie auf einer Basis antwortet. In $\mathbb{R}$ ist offenbar jedes $0 \neq b \in \mathbb{R}$ eine Basis; insbesondere ist $e_1 = 1 \in \mathbb{R}$ die Standardbasis, und daher gilt:

Bemerkung 6.1.3. Eine Abbildung $F : \mathbb{R} \to \mathbb{R}$ ist genau dann linear, falls es eine Konstante $a \in \mathbb{R} = M_1(\mathbb{R})$ gibt, so dass $F(h) = ah$ gilt. Denn: „$\Rightarrow$": Bezüglich der Standardbasis $e_1 = 1$ gilt $F(h) = hF(1) = hF(e_1) = ah$ mit $a := F(1)$, aufgrund der Linearität von F. Die Implikation „$\Leftarrow$" ist trivial.

Korollar 6.1.4. (i) Jede lineare Abbildung $F : \mathbb{R} \to \mathbb{R}$ ist von der Form $F = a \cdot \text{id}$, d.h. Multiplikation der Identität auf $\mathbb{R}$ mit einer Konstanten $a \in \mathbb{R}$, also $F(h) = a\,\text{id}(h) = ah$, und daher folgt:
(ii) Ist $f : I \to \mathbb{R}$ differenzierbar, so gilt

$$df = f'dt \qquad \Longleftrightarrow \qquad \forall_{t_0 \in I} : df_{t_0} = f'(t_0)dt,$$

d.h. für jedes $t_0 \in \mathbb{R}$ ist $df_{t_0} : \mathbb{R} \to \mathbb{R}, \; h \mapsto df_{t_0}(h) = df_{t_0}(1) \cdot h = f'(t_0)h = f'(t_0) \cdot dt(h)$.

Beispiel 6.1.5. Durch welche affine Abbildung wird $f(t) := \sin(t)$ lokal um $t_0 = 0, \frac{2\pi}{3}$ approximiert, und wie groß ist der Fehler bei einer Abweichung zu t_0 von $h = t - 0 = \frac{\pi}{6}$ bzw. $h = t - \frac{2\pi}{3} = -\frac{\pi}{6}$?

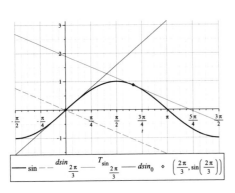

Zunächst ist dsin $= \sin' dt$ und daher $\text{dsin}_{t_0}(h) = \sin'(t_0)\, dt(h) = \cos(t_0) \cdot h$. Für $t_0 = 0$ ergibt sich $\text{dsin}_0(h) = 1 \cdot h = h$ und damit $\text{dsin}_0 = \text{id}_{\mathbb{R}}$ und im Punkte $t_0 = \frac{2\pi}{3}$ ist $\text{dsin}_{\frac{2\pi}{3}}(h) = \cos(\frac{2\pi}{3}) \cdot h = -\frac{1}{2} \cdot h$, d.h. $\text{dsin}_{\frac{2\pi}{3}} = -\frac{1}{2} \cdot \text{id}_{\mathbb{R}}$. Die Tangentengleichung von f in $\frac{2\pi}{3}$ lautet demnach

$$T_{\sin_{2\pi/3}}(t) = \sin(\frac{2\pi}{3}) + \text{dsin}_{\frac{2\pi}{3}} \cdot (t - \frac{2\pi}{3})$$

$$= \frac{\sqrt{3}}{2} - \frac{1}{2}(t - \frac{2\pi}{3}).$$

Da $T_{\sin_0} = \text{dsin}_0$, ergeben sich für die Fehlerterme dem Betrage nach $|r(h)| = |f(t_0 + h) - T_f(t_0 + h)|$ in $t_0 = 0$

$$\left| r\left(\frac{\pi}{6}\right) \right| = \left| \sin\left(\frac{\pi}{6}\right) - \text{dsin}_0\left(\frac{\pi}{6}\right) \right| = \left| \frac{1}{2} - \frac{\pi}{6} \right| \approx 0.0236,$$

bzw. für $t_0 = \frac{2\pi}{3}$

$$\left| r\left(-\frac{\pi}{6}\right) \right| = \left| \sin\left(\frac{2\pi}{3} - \frac{\pi}{6}\right) - T_{\sin_{\frac{2\pi}{3}}}\left(\frac{2\pi}{3} - \frac{\pi}{6}\right) \right| = \left| 1 - \left(\frac{\sqrt{3}}{2} + \frac{\pi}{12}\right) \right| \approx 0.128,$$

was einem die Anschauung (vgl. obige Abbildung) schon sagt. Tangenten sind also immer Ort des Geschehens, also am Graphen der zu approximierenden Funktion, während das Differential als lineare Abbildung stets durch den Ursprung geht. Ersichtlich stimmen Tangente und Differential genau dann überein, falls der Graph auch noch durch den Ursprung geht.

Beispiel 6.1.6 (Aus der Praxis). Eine Anwendung der Differentiale ist die sogenannte *Fehlerfortpflanzung*, hier in einem ganz trivialen Falle.

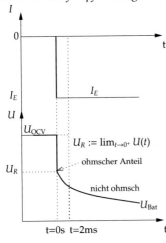

Um den OHMschen Innenwiderstand R einer Batterie messen zu können, wird ein Strompuls I_E (meist in Entladerichtung) auf die Batterie gegeben (siehe nebenstehende Abbildung) und die Spannungsantwort gemessen. Wir betrachten den Strom als exakt und damit als Konstante im OHMschen Gesetz $R(U) = \frac{1}{I_E} \cdot U$. Es bezeichne U_0 die gemessene Spannungsdifferenz $U_{\text{OCV}} - U_R$. Frage: Wie wirken sich Fehler ΔU in der Spannungsmessung auf den Fehler ΔR des ermittelten OHMschen Widerstandes aus? Dazu: Bekanntlich ist $R_0 := R(U_0) = \frac{1}{I_E} U_0$. Das Differential lautet $dR = R'dU$, und im Punkte U_0 folglich

$$\Delta R := dR_{U_0}(\Delta U) = R'_{U_0} dU(\Delta U) = R'_{U_0}\Delta U = \frac{1}{I_E}\Delta U = \frac{U_0}{I_E}\frac{\Delta U}{U_0} = R_0\frac{\Delta U}{U_0},$$

und also

$$\frac{\Delta R}{R_0} = \frac{\Delta U}{U_0},$$

d.h. der relative Fehler in der Spannungsmessung entspricht dem relativen Fehler des Oʜᴍschen Widerstandes.

Übung: Welchen Strom I_E muss man durch die Batterie schicken, um den Oʜᴍschen Innenwiderstand von $R = 1m\Omega$ auf 10% bzw. 1% genau messen zu können, wenn die Spannungsmessung laut Herstellerangabe 0.05% des Maximalmessbereiches von $5V$ genau ist?

Notiz 6.1.7. Zugegeben, der hier vorgestellte Differential„kalkül" wirkt etwas gekünstelt im Eindimensionalen; seine kraftvolle Entfaltung werden wir jedoch im Höherdimensionalen noch schätzen lernen. Jedenfalls ist festzuhalten, dass die in Natur- und Ingenieurwissenschaften vielfach eingesetzten sogenannten *infinitesimalen* Größen $df, dx, dt, \ldots$ eine mathematisch saubere Definition erfahren haben, anstatt im Trüben herumzustochern. Auch erstrahlen die Lᴇɪʙɴɪᴢschen Notationen der Ableitung $\frac{df}{dx}$ oder $\frac{df_{x_0}}{dx} = \left.\frac{df(x)}{dx}\right|_{x=x_0} = f'(x_0)$ im neuen Lichte, denn sie können in der Tat als *echte* Quotienten zweier Differentiale betrachtet werden.

Wir beschließen diesen Abschnitt mit einer Charakterisierung der Differenzierbarkeit, die sich – wie wir bald sehen werden – wunderbar auf den höherdimensionalen Fall verallgemeinern lässt:

Satz 6.1.8. *Sei $I \subset \mathbb{R}$ ein offenes Intervall und $f : I \to \mathbb{R}$ eine Abbildung. Dann sind äquivalent:*

(i) *f differenzierbar in $t_0 \in I$.*

(ii) *Vermöge $t \mapsto f(t_0) + a(t - t_0)$ ist die Tangente im Punkte $(t_0, f(t_0))$ des Graphen von f gegeben; in diesem Fall ist $a = f'(t_0)$.*

(iii) *Es gibt eine lineare Abbildung $A \in M_1(\mathbb{R})$ mit $f(t_0 + h) = f(t_0) + Ah + r(h)$ mit $\lim\limits_{h \to 0} \dfrac{r(h)}{h} = 0$, wobei dann $A = f'(t_0)$ ist.*

Bemerkung 6.1.9. (i) Im Fall dim > 1 ist A nicht nur eine Konstante, sondern eine Matrix.
(ii) Setze $h := t - t_0$. Dann ist in (ii) des Satzes alternativ die Tangentengleichung $T_f : \mathbb{R} \to \mathbb{R}$ vermöge $h \mapsto f(t_0) + ah$ gegeben.
(iii) Man sagt, T_f approximiert f bei t_0 von 1. Ordnung, weil gemäß (iii) des Satzes für den Fehlerterm $r(h) := f(t_0 + h) - T_f(t_0 + h)$ gilt $\lim_{h \to 0} r(h)/h = 0$. Eine Präzisierung und Verallgemeinerung dieses Begriffes erfolgt im nachfolgenden Abschnitt.

Aufgaben

R.1. Man bestimme das Differential der Funktion $f : \mathbb{R}^+ \to \mathbb{R}$, $x \mapsto \sqrt{x}$ in $x_0 = 1$. Welchen Fehler macht man mit dem Differential (gegenüber f) bei

einer Abweichung bzgl. $x_0 = 1$ von $\Delta x = 3$? Skizzieren Sie f, die lineare
Approximation und die affin lineare Approximation von f bei $x_0 = 1$.

R.2. Man bestimme das Differential der Funktion $f : \mathbb{R} \to \mathbb{R}$, $x \mapsto e^{-\frac{x}{2}}$ in $x_0 = -3$.
Welchen Fehler macht man mit dem Differential (gegenüber f) bei einer
Abweichung bzgl. $x_0 = -3$ von $\Delta x = 17$? Skizzieren Sie f, die lineare Appro-
ximation und die affin lineare Approximation von f bei $x_0 = -3$.

T.1. (Algebraische Rechenregeln) Seien $f, g : I \to \mathbb{R}$ differenzierbare Funktionen,
$\lambda, \mu \in \mathbb{R}$. Man zeige:

(a) (Linearität) $\mathrm{d}(\lambda f + \mu g) = \lambda \mathrm{d}f + \mu \mathrm{d}g$

(b) (Produktregel) $\mathrm{d}(fg) = f\mathrm{d}g + g\mathrm{d}f$

(c) (Quotientenregel) $\mathrm{d}\left(\frac{f}{g}\right) = \frac{g\mathrm{d}f + f\mathrm{d}g}{f^2}$, falls $g \neq 0$

T.2. Formulieren und beweisen Sie eine Art „Kettenregel" für Differentiale, d.h.
das Differential der Komposition zweier differenzierbarer Funktionen.

6.2   Taylor-Polynome und Approximation n'ter Ordnung

Oftmals ist eine lineare (affine) Approximation einer Funktion $f : I \to \mathbb{R}$, $t \mapsto f(t)$
lokal um einen Punkt $t_0 \in I$, nicht ausreichend, nämlich z.B. dann, wenn die praktischen Anforderungen es notwendig machen, auch Punkte $t \in I$ zu betrachten,
die weiter von t_0 entfernt sind.

Beispiel 6.2.1. Betrachte $f : \mathbb{R} \to \mathbb{R}, t \mapsto \cos(t)$ mit dem *Entwicklungspunkt* $t_0 = 0$.
Ein Polynom höchstens 1. Grades, z.B. $T_f^0(h) = 1 + \frac{1}{4}h$, das keine Tangente von
G_f in $t_0 = 0$ ist, aber durch den Punkte $(0,1)$ geht, erfüllt $\lim\limits_{h \to 0} r_0(h) = 0$, mit $r_0 :=$
$f - T_f^0$. Die Tangentengleichung $T_f^1(h) := T_f(h) = f(0) + f'(0)h = 1$ ist ein Polynom
in h höchstens 1. Grades, im vorliegenden Fall erwartungsgemäß die konstante
Funktion, da $f'(0) = 0$. Durch Hinzunahme weiterer Potenzen von h, mit noch zu
bestimmenden Koeffizienten, kann die Approximationsgüte verbessert werden. In
nachfolgender Abbildung wurde dazu ein Polynom 2. Grades (blau) verwendet,
nämlich

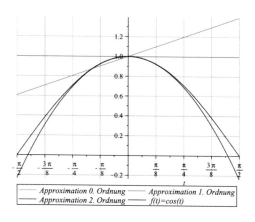

Approximation 0. Ordnung — Approximation 1. Ordnung
Approximation 2. Ordnung — f(t)=cos(t)

$$T_f^2(h) = f(0) + \frac{f''(0)}{2}h^2 = 1 - \frac{1}{2}h^2.$$

Der Grund für den Koeffizienten $\frac{f''(0)}{2}$ wird sich noch weisen. Die Approximationsgüte der beiden Polynome läst sich für $k = 0, 1, 2$ beurteilen über den

(i) Fehler $r_k(h_1) := f(h_1) - T_f^k(h_1)$ in z.B. $h_1 = \frac{\pi}{4}$,

(ii) Grenzwert $\lim\limits_{h \to 0} \dfrac{r_k(h)}{h^k} = 0$.

Zu (i): Es gilt $|r_1(h_1)| = |f(h_1) - T_f^1(h_1)| \approx 0.3$ und $|r_2(h_1)| = |f(h_1) - T_f^2(h_1)| \approx 0.02$, d.h. T_f^2 approximiert f in $\frac{\pi}{4}$ um ca. eine *Größenordnung*, d.h. eine Zehnerpotenz, besser als T_f^1.

Zu (ii): Für den Fehlerterm $r_0(h) := f(t_0 + h) - T_f^0(t_0 + h)$ des in der Abbildung verwendeten Polynoms $T_f^0(h) = 1 + \frac{1}{4}h$ (grün) gilt offenbar

$$\lim_{h \to 0} \frac{r_0(h)}{h^0} = \lim_{h \to 0} r_0(h) = \lim_{h \to 0} \left(f(h) - T_f^0(h) \right) = \lim_{h \to 0} \cos(h) - (1 + \frac{1}{4}h) = 0.$$

Wäre nun T_f^0 Tangente in $(0,1)$ des Graphen von f, so wäre nach Satz 6.1.8 $\frac{r_0(h}{h} \to 0$ für $h \to 0$ erforderlich. Jedoch zeigt

$$\lim_{h \to 0} \frac{r_0(h)}{h} = \lim_{h \to 0} \frac{\cos(h) - (1 + \frac{1}{4}h)}{h} = \lim_{h \to 0} \frac{\cos(h) - 1}{h} - \frac{1}{4} \overset{\text{l'H}}{=} \lim_{h \to 0} \frac{-\sin(h)}{1} - \frac{1}{4} = -\frac{1}{4} \neq 0,$$

dass dem nicht so ist. Man sagt dann auch, *das Polynom T_f^0 approximiert f bei t_0 von 0. Ordnung*. Gemäß Satz 6.1.8 (iii) approximiert $T_f^1(t_0 + h)$ die Funktion $f(t)$ in t_0 von 1. Ordnung. Rechnen wir das im vorliegenden Falle mit $f(t) = \cos(t)$ für $t_0 = 0$ nach: Es gilt:

$$\lim_{h \to 0} \frac{r_1(h)}{h} = \lim_{h \to 0} \frac{f(h) - T_f^1(h)}{h} = \lim_{h \to 0} \frac{\cos(h) - 1}{h} \overset{\text{l'H}}{=} \lim_{h \to 0} \frac{-\sin(h)}{1} = 0$$

Wegen $r_2(h) := f(t_0 + h) - T_f^2(t_0 + h)$ folgt im vorliegenden Falle:

$$\lim_{h \to 0} \frac{r_2(h)}{h^2} = \lim_{h \to 0} \frac{\cos(h) - \cos(0) + \frac{1}{2}h^2}{h^2} = \lim_{h \to 0} \frac{\cos(h) - 1}{h^2} + \frac{1}{2} \overset{\text{l'H}}{=} \lim_{h \to 0} \frac{-\sin(h)}{2h} + \frac{1}{2} \overset{\text{l'H}}{=} 0$$

Also: Der Fehlerterm $r_2(h)$ geht für $h \to 0$ schneller gegen null, als das h^2 tut. Man sagt dann, *das Polynom T_f^2 approximiert f bei t_0 von 2. Ordnung*.

Heuristisches Fazit: Je höher der Grad des approximierenden Polynoms T_f^n mit $\lim_{h \to 0} \frac{r_n(h)}{h^n} = 0$, wobei der Fehlerterm definiert ist durch $r_n(h) := f(t_0 + h) - T_f^n(t_0 + h)$ (vgl. Def. 6.2.11), desto besser die Approximationsgüte an f bei t_0.

Es folgen nunmehr Präzision und Verallgemeinerung der am konkreten Beispiel gewonnenen Verstellung.

Definition 6.2.2 (TAYLOR-Polynom). Sei $f : I \to \mathbb{R}$ eine $\mathscr{C}^n$-Funktion auf einem offenen Intervall $I \subset \mathbb{R}$ mit $t_0 \in I$. Für $n \geq 0$ heißt

$$T_f^n(t) := \sum_{k=0}^{n} \frac{f^{(k)}(t_0)}{k!}(t - t_0)^k, \qquad \text{bzw.} \qquad T_f^n(t_0 + h) := \sum_{k=0}^{n} \frac{f^{(k)}(t_0)}{k!}h^k, \qquad (6.1)$$

wobei $h := t - t_0$, das n'te TAYLOR-**Polynom**[2] von f an der Stelle t_0.

Für $n = 0, 1, 2$ sind diese Polynome genau vom Typ aus dem Eingangsbeispiel.

Definition 6.2.3 (Approximation n'ter Ordnung). Sei $f : I \to \mathbb{R}$ eine Funktion auf einem offenen Intervall $I \subset \mathbb{R}$ und $t_0 \in I$. Eine lokal um t_0 definierte Funktion g approximiert f von **n'ter Ordnung bei** t_0, in Zeichen $f \approx_{t_0}^n g$, wenn gilt

$$\lim_{t \to t_0} \frac{f(t) - g(t)}{|t - t_0|^n} = \lim_{h \to 0} \frac{f(t_0 + h) - g(t_0 + h)}{|h|^n} = 0,$$

d.h. wenn die Differenz $f(t) - g(t)$ für $t \to t_0$ schneller gegen 0 geht, als $|t - t_0|^n$ es tut.

In der Literatur sind h-Notation oder die gleichwertige $|t - t_0|$-Notation üblich. Wenn keine Verwirrungen zu befürchten sind, so schreibe $f \approx^n g$ statt $f \approx_{t_0}^n g$.

Lemma 6.2.4. Seien f, g, h lokal um t_0 definierte Funktionen. Dann gilt:

(i) (Reflexivität) $f \approx_{t_0}^n f$ für alle $n \in \mathbb{N}_0$

(ii) (Symmetrie) $f \approx_{t_0}^n g \implies g \approx_{t_0}^n f$

(iii) (Transitivität) $f \approx_{t_0}^n g$ und $g \approx_{t_0}^n h \implies f \approx_{t_0}^n h$

(iv) (Abwärtskompatibilität) $f \approx_{t_0}^n g \implies f \approx_{t_0}^k g$ für alle $k \leq n$

Beweis. Wir zeigen nur (iii), denn der Rest ist trivial. Seien also $f \approx^n g$ und $g \approx^n h$. Aus der Dreiecksungleichung in $\mathbb{R}$ folgt:

$$\underbrace{\frac{|f(t) - h(t)|}{|t - t_0|^n}}_{\Rightarrow \, \to 0} = \frac{|f(t) - g(t) + g(t) - h(t)|}{|t - t_0|^n} \leq \underbrace{\frac{|f(t) - g(t)|}{|t - t_0|^n}}_{\to 0, \text{ Vor.}} + \underbrace{\frac{|g(t) - h(t)|}{|t - t_0|^n}}_{\to 0, \text{ Vor.}}, \qquad \text{für } t \to t_0.$$

$\square$

---

[2]BROOK TAYLOR (1685-1731) britischer Mathematiker

Sprechweise 6.2.5. Wegen der Symmetrieeigenschaft von $f \approx_{t_0}^n g$ sagt man auch, *f und g approximieren einander von n'ter Ordnung bei t_0.*

Merke: Approximieren f und g sowie g und h jeweils bei t_0 einander von n'ter Ordnung, so auch f und h.

Satz 6.2.6 (Approximationssatz). *Zwei um t_0 definierte $\mathscr{C}^n$-Funktionen f, g approximieren genau dann einander von n'ter Ordnung bei t_0, falls ihre Ableitungen bis zur Ordnung n in t_0 übereinstimmen, d.h.*

$$ f \approx_{t_0}^n g \iff f^{(k)}(t_0) = g^{(k)}(t_0) \quad \text{für alle } k = 0, 1, 2, ..., n. $$

Beweis. Wir könnnen o.E. $g \equiv 0$, d.h. $g(t) = 0$ für alle t, annehmen, denn sonst betrachte $f - g$ und die Nullfunktion 0. Es verbleibt dann zu zeigen, dass $f^{(k)}(t_0) = 0$ für alle $k = 0, 1, 2, ..., n$ genau dann vorliegt, wenn gilt:

$$ \lim_{h \to 0} \frac{f(t_0 + h)}{h^n} = 0 $$

Sei $n = 0$:

„$\Rightarrow$:" Sei $f(t_0) = 0$. Dann ist $\lim\limits_{h \to 0} \dfrac{f(t_0 + h)}{h^0} = \lim\limits_{h \to 0} f(t_0 + h) = f(t_0) = 0$, da f stetig in t_0 ist. Die umgekehrte Richtung ist genauso einfach.

Sei nun $n > 0$:

„$\Rightarrow$:" Ist $f(t_0) = f'(t_0) = \ldots = f^{(n)}(t_0) = 0$, so folgt durch induktives Anwenden der L'HOSPITALschen Regel

$$ \lim_{h \to 0} \frac{f(t_0 + h)}{h^n} \overset{\text{l'H}}{=} \lim_{h \to 0} \frac{f'(t_0 + h)}{nh^{n-1}} \overset{\text{l'H}}{=} \lim_{h \to 0} \frac{f''(t_0 + h)}{n(n-1)h^{n-2}} \overset{\text{l'H}}{=} \ldots \overset{\text{l'H}}{=} \lim_{h \to 0} \frac{f^{(n)}(t_0 + h)}{n!h^{n-n}} = \frac{f^{(n)}(t_0)}{n!} \overset{(*)}{=} 0, $$

$$ (6.2) $$

d.h. $f \approx_{t_0}^n = 0$. In der vorletzten Gleichhheit wird die Stetigkeit von $f^{(n)}$ in t_0 benutzt.

„$\Leftarrow$:" Gilt umgekehrt $f \approx_{t_0}^n = 0$, d.h. $(*)$, so ist $f(t_0) = f'(t_0) = \ldots = f^{(n)}(t_0) = 0$ nachzuweisen. Analog wie in (6.2) verfahrend erhalte:

$$ 0 = \lim_{h \to 0} \frac{f(t_0 + h)}{h^n} \quad \overset{\text{Stetigkeit von } f}{\Rightarrow} \quad f(t_0) = 0 $$

$$ \overset{\text{l'H}}{=} \lim_{h \to 0} \frac{f'(t_0 + h)}{nh^{n-1}} \quad \overset{\ldots \text{von } f'}{\Rightarrow} \quad f'(t_0) = 0 $$

$$ \vdots $$

$$ \overset{\text{l'H}}{=} \lim_{h \to 0} \frac{f^{(n)}(t_0 + h)}{n!} = \frac{f^{(n)}(t_0)}{n!} \quad \overset{\ldots \text{von } f^{(n)}}{\Rightarrow} \quad f^{(n)}(t_0) = 0 $$

Im Falle approximierender Polynome gilt auch der folgende $\square$

Satz 6.2.7 (Eindeutigkeitssatz). *Wird eine lokal bei t_0 definierte Funktion durch ein Polynom p höchstens n'ten Grades von n'ter Ordnung bei t_0 approximiert, so ist dieses eindeutig bestimmt.*

Beweis. Angenommen, es gäbe neben $p(t) := \sum_{k=0}^{n} a_k (t - t_0)^k$ noch ein Polynom $q(t) := \sum_{k=0}^{n} b_k (t - t_0)^k$ mit dieser Eigenschaft, d.h. $f \approx^n p$ und $f \approx^n q$, so nach Symmetrie- und Transitivitätseigenschaft (Lemma 6.2.4 (ii) bzw. (iii)) auch $p \approx^n q$, d.h.

$$\lim_{h \to 0} \frac{p(t_0 + h) - q(t_0 + h)}{h^n} = \lim_{t \to t_0} \frac{\sum_{k=0}^{n} (a_k - b_k)(t - t_0)^k}{|t - t_0|^n} = 0.$$

Wegen der Abwärtskompatibilität aus demselben Lemma (iv) folgt $p \approx^i q$ für alle $i = 0, 1, 2, ..., n$. Für $i = 0$ ist also $\lim_{t \to t_0} \sum_{k=0}^{n} (a_k - b_k)(t - t_0)^k / h^0 = 0$, und damit $a_0 - b_0 = 0$, d.h. $a_0 = b_0$. Für $i = 1$ schließt man analog auf $a_1 = b_1$ und induktiv fortsetzend auf $a_n = b_n$. Mithin sind die Polynome p und q gleich. □

Korollar 6.2.8. Das n'te Taylor-Polynom ist das einzige Polynom höchstens n'ten Grades, das eine lokal bei t_0 definierten $\mathscr{C}^n$-Funktion von n'ter Ordnung approximiert.

Beweis. Das Taylor-Polynom $T_f^n(t)$ ist gerade so definiert, dass dessen Ableitungen von der 0'ten bis zur n'ten mit denen von f übereinstimmen, d.h. für alle $0 \leq m \leq n$ gilt

$$\frac{\mathrm{d}^m T_f^n(t_0)}{\mathrm{d} t^m} = \frac{\mathrm{d}^m}{\mathrm{d} t^m}\bigg|_{t=t_0} \left(\sum_{k=0}^{n} \frac{f^{(k)}(t_0)}{k!}(t - t_0)^k \right) = f^{(m)}(t_0),$$

womit die Behauptung aus dem Approximationssatz 6.2.6 folgt. □

Sprechweise 6.2.9. Approximiert ein Polynom höchsten n'ten Grades eine lokal um t_0 definierte Funktion von n'ter Ordnung bei t_0, so spricht man im Falle

- $n = 1$ auch von einer *linearen* (affinen) Approximation,

- $n = 2$ auch von einer *quadratischen* Approximation,

- $n = 3$ auch von einer *kubischen* Approximation,

wie auch Abb. 6.2 zu entnehmen ist.

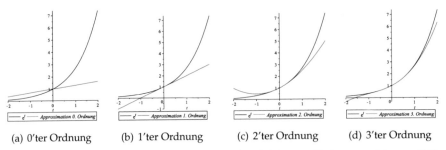

(a) 0'ter Ordnung   (b) 1'ter Ordnung   (c) 2'ter Ordnung   (d) 3'ter Ordnung

Abbildung 6.2: Approximation von $\exp(t)$ durch Taylor-Polynome bis zur 3.Ordnung bei $t_0 = 0$. Je höher die Ordnung der Approximation, desto besser schmiegt sich der approximierende Graph bei $t_0 = 0$ an den Graphen der Exp-Funktion an.

Beachte: Die Güte oder Qualität der zu approximierenden Funktion f hängt vom gewählten *Gütemaß* ab. Das n'te TAYLOR-Polynom ist bestapproximierend, wenn als Gütemaß die lokale Approximation n'ter Ordnung bei t_0 gewählt wird, was anschaulich eine gute Übereinstimmung mit f für $t \to t_0$ und jedenfalls völlige Übereinstimmung im Entwicklungspunkt t_0 bedeutet. Freilich ist nicht zu erwarten, dass TAYLOR-Polynome für alle nur denkbaren Gütemaße bestapproximierend sind. Das ist vor allem dann der Fall, wenn das Gütemaß auf ein festes, unter Umständen großes, Intervall bezogen wird, wie das folgende Beispiel zeigt:

Beispiel 6.2.10 (Gegenbeispiel). Betrachte als Gütemaß das Flächenfehlerquadrat, auch genannt „L_2-Norm"

$$\|f - P\|_2 := \int\limits_{-\frac{\pi}{2}}^{\frac{\pi}{2}} |f(x) - P(x)|^2 \, dx$$

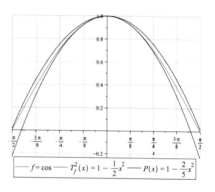

$f = \cos$ $T_f^2(x) = 1 - \frac{1}{2}x^2$ $P(x) = 1 - \frac{2}{5}x^2$

von f und dem f approximierenden Polynom P. Dann ist das – gemäß Bsp. 6.2.1 – 2. TAYLOR-Polynom $T_f^2(x) = 1 - \frac{1}{2}x^2$ von $f(x) = \cos(x)$ bezüglich der L_2-Norm nicht bestapproximierend unter allen Polynomen höchstens 2. Grades. Denn $\|f - T_f^2\|_2 \cong 0.019646$ und für $P(x) = 1 - \frac{2}{5}x^2$ erhalten wir $\|f - P\|_2 \cong 0.005185$. Auch anschaulich ist das klar, wie nebenstehende Abbildung zeigt.

Bisherige Betrachtungen des Fehlerterms $r_n(h) = f(t_0 + h) - T_f^n(t_0 + h)$ oder, was dasselbe ist, $r_n(t) = f(t) - T_f^n(t)$, setzen zur Berechnung die Kenntnis der zu approximierenden Funktion f voraus. Dies ist aber in praktischen Situationen nicht immer gegeben. Neben der für die Approximationsgüte wesentlichen Eigenschaft

$$\lim_{h \to 0} \frac{r_n(h)}{h^n} = \lim_{t \to t_0} \frac{r_n(t)}{|t - t_0|^n} = \lim_{t \to 0} \frac{f(t) - \sum_{k=0}^{n} \frac{f^{(k)}(t_0)}{k!}(t - t_0)^k}{|t - t_0|^k},$$

ist daher eine geeignete Abschätzung des Fehlerterms, oder, wie man auch sagt, des *Restgliedes* erforderlich. Dazu definieren wir zunächst formal:

Definition 6.2.11 (Restglied). Unter dem n'**ten Restglied** einer lokal bei t_0 definierten $\mathscr{C}^n$-Funktion f versteht man die Differenz von Funktion und n'ten TAYLOR-Polynom, also den Fehlerterm von f bezüglich des n'ten TAYLOR-Polynoms

$$\boxed{r_n(t) := f(t) - T_f^n(t) = f(t) - \sum_{k=0}^{n} \frac{f^{(k)}(t_0)}{k!}(t - t_0)^k \, .}$$

Unser nächstes Ziel, ist eine Darstellung des Restgliedes bei t_0 zu gewinnen. Dazu gehen wir induktiv vor. Im Falle $n = 0$ liefert der HDI $f(t) = T_f^0(t) + r_0(t) =$

$f(t_0) + \int_{t_0}^{t} f'(\tau)\,\mathrm{d}\tau$. Damit hat der 0'te Fehlerterm eine Integraldarstellung, in der f in der ersten Ableitung vorkommt. Schaut man lang genug hin, so kommt einem die Idee, den Ableitungsgrad durch sukzessive partielle Integration in die Höhe zu treiben, um somit auf das n'te Restglied in Integraldarstellung zu schließen, während die anderen bei den partiellen Integrationen entstehenden Terme zum n'ten TAYLOR-Polynom gezählt werden. Fangen wir also an: Setze $u := f'$, also $u' = f''$ sowie $v'(\tau) = 1$. Wie in Abs. 2.4.4 bereits erörtert, spielt es keine Rolle, wenn v um eine Konstante abgeändert wird; in unserem Falle erweist sich als nützlich $v = \tau - t$ und nicht $v = \tau$ zu setzen, weil wir dann leichter zur gewohnten Darstellung des TAYLORschen Polynoms gelangen. Es folgt:

$$
\begin{aligned}
f(t) &= f(t_0) + \int_{t_0}^{t} f'(\tau)\,\mathrm{d}\tau = f(t_0) + f'(\tau)(\tau - t)\Big|_{t_0}^{t} - \int_{t_0}^{t} (\tau - t)f''(\tau)\,\mathrm{d}\tau \\[2mm]
&= \underbrace{f(t_0) + f'(t_0)(t - t_0)}_{=T_f^1} + \underbrace{\int_{t_0}^{t} (t - \tau)f''(\tau)\,\mathrm{d}\tau}_{=r_1}
\end{aligned}
$$

Partielle Integration von r_1 mit $u = f''$, also $u' = f'''$ sowie $v'(\tau) = t - \tau$, also $v(\tau) = -\frac{1}{2}(t - \tau)^2$ liefert:

$$
f(t) = \underbrace{f(t_0) + f'(t_0)(t - t_0) + \frac{1}{2}f''(t_0)(t - t_0)^2}_{=T_f^2} + \underbrace{\int_{t_0}^{t} \frac{1}{2}(t - \tau)^2 f'''(\tau)\,\mathrm{d}\tau}_{=r_2}
$$

Diesen Prozess induktiv fortsetzend führt nunmehr auf die sogenannten Restglieddarstellung nach TAYLOR:

$$
f(t) = T_f^n(t) + r_n(t) = \sum_{k=0}^{n} \frac{f^{(k)}(t_0)}{k!}(t - t_0)^k + \int_{t_0}^{t} \frac{f^{(n+1)}(t_0)}{n!}(t - \tau)^n\,\mathrm{d}\tau \qquad (6.3)
$$

Damit sind alle Zutaten vorhanden, um den folgenden Satz zu beweisen:

Satz 6.2.12 (LAGRANGE Restglied). *Ist $f : I \to \mathbb{R}$ eine auf einem offenen Intervall definierte $\mathscr{C}^{n+1}$-Funktion, und $t_0 \in I$, so gibt es zu jedem $t \in I$ ein $\xi_t \in (\min\{t_0, t\}, \max\{t_0, t\}) \subset \mathbb{R}$ mit*

$$
\boxed{r_n(t) = \frac{f^{(n+1)}(\xi_t)}{(n + 1)!}(t - t_0)^{n+1}\,,}
$$

womit f lokal bei t_0 die Summe aus n'tem TAYLOR-Polynom und LAGRANGE Restglied ist, *d.h.*

$$f(t) = \sum_{k=0}^{n} \frac{f^{(k)}(t_0)}{k!}(t-t_0)^k + \frac{f^{(n+1)}(\xi_t)}{(n+1)!}(t-t_0)^{n+1}.$$

Beweis. O.B.d.A. sei $t_0 < t$. Nach Voraussetzung ist die Einschränkung $f^{(n+1)}$ auf das Intervall $[t_0, t]$ stetig, und daher nimmt sie auf dem Kompaktum $[t_0, t]$ gemäß dem Satz von Minimum und Maximum Satz 2.2.52 (ii) Minimum und Maximum in t_1 bzw. t_2 an. Wir erhalten daher mit der TAYLORschen Restglieddarstellung (6.3) die Abschätzung:

$$f^{(n+1)}(t_1) \int_{t_0}^{t} \frac{(t-\tau)^n}{n!}\, d\tau \le r_n(t) \le f^{(n+1)}(t_2) \int_{t_0}^{t} \frac{(t-\tau)^n}{n!}\, d\tau$$

Wegen $\int_{t_0}^{t} \frac{(t-\tau)^n}{n!}\, d\tau = \frac{(t-t_0)^{n+1}}{(n+1)!}$ folgt die Behauptung aus dem Zwischenwertsatz Satz 2.2.52 (iii) für $f^{(n+1)}$.   □

Bemerkung 6.2.13. Das LAGRANGE-Restglied sieht fast so aus wie der $(n+1)$'te Summand im TAYLOR-Polynom; jedoch wird im Restglied $f^{(n+1)}$ nicht an der Stelle t_0 ausgewertet, sondern an einer in der Regel unbekannten Stelle ξ_t, die

1. neben t_0 und n auch von t abhängig ist; daher die Notation ξ_t,

2. im offenen Intervall zwischen t_0 und t liegt. Da allgemein $t_0 < t$ oder $t < t_0$ möglich ist, gilt $\min\{t_0, t\} < \xi_t < \max\{t_0, t\}$, und daher jedenfalls $t \ne \xi_t \ne t_0$.

Beim praktischen Rechnen führt folgende Abschätzung des Restgliedes zum Ziel:

Korollar 6.2.14. Es gelten die Voraussetzungen des obigen Satzes 6.2.12. Gibt es eine Konstante $C \ge 0$ mit $|f^{(n+1)}(\xi_t)| \le C$ für alle $\min\{t_0, t\} < \xi_t < \max\{t_0, t\}$, so ist offenbar

$$|r_n(t)| \le \frac{C}{(n+1)!}|t-t_0|^{n+1}.$$

Wie die Anwendung der Restgliedabschätzung konkret aussehen kann, zeigt das

Beispiel 6.2.15. Betrachte $f(t) := e^t$ bei Entwicklungspunkt $t_0 = 0$. Welcher Grad des TAYLOR-Polynoms von f ist mindestens erforderlich, damit der Fehler des approximierenden TAYLOR-Polynoms in der δ-Umgebung $(t_0 - \delta, t_0 + \delta) \subset \mathbb{R}$ unter $\varepsilon > 0$ bleibt?

Dazu: Bekanntlich ist $f(t) = e^t$ eine $\mathscr{C}^\infty$-Funktion auf $\mathbb{R}$. Wegen $f^{(k)}(t) = e^t$ folgt $f^{(k)}(0) = 1$ für alle $k \in \mathbb{N}_0$. Für $n \in \mathbb{N}_0$ ist dann

$$e^t = T_f^n(t) + r_n(t) = \sum_{k=0}^{n} \frac{t^k}{k!} + \frac{e^{\xi_t}}{(n+1)!}t^{n+1}, \quad \text{für ein } \min\{0, t\} < \xi_t < \max\{0, t\}.$$

Je weiter sich t vom Entwicklungspunkt entfernt, desto größer ist aufgrund der strengen Monotonie von exp der Fehler $r_n(t)$. Das bedeutet: Für $|\xi_t| < |t - 0| < \delta$ folgt $\exp(|\xi_t|) \le \exp(\delta)$. Also:

$$|r_n(t)| \le \frac{\exp(\delta)}{(n+1)!}\delta^{n+1} \overset{!}{<} \varepsilon$$

Übung: Wähle $\delta := 1,2$ und $\varepsilon := 10^{-7}$. Welches n ist erforderlich? (Taschenrechner!)

Beispiel 6.2.16. Betrachte $f(x) = \sin(x)$ im Entwicklungspunkt $x_0 = 0$. Weil sin und cos $\mathscr{C}^\infty$-Funktionen auf $\mathbb{R}$ sind, gilt

$$f'(0) = \cos(0) = 1 \quad f''(0) = -\sin(0) = 0 \quad f'''(0) = -\cos(0) = -1 \quad f^{(4)}(0) = \sin(0) = 0,$$

also $f^{(2k+1)}(0) = (-1)^k$ mit $k = 0, 1, 2, \dots$ und $f^{(2k)}(0) = 0$ für alle $k = 0, 1, 2, \dots$. Für $n \in \mathbb{N}$ ist dann:

$$\sin(t) = T_f^n(t) + r_n(t) = x - \frac{x^3}{3!} + \frac{x^5}{5!} - \frac{x^7}{7!} + \dots + \frac{\sin^{(n+1)}(\xi_t)}{(n+1)!}x^{n+1}$$

Wegen $|\sin(\xi_t)| \le 1$ für alle ξ_t, folgt $|r_n(x)| \le \frac{1}{(n+1)!}|x|^{n+1}$.

Aufgaben

R.1. Man berechne $e^{1.4}$ mit dem Taylor-Polynom von 4. Ordnung und schätze den dadurch entstandenen Fehler ab. (Hinweis: Zunächst ist ein geeignetes x_0 aufzufinden und sodann Δx zu bestimmen.)

R.2. Die magnetische Feldstärke in der Mitte einer stromdurchflossenen zylinderförmigen Spule mit N Windungen, Länge l und Durchmesser d ist bei einem Strom I gegeben durch die Formel:

$$H = \frac{NI}{l\sqrt{1 + \left(\frac{d}{l}\right)^2}}$$

Gesucht ist eine Näherungsformel für eine sehr lange Spule, d.h. wenn $d \ll l$. Dazu soll von obiger Formel in $x = (d/l)^2$ das 1. und das 2. Taylor-Polynom gebildet werden.

R.3. Sei $f : [-1, 1) \to \mathbb{R}$, gegeben durch:

$$f(x) := \frac{1 + x^2}{\sqrt{1 - x^3}}$$

   (i) Bestimmen Sie die Taylor-Polynome von 1., 2., und 3. Ordnung von f bei $x_0 = 0$ und skizzieren Sie sowohl diese als auch f.

(ii) Welcher relative Fehler ergibt sich, wenn man statt f für $\Delta x \leq 0.5$ das 2. TAYLOR-Polynom von f bei $x_0 = 0$ verwendet?

T.1. Man bestimme von $f(x) := \frac{1}{1-x}$ das n'te TAYLOR-Polynom und schreibe f mittels LAGRANGEschem Restglied gemäß Satz 6.2.12 nieder.

Kapitel 7

Komplexe Potenzreihen und Taylor-Reihen

Wie betrachten daher eine Funktion $f(x)$ von irgendeiner Variablen x. Wenn wir an Stelle von x x + 1 einsetzen, wobei i irgendeine unbestimmte Größe bezeichnet, dann erhalten wir $f(x + i)$ und, durch die Theorie der Reihen, können wir das in eine Reihe der Form

$$f(x) + pi + qi^2 + r^3 + \ldots$$

entwickeln, wobei die Größem $p, q, r, \ldots$ die Koeffizienten der Potenzen von i, neue Funktionen von x sind und unabhängig von der Größe i ...

JOSPEH-LOUIS LAGRANGE[1], 1736–1813

Ziel dieses Kapitels ist keine Approximation von Funktionen lokal um einen Entwicklungspunkt, durch z.B. TAYLOR-Polynome, wie im vorangegangenen Abschnitt, sondern die *exakte Darstellung* von Funktionen durch Potenz- bzw. TAYLOR-Reihen. Grundlegend dafür ist das Studium der gewöhnlichen Zahlenreihen, die wir hier gleich im Komplexen durchführen wollen. Das hat den Vorteil, die für die Technik wichtigste Funktion, nämlich die *komplexe Exponentialfunktion* im Kalkül der komplexen Potenzreihen einzuführen.

7.1 Reihen

Eine (Zahlen-)Reihe ist die Folge ihrer Partialsummen. Aus diesem Grunde wiederholen wir in knapper Form den aus Kap. 2.2.1 bereits behandelten Begriff der *reellen* Zahlenfolgen, gehen aber dann rasch zum allgemeineren Fall der *komplexen* Zahlenfolgen über, um im Besonderen die komplexe Exponentialfunktion und

---

[1] aus BOTTAZZINI „The Higher Calclulus: A History of Real and Complex Analysis from EULER to WEIERSTRSS", 1986

© Springer-Verlag GmbH Deutschland, ein Teil von Springer Nature 2021
J. Dambrowski, *Mathematik für technische Studiengänge im ersten Studienjahr*,
https://doi.org/10.1007/978-3-662-62852-2_7

die daraus abgeleiteten trigonometrischen Funktionen definieren zu können.

Erinnerung (Reelle Zahlenfolgen): (loc. cit. Kap. 2.2.1)

- Unter einer *Folge* reeller Zahlen, oder *Folge in* $\mathbb{R}$, versteht man eine Abbildung

$$a : \mathbb{N} \to \mathbb{R}, \ n \mapsto a(n) =: a_n;$$

  man schreibt dafür $(a_n)_{n \in \mathbb{N}}$, was nichts anderes ist als eine Aufzählung der Bildpunkte $(a_1, a_2, a_3, \ldots)$ der Abbildung a.

- Seien $x_0 \in \mathbb{R}$ und $\epsilon > 0$. Unter einer ϵ-*Umgebung* um x_0 oder auch ϵ-*Kugel* mit Mittelpunkt x_0 versteht man die Menge $\overset{\circ}{K}_\epsilon(x_0) := \{x \in \mathbb{R} \mid |x - x_0| < \epsilon\} = (x_0 - \epsilon, x_0 + \epsilon) \subset \mathbb{R}$.

- Eine Folge $(a_n)_{n \in \mathbb{N}}$ reeller Zahlen heißt *konvergent*, falls es ein $a \in \mathbb{R}$ gibt, so dass für jede ϵ-Kugel $\overset{\circ}{K}_\epsilon(a)$ um a, ein Folgeindex $N(\epsilon) \in \mathbb{N}$ existiert, mit $a_n \in \overset{\circ}{K}_\epsilon(a)$ für alle $n \geq N$. Man schreibt dafür $a = \lim\limits_{n \to \infty} a_n$ oder $a_n \to a$ für $n \to \infty$, und nennt das eindeutig bestimmte a den *Grenzwert* der Folge $(a_n)_{n \in \mathbb{N}}$. Formal:

$$\lim_{n \to \infty} a_n \text{ existiert } :\Longleftrightarrow \exists_{a \in \mathbb{R}} \forall_{\epsilon > 0} \exists_{N(\epsilon) \in \mathbb{N}} \forall_{n \geq N} : |a_n - a| < \epsilon \qquad (7.1)$$

- Konvergenz einer Folge $(a_n)_{n \in \mathbb{N}}$ gegen $a \in \mathbb{R}$ bedeutet also: Für *jede* ϵ-Kugel um a landen *ab* einen bestimmten Folgeindex $N(\epsilon) \in \mathbb{N}$ alle Folgeglieder in dieser Kugel, egal wie klein man auch den Radius ϵ der Kugel gewählt hat. Man sagt dann auch: Für jede ϵ-Kugel um a verbleiben die Folgeglieder *schließlich* darin.

- Nicht konvergente Folgen heißen *divergent*.

- Beispiele für konvergente Folgen: $(a_n)_{n \in \mathbb{N}}$ mit $a_n = \frac{1}{2^n}$, oder $a_n = (1 + \frac{1}{n})^n$.

- Beispiele für divergente Folgen: $(a_n)_{n \in \mathbb{N}}$ mit $a_n = 2n + 1$, oder $a_n = (-1)^n$.

- Algebraische Rechenregeln: Sind $a = \lim\limits_{n \to \infty} a_n$, $b = \lim\limits_{n \to \infty} b_n$, so auch

  - $\lambda a + \mu b = \lim\limits_{n \to \infty} (\lambda a_n + \mu b_n)$ für alle $\lambda, \mu \in \mathbb{R}$.

  - $a \cdot b = \lim\limits_{n \to \infty} (a_n b_n)$.

  - $\dfrac{a}{b} = \lim\limits_{n \to \infty} \dfrac{a_n}{b_n}$, falls $b_n \neq 0$ für alle $n \in \mathbb{N}$ und $b \neq 0$.

  - $a \leq b$, falls $a_n \leq b_n$ für alle $n \in \mathbb{N}$.

Analog gehen wir nun für komplexe Zahlenfolgen vor:

Definition 7.1.1 (Folgen in $\mathbb{C}$). (i) Unter einer **komplexen Zahlenfolge**, oder einer **Folge in $\mathbb{C}$**, versteht man eine Abbildung $c : \mathbb{N} \to \mathbb{C}$, $n \mapsto c(n) := c_n$; man schreibt dafür auch $(c_n)_{n\in\mathbb{N}}$, was nichts anderes ist, als eine Aufzählung der Bildpunkte $(c_1, c_2, c_3, ...)$ der Abbildung c.

(ii) Sei $c_0 \in \mathbb{C}$ und $\varepsilon > 0$. Unter einer ε**-Umgebung** oder ε**-Kugel** um c_0 versteht man die offene Kugel mit Mittelpunkt c_0 und Radius ε, d.h. gemäß Def. 4.2.44 (i):

$$\overset{\circ}{K}_\varepsilon(c_0) := \{z \in \mathbb{C} \mid |z - c_0| < \varepsilon\}$$

(iii) Ein Folge $(c_n)_{n\in\mathbb{N}}$ in $\mathbb{C}$ heißt **konvergent**, falls es ein $c \in \mathbb{C}$ gibt, so dass für jede ε-Kugel um c, ein Folgeindex $N(\varepsilon) \in \mathbb{N}$ existiert, mit $c_n \in \overset{\circ}{K}_\varepsilon(c)$ für alle $n \geq N$. Formal:

$$\boxed{\lim_{n\to\infty} c_n \text{ existiert} :\Longleftrightarrow \exists_{c\in\mathbb{C}} \forall_{\varepsilon>0} \exists_{N(\varepsilon)\in\mathbb{N}} \forall_{n\geq N} : |c_n - c| < \varepsilon} \qquad (7.2)$$

Notation & Sprechweise 7.1.2. (i) Im Konvergenzfall von $(c_n)_{n\in\mathbb{N}}$ schreibt man $c = \lim_{n\to\infty} c_n$ oder $c_n \to c$ für $n \to \infty$ und nennt das eindeutig bestimmte $c \in \mathbb{C}$ *den Grenzwert* der Folge $(c_n)_{n\in\mathbb{N}}$.

(ii) Eine Folge $(c_n)_{n\in\mathbb{N}}$, die gegen $c = 0$ konvergiert, heißt eine *Nullfolge*.

(iii) Eine nicht konvergente Folge in $\mathbb{C}$ heißt *divergent*.

Übung: Führe eine formale Negation von (7.2) aus.

Bemerkung 7.1.3. Wegen $\mathbb{R} \hookrightarrow \mathbb{C}$ hat man automatisch den Begriff *reeller* Zahlenfolgen, sowie deren Konvergenzeigenschaften. Man hätte also gar nicht erst die reelle Theorie der Folgen entwickeln müssen, was aber aus didaktischen Gründen meistens dennoch gemacht wird.

Sprechweise 7.1.4. Man sagt, eine Forderung $\mathscr{F}$ werde von einer Folge $(c_n)_{n\in\mathbb{N}}$ *schließlich* erfüllt, wenn es ein $N \in \mathbb{N}$ gibt, so dass $(c_n)_{n\geq N}$ die Forderung $\mathscr{F}$ erfüllt.

Eine Folge $(c_n)_{n\in\mathbb{N}}$ heißt also konvergent mit Grenzwert $c \in \mathbb{C}$, wenn die Folgeglieder in jeder vorgegebenen ε-Kugel schließlich verbleiben.

Abbildung 7.1: Die Folgeglieder verbleiben schließlich in jeder vorgegebenen ε-Kugel um c.

Analog kann man sagen: Zwei Folgen $(a_n)_{n\in\mathbb{N}}$ und $(b_n)_{n\in\mathbb{N}}$ stimmen schließlich überein, oder die Folge $(c_n)_{n\in\mathbb{N}}$ ist schließlich von Null verschieden.

Übung: Man schreibe beide Aussagen zunächst in Quantorensprache und sodann in Prosa nieder.

Beispiel 7.1.5. Es folgen ein paar Fundamentalbeispiele für Folgen:

(i) Für die konstante Folge $(c_n)_{n \in \mathbb{N}}$ mit $c_n := c_0$ für alle $n \in \mathbb{N}$ gilt $\lim\limits_{n \to \infty} c_n = c_0$.

(ii) Die harmonische Folge $(a_n)_{n \in \mathbb{N}}$ mit $a_n := \frac{1}{n}$ ist eine Nullfolge.

(iii) Die geometrische Folge $(c_n)_{n \in \mathbb{N}}$ mit $c_n := q^n$ und $q \in \mathbb{C}$ ist für $|q| < 1$ eine Nullfolge.

Beweis. Zu (i): Klar, denn hier gilt sowieso $|c_n - c_0| = 0$ für alle $n \in \mathbb{N}$.
Zu (ii): Sei $\varepsilon > 0$ vorgegeben, also eine offene Kugel mit Radius $\varepsilon > 0$ um $c_0 = 0$.
Wähle $N := 1/\varepsilon$, so tappen alle Folgeglieder $c_n := 1/n$, mit $n > N$ in die ε-Kugel,
denn: $|1/n - 0| = 1/n < 1/N = \varepsilon$.
Zu (iii): Für $q \in \mathbb{C}$ mit $|q| < 1$ ist $|q| = \frac{1}{1+p}$ mit $p > 0$. Folglich ist:

$$|q^n| = |q|^n = \frac{1}{(1+p)^n} = \frac{1}{1 + np + \ldots + p^n} \leq \frac{1}{np} \longrightarrow 0, \quad \text{für} \quad n \to \infty$$

$\square$

Definition 7.1.6 (Algebraische Operationen). Bezeichnet

$$\mathscr{F} := \{c := (c_n)_{n \in \mathbb{N}} \mid c \text{ ist Folge in } \mathbb{C}\}$$

die Menge aller Folgen $(c_n)_{n \in \mathbb{N}}$ in $\mathbb{C}$, und sind $(c_n)_{n \in \mathbb{N}}$ und $(d_n)_{n \in \mathbb{N}}$ aus $\mathscr{F}$, so heißt

- $(c_n)_{n \in \mathbb{N}} + (d_n)_{n \in \mathbb{N}} := (c_n + d_n)_{n \in \mathbb{N}}$ die **Summe** von $(c_n)_{n \in \mathbb{N}}$ und $(d_n)_{n \in \mathbb{N}}$,

- $\lambda(c_n)_{n \in \mathbb{N}} := (\lambda c_n)_{n \in \mathbb{N}}$ die **skalare Multiplikation** von $(c_n)_{n \in \mathbb{N}}$ mit $\lambda \in \mathbb{C}$,

- $(c_n)_{n \in \mathbb{N}} \cdot (d_n)_{n \in \mathbb{N}} := (c_n \cdot d_n)_{n \in \mathbb{N}}$ das **Produkt** von $(c_n)_{n \in \mathbb{N}}$ und $(d_n)_{n \in \mathbb{N}}$,

- $\dfrac{(c_n)_{n \in \mathbb{N}}}{(d_n)_{n \in \mathbb{N}}} := \left(\dfrac{c_n}{d_n}\right)_{n \in \mathbb{N}}$ **Quotient** von $(c_n)_{n \in \mathbb{N}}$ und $(d_n)_{n \in \mathbb{N}}$, $d_n \neq 0 \; \forall_n$.

Übung: Welche algebraischen Strukturen hat $\mathscr{F}$? Begründung!

Lemma 7.1.7 (Algebraische Rechenregeln I). Seien $(c_n)_{n \in \mathbb{N}}$ und $(d_n)_{n \in \mathbb{N}}$ konvergente Folgen in $\mathbb{C}$ mit $c_n \to c$ und $d_n \to d$ für $n \to \infty$. Dann gilt:

- (Linearität) $\lambda c_n + \mu d_n \to \lambda c + \mu d$ für alle $\lambda, \mu \in \mathbb{C}$ und für $n \to \infty$

- (Produkt) $c_n d_n \to cd$ für $n \to \infty$

- (Quotient) $\dfrac{c_n}{d_n} \to \dfrac{c}{d}$ falls $d \neq 0$ und $d_n \neq 0$ für alle $n \in \mathbb{N}$ und für $n \to \infty$

Zum Beweis. Alles folgt wie im Reellen, gemäß Satz 2.2.20. $\square$

Beispiel 7.1.8. Seien $(a_n)_{n \in \mathbb{N}}, (b_n)_{n \in \mathbb{N}}, (c_n)_{n \in \mathbb{N}} \in \mathscr{F}$ mit $a_n \to a, b_n \to b, 0 \neq c_n \to c \neq 0$ für $n \to \infty$ und $\lambda \in \mathbb{C}$. Dann ist:

$$\frac{a_n(b_n - \lambda c_n)}{c_n} \overset{\text{alg.Rechenregeln}}{\longrightarrow} \frac{a(b - \lambda c)}{c} \quad \text{für} \quad n \to \infty$$

Notiz 7.1.9. Bezeichnet $\mathscr{F}_{\text{limes}} := \{(c_n)_{n \in \mathbb{N}} \in \mathscr{F} \mid \exists_{c \in \mathbb{C}} : c = \lim_{n \to \infty} c_n\}$, so ist $\mathscr{F}_{\text{limes}}$ eine kommutative $\mathbb{C}$-Unteralgebra von $\mathscr{F}$ mit 1. Wir schreiben, wie üblich, $\mathscr{F}_{\text{limes}} \leq \mathscr{F}$.

Lemma 7.1.10 (Algebraische Rechenregeln II). Sei $(c_n)_{n \in \mathbb{N}}$ konvergent mit $c = \lim_{n \to \infty} c_n$. Dann gilt:

- (Betrag) $|c_n| \to |c|$ für $n \to \infty$

- (Konjugation) $\overline{c_n} \to \overline{c}$ für $n \to \infty$

- (Real- & Imaginärteil) $\text{Re}(c_n) \to \text{Re}(c)$ und $\text{Im}(c_n) \to \text{Im}(c)$ für $n \to \infty$
  Insbesondere: ist der Grenzwert einer reellen Folge wieder reell. Darüber hinaus gilt:

$$\boxed{\lim_{n \to \infty} c_n = \lim_{n \to \infty} \text{Re}(c_n) + \text{i} \lim_{n \to \infty} \text{Im}(c_n)}.$$

Das bedeutet: Der Limes einer komplexen Folge $(c_n)_{n \in \mathbb{N}} \in \mathscr{F}_{\text{limes}}$ kann durch getrennte Berechnung der Limites von Real- und Imaginärteil der komplexen Folgeglieder $c_n := \text{Re}(c_n) + \text{i} \,\text{Im}(c_n)$ bestimmt werden.

Zum Beweis. Aus der Dreiecksungleichung gewinnt man $||c_n| - |c|| \leq |c_n - c|$ (siehe auch unter Lemma 9.1.7 im Anhang) und daher folgt $|c_n| \to |c|$, für $n \to \infty$. Seien $c_n := x_n + \text{i} y_n$ und $c := x + \text{i} y$. Gilt $c_n \to c$, d.h. $|c_n - c| \to 0$, so auch $|\overline{c_n} - \overline{c}| = |\overline{c_n - c}| = |c_n - c|$. Die dritte Behauptung folgt aus $|x_n - x|, |y_n - y| \leq |c_n - c| = |(x_n - x) + \text{i}(y_n - y)| \leq (|x_n - x|)^2 + (|y_n - y|)^2$. $\qquad\square$

Korollar 7.1.11. Eine Folge $(c_n := (a_n, b_n)^T)_{n \in \mathbb{N}}$ in $\mathbb{R}^2$ ist genau dann konvergent, wenn die reellen Komponentenfolgen $(a_n)_{n \in \mathbb{R}}$ und $(b_n)_{n \in \mathbb{N}}$ konvergent sind. Entsprechendes gilt auch im $\mathbb{R}^n$ und $\mathbb{C}^n \cong \mathbb{R}^{2n}$. Kurz: Sei $(x_k)_{k \in \mathbb{N}}$ eine Folge im $\mathbb{R}^n$ mit $x_k := (x_{1k}, ..., x_{nk})^T \in \mathbb{R}^n$. Dann gilt:

$$\boxed{x = \lim_{k \to \infty} x_k \quad \Longleftrightarrow \quad \forall_{j=1,...,n} : x_j = \lim_{k \to \infty} x_{jk}}$$

Sprechweise 7.1.12. Man sagt, dass die in den Klammern der vorstehenden Lemmata zugehörigen Abbildungen *verträglich* mit Limesbildung sind.

Diese Verträglichkeit meint eine Vertauschung von Limes und der Abbildungsvorschrift, was an folgenden Beispielen demonstriert werden soll: Ist $c = \lim_{n \to \infty} c_n$, so gilt:

1. (Konjugation) $\overline{c} = \overline{\lim_{n \to \infty} c_n} = \lim_{n \to \infty} \overline{c_n}$

2. (Betrag) $|c| = |\lim_{n \to \infty} c_n| = \lim_{n \to \infty} |c_n|$

3. Re, Im, etc. (selbst!)

Beispiel 7.1.13. (i) Sei $(c_n)_{n\in\mathbb{N}} \in \mathscr{F}$ mit $c_n := \frac{n^2 - i2n}{1 + in^2}$. Machen Sie sich im folgenden Rechengang bewusst, welche Regeln in jedem Schritt verwendet wurden!
1. (Direkte Methode) $c_n := \frac{n^2 - i2n}{1 + in^2} = \frac{n^2/n^2 - i2n/n^2}{1/n^2 + in^2/n^2} \longrightarrow \frac{1 + i0}{0 + i1} = \frac{1}{i} = -i$, für $n \to \infty$.

2. (Real- & Imaginärteil-Methode) Für $n \to \infty$ haben wir:

$$c_n := \frac{n^2 - i2n}{1 + in^2} = \frac{(n^2 - i2n)(1 - in^2)}{(1 + in^2)(1 - in^2)} = \frac{n^2 - 2n^3}{1 + n^4} - i\frac{2n + n^4}{1 + n^4} = \frac{\frac{n^2}{n^4} - \frac{2n^3}{n^4}}{\frac{1}{n^4} + \frac{n^4}{n^4}} - i\frac{\frac{2n}{n^4} + \frac{n^4}{n^4}}{\frac{1}{n^4} + \frac{n^4}{n^4}} \to -i$$

(ii) Betrachte $(c_n)_{n\in\mathbb{N}} \in \mathscr{F}$ mit $c_n := \frac{1}{(1+i)^n}$. Dann ist $c_n = \left(\frac{1}{1+i}\right)^n$ mit $q := \frac{1}{1+i}$ eine geometrische Folge. Wegen $|q| = \frac{1}{\sqrt{2}} < 1$ folgt $c_n \to 0$ für $n \to \infty$, d.h. also eine Nullfolge.

(iii) Betrachte $(c_n)_{n\in\mathbb{N}} \in \mathscr{F}$ mit $c_n := (\sqrt{n^2+1} - n) + i\frac{\ln n}{n}$. Offenbar ist die Folge bereits in Normalform gegeben, so dass separate Betrachtung von Real- und Imaginärteil zu Folgendem führt:

$$\mathrm{Re}(c_n) = (\sqrt{n^2+1} - n) = \frac{(\sqrt{n^2+1} - n)(\sqrt{n^2+1} + n)}{\sqrt{n^2+1} + n} = \frac{1}{\sqrt{n^2+1} + n} \longrightarrow 0, \ n \to \infty$$

$$\mathrm{Im}(c_n) = \frac{\ln n}{n} \overset{l'H}{=} \frac{1}{n} \longrightarrow 0, \ n \to \infty, \quad \text{denn } n \text{ wächst schneller als } \ln n,$$

wobei in beiden Fällen das strenge Monotonieverhalten der Wurzel- bzw. Logarithmusfunktion eingehen. Damit $(c_n)_{n\in\mathbb{N}}$ eine Nullfolge.

Sei $M \subset \mathbb{R}$ und $x \in \mathbb{R}$. Erinnernd an die Notationen aus Abs. 9.1 setzen wir:

$$x \leq M :\Longleftrightarrow \forall_{y\in M} : x \leq y$$

In ersichtlicher Weise sind damit auch $x \geq M$, $M \leq x$ sowie $x < M$ und $x > M$ definiert. Das *Maximum* (bzw. *Miminum*) von M sind wie folgt erklärt:

$$x = \max(M) :\Longleftrightarrow x \in M \text{ und } M \leq x, \qquad x = \min(M) :\Longleftrightarrow x \in M \text{ und } M \geq x$$

Im Falle der Existenz sind Maximum und Minimum eindeutig bestimmt (vgl. Anhang 9.1).

Definition 7.1.14 (Supremum & Infimum). (i) Eine Teilmenge $M \subset \mathbb{R}$ heißt **nach oben** (bzw. **nach unten**) **beschränkt**, wenn es ein $x_o \in \mathbb{R}$ (bzw. $x_u \in \mathbb{R}$) gibt mit $M \leq x_o$ (bzw. $x_u \leq M$). Man nennt dann x_o *obere Schranke* (bzw. x_u *untere Schranke*) von M. Gilt $x_u \leq M \leq x_o$, so heißt M schlechthin **beschränkt**.
(ii) Unter dem **Supremum** von $M \subset \mathbb{R}$ versteht man die kleinste obere Schranke $s \in \mathbb{R}$ für M, notiert mit $\sup(M)$. D.h.:

$$\boxed{\sup(M) := \min\{x_o \in \mathbb{R} \mid M \leq x_o\}}$$

(iii) Unter dem **Infimum** von $M \subset \mathbb{R}$ versteht man die größte untere Schranke $i \in \mathbb{R}$, notiert mit $\inf(M)$. D.h.:

$$\boxed{\inf(M) := \max\{x_u \in \mathbb{R} \mid x_u \leq M\}}$$

Wie beim Maximum ist das Supremum von M im Falle der Existenz eindeutig bestimmt (vgl. Anhang 9.1). Offenbar ist $\inf(M) = -\sup(-M)$, so dass es genügt das Supremum zu studieren.

Beispiel 7.1.15. Betrachte das offene Intervall $I := (0,1) \subset \mathbb{R}$. Dann ist

- I offenbar beschränkt, denn 100 ist eine obere und -3 untere Schranke von I.

- $\sup I = 1$ und $\inf I = 0$.

- jedoch $0, 1 \notin I = (0,1)$.

Beispiel 7.1.16 (Übung). Betrachte $M := \{a_n \mid n \in \mathbb{N}\}$ mit $a_n := 1 - \frac{1}{n}$ bzw. mit $a_n := (-1)^n\left(1 + \frac{1}{n}\right)$. Man bestimme $\inf M$, $\sup M$. Existiert das Maximum bzw. Minimum?

Beachte: Das Supremum oder Infimum einer Menge M braucht M nicht anzugehören. Ist indes $\sup(M) \in M$ (bzw. $\inf(M) \in M$), so $\sup(M) = \max(M)$ (bzw. $\inf(M) = \min(M)$.

Bemerkung 7.1.17. Ist $M := \{a_n \mid n \in \mathbb{N}\}$ eine beschränkte Folge in $\mathbb{R}$, so spannen Infimum und Supremum von M den kleinsten Käfig $K := [\inf M, \sup M] \subset \mathbb{R}$ (genauer: abgeschlossene Intervall) in $\mathbb{R}$ auf, in dem alle Folgeglieder eingeschlossen sind.

Das *Vollständigkeitsaxiom* der reellen Zahlen besagt:

> Jede nicht-leere nach oben beschränkte Teilmenge $M \subset \mathbb{R}$ hat ein Supremum.

Wir ziehen (mehrere) Folgerungen aus dem Vollständigkeitsaxiom.

Satz 7.1.18 (Monotonieprinzip). *Jede beschränkte monotone Folge $(a_n)_{n \in \mathbb{N}}$ reeller Zahlen ist konvergent, und zwar gegen*

- $\sup\{a_n \mid n \in \mathbb{N}\} \in \mathbb{R}$, *falls $(a_n)_{n \in \mathbb{N}}$ monoton wachsend ist,*

- $\inf\{a_n \mid n \in \mathbb{N}\} \in \mathbb{R}$, *falls $(a_n)_{n \in \mathbb{N}}$ monoton fallend war.*

Beweis. Es genügt, den Fall einer monoton steigenden Folge nachzuweisen. Sei also $a_1 \leq a_2 \leq \ldots \leq K$. Als beschränkte Folge besitzt $(a_n)_{n \in \mathbb{N}}$ das Supremum, also $a := \sup\{a_n \| n \in \mathbb{N}\} \in \mathbb{R}$. Wir behaupten

$$a = \lim_{n \to \infty} a_n.$$

Dazu sei $\varepsilon > 0$. Da a die kleinste obere Schranke von $(a_n)_{n \in \mathbb{N}}$ ist, kann $a - \varepsilon$ jedenfalls keine obere Schranke sein. Daher gibt es ein $N \in \mathbb{N}$ mit $a_N > a - \varepsilon$, und weil die Folge monoton wachsend ist, folgt $a - \varepsilon < a_N \leq a_n \leq a < a + \varepsilon$, für alle $n \geq N$, insbesondere $|a_n - a| < \varepsilon$ für diese n's. $\qquad \square$

Definition 7.1.19 (CAUCHY-Folge). Eine Folge $(c_k)_{k\in\mathbb{N}} \in \mathscr{F}$ in $\mathbb{C}$ heißt eine **Cauchy-Folge**, wenn zu jedem vorgegebenen $\varepsilon > 0$ der Abstand zweier Folgeglieder schließlich kleiner ε ist, d.h.

$$(c_k)_{k\in\mathbb{N}} \text{ ist CAUCHY-Folge} \quad :\Longleftrightarrow \quad \forall_{\varepsilon>0}\exists_{N\in\mathbb{N}}\forall_{m,n\geq N} : |c_n - c_m| < \varepsilon.$$

Jede konvergente Folge ist auch eine CAUCHY-Folge. Denn: Ist $|c_n - c| < \varepsilon/2$ für alle $n \geq N$, so $|c_n - c_m| = |c_n - c + c - c_m| \leq |c_n - c| + |c_m - c| < \varepsilon/2 + \varepsilon/2 = \varepsilon$ für alle $m, n \geq N$. Die Umkehrung gilt im Allgemeinen nicht, so z.B. im Körper der rationalen Zahlen $\mathbb{Q}$, wie das Bsp. 7.1.23 insbesondere zeigen wird. Jedoch *charakterisiert* der Begriff CAUCHY-Folge Konvergenz in folgender Weise:

Lemma 7.1.20 (CAUCHY-Kriterium). In $\mathbb{R}$ und somit in $\mathbb{C}$ ist jede CAUCHY-Folge auch konvergent.

Beweis. Aufgrund von Kor. 7.1.11 genügt es, die Behauptung im Reellen nachzuweisen. Sei $(a_n)_{n\in\mathbb{N}}$ eine CAUCHY-Folge. Da sie zu jedem vorgegebenen $\varepsilon > 0$ schließlich nur um ε schwankt, ist $(a_n)_{n\in\mathbb{N}}$ jedenfalls beschränkt. Für ein beliebig vorgegebenes $\varepsilon > 0$ wähle ein $N \in \mathbb{N}$, so dass $|a_n - a_m| < \frac{\varepsilon}{2}$ für alle $n, m \geq N$. Dann ist

$$b_n := \sup\{a_k \mid k \geq n\} \in K_\varepsilon(a_N) := \left[a_N - \frac{\varepsilon}{2}, a_N + \frac{\varepsilon}{2}\right]$$

eine beschränkte monoton fallende Folge, die für alle $n \geq N$ ganz in der $\frac{\varepsilon}{2}$-Kugel liegt, d.h. jedes $b_n \in K_\varepsilon(a_N)$ für alle $n \geq N$. Nach dem Monotonieprinzip konvergiert die Folge der b_n's, also $b_n \to a$ für $n \to \infty$ und $a \in K_\varepsilon(a_N)$. Insbesondere ist aber $|a_n - a| < \varepsilon$ für alle $n \geq N$. Mithin konvergiert $(a_n)_{n\in\mathbb{N}}$ gegen a.

Diskussion: An welcher Stelle geht im Beweis das Vollständigkeitsaxiom ein? $\square$

Der Nachweis der Konvergenz einer Folge $(a_k)_{k\in\mathbb{N}}$ in $\mathbb{R}$ oder $\mathbb{C}$ erfordert bisher die Kenntnis des Grenzwertes. Das CAUCHY-*Kriterium* ermöglicht einen Konvergenznachweis, *ohne* den Grenzwert explizit zu kennen. CAUCHY-Folgen charakterisieren nicht nur Konvergenz, sondern auch die Vollständigkeit in $\mathbb{R}$.

Notiz 7.1.21 (Vollständigkeit). Angenommen, es gelten die Axiome (K),(A) in $\mathbb{R}$ gemäß Satz 9.1.1, und zudem, dass jede CAUCHY-Folge konvergent ist. Dann gilt das Vollständigkeitsaxiom.

Zum Beweis. Sei $M \subset \mathbb{R}$ eine nicht-leere nach oben beschränkte Teilmenge. Dann gibt es für jedes $n \in \mathbb{N}$ eine kleinste Zahl $s_n \in \frac{1}{2^n}\mathbb{Z} := \{\frac{k}{2^n} \mid k \in \mathbb{Z}\}$, die gerade noch obere Schranke für M ist. Das liefert die CAUCHY-Folge $(s_n)_{n\in\mathbb{N}}$, die nach Voraussetzung konvergiert, nämlich gegen das Supremum von M. $\square$

Das Vollständigkeitsaxiom in $\mathbb{R}$ ist sehr speziell, denn zu seiner Formulierung braucht es viel Struktur, hier also einen angeordneten Körper. Um zu erklären, was eine CAUCHY-Folge ist, benötigt der zugrunde liegende „Raum" X nur sehr wenig, im Wesentlichen eine Art „Abstandsmaß", beispielsweise eine Norm. Insbesondere braucht X kein Körper zu sein, nicht einmal ein Vektorraum ist verlangt, gleichwohl das in vielen praxisrelevanten Fällen so ist. In solchen Räume definiert man *Vollständigkeit* durch die Konvergenz aller CAUCHY-Folgen. In der Praxis spielen vollständige *Funktionenräume*, allen voran die HILBERTräume, eine fundamentale Rolle. Davon wird in Band 2 im Kapitel über Integraltransformationen noch die Rede sein.

Proposition 7.1.22 (BOLZANO-WEIERSTRASS). *Jede beschränkte Folge $(c_n)_{n\in\mathbb{N}}$ in $\mathbb{C}$ hat eine konvergente Teilfolge, d.h. es gibt $n_1 < n_2 < \ldots$ in $\mathbb{N}$, so dass $(a_{n_k})_{k\in\mathbb{N}}$ konvergent ist.*

Beweis. Wir betrachten vorerst den reellen Fall. Sei also $(a_n)_{n\in\mathbb{N}}$ eine beschränkte Folge in $\mathbb{R}$, d.h. es gibt eine Konstante $K \in \mathbb{R}$ mit $|a_n| \le K$ für alle $n \in \mathbb{N}$. Wir konstruieren induktiv Intervalle

$$I_1 \supset I_2 \supset I_3 \supset \ldots \supset I_n \supset \ldots$$

wie folgt: In $I_1 := [-K, K]$ befinden sich alle Folgeglieder a_n. Nach Halbieren von I_1 wähle eine Intervallhälfte, in der unendlich viele der Folgeglieder liegen, und bezeichne diese mit I_2. (Es liegen in mindestens einer der Hälften unendlich viele Folgeglieder.) Also liegen für jedes $n \in \mathbb{N}$ unendlich viele Folgeglieder a_k in I_n. Wähle $n_1 < n_2 < n_3 < \ldots$, so dass $a_{n_k} \in I_n$. Dann ist $(a_{n_k})_{k\in\mathbb{N}}$ eine CAUCHY-Folge in $\mathbb{R}$, und nach dem CAUCHY-Kriterium Lemma 7.1.20 konvergent. In der Tat ist $(a_{n_k})_{k\in\mathbb{N}}$ eine CAUCHY-Folge, denn bezeichnet $|I_n| := \frac{2K}{2^n}$ die Länge des Intervalls I_n, und ist $\varepsilon > 0$, so existiert ein $N \in \mathbb{N}$ mit $\frac{2K}{nN} < \varepsilon$. Für alle $l, m \ge N$ schwanken die Folgeglieder a_{n_k} weniger als ε.

Es verbleibt der Nachweis im Komplexen. Sei also $(c_n)_{n\in\mathbb{N}}$ eine beschränkte Folge in $\mathbb{C}$, wobei $c_n := a_n + ib_b$ für jedes $n \in \mathbb{N}$. Dann sind die reellen Folgen $(a_n)_n$ und $(b_n)_n$ ebenfalls beschränkt. Nach dem 1. Schritt hat $(a_n)_{n\in\mathbb{N}}$ eine konvergente Teilfolge, die wir wieder mit $(a_n)_{n\in\mathbb{N}}$ bezeichnen. Aus den b_n's kann wiederum aufgrund des 1. Beweisschrittes eine konvergente Teilfolge b_{n_k} ausgewählt werden. Dann ist $(c_{n_k})_{k\in\mathbb{N}}$ eine konvergente Teilfolge von $(c_n)_{n\in\mathbb{N}}$. $\square$

Beispiel 7.1.23. Wir konstruieren wie folgt eine rekursive definierte Folge in $\mathbb{Q}$, die gegen $\sqrt{2} \notin \mathbb{Q}$ konvergiert. Dazu setze:

$$a_0 := 1 \qquad \text{sowie} \qquad a_{n+1} := \frac{1}{2}\left(a_n + \frac{2}{a_n}\right)$$

Dann gilt:

1. Offenbar $a_n \ge 0$ für alle $n \in \mathbb{N}_0$

2. $a_{n+1}^2 - 2 \ge 0$ für alle $n \in \mathbb{N}_0$, denn Induktion nach n liefert: Für $n = 0$ ist $a_1^2 - 2 = \frac{1}{4} \ge 0$. Sei die Behauptung für ein n wahr, also $a_n^2 - 2 \ge 0$. Folglich ist dann

$$a_{n+1}^2 - 2 = \frac{1}{4}\left(a_n + \frac{2}{a_n}\right)^2 - 2 = \frac{a_n^2}{4} + \frac{1}{a_n^2} - 1 = \frac{(a_n^2 - 2)^2}{4a_n^2} \ge 0.$$

3. $a_n - a_{n+1} \ge 0$ für alle $n \in \mathbb{N}$. Denn mit Punkt 2 folgt:

$$a_n - a_{n+1} = a_n - \frac{1}{2}\left(a_n + \frac{2}{a_n}\right) = a_n - \frac{a_n}{2} - \frac{1}{a_n} = \frac{a_n^2 - 2}{2a_n} \ge 0$$

4. Es gilt $\sqrt{2} = \lim\limits_{n\to\infty} a_n$

Beweis. [von Punkt 4] Die Folge $(a_n)_{n\in\mathbb{N}}$ ist offenbar beschränkt durch $\sup\{a_n \mid n \in \mathbb{N}\} = \frac{3}{2} = a_1$. Man beachte, dass die Folge $(a_n)_{n\in\mathbb{N}_0}$ nicht monoton fällt, wohl aber $(a_n)_{n\in\mathbb{N}}$. Daher hat $(a_n)_{n\in\mathbb{N}}$ als beschränkte und gemäß Punkt 3 monoton fallende Folge nach dem Monotonieprinzip Satz 7.1.18 den Grenzwert $a := \inf\{a_n \mid n \in \mathbb{N}\} \in \mathbb{R}$. Wegen $\lim\limits_{n\to\infty} a_n = a$ und den Limes-Regeln folgt:

$$a = \lim_{n\to\infty} a_{n+1} = \lim_{n\to\infty} \frac{1}{2}\left(a_n + \frac{2}{a_n}\right) = \frac{1}{2}\left(\lim_{n\to\infty} a_n + \frac{2}{\lim_{n\to\infty} a_n}\right) = \frac{1}{2}\left(a + \frac{2}{a}\right) \iff 2a = a + \frac{2}{a}$$

$$\iff a^2 = 2$$

Jedes a_n ist in $\mathbb{Q}$, jedoch der Grenzwert nicht. Das zeigt die „Unvollständigkeit" der rationalen Zahlen $\mathbb{Q}$. □

Nach dieser Vorarbeit können wir zum eigentlichen Thema, den Reihen, voranschreiten. Dazu ein Einführungsbeispiel:

Beispiel 7.1.24. Schon aus der Schule ist bekannt: Beh.: $0.\bar{9} = 1$.

Beweis. Es ist:

$$0.\bar{9} = 0.999\ldots = \frac{9}{10} + \frac{9}{100} + \frac{9}{1000} + \frac{9}{10000} + \ldots = \sum_{k=1}^{\infty} \frac{9}{10^k} = 9 \sum_{k=1}^{\infty} \left(\frac{1}{10}\right)^k$$

Für jedes $x \in \mathbb{R}$ und $n \in \mathbb{N}_0$ gilt gemäß Kap. 2.2 Aufgabe 1.(b) die *geometrische Summenformel*

$$1 + x + x^2 + x^3 + \ldots + x^n = \sum_{k=0}^{n} x^k = \frac{1 - x^{n+1}}{1 - x},$$

womit demnach die Folge $(S_n)_{n\geq 0}$ mit $S_n := \sum_{k=0}^{n} x^k$ gegeben ist. Wegen Bsp. 7.1.5 (iii) folgt für $|x| < 1$

$$\lim_{n\to\infty} S_n = \lim_{n\to\infty} \sum_{k=0}^{n} x^k = \lim_{n\to\infty} \frac{1 - x^{n+1}}{1 - x} = \frac{1 - \lim\limits_{n\to\infty} x^{n+1}}{1 - x} = \frac{1}{1 - x},$$

und mithin:

$$0.\bar{9} = 9 \sum_{k=1}^{\infty} \left(\frac{1}{10}\right)^k = 9\left(\frac{1}{1 - \frac{1}{10}} - 1\right) = 9\left(\frac{10}{9} - 1\right) = 9\frac{1}{9} = 1$$

□

Definition 7.1.25 (Reihe). Sei $(a_k)_{n\in\mathbb{N}_0} \in \mathscr{F}$ eine Folge in $\mathbb{C}$. Unter einer **Reihe** versteht man die Folge:

$$\left(\sum_{k=0}^{n} a_k\right)_{n\in\mathbb{N}_0} \tag{7.3}$$

Notation & Sprechweise 7.1.26. (i) Für Reihen verwendet man das Symbol $\sum_{k=0}^{\infty} a_k$, d.h. also:

$$\sum_{k=0}^{\infty} a_k := \left(\sum_{k=0}^{n} a_k \right)_{n \in \mathbb{N}_0}$$

(ii) Die endlichen Summen $S_n := \sum_{k=0}^{n} a_k$ heißen *Partialsummen* der Reihe; die a_k's werden *Reihenglieder* genannt.

(iii) Man spricht genauer von *Zahlen-Reihen*, denn die Reihenglieder a_k können auch Funktionen sein. Sind keine Verwechslungen zu befürchten, so nennt man Zahlen-Reihen einfach nur Reihen.

(iv) Reihen können auch erst ab $k = k_0 > 0$ loslaufen; in der Praxis meistens $k = 0$ oder $k = 1$.

Merke: Eine Reihe $\sum_{k=0}^{\infty} a_k$ ist die Folge $(S_n)_{n \geq 0}$ ihrer Partialsummen $S_n := \sum_{k=0}^{n} a_k$.

Beispiel 7.1.27. (i) (Harmonische Reihe): $1 + \dfrac{1}{2} + \dfrac{1}{3} + \dfrac{1}{4} + \ldots = \sum_{k=1}^{\infty} \dfrac{1}{k}$

(ii) (Geometrische Reihe): Für $q \in \mathbb{C}$ definiert man $1 + q + q^2 + q^3 + \ldots = \sum_{k=0}^{\infty} q^k$.

(iii) (RIEMANNsche ζ-Reihe): Für $s > 0$ setzte $\zeta(s) = \sum_{n=1}^{\infty} \dfrac{1}{n^s}$

(iv) (Alternierende Reihe): $1 - \dfrac{1}{2} + \dfrac{1}{3} - \dfrac{1}{4} + \ldots = \sum_{k=1}^{\infty} (-1)^{k-1} \dfrac{1}{k}$

Notiz 7.1.28. Jede Folge $(c_n)_{n \geq 0}$ kann vermöge $a_0 := c_0$ und $a_k := c_k - c_{k-1}$ für $k \geq 1$ als Reihe gelesen werden. Denn es ist $c_n = \sum_{k=0}^{n} a_k = c_0 + (c_1 - c_0) + (c_2 - c_1) + \ldots + (c_n - c_{n-1})$, denn in dieser sogenannten *Teleskop-Summe* hebt sich alles weg, bis auf c_n.

Merke: Alles, was wir über Folgen wissen; lässt sich entsprechend auf Reihen übertragen.

Insbesondere hat man automatisch (loc. cit. Kap. 2.2.1)

Definition 7.1.29 (Konvergenz). Eine Reihe $\sum_{k=0}^{\infty} a_k$ heißt

(i) **konvergent**, wenn die Folge ihrer Partialsummen konvergent ist. Man schreibt dann für den Grenzwert

$$\sum_{k=0}^{\infty} a_k := \lim_{n \to \infty} \sum_{k=0}^{n} a_k.$$

(ii) **absolut konvergent**, wenn $\sum_{k=0}^{\infty} |a_k|$ im Sinne von (i) konvergent ist.

(iii) **divergent**, falls sie nicht konvergent ist.

Beachte: Das Reihen-Symbol $\sum_{k=0}^{\infty} a_k$ bedeutet also zweierlei: einerseits als Notation einer *formal*, d.h. ohne Konvergenzaussage, definierten Reihe, und andererseits den Grenzwert der Partialsummenfolge, d.h.

$$
\sum_{k=0}^{\infty} a_k := \begin{cases} \left(\displaystyle\sum_{k=0}^{n} a_k \right)_{n\geq 0} & \text{Formale Notation einer Reihe.} \\[2ex] \displaystyle\lim_{n\to\infty} \sum_{k=0}^{n} a_k & \text{der Grenzwert der Reihe, sofern er existiert.} \end{cases}
$$

Sind deswegen Missverständnisse zu befürchten? Ja, und daher folgende

Vereinbarung: Wir schreiben für eine konvergente Reihe auch $\sum_{k=0}^{\infty} a_k < \infty$.

Dies ist wiederum insofern missverständlich, da es auch beschränkte Reihen gibt, d.h. die Folge ihrer Partialsummen $(\sum_{k=0}^{n} a_k)_{n\geq 0}$ ist beschränkt, die nicht konvergent sind. Beispielsweise ist die Reihe $\sum_{k=0}^{\infty}(-1)^k$ beschränkt, denn für die Folge ihrer Partialsummen gilt:

$$
\sum_{k=0}^{N}(-1)^k = \begin{cases} 0, & n \in 2\mathbb{N}_0 + 1 \\ 1, & n \in 2\mathbb{N}_0 \end{cases}
$$

Aber diese Reihe ist divergent. Aus dem Monotonieprinzip Satz 7.1.18 folgt die

Bemerkung 7.1.30. Eine Reihe $\sum_{k=0}^{\infty} a_k$ mit reellen nicht-negativen Reihengliedern $a_k \geq 0$ für alle $k \in \mathbb{N}_0$ konvergiert genau dann, wenn die Folge ihrer Partialsummen beschränkt ist. In diesem Fall ist unsere Vereinbarung unmissverständlich.

Beweis. Sind die Reihenglieder a_k nicht-negativ, so ist die Folge der Partialsummen $(\sum_{k=0}^{n} a_k)_{n\geq 0}$ monoton wachsend, und weil sie nach Voraussetzung zusätzlich beschränkt ist, folgt die Behauptung aus dem Monotonieprinzip. $\qquad\square$

Wir vertiefen nun die zentrale Fragestellung: *Wann konvergieren Reihen?* Ein notwendiges und hinreichendes Kriterium ist:

Lemma 7.1.31 (Cauchy-Kriterium). Eine Reihe $\sum_{k=0}^{\infty} a_k$ konvergiert genau dann, wenn zu jedem $\varepsilon > 0$ ein $N(\varepsilon) \in \mathbb{N}$ existiert, so dass für alle $m > n \geq N$ gilt $|\sum_{k=n+1}^{m} a_k| = |a_{n+1} + a_{n+2} + \ldots + a_m| < \varepsilon$.

Beweis. Wegen der Vollständigkeit von $\mathbb{C}$ (Lemma 7.1.20) ist Reihenkonvergenz äquivalent dazu, dass $\sum_{k=0}^{\infty} a_k$ eine Cauchy-Folge ist. Sei dazu $\varepsilon > 0$. Bezeichnet $S_n := \sum_{k=0}^{n} a_k$ die n'te Partialsumme der Reihe $\sum_{k=0}^{\infty} a_k$, so gilt $|S_m - S_n| = |\sum_{k=0}^{m} a_k - \sum_{k=0}^{n} a_k| = |\sum_{k=n+1}^{m} a_k| < \varepsilon$ für alle $m > n \geq N$, womit das Cauchy-Kriterium nur eine triviale Umformung von Def.7.1.19 ist. $\qquad\square$

Das Cauchy-Kriterium wird sich vor allem in vielen der nun folgenden Beweise als nützliches Argumentationsmittel erweisen.

Bemerkung 7.1.32 (Absolute Konvergenz impliziert gewöhnliche Konvergenz).
Für eine Reihe $\sum_{k=0}^{\infty} a_k$ gilt:

$$\sum_{k=0}^{\infty} |a_k| < \infty \quad \Longrightarrow \quad \sum_{k=0}^{\infty} a_k < \infty$$

Beweis. Sei $\sum_{k=0}^{\infty} |a_k| < \infty$ und $\varepsilon > 0$. Dann gibt es gemäß CAUCHY-Kriterium ein $N \in \mathbb{N}$, so dass $|a_{n+1}| + \ldots + |a_m| < \varepsilon$ für alle $m > n \geq N$. Aus der Dreiecksungleichung folgt nunmehr $|S_m - S_n| = |\sum_{k=n+1}^{m} a_k| \leq \sum_{k=n+1}^{m} |a_k| < \varepsilon$ für alle $m > n \geq N$ und mithin die gewöhnliche Konvergenz der Reihe. $\qquad\square$

Beachte: Die Umkehrung der obigen Implikation gilt nicht, wie sich in Kürze weisen wird.

Korollar 7.1.33 (Notwendiges Konvergenzkriterium). Notwendig für die Konvergenz von Reihen $\sum_{k=0}^{\infty} a_k$ ist, dass die Folge der Reihenglieder $(a_k)_{k \geq 0}$ eine Nullfolge ist, d.h.:

$$\boxed{\sum_{k=0}^{\infty} a_k < \infty \quad \Longrightarrow \quad \lim_{k \to \infty} a_k = 0}$$

Beweis. Ist die Reihe $\sum_{k=0}^{\infty} a_k$ konvergent, so gibt es zu jedem $\varepsilon > 0$ nach dem CAUCHY-Kriterium (Lemma 7.1.31) ein $N \in \mathbb{N}$ mit $|a_{n+1} + \ldots + a_m| < \varepsilon$, für alle $n, m \geq N$; insbesondere ist $|a_m| < \varepsilon$. Mithin ist $(a_k)_{k \geq 0}$ eine Nullfolge. $\qquad\square$

Beachte: Die Umkehrung der obigen Implikation gilt nicht, d.h.:

$$\boxed{\lim_{k \to \infty} a_k = 0 \quad \not\Longrightarrow \quad \sum_{k=0}^{\infty} a_k < \infty}$$

Beispiel 7.1.34 (Gegenbeispiel). Die harmonische Reihe $\sum_{n=1}^{\infty} \frac{1}{n}$ ist divergent, gleichwohl die Folge der Reihenglieder $(1/n)_{n \in \mathbb{N}}$ gemäß Bsp. 7.1.5 (ii) eine Nullfolge ist.

Beweis. Aus der 2^k'ten Partialsumme der harmonischen Reihe entnimmt man

$$s_{2^k} = 1 + \frac{1}{2} + \underbrace{\left(\frac{1}{3} + \frac{1}{4}\right)}_{\geq 1/2} + \underbrace{\left(\frac{1}{5} + \frac{1}{6} + \frac{1}{7} + \frac{1}{8}\right)}_{\geq 1/2} + \cdots + \underbrace{\left(\frac{1}{2^{k-1}+1} + \cdots + \frac{1}{2^k}\right)}_{\geq 1/2} \geq 1 + \frac{k}{2},$$

d.h. die Folge $(S_{2^k})_{k \in \mathbb{N}}$ ist unbeschränkt, was nach Lemma. 2.2.10 Divergenz impliziert. $\qquad\square$

Beispiel 7.1.35 (Geometrische Reihe). (i) Für alle $q \in \mathbb{C}$ mit $|q| < 1$ konvergiert die geometrische Reihe, mit Grenzwert:

$$\boxed{1 + q + q^2 + q^3 + \ldots = \sum_{k=0}^{\infty} q^k = \frac{1}{1-q}}$$

(ii) Für alle $|q| \geq 1$ divergiert die geometrische Reihe.

Beweis. Für jedes $q \neq 1$ ist die n'te Partialsumme gegeben durch

$$S_n := 1 + q + q^2 + q^3 + \ldots + q^n = \sum_{k=0}^{n} q^k = \frac{1 - q^{n+1}}{1 - q} \longrightarrow \frac{1}{1 - q}, \quad n \to \infty,$$

denn: Wegen $|q| < 1$ folgt mit Bsp. 7.1.5 (iii) $\lim_{n\to\infty} q^{n+1} = 0$ und aus Lemma 7.1.7 (Limes-Rechenregeln) die Behauptung (i). Beh. (ii) folgt, da für $|q| \geq 1$ die Reihenglieder $(q^k)_{k\in\mathbb{N}_0}$ keine Nullfolge bilden. $\qquad\qquad\square$

Kommen wir nun zu den in der Praxis am meisten verwendeten Konvergenz-Prüfmethoden:

Satz 7.1.36 (Hinreichende Konvergenzkriterien). *Seien $(a_k)_{n\in\mathbb{N}_0}, (b_k)_{n\in\mathbb{N}_0} \in \mathscr{F}$ Folgen in $\mathbb{C}$, sowie $\sum_{k=0}^{\infty} a_k$ und $\sum_{k=0}^{\infty} b_k$.*

   (i) *(Majoranten-Kriterium) Gilt $|a_k| \leq |b_k|$ für $k \geq k_0$ und konvergiert $\sum_{k=0}^{\infty} |b_k|$, so konvergiert die Reihe $\sum_{k=0}^{\infty} a_k$ absolut, und es gilt:*

$$\left| \sum_{k=k_0}^{\infty} a_k \right| \leq \sum_{k=k_0}^{\infty} |b_k|$$

   Man sagt, die Reihe $\sum_{k=k_0}^{\infty} b_k$ majorisiert Reihe $\sum_{k=k_0}^{\infty} a_k$, oder $\sum_{k=k_0}^{\infty} b_k$ ist Majorante für $\sum_{k=k_0}^{\infty} a_k$.

   (ii) *(Minoranten-Kriterium) Gilt $|a_k| \geq |b_k|$ für $k \geq k_0$ und divergiert $\sum_{k=0}^{\infty} |b_k|$, so auch $\sum_{k=0}^{\infty} a_k$.*

   (iii) *(Quotienten-Kriterium) Sind die komplexen Reihenglieder $(a_k)_{k\in\mathbb{N}_0}$ in $\sum_{k=0}^{\infty} a_k$ schließlich von Null verschieden, und existiert $q := \lim\limits_{k\to\infty} \left| \dfrac{a_{k+1}}{a_k} \right|$, so gilt:*

   (a) *Ist $q < 1$, so konvergiert die Reihe absolut.*

   (b) *Ist $q > 1$, so divergiert die Reihe.*

   (c) *Ist $q = 1$, so sind keine Konvergenzaussagen möglich.*

   (iv) *(LEIBNIZ-Kriterium) Ist $(a_k)_{k\in\mathbb{N}_0}$ eine monoton fallende Nullfolge in $\mathbb{R}^+$, so konvergiert $\sum\limits_{k=0}^{\infty} (-1)^k a_k$.*

   (v) *(Integralvergleichs-Kriterium) Sei $f : \mathbb{R}_0^+ \to \mathbb{R}^+$ eine monoton fallende Funktion mit $a_k := f(k)$. Dann gilt:*

$$\boxed{\sum_{k=0}^{\infty} a_k < \infty \quad \Longleftrightarrow \quad \int_0^{\infty} f(t)dt \quad \textit{(uneigentlich) konvergent}}$$

Im Konvergenzfalle gilt folgende Abschätzung:

$$0 \le \sum_{k=0}^{\infty} a_k - \int_0^{\infty} f(t)\mathrm{d}t \le f(0)$$

Beweis. Zu (i): Sei $\varepsilon > 0$. Anwendung des CAUCHY-Kriteriums liefert ein $N \in \mathbb{N}$, so dass $\|b_{n+1}\| + \ldots + \|b_m\| = |b_{n+1}| + \ldots + |b_m| < \varepsilon$. Weil jedes $|a_k| \le |b_k|$ folgt $|a_{n+1}| + \ldots + |a_m| \le |b_{n+1}| + \ldots + |b_m| < \varepsilon$. Also konvergiert $\sum_k a_k$ absolut. Das Minoranten-Kriterium (ii) zeigt man analog.

Zu (iii): Sei o.B.d.A. $k_0 = 0$. Zunächst ist

$$\lim_{k\to\infty} \left| \frac{a_{k+1}}{a_k} \right| =: q < 1 \quad \Longleftrightarrow \quad \exists_{q<1} \forall_{k \ge 0} : \quad \left| \frac{a_{k+1}}{a_k} \right| \le q$$

Wegen $|a_{k+1}| \le q|a_k|$ folgt induktiv $|a_k| \le |a_0|q^k$ für jedes $k \in \mathbb{N}_0$. Also wird die Reihe $\sum_k a_k$ durch die geometrische Reihe majorisiert, womit die Konvergenz aus (i) folgt. Im Falle $q > 1$ drehen sich die obigen Relationszeichen um, womit die - wegen $q > 1$ divergente - geometrische Reihe ein Minorante für $\sum_k a_k$ wird.

Zu (iv): Sei $A_n := \sum_{k=0}^{n}(-1)^k a_k$ die n'te Partialsumme von $\sum_{k\in\mathbb{N}}(-1)^k a_k$. Dann gilt:

(a) $\quad A_{2n} \ge A_{2n} - a_{2n+1} + a_{2n+2} = A_{2n+2}$ $\quad$ (b) $\quad A_{2n+1} \le A_{2n+1} + a_{2n+2} - a_{2n+3} = A_{2n+3}$

(c) $\quad A_{2n} \ge A_{2n} - a_{2n+1} = A_{2n+1}$ $\quad\quad\quad\quad$ (d) $\quad A_{2n} - A_{2n+1} = a_{2n+1} \to 0$

Wegen (a) ist $(A_{2n})_{n\in\mathbb{N}_0}$ monoton fallend, und mit $(b), (c)$ folgt $A_{2n} \ge A_{2n+1} \ge$

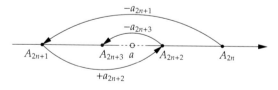

$A_{2n-1} \ge \ldots \ge A_1$, und daher nach unten beschränkt. Also konvergiert $(A_{2n})_{n\in\mathbb{N}_0}$ nach dem Monotonieprinzip mit dem Grenzwert $a = \lim_{n\to\infty} A_{2n}$. Gemäß (d) gilt $A_{2n+1} = A_{2n} - a_{2n+1}$ und daher $A_{2n+1} \to a$ für $n \to \infty$, weil $(a_n)_{n\in\mathbb{N}_0}$ nach Voraussetzung eine Nullfolge ist und mit Bem. 2.2.15 jede Teilfolge ebenso eine Nullfolge. Insgesamt konvergiert damit die volle Partialsummenfolge $(A_n)_{n\in\mathbb{N}_0}$ gegen a, was die Behauptung zeigt.

Zu (v): Betrachte zur n'ten Partialsumme die RIEMANNschen Approximationen von f durch die via $f(k) =: a_k$ gegebene Unter- und Obersumme. Wegen

$$(*) \quad \sum_{k=1}^{n} a_k \le \int_0^n f(t)\, \mathrm{d}t \le \sum_{k=0}^{n-1} a_k$$

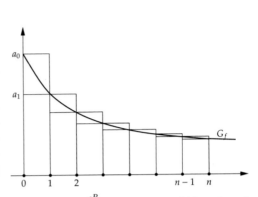

existiert das R-integral auf den kompakten Intervallen $[0, n]$ mit $n \in \mathbb{N}$. Wenn $\int_0^\infty f(t)\, \mathrm{d}t$ existiert, dann ist die Reihe $\sum_{k=0}^{\infty} a_k$ wegen (*) beschränkt, und weil die Partialsummen aufgrund $\mathrm{Bild}(f) \subset \mathbb{R}^+$ monoton steigend sind, konvergiert die Reihe nach dem Monotonieprinzip.

Ist die Reihe konvergent, so ist die Funktion $F(R) := \int_0^R f(t)\, \mathrm{d}t$ wegen (*) beschränkt auf $\mathbb{R}_0^+$, und weil $\mathrm{Bild}(f) \subset \mathbb{R}^+$, monoton steigend. Daher existiert das uneigentliche Integral:

$$\int_0^\infty f(t)\, \mathrm{d}t = \lim_{R \to \infty} F(R)$$

$\square$

Bemerkung 7.1.37. (i) Bei der praktischen Anwendung des Majoranten bzw. Minoranten-Kriteriums sind die b_k's häufig reell.

(ii) Bei der Anwendung der Konvergenz-Kriterien sind die Voraussetzungen stets sorgfältig zu überprüfen; insbesondere wann reelle oder allgemeiner komplexe Reihen gemeint sind.

(iii) Für das Quotienten-Kriterium genügt es nicht $\left|\frac{a_{k+1}}{a_k}\right| < 1$ zu prüfen, denn ersichtlich gilt ja auch für die *divergente* harmonische Reihe $\sum_{k=1}^{\infty} \frac{1}{k}$, dass gilt $\left|\frac{a_{k+1}}{a_k}\right| = \frac{k}{k+1} < 1$ für alle $k \in \mathbb{N}$. Entscheidend hier ist es, den Limes für $k \to \infty$ zu bilden.

(iv) Beim Integralvergleichs-Kriterium hängt die untere Integrationsgrenze davon ab, ob die Reihe für $k = 0$ überhaupt definiert ist, weswegen man oftmals mit $k = 1$ startet. Entsprechend sind Definitionsbereich von f und untere Integrationsgrenze anzupassen.

Um das Majoranten-Kriterium in Aktion zu erleben, bedarf es zunächst einmal einer konvergenten Reihe, die dann als Majorante dienlich sein kann. Neben der geometrischen Reihe gibt es da noch:

Beispiel 7.1.38. Es gilt: $\displaystyle\sum_{k=1}^{\infty} \frac{1}{k(k+1)} = 1$.

Beweis. Mittels Partialbruchzerlegung folgt $\frac{1}{k(k+1)} = \frac{1}{k} - \frac{1}{k+1}$ und daher ist die n'te Partialsumme $S_n := \sum_{k=1}^{n} \frac{1}{k(k+1)} = \sum_{k=1}^{n} (\frac{1}{k} - \frac{1}{k+1})$ nichts anderes als $1 - \frac{1}{n+1}$, und mithin ist $\displaystyle\sum_{k=1}^{\infty} \frac{1}{k(k+1)} := \lim_{n \to \infty} S_n = \lim_{n \to \infty} (1 - \frac{1}{n+1}) = 1$. $\square$

Übung: Zeigen Sie via Partialbruchzerlegung $\frac{1}{k(k+1)} = \frac{1}{k} - \frac{1}{k+1}$.

Korollar 7.1.39 (Majoranten-Kriterium). Für $n \geq 2$ gilt: $\displaystyle\sum_{k=1}^{\infty} \frac{1}{k^n} < \infty$

Beweis. Wegen $\frac{1}{k^n} \leq \frac{1}{k^2}$ für $n > 2$ und $\frac{1}{(k+1)^2} \leq \frac{1}{k(k+1)}$ ist $\sum_{k=1}^{\infty} \frac{1}{k(k+1)}$ eine Majorante für $\sum_{k=1}^{\infty} \frac{1}{k^2}$ und erst recht für $\sum_{k=1}^{\infty} \frac{1}{k^n}$. $\qquad\square$

Beispiel 7.1.40 (Minoranten-Kriterium). Die Reihe $\displaystyle\sum_{k=1}^{\infty} \frac{1}{\sqrt{k}}$ ist divergent.

Beweis. Wegen $\sqrt{k} \leq k$ und also $\frac{1}{\sqrt{k}} \geq \frac{1}{k}$ für $k \geq 1$, ist $\sum_{k=1}^{\infty} \frac{1}{k}$ eine Minorante für $\sum_{k=1}^{\infty} \frac{1}{\sqrt{k}}$. Gemäß Bsp 7.1.34 ist die harmonische Reihe divergent und mithin auch die behauptete. $\qquad\square$

Beispiel 7.1.41 (Quotienten-Kriterium). Die Reihe $\displaystyle\sum_{k=0}^{\infty} \frac{k^2}{2^k}$ ist konvergent.

Beweis. Wegen $a_k \neq 0$ für alle $k \in \mathbb{N}$ und

$$q := \lim_{k\to\infty} \left| \frac{a_{k+1}}{a_k} \right| = \lim_{k\to\infty} \frac{(k+1)^2}{2^{k+1}} \frac{2^k}{k^2} = \lim_{k\to\infty} \frac{1}{2}\left(1 + \frac{2}{k} + \frac{1}{k^2} \right) = \frac{1}{2} < 1,$$

folgt mit dem Quotienten-Kriterium die Behauptung. $\qquad\square$

Offenbar ist dann $\sum_{k=1}^{\infty} \frac{2^k}{k^2}$ divergent. (Warum?)

Notiz 7.1.42. In der Tat liefert beim Quotienten-Kriterium der Fall $q = 1$ keine generelle Aussage über Konvergenz, denn:

- Für die konvergente Reihe $\sum_{k=1}^{\infty} \frac{1}{k(k+1)}$ ist $|\frac{a_{k+1}}{a_k}| = \frac{k(k+1)}{(k+1)(k+2)} = \frac{k}{k+2} \to 1$, für $k \to \infty$.

- Für die divergente harmonische Reihe $\sum_{k=1}^{\infty} \frac{1}{k}$ ist $|\frac{a_{k+1}}{a_k}| = \frac{k}{k+1} \to 1$, für $k \to \infty$.

Schlägt das Quotienten-Kriterium fehl, ist ein anderes Konvergenz-Kriterium zurate zu ziehen.

Wie bereits gesehen, folgt aus absoluter Konvergenz die gewöhnliche; aber nicht umgekehrt, wie folgendes Beispiel lehrt:

Beispiel 7.1.43 (Leibniz-Kriterium). Die alternierende Reihe $\displaystyle\sum_{k=1}^{\infty} (-1)^k \frac{1}{k}$ ist konvergent.

Beweis. Die Folge $(1/k)_{k\in\mathbb{N}}$ ist bekanntlich eine monoton fallende Nullfolge, womit die Voraussetzungen für die Anwendung des Leibniz-Kriterium sämtlich erfüllt sind. Insbesondere sieht man an diesem Beispiel, dass die bloße Konvergenz nicht die absolute Konvergenz impliziert. $\qquad\square$

Hat man keine Majorante zur Hand, oder lassen sich LEIBNIZ- bzw. Quotienten-Kriterium nicht anwenden, so führt das Integralvergleichs-Kriterium oftmals zum Ziel:

Beispiel 7.1.44 (Integralvergleichs-Kriterium)**.** Die ζ-Reihe $\zeta(s) := \sum\limits_{n=1}^{\infty} \dfrac{1}{n^s}$ ist für $s > 1$ konvergent und für $s \leq 1$ divergent.

Beweis. Für jedes $s > 0$ ist vermöge $f : \mathbb{R}_{\geq 1} \to \mathbb{R}^+$ mit $a_n := f(n) := \frac{1}{n^s}$ eine monoton fallende (warum?!) Funktion mit $f(x) > 0$ für $x \in \mathbb{R}_{\geq 1}$ gegeben, die als stetige Funktion auf jedem Kompaktum $K \subset \mathbb{R}_{\geq 1}$ R-integrierbar ist. Damit

$$\int_1^\infty \frac{\mathrm{d}n}{n^s} = \lim_{b \to +\infty} \int_1^b n^{-s}\mathrm{d}n = \begin{cases} \lim\limits_{b \to +\infty} \frac{1}{1-s}\left(\frac{1}{b^{s-1}} - 1\right) & s \neq 1 \\ \lim\limits_{b \to +\infty} \ln(b) - \ln(1) & s = 1 \end{cases} = \begin{cases} \frac{1}{s-1} & s > 1 \\ +\infty & s \leq 1 \end{cases},$$

womit nach dem Integralvergleichs-Kriterium die Behauptung folgt. Darüber hinaus lässt sich der Grenzwert der ζ-Reihe wie folgt abschätzen: $0 \leq \zeta(s) - \frac{1}{s-1} \leq f(1) = 1$. □

Vorgehensweise zum Konvergenztest von Reihen:

1. Enthalten die Reihenglieder einen Faktor der Form $(-1)^k$, prüfe Voraussetzungen und wende ggf. LEIBNIZ-Kriterium an.

2. Prüfe Voraussetzungen wende ggf. an das Quotienten-Kriterium an.

3. Prüfe Voraussetzungen und wende ggf. Integral-Vergleichskriterium an.

4. Suche nach geeigneter Majorante; beginne mit der geometrischen Reihe.

5. Prüfe, ob harmonische Reihe Minorante für die gesuchte Reihe ist.

6. Formelsammlung, Computeralgebra-Programm (Maple etc. .)

Ausblickend und anknüpfend an die Limes-Regeln für Folgen, wobei das CAUCHY-Produkt von Reihen keine triviale Folgerung aus den Limes-Regeln für Folgen ist, bemerken wir:

Definition 7.1.45 (Algebraische Operationen)**.** Sind $\sum_{k=0}^{\infty} a_k$ und $\sum_{k=0}^{\infty} b_k$ komplexe Reihen, so heißt

- $\left(\sum\limits_{k=0}^{\infty} a_k\right) + \left(\sum\limits_{k=0}^{\infty} b_k\right) := \sum\limits_{k=0}^{\infty}(a_k + b_k)$ die **Summe** der beiden Reihen.

- $\lambda \cdot \left(\sum\limits_{k=0}^{\infty} a_k\right) := \sum\limits_{k=0}^{\infty}(\lambda a_k)$ die **skalare Multiplikation** mit $\lambda \in \mathbb{C}$.

- $$\left(\sum_{k=0}^{\infty} a_k\right) \cdot \left(\sum_{k=0}^{\infty} b_k\right) := \sum_{k=0}^{\infty}\left(\sum_{l=0}^{k} a_l b_{k-l}\right) = \sum_{k=0}^{\infty}(a_0 b_k + a_1 b_{k-1} + \ldots + a_{k-1}b_1 + a_k b_0) \text{ das}$$
  Cauchy-Produkt der beiden Reihen.

Genau genommen sind das *formale* algebraische Operationen, da wir Konvergenz der ausgänglichen Reihen nicht voraussetzen. Wichtig ist im Moment nur, dass die neu gebildeten Reihen in der Tat Reihen der Form $\sum_{k=0}^{\infty} c_k$ sind. Wie diese c_k's im Einzelnen aussehen, ist offensichtlich.

Lemma 7.1.46 (Algebraische Regeln). Seien $\sum_{k=0}^{\infty} a_k$ und $\sum_{k=0}^{\infty} b_k$ komplexe Reihen.

(i) (Linearität) Sind $\sum_{k=0}^{\infty} a_k$ und $\sum_{k=0}^{\infty} b_k$ konvergent, so auch $\sum_{k=0}^{\infty}(\lambda a_k + \mu b_k)$ für jedes $\lambda, \mu \in \mathbb{C}$, und es gilt:

$$\sum_{k=0}^{\infty}(\lambda a_k + \mu b_k) = \lambda\left(\sum_{k=0}^{\infty} a_k\right) + \mu\left(\sum_{k=0}^{\infty} b_k\right)$$

(ii) (Cauchy-Produkt) Sind $\sum_{k=0}^{\infty} a_k$ und $\sum_{k=0}^{\infty} b_k$ *absolut* konvergent, so auch $\sum_{k=0}^{\infty} c_k$ mit $c_k := \sum_{l=0}^{k} a_l b_{k-l}$ absolut konvergent, und es gilt:

$$\left(\sum_{k=0}^{\infty} a_k\right) \cdot \left(\sum_{k=0}^{\infty} b_k\right) = \sum_{k=0}^{\infty}\left(\sum_{l=0}^{k} a_l b_{k-l}\right) = \sum_{k=0}^{\infty}\left(\sum_{p+q=k} a_p b_q\right)$$
$$= a_0 b_0 + (a_1 b_0 + a_0 b_1) + (a_2 b_0 + a_1 b_1 + a_0 b_2) + \ldots$$

(iii) (Konjugation) Ist $\sum_{k=0}^{\infty} a_k$ konvergent, so auch $\sum_{k=0}^{\infty} \overline{a_k}$ konvergent, und es gilt:

$$\sum_{k=0}^{\infty} \overline{a_k} = \overline{\sum_{k=0}^{\infty} a_k}$$

Beweis. Hinter Linearität und Konjugation stecken die bereits bewiesenen algebraischen Rechenregeln für Folgen. Die einzige Beweisarbeit liegt im Cauchy-Produkt. Es bezeichne $A_n := \sum_{k=0}^{n} a_k$ bzw. $B_n := \sum_{k=0}^{n} b_k$ und mit A bzw. B deren Grenzwerte. Geht man ganz naiv an das Problem heran, und multipliziert mittels gewöhnlichem Distributivgesetz die n'ten Partialsumme beider Reihen aus, so entsteht eine Doppelsumme $\sum_{p,q=0}^{n} a_p b_q$. Doch für deren Berechnung gibt es verschiedene Methoden, wie z.B.:

$$(*) \qquad A_n B_n = \left(\sum_{k=0}^{n} a_k\right)\left(\sum_{k=0}^{n} b_k\right) = \sum_{p,q=0}^{n} a_p b_q \overset{?}{\underset{n\to\infty}{=}} \begin{cases} \sum_{q=0}^{n}\left(\sum_{p=0}^{n} a_p b_q\right) \\ \sum_{p=0}^{n}\left(\sum_{q=0}^{n} a_p b_q\right) \\ \sum_{k=0}^{n}\left(\sum_{p\leq k} a_p b_k + \sum_{q<k} a_k b_q\right) \end{cases}$$

Jedenfalls ist für jedes $n \in \mathbb{N}$ alles in $(*)$ richtig. Hinter den verschiedenen Summationen auf der rechten Seite von $(*)$ stecken letztlich unterschiedliche „Abzählweisen" der Indexpaare

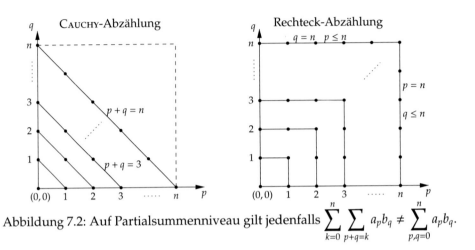

Abbildung 7.2: Auf Partialsummenniveau gilt jedenfalls $\displaystyle\sum_{k=0}^{n}\sum_{p+q=k} a_p b_q \neq \sum_{p,q=0}^{n} a_p b_q$.

$(p,q) \in \mathbb{N}_0 \times \mathbb{N}_0$. Denken wir uns die Menge aller Paare (p,q) mit $p,q \leq n$ als Punkte angeordnet in einem Koordinatensystem, wie Abb. 7.2 zu entnehmen ist. Die Rechteck-Abzählung wird durch unterste Formel in $(*)$ beschrieben. Man summiert einfach entlang zweier anliegender Rechteckkanten $\{p = k, q \leq k\} \cup \{q = k, p \leq k\}$ mit $k = 0,1,...,n$. Beim Cauchy-Produkt erfolgt die Abzählung entlang der „Diagonalen" mit $p + q = k$, wobei $k = 0,1,2,...,n$. Ersichtlich stimmen die n'ten Partialsummen in der Cauchy-Abzählung *nicht* mit derer in Rechteck-Abzählung überein. Für $n \to \infty$ werden indes mit beiden Abzählungsvarianten alle Indexpaare $(p,q) \in \mathbb{N}_0 \times \mathbb{N}_0$ erreicht, gleichwohl die Reihenfolge der Summanden verschieden ist. Es stellt sich daher die Frage, inwieweit der Grenzwert einer Reihe von der Summationsreihenfolge abhängt. Die gute Nachricht besagt:

Lemma 7.1.47 (Umordnungssatz). Ist $\sum_{k=0}^{\infty} a_k$ eine absolut konvergente Reihe in $\mathbb{C}$ mit Grenzwert a, und $\rho : \mathbb{N}_0 \to \mathbb{N}_0$ eine Bijektion auf der Indexmenge $\mathbb{N}_0$, auch genannt eine *Umordnung* der Reihenglieder, dann ist auch $\sum_{k=0}^{\infty} a_{\rho(k)}$ absolut konvergent, mit demselben Grenzwert a.

Die absolute Konvergenz der beiden Einzelreihen $A_n \to A$ und $B_n \to B$ für $n \to \infty$ impliziert, nach den Algebraischen Rechenregeln Lemma 7.1.7 (iii), dass die Partialsummenfolge $A_n B_n$ gegen AB absolut konvergiert. Dabei wurde keine der Doppelsummen in $(*)$, noch die Cauchy-Produktdarstellung verwendet. Nach dem Umordnungssatz aber, darf die Produktreihe beliebig umgeordnet werden, ohne dass sich der Grenzwert verändert. Damit ist jede Produktreihendarstellung, insbesondere das Cauchy-Produkt, zulässig. Dass die Cauchy-Produktreihe absolut konvergiert, folgt aus der Dreiecksungleichung $|\sum_{p+q=k} a_p b_q| \leq \sum_{p+q=k} |a_p| \cdot |b_q|$ und der Tatsache, dass die Cauchy-Produktdarstellung $(\sum_{k=0}^{\infty} |a_k|)(\sum_{k=0}^{\infty} |b_k|) = \sum_{k=0}^{\infty} \sum_{p+q=k} |a_p| \cdot |b_q|$ nach dem eben Gezeigten gilt. $\qquad\square$

Übung: Man skizziere jeweils das Abzählverfahren der ersten beiden Summationsformeln rechts in $(*)$.

Beweis. [des Umordnungssatzes] Sei $\varepsilon > 0$. Wähle $N \in \mathbb{N}$, so dass $|a_{n+1}| + ... + |a_m| < \varepsilon/2$ für alle $m > n \geq N$, was aufgrund der absoluten Konvergenz von $\sum_k a_k$ möglich ist. Sei $\rho : \mathbb{N}_0 \overset{\cong}{\to} \mathbb{N}_0$ eine Umordnung. Es ist zu zeigen, dass es ein $N_1 \in \mathbb{N}$ gibt, mit $|a_{\rho(n+1)}| + ... + |a_{\rho(m)}| < \varepsilon/2$

für alle $m > n \geq N_1$. Wähle $N_1 \in \mathbb{N}$ so groß, dass $\{1, 2, ..., N\} \subset \{\rho(1), \rho(2), ..., \rho(N_1)\}$. Das ist möglich, da ρ als Bijektion alle Indizes erreicht. Damit leistet N_1 das Verlangte und also konvergiert die umgeordnete Reihe absolut. Bezüglich des Grenzwertes wende den $\varepsilon/2$-Trick an:

$$\Big| \sum_{k=0}^{n} - \sum_{k=0}^{n} \Big| = \Big| \sum_{k=0}^{n} - a + a - \sum_{k=0}^{n} \Big| \leq \Big| \sum_{k=0}^{n} - a \Big| + \Big| \sum_{k=0}^{n} - a \Big| < \frac{\varepsilon}{2} + \frac{\varepsilon}{2} = \varepsilon$$

Mithin haben beide Reihen denselben Grenzwert.   □

Bemerkung 7.1.48. Das Cauchy-Produkt von Reihen bildet man ganz nach dem Vorbild des Produktes zweier Polynome gemäß Bsp. 4.1.35 (iii), also:

$$\left(\sum_{k=0}^{\infty} a_k \right) \cdot \left(\sum_{k=0}^{\infty} b_k \right) = \sum_{k=0}^{\infty} \left(\sum_{p+q=k} a_p b_q \right) = \Big(\underbrace{(a_0 b_0)}_{p+q=0} + \underbrace{(a_1 b_0 + a_0 b_1)}_{p+q=1} + \underbrace{(a_2 b_0 + a_1 b_1 + a_0 b_2)}_{p+q=2} + \ldots \Big)$$

Das Cauchy-Produkt hat also nach dem Umordnungssatz keine Sonderstellung gegenüber den in (∗) rechts genannten Doppelsummendarstellungen. Dennoch erweist es sich vornehmlich im Zusammenhang mit Potenzreihen als zweckmäßiger. Es ist darüber hinaus wesentliches Beweismittel für die *Funktionalgleichung* der exp-Funktion, genauer $e^z e^w = e^{z+w}$ (vgl. Abs. 7.4).

Aufgaben

R.1. Untersuche auf Konvergenz für $n \to \infty$:

$$(i)\ \frac{x^n - n}{x^n + n},\ \text{für } x \in \mathbb{R}^+ \qquad (ii)\ e^{-i\pi n} \qquad (iii)\ \frac{e^{i\frac{\pi}{5}n}}{n^2}$$

(Hinweis zu (i): Fallunterscheidung für x!)

R.2. Berechnen Sie den Grenzwert (genauer den Grenzpunkt) der Folge $(x_k)_{k \in \mathbb{N}}$ mit:

$$x_k := \left(1 + \frac{1}{2^k}, 2 + \frac{1+k}{k}, \frac{k^2}{2^k} \right) \in \mathbb{R}^3 \qquad \text{wobei } k = 1, 2, \ldots$$

R.3. Man schreibe die folgenden Reihen in $\sum_{k=k_0}^{\infty} a_k$ und bestimme den Grenzwert, sofern existent:

(a) $1 + \dfrac{1}{2} + \dfrac{1}{4} + \dfrac{1}{8} + \ldots$

(b) $1 - \dfrac{\pi}{3} + \dfrac{\pi^2}{9} - \dfrac{\pi^3}{27} \pm \ldots$

(c) $1 - \dfrac{2}{3} + \dfrac{4}{9} - \dfrac{8}{27} \pm \ldots$

(d) $\dfrac{\pi}{4} + \dfrac{\pi^2}{16} + \dfrac{\pi^3}{64} + \ldots$

R.4. (a) Untersuchen Sie die folgenden Reihen auf Konvergenz:

$$(i) \sum_{n=2}^{\infty} \frac{1}{n \ln n} \quad (ii) \sum_{n=2}^{\infty} \frac{1}{n(\ln n)^2} \quad (iii) \sum_{n=1}^{\infty} \frac{n^2}{4^n} \quad (iv) \sum_{n=1}^{\infty} \frac{2^n n^n}{(n!)^2} \quad (v) \sum_{k=1}^{\infty} \frac{k^2 - \ln k}{4^k - k^3}$$

Zeigen Sie, dass in (i) das Quotienkriterium nicht verwendet werden kann. (Hinweis zu (v): Man kann (iii) verwenden, oder direkt: Wer im Zähler/Nenner wächst am schnellsten?)

(b) Untersuchen Sie auf Konvergenz und bestimmen Sie, wenn möglich den Grenzwert in Normalform von:

$$(i) \sum_{k=0}^{\infty} \frac{(3 + i4)^k}{5^k} \quad ii) \sum_{k=0}^{\infty} e^{-k} e^{i\frac{k\pi}{4}} \quad (iii) \sum_{n=0}^{\infty} \frac{e^{in\frac{\pi}{3}}}{2^n}$$

T.1. Sei $(c_k)_{k \in \mathbb{N}_0} \in \mathscr{F}$ eine beschränkte Folge in $\mathbb{C}$. Man beweise:

(i) Ist $(d_k)_{k \in \mathbb{N}_0} \in \mathscr{F}$ Nullfolge, so auch $(c_k d_k)_{k \geq 0}$.

(ii) Dann konvergiert die Reihe $\sum_{k=0}^{\infty} c_k z^k$ für $|z| < 1$.

(Ist (i) nur ein Spezialfall von Lemma 7.1.7? Begründen Sie!)

T.2. Betrachte die auf ganz $\mathbb{R}_{\geq 1}$ absolut konvergente Reihe:

$$s(x) := \sum_{k=0}^{\infty} \binom{x}{k}$$

Man zeige die Funktionalgleichung: $s(x + y) = s(x)s(y)$

(Hinweis: Verwende $\binom{x + y}{n} = \sum_{k=0}^{n} \binom{x}{k}\binom{y}{n - k}$.)

7.2 Komplexe Potenzreihen

Unsere bisherigen Betrachtungen galten den (reellen oder komplexen) *Zahlen*-Reihen $\sum_{k=0}^{\infty} a_k$. Sind indes die Reihenglieder a_k reelle oder komplexe Funktionen f_k, also $z \mapsto \sum_{k=0}^{\infty} f_k(z)$, so ist die Frage nach dem Definitionsbereich der durch die Funktionenreihe gegebenen Funktion äquivalent zu der Frage nach dem Konvergenzbereich, d.h. für welche $z \in \mathbb{C}$ ist $z \mapsto \sum_{k=0}^{\infty} f_k(z)$ konvergent?
Von besonderem Interesse in den Ingenieurwissenschaften sind dabei die

- Monome $z \mapsto z^k$, was zu den *Potenzreihen* $f(z) := \sum_{k=0}^{\infty} a_k z^k$ führt, mit $f_k(z) := a_k z^k$, $a_k \in \mathbb{C}$.

- trigonometrischen Monome $t \mapsto \sin(kt)$, $t \mapsto \cos(kt)$, was zu den FOURIER-*Reihen*

$$f(t) := \frac{a_0}{2} + \sum_{k=1}^{\infty} a_k \sin(kt) + b_k \cos(kt) \qquad \text{mit } f_k(t) := a_k \sin(kt) + b_k \cos(kt)$$

führt, wobei $a_k, b_k \in \mathbb{C}$.

Während FOURIER-Reihen erst im geplanten 2. Band behandelt werden, widmen wir uns im Folgenden den Potenzreihen.

Beispiel 7.2.1. Wie bereits in Bsp. 7.1.35 gezeigt, konvergiert die geometrische Reihe $\sum_{k=0}^{\infty} z^k$ für alle $|z| < 1$ gegen $\frac{1}{1-z}$, und daher stiftet sie eine komplexe Funktion auf der offenen Einheitskreisscheibe $\overset{\circ}{K}_1(0)$, nämlich:

$$\overset{\circ}{K}_1(0) \longrightarrow \mathbb{C}, \; z \longmapsto \sum_{k=0}^{\infty} z^k, \quad \text{die mit der Grenzfunktion} \quad \overset{\circ}{K}_1(0) \longrightarrow \mathbb{C}, \; z \longmapsto \frac{1}{1-z}$$

übereinstimmt, d.h. $\displaystyle\sum_{k=0}^{\infty} z^k = \frac{1}{1-z}$ für alle $|z| < 1$.

Definition 7.2.2 (Potenzreihe). Sei $z_0 \in \mathbb{C}$ fest vorgegeben und $(a_k)_{k \in \mathbb{N}_0} \in \mathscr{F}$ eine Folge in $\mathbb{C}$. Dann heißt die durch

$$z \mapsto P(z) := \sum_{k=0}^{\infty} a_k (z - z_0)^k = a_0 + a_1(z - z_0) + a_2(z - z_0)^2 + a_3(z - z_0)^3 + \ldots$$

gegebene Funktionenreihe eine **(komplexe) Potenzreihe um den Entwicklungspunkt** z_0. Die a_k's werden die *Koeffizienten* der Potenzreihe genannt.

Bemerkung 7.2.3. (i) O.B.d.A. kann $z_0 = 0$ gewählt werden, denn sonst betrachte $\tilde{z} := z - z_0$.

(ii) Sind die Koeffizienten a_k allesamt reell, so spricht man von einer *reellen Potenzreihe*

$$x \longmapsto \sum_{k=0}^{\infty} a_k (x - x_0)^k,$$

wenn die Variable $x \in \mathbb{R}$ und der Entwicklungspunkt x_0 in $\mathbb{R}$ liegen.

(iii) Wegen $\mathbb{R} \hookrightarrow \mathbb{C}$ ist die Theorie reeller Potenzreihen in der Theorie komplexer Potenzreihen bereits enthalten.

(iv) Potenzreihen sind a priori *formal* definiert, d.h. ohne Konvergenzaussage.

Bemerkung 7.2.4. Eine wesentliche Aufgabe besteht gerade darin, den Konvergenzbereich $B \subset \mathbb{C}$, genauer

$$B := \left\{ z \in \mathbb{C} \; \Big| \; \sum_{k=0}^{\infty} (z - z_0)^k < \infty \right\} \subset \mathbb{C} \tag{7.4}$$

zu ermitteln. Hierzu werden uns die Konvergenzkriterien über Zahlenreihen behilflich sein, denn durch Einsetzen eines konkreten Punktes $z_1 \in \mathbb{C}$ wird aus jeder Potenzreihe und allgemeiner, jeder Funktionenreihe $z \mapsto F(z) := \sum_{k=0}^{\infty} f_k(z)$, die Zahlenreihe $F(z_1) = \sum_{k=0}^{\infty} f_k(z_1) \in \mathbb{C}$, also:

Funktionen-Reihe

$$z \longmapsto F(z) := \sum_{k=0}^{\infty} f_k(z)$$

Zahlen-Reihe nach Einsetzen von $z_1 \in \mathbb{C}$

$$F(z_1) := \sum_{k=0}^{\infty} f_k(z_1) \in \mathbb{C}, \quad \text{falls konvergent}$$

Wie sieht der Konvergenzbereich B bei Potenzreihen aus? Dazu:

Lemma 7.2.5. Konvergiert eine Potenzreihe $P(z) = \sum_{k=0}^{\infty} a_k(z - z_0)^k$ im Punkte $z_1 \in \mathbb{C}\setminus\{z_0\}$, so auch absolut in allen Punkten $z \in \mathbb{C}$ mit $|z - z_0| < |z_1 - z_0|$.

Beweis. Da die Potenzreihe im Punkte z_1 konvergent ist, ist die Summandenfolge $(a_k(z_1 - z_0)^k)_{k \geq 0}$ gemäß Kor. 7.1.33 eine Nullfolge und als konvergente Folge nach Lemma. 2.2.10 somit beschränkt. Also existiert eine Konstante $K \in \mathbb{R}$ mit $|a_k(z_1 - z_0)^k| \leq K$ für alle $k \geq 0$. Wähle $z \in \mathbb{C}$ mit $|z - z_0| < |z_1 - z_0|$ und folglich $q := \left|\frac{z - z_0}{z_1 - z_0}\right| < 1$. Damit ist die geometrische Reihe eine Majorante für $P(z)$. Also:

$$\sum_{k=0}^{\infty} |a_k(z - z_0)^k| = \sum_{k=0}^{\infty} |a_k(z_1 - z_0)^k| q^k \leq K \sum_{k=0}^{\infty} q^k < \infty$$

$\square$

Das Lemma besagt: Konvergiert $P(z)$ in irgendeinem Punkt $z_1 \in \mathbb{C}$, dann auch in allen Punkten $z \in \mathbb{C}$, die in der offenen Kugel $\overset{\circ}{K}_r(z_0)$ mit Radius $r := z_1 - z_0$ liegen (vgl. Abb. 7.3 (rechts)).

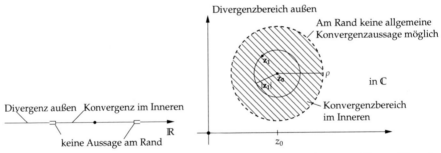

Abbildung 7.3: Potenzreihen konvergieren jedenfalls auf einer offenen Kugel um z_0 bzw. x_0.

Korollar 7.2.6 (Konvergenzradius). Für jede Potenzreihe $P(z) := \sum_{k=0}^{\infty} a_k(z - z_0)^k$ um z_0 gibt es ein $\rho \in [0, \infty]$, so dass $P(z)$

- für alle $|z - z_0| < \rho$ absolut konvergent,

- für $|z - z_0| > \rho$ divergent ist.

Definition 7.2.7 (Konvergenzradius). Man nennt ρ den **Konvergenzradius** der Potenzreihe.

Beweis. [des Korollars] Im Beweis von Lemma 7.2.5 kam es auf die Beschränktheit der Folge $(a_k(z - z_0)^k)_{k \in \mathbb{N}}$ Potenzreihe $P(z) := \sum_{k=0}^{\infty} a_k(z - z_0)^k$ an. Daher setze:

$$\rho = \sup\{r := |z - z_0| \in \mathbb{R}_0^+ \cup \{+\infty\} \mid (|a_k|r^k)_{k \in \mathbb{N}} \text{ beschränkt}\}$$

Für $|z - z_0| < \rho$ gibt es ein $r \in \mathbb{R}$ mit $|z - z_0| < r < \rho$, so dass $\sum_{k=0}^{\infty} |a_k|r^k < \infty$. Also konvergiert $P(z)$ nach dem Lemma absolut. Ist $|z - z_0| > \rho$ und wäre $P(z)$ konvergent, so auch $\sum_{k=0}^{\infty} |a_k|r^k$ mit $\rho < r < |z - z_0|$, im Widerspruch zur Maximalität von ρ. □

Eine Teilmenge $M \subset \mathbb{C}$ heißt *beschränkt*, wenn es eine Kugel $K_r(0) \subset \mathbb{C}$ mit Radius $r > 0$ um 0 gibt, in der M ganz rein passt, also wenn $M \subset K_r(0)$. Damit lässt sich der Konvergenzradius ρ vermöge des Konvergenzbereiches $B \subset \mathbb{C}$ wie folgt charakterisieren:

Bemerkung 7.2.8. (i) Es ist ρ der größte Radius, und damit die größte offene Kugel in $\mathbb{C}$ mit Radius ρ um z_0, die vom Konvergenzbereich B umfasst wird, d.h. ist $B \subset \mathbb{C}$ der Konvergenzbereich (7.4) von $P(z)$, so gilt:

$$\rho := \begin{cases} \sup\{r := |z - z_0| \mid z \in B\}, & \text{falls } B \subset \mathbb{C} \text{ beschränkt} \\ \infty, & \text{falls } B \subset \mathbb{C} \text{ unbeschränkt ist} \end{cases}$$

(ii) Eine Potenzreihe konvergiert also jedenfalls in ihrem Entwicklungspunkt z_0; und konvergiert sie für alle $z \in \mathbb{C}$, so ist $\rho = \infty$.

(iii) Konvergenz- & Divergenzbereich einer Potenzreihe bilden eine Zerlegung von $\mathbb{C}$ (bzw. $\mathbb{R}$).

(iv) Für den Rand der Kugel $\partial K_\rho(z_0) := \{z \in \mathbb{C} \mid |z - z_0| = \rho\}$ macht das Korollar 7.2.6 keine Aussage. Hier ist stets die gegebene Potenzreihe gesondert zu inspizieren.

Merke: Der Definitions-(=Konvergenz-)bereich B einer Potenzreihe hat bis auf Randbetrachtung die Form einer Kugel mit Radius ρ gemäß Abb. 7.3 (links und rechts).

Beispiel 7.2.9. Die folgenden drei Beispiele von Potenzreihen um den Entwicklungspunkt $z_0 = 0$ demonstrieren das unterschiedliche Konvergenzverhalten auf dem Rand.

Reihe	1. $\sum_{k=0}^{\infty} z^k$	2. $\sum_{k=1}^{\infty} \dfrac{z^k}{k}$	3. $\sum_{k=1}^{\infty} \dfrac{z^k}{k^2}$
ρ	1	1	1
Konvergenz	$|z| < \rho$	$|z| < \rho$	$|z| < \rho$
$\partial K_\rho(0) =$ $\{z \mid |z| = \rho\}$	divergent	konvergent für $z \neq 1$ divergent für $z = 1$	konvergent
Divergenz	$|z| > \rho$	$|z| > \rho$	$|z| > \rho$

Zum Beweis. Die 1. Reihe (geometrische Reihe) konvergiert bekanntlich für $|z| < 1$, und weil sie die beiden anderen Reihen majorisiert, konvergieren jedenfalls auch die anderen im Inneren der Einheitskreisscheibe. Für $z > 1$ ist wegen $z = 1 + \delta$ mit $\delta > 0$ die Folge $(\frac{z^k}{k^n})_{k \geq 1}$ mit $n = 0, 1, 2$ unbeschränkt (insbesondere keine Nullfolge). Daher divergieren alle drei Reihen für $|z| > 1$. Bekanntlich divergiert die geometrische Reihe auf ihren Randpunkten $|z| = 1$, denn $(z^k)_{k \geq 0}$ ist keine Nullfolge. Die zweite Reihe divergiert im Randpunkt $z = 1$, weil die harmonische Reihe $\sum_{k=1}^{\infty} \frac{1^k}{k} = \sum_{k=1}^{\infty} \frac{1}{k}$ divergiert; jedoch im Punkte $z = -1$ liegt nach LEIBNIZ Konvergenz vor, ebenso an allen anderen Randpunkten $z \neq \pm 1$. Die 3. Reihe konvergiert in jedem Randpunkt $|z| = 1$, denn $\sum_{k=1}^{\infty} \frac{1}{k^2} < \infty$ ist eine Majorante. □

Satz 7.2.10 (Bestimmung des Konvergenzradius). *Ist die Koeffizientenfolge $(a_k)_{k \geq 0} \in \mathcal{F}$ schließlich von Null verschieden, und gilt*

$$\rho := \lim_{k \to \infty} \left| \frac{a_k}{a_{k+1}} \right| = \begin{cases} \in \mathbb{R} \\ \infty \end{cases} \qquad \text{(Quotientenformel)}$$

so ist durch diesen Limes der Konvergenzradius ρ der Potenzreihe $P(z) := \sum_{k=0}^{\infty} a_k(z - z_0)^k$ gegeben.

Beweis. O.B.d.A. sei $z_0 = 0$ und $z \neq 0$ fixiert. Dann liefert das Quotienten-Kriterium

$$q := \lim_{k \to \infty} \left| \frac{a_{k+1} z^{k+1}}{a_k z^k} \right| = \lim_{k \to \infty} \left| \frac{a_{k+1}}{a_k} \right| |z| = \frac{|z|}{\rho} \quad \begin{cases} < 1 & \Leftrightarrow & |z| < \rho & \Leftrightarrow & \text{Konvergenz} \\ > 1 & \Leftrightarrow & |z| > \rho & \Leftrightarrow & \text{Divergenz} \end{cases},$$

wobei $\frac{1}{0} := \infty$ bzw $\frac{1}{\infty} := 0$ für die Fälle $\rho = 0$ und $\rho = \infty$ gesetzt wurde. Also konvergiert die Potenzreihe jedenfalls für $|z| < \rho$, und divergiert für $|z| > \rho$, ebenfalls nach dem Quotienten-Kriterium, weil ja dann $q > 1$ ist. □

Beispiel 7.2.11. (i) Für $n \geq 0$ konvergiert $\sum_{k=1}^{\infty} \frac{(z-z_0)^k}{k^n}$ für alle $|z - z_0| < 1$, denn:

$$\rho := \lim_{k \to \infty} \left| \frac{a_k}{a_{k+1}} \right| = \lim_{k \to \infty} \frac{(k+1)^n}{k^n} = \left(\lim_{k \to \infty} \frac{k+1}{k} \right)^n = 1^n = 1$$

(ii) Betrachte die komplexe Potenzreihe $\sum_{k=0}^{\infty} k!(z + i - 1)^k$ im Entwicklungspunkt $z_0 = 1 - i$. Wegen

$$\rho = \lim_{k \to \infty} \left| \frac{a_k}{a_{k+1}} \right| = \lim_{k \to \infty} \frac{k!}{(k+1)!} = \lim_{k \to \infty} \frac{1}{k+1} = 0,$$

konvergiert diese Potenzreihe nur im Entwicklungspunkt z_0.

(iii) Betrachte die reelle Potenzreihe $e(x) := \sum_{k=0}^{\infty} \frac{x^k}{k!}$ im Entwicklungspunkt $x_0 = 0$. Wegen

$$\rho = \lim_{k \to \infty} \left| \frac{a_k}{a_{k+1}} \right| = \lim_{k \to \infty} \frac{(k+1)!}{k!} = \lim_{k \to \infty} \frac{k+1}{1} = \infty,$$

konvergiert diese Potenzreihe für alle $x \in \mathbb{R}$.

Beachte: Die Bestimmung des Konvergenzradius via der Quotientenformel kann nicht für alle Potenzeihen verwendet werden.

Beispiel 7.2.12 (Gegenbeispiel). Die reelle Potenzreihe

$$P(x) = \sum_{k=0}^{\infty} x^{k^2} = 1+x+x^4+x^9+x^{16}+\ldots = 1x^0+1x^1+0x^2+0x^3+1x^4+0x^5+\ldots+0x^8+1x^9+\ldots$$

hat immer mehr „Lücken". Die Anwendung der Quotientenformel setzt voraus, dass die a_k's *schließlich* von Null verschieden sind, d.h. es gibt ein $k_0 \in \mathbb{N}_0$ mit $a_k \neq 0$ für alle $k \geq k_0$. Also kann die Quotientenformel im vorliegenden Beispiel *nicht* zur Bestimmung des Konvergenzradius ρ herangezogen werden.

Merke: Fehlende Potenzen in einer Potenzreihe bedeutet stets, dass die zugehörigen Koeffizienten null sind.

Treten die „Lücken" in *regelmäßigen* Abständen auf, so kann durch eine Substitution die Quotientenformel dennoch verwendet werden:

Beispiel 7.2.13. Für die reelle Potenzreihe

$$\sum_{k=0}^{\infty} (-1)^k x^{2k} = 1 - x^2 + x^4 - x^6 + x^8 + \ldots = 1 + 0x - 1x^2 + 0x^3 + 1x^4 + 0x^5 - 1x^6 \pm \ldots$$

setze $y := x^2$. Wegen $x^{2k} = (x^2)^k$ folgt $\sum_{k=0}^{\infty}(-1)^k x^{2k} = \sum_{k=0}^{\infty}(-1)^k y^k = 1 - y + y^2 - y^3 + y^4 - y^5 \pm \ldots$. Für die y-Reihe ist die Voraussetzung der Quotientenformel erfüllt. Offenbar ist $\rho_y = 1$, d.h. die y-Reihe konvergiert für alle $|y| < 1$ und mittels Resubstitution erhalte $|x|^2 = |x^2| = |y| < 1$, also $|x| < 1$, d.h. $\rho_x = 1$.

Vorgehen zur Bestimmung des Konvergenzbereiches von Potenzreihen:

1. Man bringe die gegebene Funktionenreihe auf *Potenzreihenform*, d.h. in $\sum_{k=0}^{\infty} a_k(z - z_0)^k$.

2. Ablesen des Entwicklungspunktes z_0 aus Schritt 1.

3. Bestimmung des Konvergenzradius ρ durch:

    - Falls Voraussetzungen erfüllt sind, wende Quotientenformel an, $\rightsquigarrow \rho$, sofern existent.

    - Sind sie nicht erfüllt, aber die Potenzreihe hat regelmäßige „Lücken":

        – Führe Substitution derart ein, dass die Potenzreihe keine „Lücken" mehr hat.

        – Sodann wende Quotientenformel an, mit

        – anschließender Resubstitution $\rightsquigarrow \rho$, sofern existent. Wenn nicht, dann:

- Finde eine Majorante M, deren Konvergenzradius ρ_M bekannt ist. Damit ist $\rho \geq \rho_M$.

4. Explizite Inspektion des Konvergenzpunkte auf dem Rand $\partial K_\rho(z_0)$.

5. Konvergenzbereich $B = \{z \in \mathbb{C} \mid |z-z_0| < \rho\} \cup \{z \in \partial K_\rho(z_0) \mid \sum_{k=0}^{\infty} a_k(z-z_0)^k < \infty\}$.

Beispiel 7.2.14 (Übung). Man bestimme den Konvergenzradius folgender Potenzreihen:

$$(a)\ e(x) := \sum_{k=0}^{\infty} \frac{x^k}{k!} \qquad (b)\ s(x) := \sum_{k=0}^{\infty} (-1)^k \frac{x^{2k+1}}{(2k+1)!} \qquad (c)\ c(x) := \sum_{k=0}^{\infty} (-1)^k \frac{x^{2k}}{(2k)!}$$

$$(d)\ \ln(x) := \sum_{k=1}^{\infty} \frac{(-1)^k}{k}(x-1)^k \qquad (e)\ \arctan(x) := \sum_{k=0}^{\infty} \frac{(-1)^k}{2k+1} x^{2k+1}$$

Im Komplexen wird sich weisen, dass s die Sinusreihe und c die Kosinusreihe ist.

Die in Def. 7.1.45 eingeführten algebraischen Operationen von Zahlenreihen, lassen sich auch in naheliegender Weise für Potenzreihen definieren. Die Rechenregeln sind dann unter Berücksichtigung der Konvergenzradien zu formulieren und folgen direkt aus Lemma 7.1.46.

Lemma 7.2.15 (Algebraische Regeln). Seien $P(z) := \sum_{k=0}^{\infty} a_k(z - z_0)^k$ und $Q(z) := \sum_{k=0}^{\infty} b_k(z - z_0)^k$ zwei komplexe Potenzreihen mit Konvergenzradien ρ_P und ρ_Q. Dann gilt:

1. (Linearität) $\lambda P(z) + \mu Q(z) = \displaystyle\sum_{k=0}^{\infty} (\lambda a_k + \mu b_k)(z - z_0)^k$ für alle $\lambda, \mu \in \mathbb{C}$ mit

   $\rho_{\lambda P + \mu Q} \geq \min\{\rho_P, \rho_Q\}$

2. (Konjugation) $\overline{\displaystyle\sum_{k=0}^{\infty} a_k z^k} = \displaystyle\sum_{k=0}^{\infty} \overline{a_k}\bar{z}^k$ mit $\rho_P = \rho_{\overline{P}}$ und $\overline{P(z)} = P(\bar{z}) \Leftrightarrow a_k = \overline{a_k}$

3. (Cauchy-Produkt) $P(z) \cdot Q(z) = \displaystyle\sum_{k=0}^{\infty} \left(\sum_{l=0}^{k} a_l b_{k-l} \right)(z - z_0)^k$ mit $\rho_{P \cdot Q} \geq \min\{\rho_P, \rho_Q\}$

Gemäß Kor. 7.2.6 konvergieren Potenzreihen im Inneren ihres Konvergenzradius absolut. Daher sind die Voraussetzungen von Lemma 7.1.46 (iii) für die Bildung des Cauchy-Produktes erfüllt. Nach dem Vorbild für Zahlenreihen ist dann:

$$\left(\sum_{k=0}^{\infty} a_k z^k \right)\left(\sum_{k=0}^{\infty} b_k z^k \right) = \sum_{k=0}^{\infty} \sum_{p+q=k} a_p z^p b_q z^q = \sum_{k=0}^{\infty} \left(\sum_{p+q=k} a_p b_q \right) z^k = \sum_{k=0}^{\infty} \left(\sum_{l=0}^{k} a_l b_{k-l} \right) z^k$$

Beispiel 7.2.16. Man berechne $s^2(x)$ in allgemeiner Form und schreibe die ersten drei Terme der Produktpotenzreihe explizit hin.

Es ist $s(x) := \sum_{k=0}^{\infty} (-1)^k \frac{x^{2k+1}}{(2k+1)!}$. Also:

$$
\begin{aligned}
s^2(x) &= \sum_{k=0}^{\infty} \sum_{l=0}^{k} \frac{(-1)^l}{(2l+1)!} \frac{(-1)^{k-l}}{(2(k-l)+1)!} x^{2l+1} x^{2(k-l)+1} \\
&= \sum_{k=0}^{\infty} (-1)^k \Big(\sum_{l=0}^{k} \frac{1}{(2l+1)!} \frac{1}{(2(k-l)+1)!} \Big) x^{2k+2} \\
&= x^2 - \Big(\frac{1}{3!} + \frac{1}{3!} \Big) x^4 + \Big(\frac{1}{5!} + \frac{1}{3!} \cdot \frac{1}{3!} + \frac{1}{5!} \Big) x^6 \mp \dots \\
&= x^2 - \frac{1}{3} x^4 + \frac{2}{45} x^6 \mp \dots
\end{aligned}
$$

Satz 7.2.17. *Ist $P(z) := \sum_{k=0}^{\infty} a_k z^k$ eine Potenzreihe mit Konvergenzradius ρ, so haben die Potenzreihen*

$$
\boxed{C + \sum_{k=0}^{\infty} \frac{a_k}{k+1} z^{k+1}} \quad \text{(formale Stammfunktion)} \qquad \boxed{\sum_{k=1}^{\infty} k a_k z^{k-1}} \quad \text{(formale Ableitung)}
$$

auch den Konvergenzradius ρ. (Dabei ist $C \in \mathbb{C}$ eine Konstante.)

Beweis. Es bezeichne ρ_A bzw. ρ_S den Konvergenzradius der formalen Ableitung bzw. - Stammfunktion von P. Aus der Beschränktheit der Folge $(a_k z^k)_{k \in \mathbb{N}}$ folgt jene für $(\frac{a_k}{k+1} z^{k+1})_{k \in \mathbb{N}}$. Zusammen mit Kor. 7.2.6 gilt somit $\rho_S \geq \rho$, und weil die Potenzreihe Ableitung ihrer formalen Stammfunktion ist, gilt auch $\rho \geq \rho_A$.

Zu „$\rho \leq \rho_A$": Für $|z| < \rho$ besagt Lemma 7.2.5, dass es eine Konstante K und ein $0 < q < 1$ gibt, so dass $P(z)$ durch $K \sum_{k=0}^{\infty} q^k$ majorisiert wird. Daher majorisiert $K \sum_{k=1}^{\infty} k q^{k-1}$ die formale Ableitung. Weil nach dem Quotienten-Kriterium $\lim_{k \to \infty} \frac{k+1}{k} q < 1$, konvergiert in der Tat die Majorante. Also ist $\rho_A \geq \rho$ und daher auch $\rho \geq \rho_S$. $\qquad \square$

Korollar 7.2.18 (Differentiation und Integration von Potenzreihen). *Ist $P(x) := \sum_{k=0}^{\infty} a_k (x - x_0)^k$ eine reelle Potenzreihe mit Konvergenzradius $\rho > 0$, d.h. durch P ist eine Funktion auf dem offenen Intervall $(x_0 - \rho, x_0 + \rho)$ gegeben. Dann ist*

1. *P dort unendlich oft differenzierbar, d.h. $P \in \mathscr{C}^{\infty}((x_0 - \rho, x_0 + \rho))$. Die Ableitungen werden dabei gliedweise vorgenommen und stimmen mit den*

formalen Ableitungen überein, d.h.:

$$P'(x) = \sum_{k=1}^{\infty} k a_k (x - x_0)^{k-1} = a_1 + 2a_2(x - x_0) + 3a_3(x - x_0)^2 + \ldots$$

$$P''(x) = \sum_{k=2}^{\infty} k(k-1) a_k (x - x_0)^{k-2} = 2a_2 + 2 \cdot 3a_3(x - x_0) + 3 \cdot 4a_4(x - x_0)^2 + \ldots$$

$$\vdots \qquad \vdots$$

$$P^{(n)}(x) = \sum_{k=n}^{\infty} k(k-1) \cdot \ldots \cdot (k-n+1) a_k (x - x_0)^{k-n} = \sum_{k=n}^{\infty} \frac{k!}{(k-n)!} a_k (x - x_0)^{k-n}$$

$$= n! a_n + (n+1)n \cdots 2a_{n+1}(x - x_0) + (n+2)(n+1)n \cdots 3a_{n+2}(x - x_0)^2 + \ldots$$

Insbesondere folgt für $x = x_0$:

$$\boxed{a_k = \frac{P^{(k)}(x_0)}{k!}, \quad \text{für alle } k = 0, 1, 2, \ldots}$$

2. P auf jedem kompakten Konvergenzintervall $[a, b] \subset (x_0 - \rho, x_0 + \rho)$ integrier-bar, d.h. $P \in \mathscr{R}([a, b])$. Eine Stammfunktion von P kann durch gliedweise Integration gefunden werden und diese stimmt mit der formalen Stamm-funktion überein, d.h.:

$$\int P(x) dx = C + \sum_{k=0}^{\infty} \frac{a_k}{k+1} (x - x_0)^{k+1} \qquad C \in \mathbb{R}$$

Bemerkung 7.2.19 (Botschaft des Korollars). Für eine reelle Potenzreihe $f(x) = \sum_{k=0}^{\infty} a_k x^k$ mit o.B.d.A. $x_0 = 0$ bedeutet

- *gliedweise Differentiation* nichts anderes, als dass Summation und Differen-tialoperator *vertauscht* werden dürfen, d.h. also:

$$\frac{d}{dx} f(x) = \frac{d}{dx} \left(\sum_{k=0}^{\infty} a_k x^k \right) = \sum_{k=0}^{\infty} \frac{d}{dx} \left(a_k x^k \right) = \sum_{k=0}^{\infty} a_k \frac{d}{dx} x^k = \sum_{k=1}^{\infty} k a_k x^{k-1}$$

- *gliedweise Integration* nichts anderes, als dass Summation und Integralopera-tor *vertauscht* werden dürfen, d.h. also:

$$\int f(x) dx = \int \sum_{k=0}^{\infty} a_k x^k dx = \sum_{k=0}^{\infty} \int a_k x^k dx = \sum_{k=0}^{\infty} a_k \int x^k dx = C + \sum_{k=0}^{\infty} \frac{a_k}{k+1} x^{k+1}$$

Beachte: Dies ist *keine* Selbstverständlichkeit.

Beispiel 7.2.20 (Die (reelle) Exponentialfunktion e^x). Gemäß Bsp. 7.2.11 (iii) konvergiert die Exponentialreihe $e(x) := \sum_{k=0}^{\infty} \frac{x^k}{k!}$ im Entwicklungspunkt $x_0 = 0$ für alle $x \in \mathbb{R}$. Nach dem Korollar stellt sie daher eine $\mathscr{C}^{\infty}$-Funktion auf ganz $\mathbb{R}$ dar, und folglich:

$$ e'(x) = \frac{d}{dx}\left(\sum_{k=0}^{\infty} \frac{x^k}{k!}\right) = \sum_{k=0}^{\infty} \frac{d}{dx}\left(\frac{x^k}{k!}\right) = \sum_{k=1}^{\infty} \frac{k}{k!}x^{k-1} = e(x) $$

Also genügt die Exponentialreihe $e'(x) = e(x)$ mit $e(0) = 1$. Nach Bem. 2.3.32 ist die Exponentialfunktion e^x die eindeutig bestimmte Funktion auf $\mathbb{R}$, welche die „Differentialgleichung" $f'(x) = f(x)$ mit $f(0) = 1$ erfüllt, was $e^x = e(x)$ für alle $x \in \mathbb{R}$ impliziert. Also ist

$$ \exp : \mathbb{R} \longrightarrow \mathbb{R}, \ x \longmapsto \exp(x) := e^x = \sum_{k=0}^{\infty} \frac{x^k}{k!}, $$

womit nun endlich die langersehnte Reihendarstellung der Exponentialfunktion fortan als bewiesene Tatsache vorliegt.

Aus bekannten Potenzreihendarstellungen von Funktionen können durch Ableiten, Stammfunktion, und algebraischen Operationen neue Potenzreihendarstellungen gewonnen werden. Schauen wir uns das an einem konkreten Beispiel an:

Beispiel 7.2.21. Für alle $|x| < 1$ gilt:

$$ \frac{1}{(1+x)^2} = \sum_{k=0}^{\infty} (-1)^k (k+1) x^k $$

Beweis. Wir starten mit der geometrischen Reihe $\frac{1}{1-y} = \sum_{k=0}^{\infty} y^k$. Für $y = -x$ ist $\frac{1}{1+x} = \frac{1}{1-(-x)} = \sum_{k=0}^{\infty} (-1)^k x^k$. Um den Nennergrad um eins zu erhöhen, bilden wir die Ableitung auf beiden Seiten. Das liefert einerseits $\frac{d}{dx} \frac{1}{1+x} = \frac{-1}{(1+x)^2}$ und gemäß Kor. 7.2.18 1. andererseits $\frac{d}{dx} \sum_{k=0}^{\infty} (-1)^k x^k = \sum_{k=1}^{\infty} (-1)^k k x^{k-1} = \sum_{k=0}^{\infty} (-1)^{k+1}(k+1)x^k$ und mithin $\frac{1}{(1+x)^2} = -\sum_{k=0}^{\infty} (-1)^{k+1}(k+1)x^k = \sum_{k=0}^{\infty} (-1)^k (k+1)x^k$, wie behauptet. Dabei wurde $(-1)(-1)^{k+1} = (-1)^{-1}(-1)^{k+1} = (-1)^k$ verwendet. $\square$

Aus Kor. 7.2.18 1. folgt der

Korollar 7.2.22 (Eindeutigkeitssatz). Gilt für zwei Potenzreihen mit Konvergenzradius $\rho > 0$

$$ f(x) := \sum_{k=0}^{\infty} a_k(x-x_0)^k = \sum_{k=0}^{\infty} b_k(x-x_0)^k \text{ für alle } x \in (x_0 - \rho, x_0 + \rho) \Rightarrow a_k = b_k = \frac{f^{(k)}(x_0)}{k!}. $$

Zum Schluss verallgemeinern wir den Binomischen Lehrsatz für komplexe Potenzen s:

Beispiel 7.2.23 (Komplexe Binomialreihe). Sei $s \in \mathbb{C}$. Dann heißt die durch

$$B_s(z) := \sum_{k=0}^{\infty} \binom{s}{k} z^k = 1 + sz + \frac{s(s-1)}{2} z^2 + \dots$$

gegebene Potenzreihe *Binomialreihe* in z. Dabei sind die Binomialkoeffizienten ganz analog zu Bem. 4.2.19 definiert:

$$\binom{s}{k} := \frac{s(s-1) \cdot \dots \cdot (s-k+1)}{k!} = \prod_{l=1}^{k} \frac{s-l+1}{l}, \text{ falls } k > 0 \text{ und } \binom{s}{k} := 1, \text{ falls } k = 0.$$

Nach der Quotientenformel konvergiert $B_s(z)$ für alle $z \in \overset{\circ}{K}_1(0$ (Übung).
Beachte: Für nicht natürliche $s \in \mathbb{C}$ hat man *keine* Darstellung der Form $\binom{s}{k} = \frac{s!}{k!(s-k)!}$, und für $s \in \mathbb{N}$ ist $B_s(z) = (1+z)^s$, also den Binomischen Lehrsatz, da die Reihe wegen $\binom{s}{k} = 0$ für $k > s$ abbricht, und somit für alle $z \in \mathbb{C}$ definiert ist.

Aufgaben

R.1. Man bestimme den Konvergenzradius und Konvergenzbereich der folgenden reellen bzw. komplexen Potenzreihen:

$$\text{a)} \sum_{n=0}^{\infty} (-1)^n (4x+1)^n \quad \text{b)} \sum_{n=0}^{\infty} \frac{(x-2)^n}{10^n} \quad \text{c)} \sum_{i=0}^{\infty} (-1)^i \frac{x^{4i}}{16^i} \quad \text{d)} \sum_{k=1}^{\infty} \frac{(z-i)^k}{k^k}$$

R.2. Für $|x| < 1$ konvergiert die geometrische Reihe $\frac{1}{1-x} = \sum_{k=0}^{\infty} x^k$. Durch Übergang zu Ableitung, Stammfunktion oder Potenzieren, Multiplizieren gelangt man zu neuen Potenzreihendarstellungen von Funktionen. Bestimmen Sie solche Darstellungen um den Nullpunkt und deren Gültigkeitsbereich folgender Funktionen: (a) $\ln(1+x)$ (b) $\frac{1}{1+x^2}$ (c) $\frac{x}{1+x^2}$ (d) $\arctan(x)$

Was fällt beim Vergleich der Funktion und ihrer Potenzreihendarstellung auf? Umgekehrt: Welche Funktionen werden für welche x durch folgende Potenzreihen dargestellt?

$$\text{(e)} \sum_{k=0}^{\infty} k x^k \quad \text{(f)} \sum_{k=0}^{\infty} k x^{2k} \quad \text{(g)} \sum_{k=1}^{\infty} k^2 x^k$$

R.3. Bestimmen Sie

$$\text{(a)} \ 1 + \frac{2}{10} + \frac{3}{100} + \frac{4}{1000} + \dots$$

$$\text{(b)} \ 1 + \frac{4}{10} + \frac{9}{100} + \frac{16}{1000} + \dots$$

$$\text{(c)} \ 1 - \frac{1}{2} + \frac{1}{3} - \frac{1}{4} \pm \dots$$

(d) $\dfrac{\pi^2}{3!} - \dfrac{\pi^4}{5!} + \dfrac{\pi^6}{7!} + \ldots$

durch Deutung als Funktionswert von $f(x_0) = \sum_{k=k_0}^{\infty} a_k x_0^k$ einer geeigneten Potenzreihe. (Hinweis: Quellen für Kandidaten von Potenzreihen können z.B. in Aufgabe 2. zu finden sein.)

R.4. (Anwendung des Potenzreihen-Kalküls zur Integration von nicht elementar integrierbaren Funktionen) Berechnen Sie das Integral

$$\mathrm{Si}(x) := \int_0^x \frac{\sin t}{t}\, \mathrm{d}t$$

mittels Potenzreihenentwicklung von $\sin t =:= \sum_{k=0}^{\infty} (-1)^k \dfrac{t^{2k+1}}{(2k+1)!}$.

T.1. Zeigen Sie *sowohl* mittels L'HOSPITAL *als auch* mittels Exponentialreihe, dass gilt

$$\lim_{x \to \infty} \frac{x^n}{e^x} = 0 \qquad \text{für alle } n \in \mathbb{N},$$

und also auch $\lim_{x \to \infty} x e^{-x/n} = 0$. Folgern Sie $\lim_{y \to 0^+} \sqrt[n]{y} \ln y = 0$ für alle $n \in \mathbb{N}$.

Merke: Die Exponentialfunktion wächst schneller als jedes Polynom!

7.3 Taylor-Reihen

Sei $x_0 \in \mathbb{R}$ ein beliebig, aber fest gewählter Punkt, $x \mapsto f(x) \in \mathbb{R}$ eine reelle Funktion, also eine reellwertige Funktion einer reellen Variablen. Im folgenden Abschnitt geht es um:

- Kann f lokal um x_0 durch eine Potenzreihe dargestellt werden, d.h. es gibt ein $\varepsilon > 0$, so dass gilt:

$$\boxed{f(x) = \sum_{k=0}^{\infty} a_k (x - x_0)^k} \qquad \text{für alle } x \in (x_0 - \varepsilon, x_0 + \varepsilon)$$

- Falls ja, für welche x ist das möglich? Und:

- Wie bestimmt man die Koeffizienten der Potenzreihe aus den Daten von f?

Am einfachsten lässt sich die letzte Frage beantworten, nämlich:

Lemma 7.3.1. Falls f lokal um x_0 als Potenzreihe $f(x) = \sum_{k=0}^{\infty} a_k (x - x_0)^k$ dargestellt werden kann, so ist f dort jedenfalls $\mathscr{C}^\infty$, und es gilt:

$$\boxed{a_k = \frac{f^{(k)}(x_0)}{k!}, \quad \text{für alle } k = 0, 1, 2, \ldots}$$

Beweis. Dies folgt direkt aus Kor. 7.2.18 1.   □

Definition 7.3.2. Ist $f : I \to \mathbb{R}$ eine $\mathscr{C}^\infty$-Funktion auf einen offenen Intervall $I \subset \mathbb{R}$ mit $x_0 \in I$, so heißt die Potenzreihe

$$T_f(x) := \sum_{k=0}^\infty \frac{f^{(k)}(x_0)}{k!}(x - x_0)^k$$

die **Taylor-Reihe** und ihre Koeffizienten die **Taylor-Koeffizienten** der Funktion f bei x_0.

Notation 7.3.3. Statt $T_f(x)$ schreibt man auch $T_f^{x_0}(x)$, um den Entwicklungspunkt x_0 der Taylor-Reihe hervorzuheben.

Bemerkung 7.3.4. Aus Abs. 7.2 und Abs. 6.2 ergeben sich unmittelbar:

(i) Die Definition der Taylor-Reihe von f ist rein formaler Natur und damit ohne Konvergenzaussage.

(ii) Taylor-Reihen sind besondere Potenzreihen.

(iii) Aus dem Eindeutigkeitssatz für Potenzreihen Kor. 7.2.22 folgt: Wenn eine Funktion f bei x_0 durch eine Potenzreihe dargestellt werden kann, dann nur durch ihre Taylor-Reihe bei x_0.

(iv) Die n'ten Partialsummen der Taylor-Reihe T_f von f entsprechen dem n'ten Taylor-Polynom T_f^n aus Def. 6.2.2.

Beispiel 7.3.5. (i) Die Exponentialfunktion $\exp : \mathbb{R} \to \mathbb{R}$, $x \mapsto f(x) := e^x$ ist $\mathscr{C}^\infty$. Für $x_0 = 0$ ist $f^{(k)}(0) = 1$ für alle $k = 0, 1, 2, \ldots$ und daher lautet die Taylor-Reihe von f erwartungsgemäß wie folgt:

$$T_f^0(x) := \sum_{k=0}^\infty \frac{f^{(k)}(0)}{k!}x^k = \sum_{k=0}^\infty \frac{1}{k!}x^k = e^x$$

(ii) Betrachte $f(x) := \frac{1}{1-x}$ auf $\mathbb{R}\backslash\{1\}$. Offenbar ist $f \in \mathscr{C}^\infty(\mathbb{R}\backslash\{1\})$, insbesondere in $x_0 = 0$. Es gilt:

$$f'(x) = \frac{1}{(1-x)^2}, \ f''(x) = \frac{1 \cdot 2}{(1-x)^3}, \ f'''(x) = \frac{1 \cdot 2 \cdot 3}{(1-x)^4}, \ \ldots, \ f^{(k)}(x) = \frac{k!}{(1-x)^{k+1}},$$

und daher $f^{(k)}(0) = k!$ an der Stelle $x_0 = 0$. Mithin ist

$$T_f^0(x) := \sum_{k=0}^\infty \frac{f^{(k)}(0)}{k!}x^k = \sum_{k=0}^\infty \frac{k!}{k!}x^k = \sum_{k=0}^\infty x^k, \qquad \text{für } |x| < 1,$$

d.h. die Taylor-Reihe von f um $x_0 = 0$ stimmt erwartungsgemäß mit der geometrischen Reihe für alle $|x| < 1$ überein, da Letztere den Konvergenzradius $\rho = 1$ hat.

Merke: Der Definitionsbereich von f braucht nicht mit dem Konvergenzbereich ihrer TAYLOR-Reihe übereinstimmen.

Beispiel 7.3.6 (Reelle Binomialreihe). Sei $s \in \mathbb{R}$. Dann konvergiert $B_s(s)$ – wie im Komplexen bereits gesehen – für alle $|x| < 1$. Darüber hinaus gilt:

$$(1 + x)^s = B_s(x) := \sum_{k=0}^{\infty} \binom{s}{k} x^k = 1 + sx + \frac{s(s-1)}{2} x^2 + \dots \qquad \text{für } |x| < 1$$

Beweis. Es verbleibt zu zeigen, dass in der Tat $(1 + x)^s = B_s(x)$ für alle $|x| < 1$ ist. Dazu folgende Idee: Es ist $(1 + x)^s = B_s(x)$ genau dann, wenn $h(x) := \frac{B_s(x)}{(1+x)^s} = 1$ für alle $|x| < 1$; und dies wäre genau dann gegeben, wenn $h'(x) = 0$ und B_s und $(1 + x)^s$ an nur einem Punkt $x_0 \in (-1, 1)$ übereinstimmt. Die Quotientenregel besagt

$$h'(x) = \frac{(1 + x)^s B_s'(x) - (1 + x)^{s-1} s B_s(x)}{(1 + x)^{2s}} = 0 \qquad \Longleftrightarrow \qquad (1 + x) B_s'(x) = s B_s(x),$$

und liefert damit eine Bestimmungsgleichung für $B_s(x)$. Wir prüfen das nach:

$$
\begin{aligned}
(1 + x) B_s'(x) &= (1 + x) \sum_{k=1}^{\infty} \binom{s}{k} k x^{k-1} = (1 + x) \sum_{k=1}^{\infty} k \frac{s(s-1) \cdot \dots \cdot (s-k+1)}{k(k-1)(k-2) \cdot \dots \cdot 2 \cdot 1} x^{k-1} \\
&= s(1 + x) \sum_{k=1}^{\infty} \frac{(s-1) \cdot \dots \cdot ((s-1) - (k-1) + 1)}{(k-1)(k-2) \cdot \dots \cdot 2 \cdot 1} x^{k-1} \\
&= s(1 + x) \sum_{k=1}^{\infty} \binom{s-1}{k-1} x^{k-1} \\
&= s \left(\sum_{k=1}^{\infty} \binom{s-1}{k-1} x^{k-1} + \sum_{k=1}^{\infty} \binom{s-1}{k-1} x^k \right) \overset{(1)}{=} s \left(\sum_{k=0}^{\infty} \binom{s-1}{k} x^k + \sum_{k=0}^{\infty} \binom{s-1}{k-1} x^k \right) \\
&= s \sum_{k=0}^{\infty} \left(\binom{s-1}{k} + \binom{s-1}{k-1} \right) x^k \overset{(2)}{=} s \sum_{k=0}^{\infty} \binom{s}{k} x^k \\
&= s B_s(x)
\end{aligned}
$$

Zu (1): Substituiere in der linken Summe den Index $k \mapsto k - 1$, womit die bei $k = 0$ startet; die rechte Summe lässt man mit Gewalt bei $k = 0$ loslaufen, was aber keinen Schaden anrichtet, da definitionsgemäß $\binom{s}{k} = 0$ für $k < 0$ ist. Für (2) ist die Gleichheit $\binom{s}{k} = \binom{s}{k-1} + \binom{s-1}{k-1}$ nachzurechnen (siehe Aufgabe 1). Demnach ist $h(x) = C \in \mathbb{R}$, diese Konstante ist aber 1, weil $B_s(0) = (1 + 0)^s$ in $x_0 := 0$, womit schließlich $(1 + x)^s = B_s(x)$ für alle $x \in (-1, 1)$ nachgewiesen ist. $\qquad \square$

Aus der Binomialreihe lassen sich durch Spezialisierung von s, z.B. $s = -2, -1, -\frac{1}{2}, \frac{1}{2}$ ganz viele neue Potenzreihendarstellungen von Funktionen herstellen oder gar Zahlenreihen ausrechnen.

Beispiel 7.3.7. Für $|x| < 1$ konvergieren demnach folgende Reihen:

- Für $s = -2$ rechnen wir die Binomialkoeffizienten $\binom{-2}{k}$ wie folgt aus: $\binom{-2}{0} = 1$,

$$\binom{-2}{1} = -2, \binom{-2}{2} = \frac{-2(-2-1)}{2} = 3, \binom{-2}{3} = \frac{(-2)(-3)(-4)}{2 \cdot 3}, \dots, \binom{-2}{k} = (-1)^k(k+1)$$

Das liefert dieselbe Potenzreihendarstellung wie in Bsp. 7.2.21, nämlich:

$$\frac{1}{(1+x)^2} = \sum_{k=0}^{\infty} \binom{-2}{k} x^k = \sum_{k=0}^{\infty} (-1)^k (k+1) x^k,$$

- Für $s = -1$ ist $\binom{-1}{0} = 1$,

$$\binom{-1}{1} = -1, \binom{-1}{2} = \frac{-1(-1-1)}{2} = 1, \binom{-1}{3} = \frac{(-1)(-2)(-3)}{2 \cdot 3} = -1, \dots, \binom{-1}{k} = (-1)^k,$$

und daher:

$$\frac{1}{x+1} = \sum_{k=0}^{\infty} \binom{-1}{k} x^k = \sum_{k=0}^{\infty} (-1)^k x^k$$

- Für $s = -\frac{1}{2}$ ist

$$\binom{-\frac{1}{2}}{0} = 1, \binom{-\frac{1}{2}}{1} = \frac{-\frac{1}{2}}{1} = -\frac{1}{2}, \dots, \binom{-\frac{1}{2}}{k} = (-1)^k \frac{1 \cdot 3 \cdot 5 \cdot \ldots \cdot (2k-1)}{2 \cdot 4 \cdot 6 \cdot \ldots \cdot (2k)},$$

und daher:

$$\frac{1}{\sqrt{1+x}} = \sum_{k=0}^{\infty} \binom{-\frac{1}{2}}{k} x^k = \sum_{k=0}^{\infty} (-1)^k \frac{1 \cdot 3 \cdot 5 \cdot \ldots \cdot (2k-1)}{2 \cdot 4 \cdot 6 \cdot \ldots \cdot (2k)} x^k$$

- Für $s = \frac{1}{2}$ ist

$$\binom{\frac{1}{2}}{0} = 1, \binom{\frac{1}{2}}{1} = \frac{1}{2}, \binom{\frac{1}{2}}{2} = \frac{\frac{1}{2}\left(\frac{1}{2}-1\right)}{2!} = -\frac{1}{8}, \dots, \binom{\frac{1}{2}}{k} = (-1)^{k+1} \frac{1 \cdot 3 \cdot 5 \cdot \ldots \cdot (2k-3)}{2 \cdot 4 \cdot 6 \cdot \ldots \cdot (2k)},$$

und daher:

$$\sqrt{1+x} = \sum_{k=0}^{\infty} \binom{\frac{1}{2}}{k} x^k = \sum_{k=0}^{\infty} (-1)^{k+1} \frac{1 \cdot 3 \cdot 5 \cdot \ldots \cdot (2k-3)}{2 \cdot 4 \cdot 6 \cdot \ldots \cdot (2k)} x^k$$

Übung: Wie sehen die ersten vier Terme der Potenzreihen für die genannten s aus?

Unter allen Potenzreihen um x_0 ist also die TAYLOR-Reihe T_f der einzige Kandidat für die Darstellung der Funktion f bei x_0. Der folgende Satz beantwortet die ersten beiden eingangs gestellten Fragen und stellt zudem eine Verbindung zwischen TAYLOR-Polynom, Restglied und TAYLOR-Reihe von f her.

Satz 7.3.8 (Existenz der TAYLOR-Reihendarstellung). *Ist $f : I \to \mathbb{R}$ eine $\mathscr{C}^\infty$-Funktion auf einem offenen Intervall $I \subset \mathbb{R}$, und $x_0 \in I$. Die TAYLOR-Reihe T_f konvergiert genau für all jene $x \in I$ gegen $f(x)$, d.h.*

$$\boxed{f(x) = T_f^{x_0}(x) = \sum_{k=0}^{\infty} \frac{f^{(k)}(x_0)}{k!}(x - x_0)^k \,,}$$

für die das Restglied $r_n(x) = \frac{f^{(n+1)}(\xi_x)}{(n+1)!}(x - x_0)^{n+1}$ für $n \to \infty$ verschwindet.

Beweis. Gemäß Satz 6.2.12 hat f lokal bei x_0 die Darstellung $f(x) = T_f^n(x) + r_n(x)$. Da die TAYLOR-Polynome T_f^n gerade die n'ten Partialsummen der TAYLOR-Reihe sind, folgt:

$$f(x) = \lim_{n \to \infty} T_f^n(x) \quad \Longleftrightarrow \quad \lim_{n \to \infty} r_n(x) = 0$$

$\square$

Sprechweise 7.3.9. Gilt obige Bedingung für jedes $x \in I$, so sagt man *f lässt sich in eine (auf ganz I konvergente) TAYLOR-Reihe entwickeln* oder *f hat auf ganz I eine Darstellung als TAYLOR-Reihe*, dann auch freilich für einen beliebigen Entwicklungspunkt $x_0 \in I$.

Beispiel 7.3.10. Betrachte $f(x) := e^x$. Dann gilt für $x_0 = 0$ und jedes $n \in \mathbb{N}$

$$f(x) = T_f^n(x) + r_n(x) = \sum_{k=0}^{n} \frac{x^k}{k!} + \frac{f^{(n+1)}(\xi))}{(n+1)!}x^{n+1} = \sum_{k=0}^{n} \frac{x^k}{k!} + \frac{e^\xi}{(n+1)!}x^{n+1}$$

mit einem $\xi \in (\min\{0, x\}, \max\{0, x\}) \subset \mathbb{R}$. Wegen der strengen Monotonie von exp gilt für $|\xi| \leq |x|$ auch $e^{|\xi|} \leq e^{|x|}$, und daher:

$$|r_n(x)| \leq \frac{e^{|x|}}{(n+1)!}|x|^{n+1} =: a_n$$

Fassen wir die a_n's als Glieder der Reihe $\sum_{n=0}^{\infty} a_n$ auf, so folgt aus dem Quotienten-Kriterium Satz 7.1.36 (iv) für Zahlenreihen

$$\lim_{n \to \infty} \left| \frac{a_{n+1}}{a_n} \right| = \lim_{n \to \infty} \frac{e^{|x|}(n+1)!|x|^{n+2}}{e^{|x|}(n+2)!|x|^{n+1}} = \lim_{n \to \infty} \frac{|x|}{n+2} = 0 < 1,$$

Konvergenz dieser Reihe für jedes feste $x \in \mathbb{R}$. Da die Reihenglieder einer konvergenten Reihe gemäß Kor.7.1.33 eine Nullfolge bilden, ist schließlich:

$$\lim_{n \to \infty} a_n = 0 \quad \Longrightarrow \quad \lim_{n \to \infty} |r_n(x)| \leq \lim_{n \to \infty} \frac{e^{|x|}}{(n+1)!}|x|^{n+1} = 0$$

Mithin stellt die TAYLOR-Reihe $\sum_{k=0}^{\infty} \frac{x^k}{k!}$ die Exponentialfunktion e^x für jedes $x \in \mathbb{R}$ dar.

Warnhinweise bzw. Einschränkungen von TAYLOR-Reihen zur Darstellung von Funktionen:

- Damit f bei x_0 in eine TAYLOR-Reihe entwickelt werden kann, muss f notwendig $\mathscr{C}^\infty$ sein, was in vielen praktischen Situationen nicht zutrifft.

- Hat f eine TAYLOR-Reihe, so kann $\rho = 0$ sein, wie Bsp. 7.2.11 (ii) gezeigt hat.

- Selbst wenn f eine TAYLOR-Reihe bei x_0 mit $\rho > 0$ hat, braucht nicht $T_f(x) = f(x)$ zu gelten, in keiner noch so kleinen ε-Umgebung von x_0.

  Beispielsweise ist die Funktion

$$f : \mathbb{R} \to \mathbb{R}, \; x \mapsto \begin{cases} e^{-\frac{1}{x^2}} & x \neq 0 \\ 0 & x = 0 \end{cases}$$

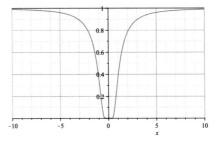

$\mathscr{C}^\infty$ auf ganz $\mathbb{R}$, insbesondere in $x_0 = 0$, aber $T_f \equiv 0$, d.h. ist die Nullfunktion, gleichwohl f in keiner ε-Umgebung der 0 die Nullfunktion ist. Also konvergiert T_f nicht gegen f.

- Auch wenn $T_f(x) = f(x)$ für alle $x \in (x_0 - \rho, x_0 + \rho)$ mit Konvergenzradius $\rho > 0$, so braucht T_f nicht auf den *gesamten* Definitionsbereich der Grenzfunktion f zu konvergieren. Dies zeigt sich bereits bei der geometrischen Reihe $\sum_{k=0}^\infty z^k = \frac{1}{1-z}$ mit $|z| < 1$, denn f hat einen maximalen Definitionsbereich $\mathbb{C} \setminus \{1\}$.

Aufgaben

R.1. Sei $s \in \mathbb{C}$.

(i) Folgern Sie direkt aus der Definition der Binomialkoeffizienten $\binom{s}{k}$, dass gilt:

$$\binom{s-1}{k} + \binom{s-1}{k-1} = \binom{s}{k}$$

(ii) Zeigen Sie, dass $B_s(z) := \sum_{k=0}^\infty \binom{s}{k} z^k$ für alle $|z| < 1$ konvergiert.

(iii) Sei fortan $s \in \mathbb{R}$. Unter Verwendung der in der bereits bewiesenen Identität $(1+x)^s = B_s(x)$ für $|x| < 1$, entwickeln Sie $\frac{1}{\sqrt{1-x^2}}$ in eine Potenzreihe, und schreiben Sie die ersten vier Summanden explizit hin.

R.2. Man bestimmte mittels TAYLOR-Reihen folgende Grenzwerte:

$$(a) \; \lim_{x \to 0} \frac{1 - \cos(2x)}{x \sin(x)} \qquad (b) \; \lim_{x \to 1}(1 - x)\tan\left(\frac{\pi}{2}x\right)$$

R.3. Man leite mittels Binomialreihe die Taylor-Reihe des arcsin und des Arsinh her im Entwicklungspunkt $x_0 = 0$. (Hinweis: Man betrachte die Ableitung der beiden Funktionen.)

R.4. Man berechne die Taylor-Reihen von:

$$(a) \; f(x) := \ln \sqrt{\frac{1-x}{1+x}} \qquad (b) \; g(x) := \frac{\cos(x)}{1-x}$$

Hinweis: Zu (a): Starte mit den Taylor-Reihen von $\ln(1 \pm x)$ und bilde sodann $\ln(1+x) - \ln(1-x)$; zu (b): Verwende das Cauchy-Produkt.

R.5. (Anwendung des Potenzreihen-Kalküls auf nicht elementar integrierbare Funktionen) Berechnen Sie das Integral

$$G(x) := \int_0^x e^{-t^2} dt$$

mittels Taylor-Reihenentwicklung des Integranden um den Entwicklungspunkt $t_0 = 0$.

R.6. Man zeige mittels geeigneter Substitution und Potenzreihenentwicklung:

$$(a) \; \int_0^\infty \frac{x}{e^x - 1} dx = \frac{\pi^2}{6} \qquad (b) \; \int_0^\infty \frac{x^3}{e^x - 1} dx = \frac{\pi^4}{15}$$

Diese Integrale sind nicht nur von theoretischem Interesse. Zum Beispiel ist das Plancksche Strahlungsgesetz vom Typ (b). Für die Energiedichte U_ν einer monochromatischen Strahlung eines schwarzen Körpers in Abhängigkeit von der (absoluten) Temperatur T gilt $U_\nu(T) := \frac{8\pi h}{c^2} \frac{\nu^3}{\exp(\frac{h\nu}{kT})-1}$ mit der Lichtgeschwindigkeit c, dem Planckschen Wirkungsquantum h und der Bolzmann-Konstante k. Die Integration von U_ν liefert die Gesamtenergie der Strahlung

$$U = \int_0^\infty U_\nu d\nu = \frac{8\pi}{c^2} \frac{k^4 T^4}{h^3} \int_0^\infty \frac{x^3}{e^x - 1} dx \text{ mit } x := \frac{h\nu}{kT}$$

Insbesondere folgt hieraus das Stefan-Bolzmann-Gesetz $U = aT^4$ mit der Konstanten a.

T.1. Zeigen Sie unter Zuhilfenahme des Vergleichskriteriums für uneigentliche Integrale (siehe Aufgabe T.1. in Kap. 2.4.5) die Konvergenz von (a) und (b) der vorangegangenen Aufgabe.

T.2. In Bsp. 7.3.7 haben wir aus der Binomialreihe $(1 + x)^s = \sum_{k=0}^{\infty} \binom{s}{k} x^k$ durch Spezialisierung von $s = -2, -1, -\frac{1}{2}, \frac{1}{2}$ konkrete Potenzreihendarstellungen gewonnen. Man zeige, dass sich für $s = \pm\frac{1}{2}$ die Binomialkoeffizienten wie folgt berechnen:

$$(a) \quad \binom{\frac{1}{2}}{k} = (-1)^{k+1} \frac{1 \cdot 3 \cdot 5 \cdot \ldots \cdot (2k-3)}{2 \cdot 4 \cdot 6 \cdot \ldots \cdot (2k)} \qquad (b) \quad \binom{-\frac{1}{2}}{k} = (-1)^k \frac{1 \cdot 3 \cdot 5 \cdot \ldots \cdot (2k-1)}{2 \cdot 4 \cdot 6 \cdot \ldots \cdot (2k)}$$

7.4   Die komplexe Exponentialfunktion

Die wichtigste Funktion, nicht nur in der Mathematik, sondern auch in den Natur- und Ingenieurwissenschaften, ist die Exponentialfunktion. Sie stellt im Komplexen eine Verbindung zu den trigonometrischen Funktionen her, die man im Reellen nicht zu sehen vermag.

Proposition 7.4.1. *Für jedes $z \in \mathbb{C}$ konvergieren die folgenden Potenzreihen absolut:*

$$(i) \quad \sum_{k=0}^{\infty} \frac{z^k}{k!}, \qquad (ii) \quad \sum_{k=0}^{\infty} \frac{(-1)^k}{(2k+1)!} z^{2k+1}, \qquad (iii) \quad \sum_{k=0}^{\infty} \frac{(-1)^k}{(2k)!} z^{2k}$$

Beweis. Zu (i): 1. Methode: Dies folgt aus der Quotientenformel, ganz wie im reellen Falle in Bsp. 7.2.11 (iii) vorgeführt.

2. Methode: Die reelle Exponentialreihe konvergiert auf ganz $\mathbb{R}$, und entsteht aus der komplexen durch Einschränkung auf die Realteilachse. Gemäß Lemma 7.2.5 konvergiert jede komplexe Potenzreihe mit $\rho > 0$ jedenfalls auf einer offenen Kreisscheibe und daher die komplexe Exponentialfunktion auf ganz $\mathbb{C}$.

Zu (ii) und (iii): Beide Potenzreihen weisen regelmäßige „Lücken" auf, so dass die Quotientenformel nach der Substitutiuon $w := z^2$ verwendet werden kann. Im Falle (ii) hat die Potenzreihe

$$\sum_{k=0}^{\infty} \frac{(-1)^k}{(2k+1)!} z^{2k+1} = z \sum_{k=0}^{\infty} \frac{(-1)^k}{(2k+1)!} w^k,$$

keine „Lücken" mehr. Sodann liefert die Quotientenformel der neu enstandenen Potenzreihe

$$\rho_w = \lim_{k \to \infty} \frac{(2(k+1)+1)!}{(2k+1)!} = \lim_{k \to \infty} (2k+3)(2k+2) = \infty,$$

und nach Resubstitution verbleibt $\rho_z = \infty$. Die Potenzreihe (iii) geht analog.   □

Definition 7.4.2. Vermöge der Proposition erklären wir folgende komplexe Funktionen:

$$\exp: \mathbb{C} \longrightarrow \mathbb{C}, \ z \longmapsto \exp(z) := e^z := \sum_{k=0}^{\infty} \frac{z^k}{k!} \qquad \textbf{Exponentialfunktion}$$

$$\sin: \mathbb{C} \longrightarrow \mathbb{C}, \ z \longmapsto \sin(z) := \sum_{k=0}^{\infty} \frac{(-1)^k}{(2k+1)!} z^{2k+1} \qquad \textbf{Sinusfunktion}$$

$$\cos: \mathbb{C} \longrightarrow \mathbb{C}, \ z \longmapsto \cos(z) := \sum_{k=0}^{\infty} \frac{(-1)^k}{(2k)!} z^{2k} \qquad \textbf{Kosinusfunktion}$$

Sprechweise 7.4.3. Sinus- und Kosinusfunktion werden auch *harmonische* Funktionen genannt; sie gehören der Familie der *trigonometrischen* Funktionen an.

Bemerkung 7.4.4. Wegen $\mathbb{R} \hookrightarrow \mathbb{C}$ führt die Einschränkung auf die Realteilachse, also $\exp_{|\mathbb{R}}, \sin_{|\mathbb{R}}, \cos_{|\mathbb{R}}$ auf die reellen Versionen oben genannter Funktionen. Wir schreiben auch im reellen Falle $\exp, \sin, \cos$.

Satz 7.4.5 (Erste Eigenschaften der Exponentialfunktion). *Für alle $z \in \mathbb{C}$ gilt:*

(i) *(Funktionalgleichung)*

$$\boxed{e^{z+w} = e^z e^w} \qquad \textit{für alle } w \in \mathbb{C}$$

(ii)

$$\boxed{(a) \ e^z \neq 0 \qquad (b) \ e^{-z} = \frac{1}{e^z} \qquad (c) \ \overline{e^z} = e^{\bar{z}}}$$

Beweis. Zu (i): Weil die Exponentialfunktion auf ganz $\mathbb{C}$ absolut konvergiert, lässt sich gemäß Lemma 7.2.15 (ii) das Cauchy-Produkt anwenden. Damit folgt

$$
\begin{aligned}
e^z e^w &= \left(\sum_{k=0}^{\infty} \frac{z^k}{k!} \right) \left(\sum_{k=0}^{\infty} \frac{w^k}{k!} \right) && \text{(Definition)} \\
&= \sum_{k=0}^{\infty} \sum_{l=0}^{k} \frac{z^l}{l!} \frac{w^{k-l}}{(k-l)!} && \text{(Formel für das Cauchy-Produkt)} \\
&= \sum_{k=0}^{\infty} \frac{1}{k!} \sum_{l=0}^{k} \frac{k!}{l!(k-l)!} z^l w^{k-l} && \\
&= \sum_{k=0}^{\infty} \frac{1}{k!} \sum_{l=0}^{k} \binom{k}{l} z^l w^{k-l} && \text{(Def. der Binomialkoeffizienten aus Bem. 4.2.19)} \\
&= \sum_{k=0}^{\infty} \frac{(z+w)^k}{k!} && \text{(Binomischer Lehrsatz aus Bem. 4.2.19)} \\
&= e^{z+w}
\end{aligned}
$$

Zu (ii): (a) Wäre $e^z = 0$ für auch nur ein $z \in \mathbb{C}$, so folgt $1 = e^0 = e^{z-z} = e^z e^{-z} = 0$, Widerspruch.

Zu (b): Sei $z \in \mathbb{C}$. Mithilfe der Funktionalgleichung folgt $1 = e^0 = e^{z-z} = e^z e^{-z}$ und also $e^{-z} = \frac{1}{e^z}$.

Zu (c): Dies folgt direkt aus den algebraischen Regeln für komplexe Reihen, Lemma 7.1.46 (iii).   □

Die folgenden EULERschen Formeln stellen eine wichtige Beziehung zwischen Exponentialfunktion und trigonometrischen Funktionen her, die sich als sehr nützlich erweisen wird.

Satz 7.4.6 (Die EULERschen-Formeln). *Für alle $z := x + iy \in \mathbb{C}$ gilt:*

(i) $\boxed{e^{iz} = \cos(z) + i \sin(z)}$ *Insbesondere:*   (ii) $\boxed{e^z = e^x(\cos(y) + i \sin(y))}$

Beweis. Die Formeln zur Berechnung von i^k mit $k \in \mathbb{N}_0$ aus dem Beweis von Bem. 4.2.21 ins Gedächtnis zurückrufend, liefert:

$$
\begin{aligned}
e^{iz} &= \sum_{k=0}^{\infty} \frac{i^k z^k}{k!} = \sum_{k=0}^{\infty} i^k \frac{z^k}{k!} = \sum_{k=0}^{\infty} i^{2k} \frac{z^{2k}}{(2k)!} + \sum_{k=0}^{\infty} i^{2k+1} \frac{z^{2k+1}}{(2k+1)!} \\
&= \underbrace{\sum_{k=0}^{\infty} (-1)^k \frac{z^{2k}}{(2k)!}}_{=\cos(z)} + i \underbrace{\sum_{k=0}^{\infty} (-1)^k \frac{z^{2k+1}}{(2k+1)!}}_{=\sin(z)}
\end{aligned}
$$

Dies zeigt Behauptung (i). Ist nun $z = x + iy$ mit $x, y \in \mathbb{R}$, so folgt mittels Funktionalgleichung und der eben bewiesenen Formel (i) $e^z = e^{x+iy} = e^x e^{iy} = e^x(\cos(y) + i\sin(y))$.   □

Für den Rest des Abschnittes ziehen wir zahlreiche Korollare aus diesen beiden Sätzen.

Korollar 7.4.7. Für alle $z \in \mathbb{C}$ gilt

$$e^{z+2\pi i} = e^z,$$

d.h. die komplexe Exponentialfunktion $z \mapsto e^z$ ist periodisch mit rein imaginärer Periode $2\pi i$.

Beweis. Sei $z \in \mathbb{C}$. Mithilfe der Funktionalgleichung und der EULERschen Formel schließt man $e^{z+2\pi i} = e^z e^{i2\pi} = e^z(\cos(2\pi) + i\sin(2\pi)) = e^z \cdot 1 = e^z$.   □

Notiz 7.4.8. Es gilt also $e^z = 1$ genau dann, wenn z ein Vielfaches von $2\pi i$ ist.

Eine triviale Anwendung der EULERschen Formeln sind die aus der Schule bekannten

Korollar 7.4.9 (Additionstheoreme). Für alle $x, y \in \mathbb{R}$ gilt:

$$\cos(x \pm y) = \cos x \cos y \mp \sin x \sin y \qquad \sin(x \pm y) = \sin x \cos y \pm \sin y \cos x$$

Zum Beweis. Nachrechnen, Übung! □

Korollar 7.4.10. Die Abbildung

$$f : (\mathbb{R}, +) \longrightarrow (\mathbb{C}^*, \cdot), \quad \varphi \longmapsto f(\varphi) := \exp(\mathrm{i}\varphi) = e^{\mathrm{i}\varphi} = \cos\varphi + \mathrm{i}\sin\varphi,$$

von der additiven Gruppe $(\mathbb{R}, +)$ in die multiplikative Gruppe $(\mathbb{C}^*, \cdot)$ ist ein Gruppenhomomorphismus mit $\mathrm{Kern}(f) = 2\pi\mathbb{Z} := \{2\pi \cdot k \mid k \in \mathbb{Z}\}$ und $\mathrm{Bild}(f) = S^1$. Darüber hinaus gilt:

$$\frac{\mathrm{d}}{\mathrm{d}\varphi} \exp(\mathrm{i}\varphi) = \mathrm{i}\exp(\mathrm{i}\varphi) \qquad \text{für alle } \varphi \in \mathbb{R}$$

Beweis. Direkt aus der Funktionalgleichung folgt $f(t + s) = e^{\mathrm{i}(t+s)} = e^{\mathrm{i}t + \mathrm{i}s} = e^{\mathrm{i}t}e^{\mathrm{i}s} = f(t)f(s)$ für alle $t, s \in \mathbb{R}$, also f ein Gruppenhomomorphismus. Definitionsgemäß ist der Kern von f gegeben durch $\mathrm{Kern}(f) := \{t \in \mathbb{R} \mid f(t) = e^{\mathrm{i}t} = 1\}$; also der Notiz zufolge ist $t \in \mathrm{Kern}(f)$ genau dann, wenn $t = 2k\pi$. Wegen $|z|^2 = z\bar{z}$ folgt mit Satz 7.4.5 (ii) und der Funktionalgleichung $|e^{\mathrm{i}t}|^2 = e^{\mathrm{i}t}\overline{e^{\mathrm{i}t}} = e^{\mathrm{i}t}e^{-\mathrm{i}t} = e^{\mathrm{i}t - \mathrm{i}t} = e^0 = 1$. Also liegen alle Bildpunkte $e^{\mathrm{i}t} \in S^1$ auf der Einheitssphäre S^1, was $\mathrm{Bild}(f) \subset S^1$ zeigt. Ist umgekehrt $z \in S^1$, so jedenfalls $|z| = 1$, und insbesondere $z \neq 0$. Damit hat z nach Lemma 4.2.23 eine eindeutige Darstellung in Polarform $z = |z|(\cos(t) + \mathrm{i}\sin(t)) = 1 \cdot e^{\mathrm{i}t}$ mit $t \in (-\pi, \pi]$, womit $\mathrm{Bild}(f) \supset S^1$ und insgesamt $\mathrm{Bild}(f) = S^1$ gezeigt ist. Beim Ableiten von $\exp(\mathrm{i}t)$ gehen wir komponentenweise vor, ganz wie in Bem. 4.2.30 angegeben:

$$\frac{\mathrm{d}}{\mathrm{d}t}e^{\mathrm{i}t} = \frac{\mathrm{d}}{\mathrm{d}t}(\cos(t) + \mathrm{i}\sin(t)) = -\sin(t) + \mathrm{i}\cos(t) = \mathrm{i}\mathrm{i}\sin(t) + \mathrm{i}\cos(t) = \mathrm{i}(\cos(t) + \mathrm{i}\sin(t)) = \mathrm{i}e^{\mathrm{i}t}$$

□

Bemerkung 7.4.11. (i) Es ist $(S^1, \cdot)$ als Bild des Homomorphismus f eine Untergruppe in $(\mathbb{C}^*, \cdot)$ und daher selbst eine Gruppe. (Folgt aus Notiz 4.1.27 (i) und Bem.4.1.18;)
(ii) Die Elemente in S^1 sind demnach $S^1 := \{z \in \mathbb{C} \mid |z| = 1\} = \{e^{\mathrm{i}t} \mid t \in \mathbb{R}\}$, wobei $t \in \mathbb{R}$ das Element in S^1 nur bis auf Vielfache von 2π eindeutig bestimmt.

Sprechweise 7.4.12. Man nennt $\{e^{\mathrm{i}t} = \cos(t) + \mathrm{i}\sin(t) \mid t \in \mathbb{R}\}$ in diesem Zusammenhang auch eine *Parametrisierung* der S^1 mit Parameter $t \in \mathbb{R}$.

Übung: Für welche $t \in \mathbb{R}$ liefert $e^{\mathrm{i}t}$ das Element $\mathrm{i} \in S^1$?

Das Korollar besagt also:

- $\exp : (\mathbb{R}, +) \twoheadrightarrow (S^1, \cdot)$, $t \mapsto e^{\mathrm{i}t}$ ein 2π-periodischer surjektiver Gruppenhomomorphismus; insbesondere ist $|e^{\mathrm{i}t}| = 1$ für alle $t \in \mathbb{R}$.

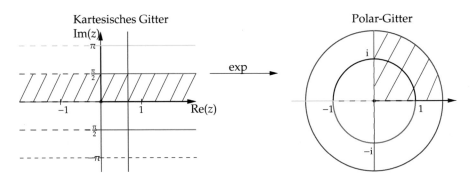

Abbildung 7.4: Mechanismus von exp via geeigneter Koordinatenlinien.

Bemerkung 7.4.13 (Geometrie der komplexen Exponentialfunktion). Unser nächstes Ziel ist die Veranschaulichung der komplexen Exponentialfunktion. Dabei werden sich die bisher gewonnenen Kenntnisse über exp als nützlich erweisen. Mit der EULERschen Formel und der Funktionalgleichung folgt nämlich $\exp(z) = \exp(x + iy) = e^x(\cos(y) + i\sin(y))$. Setzt man beginnend $y = 0$ und $x \geq 0$, so bewegt man sich auf der positiven Realteilachse – blau durchgezogene Linie – im kartesischen Gitter. Die Exponentialfunktion antwortet $\exp(x + i0) = e^x \cos(0) = e^x$, also $e^{\mathbb{R}_0^+} = [1, +\infty)$. Ist $x < 0$, so $e^x = e^{-a} = \frac{1}{e^a}$ mit $a > 0$ und weil $e^x > 0$ für alle $x \in \mathbb{R}$ und $e^a > 1$ für $a > 0$, folgt $e^{\mathbb{R}^-} = (0, 1)$, was der blau gestrichelten Linie im Polar-Gitter entspricht. Durch Einschränkung von exp auf weitere geeignete Koordinatenlinien im kartesischen Gitter erhält man die in der Abb. 7.4 dargestellten Abbildungsmechanismen. Zusammenfassend:

- Vertikale Geraden werden auf Kreise abgebildet.

- Horizontale Geraden werden auf Strahlen beginnend im Ursprung des Polar-Gitters abgebildet.

- Vertikale Streifen werden auf Kreisringe abgebildet.

- Horizontale Streifen werden auf Kreissektoren abgebildet.

Übung: Welcher Bereich im kartesischen Gitter wird auf einen Kreis mit Radius < 1 abgebildet?

Korollar 7.4.14 (Formeln von MOIVRE[2]). Für $n \in \mathbb{Z}$ und alle $t \in \mathbb{R}$ gilt:

$$\boxed{\cos(nt) + i\,\sin(nt) = e^{int} = (e^{it})^n = (\cos(t) + i\,\sin(t))^n}$$

Beweis. Sei $n \in \mathbb{N}$. Dann liefert die iterierte Anwendung der Funktionalgleichung

$$e^{int} = e^{it+i(n-1)t} = e^{it}e^{i(n-1)t} = e^{it}e^{it+i(n-2)t} = e^{it}e^{it}e^{i(n-2)t} = \ldots = (e^{it})^{n-1}e^{it} = (e^{it})^n.$$

Wegen $e^{-int} = \frac{1}{e^{int}} = \frac{1}{(e^{it})^n} = (e^{it})^{-n}$ gilt Obiges auch für negative n. Der Rest folgt direkt aus EULER. □

---

[2]ABRAHAM DE MOIVRE (1667–1754) französischer Mathematiker

Korollar 7.4.15. (i) Für alle $z \in \mathbb{C}$ gilt:

$$\cos(z) = \frac{1}{2}\left(e^{iz} + e^{-iz}\right) \qquad \sin(z) = \frac{1}{2i}\left(e^{iz} - e^{-iz}\right) \qquad \cos^2(z) + \sin^2(z) = 1$$

(ii) Insbesondere: Für $y \in \mathbb{R}$ ist:

$$\boxed{\cos(y) = \frac{1}{2}(e^{iy} + e^{-iy}) = \mathrm{Re}(e^{iy})} \qquad \boxed{\sin(y) = \frac{1}{2i}(e^{iy} - e^{-iy}) = \mathrm{Im}(e^{iy})} \qquad (7.5)$$

Beweis. Zu (i) und (ii): Folgt direkt aus der EULER-Formel unter Beachtung $z + \bar{z} = 2\mathrm{Re}(z)$ und $z - \bar{z} = 2i\,\mathrm{Im}(z)$, gemäß Bem.4.2.12. $\qquad\square$

Beachte: Für $z \in \mathbb{C}$ mit $\mathrm{Im}(z) \neq 0$ gilt weder $\cos(z) = \mathrm{Re}(e^{iz})$ noch $\sin(z) = \mathrm{Im}(e^{iz})$. (Beispiel!?)

Die EULER-Formel $e^{i\varphi} = \cos\varphi + i\sin\varphi$ mit $\varphi \in \mathbb{R}$ vermittelt also zwischen Exponentialfunktion und trigonometrischen Funktionen und also insbesondere auch zwischen der Polardarstellung und der sogenannten *Exponentialform* einer komplexen Zahl:

Korollar 7.4.16 (Exponentialform). Jede komplexe Zahl $z \in \mathbb{C}$ lässt sich in Exponentialform schreiben, d.h.

$$\boxed{z = |z|e^{i\varphi} = |z|e^{i\mathrm{Arg}(z)}}\,, \qquad \text{mit } \varphi = \mathrm{Arg}(z) \in (-\pi, \pi].$$

Ist $z \neq 0$, so ist diese Darstellung eindeutig.

Aus der Exponentialform komplexer Zahlen lassen sich Rechenregeln formulieren, die eine sehr anschauliche Interpretation der komplexen Multiplikation und - Division zulassen. Sie sind eine direkte Konsequenz aus der Funktionalgleichung und EULER. Beginnen wir mit den

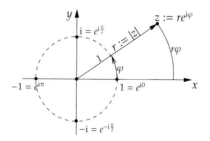

Bemerkung 7.4.17 (Rechenregeln). Für $z = |z|e^{i\varphi}$, $w = |w|e^{i\psi} \in \mathbb{C}$ und $n \in \mathbb{Z}$ ist:

$$(i) \quad zw = |z||w|e^{i(\varphi+\psi)} \qquad (ii) \quad z^n = |z|^n e^{in\varphi} \qquad (iii) \quad \frac{z}{w} = \frac{|z|}{|w|}e^{i(\varphi-\psi)}$$

Merke: Zwei komplexe Zahlen werden multipliziert (bzw. dividiert), indem man ihre Beträge multipliziert (bzw. dividiert) und ihre Argumente addiert (bzw. subtrahiert).

Bemerkung 7.4.18 (Geometrie der komplexen Rechenoperationen). Die Exponentialform komplexer Zahlen lässt eine besonders anschauliche Interpretation ihrer Rechenoperationen zu.

Addition: Sei $z_0 \in \mathbb{C}$. Dann entspricht $\mathbb{C} \to \mathbb{C}$, $z \mapsto z_0 + z$ der *Translation* um z_0.

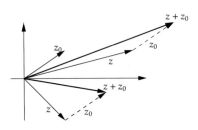

Multiplikation: Sei $z_0 := r_0 e^{i\varphi_0} \in \mathbb{C}$. Dann entspricht $\mathbb{C} \to \mathbb{C}$, $z = r e^{i\varphi} \mapsto z_0 \cdot z = r_0 r e^{i(\varphi + \varphi_0)}$ einer *Drehstreckung* von z um den Winkel φ_0 mit Streckungsfaktor r_0.

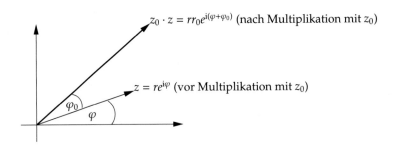

Potenzieren: Sei $n \in \mathbb{N}$. Dann entspricht $\mathbb{C} \to \mathbb{C}$, $z \mapsto z^n$ der Abbildung $\mathbb{C} \to \mathbb{C}$, $r e^{i\varphi} \mapsto r^n e^{in \cdot \varphi}$.

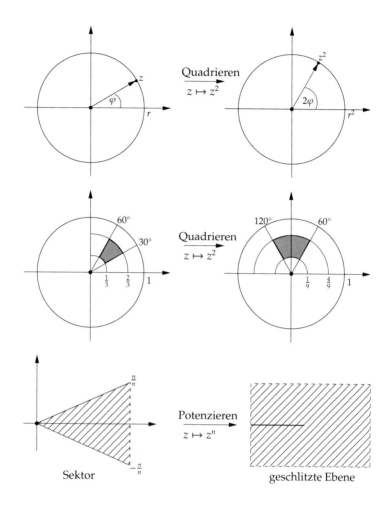

Oben: Quadrieren einzelner Punkte; Mitte: Quadrieren von Teilmengen (schraffierter Bereich); Unten: Potenzieren mit $\varphi = \frac{\pi}{n}$ des Kreissektors auf die geschlitzte Ebene.

Inversenbildung: Die Abbildung $\mathbb{C}^* \to \mathbb{C}$, $z \mapsto \frac{1}{z}$ entspricht der Komposition $re^{i\varphi} \mapsto \frac{1}{r}e^{i\varphi} \mapsto \frac{1}{r}e^{-i\varphi}$ aus Invertierung des (reellen) Betrages von z und komplexer Konjugation.

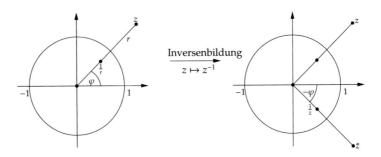

Wurzelziehen: Die Abbildung $\mathbb{C} \to \mathbb{C}$, $z \mapsto \sqrt[n]{z}$ entspricht $re^{i\varphi} \mapsto \sqrt[n]{r}e^{i\frac{\phi}{n}}$.

3. Wurzel am Einheitskreis

3. Wurzel einer beliebigen Zahl $z \in \mathbb{C}$

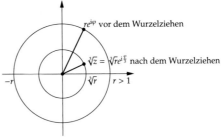

Beispiel 7.4.19. Es gilt:

(i) $e^{i\pi} + 1 = \cos\pi + i\sin\pi + 1 = -1 + i0 + 1 = 0$

(ii)

$$
\begin{aligned}
(1+i)^{14}(1+i\sqrt{3})^7 &= |1+i|^{14}(e^{i\mathrm{Arg}(1+i)})^{14} \cdot |1+i\sqrt{3}|^7(e^{i\mathrm{Arg}(1+i\sqrt{3})})^7 \\
&= (\sqrt{2})^{14}e^{i14\frac{\pi}{4}} \cdot 2^7 e^{i7\frac{\pi}{3}} = 2^{14}e^{i\pi(\frac{7}{2}+\frac{7}{3})}
\end{aligned}
$$

(iii) Für $z := 3e^{-i\pi} = 3\cos\pi - i3\sin\pi$ ist:

  • $\mathrm{Re}(z) = -3$

  • $\mathrm{Im}(z) = 0$

Bemerkung 7.4.20. Für alle $z, w \in \mathbb{C}$ gilt:

$$\boxed{z = w \iff \mathrm{Re}(z) = \mathrm{Re}(w) \land \mathrm{Im}(z) = \mathrm{Im}(w) \iff |z| = |w| \land \mathrm{Arg}(z) = \mathrm{Arg}(w)}$$

Zwei komplexe Zahlen sind also genau dann gleich, wenn sie in Real- wie Imaginärteil übereinstimmen, und dies ist genau dann der Fall, wenn Beträge und Hauptwerte gleich sind.

Im Folgenden betrachten wir einige Anwendungen.

Definition 7.4.21 (Komplexe Wurzeln). Sei $a \in \mathbb{C}$. Dann heißt jede Nullstelle $\xi \in \mathbb{C}$ des Polynoms $P(z) := z^n - a$, d.h. jede komplexe Lösung der Gleichung

$$z^n - a = 0 \iff z^n = a$$

n**'te Wurzel** von a. Man notiert die Menge aller dieser Nullstellen mit $\sqrt[n]{a} := \{\xi \in \mathbb{C} \mid \xi^n = a\}$.

Sprechweise 7.4.22. Im Falle von $a = 1$ spricht man auch von den n'ten *Einheitswurzeln*, d.h. also den Lösungen der Gleichung $z^n = 1$.

Ist $z = |z|e^{i\varphi}$ und $a = |a|e^{i\alpha}$ die Exponentialdarstellung von z bzw. a, so gilt:

$$z^n = a \Leftrightarrow (|z|e^{i\varphi})^n = |a|e^{i\alpha} \Leftrightarrow |z|^n e^{in\varphi} = |a|e^{i\alpha} \Leftrightarrow \begin{cases} |z|^n = |a| & \Leftrightarrow & |z| = \sqrt[n]{|a|} \\ e^{in\varphi} = e^{i\alpha} & \Leftrightarrow & e^{i(n\varphi - \alpha)} = 1 = e^{i2k\pi} \end{cases}$$

$$\Leftrightarrow \begin{cases} |z| = \sqrt[n]{|a|} \\ n\varphi - \alpha = 2k\pi \text{ mit } k \in \mathbb{Z} \end{cases} \Leftrightarrow \begin{cases} |z| = \sqrt[n]{|a|} \\ \varphi = \varphi_k = \frac{\alpha}{n} + \frac{2k\pi}{n} \text{ mit } k \in \mathbb{Z} \end{cases}$$

Diskussion: Warum kann es nur n verschiedene φ_k geben?

Wir fassen zusammen:

Korollar 7.4.23. (i) Für $a = |a|e^{i\alpha} \in \mathbb{C}$ und $n \in \mathbb{N}$ hat die Gleichung $z^n = a$ genau n Wurzeln z_k, nämlich

$$\boxed{\sqrt[n]{a} = \left\{ z_{n,k} := z_k := \sqrt[n]{|a|}e^{i\left(\frac{\alpha}{n} + \frac{2k\pi}{n}\right)} \,\middle|\, k = 0, 1, 2, ..., n-1 \right\} \subset \partial K_{\sqrt[n]{|a|}}(0).}$$

(ii) Insbesondere: Für $a = 1$ hat also die Gleichung $z^n = 1$ genau n Einheitswurzeln $\xi_0, ..., \xi_{n-1}$, nämlich

$$\boxed{\sqrt[n]{1} = \left\{ \xi_{n,k} := \xi_k := e^{i\left(\frac{2k\pi}{n}\right)} \,\middle|\, k = 0, 1, 2, ..., n-1 \right\} \subset S^1 = \partial K_1(0).}$$

(iii) Darüber hinaus gilt in diesem Falle $\sqrt[n]{1} = \{\xi_1^k \mid k = 0, 1, ..., n-1\}$, wobei $\xi_1^0 = 1$.

Den n'ten Einheitswurzeln kommen besondere geometrische wie strukturelle Eigenschaften zu.

Bemerkung 7.4.24. (i) Alle Einheitswurzeln liegen ersichtlich auf der S^1.
(ii) Es ist $(\sqrt[n]{1}, \cdot)$ eine Untergruppe der $(S^1, \cdot)$ und damit der multiplikativen Gruppe $(\mathbb{C}^*, \cdot)$. (Beweis: Übung!) (Nota bene: Den Fall $n = 4$ haben wir bereits in Aufgabe T.2. in Abs.4.2.2 nachgewiesen!)
(iii) Kennt man ξ_1, so kennt man alle Einheitswurzeln, denn gemäß (iii) des Korollars sind die restlichen Potenzen davon. D.h. die Gruppe $\sqrt[n]{1}$ der Einheitswurzeln wird durch ein Element erzeugt, z.B. durch ξ_1. Man sagt, diese Gruppe ist *zyklisch von Ordnung n*.

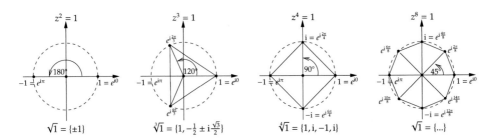

Abbildung 7.5: Lage der Einheitswurzeln $\xi_{n,k}$ für $n = 2, 3, 4$ und 8. Sie liegen allesamt auf dem Einheitskreis S^1, den sie in ein regelmäßiges n-Eck unterteilen. Geometrisch erhält man alle Einheitswurzeln $\xi_k = \xi_1^k$ aus ξ_1 durch k Drehungen D: $\mathbb{C} \to \mathbb{C}, z \mapsto e^{i2\pi/n} \cdot z$ um den Winkel $2\pi/n$. Erst dadurch entsteht das regelmäßige n-Eck.

(iv) Ist ξ eine n'te Einheitswurzel, so ist $\xi^n = 1$, und daher:

$$0 = \xi^n - 1 = (\xi - 1)(1 + \xi + \xi^2 + \ldots + \xi^{n-1})$$

Ist $\xi \neq 1$, so gilt $1 + \xi + \xi^2 + \ldots + \xi^{n-1} = 0$. Motiviert von Abb. 7.5 nennt man dies die *Kreisteilungsgleichung*.

Beispiel 7.4.25 (Übung). Berechne:

(i) $\sqrt{i} =$ _____

(ii) $\sqrt[5]{1} =$

Aufgaben

R.1. (Exponentialform und Geometrie komplexer Rechenoperationen)

(i) Bestimme $\mathrm{Re}(z)$ und $\mathrm{Im}(z)$ der Zahl $z \in \mathbb{C}$.

$$(a)\ z = 3e^{-i\pi} \quad (b)\ \bar{z} = \sqrt{2}e^{i\frac{\pi}{2}} \quad (c)\ z = -3e^{i\frac{\pi}{3}}$$

(Hinweis zu (c): Wie sieht -1 in Exponentialform aus?)

(ii) Berechne die Potenzen:

$$(a)\ (\sqrt{3} + i)^7 \quad (b)\ (-2\sqrt{3} + 2i)^{-9}$$

(iii) Bestimmen Sie $\sqrt[3]{i}$ und skizzieren Sie die Lösung(en). Welche Gleichung wird dadurch erfüllt?

(iv) Bestimmen Sie alle Lösungen der Gleichungen:

$$(a)\ z^2 + (-3 + i)z + (2 - i) = 0 \quad (b)\ z^{\frac{4}{3}} = -4$$

(v) Seien $z := 1 - i\sqrt{3}$ und $z_0 := \sqrt{3} + i$ zwei komplexe Zahlen. Bringen Sie z, z_0 in Exponentialform und bilden Sie sodann $z^{-1}, z^2, z^{1/3}, z_0 z$. Zeichnen Sie jeweils

$$(a)\ z, z^{-1} \quad (b)\ z, z^2 \quad (c)\ z, z^{1/3} \quad (d)\ z, z_0, z_0 z$$

in die komplexe Ebene und deuten Sie die Bildung der genannten Operationen $z \mapsto z^{-1}, z^n, z^{1/n}, z_0 z$ geometrisch.

R.2. Konvergieren die Reihen? Wenn ja, gegen welchen Grenzwert?

$$a)\ \sum_{k=0}^{\infty} \frac{1}{(1+i)^k} \qquad b)\ \sum_{k=0}^{\infty} \frac{(1+i\pi)^k}{k!}$$

T.1. Man beweise Kor. 7.4.9. D.h. für alle $x, y \in \mathbb{R}$ gilt:

$$\cos(x \pm y) = \cos x \cos y \mp \sin x \sin y \qquad \sin(x \pm y) = \sin x \cos y \pm \sin y \cos x$$

Was verändert sich an der Aussage, wenn $x, y \in \mathbb{C}$ sind?

T.2. Man zeige $\lim\limits_{z \to 0} \dfrac{e^z - 1}{z} = 1$ und folgere daraus $\lim\limits_{z \to 0} \dfrac{\sin(z)}{z} = 1$.

Kapitel 8

Analysis im $\mathbb{R}^n$

Hierbei ist jedoch zu berücksichtigen, dass die unvergleichlich kleinen Grö-
ßen, selbst in ihrem populären Sinne genommen, keineswegs konstant und
bestimmt sind, dass sie vielmehr, da man sie so klein annehmen kann, als man
nur will, in geometrischen Erwägungen dieselbe Rolle wie die Unendlichklei-
nen im strengen Sinne spielen.

GOTTFRIED WILHELM LEIBNIZ[1], 1646–1716

Die Analysis im $\mathbb{R}^n$ verallgemeinert den Differential- und Integralkalkül von Funktionen einer Veränderlichen auf Abbildungen in mehreren Variablen mit vektorwertigem Zielbereich. Wesentlich für die Differentialrechnung im $\mathbb{R}^n$ wird die Lineare Algebra sein.

8.1 Bereiche und Abbildungen in mehreren Variablen

Bisher hatten wir gewöhnliche Funktionen $y = f(x)$ auf einen allgemeinen Intervall $I \subset \mathbb{R}$, genauer gesagt, reellwertige Funktionen $f : I \to \mathbb{R}$, $x \mapsto f(x)$ einer reellen Variablen. Darüber hinaus wurden im Rahmen der komplexen Zahlen aber auch bereits komplexe Funktionen $f : B \to \mathbb{C}$, $z \mapsto f(z)$ auf einem Bereich $B \subset \mathbb{C}$ studiert; komponentenweise betrachtet, sind dies Abbildungen zweier Variablen in den $\mathbb{R}^2$, also

$$
\begin{array}{ccc}
f : B & \longrightarrow & \mathbb{C} \\
z := x + \mathrm{i}y & \longmapsto & f(z) := u(x + \mathrm{i}y) + \mathrm{i}v(x + \mathrm{i}y)
\end{array}
\quad \Longleftrightarrow \quad
\begin{array}{ccc}
f : B & \longrightarrow & \mathbb{R}^2 \\
\begin{pmatrix} x \\ y \end{pmatrix} & \longmapsto & \begin{pmatrix} u(x,y) \\ v(x,y) \end{pmatrix},
\end{array}
$$

wobei $u, v : B \to \mathbb{R}$ reellwertige Funktionen sind.

---

[1] LEIBNIZsche Interpretation von „unendlich kleinen Größen" im Brief an den französischen Mathematiker und Physiker PIERRE DE VARIGNON vom 02.02.1702.

© Springer-Verlag GmbH Deutschland, ein Teil von Springer Nature 2021
J. Dambrowski, *Mathematik für technische Studiengänge im ersten Studienjahr*,
https://doi.org/10.1007/978-3-662-62852-2_8

Jetzt: betrachten wir allgemeine Funktionen bzw. Abbildungen in mehreren Variablen. Statt Zahlen $x \in \mathbb{R}$, oder Zahlenpaare $(x, y) \in \mathbb{R}^2$ jetzt auch Tripel $(x, y, z) \in \mathbb{R}^3$ oder allgemeiner n-tupel $(x_1, x_2, ..., x_n) \in \mathbb{R}^n$. Genauer: Thema der Analysis im $\mathbb{R}^n$ ist analog zu Dimension 1 die Differential- und Integralrechnung von vektorwertigen Funktionen, auch *Abbildungen* genannt, $f : B \to \mathbb{R}^m$ mit dem Definitionsbereich $B \subset \mathbb{R}^n$; jedem n-tupel

$$x := (x_1, x_2, ..., x_n) \in B \text{ oder Vektorschreibweise} \quad x := \begin{pmatrix} x_1 \\ x_2 \\ \vdots \\ x_n \end{pmatrix} \in B$$

wird genau ein m-tupel $f(x) := (f_1(x_1, .., .x_n), ..., f_m(x_1, ..., x_n))$

$$\text{oder Vektorschreibweise} \quad f(x) := \begin{pmatrix} f_1(x_1, ..., x_n) \\ f_2(x_1, ..., x_n) \\ \vdots \\ f_m(x_1, ..., x_n) \end{pmatrix} \in \mathbb{R}^m$$

zugeordnet. Welche Definitionsbereiche zugelassen sind, hängt von der Fragestellung ab und muss an entsprechender Stelle, falls erforderlich, spezifiziert werden.

Wir werden aus Platzgründen vielfach die transponierte Form $(x_1, .., x_n)^T$ als Vektorschreibweise verwenden. Beliebte Definitionsbereiche $B \subset \mathbb{R}^n$ sind:

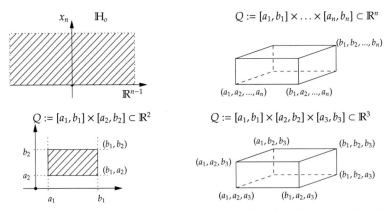

Abbildung 8.1: Oberer Halbraum $\mathbb{H}_o \subset \mathbb{R}^n$, kompakte Quader Q mit $\dim Q = 2, 3, n$.

Definition 8.1.1 (Allgemeine Quader). Unter einem (nicht ausgearteten) **allgemeinen n-dimensionalen Quader** versteht man die Teilmenge $I_1 \times I_2 \times ... \times I_n \subset \mathbb{R}^n$, wobei die $I_k \subset \mathbb{R}$ allgemeine Intervalle sind.

Beispiel 8.1.2. (i) der $\mathbb{R}^n$ selbst, oder der *obere Halbraum* $\mathbb{H}_o := \{x \in \mathbb{R}^n \mid x_n \geq 0\}$.
(ii) *Kompakte Quader* $Q := [a_1, b_1] \times [a_2, b_2] \times \ldots \times [a_n, b_n] \subset \mathbb{R}^n$, wobei $a_k < b_k$ für alle $k = 1, 2, \ldots, n$ reelle Zahlen sind. Kompakte Quader entstehen also aus dem kartesischen Produkt kompakter Intervalle in $\mathbb{R}$.

Die wohlbekannten offenen oder abgeschlossenen Kugeln oder Sphären im $\mathbb{R}$ oder $\mathbb{C}$ lassen sich in naheliegender Weise auch auf den $\mathbb{R}^n$ verallgemeinern. Dazu betrachten wir den $\mathbb{R}^n$ als den EUKLIDischen Raum, ausgestattet mit dem

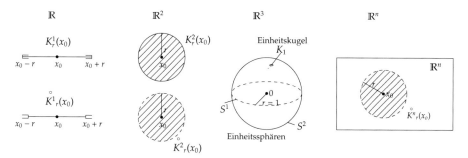

Abbildung 8.2: Kugeln sind die wichtigsten Bausteine für Teilmengen im $\mathbb{R}^n$.

Standardskalarprodukt

$$\langle .,. \rangle : \mathbb{R}^n \times \mathbb{R}^n \longrightarrow \mathbb{R}, \quad (x, y) \longmapsto \langle x, y \rangle := \vec{x} \cdot \vec{y} := x^T y = x_1 y_1 + x_2 y_2 + \ldots + x_n y_n,$$

und der dadurch induzierten EUKLIDischen Norm:

$$\|x\| := \sqrt{\langle x, x \rangle} = \sqrt{x_1^2 + x_2^2 + \ldots + x_n^2} \tag{8.1}$$

Definition 8.1.3 (Kugeln & Sphären). (i) Unter einer (n-dimensionalen) **offenen Kugel** mit Radius $r > 0$ und Mittelpunkt $x_0 \in \mathbb{R}^n$ versteht man die Teilmenge:

$$\overset{\circ}{K}_r(x_0) := \{x \in \mathbb{R}^n \mid \|x - x_0\| < r\} \subset \mathbb{R}^n$$

(ii) Unter einer (n-dimensionalen) **abgeschlossenen Kugel** mit Radius $r > 0$ und Mittelpunkt $x_0 \in \mathbb{R}^n$ versteht man die Teilmenge:

$$K_r(x_0) := \{x \in \mathbb{R}^n \mid \|x - x_0\| \leq r\} \subset \mathbb{R}^n$$

Ist in (i) oder (ii) der Radius $r = 1$ und $x_0 = 0$, so spricht man auch von der *offenen/abgeschlossenen Einheitskugel* und notiert diese mit $\overset{\circ}{K}_1$ bzw. K_1.

(iii) Unter einer **Sphäre** oder n-**Sphäre** oder dem *Rand* einer Kugel mit Radius $r > 0$ und Mittelpunkt $x_0 \in \mathbb{R}^{n+1}$ versteht man die Teilmenge:

$$S_r^n(x_0) := \partial K_r(x_0) := \{x \in \mathbb{R}^{n+1} \mid \|x - x_0\| = r\} \subset \mathbb{R}^{n+1}$$

Ist speziell $r = 1$ und $x_0 = 0$, so spricht man von der *Einheitssphäre* und notiert diese mit S^n.

Notation 8.1.4. Bei Bedarf kann die Dimension einer offenen bzw. abgeschlossenen Kugel durch $K_r^n(x_0)$ kenntlich gemacht werden.

Sprechweise 8.1.5. Statt offener Kugel um $x_0 \in \mathbb{R}^n$ mit Radius $\varepsilon > 0$, spricht man auch von einer ε-*Umgebung* oder ε-*Kugel* um x_0.

Wie im Komplexen gilt auch hier:

Notiz 8.1.6. $K_r(x_0) = \overset{\circ}{K}_r(x_0) \cup \partial K_r(x_0)$, und $\overset{\circ}{K}_r(x_0) \cap \partial K_r(x_0) = \emptyset$.

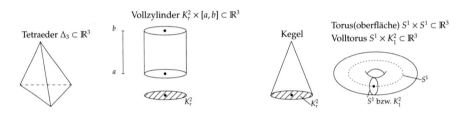

Abbildung 8.3: Beispiele von Teilmengen im $\mathbb{R}^3$; analog dann im $\mathbb{R}^n$.

Alle relevanten bzw. interessanten Bereiche $B \subset \mathbb{R}^2, \mathbb{R}^3, ..., \mathbb{R}^n$ aufzählen zu wollen, ist nicht möglich. Vielmehr sind es die *Eigenschaften* solcher Bereiche, die eine Ein- bzw. Unterteilung gestatten. Dies führt auf sogenannte *topologische* Grundbegriffe.

Definition 8.1.7 (Topologische Grundbegriffe I). Eine Teilmenge $X \subset \mathbb{R}^n$ heißt

1. **beschränkt**, wenn es eine reelle Zahl $C \in \mathbb{R}$, mit $\|x\| \leq C$ für alle $x \in X$.

2. **offen**, wenn es um jeden Punkt $x \in X$ eine offene Kugel $\overset{\circ}{K}_\varepsilon(x)$ um x mit Radius $\varepsilon > 0$ gibt, die ganz in X passt, d.h. $\forall_{x \in X} \exists_{\varepsilon > 0} : \overset{\circ}{K}_\varepsilon(x) \subset X$.

3. **abgeschlossen**, falls $\mathbb{R}^n \backslash X$ offen ist.

4. **kompakt**, falls X beschränkt und abgeschlossen ist.

5. **(weg)zusammenhängend**, falls $\emptyset \neq X$ und je zwei Punkte $x, y \in X$ über einen stetigen Weg verbindbar sind, d.h. es gibt eine stetige[2] Abbildung $\alpha : [0,1] \to X \subset \mathbb{R}^n$ mit $\alpha(0) = x$ und $\alpha(1) = y$.

Bemerkung 8.1.8. (i) (Anschauliche Charakterisierung der Beschränktheit) Eine Teilmenge $X \subset \mathbb{R}^n$ ist genau dann beschränkt, wenn es eine Kugel $K_r(0)$ um 0 mit Radius $r > 0$ gibt, so dass X ganz in diese Kugel reinpasst, d.h. $X \subset K_r(0)$.
(ii) (Anschauliche Interpretation der Offenheit) Eine Teilmenge $X \subset \mathbb{R}^n$ ist genau dann offen, wenn jeder Punkt in X eine (wenn auch noch so kleine) offene „Schutzkugel" hat, die noch ganz in X reinpasst.
(ii) Die offenen Kugeln sind als Teilmengen im $\mathbb{R}^n$ offen.

---

[2]einstweilen: Stetigkeit meint hier *stetig (im gewöhnlichen Sinne)* in jeder Komponente.

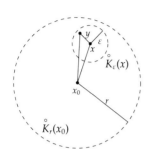

Beweis. Sei $\overset{\circ}{K}_r(x_0) \subset \mathbb{R}^n$ beliebig. Ist nun $x \in \overset{\circ}{K}_r(x_0)$, so ist nachzuweisen, dass es um x eine kleine ε-Kugel $\overset{\circ}{K}_\varepsilon(x)$ gibt, die noch ganz in die große Kugel $\overset{\circ}{K}_r(x_0)$ passt. Wir setzen für den Radius der kleinen Kugel $\varepsilon := \frac{1}{2}(r - \|x - x_0\|)$, und geben uns einen beliebigen Punkt y darin vor. Dann folgt aus der Δ-Ungleichung (siehe Bild)

$$\|y - x_0\| \le \|x - x_0\| + \|y - x\| < r - 2\varepsilon + \varepsilon = r - \varepsilon < r,$$

d.h. der Abstand y zu x_0 ist kleiner als r und mithin liegt y in der großen Kugel, und da y beliebig war, liegen alle Punkte der ε-Kugel auch in der großen Kugel, d.h. $\overset{\circ}{K}_\varepsilon(x) \subset \overset{\circ}{K}_r(x_0)$.

$\square$

(iii) Die abgeschlossenen Kugeln sind als Teilmengen im $\mathbb{R}^n$ abgeschlossen.

Beachte: Die Aussage „Eine Teilmenge im $\mathbb{R}^n$ ist abgeschlossen, wenn sie nicht offen ist", ist *falsch*. Betrachte dazu die folgenden beiden Teilmengen des $\mathbb{R}^2$:

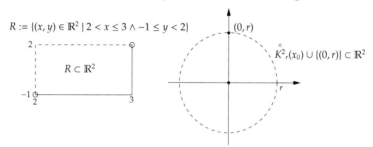

Abbildung 8.4: Teilmengen im $\mathbb{R}^2$, die weder offen noch abgeschlossen sind.

Diskussion: Warum sind das abgebildete Rechteck R und die offene Kugel, die den Randpunkt $(0, r)$ enthält, weder offene noch abgeschlossene Teilmengen?

Lemma 8.1.9. (i) *Beliebige Vereinigungen offener Mengen sind wieder offen*, d.h. ist $(U_i)_{i \in I}$ eine Familie offener Teilmengen des $\mathbb{R}^n$ (d.h. $\forall_{i \in I} : U_i \subset \mathbb{R}^n$ offen), so auch $\bigcup_{i \in I} U_i \subset \mathbb{R}^n$ wieder offen.
(ii) *Endliche Durchschnitte offener Mengen sind wieder offen*, d.h. sind $U_1, .., U_n$ offen im $\mathbb{R}^n$, so auch $U_1 \cap U_2 \cap \ldots \cap U_n \subset \mathbb{R}^n$ offen.
(iii) *Beliebige Durchschnitte abgeschlossener Mengen sind wieder abgeschlossen*, d.h. ist $(A_i)_{i \in I}$ eine Familie abgeschlossener Teilmengen im $\mathbb{R}^n$ (d.h. $\forall_{i \in I} : A_i \subset \mathbb{R}^n$ abgeschlossen), so ist auch $\bigcap_{i \in I} A_i \subset \mathbb{R}^n$ wieder abgeschlossen.
(iv) *Endliche Vereinigungen abgeschlossener Mengen sind wieder abgeschlossen*, d.h. sind $A_1, ..., A_n$ abgeschlossene Teilmengen im $\mathbb{R}^n$, so ist $A_1 \cup A_2 \cup \ldots \cup A_n \subset \mathbb{R}^n$ abgeschlossen.

Zum Beweis. Ad (i): Sei $(U_i)_{i \in I}$ eine Familie offener Teilmengen U_i im $\mathbb{R}^n$ und $x \in \bigcup_{i \in I} U_i$, d.h. es gibt ein $i_0 \in I$ mit $x \in U_{i_0}$. Da Letztere offen ist, hat x eine ε-Kugel, die ganz in U_{i_0} hineinpasst, und damit erst recht in der Vereinigung aller U_i's. Also ist $\bigcup_{i \in I} U_i$ offen im $\mathbb{R}^n$.

Ad (ii): Seien $U_1, ..., U_n \subset \mathbb{R}^n$ offen und $x \in U_1 \cap ... \cap U_n$, d.h. $x \in U_i$ für alle $i = 1, ..., n$. Also gibt

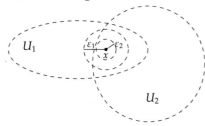

es ein von $i = 1, ..., n$ abhängiges $\varepsilon_i > 0$, so dass jeweils die ε_i-Kugel ganz in U_i passt. Aber freilich braucht die ε_i-Kugel nicht in U_j für $i \neq j$ zu liegen. Wie z.B. nebenstehende Abbildung zeigt, passt die ε_1-Kugel nicht in U_2. Jedoch liegt die ε-Kugel um x mit $\varepsilon := \min\{\varepsilon_1, ..., \varepsilon_n\}$ in allen U_i's, und damit in $U_1 \cap ... \cap U_n$.

Ad (iii) und (iv): Folgen mittels Komplementbildung und den DE MORGANschen Regeln aus (i) und (ii). □

Übung: Veranschaulichen Sie sich – wenn möglich – die folgenden Beispiele stets durch ein Bild.

Beispiel 8.1.10 (Offene Teilmengen des $\mathbb{R}^n$). (i) $\mathbb{R}^n$ und $\emptyset$ sind offen.
(ii) Die offenen Intervalle $(a, b), (-\infty, b), (a, \infty) \subset \mathbb{R}$ sind in der Tat offen.
(iii) Die offenen Quader $(a_1, b_1) \times ... \times (a_n, b_n) \subset \mathbb{R}^n$, bestehend aus dem kartesischen Produkt von offenen Intervallen in $\mathbb{R}$, sind offen.
(iv) Die offene rechte Halbebene $\overset{\circ}{\mathbb{H}}_r := \{z \in \mathbb{C} \mid \mathrm{Re}(z) > 0\} \subset \mathbb{C} \cong \mathbb{R}^2$ ist offen, denn jeder Punkt in $\mathbb{H}_r$ hat eine offene Schutzkugel, die ganz in $\mathbb{H}_r$ reinpasst.

Beispiel 8.1.11 (Abgeschlossene Teilmengen des $\mathbb{R}^n$). (i) Der $\mathbb{R}^n$ und die leere Menge $\emptyset$ sind abgeschlossene Teilemengen des $\mathbb{R}^n$, denn das Komplement $\emptyset = \mathbb{R}^n \backslash \mathbb{R}^n$ bzw. $\mathbb{R}^n = \mathbb{R}^n \backslash \emptyset$ ist nach dem vorangegangenen Beispiel jeweils offen.
(ii) Die abgeschlossenen Intervalle $(-\infty, a], [a, \infty), [a, b]$ in $\mathbb{R}$ sind als Teilmengen von $\mathbb{R}$ abgeschlossen. Beispielsweise ist $(-\infty, a] = \mathbb{R} \backslash (a, \infty)$.
(iii) Der obere Halbraum $\mathbb{H}_o$ ist abgeschlossen im $\mathbb{R}^n$, denn sein Komplement im $\mathbb{R}^n$ ist der offene untere Halbraum $\overset{\circ}{\mathbb{H}}_u$.
(iv) Die Punkte $\{pt\} \subset \mathbb{R}^n$ mit $n \geq 0$ sind abgeschlossen.

Diskussion: Erklären Sie anhand einer geeigneten Skizze warum die einpunktigen Teilmengen im $\mathbb{R}^n$ abgeschlossen sind. Gilt dies auch im $\mathbb{C}^n$? (Begründung!)

Beispiel 8.1.12 (Kompakte Teilmenge im $\mathbb{R}^n$). (i) Kompakte Quader $Q \subset \mathbb{R}^n$ sind kompakt, insbesondere die kompakten Intervalle $[a, b]$ in $\mathbb{R}$ sind kompakt.
(ii) Die abgeschlossenen Kugeln, der Kegel, Zylinder, der Torus, die Sphären sind allesamt kompakt.
(iii) Der obere Halbraum $\mathbb{H}_o$ ist zwar abgeschlossen, aber nicht beschränkt, und daher nicht kompakt.
(iv) Das Rechteck R in Abb.8.4 ist zwar beschränkt, aber nicht abgeschlossen und also nicht kompakt.

Beispiel 8.1.13 (Zusammenhängende Teilmengen im $\mathbb{R}^n$). (i) Die zusammenhängenden Teilmengen von $\mathbb{R}$ sind genau die allgemeinen Intervalle.
(ii) Kugeln, Sphären, allgemeine Quader sind zusammenhängende Teilmengen des $\mathbb{R}^n$.
(iii) Offenbar ist $X := K_1^2 \cup \{(2,0)\}$ eine nicht zusammenhängende Teilmenge im $\mathbb{R}^2$. (Übung) Skizzieren Sie dazu X als Teilmenge im $\mathbb{R}^2$.

Unser nächstes Ziel: Wie lassen sich Abbildungen in mehreren Variablen veranschaulichen? Dazu betrachten wir ganz allgemein eine Abbildung $f : B \to \mathbb{R}^m$, $x \mapsto f(x)$ mit Definitionsbereich (auch *Quelle* genannt) $B \subset \mathbb{R}^n$ und *Ziel*bereich $\mathbb{R}^m$. Wir können f als Abbildung von n-tupeln auf m-tupel lesen, also

$$x := (x_1, ..., x_n) \longmapsto f(x) := (f_1(x_1, ..., x_n), ..., f_m(x_1, ..., x_n)),$$

oder aber als *vektorwertige Funktion* (=Abbildung):

$$x := \begin{pmatrix} x_1 \\ \vdots \\ x_n \end{pmatrix} \longmapsto f(x) := \begin{pmatrix} f_1(x_1, .., x_n) \\ \vdots \\ f_m(x_1, ..., x_n) \end{pmatrix}$$

Vereinbarung: Wir wollen fortan eine Abbildung $f : X \to Y$ von Mengen X und Y eine *Funktion* nennen, wenn das Ziel Y ein Körper (z.B. $\mathbb{R}$ oder $\mathbb{C}$) ist; also z.B.:

$$f \text{ Funktion } :\Longleftrightarrow \quad f : B \to \mathbb{R}(\text{ bzw. } \mathbb{C}), \quad B \subset \mathbb{R}^n, \quad x \mapsto f(x)$$

Definition 8.1.14 (Graph von Funktionen). Unter dem **Graph** einer Funktion $f : B \to \mathbb{R}$ auf einem Bereich $B \subset \mathbb{R}^n$ versteht man die Teilmenge:

$$\boxed{G_f := \{(x_1, x_2, ..., x_n, f(x_1, ..., x_n)) \in \mathbb{R}^{n+1} \mid (x_1, x_2, ..., x_n) \in B\} \subset \mathbb{R}^{n+1}}$$

Notation 8.1.15. Für $a \in \mathbb{R}^n$ und $i \in \{1, ..., n\}$ bezeichne $(a_1, ..., \hat{a}_i, ..., a_n)$ das $(n-1)$-tupel, das aus a entsteht, indem man den i'ten Einträg weglässt, also $(a_1, ..., \hat{a}_i, ..., a_n) := (a_1, ..., a_{i-1}, a_{i+1}, ..., a_n)$.

Nach den begrifflichen Vorbereitungen werden im Folgenden verschiedene Visualisierungsmöglichkeiten vorgestellt. Sei also $f : B \to \mathbb{R}^m$ mit $B \subset \mathbb{R}^n$ eine Abbildung wie oben genannt.

- Im Falle $m = 1$ handelt es sich um Funktionen. Ist $n = 1$, so haben wir die gewöhnlichen Funktionen einer Variablen vor uns. Sei also $n \geq 2$, z.B. $B := [a,b] \times [c,d] \subset \mathbb{R}^2$. Dann lässt sich f über die Graphen *partieller Funktionen* visualisieren, d.h. man fixiert eine Variable, z.B. die x_2-Koordinate und betrachtet f nur als Funktion von x_1. Also für festes $a_2 \in [c,d]$:

$$f_{a_2} : \{x_1 \in \mathbb{R} \mid (x_1, a_2) \in B\} \longrightarrow \mathbb{R}, x_1 \longmapsto f_{a_2}(x_1) := f(x_1, a_2)$$

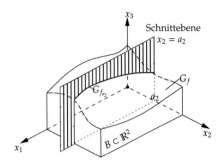

Entsprechend definiert man f_{a_1}. Partielle Funktionen sind gewöhnliche Funktionen einer Variablen, die somit auf wohlbekannte Weise veranschaulicht werden könnnen. Der Graph der partiellen Funktion $G_{f_{a_2}}$ (blau) entsteht als Schnitt des Graphen G_f von f mit der Ebene $x_2 = a_2$.

In der Praxis ist G_f oftmals unbekannt, und man visualisiert stattdessen partielle Funktionen von f, um sich eine Vorstellung vom Verhalten von ganz f zu machen. Ein solches Vorgehen finden wir bei dem

Beispiel 8.1.16 (Praxisbeispiel). Die ideale Gasgleichung ist gegeben durch $pV = nRT$, wobei P der Druck, V das Volumen, T die Temperatur des Gases, sowie n, R Konstanten meinen. Die Gasgleichung löst man nach $p(T, V) = nR\frac{T}{V}$ bzw. nach $V(T, p) = nR\frac{T}{p}$ auf und erhält demnach jeweils eine Funktion in zwei Variablen. Den isothermen ($T = $ konst.), isochoren ($V = $ konst.) oder isobaren ($p = $ konst.) Zustandsänderungen entsprechen der Reihe nach den partiellen Funktionen $p_T(V) = nRT \cdot \frac{1}{V}$ Hyperbeln im (p, V)-Diagramm, $p_V(T) = \frac{nR}{V} \cdot T$ Geraden im (p, T)-Diagramm oder $V_p(T) = \frac{nR}{p} \cdot T$ Geraden im (V, T)-Diagramm. Der Graph der Druck-Funktion

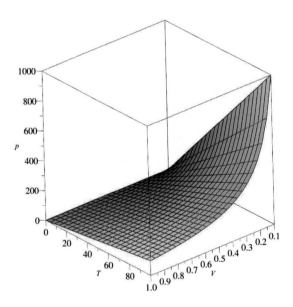

Abbildung 8.5: Die ideale Gasgleichung beschreibt eine hyperbolische Fläche.

beschreibt eine hyperbolische Fläche im $\mathbb{R}^3$, dessen T-konst.- bzw. V-konst.-

Linien entsprechen genau den genannten partiellen Funktionen p_T und p_V.

Für beliebiges $B \subset \mathbb{R}^n$ und $a \in B$ sowie $i \in \{1, ..., n\}$ heißt

$$f_{a_1 ... \hat{a}_i ... a_n} : \{x_i \in \mathbb{R} | (a_1, ... a_{i-1}, x_i, a_{i+1}, ..., a_n) \in B\} \longrightarrow \mathbb{R}$$
$$x_i \longmapsto f(a_1, ... a_{i-1}, x_i, a_{i+1}, ..., a_n)$$

die *i'te partielle Funktion* von f bezüglich a. Man betrachtet f also in einem vorgegebenen Punkt $a \in B$, lässt sodann die i'te Koordinate variabel, d.h. ersetzt a_i durch x_i, und hält alle anderen fest. Für $n > 2$ kann der Graph von f aufgrund dim $G_f > 3$ mittels „niederdimensionale Skizzen hochdimensional beschriftet" veranschaulicht werden. Eine weitere Möglichkeit bieten die sogenannten „Niveaumengen", um das Verhalten von f zu studieren. Sei $c \in \mathbb{R}$. Dann heißt

$$\boxed{N_c := \{x \in B \mid f(x) = c\} = f^{-1}(c) \cap B}$$

die *Niveaumenge* von c unter f. Die Nivaumenge zum Wert c ist also Urbild von c unter f, d.h. die Menge aller Punkte $x \in B$, die via f auf $c \in \mathbb{R}$ abgebildet werden.

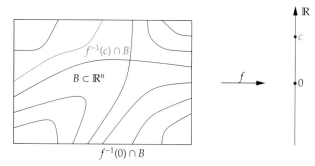

Übung: Wie sehen die Niveaumengen von linearen Abbildungen $\varphi : V \to W$ aus? Skizzieren Sie dazu ein entsprechendes Bild wie oben. Beachte dabei, dass Niveaumengen in ersichtlicher Weise nicht nur für Funktionen, sondern auch für beliebige Abbildungen $f : B \to \mathbb{R}^m$ mit $B \subset \mathbb{R}^n$ definiert sind. Schreiben Sie's hin, und ergänzen Sie das nachstehende Bild.

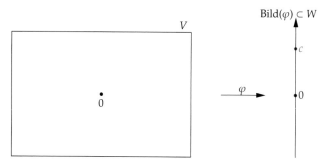

Betrachte nun $f : \mathbb{R}^2 \rightarrow \mathbb{R}$, $(x, y) \mapsto x^2 + y^2$ (Paraboloid). Was sind die
Niveaumengen, hier also aus Dimensionsgründen Niveau*linien* für ein $c \in$
$\mathbb{R}^+$? Dazu gehen wir in die Definition von $N_c := f^{-1}(c) = \{(x,y) \in \mathbb{R}^2 \,|\, x^2 + y^2 =$
$c\}$. Offenbar beschreibt die Gleichung einen Kreislinie um 0 mit Radius $\sqrt{c}$.
Also sind die Niveaulinien konzentrische Kreise um 0 mit Radius $\sqrt{c}$, und
für $c = 0$ ist $N_0 = 0$. Das ergibt:

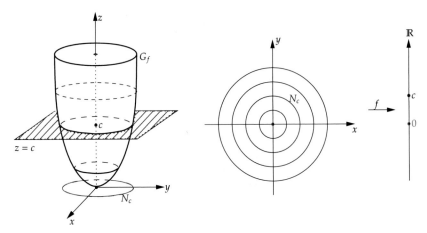

Abbildung 8.6: Die Niveaulinien entstehen durch Schnitt des Graphen mit der
Ebene $z = c$ und anschließender Projektion auf die (x, y)-Ebene.

- Im Falle $n = 1$, $m > 1$ handelt es sich um Kurven oder Wege. Sei nun
  $B = I \subset \mathbb{R}$ ein allgemeines Intervall. Eine stetige[3] Abbildung

$$\alpha : I \longrightarrow \mathbb{R}^m, \quad t \longmapsto \alpha(t) = \begin{pmatrix} \alpha_1(t) \\ \vdots \\ \alpha_m(t) \end{pmatrix}$$

heißt eine *Kurve* oder ein *Weg* im $\mathbb{R}^m$. Oftmals ist $I = [a, b]$ ein kompaktes
Intervall. Man nennt dann $x_0 := \alpha(a)$ *Anfangspunkt* und $x_1 := \alpha(b)$ den Endpunkt des Weges α und spricht von einem *Weg von x_0 nach x_1*. Stimmen
Anfangs- und Endpunkt überein, d.h. $x_0 = x_1$, so spricht man von einer
geschlossenen Kurve oder *Schleife* in x_0. In vielen Situationen kann o.B.d.A.
$a = 0$ und $b = 1$ angenommen werden. Für $m = 2$ enthält der Graph
$G_\alpha := \{(t, \alpha(t)) \in \mathbb{R}^3 \,|\, t \in I\}$ alle Informationen über die Kurve, wie aus der
nachfolgenden Abbildung (links) hervorgeht. Angelehnt an der Bewegung
einer Punktmasse im Raume, und der dadurch beschriebenen Kurve im $\mathbb{R}^3$
wird $t \in I$ oftmals als Zeit interpretiert. Hieraus ergibt sich insbesondere die
Durchlaufungsrichtung einer Kurve α im Graphen.

---

[3]α stetig $:\Leftrightarrow$ $\alpha_i : I \rightarrow \mathbb{R}$ stetig für alle $i = 1, ..., m$

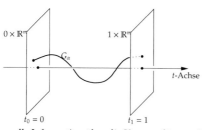

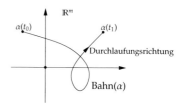

volle Information über die Kurve α für $m = 2$

hier geht die Zeitinformation verloren

Fehlt die Zeitinformation, so lässt sich die Kurve α immer noch via ihres Bildes

$$\text{Bahn}(\alpha) := \text{Bild}(\alpha) := \{\alpha(t) \mid t \in I\} \subset \mathbb{R}^m$$

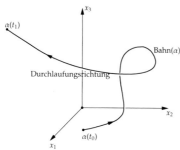

veranschaulichen, auch die *Bahn* Bahn(α) von α genannt. Die Durchlaufungsrichtung ist hierbei nicht redundant, und wird daher durch einen Pfeil kenntlich gemacht. Ist $m = 3$, so lässt sich α zumindest als Bahn visualisieren. Für beliebiges $m > 3$ dient wieder unser Motto „niederdimensionale Skizzen hochdimensional beschriftet" zur Visualisierung von Kurven.

- Im Falle $m, n > 1$ unterscheiden wir zwei Fälle:

  1. $n = 2 = m$:

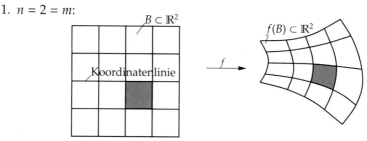

  2. $n = 2$ und $m = 3$:

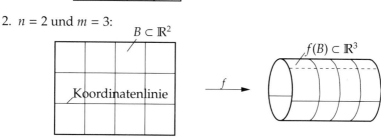

Koordinatenlinien verdeutlichen den Abbildungsmechanismus in beiden Fällen. Für beliebige n, m nutze wieder „niederdimensionale Skizzen hochdimensional beschriftet".

- Spezialfall $n = m$: Sei $B \subset \mathbb{R}^n$. Eine Abbildungen der Form

$$v : B \longrightarrow \mathbb{R}^n, \quad x = (x_1, ..., x_n) \longmapsto v(x) = \begin{pmatrix} v_1(x_1, ..., x_n) \\ \vdots \\ v_n(x_1, ..., x_n) \end{pmatrix} \in \mathbb{R}^n,$$

d.h. jedem Punkt $x \in B$ wird der Vektor $v(x) \in \mathbb{R}^n$ zugeordnet, heißt ein *Vektorfeld*.

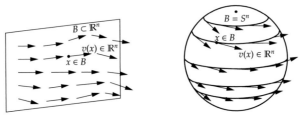

An jedem Punkt $x \in B$ heftet v den Vektor $v(x)$ an, womit sich obenstehende Darstellungsweise erhellt. Vektorfelder bieten also eine neue Art der Visualisierung von Abbildungen in mehreren Variablen. Schauen wir uns dazu ein einfaches Beispiel an, nämlich das einer konstanten Abbildung $v : B \to \mathbb{R}^n$, $x \mapsto v_0$, d.h. jedem Punkt x wird derselbe Vektor $v_0 \in \mathbb{R}^n$ zugeordnet. Man spricht dann auch von einem konstanten Vektorfeld.

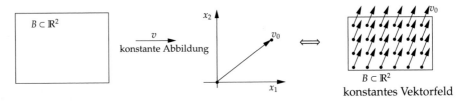

Beispiel 8.1.17 (Praxisbeispiele). Prominente Vertreter für Vektorfelder sind beispielsweise die elektrische Feldstärke (in klassischer Vektorschreibweise)

$$\vec{E}(\vec{x}) = (E_1(x_1, x_2, x_3), E_2(x_1, x_2, x_3), E_3(x_1, x_2, x_3))^T,$$

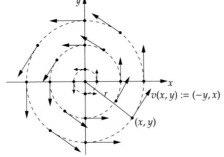

die Stromdichte $\vec{j}(\vec{x})$ z.B. innerhalb einer Batteriezelle, das Gravitationsfeld eines Planeten, oder das Magnetfeld eines geraden unendlichen langen stromdurchflossenen Leiters, wie nebenstehende Abbildung (in vereinfachter Weise) zeigt.

Aufgaben

R.1. (Zur Topologie des $\mathbb{R}^n$: Anschauung und Eigenschaften von Teilmengen) Skizzieren Sie folgende Teilmengen unter Beachtung der Konventionen aus Abschnitt 1 und beurteilen Sie deren topologische Eigenschaften (offen, abgeschlossen, beschränkt, kompakt, zusammenhängend):

(i) $S^1 \times \{0, 1\}$ (ii) $K_1^2 \times [-1, 1]$ (iii) $\mathbb{R} \times S^1$ (iv) $(K_2^2 \cap (\mathbb{R}^2 \backslash K_1^2)) \times (0, 1)$

(Hinweis: Hier alles noch Teilmengen im $\mathbb{R}^3$)

$$(v)\ [-1, 1] \times K_1^n \quad (vi)\ (S^{n-2} \times \mathbb{R}^+) \cap \left\{ x \in \mathbb{R}^n \ \middle|\ \sum_{k=1}^{n} x_k \leq 1 \right\}$$

Devise: Niederdimensionale Skizzen hochdimensional beschriften! In welchen Koordinaten steckt die zum Skizzieren wichtige Information?)

R.2. (Zur Topologie des $\mathbb{R}^n$: Anschauung und Eigenschaften von Teilmengen)

(a) Für $0 < r < R \in \mathbb{R}^+$ und $\alpha_1, \alpha_2 \in [0, 2\pi]$ setze

$$X := \{ x \in \mathbb{R}^2 \mid r \leq \|x\| \leq R \ \wedge \ \alpha_1 \leq \phi \leq \alpha_2 \} \subset \mathbb{R}^2,$$

wobei ϕ der Winkel zwischen der x_1-Achse und dem Vektor x ist.

(b) Weiter setze $X := \{(x, y, z) \in \mathbb{R}^3 \mid xyz = 0\} \subset \mathbb{R}^3$.

- Wie sieht X jeweils aus? Skizze!
- Welche topologischen Eigenschaften (offen, abgeschlossen, kompakt, beschränkt, zusammenhängend) hat jeweils X und begründen Sie dies. Was ändert sich, wenn man aus letzterem X den Nullpunkt herausnimmt?

R.3. (Anschauung von Funktionen in mehreren Variablen: Niveaumengen)

(i) Betrachte die Funktion $f(x, y) = 2x - y$ auf dem $\mathbb{R}^2$.

(a) Ist die Funktion stetig? Begründen Sie!

(b) Skizzieren Sie die Niveaumengen zu $c = -1, 0, 1, 2$.

(c) Zeigen Sie, dass die Menge $\mathbb{U} := \{(x, y, z) \in \mathbb{R}^3 \mid z = f(x, y) = 2x - y\}$ ein 2-dimensionaler Untervektorraum des $\mathbb{R}^3$ ist, und bestimmen Sie eine Basis von $\mathbb{U}$.

(d) Folgern Sie, welche geometrische Gestalt der Graph von f hat, und skizzieren Sie diesen.

(ii) Skizzieren Sie für die Funktion $f(x, y) = x^2 - y^2$ auf dem $\mathbb{R}^2$ alle Typen von Niveaumengen N_c mit $c \in \mathbb{R}$. (Hinweise: Die geometrische Form der Niveaumenge N_c hängt von $c \in \mathbb{R}$ ab. Daher setzen Sie allgemein an, lösen Sie sodann nach y auf, und deduzieren Sie daraus die verschiedenen Spezialfälle. Zum Skizzieren von N_c kann es ggf. sinnvoll sein, den Grenzwert für $|x| \to \infty$ zu betrachten.)

T.1. (Zur Topologie des $\mathbb{R}^n$: Eigenschaften von Teilmengen) Sei I eine Menge. Unter einer Familie $(X_i)_{i\in I}$ im $\mathbb{R}^n$ versteht man eine Abbildung $I \to \wp(\mathbb{R}^n)$, $i \mapsto X_i \subset \mathbb{R}^n$. Vielfach ist I eine endliche Menge, oder gar $I = \mathbb{N}$. Finden Sie ein Beispiel, dass

(a) die Vereinigung $\bigcup_{i\in I} X_i$ von abgeschlossenen Teilmengen X_i im $\mathbb{R}^n$ nicht notwendig abgeschlossen ist.

(b) der Durchschnitt $\bigcap_{i\in I} X_i$ offener Teilmengen X_i im $\mathbb{R}^n$ nicht wieder offen zu sein braucht.

(Hinweise: Wähle $I = \mathbb{N}$ und betrachte geeignete Intervalle in $\mathbb{R}$.)

T.2. Sei $n \in \mathbb{N}$ und $(X_i)_{i\in I}$ eine Familie von Teilmengen des $\mathbb{R}^n$, also $X_i \subset \mathbb{R}^n$ für alle $i \in I$. Beurteilen Sie, inwieweit die Eigenschaft „kompakt" jedes X_i's sich auf $\bigcup_{i\in I} X_i$ und $\bigcap_{i\in I} X_i$ überträgt. Beantworten Sie die Frage durch Beweis oder Gegenbeispiel.

8.2 Grenzwert und Stetigkeit

Bisher in Dimension 1: Für $I \subset \mathbb{R}$ ein Intervall heißt $f : D \to \mathbb{R}$ stetig in $a \in D :\Leftrightarrow$ $\lim_{x\to a} f(x) = f(a)$, insbesondere ist dieser Grenzwert unabhängig davon, auf welche Weise man sich a nähert.

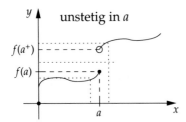
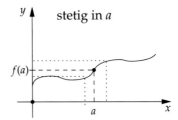

Limes bei Annäherung an a von rechts $\neq$ Limes bei Annäherung an a von links $\Rightarrow$ f unstetig in a

Limes bei Annäherung an a von rechts und links ist identisch $f(a)$ $\Rightarrow$ f stetig in a

Abbildung 8.7: Anschaulich: f stetig in a $\Leftrightarrow$ x nahe a $\Rightarrow$ $f(x)$ nahe $f(a)$.

Jetzt: Verallgemeinerung dieses Gedanken auf den höherdimensionalen Fall. Betrachte zur Schärfung der Anschauung das Beispiel $f : B \to \mathbb{R}, x := (x_1, x_2) \mapsto f(x) := f(x_1, x_2)$ mit $B \subset \mathbb{R}^2$.
Eine adäquate Begriffsbildung zur Stetigkeit sollte daher Folgendes berücksichtigen:

1. Präzision des Begriffes „Annäherung" durch offene Kugeln, um Unabhängigkeit von der Art und Weise (insbesondere von welcher Seite) der Annäherung an a sicherzustellen.

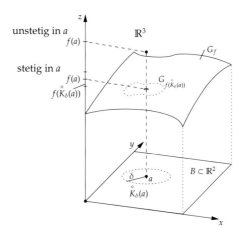

Abbildung 8.8: Dasselbe Anliegen für Stetigkeit von f in a: x nahe a $\Rightarrow$ $f(x)$ nahe $f(a)$.

2. Verallgemeinerung des Grenzwertbegriffes auf Dimension > 1.

Übung: Was versteht man unter einer Folge $(x_k)_{k\in\mathbb{N}}$ in $\mathbb{R}^n$? Wie sehen die Folgeglieder aus?

Definition 8.2.1 (Konvergente Folge im $\mathbb{R}^n$). Eine Folge $(x_k)_{k\in\mathbb{N}}$ in $\mathbb{R}^n$ heißt **konvergent** gegen ein $x \in \mathbb{R}^n$, (kurz: $x = \lim\limits_{k\to\infty} x_k$ oder $x_k \to x$, für $k \to \infty$), falls für jede ε-Kugel um x die Folgeglieder x_k schließlich darin verbleiben, d.h.:

$$x = \lim_{k\to\infty} x_k \quad :\Longleftrightarrow \quad \forall_{\varepsilon>0}\exists_{N(\varepsilon)\in\mathbb{N}}\forall_{k\geq N} : \|x_k - x\| < \epsilon$$

Bemerkung 8.2.2. (i) Gilt $x_k \to x$ für $k \to \infty$, so ist $x \in \mathbb{R}^n$ eindeutig bestimmt, und heißt der *Grenzwert* der Folge $(x_k)_{k\in\mathbb{N}}$.
(ii) Unmittelbar aus der Definition folgt: $x = \lim\limits_{k\to\infty} x_k \Leftrightarrow \lim\limits_{k\to\infty} \|x_k - x\| = 0$
(iii) Gemäß Kor. 7.1.11 gilt: $x = \lim\limits_{k\to\infty} x_k \Leftrightarrow x_{ik} \to x_i$, für alle $i = 1, 2, ..., n$, d.h. die Folge $(x_k)_{k\in\mathbb{N}}$ in $\mathbb{R}^n$ ist genau dann konvergent gegen $x \in \mathbb{R}^n$, falls für jedes $i = 1, 2, ..., n$ die i'te Komponente x_{ik} von x_k gegen die i'te Komponente x_i von x, für $k \to \infty$, konvergiert.

Eine Folge $(x_k)_{k\in\mathbb{N}}$ in $\mathbb{R}^n$ konvergiert genau dann gegen x, wenn sie komponentenweise gegen x konvergiert. In Konsequenz übertragen sich die algebraischen Rechenregeln, sofern sie gebildet werden können, vom Eindimensionalen (vgl. Satz 2.2.20 (i)) ins Höherdimensionale.

Sprechweise 8.2.3. Sei $A \subset \mathbb{R}^n$ eine beliebige Teilmenge. Liegen alle Folgeglieder a_k einer Folge $(a_k)_{k\in\mathbb{N}}$ in A, so spricht man auch von einer Folge $(a_k)_{k\in\mathbb{N}}$ *in A*.

Beispiel 8.2.4. Betrachte $A := (0,1] \subset \mathbb{R}$ und die Nullfolge $(1/k)_{k\in\mathbb{N}}$, d.h. also $1/k \to 0 \notin A$, für $k \to \infty$; aber ersichtlich gilt $1/k \in A$ für alle $k \in \mathbb{N}$. Also ist zwar $(1/k)_{k\in\mathbb{N}}$ eine Folge in A, welche in $\mathbb{R}$ konvergent ist, jedoch liegt ihr Grenzwert $0 \in \mathbb{R}$ nicht in A.

Lemma 8.2.5 (Charakterisierung abgeschlossener Teilmengen im $\mathbb{R}^n$). Eine Teilmenge $A \subset \mathbb{R}^n$ ist genau dann abgeschlossen, wenn für jede (in $\mathbb{R}^n$) konvergente Folge $(a_k)_{k\in\mathbb{N}}$ in A auch ihr Grenzwert $\lim\limits_{k\to\infty} a_k$ in A liegt, d.h.:

$$A \subset \mathbb{R}^n \text{ abgeschlossen} \iff \forall_{(a_k)_{k\in\mathbb{N}} \text{ in } A} : \left(X \ni x = \lim_{k\to\infty} a_k \implies x \in A\right)$$

Beweis. „$\Rightarrow$": Sei also $A \subset \mathbb{R}^n$ abgeschlossen, und $(a_k)_{n\geq 1}$ eine Folge in A mit $a_k \to x$ für $k \to \infty$. Angenommen, $x \in \mathbb{R}^n \backslash A$, d.h. x liegt im offenen Komplement von A. Daher gibt es eine ε-Kugel, die ganz in $X\backslash A$ liegt, in der die Folge $(a_k)_{k\geq 1}$ schließlich verbleibt. Das widerspricht allerdings der Voraussetzung $a_k \in A$ für alle $k \in \mathbb{N}$. Also liegt der Grenzwert x doch in A.
„$\Leftarrow$": Wir setzen nun die rechte Seite der Äquivalenz voraus. Um nachzuweisen, dass A abgeschlossen ist, zeigen wir, dass $X\backslash A$ offen ist. Angenommen, dem wäre nicht so. Dann existiert ein Punkt $x \in X\backslash A$, so dass jede ε-Kugel um x nicht-leeren Schnitt mit A hat, also:

$$X\backslash A \text{ nicht offen} \iff \exists_{x\in X\backslash A} \forall_{\varepsilon>0} : \overset{\circ}{K}_\varepsilon(x) \cap A \neq \emptyset$$

Insbesondere gibt es dann zu jedem $k \in \mathbb{N}$ ein $a_k \in \overset{\circ}{K}_{\frac{1}{k}}(x) \cap A$. Das liefert offenbar eine Folge $(a_k)_{k\geq 1}$ in A mit Grenzwert x, im Widerspruch zu Voraussetzung $x \in A$. Also war die Annahme falsch und daher ist A abgeschlossen. $\square$

Definition 8.2.6 (Topologische Grundbegriffe II). Sei $M \subset \mathbb{R}^n$ eine beliebige Teilmenge. Dann heißt

1. $\overline{M} := \{x \in \mathbb{R}^n \mid x = \lim\limits_{k\to\infty} m_k, \ m_k \in M, \text{ für alle } k \in \mathbb{N}\}$ der **Abschluss** von M in $\mathbb{R}^n$. Seine Elemente heißen *Berührpunkte* von M.

2. $\overset{\circ}{M} := \{m \in M \mid \exists_{\varepsilon>0} : \overset{\circ}{K}_\varepsilon(m) \subset M\}$ das **Innere** oder der **offene Kern** von M. Seine Elemente heißen **innere Punkte** von M.

3. $\partial M := \overline{M}\backslash\overset{\circ}{M}$ der **Rand** von M. Seine Elemente heißen **Randpunkte** von M.

Bemerkung 8.2.7. (i) Definitionsgemäß ist der offene Kern $\overset{\circ}{M}$ offen als Teilmenge im $\mathbb{R}^n$.
(ii) Es ist $\overline{M}$ die Menge aller $x \in \mathbb{R}^n$, die Grenzwert einer Folge $(m_k)_{k\in\mathbb{N}}$ *in M* sind.

Direkt aus dem Lemma folgt das

Korollar 8.2.8. *Der Abschluss $\overline{M}$ von $M \subset \mathbb{R}^n$ ist stets abgeschlossen.*

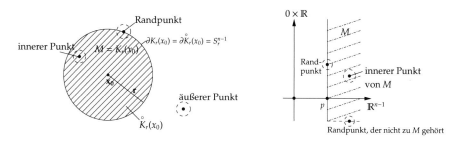

Abbildung 8.9: Rand und Inneres einer Kugel bzw. einer Teilmenge $M \subset \mathbb{R}^n$.

Bemerkung 8.2.9. (i) Es ist $\overline{M} = \overset{\circ}{M} \overset{.}{\cup} \partial M$, d.h. $\overline{M} = \overset{\circ}{M} \cup \partial M$ und $\overset{\circ}{M} \cap \partial M = \emptyset$, d.h. also der Abschluss von M ist die disjunkte Vereinigung seiner inneren Punkte und dem Rand.

(ii) Es ist $x \in \partial M \;\Leftrightarrow\; \forall_{\varepsilon>0} : \overset{\circ}{K}_\varepsilon(x) \cap M \neq \emptyset \wedge \overset{\circ}{K}_\varepsilon(x) \cap \mathbb{R}^n\backslash M \neq \emptyset$, d.h. Randpunkte x einer Teilmenge $M \subset \mathbb{R}^n$ sind dadurch charakterisiert, dass jede ε-Kugel um x sowohl Punkte von M als auch vom Komplement von M trifft.

(iii) Es ist $A \subset \mathbb{R}^n$ ist genau dann abgeschlossen, wenn A alle Randpunkte enthält.

Beispiel 8.2.10. (i) Für $a < b$ in $\mathbb{R}$ gilt: $\partial(a,b) = \partial[a,b] = \partial[a,b) = \partial(a,b] = \{a,b\}$. Darüber hinaus ist $\overline{(a,b)} = |a,b| = (a,b) \overset{.}{\cup} \{a,b\}$.

(ii) Betrachte $M := \mathbb{Q} \subset \mathbb{R}$. Wegen $\overline{\mathbb{Q}} = \mathbb{R}$ und $\overset{\circ}{\mathbb{Q}} = \emptyset$ ist $\partial \mathbb{Q} = \mathbb{R}$.

(iii) Für $M := K_r(x_0)$ gilt $\overline{M} = \overset{\circ}{M} \overset{.}{\cup} \partial M = \overset{\circ}{K}_r(x_0) \overset{.}{\cup} S_r^{n-1}(x_0) = K_r(x_0)$, wobei $\partial \overset{\circ}{K}_r(x_0) = \partial K_r(x_0) = S_r^{n-1}(x_0)$ (vergleiche hierzu auch Abb.8.9).

Übung: Skizzieren Sie $\{z \in \mathbb{C} \mid -\pi < \mathrm{Im}(z) \leq \pi\}$, $\mathbb{R}^n\backslash\{0\}$ und bestimmen Sie jeweils Abschluss, Inneres und den Rand.

Definition 8.2.11 (Grenzwert von Abbildungen). Seien $B \subset \mathbb{R}^n$, $f : B \to \mathbb{R}^m$ und $x_0 \in \overline{B}$. Man sagt, f hat den **Grenzwert** $y_0 \in \mathbb{R}^m$, falls für jede gegen x_0 konvergente Folge $(x_k)_{k\in\mathbb{N}}$, also $x_k \to x_0$ für $k \to \infty$, auch die Bildfolge $(f(x_k))_{k\in\mathbb{N}}$ gegen y_0 konvergiert, also $f(x_k) \to y_0$ für $k \to \infty$. Formal:

$$\forall_{(x_k)_{k\in\mathbb{N}} \,\text{in}\, B} : \left(x_0 = \lim_{k\to\infty} x_k \;\Longrightarrow\; y_0 = \lim_{k\to\infty} f(x_k) \right)$$

Notation 8.2.12. Wir schreiben dafür kurz: $y_0 = \lim_{x\to x_0} f(x)$ oder $f(x) \to y_0$ für $x \to x_0$

Definition 8.2.13 (Stetigkeit von Abbildungen). Sei $B \subset \mathbb{R}^n$.
(i) Eine Abbildung $f : B \to \mathbb{R}^m$ heißt **stetig in** $x_0 \in B$, falls $\lim_{x\to x_0} f(x) = f(x_0)$.

(ii) Die Abbildung $f : B \to \mathbb{R}^m$ heißt **stetig**, falls sie in jedem ihrer Punkte $x_0 \in B$ stetig ist.

Eine besonders anschauliche Interpretation der Stetigkeit liefert der folgende

Satz 8.2.14 (Charakterisierung stetiger Abbildungen via Kugeln). *Sei $B \subset \mathbb{R}^n$. Eine Abbildung $f : B \to \mathbb{R}^m$ ist genau dann stetig im Punkte $x_0 \in B$, falls es zu jeder ε-Kugel um $y_0 := f(x_0)$ eine δ-Kugel um x_0 gibt, so dass deren Bild ganz in der ε-Kugel liegt, also* $f\big(\overset{\circ}{K}_\delta(x_0)\big) \subset \overset{\circ}{K}_\varepsilon(y_0)$. *Formal:*

$$\boxed{\quad f \text{ stetig in } x_0 \quad \Longleftrightarrow \quad \forall_{\overset{\circ}{K}_\varepsilon(y_0)} \exists_{\overset{\circ}{K}_\delta(x_0)} \ : \ f\big(\overset{\circ}{K}_\delta(x_0)\big) \subset \overset{\circ}{K}_\varepsilon(y_0) \quad}$$

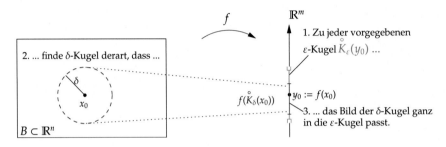

Abbildung 8.10: Charakterisierung der Stetigkeit via Kugeln liefert Anschauungskraft.

Beweis. „$\Rightarrow$:" Sei also $\overset{\circ}{K}_\varepsilon(y_0)$ mit $y_0 := f(x_0)$ und $\varepsilon > 0$ gegeben. Angenommen, es gäbe keine δ-Kugel, so dass ihr Bild ganz in der ε-Kugel liegt. Dann ist aber auch $f(\overset{\circ}{K}_{\frac{1}{n}}(x_0)) \not\subset \overset{\circ}{K}_\varepsilon(y_0)$ für jedes $n \in \mathbb{N}$, und das wiederum heißt:

$$\forall_{n \in \mathbb{N}} \exists x_n \in \overset{\circ}{K}_{\frac{1}{n}}(x_0) \ : \ f(x_n) \notin \overset{\circ}{K}_\varepsilon(y_0)$$

Also lässt sich gemäß obiger Konstruktion eine Folge $(x_n)_{n \in \mathbb{N}}$ finden, mit $\lim\limits_{n \to \infty} x_n = x_0$. Jedoch liegt keines der $f(x_n)$ in der ε-Kugel, was im Widerspruch zur Voraussetzung $\lim\limits_{x \to x_0} = f(x_0)$ steht. Also findet sich zu vorgegebener ε-Kugel doch eine δ-Kugel, deren Bild ganz in die ε-Kugel reinpasst.

„$\Leftarrow$:" Sei also eine beliebige Folge $(x_k)_{k \in \mathbb{N}}$ in $B \subset \mathbb{R}^n$ mit $\lim\limits_{k \to \infty} x_k = x_0$ sowie irgendeine ε-Kugel um $y_0 := f(x_0)$ gegeben. Nach Voraussetzung existiert eine δ-Kugel, so dass $f(\overset{\circ}{K}_\delta(x_0)) \subset \overset{\circ}{K}_\varepsilon(y_0)$. Wegen $x_k \to x_0$ für $k \to \infty$ gibt es definitionsgemäß ein $N = N(\delta) \in \mathbb{N}$, so dass $x_k \in \overset{\circ}{K}_\delta(x_0)$, für alle $k \geq N$; und weil $f(\overset{\circ}{K}_\delta(x_0)) \subset \overset{\circ}{K}_\varepsilon(y_0)$ folgt, dass ab dem gleichen $N \in \mathbb{N}$ auch $f(x_k) \in \overset{\circ}{K}_\varepsilon(y_0)$, für alle $k \geq N$. Aber das heißt gerade $f(x_k) \to f(x_0)$ für $k \to \infty$.   □

Wie weist man Stetigkeit an konkret gegebenen Abbildungen nach? In der Regel nicht anhand der Definition, sondern – wie üblich – mittels

Jede δ-Kugel um x_0 wird via f in zwei Teile zerrissen.

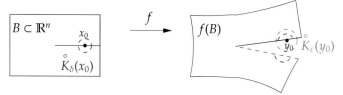

Abbildung 8.11: Die Anschauung via Kugeln hilft, auch unstetige Abbildungen zu erkennen.

(i) (Rechenregeln) Komposition, Einschränkung, und algebraischen Rechenoperationen (sofern man diese bilden kann) stetiger Abbildungen sind wieder stetig, ganz wie im 1-Dimensionalen gewohnt. Beim Umkehren ist jedoch Vorsicht geboten:

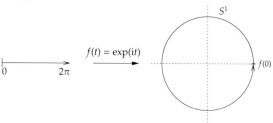

Abbildung 8.12: Eine stetige Bijektion, deren Umkehrung nicht stetig ist.

Diskussion: Wo und warum ist f^{-1} unstetig (vgl. Abb. 8.12)?

(ii) (Wissentliche Stetigkeit von Grundabbildungen), z.B. sind die folgenden Abbildungen offenbar stetig (Übung: Nachprüfen!):

– (Identität) id $: \mathbb{R}^n \to \mathbb{R}^n$, $x \mapsto x$ und (konstante Abbildung) $c : B \to \mathbb{R}^m$, $x \mapsto c$.

– (Kanonische Inklusion) $\iota_i : \mathbb{R} \to \mathbb{R}^m$, $x \mapsto (0, .., 0, x, 0, ..0) \in \mathbb{R}^m$ an der i'ten Stelle steht x.

– (Kanonische Projektion) $\pi_i : \mathbb{R}^n \to \mathbb{R}$, $x = (x_1, ..., x_n) \mapsto x_i$ Projektion von x auf seine i'te Komponente, mit $i \in \{1, ..., m\}$.

(iii) $f : B \to \mathbb{R}^m, x \mapsto f(x) := (f_1(x), ..., f_m(x))$, mit $B \subset \mathbb{R}^n$ stetig $\Leftrightarrow$ $\forall_{i=1,2,..,m} : f_i : B \to \mathbb{R}$ stetig.

Zum Beweis. Zu (i): Komposition stetiger Funktion ist stetig. Sei also $B \subset \mathbb{R}^n$, $\tilde{B} \subset \mathbb{R}^m$ und

$$B \xrightarrow[f \text{ stetig}]{} \tilde{B} \xrightarrow[g \text{ stetig}]{} \mathbb{R}^l$$

$\overset{2}{\Rightarrow}_{g \circ f \text{ stetig}}$

Seien $x_0 \in B$, $y_0 := f(x_0)$ und $z_0 := g(y_0) \in \mathbb{R}^l$. Für eine ε-Kugel W um z_0 gibt es aufgrund der Stetigkeit von g eine τ-Kugel V um y_0, so dass deren Bild unter g ganz in der ε-Kugel enthalten ist. Die Stetigkeit von f impliziert die Existenz einer δ-Kugel U um x_0, deren Bild unter f ganz in der τ-Kugel liegt. Folglich liegt das Bild $(g \circ f)(U) = g(f(U)) \subset g(V) \subset W$ ganz in der ε-Kugel um z_0. Mithin ist $g \circ f$ stetig.

Zu (iii): Offenbar kommutiert das folgende Diagramm für jedes $i = 1, ..., m$:

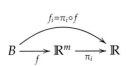

Ist f stetig, so auch jedes f_i, weil nach (ii) die kanonischen Projektionen stetig sind, und nach (i) die Komposition stetiger Funktionen wieder stetig ist. Sei umgekehrt jedes f_i stetig und $y_0 := f(x_0)$. Angenommen, f nicht stetig in x_0, d.h.:

$$\exists_{\varepsilon > 0} \forall_{\delta > 0} \; : \; f(\overset{\circ}{K}_\delta(x_0)) \not\subset \overset{\circ}{K}_\varepsilon(y_0)$$

Insbesondere gäbe es dann ein $\varepsilon > 0$, so dass für jedes $k \in \mathbb{N}$ ein $x_k \in \overset{\circ}{K}_{\frac{1}{k}}(x_0)$

existiert, mit $f(x_k) \notin \overset{\circ}{K}_\varepsilon(y_0)$. Ersichtlich liefert das eine Folge $x_k \to x_0 \in B$, die gegen $x_0 \in B$ konvergiert. Wegen $f_i = \pi_i \circ f$ für alle i's gäbe es folglich ein $j \in \{1, ..., m\}$ mit $f_j(x_k) \not\to y_{0j}$, im Widerspruch zur Voraussetzung. $\square$

Notation 8.2.15. Es bezeichne

- $\mathscr{C}^0(B, \mathbb{R}) := \{f : B \to \mathbb{R} \mid f \text{ ist stetig auf } B \subset \mathbb{R}^n\}$ die Menge aller stetigen Funktionen auf $B \subset \mathbb{R}^n$ mit Werten in $\mathbb{R}$. Wir schreiben oftmals auch $\mathscr{C}^0(B)$ statt $\mathscr{C}^0(B, \mathbb{R})$.

- $\mathscr{C}^0(B, \mathbb{R}^m) := \{f : B \to \mathbb{R}^m \mid f \text{ ist stetig auf } B \subset \mathbb{R}^n\}$ die Menge aller stetigen Abbildungen auf $B \subset \mathbb{R}^n$ mit Werten in $\mathbb{R}^m$. Dabei sei $m > 1$.

Notiz 8.2.16. Für $m \geq 1$ und $B \subset \mathbb{R}^n$ ist $\mathscr{C}^0(B, \mathbb{R}^m)$ ein Vektorraum über $\mathbb{R}$. Denn: Die konstante Abbildung $c : B \to \mathbb{R}^m, x \mapsto c \in \mathbb{R}^m$ ist stetig, insbesondere die Nullabbildung 0. Ferner sind für beliebige $f, g \in \mathscr{C}^0(B, \mathbb{R}^m)$ und $\lambda, \mu \in \mathbb{R}$ auch $\lambda f + \mu g \in \mathscr{C}^0(B, \mathbb{R}^m)$. Das folgt analog wie im Eindimensionalen aus den eingangs genannten algebraischen Rechenregeln für Folgen im $\mathbb{R}^n$. Damit ist $\mathscr{C}^0(B, \mathbb{R}^m) \leq$ Abb$(B, \mathbb{R}^m)$ ein Untervektorraum und also selbst ein Vektorraum.

Für unser erstes Beispiel ist etwas technische Vorbereitung nötig, nämlich eine sinnvolle Buchführungsstrategie für Polynome in mehreren Variablen:

Notation & Sprechweise 8.2.17 (Multiindexschreibweise für Polynome). Für $\alpha :=$ $(\alpha_1, ..., \alpha_n) \in \mathbb{N}_0^n$ mit $|\alpha| := \alpha_1 + ... + \alpha_n$ sowie $x := (x_1, ..., x_n) \in \mathbb{R}^n$ setze $x^\alpha :=$ $x_1^{\alpha_1} \cdot x_2^{\alpha_2} \cdots x_n^{\alpha_n}$. Dann heißt

$$p : \mathbb{R}^n \longrightarrow \mathbb{R} \quad x \longmapsto p(x) := \sum_{|\alpha| \leq m} a_\alpha x^\alpha := \sum_{\alpha_1 + ... + \alpha_n \leq m} a_{\alpha_1 ... \alpha_n} x_1^{\alpha_1} \cdots x_n^{\alpha_n}$$

ein(e) *Polynom(funktion) in n Variablen* vom Grad m mit reellen Koeffizienten $a_\alpha \in \mathbb{R}$. Dabei sei mindestens ein $a_\alpha \neq 0$ mit $|\alpha| = m$.

Wie schaut das konkret aus? Sei dazu $n = m = 2$. Dann hat p die Gestalt:

$$p(x_1, x_2) = \sum_{|\alpha| \leq 2} a_\alpha x^\alpha = \sum_{\alpha_1 + \alpha_2 = 0}^{2} a_{\alpha_1 \alpha_2} x_1^{\alpha_1} x_2^{\alpha_2} = a_{00} + (a_{10}x_1 + a_{01}x_2) + (a_{20}x_1^2 + a_{11}x_1 x_2 + a_{02}x_2^2)$$

Ist mindestens einer der letzten drei Koeffizienten $\neq 0$, so ist $\deg(p) = 2$. Beispielsweise:

- $p(x_1, x_2) = 5x_1^2 - 3x_1 x_2 - x_2^2 + 7x_1 + 10$

- $q(x, y) = x^2 + xy - 10y^2$

Übung: Man finde in den obigen Beispielen die Koeffizienten $a_{\alpha_1 \alpha_2}$, und schreibe den allgemeinen Fall für das Polynom mit $n = 3, m = 2$ nieder.

Beispiel 8.2.18. Polynome $p(x) = \sum_{|\alpha| \leq m} a_\alpha x^\alpha$ sind stetig. Insbesondere:

- Die Leibnizformel

$$\det : \mathbb{R}^n \times \cdots \times \mathbb{R}^n \longrightarrow \mathbb{R}, \quad \det(a_1, ..., a_n) = \sum_{\tau \in S_n} sgn(\tau) \cdot a_{\tau_1 1} \cdot ... \cdot a_{\tau_n n}$$

  besagt, dass die Determinante ein Polynom auf dem $M_n(\mathbb{R}) \cong \mathbb{R}^{n^2}$ und also stetig ist.

- Jede Bilinearform, und damit jedes Skalarprodukt $\langle ., . \rangle$ und die daraus induzierte Norm $\|.\|$ sind stetige Funktionen auf dem $\mathbb{R}^n$.

- Lineare Abbildungen $A : \mathbb{R}^n \to \mathbb{R}^m$, $x \mapsto Ax$ sind stetig.

Übung: Warum sind die folgenden Abbildungen stetig?

- $f : \mathbb{R}^3 \backslash \{0\} \to \mathbb{R}$, $f(x, y, z) := \dfrac{1}{\sqrt{x^2 + y^2 + z^2}}$

- $P : \mathbb{R}^+ \times (-\pi, \pi] \to \mathbb{R}^2$, $P(r, \varphi) := (r \cos \varphi, r \sin \varphi)$

Hilfreich für das Erkennen offener oder abgeschlossener Teilmengen des $\mathbb{R}^n$ als Urbilder stetiger Abbildungen ist das

Lemma 8.2.19. Für eine Abbildung $f : \mathbb{R}^n \to \mathbb{R}^m$, $x \mapsto f(x)$ sind folgende Aussagen äquivalent:

(i) f ist stetig.

(ii) Urbilder offener Teilmengen sind wieder offen, d.h. ist $V \subset \mathbb{R}^m$ offen, so auch $f^{-1}(V) \subset \mathbb{R}^n$.

(iii) Urbilder abgeschlossener Teilmengen sind wieder abgeschlossen, d.h. ist $B \subset \mathbb{R}^m$ abgeschlossen, so auch $f^{-1}(B) \subset \mathbb{R}^n$.

Beweis. (i) $\Rightarrow$ (ii) : Sei $V \subset \mathbb{R}^n$ offen. Ist Bild$(f) \cap V = \emptyset$, so ist $f^{-1}(V) = \emptyset$ gemäß Bsp. 8.1.10 (i) offen im $\mathbb{R}^n$. Sei also Bild$(f) \cap V \neq \emptyset$. Setze $U := f^{-1}(V)$. Dann ist zu zeigen, dass $U \subset \mathbb{R}^n$ offen ist. Sei dazu ein $x_0 \in U$ beliebig und setze $y_0 := f(x_0) \in V$.

Da $V \subset \mathbb{R}^m$ offen ist, gibt es zu diesem y_0 ein ε-Kugel $\overset{\circ}{K}_\varepsilon(y_0)$, die ganz in V passt. Die charakterisierende Eigenschaft der Stetigkeit via Kugeln besagt, gemäß Satz 8.2.14, dass es eine δ-Kugel um $x_0 \in U$ gibt, so dass $f(\overset{\circ}{K}_\delta(x_0)) \subset \overset{\circ}{K}_\varepsilon(y_0) \subset V$. Zusammen mit Lemma 1.2.57 (2) folgt

$$\overset{\circ}{K}_\delta(x_0) \subset f^{-1}(f(\overset{\circ}{K}_\delta(x_0))) \subset f^{-1}(V) = U,$$

und hat jedes $x_0 \in U$ eine offene Kugel, die noch ganz in U passt. Mithin ist $U \subset \mathbb{R}^n$ offen.

(ii) $\Rightarrow$ (i) : Die Abbildung f ist stetig, falls sie es in jedem Punkt ist. Sei also $x_0 \in \mathbb{R}^n$ ein beliebiger Punkt gegeben. Setze wieder $y_0 := f(x_0)$. Sei $\overset{\circ}{K}_\varepsilon(y_0)$ eine beliebige ε-Kugel um y_0 gegeben. Nach Voraussetzung ist dann $f^{-1}(\overset{\circ}{K}_\varepsilon(y_0)) := U \subset \mathbb{R}^n$ offen. Also existiert eine δ-Kugel $\overset{\circ}{K}_\delta(x_0)$ um x_0, die ganz in U passt. Zusammen mit Lemma 1.2.57 (1) folgt:

$$f(\overset{\circ}{K}_\delta(x_0)) \subset f(U) = f(f^{-1}(\overset{\circ}{K}_\varepsilon(y_0))) \subset \overset{\circ}{K}_\varepsilon(y_0)$$

(ii) $\Leftrightarrow$ (iii) : Es ist $B \subset \mathbb{R}^m$ abgeschlossen genau dann, wenn $\mathbb{R}^m \backslash B$ offen im $\mathbb{R}^m$ ist. Es gelte (ii) des Lemmas. Sei also $B \subset \mathbb{R}^n$ abgeschlossen. Dann gilt $f^{-1}(B) \subset \mathbb{R}^n$ abgeschlossen genau dann, falls $\mathbb{R}^n \backslash f^{-1}(B)$ offen in $\mathbb{R}^n$ ist. Mit Satz 1.2.65 folgt $\mathbb{R}^n \backslash f^{-1}(B) = f^{-1}(\mathbb{R}^m \backslash B)$, und weil voraussetzungsgemäß (ii) des Lemmas gilt, ist Letzteres offen im $\mathbb{R}^n$ und also $f^{-1}(B)$ abgeschlossen im $\mathbb{R}^n$. Analog die Richtung (iii) $\Rightarrow$ (ii). $\qquad\square$

Wir ziehen nun etliche Folgerungen aus diesem Lemma, nämlich:

Korollar 8.2.20 (Die Niveaumengen stetiger Abbildungen sind stets abgeschlossen). Ist $f : \mathbb{R}^n \to \mathbb{R}^m$ stetig, so ist für jedes $c \in \mathbb{R}$ die Niveaumenge $N_c := f^{-1}(c) = \{x \in \mathbb{R}^n \mid f(x) = c\} \subset \mathbb{R}^n$ abgeschlossen.

Beweis. Die einpunktigen Teilmengen $\{pt\}$ des $\mathbb{R}^n$ sind nach Bsp.8.1.11 (iv) abgeschlossen, und nach obigem Lemma ist damit $N_c = f^{-1}(c)$ als Urbild des Punktes $c \in \mathbb{R}^m$ unter der stetigen Abbildung f abgeschlossen. $\qquad\square$

Korollar 8.2.21. Ist $f : \mathbb{R}^n \to \mathbb{R}$ stetig, und $c \in \mathbb{R}$ ein beliebiger Punkt, so ist

- $f^{-1}((-\infty, c])$ abgeschlossen im $\mathbb{R}^n$.

- $f^{-1}((-\infty, c))$ offen im $\mathbb{R}^n$.

Beweis. Ersichtlich ist $(-\infty, c] \subset \mathbb{R}$ abgeschlossen, und $(-\infty, c) \subset \mathbb{R}$ offen. Somit folgen die Behauptungen wieder aus dem Lemma. $\qquad\square$

Beispiel 8.2.22. (i) Die n-Spähre S^n ist das Urbild der $1 \in \mathbb{R}$ unter der stetigen Normabbildung $\Psi := \|.\| : \mathbb{R}^{n+1} \to \mathbb{R}$, $x = (x_1, ..., x_{n+1}) \mapsto \Psi(x) := \|x\| := \sqrt{x_1^2 + x_2^2 + ... + x_{n+1}^2}$, d.h.:

$$S^n = \Psi^{-1}(1) = \{x \in \mathbb{R}^{n+1} \mid \Psi(x) = \|x\| = 1\} \subset \mathbb{R}^{n+1}$$

(ii) Die abgeschlossene Einheitskugel K_1^n ist das Urbild der abgeschlossenen Teilmenge $(-\infty, 1] \subset \mathbb{R}$ unter der Normabbildung Ψ, d.h.:

$$K_1^n = \Psi^{-1}((-\infty, 1]) = \{x \in \mathbb{R}^n \mid \Psi(x) = \|x\| \leq 1\} \subset \mathbb{R}^n$$

(iii) Die offene Einheitskugel $\overset{\circ}{K}_1^n$ ist das Urbild der offenen Teilmenge $(-\infty, 1) \subset \mathbb{R}$ unter der Normabbildung Ψ, d.h.:

$$\overset{\circ}{K}_1^n = \Psi^{-1}((-\infty, 1)) = \{x \in \mathbb{R}^n \mid \Psi(x) = \|x\| < 1\} \subset \mathbb{R}^n$$

(iv) Die $GL_n(\mathbb{R}) \subset M_n(\mathbb{R}) \cong \mathbb{R}^{n^2}$ ist das Urbild der offenen Teilmenge $\mathbb{R}^* := \mathbb{R} \backslash \{0\}$ unter der Determinante det, d.h.

$$GL_n(\mathbb{R}) = \det^{-1}(\mathbb{R}^*) = \{A \in M_n(\mathbb{R}) \mid \det A \neq 0\} \subset M_n(\mathbb{R}),$$

und liegt daher offen in $M_n(\mathbb{R})$. Die Abbildung det ist gemäß Bsp. 8.2.18 stetig.

Aufgaben

T.1. Man zeige: Ist $: B \to \mathbb{R}^m$ eine stetige Abbildung und $x_0 \in B \subset \mathbb{R}^n$ mit $f(x_0) \neq 0$, so gibt es eine offene Kugel $D := \overset{\circ}{K}_\varepsilon(x_0)$ um x_0, auf der ebenso ungleich null ist, d.h. $f_{|D} \neq 0$.

T.2. Sei $B \subset \mathbb{R}^n$ und $f : B \to \mathbb{R}^m$ eine Abbildung. Man zeige: Es ist f stetig in jedem Punkt p aus B genau dann, wenn es für jede offene Teilmenge $V \subset \mathbb{R}^m$ eine offene Teilmenge $U \subset \mathbb{R}^n$ mit $f^{-1}(V) = B \cap U$ gibt.

T.3. Man zeige, dass die *orthogonale Gruppe*

$$O(n) := \{A \in M_n(\mathbb{R}) \mid A^T A = E\} \subset M_n(\mathbb{R})$$

eine abgeschlossene Teilmenge in $M_n(\mathbb{R})$ bildet. (Hinweis: Man betrachte die Abbildung $f : M_n(\mathbb{R}) \to M_n(\mathbb{R})$, $A \mapsto A^T A$ und drücke $O(n)$ mittels f aus. Sodann zeige man, dass Kor. 8.2.20 erfüllt ist.)

T.4. Unter einem *Homöomorphismus* versteht man eine stetige Bijektion $f : X \to Y$ zwischen zwei Teilmengen $X, Y \subset \mathbb{R}^n$ mit stetiger Umkehrung, d.h. die $f^{-1} : Y \to X$ ist ebenso stetig. Man zeige, dass vermöge

$$\Phi : B := \overset{\circ}{K}_1 := \{x \in \mathbb{R}^n \mid \|x\| < 1\} \to \mathbb{R}^n, x \mapsto \frac{x}{1 + \|x\|}$$

ein Homöomorphismus von der offenen Einheitskugel B auf den $\mathbb{R}^n$ gegeben ist. (Hinweis: Man gebe intuitiv die Umkehrabbildung an, und prüfe dies nach.)

8.3   Differential und lineare Approximation

Auf dem Weg zum Differential ist die Bekanntschaft mit den partiellen Ableitungen unvermeidlich. Dem wollen wir uns nunmehr widmen.

8.3.1   Partielle Ableitungen

Sei $B \subset \mathbb{R}^n$ offen (oder ein allgemeiner Quader), $a := (a_1, ..., a_n) \in B$ ein fest gewählter Punkt und $f : B \to \mathbb{R}$, $x := (x_1, ..., x_n) \mapsto f(x) := f(x_1, ..., x_n) \in \mathbb{R}$ eine Funktion auf B. Dann gibt es für jedes $i = 1, 2, ..., n$ die *partielle Funktion*

$$f_{a_1...\hat{a}_i...a_n} : \{x_i \in \mathbb{R} \,|\, (a_1, ..., a_{i-1}, x_i, a_{i+1}, ..., a_n) \in B\} \to \mathbb{R}, \; x_i \mapsto f(a_1, ..., a_{i-1}, x_i, a_{i+1}, ..., a_n),$$

welche nur von der i'ten Variable x_i abhängig ist und folglich eine Funktionen *einer* reellen Variablen ist. Existiert die Ableitung $f'_{a_1...\hat{a}_i...a_n}$ an der Stelle a_i, so kann sie auf gewöhnliche Weise bestimmt werden. Wir interessieren uns also für das Änderungsverhalten von f entlang der i'ten Koordinatenachse x_i mit $i = 1, 2, ..., n$ an der Stelle $a \in B$. Für $n = 2$ bedeutet dies anschaulich:

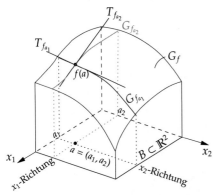

Partielle Funktionen f_{a_1}, f_{a_2} :

$x_2 \mapsto f_{a_1}(x_2) := f(a_1, x_2)$
$x_1 \mapsto f_{a_2}(x_1) := f(x_1, a_2)$

Die Tangenten $T_{f_{a_i}}$ beschreiben das Änderungsverhalten von f an der Stelle a in Richtung der Koordinatenachse x_i mit $i = 1, 2$.

$G_{f_{a_i}}$ heißt auch *Schnittgraph* von f, weil er als Durchschnitt von G_f mit der Ebene $x_i = a_i$ entsteht.

Abbildung 8.13: Partielle Ableitungen von f sind gewöhnliche Ableitungen der partiellen Funktionen von f in Richtung der Koordinatenachsen.

Definition 8.3.1 (Partielle Ableitung). (i) Sei $f : B \to \mathbb{R}$ mit $B \subset \mathbb{R}^n$ offen (oder ein allgemeiner Quader). Existiert der Grenzwert

$$\frac{\partial}{\partial x_i} f(a) := \lim_{h \to 0} \frac{f(a_1, ..., a_{i-1}, a_i + h, a_{i+1}, ..., a_n) - f(a_1, ..., a_n)}{h} = \lim_{h \to 0} \frac{f(a + he_i) - f(a)}{h},$$

so heißt dieser die **partielle Ableitung** von f nach der Koordinate x_i an der Stelle $a \in B$.
(ii) Existiert der Grenzwert $\frac{\partial f}{\partial x_i}(a)$ an jeder Stelle $a \in B$, so heißt f **partiell nach** x_i **differenzierbar**.
(iii) Ist f nach allen x_i mit $i = 1, ..., n$ partiell differenzierbar, so heißt f **partiell differenzierbar**.

Notation 8.3.2. Partielle Ableitungen werden in der Literatur sehr unterschiedlich notiert. Hier sind einige Beispiele

$$\frac{\partial}{\partial x_i} f(a) = \frac{\partial f(a)}{\partial x_i} = \frac{\partial f}{\partial x_i}(a) = \partial_{x_i} f(a) = \partial_i f(x) = f_{x_i}(a)$$

für die partielle Ableitung von f nach der Koordinate x_i im Punkte $a \in B$.

Bemerkung 8.3.3. (i) $\frac{\partial f}{\partial x_i}(a)$ beschreibt also das lineare Änderungsverhalten von f entlang der x_i-Koordinate in der Nähe von $a \in B$.
(ii) Ist $f : B \to \mathbb{R}$ auf einer offenen Teilmenge $B \subset \mathbb{R}^n$ (oder allgemeinen Quader) partiell nach x_i differenzierbar, so definiert

$$\frac{\partial f}{\partial x_i} : B \longrightarrow \mathbb{R}, \ a \longmapsto \frac{\partial f}{\partial x_i}(a)$$

selbst wieder eine Funktion, welche jedem Punkt $a \in B$ die Steigung $\frac{\partial f}{\partial x_i}(a)$ der Tangente an dem *Schnittgraphen* von f entlang der x_i-Koordinate im Punkte a zuordnet.
(iii) Lax gesprochen bedeutet $\frac{\partial f}{\partial x_i}$ die Ableitung von f nach der i'ten Variablen, wobei die anderen festgehalten werden. Es handelt sich also um die gewöhnliche Ableitung einer Funktion einer Variablen, nämlich der partiellen Funktionen:

$$\frac{\partial}{\partial x_i} f(a) = \lim_{h \to 0} \frac{f_{a_1 \dots \hat{a}_i \dots a_n}(a_i + h) - f_{a_1 \dots \hat{a}_i \dots a_n}(a_i)}{h}$$

(iv) Deswegen gelten für partielle Ableitungen $\frac{\partial}{\partial x_i}$ dieselben wohlbekannten Ableitungsegeln, wie im 1-Dimensionalen, z.B.:

$$\frac{\partial}{\partial x_i}(fg) = \frac{\partial f}{\partial x_i} \cdot g + f \cdot \frac{\partial g}{\partial x_i}, \qquad \text{(Produktregel)}$$

Notation 8.3.4. Ist die Funktion $\frac{\partial f}{\partial x_i}$ wiederum nach x_j partiell differenzierbar, so schreibt man:

$$\frac{\partial}{\partial x_j}\left(\frac{\partial f}{\partial x_i}\right) =: \frac{\partial^2 f}{\partial x_j \partial x_i} \qquad i, j = 1, \dots, n$$

Im Fall $i = j$ notiert man analog zum 1-Dimensionalen:

$$\frac{\partial}{\partial x_i}\left(\frac{\partial f}{\partial x_i}\right) =: \frac{\partial^2 f}{\partial x_i^2}$$

Dies sind die partiellen Ableitungen *zweiter Ordnung*. Partielle Ableitungen *höherer Ordnung* werden – sofern existent – wie folgt definiert:

$$\frac{\partial}{\partial x_{i_1}}\left(\frac{\partial}{\partial x_{i_2}}\left(\dots \frac{\partial}{\partial x_{i_r}} f\right)\dots\right) =: \frac{\partial^r f}{\partial x_{i_1} \cdots \partial x_{i_r}}$$

Beispiel 8.3.5. (i) Anwendung der Ableitungsregeln für Funktionen in einer Variablen liefert

$$\frac{\partial}{\partial x_1}(x_1^2 + 2x_1 x_2^2 + 5) = \frac{\partial}{\partial x_1}x_1^2 + 2x_2^2\frac{\partial}{\partial x_1}x_1 + \frac{\partial}{\partial x_1}5 = 2x_1 + 2x_2^2 + 02x_1 + 2x_2^2,$$

und sodann

$$\frac{\partial^2}{\partial x_1^2}(x_1^2 + 2x_1 x_2^2 + 5) = \frac{\partial}{\partial x_1}(2x_1 + 2x_2^2) = 2.$$

(ii) Weiter gilt:

$$\frac{\partial}{\partial x_2}(x_1^2 + 2x_1 x_2^2 + 5) = \frac{\partial}{\partial x_2}x_1^2 + 2x_1\frac{\partial}{\partial x_2}x_2^2 + \frac{\partial}{\partial x_2}5 = 0 + 4x_1 x_2 + 0 = 4x_1 x_2$$

Übung: Bilden Sie folgende partiellen Ableitungen:

- $\dfrac{\partial}{\partial x_2}(\sin(x_1 x_2))$ • $\dfrac{\partial}{\partial x}(\arctan\left(\dfrac{x}{y}\right))$

- $\dfrac{\partial^2}{\partial x_2^2}(\sin(x_1 x_2))$ • $\dfrac{\partial}{\partial y}(\arctan\left(\dfrac{x}{y}\right))$

Übung: Sei $f : B \to \mathbb{R}$, $(x,y) \mapsto f(x,y) := \ln(1 - e^{x-y})$ eine Funktion. Man bestimme Definitionsbereich $B \subset \mathbb{R}^2$ und berechne die partielle Ableitung $\frac{\partial}{\partial x}f(x,y)$.

Bemerkung 8.3.6. Sei $a \in B \subset \mathbb{R}^n$ fixiert. Die partielle Differenzierbarkeit nach x_i von Funktion $f : B \to \mathbb{R}$ impliziert aus demselben Grund wie bei gewöhnlichen Funktionen (loc. cit. Satz 2.3.6) die Stetigkeit der partiellen Funktion $x_i \mapsto f_{a_1...\hat{a}_i...a_n})(x) := f(a_1, ..., a_{i-1}, x_i, a_{i+1}, ..., a_n)$. Aber: Selbst wenn die partiellen Ableitungen nach allen x_i existieren, braucht f nicht stetig zu sein.

Beispiel 8.3.7 (Gegenbeispiel). Die durch

$$f : \mathbb{R}^2 \longrightarrow \mathbb{R}, \quad (x,y) \longmapsto f(x,y) := \begin{cases} \frac{xy}{x^2+y^2} & (x,y) \neq (0,0) \\ 0 & (x,y) = (0,0) \end{cases}$$

definierte Funktion ist überall partiell nach x und y differenzierbar, jedoch im Nullpunkt nicht stetig.

Beweis. Für $(x,y) \neq (0,0)$ ist

$$\frac{\partial f(x,y)}{\partial x} = y\frac{y^2 - x^2}{(x^2 + y^2)^2} \quad \text{sowie} \quad \frac{\partial f(x,y)}{\partial y} = x\frac{y^2 - x^2}{(x^2 + y^2)^2},$$

und für $(x,y) = (0,0)$ rechnet man mittels Def.8.3.1 nach, dass $\frac{\partial f}{\partial x}(0,0) = 0 = \frac{\partial f}{\partial y}(0,0)$. Also ist f partiell differenzierbar. Zur Stetigkeit in $(0,0)$:

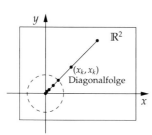

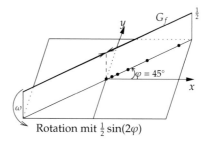

Rotation mit $\frac{1}{2}\sin(2\varphi)$

Abbildung 8.14: Drehe den Graphen um Winkel φ, so wandert das Funktionengebirge, mit Höhe 0 in $\varphi = 0$ bis $\frac{1}{2}$ in $\varphi = \frac{\pi}{4}$ und wieder 0 in $\varphi = \frac{\pi}{2}$, etc. ....

1. Analytische Methode: Wähle Diagonalfolge $(x_k, x_k)_{n\in\mathbb{N}}$ in $\mathbb{R}^2$ mit $x_k := \frac{1}{k}$. Dann ist offenbar $(x_k, x_k) \to (0,0)$ für $k \to \infty$, jedoch gilt $f(\frac{1}{k}, \frac{1}{k}) = \frac{1}{2}$ für alle $k \in \mathbb{N}$, d.h. die Bildfolge ist die konstante Folge $\frac{1}{2}$. Damit $\frac{1}{2} = \lim_{k\to\infty} f(x_k, x_k) \neq f(0,0) = 0$ und also f nicht stetig in $(0,0)$.

2. Geometrische Methode: Durch Übergang zu Polarkoordinaten, d.h. $x = r\cos\varphi, y = r\sin\varphi$, folgt

$$f(x,y) = f(x(r,\varphi), y(r,\varphi)) = \frac{r^2 \cos\varphi\sin\varphi}{r^2\cos^2\varphi + r^2\sin^2\varphi} = \frac{1}{2}2\sin\varphi\cos\varphi = \frac{1}{2}\sin(2\varphi),$$

weswegen f in Polarkoordinaten die folgende Gestalt annimmt:

$$(r,\varphi) \mapsto \begin{cases} \frac{1}{2}\sin(2\varphi) & (r,\varphi) \neq (0,0) \\ 0 & (r,\varphi) = (0,0) \end{cases}$$

Die Funktion wäre freilich auch in $(0,0)$ definiert und ist für $\varphi = 45°$ konstant $\frac{1}{2}$, insbesondere in $r = 0$. Indes ist $f(0,0) = 0$, und damit nicht stetig in $(0,0)$.

$\square$

Das Beispiel liefert noch zwei weitere wichtige Einsichten:

Bemerkung 8.3.8. Die Eigenschaft einer Abbildung, stetig in einem Punkt zu sein, darf nicht davon abhängen, auf welcher Weise (z.B. aus welcher Richtung) man sich ihm nähert.

Im obigen Beispiel wurde die Existenz der partiellen Ableitungen nach x und y gezeigt. Demzufolge sind insbesondere die partiellen Funktionen $y \mapsto f(0,y)$ und $x \mapsto f(x,0)$ im Punkte $(0,0)$ stetig, aber nicht der Funktion f selbst. Denn: Für jede Nullfolge in $\mathbb{R}^2$ (=Folge in $\mathbb{R}^2$ mit Grenzwert $= (0,0)$) entlang der x- oder y-Achse ist auch die zugehörige Bildfolge von f eine Nullfolge in $\mathbb{R}$, aber die Bildfolge irgendeiner Nullfolge entlang der Diagonalen (vgl. Abb. 8.14 (links)) ist konstant $\frac{1}{2}$ und konvergiert demnach nicht gegen $f(0,0) = 0$. Somit ist f nicht stetig in $(0,0)$.

Bemerkung 8.3.9. Die partiellen Ableitungen $\frac{\partial f}{\partial x_i}$ einer partiell differenzierbaren Funktion sind als Abbildung nicht automatisch stetig.

Im obigen Beispiel ist nämlich

$$\frac{\partial f}{\partial x}(0,y) = \frac{1}{y} \ (y \neq 0) \qquad \frac{\partial f}{\partial y}(x,0) = \frac{1}{x} \ (x \neq 0), \qquad \text{aber} \qquad \frac{\partial f}{\partial x}(0,0) = 0 = \frac{\partial f}{\partial y}(0,0),$$

womit $\frac{\partial f}{\partial x}$ und $\frac{\partial f}{\partial y}$ nicht stetig in $(0,0)$ sind.

Dies erhellt die

Sprechweise 8.3.10. (i) Wir nennen eine Funktion $f : B \to \mathbb{R}$ auf einer offenen Teilmenge $B \subset \mathbb{R}^n$ *k-fach partiell differenzierbar*, falls alle partiellen Ableitungen bis zur Ordnung k (mit $k \geq 0$) existieren.
(ii) Sind sämtliche dieser partiellen Ableitungen stetig, so heißt f *k-fach stetig partiell differenzierbar*.

Notation 8.3.11. Es bezeichne (mit $k > 0$):

$$\mathscr{C}^0(B,\mathbb{R}) \quad := \quad \{f : B \to \mathbb{R} \mid B \subset \mathbb{R}^n \text{ offen}, f \text{ stetig}\}$$
$$\mathscr{C}^k(B,\mathbb{R}) \quad := \quad \{f : B \to \mathbb{R} \mid B \subset \mathbb{R}^n \text{ offen}, f \text{ k-fach stetig partiell differenzierbar}\}$$

Auch ist die Schreibweise $\mathscr{C}^k(B)$ statt $\mathscr{C}^k(B,\mathbb{R})$ üblich, falls Verwechslungen ausgeschlossen sind.

Sprechweise 8.3.12. Wir sagen auch f ist $\mathscr{C}^k$ statt k-fach stetig partiell differenzierbar.

Die Bedeutung dieses Begriffes wird sich im weiteren Verlaufe weisen; einstweilen zur Einstimmung das

Lemma 8.3.13 (von SCHWARZ). Sei $B \subset \mathbb{R}^n$ offen. Dann gilt:

$$\boxed{\ f \in \mathscr{C}^2(B) \qquad \Longrightarrow \qquad \frac{\partial^2 f}{\partial x_i \partial x_j} = \frac{\partial^2 f}{\partial x_j \partial x_i} \quad \text{für alle } i, j = 1, ..., n\ }$$

D.h. Ist $f \in \mathscr{C}^2$, so kann die Reihenfolge der partiellen Ableitungen vertauscht werden.

Beweis. Sei $a \in B$. Zur Erleichterung der Notation setze $\varphi(s,t) := f(a + se_i + te_j)$ und $D_i := \frac{\partial}{\partial x_i}$. Die Voraussetzung besagt, dass φ in $(0,0)$ eine $\mathscr{C}^2$-Funktion ist. Daher verbleibt

$$D_1 D_2 \varphi(0,0) = D_2 D_1 \varphi(0,0)$$

zu zeigen. Es folgt:

$$D_2 D_1 \varphi(0,0) = \frac{\partial}{\partial t}\Big|_{t=0} \lim_{s \to 0} \frac{\varphi(s,t) - \varphi(0,t)}{s}$$

$$= \lim_{t \to 0} \frac{\lim_{s \to 0} \frac{\varphi(s,t) - \varphi(0,t)}{s} - \lim_{s \to 0} \frac{\varphi(s,0) - \varphi(0,0)}{s}}{t} \quad \text{(nach Definition)}$$

$$= \lim_{t \to 0} \lim_{s \to 0} \frac{1}{t} \cdot \frac{(\varphi(s,t) - \varphi(0,t)) - (\varphi(s,0) - \varphi(0,0))}{s} \quad \text{(Limes-Regeln)}$$

$$\overset{(1)}{=} \lim_{t \to 0} \lim_{s \to 0} \frac{1}{s}(D_2(\varphi(s,\theta_2 t) - \varphi(0,\theta_2 t)) \text{ mit } \theta_2 \in (0,1) \text{ (Satz 2.3.14 in } t)$$

$$= \lim_{t \to 0} \lim_{s \to 0} D_1 D_2 \varphi(\theta_1 s, \theta_2 t) \text{ mit } \theta_1 \in (0,1) \text{ (Satz 2.3.14 in } s)$$

$$= D_1 D_2 \varphi(0,0) \text{ (Stetigkeit von } D_1 D_2 \varphi)$$

In (1) wurde der Mittelwertsatz Satz 2.3.14 auf die Funktion $x \mapsto (\varphi(s,x) - \varphi(0,x))/s$ im Intervall $[0,t]$ angewandt. $\qquad\square$

Dies ist keine Selbstverständlichkeit:

Beispiel 8.3.14. Die Funktion f auf $\mathbb{R}^2$, definiert durch

$$f(x,y) := \begin{cases} xy\frac{x^2-y^2}{x^2+y^2} & (x,y) \neq (0,0) \\ 0 & (x,y) = (0,0), \end{cases}$$

ist stetig und in $\mathscr{C}^1(\mathbb{R}^2)$, jedoch vertauschen die partiellen Ableitungen nicht, was $f \notin \mathscr{C}^2(\mathbb{R}^2)$ impliziert.

Beweis. Offenbar ist f stetig auf $\mathbb{R}^2 \setminus \{(0,0)\}$. (Warum?!)
Wegen $|xy| \leq \frac{1}{2}(x^2 + y^2)$, folgt

$$|f(x,y) - f(0,0)| = |xy|\left|\frac{x^2-y^2}{x^2+y^2}\right| \leq \frac{1}{2}(x^2+y^2)\frac{|x^2-y^2|}{x^2+y^2} = |x^2-y^2| \to 0, \text{ für } (x,y) \to (0,0),$$

und damit die Stetigkeit von f im Nullpunkt. Für $(x,y) \neq (0,0)$ gilt

$$\frac{\partial f}{\partial x}(x,y) = y\left(\frac{x^2-y^2}{x^2+y^2} + \frac{4x^2y^2}{(x^2+y^2)^2}\right), \quad \frac{\partial f}{\partial y}(x,y) = x\left(\frac{x^2-y^2}{x^2+y^2} - \frac{4x^2y^2}{(x^2+y^2)^2}\right),$$

und für $(x,y) = (0,0)$ rechnet man aus der Definition Def. 8.3.1 $\frac{\partial f}{\partial x}(0,0) = 0 = \frac{\partial f}{\partial y}(0,0)$ nach. Zum Nachweis der Stetigkeit von $\frac{\partial f}{\partial x}$ und $\frac{\partial f}{\partial y}$ ist nur der Punkt $(0,0)$ nichttrivial. (Warum?!) Mit der gleichen Abschätzung wie oben und $|x^2 - y^2| = |x^2 + y^2 - 2y^2| \leq x^2 + y^2$ schließt man

$$\left|\frac{\partial f}{\partial x}(x,y) - \frac{\partial f}{\partial x}(0,0)\right| = |y|\left(\frac{|x^2-y^2|}{x^2+y^2} + \frac{2|xy| \cdot 2|xy|}{(x^2+y^2)^2}\right) \leq |y|(1+1) \to 0, \quad \text{für} \quad (x,y) \to 0,$$

und also die Stetigkeit $\frac{\partial f}{\partial x}$ an der Stelle $(0,0)$; analog für $\frac{\partial f}{\partial y}$. Damit ist $f \in \mathscr{C}^1(\mathbb{R}^2)$ nachgewiesen. Wegen $\frac{\partial f}{\partial x}(0,y) = -y$ und $\frac{\partial f}{\partial y}(x,0) = x$ folgt

$$\frac{\partial^2 f}{\partial y \partial x}(0,0) = -1 \neq 1 = \frac{\partial^2 f}{\partial x \partial y}(0,0).$$

Also vertauschen die partiellen Ableitungen nicht, weswegen f nicht in $\mathscr{C}^2(\mathbb{R}^2)$ sein kann. $\qquad\qquad\qquad\qquad\qquad\qquad\qquad\qquad\qquad\qquad\qquad\qquad\qquad\Box$

Notiz 8.3.15 (Übung). Nach Übergang zu Polarkoordinaten werden obige Nachweise erheblich einfacher, was zeigt, dass sich ein Problem in geeigneten Koordinaten vielfach leichter handhaben lässt.

Beispiel 8.3.16 (Praxisbeispiel für die Anwendung des SCHWARZschen Lemmas). Das Magnetfeld eines ∞-langen geraden stromdurchflossenen Leiters lässt sich im $\mathbb{R}^2$ vereinfacht durch das Vektorfeld $v : \mathbb{R}^2 \to \mathbb{R}^2, (x,y) \mapsto (-y,x)^T$ darstellen.

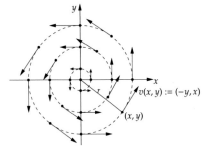

Frage: Gibt es zu v ein Potential $V : \mathbb{R}^2 \to \mathbb{R}$ mit $\partial_x V(x,y) = v_1(x,y) = -y$ und $\partial_y V(x,y) = v_2(x,y) = x$? Man nennt solche Vektorfelder *rotationsfrei* oder *konservativ*. Diese Eigenschaft ist wesentlich, denn in solchen Systemen gilt beispielsweise der Energieerhaltungssatz.

Antwort: Nein! Denn sonst wäre

$$-1 = \partial_y v_1(x,y) = \partial_y \partial_x V(x,y) = \partial_x \partial_y V(x,y) = \partial_x v_2(x,y) = 1.$$

Die partiellen Ableitungen vertauschen also nicht.

Beispiel 8.3.17 (Übung). Sei $f(x,y) = x^2 y^3 + y \ln x$ mit $x > 0$ gegeben. Man prüfe, ob $\partial_y \partial_x f(x,y) = \partial_x \partial_y f(x,y)$ gilt.

Notiz 8.3.18 (Verallgemeinerung des SCHWARZschen Lemmas). Die Vertauschung partieller Ableitungen bis zur 3. Ordnung erfordert $f \in \mathscr{C}^3$. Sollen die partiellen Ableitungen bis zur Ordnung k vertauschen, so ist $f \in \mathscr{C}^k$ vorauszusetzen.

Wir haben bisher nur partielle Ableitungen von Funktionen definiert. Dies ist aber eine unnötige Einschränkung.

Definition 8.3.19 (Partielle Ableitung vektorwertiger Funktionen). Sei $B \subset \mathbb{R}^n$ offen (oder ein allgemeiner Quader). Für eine Abbildung $f : B \to \mathbb{R}^m$ heißt

$$\frac{\partial f}{\partial x_i} := \left(\frac{\partial f_1}{\partial x_i}, \ldots, \frac{\partial f_m}{\partial x_i} \right)^T : B \longrightarrow \mathbb{R}^m, \quad a \longmapsto \frac{\partial f}{\partial x_i}(a) := \begin{pmatrix} \frac{\partial f_1(a)}{\partial x_i} \\ \vdots \\ \frac{\partial f_m(a)}{\partial x_i} \end{pmatrix}, \quad i = 1, 2, \ldots, n$$

(sofern vorhanden) die **partielle Ableitung** von f.

Analog wie bei Funktionen sind hier ebenso die verschiedenen Notationen im Gebrauch.

Beispiel 8.3.20 (Übung). Für

$$f : \mathbb{R}^2 \to \mathbb{R}^2, \ (x, y) \mapsto \begin{pmatrix} f_1(x, y) \\ f_2(x, y) \end{pmatrix} = \begin{pmatrix} 3xy^2 - 2 \\ 8xy - x^2y \end{pmatrix}$$

berechne $\frac{\partial f}{\partial x}$ und $\frac{\partial f}{\partial y}$.

Auch für Abbildungen $f : B \to \mathbb{R}^m$ mit offenen $B \subset \mathbb{R}^n$ ist der Begriff *k-fach stetig-differenzierbar* erklärt, eben ganz nach dem Vorbild für Funktionen (loc. cit. Sprechweise 8.3.10).

Notation 8.3.21. Für $m \geq 1$ bezeichne:

$\mathscr{C}^0(B, \mathbb{R}^m) := \{f : B \to \mathbb{R}^m \mid B \subset \mathbb{R}^n \text{ offen}, f \text{ stetig}\}$

$\mathscr{C}^k(B, \mathbb{R}^m) := \{f : B \to \mathbb{R}^m \mid B \subset \mathbb{R}^n \text{ offen}, f \text{ } k\text{-fach stetig partiell differenzierbar}, k > 0\}$

$\mathscr{C}^\infty(B, \mathbb{R}^m) := \bigcap_{k \geq 0} \mathscr{C}^k(B, \mathbb{R}^m)$

Sprechweise 8.3.22. Wir sagen auch f ist $\mathscr{C}^k$ statt k-fach stetig partiell differenzierbar. Eine $\mathscr{C}^\infty$-Abbildung, d.h. unendlich oft partiell differenzierbar, und alle diese partiellen Ableitungen sind stetig, wird auch *glatt* genannt.

Notiz 8.3.23. Offenbar haben wir die Inklusionskette:

$$\mathscr{C}^0(B, \mathbb{R}^m) \supset \mathscr{C}^1(B, \mathbb{R}^m) \supset \mathscr{C}^2(B, \mathbb{R}^m) \supset \ldots \supset \mathscr{C}^k(B, \mathbb{R}^m) \supset \ldots \supset \mathscr{C}^\infty(B, \mathbb{R}^m)$$

Bemerkung 8.3.24 (algebraische Struktur und Rechenregeln). (i) Komposition, Einschränkung, und algebraische Rechenoperationen ($+, -, \cdot, /$) (sofern man diese bilden kann) von $\mathscr{C}^k$- Abbildungen sind wieder $\mathscr{C}^k$. Das folgt unmittelbar aus den Rechenregeln für die partiellen Ableitungen und stetiger Abbildungen.
(ii) Für $m \geq 1, k \geq 0$ und $B \subset \mathbb{R}^n$ ist $\mathscr{C}^k(B, \mathbb{R}^m)$ ein Vektorraum über $\mathbb{R}$. Denn: Die konstante Abbildung $c : B \to \mathbb{R}^m, x \mapsto c \in \mathbb{R}^m$ ist $\mathscr{C}^k$, insbesondere die Nullabbildung 0. Ferner sind für beliebige $f, g \in \mathscr{C}^k(B, \mathbb{R}^m)$ und $\lambda, \mu \in \mathbb{R}$ auch $\lambda f + \mu g \in \mathscr{C}^k(B, \mathbb{R}^m)$. Damit ist $\mathscr{C}^k(B, \mathbb{R}^m) \leq \text{Abb}(B, \mathbb{R}^m)$ ein Untervektorraum und also selbst ein $\mathbb{R}$-Vektorraum.

Beispiel 8.3.25. Die Identität id : $\mathbb{R}^n \to \mathbb{R}^n$, $x \mapsto x$, Polynome, insbesondere die Determinante det : $M_n(\mathbb{R}) \to \mathbb{R}$ sind $\mathscr{C}^\infty$.

Übung: Sind $(x, y) \mapsto e^{-\sigma(x^2 + y^2)}$ für $\sigma > 0, 0 \neq (x, y, z) \mapsto \left(\sin(xyz), \frac{1}{\sqrt{x^2 + y^2 + z^2}}\right)^T$ glatt?

8.3.2   Das Differential und seine Bedeutung

Im folgenden Abschnitt definieren wir das *Differential* einer Abbildung $f : B \to \mathbb{R}^m$ mit $B \subset \mathbb{R}^n$ offen. Es wird sich zeigen, dass dieser Ableitungsbegriff den gewohnten Eigenschaften aus dem 1-Dimensionalen gerecht wird. Welche Erwartungen würden sich an den noch zu definierenden Differenzierbarkeitsbegriff stellen? f differenzierbar in $a \in B$

$$\Longrightarrow \begin{cases} 1. & f \text{ ist stetig in } a. \\ 2. & G_f \text{ besitzt im Punkte } p := (a, f(a)) \in G_f \text{ einen } \textit{Tangentialraum} \\ & \Rightarrow \text{ lokal um } p \text{ gute geometrische Approximation des Graphen.} \\ 3. & \text{Die Abbildung } v \mapsto f(a + v) - f(a) \text{ besitzt lokal bei 0 eine} \\ & \text{lineare (algebraische) Approximation.} \end{cases}$$

Wie wir bereits festgestellt haben, braucht eine partiell differenzierbare Abbildung nicht stetig zu sein, womit die partielle Differenzierbarkeit unsere Erwartungen nicht erfüllt.

Dieser Abschnitt fügt sich in stringenter Weise den Resultaten von Abschnitt 6.1 ein, im Besonderen sei auf die Analogie in Satz 6.1.8 (iii) hingewiesen.

Definition 8.3.26 (Differenzierbarkeit). (i) Eine Abbildung $f : B \to \mathbb{R}^m$ auf einem offenen Bereich $B \subset \mathbb{R}^n$ heißt **differenzierbar in** $a \in B$, wenn es eine (von a abhängige) lineare Abbildung $A : \mathbb{R}^n \to \mathbb{R}^m$ gibt, so dass der durch

$$\boxed{f(x) = f(a) + A(x - a) + r(x)} \qquad \Longleftrightarrow \qquad \boxed{f(a + v) = f(a) + Av + r(v)} \qquad (8.2)$$

definierte Fehlerterm $r : B \to \mathbb{R}^m$, $x \mapsto r(x)$ (bzw. $v \mapsto r(v)$ mit $v := x - a$) der Bedingung

$$\lim_{x \to a} \frac{r(x)}{\|x - a\|} = 0 \qquad \Longleftrightarrow \qquad \lim_{v \to 0} \frac{r(v)}{\|v\|} = 0$$

genügt.
(ii) Ist f in jedem Punkte $a \in B$ differenzierbar, so heißt f **differenzierbar auf** B oder einfach nur **differenzierbar**.

Die Notationen in (8.2) sind völlig gleichwertig; beiden wird man in der Literatur begegnen.

Bemerkung 8.3.27. Es ist also f in $a \in B$ genau dann differenzierbar, wenn es eine lineare Abbildung $A : \mathbb{R}^n \to \mathbb{R}^m$ gibt, welche die Abbildung $v \mapsto f(a + v) - f(a)$ bei $v = 0$ von 1. Ordnung approximiert, d.h. die affin (lineare) Abbildung $v \mapsto T_f(a + v) := T_f^1(a + v) := f(a) + Av$ approximiert f von 1. Ordnung bei a.

Lemma 8.3.28. Die approximierende lineare Abbildung $A : \mathbb{R}^n \to \mathbb{R}^m$ ist eindeutig bestimmt.

Definition 8.3.29. Sie heißt das **Differential** $df_a : \mathbb{R}^n \to \mathbb{R}^m$ oder **Jacobi-Matrix**[4] $\mathscr{J}_f(a) \in M_{m \times n}(\mathbb{R})$ **von** f **an der Stelle** $a \in B$.

---

[4]CARL GUSTAV JACOB JACOBI (1804–1851)deutscher Mathematiker

Beweis. [des Lemmas] Angenommen, es gäbe eine weitere lineare Abbildung $\tilde{A}$: $\mathbb{R}^n \to \mathbb{R}^m$ mit dieser Approximationseigenschaft, d.h. $f(a + v) = f(a) + \tilde{A}v + \tilde{r}(v)$ mit $\lim_{v \to 0} \frac{\tilde{r}(v)}{\|v\|} = 0$. Dann wäre nach Subtraktion von (8.2) auch

$$\lim_{v \to 0} \frac{Av - \tilde{A}v}{\|v\|} = \lim_{v \to 0} \left(\frac{\tilde{r}(v)}{\|v\|} - \frac{r(v)}{\|v\|} \right) = 0 \iff 0 = \lim_{t \to 0} \frac{A(tv) - \tilde{A}(tv)}{\|tv\|} = \frac{1}{\|v\|} \lim_{t \to 0} \frac{tAv - t\tilde{A}v}{|t|},$$

wobei die rechte Seite der Äquivalenz für beliebiges, aber festes $v \neq 0$ zu betrachten ist. Damit folgt $Av - \tilde{A}v = 0$ für alle $v \neq 0$ und also $A = \tilde{A}$ (denn $A, \tilde{A}$ sind lineare Abbildungen schicken als solche die Null auf die Null, womit die Gleichheit für alle $v \in \mathbb{R}^n$ gilt.) $\qquad \square$

Zuweilen – vor allem in der natur- und ingenieurwissenschaftlichen Literatur – spricht man bei df_a vom *totalen Differential* oder *totaler Differenzierbarkeit*[5] von f an der Stelle $a \in B$, um den Unterschied zur partiellen Differenzierbarkeit hervorzuheben.

Bemerkung 8.3.30. (i) Man beachte die völlige Analogie obiger Definition der Differenzierbarkeit zum Eindimensionalen Satz 6.1.8 (iii).

(ii) Freilich ist $df_a \Leftrightarrow \mathscr{J}_f(a)$, weil lineare Abbildungen und Matrizen bekanntlich dasselbe sind. Man braucht demnach nicht zwischen dem Differential df_a und der Jacobi-Matrix $\mathscr{J}_f(a)$ zu unterscheiden.

Wie in Abschnitt 6.1 bereits angekündigt, entfaltet sich der *Differentialkalkül* erst richtig im Mehrdimensionalen.

Bemerkung 8.3.31. Ist $f : B \to \mathbb{R}^m$ differenzierbar auf $B \subset \mathbb{R}^n$ offen, so hat man eine Abbildung, genannt das *Differential von* f

$$
\begin{aligned}
df : B &\longrightarrow M_{m \times n}(\mathbb{R}) = \mathbb{R}\text{-Vektorraum der m x n-Matrizen} \\
a &\longmapsto df_a : \mathbb{R}^n \longrightarrow \mathbb{R}^m, \ v \longmapsto df_a(v) := \mathscr{J}_f(a)v,
\end{aligned}
$$

---

[5]Wir schließen uns dieser Sprechweise nicht an, denn das Attribut *partiell* (aus dem Lateinischen Wort *partim* bedeutet *teilweise*) in partieller Differenzierbarkeit drückt bereits alles Wesentliche aus.

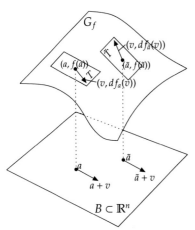

welches jedem Punkt $a \in B$ die lineare Approximation $v \mapsto \mathrm{d}f_a(v) = \mathscr{J}_f(a)v$ der Abbildung $v \mapsto f(a + v) - f(a)$ zuordnet. Sie beschreibt anschaulich das lineare Änderungsverhalten von f bei a, wenn man sich von a um einen Vektor v entfernt. Wie nebenstehende Abbildung zeigt, hängt die Abbildungsvorschrift, welche durch das Differential $\mathrm{d}f$ gegeben ist, vom Punkt $a \in B$ ab, denn $\mathrm{d}f_a$ transportiert den Vektor v auf andere Weise im „Tangentialraum" T, als es $\mathrm{d}f_{\bar{a}}$ in $\bar{T}$ tut.

Wir bezeichnen das Differential der Identität $\mathrm{id} : \mathbb{R}^n \to \mathbb{R}^n$, $x \mapsto x$ wieder mit $\mathrm{d}x$ (in der Literatur auch mit $\mathrm{d}r$ bezeichnet), welches jeden Punkt $a \in \mathbb{R}^n$ die lineare Abbildung $\mathrm{d}x := \mathrm{d}(\mathrm{id})_a = E_n : \mathbb{R}^n \to \mathbb{R}^n, v \mapsto \mathrm{d}x(v) = v$ zuordnet. Damit gilt analog wie in Kap. 6

$$\boxed{\mathrm{d}f = \mathscr{J}_f \cdot \mathrm{d}x \qquad \Longleftrightarrow \qquad \forall_{a \in B} : \mathrm{d}f_a = \mathscr{J}_f(a)\mathrm{d}x,} \qquad (8.3)$$

d.h. für jedes $a \in B$ gilt $\mathrm{d}f_a : \mathbb{R}^n \to \mathbb{R}^m$, $v \mapsto \mathrm{d}f_a(v) = \mathscr{J}_f(a) \cdot \mathrm{d}x(v) = \mathscr{J}_f(a) \cdot v$.

Der Sinn dieser Notationen wird sich noch weisen.

Satz 8.3.32. *Sei $B \subset \mathbb{R}^n$ eine offene Teilmenge und $f : B \to \mathbb{R}^m$ differenzierbar in $a \in B$. Dann gilt:*

(i) *Es ist f stetig in a.*

(ii) *Für alle $0 \neq v \in \mathbb{R}^n$ mit $a + tv \in B$ gilt:*

$$\boxed{\mathscr{J}_f(a)v = \lim_{t \to 0} \frac{f(a + tv) - f(a)}{t} = \frac{\mathrm{d}}{\mathrm{d}t}(f(a + tv)\big|_{t=0}}$$

Beweis. Zu (i): Aus (8.2) und der Δ-Ungleichung $\|v + w\| \leq \|v\| + \|w\|$ mit $w, v \in \mathbb{R}^m$ folgt

$$\|f(x) - f(a)\| = \|\mathscr{J}_f(a)(x - a) + r(x)\| \leq \|\mathscr{J}_f(a)(x - a)\| + \|r(x)\|$$

Nach Bsp. 8.2.18 (i) sind lineare Abbildungen (zwischen endlich-dimensionalen) Vektorräumen stetig; folglich ist $\|\mathscr{J}_f(a)(x - a)\| \to 0$ für $x \to a$. Dies gilt definitionsgemäß auch für den Fehlerterm $r(x)$, für $x \to a$, weil f in a differenzierbar ist. Alles zusammengesetzt ergibt $\|f(x) - f(a)\| \to 0$ für $x \to a$ und also die Steitigkeit von f in a.

Zu (ii): Sei also $0 \neq v \in \mathbb{R}^n$ mit $a + tv \in B$ und $t \in \mathbb{R}^+$. Da f differenzierbar in a ist, gilt definitionsgemäß

$$f(a + tv) = f(a) + \mathscr{J}_f(a)(tv) + r(tv) \quad \text{mit} \quad \lim_{t \to 0} \frac{r(tv)}{\|tv\|} = \lim_{t \to 0} \frac{r(tv)}{|t| \cdot \|v\|} = \frac{1}{\|v\|} \lim_{t \to 0} \frac{r(tv)}{t} = 0.$$

Also $f(a + tv) - f(a) = t \mathscr{J}_f(a)(v) + r(tv)$ nach Division durch t und anschließender Limesbildung für $t \to 0$ folgt

$$\lim_{t \to 0} \frac{f(a + tv) - f(a)}{t} = \mathscr{J}_f(a)v + \underbrace{\lim_{t \to 0} \frac{r(tv)}{t}}_{=0},$$

und also die Behauptung.   □

Diskussion: Begründen Sie: (i) $\mathscr{J}_f(a)(tv) = t \mathscr{J}_f(a)(v)$, (ii) $\|tv\| = t\|v\|$, (iii) Warum darf man einfach durch t teilen?

Aus der Formel im Satz 8.3.32 (ii) lässt sich die JAKOBImatrix ohne Müh' ablesen. Denn nach dem 2. Gebot der Linearen Algebra sind *die Spalten der Matrix die Bilder der Einheitsvektoren* und damit folgt unmittelbar das

Korollar 8.3.33. Mit den Voraussetzungen des Satzes gilt für $v := e_i$, also den i'ten Einheitsvektor im $\mathbb{R}^n$

$$\mathscr{J}_f(a)e_i = \lim_{t \to 0} \frac{f(a + te_i) - f(a)}{t} = \lim_{t \to 0} \frac{f(a_1, ..., a_{i-1}, a_i + t, a_{i+1}, ..., a_n) - f(a_1, ..., a_n)}{t} = \frac{\partial f}{\partial x_i}(a),$$

d.h. die JACOBI-Matrix von $f : B \to \mathbb{R}^m$ an der Stelle $a \in B \subset \mathbb{R}^n$ offen, hat die Gestalt:

$$\mathscr{J}_f(a) = \left(\frac{\partial f}{\partial x_1}(a) \middle| \cdots \middle| \frac{\partial f}{\partial x_n}(a) \right) = \begin{pmatrix} \frac{\partial f_1}{\partial x_1}(a) & \cdots & \frac{\partial f_1}{\partial x_n}(a) \\ \vdots & & \vdots \\ \frac{\partial f_m}{\partial x_1}(a) & \cdots & \frac{\partial f_m}{\partial x_n}(a) \end{pmatrix} \in M_{m \times n}(\mathbb{R}) \qquad (8.4)$$

Frage: Ist also eine Abbildung schon differenzierbar, wenn man die JACOBI-Matrix, die ja nur aus partiellen Ableitungen besteht, ausrechnen kann?

Antwort: Nein! Denn die Existenz aller partiellen Ableitungen reicht nach Bsp.8.3.7 nicht mal aus, dass die Abbildung stetig ist. Also kann sie nach Satz 8.3.32 (i) auch nicht differenzierbar sein.

Satz 8.3.34. *Jede $\mathscr{C}^1$-Abbildung $f : B \to \mathbb{R}^m$ auf einem offenen Bereich $B \subset \mathbb{R}^n$ ist differenzierbar.*

Beweis. Wie wir später in Lemma 8.3.43 sehen werden, genügt es, die Behauptung für Funktionen, also $m = 1$, nachzuweisen. Sei also $f : B \to \mathbb{R}$ mit $B \subset \mathbb{R}^n$ offen eine $\mathscr{C}^1$-Funktion. Wegen $\mathscr{J}_f(a)v = \sum_{i=1}^n \frac{\partial f}{\partial x_i}(a)v_i$ ist für die Differenzierbarkeit von f explizit nachzuweisen, dass für den Fehlerterm gilt:

$$r(v) = f(a + v) - f(a) - \sum_{i=1}^n \frac{\partial f}{\partial x_i}(a)v_i \longrightarrow 0, \text{ für } v \longrightarrow 0,$$

auch dann noch, wenn durch $\|v\|$ geteilt wird. Die Idee ist nun die Differenz $f(a+v) - f(a)$ als Summe von n Differenzen, die jeweils als Funktion einer Variablen aufgefasst werden kann, womit sich der gewöhnliche Mittelwertsatz Satz 2.3.14 anwenden lässt. Dazu betrachte den Quader mit den Ecken $\eta_i := (a_1 + v_1, \ldots, a_i + v_i, a_{i+1}, \ldots, a_n)$ mit $i = 0, 1, \ldots, n$. Offenbar ist dann $\eta_0 = a$ und $\eta_n = a + v$. Statt direkt von $f(a)$ nach $f(a+v)$ gehen wir über die Ecken η_i des Quaders in der Gestalt einer Teleskopsumme

$$
\begin{aligned}
\sum_{i=1}^{n} f(\eta_i) - f(\eta_{i-1}) &= f(\eta_1) - f(a) + f(\eta_2) - f(\eta_1) + \ldots + f(\eta_{n-1}) - f(\eta_{n-2}) + \\
&= +f(a + v) - f(\eta_{n-1}) \\
&= f(a + v) - f(a),
\end{aligned}
$$

so dass von ihr nur der erste und letzte Term übrig bleibt. Wir betrachten $f(\eta_i) - f(\eta_{i-1})$ als Funktion in einer Variablen, nämlich der i'ten, und wenden den Mittelwertsatz Satz 2.3.14 auf das Intervall $[a_i, a_i + v_i]$ an. Das liefert ein $\theta_i \in (0, 1)$ mit der Zwischenstelle $\xi_i := (a_1 + v_1, \ldots, a_{i-1} + v_{i-1}, a_i + \theta_i v_i, a_{i+1}, \ldots, a_n)$ und daher $f(\eta_i) - f(\eta_{i-1}) = \frac{\partial f}{\partial x_i}(\xi_i) v_i$. Für den Fehlerterm ergibt sich nunmehr

$$
r(v) = \sum_{i=1}^{n} f(\eta_i) - f(\eta_{i-1}) - \sum_{i=1}^{n} \frac{\partial f}{\partial x_i}(a) v_i = \sum_{i=1}^{n} \left(\frac{\partial f}{\partial x_i}(\xi_i) - \frac{\partial f}{\partial x_i}(a) \right) v_i
$$

und mit der Dreiecksungleichung folglich

$$
\frac{r(v)}{\|v\|} = \frac{1}{\|v\|} \left\| \sum_{i=1}^{n} \left(\frac{\partial f}{\partial x_i}(\xi_i) - \frac{\partial f}{\partial x_i}(a) \right) v_i \right\| \leq \sum_{i=1}^{n} \left| \frac{\partial f}{\partial x_i}(\xi_i) - \frac{\partial f}{\partial x_i}(a) \right| \cdot \left\| \frac{v_i}{v} \right\| \leq \sum_{i=1}^{n} \left| \frac{\partial f}{\partial x_i}(\xi_i) - \frac{\partial f}{\partial x_i}(a) \right|,
$$

denn $\|v_i/v\| < 1$. Als $\mathscr{C}^1$-Funktion sind die partiellen Ableitungen $\frac{\partial f}{\partial x_i}$ von f stetig, was schließlich $\lim_{v \to 0} \frac{r(v)}{\|v\|} = 0$ impliziert. $\square$

Damit kann in den meisten Fällen durch bloßes Hinschauen entschieden werden, ob eine Abbildung differenzierbar ist, eben weil sich die viel einfachere $\mathscr{C}^1$-Eigenschaft aufgrund der Rechenregeln gemäß Bem. 8.3.24 erschließen lässt.

Beachte: Die Umkehrung des Satzes gilt nicht.

Beispiel 8.3.35 (Gegenbeispiel). Die Funktion

$$
f : \mathbb{R}^2 \longrightarrow \mathbb{R}, \quad (x, y) \longmapsto \begin{cases} (x^2 + y^2) \sin\left(\frac{1}{(x^2+y^2)^{\frac{2}{3}}} \right) & (x, y) \neq (0, 0) \\ 0 & (x, y) = (0, 0) \end{cases}
$$

ist differenzierbar, aber die partiellen Ableitungen $\frac{\partial f}{\partial x}, \frac{\partial f}{\partial y}$ sind nicht stetig im Nullpunkt, und daher $f \notin \mathscr{C}^1(\mathbb{R}^2)$.

Beweis. 1. Schritt: (Existenz der partiellen Ableitungen) Für $(x,y) \neq (0,0)$ ist f partiell differenzierbar (Warum?!), mit den partiellen Ableitungen:

$$\frac{\partial f}{\partial x}(x,y) = 2x\left(\sin\left(\frac{1}{(x^2+y^2)^{\frac{2}{3}}}\right) - \frac{2}{3}\frac{1}{(x^2+y^2)^{\frac{2}{3}}}\cos\left(\frac{1}{(x^2+y^2)^{\frac{2}{3}}}\right)\right)$$

$$\frac{\partial f}{\partial y}(x,y) = 2y\left(\sin\left(\frac{1}{(x^2+y^2)^{\frac{2}{3}}}\right) - \frac{2}{3}\frac{1}{(x^2+y^2)^{\frac{2}{3}}}\cos\left(\frac{1}{(x^2+y^2)^{\frac{2}{3}}}\right)\right)$$

Und für $(x,y) = (0,0)$ gilt definitionsgemäß

$$\frac{\partial f}{\partial x}(0,0) = \lim_{h\to 0}\frac{f(h,0)-f(0,0)}{h} = 0 = \lim_{h\to 0}\frac{f(0,h)-f(0,0)}{h} = \frac{\partial f}{\partial y}(0,0),$$

denn nach Definition ist $f(0,0) = 0$ und $f(h,0) = h^2\sin(h^{-4/3})$, und daher $\frac{f(h,0)}{h} \to 0$, für $h \to 0$ (weil $|h\sin(h^{-4/3}) - 0| \leq |h| \cdot 1 \to 0$ für $h \to 0$; analog für y).

2. Schritt: (Differenzierbarkeit von f) Für $(x,y) \neq (0,0)$ wird sich aufgrund der Differenzierbarkeitsregeln (Satz 8.3.44) ergeben, dass f ersichtlich differenzierbar ist, mit JACOBI-Matrix:

$$\mathcal{J}_f(x,y) = 2\left(\sin\left(\frac{1}{(x^2+y^2)^{\frac{2}{3}}}\right) - \frac{2}{3}\frac{1}{(x^2+y^2)^{\frac{2}{3}}}\cos\left(\frac{1}{(x^2+y^2)^{\frac{2}{3}}}\right)\right)(x\ y)$$

Für $(x,y) = (0,0)$ behaupten wir $\mathcal{J}_f(0,0) = (0\ 0)$, denn: $f(0+v_1, 0+v_2) = f(0,0) + \mathcal{J}_f(0,0)v + r(v) = 0 + 0 + r(v)$. Zeige, dass $r(v)/\|v\| \to 0$ für $\|v\| \to 0$, dann folgt aus der Eindeutigkeit des Differentials, dass f differenzierbar in $(0,0)$ ist mit der Nullmatrix als JACOBI-Matrix. Nun gilt:

$$\lim_{v\to 0}\frac{r(v)}{\|v\|} = \lim_{\|v\|\to 0}\frac{v_1^2+v_2^2}{\sqrt{v_1^2+v_2^2}}\sin\left(\frac{1}{(v_1^2+v_2^2)^{2/3}}\right) = \lim_{\|v\|\to 0}\sqrt{v_1^2+v_2^2}\sin\left(\frac{1}{(v_1^2+v_2^2)^{2/3}}\right) = 0$$

Damit ist f auf ganz $\mathbb{R}^2$ differenzierbar.

3. Schritt: (Die partiellen Ableitungen sind im Nullpunkt nicht stetig) Zwar ist $\frac{\partial f}{\partial x}(0,0) = 0$, allerdings entlang der x-Koordinatenachse

$$\frac{\partial f}{\partial x}(x,0) = 2x\left(\sin(x^{-4/3}) - \frac{2}{3}x^{-4/3}\cos(x^{-4/3})\right) = \underbrace{2x\sin(x^{-4/3})}_{\to 0,\ x\to 0} - \frac{4}{3}\underbrace{x^{-1/3}\cos(x^{-4/3})}_{\to \infty,\ x\to 0};$$

analog für y. Damit sind $(x,y) \mapsto \frac{\partial f}{\partial x}(x,y)$ und $(x,y) \mapsto \frac{\partial f}{\partial y}(x,y)$ nicht stetig im Nullpunkt und also $f \notin \mathscr{C}^1(\mathbb{R}^2)$. $\square$

Merke: (Zusammenhang verschiedener Differenzierbarkeitsbegriffe und Stetigkeit) Sei $f : B \to \mathbb{R}^m$, $x \mapsto f(x)$ eine Abbildung auf einer offenen Teilmenge (oder allgemeiner Quader) $B \subset \mathbb{R}^n$. Dann gilt:

$$f \in \mathscr{C}^1 \Longrightarrow f \text{ differenzierbar}$$

$$f \in \mathscr{C}^0 \Longleftarrow\!\!\!\!|\!= f \text{ partiell differenzierbar}$$

Wie sieht das Differential bzw. die JACOBI-Matrix in Spezialfällen aus? Dazu:

Bemerkung 8.3.36 (Differential/JACOBI-Matrix von Kurven). Eine *Kurve* im $\mathbb{R}^m$ ist eine stetige Abbildung

$$\gamma : I \longrightarrow \mathbb{R}^m, t \longmapsto \gamma(t) := \begin{pmatrix} \gamma_1(t) \\ \vdots \\ \gamma_m(t) \end{pmatrix} \in \mathbb{R}^m$$

auf einem allgemeinen Intervall $I \subset \mathbb{R}$. Die Variable t wird oftmals als Zeit interpretiert, und damit $\gamma(t)$ als zeitabhängige Bewegung z.B. eines Massenpunktes im Raume $\mathbb{R}^3$ (m=3). Für die Ableitung zeitabhängiger Funktionen $x = x(t)$ ist gleichermaßen die Notation $\dot{x}(t_0) := \frac{dx(t)}{dt}\big|_{t=t_0}$ im Gebrauch.

Ist γ differenzierbar in $t_0 \in I$, so ist die JACOBI-Matrix von γ im Punkte $t_0 \in I$ durch eine $m \times 1$-Matrix gegeben, nämlich:

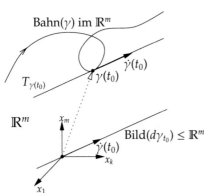

$$\mathscr{J}_\gamma(t_0) = d\gamma_{t_0} = \begin{pmatrix} \gamma_1'(t_0) \\ \vdots \\ \gamma_m'(t_0) \end{pmatrix} \in M_{m \times 1}(\mathbb{R})$$

Nach dem 2. Gebot der Linearen Algebra sind die Spalten der Matrix die Bilder der Einheitsvektoren. Im vorliegenden Fall haben wir nur eine Spalte, und daher ist die lineare Abbildung $d\gamma_{t_0} : \mathbb{R} \to \mathbb{R}^m$ durch genau einen Standardbasis-„Vektor" $e_1 = 1$ in $\mathbb{R}$ vollständig bestimmt.

Das ergibt

$$\mathscr{J}_\gamma(t_0)(e_1) = \gamma_{t_0}(1) = (\gamma_1'(t_0), ..., \gamma_m'(t_0))^T =: \dot{\gamma}(t_0) \in \mathbb{R}^m.$$

Ist also γ differenzierbar in $t_0 \in I$, so beschreibt das Differential $d\gamma_{t_0} : \mathbb{R} \to \mathbb{R}^m, h \mapsto d\gamma_{t_0}(h) = \dot{\gamma}(t_0) \cdot h$ für jeden Punkt $t_0 \in I$ die Multiplikation mit dem *Geschwindigkeitsvektor* $\dot{\gamma}(t_0)$ an der Kurve γ in $\gamma(t_0)$. Zusammenfassend: Das Differential von γ lautet:

$$
\begin{aligned}
d\gamma : I &\longrightarrow M_{m \times 1}(\mathbb{R}) = \mathbb{R}\text{-Vektorraum aller m x 1-Matrizen} \\
t_0 &\longmapsto d\gamma_{t_0} : \mathbb{R} \longrightarrow \mathbb{R}^m, h \longmapsto d\gamma_{t_0}(h) = h \cdot d\gamma_{t_0}(1) = h \cdot \dot{\gamma}(t_0).
\end{aligned}
$$

Für jedes $t_0 \in I$ ist $d\gamma_{t_0} : \mathbb{R} \to \mathbb{R}^m$ die lineare (=von 1. Ordnung) Approximation für die Abbildung $h \mapsto \gamma(t_0 + h) - \gamma(t_0)$ bei 0. Das Differential $d\gamma_{t_0}$ misst also das lineare Änderungsverhalten der Kurve γ gegenüber seinem Aufpunkt $\gamma(t_0)$, wenn man sich um h von t_0 entfernt. Die Approximation von γ am Ort des Geschehens geschieht durch

$$\boxed{T_\gamma(t) := \gamma(t_0) + \dot\gamma(t_0)(t - t_0), \quad \forall_{t \in \mathbb{R}}} \qquad \boxed{T_{\gamma(t_0)} := \text{Bild}(T_\gamma) = \text{Bild}(d\gamma_{t_0}) + \gamma(t_0)}$$

die *Tangentengleichung* bzw. der *(affine) Tangentialraum* von γ in $\gamma(t_0)$.

Beispiel 8.3.37. Für $0 \le t \le 2\pi$ mit Konstanten $r, h \in \mathbb{R}$ betrachte die Raumkurve

$$\gamma(t) := \begin{pmatrix} r\cos(t) \\ r\sin(t) \\ ht \end{pmatrix} \in \mathbb{R}^3.$$

1. Wie sieht γ aus? Was lässt sich überhaupt zeichnen? Graph, Bahn von γ?

2. Welche geometrische Bedeutung haben dabei die Konstanten?

3. Sei $r = 1$. Bestimmen Sie den Geschwindigkeitsvektor von γ in $\gamma(\frac{\pi}{4})$, den Tangentialraum in $\gamma(\frac{\pi}{4})$ und tragen Sie beides in die Skizze ein.

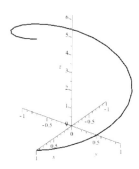

Zu 1.& 2.: Wegen dim $G_\gamma = 4$ lässt sich γ nur als Bahn mit Bahn$(\gamma) \subset \mathbb{R}^3$ visualisieren. Die $x - y$-Koordinaten von γ parametrieren eine Kreislinie mit Radius r um den Mittelpunkt 0 (denn $\gamma_x^2 + \gamma_y^2 = r^2$). Die z-Koordinate wächst linear mit t. Weiter gibt h die Höhe der Kurve gegenüber der $x - y$-Ebene nach $t = 2\pi$ an. In Konsequenz erhalten wir eine *Schraubenlinie*, die entlang der z-Achse hochsteigt. Zu 3.: Es ist $\gamma(\pi/4) = (\sqrt{2}/2, \sqrt{2}/2, h\pi/4)^T$. Der Geschwindigkeitsvektor an $\gamma(\pi/4)$ lautet $\dot\gamma(\pi/4) = (-\sqrt{2}/2, \sqrt{2}/2, h)^T$, und damit die Tangentengleichung im Punkte $t_0 := \pi/4$:

$$T_\gamma(t) = \gamma(t_0) + \dot\gamma(t_0)(t - t_0) = \begin{pmatrix} \sqrt{2}/2 \\ \sqrt{2}/2 \\ h\pi/4 \end{pmatrix} + \begin{pmatrix} -\sqrt{2}/2 \\ \sqrt{2}/2 \\ h \end{pmatrix}(t - \frac{\pi}{4})$$

Bemerkung 8.3.38 (Differential/JACOBI-Matrix von Funktionen). Sei also

$$f : B \longrightarrow \mathbb{R}, \quad x := (x_1, .., x_n) \longmapsto f(x) := f(x_1, ..., x_n) \in \mathbb{R}$$

eine differenzierbare Funktion auf $B \subset \mathbb{R}^n$ offen. Dann ist für jedes $a \in B$ die JACOBI-Matrix an der Stelle a durch eine $1 \times n$-Matrix gegeben, nämlich:

$$\mathscr{J}_f(a) = df_a := \left(\frac{\partial f}{\partial x_1}(a), \; ... \;, \frac{\partial f}{\partial x_n}(a) \right) \in M_{1 \times n}(\mathbb{R})$$

Damit ist das Differential von f gegeben durch:

$$
\begin{aligned}
df : B &\longrightarrow M_{1\times n}(\mathbb{R}) = \mathbb{R}\text{-Vektorraum aller 1 x n-Matrizen}\\
a &\longmapsto df_a : \mathbb{R}^n \longrightarrow \mathbb{R},\ v \longmapsto df_a(v) = \mathscr{J}_f(a)\cdot v = \sum_{i=1}^{n}\frac{\partial f(a)}{\partial x_i}v_i
\end{aligned}
$$

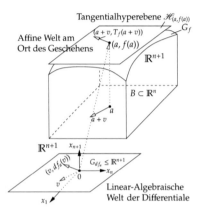

Für jedes $a \in B$ ist $df_a : \mathbb{R}^n \to \mathbb{R}$ die lineare (= von 1. Ordnung) Approximation für die Abbildung $v \mapsto f(a+v) - f(a)$. Das Differential df_a misst also das lineare Änderungsverhalten der Funktion f gegenüber dem Aufpunkt $f(a)$, wenn man sich um den Vektor v von a entfernt. Da der Zielbereich $\mathbb{R}$ von Funktionen nur begrenzte Anschauung zulässt, behilft man sich des Graphen von f bzw. des Differentials df_a (vgl. nebenstehende Abbildung). Die Approximation von G_f am Ort des Geschehens geschieht durch die *Gleichung der Tangentialhyperebene*

$$
T_f(a+v) = f(a) + \mathscr{J}_f(a)\cdot v\ \ v \in \mathbb{R}^n,
$$

mit $a + v \in B$, genauer durch

$$
\mathscr{H}_{(a,f(a))} := \{(x,x_{n+1}) \in \mathbb{R}^{n+1} \mid x \in B \ \wedge\ x_{n+1} = T_f(x)\} \subset \mathbb{R}^{n+1},
$$

mit $v \in \mathbb{R}^n$, so dass $x = a+v$ die *Tangentialhyperebene* von f im Punkte $(a, f(a)) \in \mathbb{R}^{n+1}$.

Eine Teilmenge $\mathscr{H} \subset \mathbb{R}^{n+1}$ heißt eine *Hyperebene*, wenn $\mathscr{H} \leq \mathbb{R}^{n+1}$ und dim $\mathscr{H} = n$ gilt.

Übung: Was sind die Hyperebenen im $\mathbb{R}^2$ und $\mathbb{R}^3$?

Beispiel 8.3.39. Ist $n = 2$ und $f : B \to \mathbb{R}$ eine auf $B \subset \mathbb{R}^2$ offen differenzierbare Funktion und $a \in B$, so lautet die Gleichung für die Tangentialhyperebene bei $a := (a_1, a_2) \in \mathbb{R}^2$:

$$
T_f(x,y) = f(a_1,a_2) + \left(\frac{\partial f(a)}{\partial x}\ \frac{\partial f(a)}{\partial y}\right)\cdot\left(\begin{array}{c} x - a_1 \\ y - a_2\end{array}\right) = f(a_1,a_2) + \frac{\partial f(a)}{\partial x}(x-a_1) + \frac{\partial f(a)}{\partial y}(y-a_2)
$$

und also die Tangentialhyperebene im Punkte $(a, f(a)) \in G_f$ des Graphen von f:

$$
\mathscr{H}_{(a,f(a))} := \{(x,y,z) \in \mathbb{R}^3 \mid (x,y) \in B \ \wedge\ z = T_f(x,y)\}
$$

Beispiel 8.3.40 (Aus der Praxis: Das elektrische Feld als Gradient eines Potentials).
In technisch-naturwissenschaftlich orientierter Literatur findet man häufig folgende Situation vor, die hier an einem konkreten Beispiel demonstriert wird: Für die Potentialdifferenz dV zwischen zwei eng benachbarten Punkten $\vec{r} = (x, y, z)$ und $\vec{r} + \vec{dr} = (x + dx, y + dy, z + dz)$ im $\mathbb{R}^3$ schreibt man:

$$dV = \frac{\partial V(\vec{r})}{\partial x}dx + \frac{\partial V(\vec{r})}{\partial y}dy + \frac{\partial V(\vec{r})}{\partial z}dz = \text{grad}_{\vec{r}}V \cdot \vec{dr} = -\vec{E} \cdot \vec{dr} \qquad (8.5)$$

Dabei ist das Produkt als Standardskalarprodukt im $\mathbb{R}^3$ zu verstehen, $V = V(x, y, z) = V(\vec{r})$ das elektrische Potential, $\vec{E} = \vec{E}(x, y, z) = \vec{E}(\vec{r})$ die elektrische Feldstärke, und die $dV, \vec{dr}, dx, dy, dz$ werden *infinitesimale Größen* genannt, was so viel bedeutet wie *unendlich klein, aber nicht null*. Diese Vorstellung ist beim heuristischen Rechnen sehr hilfreich und führt oft zum Erfolg.

Warum diese anschauungsgetriebene Methode funktioniert, soll nun geklärt werden. Dazu:

Diskussion: Sei $f : \mathbb{R}^n \to \mathbb{R}^m$ eine lineare Abbildung. Was ist df_a für beliebiges $a \in \mathbb{R}^n$?

Bemerkung 8.3.41. Sei $f : B \to \mathbb{R}$ eine differenzierbare Funktion auf $B \subset \mathbb{R}^n$ offen. Ist $\pi_i : \mathbb{R}^n \to \mathbb{R}, x := (x_1, ..., x_n) \mapsto x_i$ für $i = 1, ..., n$ die kanonische Projektion auf die i'te Koordinate, so ist vermöge $dx_i := \pi_i \circ dx : \mathbb{R}^n \to M_{1 \times n}(\mathbb{R})$ das Differential der Komposition $\pi_i \circ \text{id}$ gegeben. Für jedes $a \in \mathbb{R}^n$ ist die Linearform $dx_i := (dx_i)_a : \mathbb{R}^n \to \mathbb{R}, v \mapsto dx_i(v) = v_i$ wiederum die Projektion auf die i'te Koordinate. Zusammen mit (8.3) lässt sich das Differential von Funktionen wie folgt schreiben:

$$\boxed{df := \mathcal{J}_f \cdot dx := \sum_{i=1}^{n} \frac{\partial f}{\partial x_i}dx_i \quad \Longleftrightarrow \quad \forall_{a \in B} : df_a = \mathcal{J}_f(a) \cdot dx = \sum_{i=1}^{n} \frac{\partial f(a)}{\partial x_i}dx_i,}$$

d.h. für jedes $a \in B$ ist

$$df_a : \mathbb{R}^n \to \mathbb{R}, v \mapsto df_a(v) = \mathcal{J}_f(a) \cdot dx(v) = \sum_{i=1}^{n} \frac{\partial f(a)}{\partial x_i}dx_i(v) = \sum_{i=1}^{n} \frac{\partial f(a)}{\partial x_i}v_i.$$

Merke: Hinter den *infinitesimalem Größen* verbirgt sich das gewöhnliche Differential von Abbildungen. Gl.(8.5) besagt nichts anderes, als dass dV die lineare Approximation der Abbildung $V(\vec{r} + \vec{v}) - V(\vec{r})$ bei $\vec{r}$ ist.

Der Notation in (8.5) kann demnach mittels obiger Bemerkung eine mathematisch saubere Interpretation gegeben werden. Wir werden später im 2. Band sehen, dass Differentiale von Abbildungen spezielle sogenannte *1-Formen* (auch *Pfaff'sche Formen* genannt) sind. Mit deren Hilfe werden wir die Existenzfrage beantworten, wann ein Vektorfeld Gradient eines Potentials ist.

Beispiel 8.3.42 (Aus der Praxis: Fehlerfortpflanzung). Sei $f : B \to \mathbb{R}$ eine differenzierbare Funktion auf $B \subset \mathbb{R}^n$ offen. Seien $x = (x_1, ..., x_n)$ die wahren Werte und $\tilde{x} := (\tilde{x}_1, ..., \tilde{x}_n)$ die gemessenen Näherungswerte. Es stellt sich die Frage, inwieweit Messfehler in den *Eingangsvariablen* x sich auf der Genauigkeit der *Ausgangsvariable* $y = f(x)$ fortpflanzen. Bezeichnet $\Delta x := x - \tilde{x} \in \mathbb{R}^n$ die absoluten Messfehler, so stellt

$$\Delta y := \mathrm{d}f_{\tilde{x}}(\Delta x) = \sum_{i=1}^{n} \frac{\partial f(\tilde{x})}{\partial x_i} \mathrm{d}x_i(\Delta x) = \sum_{i=1}^{n} \frac{\partial f(\tilde{x})}{\partial x_i} \Delta x_i$$

eine lineare Approximation des tatsächlichen Fehlers $f(x) - f(\tilde{x})$ dar, weil ja definitionsgemäß (8.2) und wegen der Dreiecksungleichung die Abschätzung

$$|\Delta f(x)| := |f(x) - f(\tilde{x})| = |\mathscr{J}_f(\tilde{x})\Delta x + r(x)| \leq \sum_{i=1}^{n} \left|\frac{\partial f}{\partial x_i}(\tilde{x})\right| \cdot |\Delta x_i| + |r(x)|$$

gilt und $r(x)$ die Abweichung der linearen Approximation zu $\Delta f(x)$ ist. In der Praxis kennt man aber die *wahren* Messwerte nicht, so dass Messgrößen $x_1, ..., x_n$ mit einer maximalen Unsicherheit $\Delta x_i > 0$ angegeben werden, womit schließlich

$$\boxed{\Delta f_{\max} := \sum_{i=1}^{n} \left|\frac{\partial f(\tilde{x})}{\partial x_i}\right| \Delta x_i}$$

folgt.

Diskussion: Ist der tatsächliche Fehler $|\Delta f(x)| = |f(x) - f(\tilde{x})|$ stets kleiner oder gleich $\Delta f_{\max}$?

8.3.3   Mehrdimensionale Ableitungsregeln

Um eine differenzierbare Funktion (einer Variablen) oder stetige Abbildungen als solche zu *erkennen*, bemüht man in aller Regel nicht die Definition, sondern man bedient sich algebraischer Regeln und ein paar weniger Prototpyenabbildungen, von denen man weiß, dass sie die gewünschte Eigenschaft haben. Die konstante Abbildung und die Identität sind ersichtlich differenzierbar. Weiteren Nutzen liefert das folgende

Lemma 8.3.43. Sei $B \subset \mathbb{R}^n$ offen. Eine Abbildung

$$f : B \longrightarrow \mathbb{R}^m, \ x := (x_1, ..., x_n) \longmapsto f(x) = \begin{pmatrix} f_1(x) \\ \vdots \\ f_m(x) \end{pmatrix} = \begin{pmatrix} f_1(x_1, .., x_n) \\ \vdots \\ f_m(x_1, ..., x_n) \end{pmatrix}$$

auf einer offenen Teilmenge $B \subset \mathbb{R}^n$ ist differenzierbar in $a \in B$ genau dann, falls jede ihrer Komponentenfunktion $f_j : B \to \mathbb{R}$, $x = (x_1, ..., x_n) \mapsto f_j(x) = f_j(x_1, ..., x_n)$ mit $j = 1, ..., m$ differenzierbar in a ist.

Beweis. Für jedes $A \in M_{m \times n}(\mathbb{R})$ gilt definitionsgemäß:

$$f(a + v) = f(a) + Av + r(v) \quad \Longleftrightarrow \quad \forall_{j=1,..,m} : f_j(a + v) = f_j(a) + \sum_{k=1}^{n} a_{jk}v_k + r_j(v)$$

Ist nun $A = \mathcal{J}_f(a)$ die JACOBI-Matrix von f in $a \in B$, so folgt aus Kor. 7.1.11 zudem

$$\lim_{v \to 0} \frac{r(v)}{\|v\|} = 0 \quad \Longleftrightarrow \quad \forall_{j=1,...,m} : \lim_{v \to 0} \frac{r_j(v)}{\|v\|} = 0,$$

und mithin die Behauptung. $\qquad \square$

Das sagt, es genügt, das Differential von Funktionen zu kennen, um das Differential von *vektorwertigen* Funktionen zu bestimmen.

Satz 8.3.44 (Differentiationsregeln). *Sei $B \subset \mathbb{R}^n$ eine offene Teilmenge und $x \in B$.*
(i) (Linearität) Seien $f, g : B \to \mathbb{R}^m$ differenzierbar und $\lambda, \mu \in \mathbb{R}$. Dann ist auch die Abbildung $\lambda f + \mu g : B \to \mathbb{R}^m$, $x \mapsto (\lambda f + \mu g)(x) := \lambda f(x) + \mu g(x)$ differenzierbar, und es gilt:

$$\boxed{d(\lambda f + \mu g)_x = \lambda \cdot df_x + \mu \cdot dg_x} \qquad \boxed{\mathcal{J}_{\lambda f + \mu g}(x) = \lambda \, \mathcal{J}_f(x) + \mu \, \mathcal{J}_g(x)}$$

(ii) (Produktregel für Funktionen ($m = 1$)) Seien $f, g : B \to \mathbb{R}$ differenzierbare Funktionen. Dann ist auch die Funktion $f \cdot g : B \to \mathbb{R}$, $x \mapsto (f \cdot g)(x) := f(x)g(x)$ differenzierbar, und es gilt:

$$\boxed{d(f \cdot g)_x = df_x \cdot g(x) + f(x) \cdot dg_x} \qquad \boxed{\mathcal{J}_{f \cdot g}(x) = \mathcal{J}_f(x)g(x) + f(x) \, \mathcal{J}_g(x)}$$

(iii) (Quotientenregel für Funktionen (m=1)) Seien $f, g : B \to \mathbb{R}$ differenzierbare Funktionen und $g(x) \neq 0$ für alle $x \in B$. Dann ist auch $\frac{f}{g} : B \to \mathbb{R}$, $x \mapsto \frac{f}{g}(x) := \frac{f(x)}{g(x)}$ differenzierbar, und es gilt:

$$\boxed{d\left(\frac{f}{g}\right)_x = \frac{g(x)df_x - f(x)dg_x}{(g(x))^2}} \qquad \boxed{\mathcal{J}_{f/g}(x) = \frac{1}{(g(x))^2}\left(g(x) \, \mathcal{J}_f(x) - f(x) \, \mathcal{J}_g(x)\right)}$$

Zum Beweis. Zu (i): Setze $\mathcal{J}_{\lambda f + \mu g} := \lambda \, \mathcal{J}_f + \mu \, \mathcal{J}_g$. Alsdann ist $r_{\lambda f + \mu g}(v)/\|v\| \to 0$, für $v \to 0$ nachzuweisen. Die Differenzierbarkeit von f, g impliziert, dass deren Fehlerterme $r_f(v)$ und $r_g(v)$ auch dann noch für $v \to 0$ gehen, wenn man durch $\|v\|$ teilt. Dies auszunutzend erhalten wir:

$$
\begin{aligned}
r_{\lambda f + \mu g}(v) &= (\lambda f + \mu g)(x + v) - (\lambda f + \mu g)(x) - \lambda \, \mathcal{J}_f(x)v - \mu \, \mathcal{J}_g(x)v \\
&= \lambda(f(x + y) - f(x) - \mathcal{J}_f(x)v) + \mu(g(x + v) - g(x) - \mathcal{J}_g(x)v) \\
&= \lambda r_f(v) + \mu r_g(v)
\end{aligned}
$$

Division beider Seiten durch $\|v\|$ zeigt, dass die rechte Seite für $v \to 0$ nach Voraussetzung gegen Null konvergiert, also sodann auch die linke Seite.
Zu (ii): Läuft ganz analog, aber mit etwas mehr Rechenaufwand, wie (i).
Zu (iii): Folgt aus (ii). $\qquad \square$

Satz 8.3.45 (Allgemeine Kettenregel für Abbildungen). *Seien $B \subset \mathbb{R}^n$ und $\tilde{B} \subset \mathbb{R}^m$ offene Teilmengen des $\mathbb{R}^n$ bzw. des $\mathbb{R}^m$. Sind $f : B \to \mathbb{R}^m$ und $g : \tilde{B} \to \mathbb{R}^p$ differenzierbar, und gilt $f(B) \subset \tilde{B}$, so ist auch die Komposition*

$$B \xrightarrow{\;f\;} f(B) \subset \tilde{B} \xrightarrow{\;g\;} \mathbb{R}^p$$
$$\underbrace{\phantom{B \xrightarrow{\;f\;} f(B) \subset \tilde{B} \xrightarrow{\;g\;} \mathbb{R}^p}}_{g \circ f}$$

differenzierbar, und es gilt:

$$\boxed{d(g \circ f)_x = dg_{f(x)} \circ df_x} \qquad \boxed{\mathscr{J}_{g \circ f}(x) = \mathscr{J}_g(f(x)) \cdot \mathscr{J}_f(x)}$$

In Koordinatenschreibweise sieht der (i, j)'te Eintrag der JACOBI*-Matrix $\mathscr{J}_{g \circ f}(x)$ wie folgt aus:*

$$\boxed{\frac{\partial (g \circ f)_i}{\partial x_j}(x) = \sum_{k=1}^{m} \frac{\partial g_i}{\partial y_k}(f(x)) \cdot \frac{\partial f_k}{\partial x_j}(x),}$$

wobei die $y_1, \ldots, y_m$ die Koordinaten in $\tilde{B} \subset \mathbb{R}^m$ von g sind.

Zum Beweis. Sei $a \in B$ und $b := f(a) \in \tilde{B}$. Für $a + v \in B$ bzw. $b + w \in \tilde{B}$ gilt definitionsgemäß:

$$f(a + v) \;=\; f(a) + \mathscr{J}_f(a)v + \|v\| \cdot r_f(v), \qquad \text{mit } \lim_{v \to 0} r_f(v) = 0$$

$$g(b + w) \;=\; g(b) + \mathscr{J}_g(b)w + \|w\| \cdot r_g(w), \qquad \text{mit } \lim_{w \to 0} r_g(w) = 0$$

Das naive Vorgehen liefert:

$$(g \circ f)(a + v) \;=\; g\Big(f(a) + \underbrace{\mathscr{J}_f(a)v + \|v\| \cdot r_f(v)}_{=:w}\Big)$$

$$\;=\; (g \circ f)(a) + \mathscr{J}_g(b)\Big(\mathscr{J}_f(a)v + \|v\| \cdot r_f(v)\Big) + \|w\| \cdot r_g(w)$$

$$\;=\; (g \circ f)(a) + \Big(\mathscr{J}_g(b)\mathscr{J}_f(a)\Big)v + \underbrace{\|v\| \mathscr{J}_g(b)r_f(v) + \|w(v)\| \cdot r_g(w(v))}_{=:r(v)}$$

$$\;=\; (g \circ f)(a) + \mathscr{J}_g(b) \cdot \mathscr{J}_f(a)v + r(v)$$

Die Notation $w(v)$ soll dabei an die Abhängigkeit von v erinnern. Es verbleibt, $r(v)/\|v\| \to 0$ für $v \to 0$ nachzuweisen. Dazu schätzen wir $\|w\|$ wie folgt ab:

$$\|w\| = \|\mathscr{J}_f(a)v + \|v\| \cdot r_f(v)\| \leq \|\mathscr{J}_f(a)v\| + \|v\| \cdot \|r_f(v)\| \leq \|v\| \cdot (C + \|r_f(v)\|)$$

mit einer Konstanten $C \in \mathbb{R}$. Die Existenz einer solchen Konstanten C mit $\|\mathscr{J}_f(a)x\| \leq C\|x\|$ für alle $x \in \mathbb{R}^n$ ist eine Konsequenz der Stetigkeit linearer Abbildungen. Alternativ kann sie auch direkt angegeben werden, denn ist $A \in M_{m \times n}(\mathbb{R})$, so $\|Ax\|^2 = \sum_{i=1}^{m}(\sum_{j=1}^{n} a_{ij}x_j)^2 \leq (\sum_{i,j} |a_{ij}|^2)\|x\|^2$. Somit leistet $C := (\sum_{i,j} |a_{ij}|^2)^{\frac{1}{2}}$ das Gewünschte. Aus der Abschätzung für $\|w\|$ folgt nunmehr $r(v)/\|v\| \to 0$ für $v \to 0$, und also die Differenzierbarkeit der Komposition mit den angegebenen Formeln. $\square$

Viel wichtiger als der Beweis der Kettenregel ist ihre konkrete Anwendung. Daher schauen wir uns einige praxisrelevante Spezialfälle an.

Beispiel 8.3.46. (Vektorproduktregel für Kurven (n=1, m=3)) Sei $\alpha, \beta : I \to \mathbb{R}^3$ differenzierbare Kurven. Dann ist auch

$$\alpha \times \beta : I \longrightarrow \mathbb{R}^3, \ t \longmapsto (\alpha \times \beta)(t) := \alpha(t) \times \beta(t)$$

differenzierbar, und es gilt:

$$\boxed{d(\alpha \times \beta)_t = d\alpha_t \times \beta(t) + \alpha(t) \times d\beta_t} \qquad \boxed{\mathscr{J}_{\alpha \times \beta}(t) = \mathscr{J}_\alpha(t) \times \beta(t) + \alpha(t) \times \mathscr{J}_\beta(t)}$$

Wir zerlegen die Abbildung $\alpha \times \beta$ in die wegen Satz 8.3.44 (i),(ii) und Lemma 8.3.43 ersichtlich differenzierbaren Abbildungen

$$\eta : \mathbb{R}^3 \times \mathbb{R}^3 \to \mathbb{R}^3, \ (x, y) \mapsto x \times y = \begin{pmatrix} x_2 y_3 - x_3 y_2 \\ x_3 y_1 + y_1 y_3 \\ x_1 y_2 - x_2 y_1 \end{pmatrix}$$

und $(\alpha, \beta) : I \to \mathbb{R}^6, \ t \mapsto (\alpha(t), \beta(t))^T$. Also ist $\alpha \times \beta = \eta \circ (\alpha, \beta)$, und die Kettenregel besagt $\mathscr{J}_{\eta \circ (\alpha, \beta)}(t) = \mathscr{J}_\eta((\alpha(t), \beta(t)) \circ \mathscr{J}_{(\alpha, \beta)}(t)$. Das ergibt (die Variable t weglassend):

$$\begin{pmatrix} 0 & \beta_3 & -\beta_2 & 0 & -\alpha_3 & \alpha_2 \\ -\beta_3 & 0 & \beta_1 & \alpha_3 & 0 & -\alpha_1 \\ \beta_2 & \beta_1 & 0 & -\alpha_2 & \alpha_1 & 0 \end{pmatrix} \cdot \begin{pmatrix} \dot{\alpha}_1 \\ \dot{\alpha}_2 \\ \dot{\alpha}_3 \\ \dot{\beta}_1 \\ \dot{\beta}_2 \\ \dot{\beta}_3 \end{pmatrix} = \begin{pmatrix} \beta_3 \dot{\alpha}_2 - \beta_2 \dot{\alpha}_3 - \alpha_3 \dot{\beta}_2 + \alpha_2 \dot{\beta}_3 \\ -\beta_3 \dot{\alpha}_1 + \beta_1 \dot{\alpha}_3 + \alpha_3 \dot{\beta}_1 - \alpha_1 \dot{\beta}_3 \\ \beta_2 \dot{\alpha}_1 - \beta_1 \dot{\alpha}_2 - \alpha_2 \dot{\beta}_1 + \alpha_1 \dot{\beta}_2 \end{pmatrix}$$

$$= \ \alpha \times \dot{\beta} + \dot{\alpha} \times \beta$$

Bemerkung 8.3.47 (Kettenregel für Kurven und Funktionen). Seien $I \subset \mathbb{R}$ ein offenes Intervall und $B \subset \mathbb{R}^n$ offen. Sind $\gamma : I \to B$ und $f : B \to \mathbb{R}$ differenzierbar, so auch $f \circ \gamma : I \to \mathbb{R}$, und es gilt:

$$d(f \circ \gamma)_{t_0} = df_{\gamma(t_0)} \circ d\gamma_{t_0} : \mathbb{R} \to \mathbb{R}$$

Nach Einsetzen von $e_1 = 1$ folgt:

$$\boxed{d(f \circ \gamma)_{t_0}(1) = (f \circ \gamma)'(t_0) = df_{\gamma(t_0)}(\dot{\gamma}(t_0)) = \mathscr{J}_f(\gamma(t_0)) \cdot \dot{\gamma}(t_0)}$$

In Koordinaten:

$$\boxed{(f \circ \gamma)'(t_0) = \left(\frac{\partial f}{\partial x_1}(\gamma(t_0)), ..., \frac{\partial f}{\partial x_n}(\gamma(t_0)) \right) \cdot \begin{pmatrix} \dot{\gamma}_1(t_0) \\ \vdots \\ \dot{\gamma}(t_0) \end{pmatrix} = \sum_{i=1}^{n} \frac{\partial f}{\partial x_i}(\gamma(t_0)) \dot{\gamma}_i(t_0)}$$

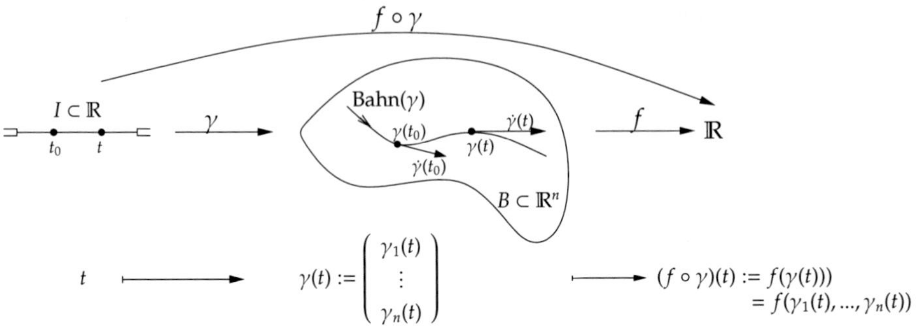

Abbildung 8.15: Für jedes $t \in I$ antwortet das Differential $df_{\gamma(t)}$ auf den Geschwindigkeitsvektor $\dot\gamma(t)$ mit einer Zahl aus $\mathbb{R}$, d.h. $f \circ \gamma$ ist eine gewöhnliche Funktion einer Variablen.

Beispiel 8.3.48 (Übung). Sei $f : \mathbb{R}^3 \to \mathbb{R}$, $(x,y,z) \mapsto 2x^3 y + z^2$ eine Funktion auf $\mathbb{R}^3$ und $\gamma : \mathbb{R} \to \mathbb{R}^3$, $t \mapsto (\sqrt{t}, t, t^2)^T$ eine Raumkurve. Bestimme die JACOBI-Matrix von f und γ und bestätige die Kettenregel $d(f \circ \gamma))(t_0) = df_{\gamma(t_0)} \circ \dot\gamma(t_0)$ für $t_0 \in \mathbb{R}$.

Bemerkung 8.3.49 (Kettenregel für Abbildungen und Funktionen). Seien $B \subset \mathbb{R}^n$ und $\tilde{B} \subset \mathbb{R}^m$ beides offene Teilmengen. Sind $f : B \to \mathbb{R}^m$, $x \mapsto f(x)$ und $g : \tilde{B} \to \mathbb{R}$, $y \mapsto g(y)$ differenzierbar, und gilt $f(B) \subset \tilde{B}$, so ist auch die Komposition

$$B \xrightarrow{\ f\ } f(B) \subset \tilde{B} \xrightarrow{\ g\ } \mathbb{R}$$
$$\underset{g \circ f}{\underbrace{\qquad\qquad\qquad\qquad}}$$

differenzierbar, und es gilt:

$$\boxed{\mathscr{J}_{g \circ f}(x) = \left(\sum_{k=1}^{m} \frac{\partial g}{\partial y_k}(f(x)) \frac{\partial f_k}{\partial x_1}(x) \ \cdots \ \sum_{k=1}^{m} \frac{\partial g}{\partial y_k}(f(x)) \frac{\partial f_k}{\partial x_n}(x) \right) \in M_{1 \times n}(\mathbb{R}),}$$

wobei die $y_1, ..., y_m$ die Koordinaten in $\tilde{B} \subset \mathbb{R}^m$ von g sind.

Beweis. In Koordinatenschreibweise sieht f wie folgt aus

$$f(x) := f(x_1, ..., x_n) = \begin{pmatrix} f_1(x_1, ..., x_n) \\ \vdots \\ f_m(x_1, ..., x_n) \end{pmatrix},$$

also hat f selbst m Komponenten $y_k := f_k(x_1, ..., x_n)$. Für g gilt entsprechend $g(y) = g(y_1, ..., y_m)$, was zu $(g \circ f)(x) := g(f(x)) = g(f_1(x_1, ..., x_n), ..., f_m(x_1, ..., x_n))$ führt. Folglich haben die JACOBI-Matrizen für f bzw. g die Dimension $\mathscr{J}_f(x) \in M_{m \times n}(\mathbb{R})$

bzw. $\mathcal{J}_g(y) \in M_{1 \times m}(\mathbb{R})$. Die Anwendung der allgemeinen Kettenregel liefert

$$\mathcal{J}_{g \circ f}(x) = \mathcal{J}_g(f(x)) \cdot \mathcal{J}_f(x) = \left(\begin{array}{ccc} \frac{\partial g}{\partial y_1}(f(x)) & \cdots & \frac{\partial g}{\partial y_m}(f(x)) \end{array} \right) \cdot \left(\begin{array}{ccc} \frac{\partial f_1}{\partial x_1}(x) & \cdots & \frac{\partial f_1}{\partial x_n}(x) \\ \vdots & & \vdots \\ \frac{\partial f_m}{\partial x_1}(x) & \cdots & \frac{\partial f_m}{\partial x_n}(x) \end{array} \right),$$

womit nach Ausführung der Matrizenmultiplikation die Behauptung folgt. □

Beispiel 8.3.50. (Skalarproduktregel) Im Folgenden betrachten wir den $\mathbb{R}^n$ als EUKLIDischen Raum, ausgestattet mit dem Standardskalarprodukt $\langle ., . \rangle : \mathbb{R}^m \times \mathbb{R}^m \to \mathbb{R}$, $\langle x, y \rangle := \sum_{k=1}^{m} x_k y_k$. Seien $f, g : B \to \mathbb{R}^m$ differenzierbare Abbildungen. Dann ist auch die Funktion

$$\langle f, g \rangle : B \longrightarrow \mathbb{R}, x \longmapsto \langle f, g \rangle(x) := \langle f(x), g(x) \rangle = \sum_{j=1}^{m} f_j(x) g_j(x)$$

differenzierbar, und es gilt:

$$\boxed{d(\langle f, g \rangle)_x = g(x)^T df_x + f(x)^T dg_x} \qquad \boxed{\mathcal{J}_{\langle f, g \rangle}(x) = g(x)^T \mathcal{J}_f(x) + f(x)^T \mathcal{J}_g(x)}$$

Das Standardskalarprodukt ist als Polynom in $2n$ Variablen nach Satz 8.3.44(i),(ii) differenzierbar. Weiter ist mit $f, g : B \to \mathbb{R}^m$ gemäß Lemma 8.3.43 auch $(f, g) : B \to \mathbb{R}^{2m}, x \mapsto (f(x), g(x))^T$ differenzierbar mit JACOBI-Matrix:

$$\mathcal{J}_{(f,g)}(x) = \left(\begin{array}{c} \mathcal{J}_f(x) \\ \mathcal{J}_g(x) \end{array} \right)$$

Mit der Kettenregel folgt:

$$\begin{aligned} \mathcal{J}_{\langle f, g \rangle}(x) &= \mathcal{J}_{\langle ., . \rangle \circ (f,g)}(x) = \mathcal{J}_{\langle ., . \rangle}((f(x), g(x)) \cdot \mathcal{J}_{(f,g)}(x) \\ &= (g_1(x) \ldots g_m(x), f_1(x) \ldots f_m(x)) \cdot \left(\begin{array}{c} \mathcal{J}_f(x) \\ \mathcal{J}_g(x) \end{array} \right) = g(x)^T \mathcal{J}_f(x) + f(x)^T \mathcal{J}_g(x) \end{aligned}$$

Der folgende Satz besagt im Wesentlichen, dass die JACOBI-Matrix der Inversen Abbildung f^{-1} berechnet werden kann, ohne f^{-1} konkret zu kennen, nämlich aus der JACOBI-Matrix von f. Dies ist insofern ganz nützlich, weil die konkrete Bestimmung der inversen Abbildung nicht notwendig ist.

Satz 8.3.51 (Umkehrformel). *Ist* $f : B \xrightarrow{\cong} \tilde{B}$ *ein Diffeomorphismus von offenen Teilmengen* $B, \tilde{B} \subset \mathbb{R}^n$, *d.h. eine differenzierbare Bijektion mit differenzierbaren Inversen, so gilt an jeder Stelle* $y := f(x)$ *in* $\tilde{B}$:

$$\boxed{d\left(f^{-1} \right)_y = (df_x)^{-1}} \qquad \boxed{\mathcal{J}_{f^{-1}}(y) = \left(\mathcal{J}_f(x) \right)^{-1}}$$

Beweis. Ist $f : B \xrightarrow{\cong} \tilde{B}$ ein Diffeomorphismus, wie im Satz angegeben, mit Inversem f^{-1}, so gilt bekanntlich schon mengentheoretisch $f \circ f^{-1} = \text{id}_{\tilde{B}}$ und $f^{-1} \circ f = \text{id}_B$ (loc. cit. Satz 1.2.58). Bezeichnet $y := f(x)$ und $E \in M_n(\mathbb{R})$ die Einheitsmatrix, so liefert die Anwendung der Kettenregel auf beiden Seiten $E = \mathscr{J}_{\text{id}_B}(x) = \mathscr{J}_{f^{-1} \circ f}(x) = \mathscr{J}_{f^{-1}}(y) \cdot \mathscr{J}_f(x)$ und genau so in umgekehrter Reihenfolge $E = \mathscr{J}_f(x) \cdot \mathscr{J}_{f^{-1}}(y)$, d.h. $\mathscr{J}_f(x) \in \text{GL}_n(\mathbb{R})$ ist invertierbar, womit die Behauptung folgt, denn $(\mathscr{J}_f(x))^{-1} \cdot E = (\mathscr{J}_f(x))^{-1} \cdot \mathscr{J}_f(x) \cdot \mathscr{J}_{f^{-1}}(y) = E \cdot \mathscr{J}_{f^{-1}}(y) = \mathscr{J}_{f^{-1}}(y)$. $\qquad\square$

Eine i.A. sehr schwierige Aufgabe ist die Frage, *wann ist eine differenzierbare Abbildung umkehrbar*, zu beantworten. Die Umkehrformel sagt nur: Ist f bereits ein Diffeomorphismus, dann ist sein Differential in jedem Punkte ein (linearer) Isomorphismus. Der nicht-triviale *Umkehrsatz*, den wir hier nicht vertiefen können, sagt: Ist das Differential von f in einem Punkte a ein linearer Isomorphismus, so ist f *lokal* um a umkehrbar.

8.3.4   Richtungsableitung und Gradient

Wirklich *Neues* lernt man hier nicht, lediglich kleidet man das Gelernte aus den vergangenen Abschnitten im neuen Gewande ein und ergänzt das eine oder andere.

Sei $f : B \to \mathbb{R}$ eine Funktion auf einer offenen Teilmenge $B \subset \mathbb{R}^n$. Sei $a \in B$, und $0 \neq v \in \mathbb{R}^n$ so, dass $a + v \in B$ liegt.

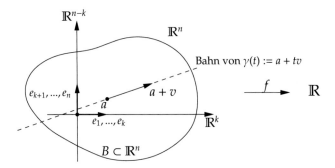

Abbildung 8.16: Statt entlang genau *einer* der Koordinatenlinien $x_1, ..., x_n$, nun auch beliebige Richtung v zulässig.

Bisher: Mithilfe der partiellen Ableitungen von f kann das lineare Änderungsverhalten von f entlang der Koordinatenlinien $x_1, ..., x_n$, d.h. in Richtung der Standardeinheitsvektoren $e_1, ..., e_n$ im $\mathbb{R}^n$ studiert werden (loc. cit. Abb. 8.13).

Jetzt: wollen wir dieses Änderungsverhalten in beliebiger Richtung $v \in \mathbb{R}^n$, also entlang der Kurve $\gamma(t) := a + tv$ mit $t \in \mathbb{R}$ bestimmen. Der Höhenzuwachs pro Zeiteinheit beim Bergwandern (vgl. Abb. 8.17) hängt ab von:

- der Steilheit des Weges,

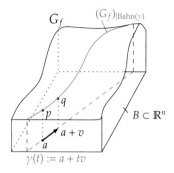

Sonde in B in Richtung v
und was sie beim Bergwandern
auf dem Graphen erleben würde.
$p := (a, f(a))$
$q := ((a + v, f(a + v))$ nach 1s

Abbildung 8.17: Sonde, die zum Zeitpunkt $t = 0$ in p startet und in Richtung v auf dem Graphen (rot) verläuft, ist nach 1s bei q angekommen.

- der Geschwindigkeit des Wanderers, d.h. von v selbst.

Wir sind aber nur an Ersterem interessiert, weswegen eine Normierung der Geschwindigkeit den v-unabhängigen Höhenzuwachs liefert:

Definition 8.3.52. Sei $f : B \to \mathbb{R}$, $x \mapsto f(x)$ eine Funktion auf einer offenen Teilmenge $B \subset \mathbb{R}^n$, $a \in B$, sowie $0 \neq v \in \mathbb{R}^n$ mit $\|v\| = 1$. Existiert der Grenzwert

$$\nabla_v f(a) := \lim_{t \to 0} \frac{f(a + tv) - f(a)}{t} \underset{\text{(Satz 8.3.32 (ii))}}{=} \mathscr{J}_f(a) \cdot v,$$

so heißt dieser die **Richtungsableitung** von f im Punkte a in Richtung v.

Bemerkung 8.3.53. (i) Für ein beliebiges $0 \neq v \in \mathbb{R}^n$ lautet die Richtungsableitung von f im Punkte $a \in B$ in Richtung v:

$$\nabla_v f(a) = \frac{1}{\|v\|} \mathscr{J}_f(a) \cdot v = \mathscr{J}_f(a) \cdot \frac{v}{\|v\|}.$$

(ii) Die Richtungsableitung von f in a in Richtung v ergibt sich auch als Konsequenz der Kettenregel für Kurven und Funktionen. Denn: Ist $0 \neq v \in \mathbb{R}^n$, so ist vermöge $\gamma : I \to B$, $t \mapsto \gamma(t) := a + tv$ eine differenzierbare Kurve auf einem offenen Intervall $0 \in I \subset \mathbb{R}$ mit $\gamma(0) = a$ und $\dot{\gamma}(0) = v$ in B gegeben. Für $\|v\| = 1$ gilt dann:

$$(f \circ \gamma)'(0) = \frac{\mathrm{d}}{\mathrm{d}t} f(a + tv)\Big|_{t=0} = \nabla_v f(a) = \mathscr{J}_f(\gamma(0)) \cdot \dot{\gamma}(0) = \sum_{i=1}^{n} \frac{\partial f}{\partial x_i}(a) \cdot v_i$$

Man sagt auch $\nabla_v f(a)$ ist die Richtungsableitung von f in a *längs* γ.
(iii) Betrachtet man also f entlang eines solchen γ's, also $h(t) := (f \circ \gamma)(t) = f(\gamma(t)) = f(a + tv)$, so gilt

$$\nabla_v f(a) = \dot{h}(0) = \begin{cases} > 0 \\ < 0 \end{cases} \implies f \text{ nimmt in } v\text{-Richtung} \begin{cases} \text{zu.} \\ \text{ab.} \end{cases}$$

Für den Bergwanderer auf dem Graphen von f bedeutet also $\dot{h}(0) > 0$, dass es bergauf geht, bzw. bergab, falls $\dot{h}(0) < 0$.

Definition 8.3.54. Sei $B \subset \mathbb{R}^n$ offen. Ist $f : B \to \mathbb{R}$ partiell differenzierbar im Punkte $a \in B$, so heißt der Vektor

$$\operatorname{grad}_a f := \nabla f(a) := \begin{pmatrix} \frac{\partial f(a)}{\partial x_1} \\ \vdots \\ \frac{\partial f(a)}{\partial x_n} \end{pmatrix} \in \mathbb{R}^n$$

der **Gradient** von f in a.

Im Falle einer differenzierbaren Funktion existiert die Richtungsableitung, und dann hängen Gradient und Differential wie folgt zusammen

Satz 8.3.55. *Ist $f : B \to \mathbb{R}$ eine in $a \in B \subset \mathbb{R}^n$ differenzierbare Funktion auf der offenen Teilmenge $B \subset \mathbb{R}^n$, so existiert für jeden Vektor $0 \neq v \in \mathbb{R}^n$ mit $\|v\| = 1$ die Richtungsableitung $\nabla_v f(a)$, und es gilt:*

$$\boxed{\nabla_v f(a) = \mathcal{J}_f(a) \cdot v = \sum_{i=1}^{n} \frac{\partial f(a)}{\partial x_i} v_i = \langle \operatorname{grad}_a f, v \rangle,}$$

wobei $\langle .,. \rangle$ das Standardskalarprodukt des $\mathbb{R}^n$ bezeichnet. Insbesondere ist dann:

$$\boxed{\operatorname{grad}_a f = (\mathcal{J}_f(a))^T}$$

Beweis. Folgt unmittelbar aus Satz 8.3.32 (ii) und der Definition des Standardskalarproduktes.   □

Unter allen Richtungsableitungen von f in einem Punkt $a \in B$ gibt es eine, für die der Funktionsanstieg maximal ist.

Satz 8.3.56. *Ist $f : B \to \mathbb{R}$ eine differenzierbare Funktion auf einer offenen Teilmenge $B \subset \mathbb{R}^n$, und ist für $a \in B$ der Gradient $\operatorname{grad}_a f \neq 0$, so zeigt der Vektor $\operatorname{grad}_a f$ in Richtung des stärksten Anstieges von f im Punkte a. Darüber hinaus gilt:*

$$\max_{\|v\|=1}\{\nabla_v f(a)\} = \nabla_{\frac{\operatorname{grad}_a f}{\|\operatorname{grad}_a f\|}} f(a) = \|\operatorname{grad}_a f\|$$

Beweis. Gemäß Bem. 3.9.33 lässt sich aus der CAUCHY-SCHWARZschen Ungleichung der Winkel $\varphi \in [0, \pi]$ definieren, den zwei Vektoren $u, w \in \mathbb{R}^n$ einschließen, nämlich $\langle u, w \rangle = \|u\| \cdot \|w\| \cdot \cos \varphi$. Somit gilt für $\operatorname{grad}_a f$ und einen beliebigen auf 1 normierten Richtungsvektor $0 \neq v \in \mathbb{R}^n$ im Punkte a:

$$
\begin{aligned}
\nabla_v f(a) &= \langle \operatorname{grad}_a f, v \rangle && \text{(Satz 8.3.55)} \\
&= \|\operatorname{grad}_a f\| \cdot \|v\| \cdot \cos \angle(\operatorname{grad}_a f, v) && \text{(CAUCHY-SCHWARZ)} \\
&\leq \|\operatorname{grad}_a f\| && (\|v\| = 1) \\
&= \langle \operatorname{grad}_a f, \tfrac{\operatorname{grad}_a f}{\|\operatorname{grad}_a f\|} \rangle && \text{(Bilinearität von } \langle .,. \rangle) \\
&= \nabla_{\frac{\operatorname{grad}_a f}{\|\operatorname{grad}_a f\|}} f(a) && \text{(Satz 8.3.55)}
\end{aligned}
$$

D.h. unter allen Richtungen v, die man von $a \in B$ aus gehen kann, liefert die Richtungsableitung von f in a in Richtung $v := \operatorname{grad}_a f / \|\operatorname{grad}_a f\|$ den steilsten Anstieg in der Berglandschaft des Graphen von f in $(a, f(a)) \in G_f$. □

Entsprechend weist $-\operatorname{grad}_a f$ in die Richtung des stärksten Gefälles, und dieses ist gerade $-\|\operatorname{grad}_a f\|$.

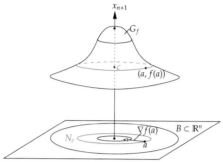

Abbildung 8.18: Der Gradient $\nabla f(a)$ von f in a ist ein Vektor in B, nicht des Graphen von f. Er zeigt in diejenige Richtung, die beim Wandern der auf dem Graphen von f hochgehobenen Kurve $t \mapsto \gamma(t) := a + t\nabla f(a))$ zum maximalen Höhenzuwachs führt.

Bemerkung 8.3.57 (Der Gradient steht senkrecht auf den Niveaumengen). Sei $f : B \to \mathbb{R}$ differenzierbar auf $B \subset \mathbb{R}^n$ offen. Sei $N_c := f^{-1}(c) \cap B = \{x \in B \mid f(x) = c\}$ die Niveaumenge zu $c \in \mathbb{R}$. Ist nun $\gamma : I \to N_c$ eine Kurve, die ganz in N_c verläuft, so folgt definitionsgemäß $(f \circ \gamma)(t) = f(\gamma(t)) = c$ für alle $t \in I$. In Abb. 8.18 werden also alle Punkte von $N_c \subset B$ (rot) durch f auf den konstanten Wert $c \in \mathbb{R}$ abgebildet. Folglich ist nach der Kettenregel $(f \circ \gamma)'(t) = \langle \operatorname{grad}_{\gamma(t)} f, \dot{\gamma}(t) \rangle = 0$ für alle $t \in I$, d.h. $\operatorname{grad}_{\gamma(t)} f \perp \dot{\gamma}(t)$ für alle $t \in I$. Da $\operatorname{Bahn}(\gamma) := \operatorname{Bild}(\gamma) \subset N_c$, sagt man dann auch *der Gradient steht senkrecht auf der Niveaumenge N_c*, also

$$\operatorname{grad}_x f \perp N_c \quad \forall_{x \in N_c} \;:\Longleftrightarrow\; \forall_{\operatorname{Bahn}(\gamma) \subset N_c} : \operatorname{grad}_{\gamma(t)} f \perp \dot{\gamma}(t) \quad \forall_{t \in I} . \tag{8.6}$$

Beispiel 8.3.58. Betrachte $f : \mathbb{R}^n \to \mathbb{R}$, $x \mapsto f(x) := \|x\| := \sqrt{x_1^2 + x_2^2 + \ldots + x_n^2}$ mit $n > 1$.

1. Wo ist f differenzierbar? Bestimme $\operatorname{grad}_x f$ an allen zulässigen Punkten.

2. Was für ein geometrisches Objekt ist die Niveaumengen N_c mit $c \in \mathbb{R}$? Wo liegt N_c?

3. Bestimme die Tangentialhyperebene an $a \in N_1$ und zeige $\operatorname{grad}_a f \perp N_1$.

Zu 1.: Es ist f differenzierbar in $\mathbb{R}^n \backslash 0$, denn $\operatorname{grad}_x f = \frac{1}{\|x\|} x$, da $\frac{\partial f}{\partial x_i}(x) = \frac{1}{\|x\|} x_i$ für $i = 1, \ldots, n$. Wegen $\frac{\partial f}{\partial x_i}(x) \to \infty$ für $\|x\| \to 0$ sind die partiellen Ableitungen von f in $x = 0$ nicht definiert, und daher kann f in $x = 0$ nicht differenzierbar sein.

Zu 2.: Die Niveaumengen sind konzentrische $(n-1)$-Sphären $S_{\sqrt{c}}^{n-1}$ um 0 mit Radius
$\sqrt{c}$ und $c \in \mathbb{R}^+$. Für $c = 0$ besteht die Niveaumenge $N_0 = \{0\}$ nur aus einem
Punkt, nämlich den Nullpunkt im $\mathbb{R}^n$. Für $c < 0$ gilt $c \notin \text{Bild}(f)$ und also
$N_c = \emptyset$.

Zu 3.: Sei also $a \in S_1^{n-1}$. Dann ist durch $T_f(a+v) = f(a) + \mathscr{J}_f(a)v$ die Gleichung für
die Tangentialhyperebene von f im Punkte $(a, f(a)) \in G_f$ gegeben. Wegen
$a \in S_1^{n-1}$ und $\text{grad}_a f = (\mathscr{J}_f(a))^T = a$ folgt $T_f(a+v) = 1 + a^T v$ und damit für die
Tangentialhyperebene $\mathscr{H}_{(a, f(a))} = \{(x = a+v, x_{n+1}) \in \mathbb{R}^{n+1} \mid x_{n+1} = T_f(a+v)\}$.
Es ist aber nach der Tangentialhyperebene $T_{N_1}(a)$ an $N_1 = S_1^{n-1}$ in a gefragt.
Dazu gehen wir wie folgt vor: Da $n > 1$, sind die Niveaumengen N_c mit $c > 0$
mindestens 1-dimensional. Daher lässt sich jeder Tangentialvektor v an N_c
als Geschwindigkeitsvektor $v = \dot{\gamma}(0)$ einer Kurve $\gamma : I \to N_c$ mit $\gamma(0) = a \in N_c$
realisieren. Für ein solches v gilt:

$$v \in T_{N_c}(a) \Leftrightarrow \langle \text{grad}_a f, v \rangle = 0 \Leftrightarrow \mathscr{J}_f(a)v = 0 \Leftrightarrow v \in \text{Kern } \mathscr{J}_f(a)$$

$$\implies T_{N_c}(a) = \{v + a \mid v \in \text{Kern } \mathscr{J}_f(a)\}$$

Also ist im vorliegenden Fall $T_{N_1}(a) = \{v+a \mid a^T v = 0\} = \{v+a \mid \langle \text{grad}_a f, v \rangle = 0\}$.

Aufgaben

R.1. (Partielle Ableitungen, Jacobi-Matrix)

(i) Bilden Sie folgende partiellen Ableitungen jeweils nach allen Variablen
in einem beliebigen, aber fest gewählten Punkt, und bestimmen Sie ferner
jeweils den Definitionsbereich.

(a) $f(x, y) := xe^{-3y}$ (b) $f(t, \lambda) := t^\lambda$ (c) $f(x_1, x_2) := e^{x_1} \cos(x_1 x_2) + \dfrac{2x_1}{\sqrt{1 - x_2^2}}$

(ii) Bilden Sie die partiellen Ableitungen $\frac{\partial f}{\partial x_i}(x)$ nach allen Variablen x_i der
Abbildung:

$$f(x) := \begin{pmatrix} x_3 \sin x_1 \cos x_2 \\ x_1^3 + x_2^2 \sqrt{1 + x_3^2} \\ \sin(e^{x_1 x_2 x_3}) \end{pmatrix}$$

Stellen Sie sodann die Jacobi-Matrix $\mathscr{J}_f(x)$ auf und prüfen Sie, ob f differenzierbar ist. Begründen Sie Ihre Antwort!

R.2. Betrachte den Diffeomorphismus:

$$P : \mathbb{R}^+ \times [0, 2\pi) \overset{\cong}{\longrightarrow} \mathbb{R}^2, \; (r, \varphi) \mapsto \begin{pmatrix} r \cos \varphi \\ r \sin \varphi \end{pmatrix}$$

(a) Bestimmen Sie die JACOBI-Matrix $\mathscr{J}_{P^{-1}}(x, y)$ der Umkehrabbildung P^{-1} ohne Kenntnis von P^{-1}.

(b) Was macht die Abbildung P anschaulich? Skizze!

R.3. (Anwendungsbeispiel: Fehlerrechnung) Für $a > 0$ und $B := \{(x, y) \in \mathbb{R}^2 : x > 0 \wedge y > 0\}$ betrachte die Funktion

$$f : B \longrightarrow \mathbb{R}, \ (x, y) \longmapsto f(x, y) := a\sqrt{\frac{x}{y}}.$$

a) Man zeige, dass f in B differenzierbar ist, und bestimme das Differential df.

b) Setze nun $a := 2\pi$. Wie lautet die Gleichung der Tangentialhyperebene von f im Punkte $(a, f(a))$ des Graphen, mit $a := (4, 1)$? Wie groß ist der lineare Zuwachs zum Punkt $(4.8, 1.1)$? Wie groß ist der Fehler gegenüber der exakten Differenz?

c) Es sei $T(l, g) := 2\pi\sqrt{l/g}$ die Periode eines mathematischen Pendels der Länge $l > 0$, wobei $g > 0$ die Fallbeschleunigung ist. Welchen relativen Fehler in % hätte man schlimmstenfalls zu erwarten, wenn die Messgenauigkeit von l und g höchstens 0.1% beträgt? (Hinweis: Die Darstellung $\frac{dT}{T} = \ldots$ kann helfen.)

R.4. Der Gesamtwiderstand bei Parallelschaltung zweier Widerstände $x_1, x_2 > 0$ ist

$$f(x_1, x_2) = \frac{x_1 x_2}{x_1 + x_2}.$$

a) Man bestimme das Differential df in der Form $df = a_1 dx_1 + a_2 dx_2$ mit zu bestimmenden Funktionen a_1, a_2.

b) Sei $(\tilde{x}_1, \tilde{x}_2) = (100, 400)$ und $x_1 = \tilde{x}_1 + \Delta x_1$, $x_2 = \tilde{x}_2 + \Delta x_2$. Man gebe die lineare Approximation zu (x_1, x_2) an.

c) Welcher maximale Fehler ergibt sich durch die lineare Approximation, und welcher exakte Fehler ergibt sich, wenn $|\Delta x_1| \leq 2$, $|\Delta x_2| \leq 2$?

R.5. (Geometrie von Kurven)

(i) Für einen festen Punkt $p \in \mathbb{R}^2$ skizzieren Sie die Bahn und den Graphen der vermöge

$$\gamma(t) := p + (a\cos(t), b\sin(t))^T \quad \text{mit } 0 < b \leq a \in \mathbb{R}^+$$

gegebenen Kurve im $\mathbb{R}^2$. Tragen Sie p, a, b in die Skizzen mit ein. Um welches geometrische Objekt handelt es sich im Falle $a \neq b$ und im Falle $a = b$?

(ii) Sei nun $p := (2, 2)^T, a := 2, b := 1$ und $t_0 := \frac{\pi}{6}$. Bestimmen Sie den Geschwindigkeitsvektor von γ im Punkte t_0 und die Gleichung für den Tangentialraum in $\gamma(t_0)$. Skizzieren Sie in diesem Fall die Bahn von γ und tragen Sie Geschwindigkeitsvektor und Tangentialraum darin ein.

R.6. (Geometrie des Differentials)

Sei $f : \mathbb{R}^2 \to \mathbb{R}$, $(x,y) \mapsto x^2 - y^2$.

(i) Berechnen Sie die Tangentialhyperebene von f im Punkte $(a, f(a))$ mit $a := (1, \frac{1}{2}) \in \mathbb{R}^2$. Auf welcher Niveaumenge N_c liegt der Punkt a?

(ii) Unter Verwendung der Ergebnisse von Blatt 6.5 (ii) bestimmen Sie den Tangentialraum $T_{N_c}(a)$ an der Niveaumenge N_c in a.

(iii) Sei $\gamma : \mathbb{R} \to \mathbb{R}^2$, $\gamma(t) := (\frac{2}{\sqrt{3}} \cos(t), \sin(t))^T$.

  (a) Bilden Sie $(f \circ \gamma)(t_0)$ mit $t_0 = \pi/6$, und zeigen Sie $\gamma(t_0) = a$.

  (b) Berechnen Sie die Richtungsableitung von f längs γ im Punkte $\gamma(t_0)$. Steigt oder fällt der Graph von f, wenn man von a aus in Richtung $\dot{\gamma}(t_0)$ auf dem Graphen wandert, und wie groß ist die Steigung bzw. das Gefälle?

  (c) Welchen Winkel schließt der Gradient von f in a und $\dot{\gamma}(t_0)$ ein?

  (d) Wie hängen Richtungsableitung von f in a in Richtung $\dot{\gamma}(t_0)$ und die Kettenregel $(f \circ \gamma)'(t_0)$ zusammen?

T.1. Man zeige, dass die Abbildung $f : \mathbb{R}^n \to \mathbb{R}^n, x \mapsto \|x\| \cdot x$ differenzierbar ist und berechne die JACOBI-Matrix.

T.2. Sei:

$$f : \mathbb{R}^2 \to \mathbb{R}, \quad \mapsto \begin{cases} \dfrac{x^3}{x^2 + y^2} & \text{falls } (x,y) \neq (0,0) \\ 0 & \text{falls } (x,y) = (0,0) \end{cases}$$

Man zeige:

  (a) f ist im Ursprung stetig, aber nicht differenzierbar.

  (b) Für jede differenzierbare Kurve $\gamma : [a,b] \to \mathbb{R}^2$ ist auch $f \circ \gamma$ differenzierbar. Insbesondere ist f partiell differenzierbar.

T.3. (Verallgemeinerung des Mittelwertsatzes der Differentialrechnung in einer Variablen) (i) Sei $f : B \to \mathbb{R}$ eine differenzierbare Funktion auf einer offenen Teilmengen $B \subset \mathbb{R}^n$. Man zeige: Ist $x + tv \in B$ für alle $0 \leq t \leq 1$, so gibt es ein $\theta \in (0,1)$ mit:

$$f(x+v) - f(x) = \mathscr{J}_f(x + \theta v) \cdot v$$

(ii) Sei $f : B \to \mathbb{R}^m$ eine $\mathscr{C}^1$-Abbildung. Man zeige: Ist auch hier $x + tv \in B$ für alle $0 \leq t \leq 1$, so gilt:

$$f(x+v) - f(x) = \int_0^1 \mathscr{J}_f(x + tv) dt \cdot v$$

Dabei ist das Integral komponentenweise definiert, d.h. das Integral wird über jeden Eintrag der JACOBI-Matrix gebildet, was also wieder eine Matrix ergibt, den Mittelwert.

T.4. Eine Teilmenge $B \subset \mathbb{R}^n$ heißt *sternförmig*, falls es einen Punkt $p \in B$ – genannt Zentrum – gibt, von dem man alle anderen Punkte in B „sehen" kann, d.h. es gibt ein $p \in B$, so dass für alle $q \in B$ gilt $p(1 - t) + tq \in B$ für alle $0 \leq t \leq 1$. Sei nun $B \subset \mathbb{R}^n$ offen und sternförmig mit Zentrum $p \in B$, und $v : B \to \mathbb{R}^n$ ein $\mathscr{C}^1$-Vektorfeld. Man zeige: Gilt $\frac{\partial v_i(x)}{\partial x_j} = \frac{\partial v_j(x)}{\partial x_i}$ für alle $1 \leq i, j \leq n$ und alle $x \in B$, so gibt es eine $\mathscr{C}^2$-Funktion $f : B \to \mathbb{R}$ mit $f(p) = 0$ und $v = \mathrm{grad}_f$. (Hinweis: Berechne $\frac{\mathrm{d}}{\mathrm{d}t} f(p + tw)$.)

Nota bene: Die Bedingung der Sternförmigkeit ist nicht überflüssig.

T.5. Seien $n \neq m \in \mathbb{N}$, und $X \subset \mathbb{R}^n$, $Y \subset \mathbb{R}^m$ nicht-leere offene Teilmengen.

 (a) Folgern Sie aus der Kettenregel, dass es keinen Diffeomorphismus f : $X \xrightarrow{\cong} Y$, also keine differenzierbare Bijektion mit differenzierbarem Inversen, geben kann.

 (b) Für welche n, m kann es immerhin Beispiele differenzierbarer Abbildungen $f : X \to Y$ geben mit $f \circ g = \mathrm{id}_Y$? Geben Sie ein solches Beispiel an. (Hinweis: Welche Eigenschaft hat f, wenn $f \circ g = \mathrm{id}_Y$ gilt?)

8.4 Hesseform und ihre Bedeutung

Ist $f : I \to \mathbb{R}$ eine $\mathscr{C}^2$-Funktion auf einem offenen Intervall $I \subset \mathbb{R}$ und $t_0 \in I$ ein Punkt, so gibt uns $f''(t_0)$ folgende Informationen:

* (Extremwerte) Ist $f''(t_0) > 0$ (< 0) $\Rightarrow$ f hat in t_0 ein lok. iso. Min. (Max.), falls $f'(t_0) = 0$.

* (Approximation) $T_f^2(t) \approx_{t_0}^2 f$, d.h. $T_f^2(t) = f(t_0) + f'(t_0)(t - t_0) + \frac{1}{2} f''(t_0)(t - t_0)^2$ approximiert als das 2. Taylor-Polynom f von 2. Ordnung bei t_0.

* (Krümmung) Ist $f'(t_0) \neq 0$ und $f''(t_0) > 0$ (< 0), ist f bei t_0 strikt konvex=Linkskrümmung (konkav=Rechtskrümmung), d.h. f'' ist ein Maß für die Nichtlinearität von f bei t_0.

All diese aus der eindimensionalen Analysis wohlbekannten Resultate lassen sich auf den höherdimenisonalen Fall verallgemeinern, was Gegenstand des nun folgendes Abschnittes ist. Dabei nimmt die sogenannte Hesseform[6] den Platz der „2. Ableitung" ein.

In diesem Abschnitt betrachten wir Funktionen $f : B \to \mathbb{R}$ auf einer offenen Teilmenge $B \subset \mathbb{R}^n$.

---

[6]Otto Hesse (1811-1874) deutscher Mathematiker

Definition 8.4.1. Die Matrix der 2. partiellen Ableitungen

$$H := H_f(x_0) := \left(\frac{\partial^2 f(x_0)}{\partial x_i \partial x_j} \right)_{i,j=1,\dots,n} = \begin{pmatrix} \frac{\partial^2 f(x_0)}{\partial x_1 \partial x_1} & \cdots & \frac{\partial^2 f(x_0)}{\partial x_1 \partial x_n} \\ \vdots & & \vdots \\ \frac{\partial^2 f(x_0)}{\partial x_n \partial x_1} & \cdots & \frac{\partial^2 f(x_0)}{\partial x_n \partial x_n} \end{pmatrix} \in M_n(\mathbb{R})$$

einer $\mathscr{C}^2$-Funktion $f : B \to \mathbb{R}$ wird **Hesse-Matrix** genannt, und die zugehörige quadratische Form $Q_H : \mathbb{R}^n \to \mathbb{R}$ ist gegeben vermöge

$$Q_H(v) =: v^T H_f(x_0) v = \sum_{i,j=1}^{n} \frac{\partial^2 f(x_0)}{\partial x_i \partial x_j} v_i v_j$$

heißt die **Hesse-Form** von f in x_0.

Bemerkung 8.4.2. (i) Als $\mathscr{C}^2$-Funktion vertauschen gemäß dem Lemma von SCHWARZ 8.3.13 die partiellen Ableitungen, womit die HESSE-Matrix stets symmetrisch, d.h. $H^T = H$ ist; also $H_f(x_0) \in \text{Sym}_n(\mathbb{R})$.
(ii) Demzufolge ist in der Tat Q_H eine quadratische Form auf dem $\mathbb{R}^n$ im Sinne von Bsp. 3.9.9. Insbesondere kann Q_H gleich in Ableseform

$$Q_H(v) := \underbrace{\sum_{i=1}^{n} \frac{\partial^2 f(x_0)}{\partial x_i^2} v_i^2}_{\text{Hauptdiagonalelemente von } H} + 2 \cdot \underbrace{\sum_{1 \le i < j \le n} \frac{\partial^2 f(x_0)}{\partial x_i \partial x_j} v_i v_j}_{\text{Nebendiagonalelemente von } H}$$

gebracht werden; für die Bestimmung von H braucht man also nicht n^2 Einträge zu berechnen, sondern wegen der Symmetrie nur $\frac{n(n+1)}{2}$.

Wir knüpfen nun an den Approximationsbegriff gemäß Def. 6.2.3 an, der sich Wort für Wort auf Funktionen mehrerer Variablen überträgt; ebenso die damit verbundene Anschauungskraft (loc. cit. Abb. 6.2).

Satz 8.4.3 (Approximationseigenschaft). *Ist $f \in \mathscr{C}^3(B)$ und $x_0 \in B$, so gilt:*

$$f(x) = f(x_0) + \mathscr{J}_f(x_0)(x - x_0) + \frac{1}{2}(x - x_0)^T H_f(x_0)(x - x_0) + r_2(x - x_0) \qquad (8.7)$$

mit $\lim\limits_{x \to x_0} \dfrac{r_2(x - x_0)}{\|x - x_0\|^2} = 0$ *oder äquivalent mit* $v := x - x_0$:

$$f(x_0 + v) = f(x_0) + \mathscr{J}_f(x_0)v + \frac{1}{2}v^T H_f(x_0)v + r_2(v) \qquad \text{mit } \lim\limits_{v \to 0} \frac{r_2(v)}{\|v\|^2} = 0 \qquad (8.8)$$

Dabei bezeichnet $r_2(v)$ *(bzw. äquivalent* $r(x - x_0)$*) den Fehlerterm, der durch die jeweils linke Gleichung definiert ist, d.h.* $r_2(v) := f(x_0 + v) - f(x_0) - \mathscr{J}_f(x_0)v - \frac{1}{2}v^T H_f(x_0)v$.

Bemerkung 8.4.4. (i) Der Satz besagt, dass $v \mapsto \mathscr{J}_f(x_0)v + \frac{1}{2}v^T H_f(x_0)v$ die Abbildung $v \mapsto f(x_0 + v) - f(x_0)$ von 2. *Ordnung* (oder, wie man auch sagt, *quadratisch*) bei 0 approximiert.

(ii) Eine zu (i) äquivalente Fassung, aber am Ort des Geschehens $(x_0, f(x_0))$, lautet wie folgt : Vermöge

$$T_f^2(x_0 + v) \quad := \quad f(x_0) + \mathscr{J}_f(x_0)v + \frac{1}{2}v^T H_f(x_0)v$$

$$T_f^2(x) \quad := \quad f(x_0) + \mathscr{J}_f(x_0)(x - x_0) + \frac{1}{2}(x - x_0)^T H_f(x_0)(x - x_0)$$

ist das 2. TAYLOR-*Polynom* von f bei x_0 gegeben. Es approximiert f von 2. Ordnung bei x_0.

(iii) Allgemeiner lässt sich das n'te TAYLOR-Polynom T_f^n analog zu Def. 6.2.2 definieren und eine entsprechende Theorie der TAYLOR-Entwicklung von Funktionen in mehreren Variablen formulieren. Ganz analog gelten die Resultate zu Satz 6.2.12, woraus sich dann schließlich die TAYLOR-Koeffizienten, eine Art LAGRANGE-Restglied, und daraus insbesondere der Faktor $\frac{1}{2}$ vor der HESSE-Form, und die Forderung an $f \in \mathscr{C}^3(B)$ ergeben.

Merke: Wie im Eindimensionalen gilt auch hier:

- Das Differential liefert: $f(x) \approx_{x_0}^1 T_f^1(x) := f(x_0) + \mathscr{J}_f(x_0)(x - x_0)$

- Differential und HESSEform liefern:

$$f(x) \approx_{x_0}^2 T_f^2(x) := f(x_0) + \mathscr{J}_f(x_0)(x - x_0) + \frac{1}{2}Q_H((x - x_0))$$

Die HESSE-Form enthält auch Informationen über das lokale Verhalten von $f : B \to \mathbb{R}$ an den sogenannten kritischen Stellen (in B) von f.

Definition 8.4.5. Die Punkte $x_0 \in B$, an denen das Differential einer differenzierbaren Funktion $f : B \to \mathbb{R}$ verschwindet, heißen **kritische Punkte (bzw. - Stellen)** von f.

Merke: Kritische Punkte sind die Nullstellen des Gradienten $\mathrm{grad}_{x_0} f = 0$.

Sprechweise 8.4.6. Neben kritischen Punkten oder - Stellen ist auch die Sprechweise *singulärer Punkt* geläufig. Ein nicht-singulärer Punkt einer Funktion heißt *regulärer Punkt*[7].

Wie im Eindimensionalen können kritische Punkte auf Extrema der zugehörigen Funktionswerte hinweisen, müssen es aber nicht, wie schon das Standardbeispiel $f : \mathbb{R} \to \mathbb{R}$ mit $f(x) := x^3$ im Wendepunkte $x_0 = 0$ lehrt. Das höherdimensionale Analogon ist der sogenannte *Sattelpunkt*, wie in Abb. 8.19 dargestellt ist.

Sprechweise 8.4.7. Mit *Extremum* ist der Oberbegriff aller Arten (lokal/global/isoliert) von Maxima oder Minima einer Funktion $f : B \to \mathbb{R}$ gemeint.

---

[7]Regularität ist ebenso eine wichtige Eigenschaft in der Differentialrechnung mehrerer Variablen.

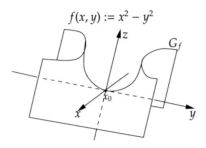

Abbildung 8.19: f hat in $x_0 = 0$ keine Extremalstelle, sondern einen *Sattelpunkt*.

Die entsprechenden Definitionen verallgemeinern sich in naheliegender Weise (fast wörtlich) gemäß Def. 2.3.33 auf den höherdimensionalen Fall.

Satz 8.4.8 (Notwendiges Kriterium für ein Extremum). *Hat eine Funktion $f : B \to \mathbb{R}$ in $a \in B$ ein Extremum, und ist sie dort differenzierbar, so gilt:*

$$\boxed{\mathrm{d}f_a = \mathscr{J}_f(a) = (\mathrm{grad}_a f)^T = 0}$$

Beweis. Zunächst führen wir in Analogie zu Beginn von Unterabschnitt 8.3.1 modifizierte partielle Funktionen

$$f_i : \underbrace{\{t \in \mathbb{R} \mid a + te_i = (a_1, .., a_{i-1}, a_i + t, a_{i+1}, ..., a_n) \in B\}}_{=:B_i \subset \mathbb{R}} \to \mathbb{R}, \; f_i(t) := f(a + te_i), \; i = 1, .., n$$

ein. Aufgrund der generalvorausgesetzten Offenheit von $B \subset \mathbb{R}^n$ ist $B_i = B \cap (\{a_1\} \times \ldots \times \{a_{i-1}\} \times \mathbb{R} \times \{a_{i+1}\} \times \ldots \times \{a_n\}) \subset \mathbb{R}$ offen in $\mathbb{R}$. Daher gibt es ein offenes Intervall $(a_i - \varepsilon_i, a_i + \varepsilon_i) \subset B_i \subset \mathbb{R}$ mit $\varepsilon_i > 0$, auf dem f_i differenzierbar ist. Da f_i als Funktion *einer* Variablen bei a_i ein Extremum hat, folgt mit Satz 2.3.35 $f_i'(0) = 0$ für alle $i = 1, .., n$.

Diskussion: Warum folgt hieraus die Behauptung?   □

Erinnerung: (loc. cit. Def. 3.9.18) Eine quadratische Form q auf dem $\mathbb{R}$-Vektorraum V heißt

$$\left.\begin{array}{l} \text{positiv (negativ) definit} \\ \text{positiv (negativ) semi-definit} \\ \text{indefinit} \end{array}\right\} :\Longleftrightarrow \left\{\begin{array}{lll} \forall v \in V^* & : & q(v) > 0 \; (q(v) < 0) \\ \forall v \in V & : & q(v) \geq 0 \; (q(v) \leq 0) \\ \exists v, v' \in V & : & q(v) > 0 \wedge q(v') < 0. \end{array}\right.$$

Eine symmetrische Matrix $A \in \mathrm{Sym}_n(\mathbb{R})$ heißt positiv (negativ) (semi-)definit, bzw. indefinit, falls die zugehörige quadratische Form $q(v) := v^T Bv$ die Eigenschaft hat.

Satz 8.4.9 (Hinreichende Kriterien für ein Extremum). *Sei $f \in \mathscr{C}^3(B)$ und Q_H die* HESSE*form von f im singulären Punkte $x_0 \in B$. Dann gilt:*

(i) Ist Q_H positiv (negativ) definit, so hat f bei x_0 ein isoliertes lokales Minimum (Maximum), d.h. es gibt eine Kugel $K_r(x_0)$ um x_0 mit $f(x) > f(x_0)$ ($f(x) < f(x_0)$) für alle $x \in K_r(x_0)\backslash\{x_0\}$.

(ii) Hat f bei x_0 ein lokales Minimum (Maximum), d.h. es gibt eine Kugel $K_r(x_0)$ um x_0 mit $f(x) \geq f(x_0)$ ($f(x) \leq f(x_0)$) für alle $x \in K_r(x_0)$, so ist Q_H positiv (negativ) semidefinit.

(iii) Ist Q_H indefinit, so hat f in x_0 kein lokales Extremum.

Beweis. Zu (i): Sei Q_H positiv definit. Wegen $\mathscr{J}_f(x_0) = 0$, gilt $f(x_0 + v) - f(x_0) = \frac{1}{2}Q_H(v) + r_2(v)$, und es ist nachzuweisen, dass die rechte Seite der Gleichung > 0 für genügend kleine $v \neq 0$ ist. Dazu betrachte $\frac{1}{2}Q_H(v)/\|v\|^2 = \frac{1}{2}Q_H(\frac{v}{\|v\|})$. Für $0 \neq v \in \mathbb{R}^n$ ist $v/\|v\| \in S^{n-1}$. Da die $(n-1)$-Einheitssphäre kompakt ist, nimmt die stetige Hesse-Form Q_H ihr Minimum an, das aufgrund der positiven Definitheit von Q_H selbst positiv ist. Daher gibt es ein $\varepsilon > 0$ mit $\frac{1}{2}Q_H(v)/\|v\|^2 \geq \varepsilon$ für alle $v \neq 0$. Wegen $r_2(v)/\|v\|^2 \to 0$ für $v \to 0$, gibt es ein $\delta > 0$ mit $|r_2(v)|/\|v\|^2 < \frac{1}{2}\varepsilon$ für alle $0 < \|v\| < \delta$. Für diese v in der δ-Kugel um x_0 gilt dann $f(x_0 + v) - f(x_0) > 0$, womit f in x_0 ein lokales isoliertes Minimum hat. Den Fall, dass f in x_0 ein Maximum hat, führt man via $-f$ auf das eben behandelte Minimum zurück.

Zu (ii): Sei also $f(x_0 + v) - f(x_0) \geq 0$ für genügend kleine v. Dann ist auch $\frac{1}{2}Q_H(v/\|v\|) + \frac{|r_2(v)|}{\|v\|^2} \geq 0$ für jene v. Da voraussetzungsgemäß $r_2(v)/\|v\|^2 \to 0$ für $v \to 0$, kann Q_H auf S^{n-1} und daher auch für alle $v \neq 0$ nicht negativ werden. Also ist die Hesse-Form positiv semidefinit. Entsprechend zeigt man den negativ semidefiniten Fall.

Zu (iii): Folgt direkt aus (ii). $\qquad\square$

Beachte: Die Umkehrung von 2. des obigen Satzes gilt *nicht*.

Beispiel 8.4.10 (Gegenbeispiel)**.** Die Funktion

- $(x, y) \mapsto x^2 + y^4$ ist im Ursprung ein lokales isoliertes Minimum (vgl. Abb. 8.20 Mitte).

- $(x, y) \mapsto x^2$ hat im Ursprung ein lokales Minimum, aber kein isoliertes.

- $(x, y) \mapsto x^2 - y^4$ hat im Ursprung kein Extremum (vgl. Abb. 8.20 rechts).

Indes haben alle drei Funktionen die positiv semi-definite Hesse-Matrix $\begin{pmatrix} 2 & 0 \\ 0 & 0 \end{pmatrix}$.

Merke: Semidefinitheit der Hesse-Form entscheidet nicht über Extremaleigenschaft von f.

Merke: Hat eine Funktion f am singulären Punkt x_0 eine

- positiv (negativ) definite Hesse-Form, und damit insbesondere vollen Rang, so sieht f lokal bei x_0 wie ein nach oben (unten) geöffnetes Paraboloid aus (vgl. Abb. 8.20 links).

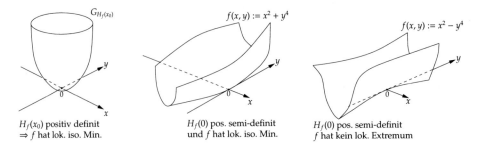

$H_f(x_0)$ positiv definit $\Rightarrow$ f hat lok. iso. Min. $H_f(0)$ pos. semi-definit und f hat lok. iso. Min. $H_f(0)$ pos. semi-definit f hat kein lok. Extremum

Abbildung 8.20: Anschauung über das lokale Verhalten von Funktionen an kritischen Stellen.

- indefinite HESSE-Form mit vollem Rang[8], so sieht f lokal bei x_0 wie ein Sattel aus (Abb. 8.19).

Um den Satz auch anwenden zu können, stellt sich die Frage, wie die Definitheit einer symmetrischen Matrix $A \in \mathrm{Sym}_n(\mathbb{R})$ festgestellt werden kann? Aktuell haben wir zwei Methoden:

1. Überführung von A in SYLVESTERsche Normalform durch elementarsymmetrische Umformungen gemäß Kap. 3.9.1 und Anwenden von Satz 3.9.19.

2. Bestimmung aller Eigenwerte von $H_f(x_0)$ gemäß Kap. 5.3. Das Vorzeichen der Eigenwerte entscheidet dann über die Definitheit von A. Genauer gilt:

Satz 8.4.11. *Für eine symmetrische Matrix $A \in \mathrm{Sym}_n(\mathbb{R})$ gilt:*

$$\left.\begin{array}{l} A \text{ positiv (negativ) definit} \\ A \text{ positiv (negativ) semi-definit} \\ A \text{ indefinit} \end{array}\right\} \iff \left\{\begin{array}{l} \text{alle Eigenwerte von } A \text{ sind} > 0 \; (< 0) \\ \text{alle Eigenwerte von } A \text{ sind} \geq 0 \; (\leq 0) \\ A \text{ hat mindestens einen Eigenwert} > 0 \\ \text{und einen mit} < 0 \end{array}\right.$$

Zum Beweis. Zunächst ist jede symmetrische Matrix A über $\mathbb{R}$ gemäß Abs. 5.4 diagonalisierbar. Genauer gibt es eine ON-Basis aus Eigenvektoren $(v_1, ..., v_n)$ im $\mathbb{R}^n$, so dass $D = S^T A S$ mit $S := (v_1|...|v_n) \in O(n)$ Diagonalgestalt hat, mit den Eigenwerten in der Diagonalen. Bezeichnet $q_A(x) := x^T A x$ die zu A assoziierte quadratische Form, und $q_D(y) := y^T D y$ die zu A assoziierte quadratische Form bezüglich der ON-Basis aus Eigenvektoren von A, so folgt mit dem Transformationsgesetz (vgl. Notiz 3.9.13) $q_A(x) = x^T A x = (Sy)^T A(Sy) = y^T(S^T A S)y = y^T D y = q_D(y)$. Also gilt z.B. im Falle der positiven Definitheit $q_A(x) > 0 \Leftrightarrow q_D(y) = \lambda_1 y_1^2 + ... + \lambda_n y_n^2 n > 0 \Leftrightarrow \lambda_1, ..., \lambda_n > 0$. Die anderen Fälle prüft man analog. □

Vorgehensweise zur Bestimmung lokaler Extrema von $\mathscr{C}^2$-Funktionen $f : B \to \mathbb{R}$ mit $B \subset \mathbb{R}^n$:

---

[8]Aus *indefinit* allein, kann nur *kein Extremum* geschlossen werden. Die Forderung *voller Rang* ist wichtig!

- Berechnung des Gradienten $\mathrm{grad}_x f$ von f im Punkte $x \in B$.

- Bestimmung der kritischen Punkte von f durch Nullsetzen des Gradientenfeldes von f, was das Lösen eines i.A. nicht-linearen Gleichungssystems $\mathrm{grad}_x f = 0$ bedeutet.

- Bestimmung der HESSE-Matrix $H_f(x)$ in allen kritischen Punkten. Dazu bilde in jeder Komponente von $\mathrm{grad}_x f$ die partiellen Ableitungen $\partial_{x_1}, ..., \partial_{x_n}$ unter Beachtung des SCHWARZschen Lemmas 8.3.13 und setze sodann die kritischen Punkte in $H_f(x)$ ein.

- Bestimmung der Definitheit der HESSE-Matrizen in ihren kritischen Punkten gemäß SYLVESTERscher - oder Eigenwerttheorie.

- Wende Satz über hinreichende Kriterien lokaler Extrema an.

Beispiel 8.4.12. Wir untersuchen die Funktion

$$f : \mathbb{R}^2 \to \mathbb{R}, \ (x, y) \mapsto \frac{1}{2}x^2 + 3y^3 + 9y^2 - 3xy - 9x + 9y$$

auf lokale Extrema.

Es ist $\mathrm{grad}_{(x,y)} f = (x - 3y - 9, 9y^2 + 18y - 3x + 9)^T$. Zur Berechnung der kritischen Punkte setze $\mathrm{grad}_{(x,y)} f = 0$, was auf das nicht-lineare Gleichungssystem

$$\begin{aligned} x - 3y - 9 &= 0 \\ 9y^2 + 18y - 3x + 9 &= 0 \end{aligned}$$

führt. Die erste Gleichung nach x aufgelöst ergibt $x = 3y + 9$ und dies in die zweite Gleichung eingesetzt liefert sodann $9y^2 + 9y - 18 = 9(y^2 + y - 2) = 0$. Aus der Standardlösungsformel für quadratische Gleichungen erhalten wir die Lösungen $y_1 = -2$ und $y_2 = 1$; jeweils eingesetzt in die erste Gleichung ergibt sich $x_1 = 3y_1 + 9 = 3(-2) + 9 = 3$ und $x_2 = 3 \cdot 1 + 9 = 12$. Also haben wir zwei kritische Punkte $P_1 := (3, -2)$ und $P_2 := (12, 1)$. Es kann sich als sinnvoll erweisen eine Probe durchzuführen, also die berechneten Punkte in das ausgängliche Gleichungssystem einzusetzen. Ausgehend von $\mathrm{grad}_{(x,y)} f$ bilden wir nun in jeder Komponente die partiellen Ableitungen ∂_y, ∂_y. Das ergibt $\frac{\partial^2 f}{\partial x^2}, \frac{\partial^2 f}{\partial x \partial y}$ aus der ersten Komponenten von $\mathrm{grad}_{(x,y)} f$ und $\frac{\partial^2 f}{\partial y \partial x}, \frac{\partial^2 f}{\partial y^2}$ aus der zweiten Komponenten von $\mathrm{grad}_{(x,y)} f$. Dabei braucht der letztere Mischterm aufgrund des SCHWARZschen Lemmas nicht explizit berechnet zu werden. Damit lautet nunmehr die HESSE-Matrix:

$$H_f(x; y) = \begin{pmatrix} 1 & -3 \\ -3 & 18(y+1) \end{pmatrix} \implies H_f(P_1) = \begin{pmatrix} 1 & -3 \\ -3 & -18 \end{pmatrix}, \ H_f(P_2) = \begin{pmatrix} 1 & -3 \\ -3 & 36 \end{pmatrix}$$

Zur Definitheit verwenden wir die Eigenwerttheorie:

P_1: Es ist $\chi_{H_f(P_1)}(\lambda) = \det(H_f(P_1) - \lambda \cdot E) = \lambda^2 + 17\lambda - 27 = 0$, also $\lambda_1 \cong \frac{3}{2} > 0$
und $\lambda_2 \cong -17 < 0$. Damit ist $H_f(P_1)$ indefinit, und hat sowieso vollen Rang,
womit f lokal um P_1 wie ein Sattel aussieht. Man sagt auch f hat in P_1 einen
Sattelpunkt.

P_2: Es ist $\chi_{H_f(P_2)}(\lambda) = \det(H_f(P_2) - \lambda \cdot E) = \lambda^2 - 37\lambda + 27 = 0$, also $\lambda_1 \cong 36 > 0$
und $\lambda_2 \cong \frac{3}{4} > 0$. Damit ist $H_f(P_2)$ positiv definit, womit f in P_2 ein lokales
isoliertes Minimum hat. Lokal bei P_2 sieht demnach f so aus wie ein nach
oben geöffnetes Paraboloid.

Aufgaben

R.1. Man untersuche die folgenden Funktionen auf lokale Extrema:

    (a) $f : \mathbb{R}^3 \to \mathbb{R}$, $(x, y, z) \mapsto \frac{1}{2}x^4 + 2y^2 - 2yx - 2yz + z^2$

    (b) Die Funktion $f : \mathbb{R}^2 \to \mathbb{R}$, $(x, y) \mapsto (1 + \cos^2 x)(1 + \cos^2 y)$ modelliert ein
        2-dimensionales doppelt-periodisches Potential.

R.2. Sei $f : \mathbb{R}^2 \to \mathbb{R}$, $(x, y) \mapsto \sqrt{2}y e^{1-x^2-y^2}$.

    (a) Begründen Sie, warum f differenzierbar ist.

    (b) Bestimmen Sie die Tangentialhyperebene $\mathcal{H}_f(a)$ von f im Punkte
        $(a, f(a)) \in G_f$ mit $a = (\frac{1}{\sqrt{2}}, \frac{1}{\sqrt{2}})$.

    (c) Bestimmen Sie alle kritischen Punkte von f.

    (d) Bestimmen Sie Lage und Art aller lokalen Extrempunkte von f.

    (e) Sei $\gamma : \mathbb{R} \to \mathbb{R}^2$, $t \mapsto (t \cos t, t \sin t)^T$.

        (i) Bilden Sie die Komposition $(f \circ \gamma)(t_0)$ und sodann im Punkt $t_0 = \pi/2$.

        (ii) Berechnen Sie die Richtungsableitung von f längs γ im Punkte
           $p := \gamma(\pi/2)$. Steigt oder fällt dort der Graph?

        (iii) Welchen Winkel schließt der Gradient von f in p und der Geschwin-
           digkeitsvektor $\dot{\gamma}(\pi/2)$ ein? Rechnen Sie exakt und vereinfachen Sie
           weit möglichst. (Hinweis: Rechne vorteilhaft! Siehe dazu (ii).)

T.1. Man zeige, dass die Einschränkung der Funktion $f : \mathbb{R}^2 \to \mathbb{R}$, $(x, y) \mapsto$
    $3x^4 - 4x^2y + y^2$ auf eine Ursprungsgerade ein lokales Minimum hat. Ist im
    Ursprung auch ein lokales Minimum von $f : \mathbb{R}^2 \to \mathbb{R}$?

8.5 Das n-dimensionale Riemann-Integral

Grundlegende Aufgabe der Integrationstheorie (am Beispiel $\mathbb{R}^n$) ist es, Teilmengen
$\Omega \subset \mathbb{R}^n$ ein n-dimensionales Volumen(-maß) $\mathrm{Vol}^n(\Omega)$ zuzuordnen. Dabei ist es

einerlei, ob Ω als *implizit*, z.B. $\Omega = \{x \in \mathbb{R}^n \mid \|x\| \leq 1\}$ oder *explizit* als Menge unter dem Graphen einer Funktion $f : M \to \mathbb{R}$, also

$$\Omega := \left\{ (x_1, .., x_n) \in \mathbb{R}^n \mid -\sqrt{1 - x_1^2 - x_2^2 - \ldots - x_{n-1}^2} \leq x_n \leq \sqrt{1 - x_1^2 - x_2^2 - \ldots - x_{n-1}^2} \right\}$$

entstanden ist.

Im Folgenden verallgemeinern wir das RIEMANN-Integral für Funktionen einer Variablen auf den höherdimensionalen Fall $f : M \to \mathbb{R}$ mit $M \subset \mathbb{R}^n$. Dies führt auf das sogenannte *Mehrfachintegral*. Weil aber beim klassischen eindimensionalen R-Integral als *Integrationsbereiche* nur kompakte Intervalle $[a, b] \subset \mathbb{R}$ überhaupt zugelassen sind, kann die stringente Verallgemeinerung auf kompakte Quader $Q = [a_1, b_1] \times \cdots \times [a_n, b_n] \subset \mathbb{R}^n$ nur eine Zwischenstation zur eingangs genannten Aufgabe der Integrationstheorie sein. Schon in Dimension zwei reichen kompakte Quader als Integrationsbereiche nicht mehr aus, z.B. bei Problemen auf einer Kreisscheibe, um nur eines zu nennen.

Mehrfachintegrale sind in Natur- und Ingenieurwissenschaften allgegenwärtig, sei es bei der Berechnung von Schwerpunkten, Trägheitsmomenten, Potentialen, oder der elektrischen Feldstärke bei kontinuierlichen Ladungsverteilungen in einem gewissen Volumen. Beginnen wir mit dem einfachsten Fall, nämlich:

8.5.1 Integration über Quader

Zu Beginn holen wir uns den Begriff des kompakten Quaders im $\mathbb{R}^n$ wieder ins Gedächtnis und führen in diesem Fall ein erstes Volumenmaß ein.

Definition 8.5.1 (Quader & Volumen). (i) Unter einem n-dimensionalen (achsenparallelen) **kompakten Quader** im $\mathbb{R}^n$ wollen wir die Teilmenge

$$Q := \{x \in \mathbb{R}^n \mid -\infty < a_\nu \leq x_\nu \leq b_\nu < +\infty\} = [a_1, b_1] \times \cdots \times [a_n, b_n]$$

im $\mathbb{R}^n$ verstehen (für Beispiele siehe Abb. 8.1).

(ii) Der kompakte Quader heißt **nicht ausgeartet**, falls $a_\nu < b_\nu$ für alle $\nu = 1, ..., n$ ist.

(iii) Unter dem n-dimensionalen **Volumen** eines kompakten Quaders Q im $\mathbb{R}^n$ verstehen wir die Zahl

$$\boxed{\mathrm{Vol}(Q) := \mathrm{Vol}^n(Q) := \prod_{\nu=1}^{n} (b_\nu - a_\nu).}$$

Unmittelbar aus der Definition ergibt das der Anschauung folgende

Lemma 8.5.2. Das Volumen eines kompakten Quaders $Q := Q_{[a,b]} := [a_1, b_1] \times \cdots \times [a_n, b_n] \subset \mathbb{R}^n$ mit $a := (a_1, .., a_n)^T, b := (b_1, ..., b_n)^T \in \mathbb{R}^n$ hat folgende Eigenschaften:

1. (Homogenität) Für alle $\lambda \in \mathbb{R}$ gilt: $\boxed{\mathrm{Vol}^n(Q_{\lambda[a,b]}) = \lambda^n \mathrm{Vol}^n Q_{[a,b]}}$

2. (Subadditivität) Wird $Q \subset \bigcup_{i=1}^m Q_i$ von kompakten Quadern Q_i überdeckt, so gilt:

$$\text{Vol}^n(Q) \le \sum_{i=1}^m \text{Vol}^n(Q_i)$$

3. (Additivität) Ist sogar $Q = \bigcup_{i=1}^m Q_i$ Vereinigung von kompakten Quadern Q_i, die höchstens Randpunkte gemein haben (d.h. für $i \ne j$ ist $Q_i \cap Q_j \subset \partial Q_i$ oder $Q_i \cap Q_j \subset \partial Q_j$), so gilt:

$$\text{Vol}^n(Q) = \sum_{i=1}^m \text{Vol}^n(Q_i)$$

4. (Produkte) Sind $Q_1 \subset \mathbb{R}^n, Q_2 \subset \mathbb{R}^m$ zwei kompakte nicht ausgeartete Quader, so ist $Q_1 \times Q_2 \subset \mathbb{R}^{n+m}$ ebenfalls ein kompakter nicht ausgearteter Quader mit

$$\text{Vol}(Q_1 \times Q_2) = \text{Vol}(Q_1) \cdot \text{Vol}(Q_2).$$

Ganz nach dem eindimensionalen Vorbild konstruieren wir nun das n-dimensionale RIEMANN-Integral.

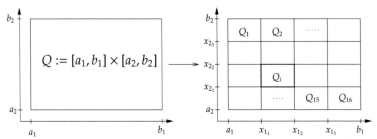

Abbildung 8.21: Beispiel einer Unterteilung von Q im $\mathbb{R}^2$.

Definition 8.5.3. Sei $Q := Q_{[a,b]}$ ein n-dimensionaler kompakter Quader im $\mathbb{R}^n$.
(i) Unter einer n-dimensionalen **Zange** Z **über** Q verstehen wir durch Unterteilungen

$$a_\nu = x_{\nu_0} < x_{\nu_1} < \cdots < x_{\nu_{N_\nu}} = b_\nu \qquad \text{mit } \nu = 1, ..., n$$

der Intervalle $[a_\nu, b_\nu]$ gegebenen Unterteilung von Q in $N_1 \cdot N_2 \cdot \ldots \cdot N_n =: N$ Quader $Q_1, Q_2, ..., Q_N$, zusammen mit Höhenangaben $k_i \le h_i$ mit $i = 1, ..., N$.
(ii) Dann heißen

$$O(Z) := \sum_{i=1}^N h_i \text{Vol}(Q_i) \qquad \mathcal{U}(Z) := \sum_{i=1}^N k_i \text{Vol}(Q_i) \qquad O(Z) - \mathcal{U}(Z) := \sum_{i=1}^N (h_i - k_i)\text{Vol}(Q_i)$$

Obersumme, **Untersumme**, und **Integraltoleranz** von Z über Q.

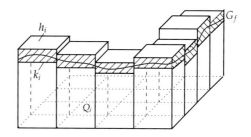

Q_1	Q_2	.....	
	Q_i		
	.....	Q_{N-1}	Q_N

Abbildung 8.22: Anschauung von *f in eine Zange nehmen*: 1. Unterteilung von Q in kleine Q_i's. 2. Wähle Höhen $k_i \leq f(x) \leq h_i$, d.h. sperre den Graphen von f in die Funktionssäulen zwischen den Höhen k_i und h_i ein. Die Integraltoleranz ist das schraffierte Volumen.

Sprechweise 8.5.4. Wir sagen, eine Funktion $f : Q \to \mathbb{R}$ ist *in der Zange Z*, falls für alle $i = 1, ..., N$

$$k_i \leq f(x) \leq h_i \qquad \text{für alle } x \in Q$$

Definition 8.5.5. Eine Funktion $f : Q \to \mathbb{R}$ auf einen kompakten Quader $Q \subset \mathbb{R}^n$ heißt (Riemann-) **integrierbar** oder *R*-**integrierbar**, falls sie mit beliebig kleiner Integraltoleranz in die Zange genommen werden kann.

Notation 8.5.6. Der $\mathbb{R}$-Vektorraum aller über Q Riemann-integrierbaren Funktionen werde mit $\mathscr{R}_Q$ oder $\mathscr{R}(Q)$ bezeichnet.

Dabei ist freilich – routinemäßig – zu prüfen, dass die $\mathscr{R}(Q)$ ein Vektorraum über $\mathbb{R}$ ist. Der Beweis des folgenden Lemmas kann fast Wort für Wort aus dem eindimensionalen Lemma 2.4.3 übernommen werden.

Lemma 8.5.7. Sei $f \in \mathscr{R}(Q)$. Dann gibt es genau eine Zahl I, für die $\mathcal{U}(Z) \leq I \leq O(Z)$ für alle Zangen Z, in die f genommen werden kann.

Definition 8.5.8 (Riemann-Integral). Diese eindeutig bestimmte Zahl I heißt das (Riemann-)**Integral** oder *R*-**Integral** von f über Q, und man schreibt:

$$I := \int_Q f(x) \mathrm{d}^n x := \int_Q f(x_1, ..., x_n) \mathrm{d}x_1 \cdot ... \cdot \mathrm{d}x_n$$

Konstruktionsbedingt folgt unmittelbar die

Bemerkung 8.5.9. Eine *R*-integrierbare Funktion ist notwendig beschränkt, d.h.

$$f \in \mathscr{R}(Q) \implies \exists_{C \in \mathbb{R}} \forall_{x \in Q} : |f(x)| \leq C.$$

Beachte: Wie im Eindimensionalen gilt auch hier: Nicht jede beschränkte Funktion ist *R*-integrierbar. Beschränktheit ist mithin nur eine *notwendige* Forderung für die Riemann-Integrierbarkeit, aber nicht hinreichend, wie

$$f : [0,1] \to \mathbb{R}, f(t) := \begin{cases} 0, & t \in \mathbb{R} \setminus \mathbb{Q} \\ 1, & t \in \mathbb{Q} \end{cases}$$

zeigt. Analog wie im Eindimensionalen (loc.cit. Satz 2.4.8 (i)) zeigt man auch den

Satz 8.5.10 (Hinreichendes Integrabilitätskriterium). *Jede stetige Funktion auf einen kompakten Quader ist R-integrierbar.*

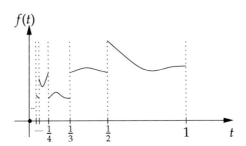

Abbildung 8.23: f springt an allen Stellen $\frac{1}{n}$ und ist doch in $\mathscr{R}_{[0,1]}$.

Dass Stetigkeit nur hinreichend, aber nicht notwendig für die R-Integrierbarkeit ist, hatten wir bereits in der Abs. 2.4.2 eingesehen: Die in Abb. 8.23 dargestellte Funktion ist beschränkt und bis auf abzählbar viele Stellen auch stetig. Gemäß Satz 2.4.8(ii) ist sie dennoch R-integrierbar. Es genügt aber bereits im $\mathbb{R}^2$ nicht mehr, eine stetige Funktion an endlich oder abzählbar vielen Stellen ändern zu dürfen, ohne dass es das RIEMANN-Integral merkt. Die Anschauung sagt uns bereits, dass der Diagonalen $D := \{(x,x) \in \mathbb{R}^2 \mid x \in [0,1]\}$ in $Q := [0,1]^2$ keine Fläche zugeordnet werden kann. Würde man demnach eine Funktion $f \in \mathscr{R}_Q$ in beliebiger Art und Weise auf D abändern, ginge die R-Integrierbarkeit der auf der Diagonalen geänderten Funktion einerseits nicht verloren und andererseits, der *Wert* des Integrals bliebe unverändert. Dies führt auf einen zentralen Begriff der Integrationstheorie, der hier nur im Spezialfall betrachtet wird:

Definition 8.5.11 (Nullmenge). Eine Teilmenge $N \subset \mathbb{R}^n$ heißt eine **Nullmenge** oder eine Menge vom **Maß null**, wenn es zu beliebig vorgegebenen $\varepsilon > 0$ eine abzählbare Überdeckung $N \subset \bigcup_{i \in \mathbb{N}} Q_i$ aus kompakten nicht ausgearteten Quadern Q_i gibt, deren Volumensumme unter ε bleibt. Formal:

$$N \subset \mathbb{R}^n \text{ Nullmenge } :\Longleftrightarrow \forall_{\varepsilon>0} \exists_{N \subset \bigcup_{i \in \mathbb{N}} Q_i} : \sum_{i \in \mathbb{N}} \text{Vol}^n(Q_i) < \varepsilon$$

Bemerkung 8.5.12. Nullmengen $N \subset \mathbb{R}^n$ haben das Volumen, oder, wie man auch sagt, das *Maß* $\text{Vol}^n(N) = 0$.

Offenbar sind Punkte im $\mathbb{R}^n$ Nullmengen. Sei $(N_k)_{k \in \mathbb{N}}$ eine abzählbare Folge von Nullmengen N_k. Geben wir uns ein $\varepsilon > 0$ vor. Da jedes der N_k eine Nullmenge ist, existiert zu jedem k eine Überdeckung $N_k \subset \bigcup_{j \in \mathbb{N}} Q_j^k$ aus kompakten nicht-ausgearteten Quadern Q_j^k mit $\sum_{j \in \mathbb{N}} \text{Vol}^n(Q_j^k) < \varepsilon/2^k$. Alsdann bildet $\bigcup_{k \in \mathbb{N}} \bigcup_{j \in \mathbb{N}} Q_j^k \supset \bigcup_{k \in \mathbb{N}} N_k$ eine Überdeckung von $\bigcup_{k \in \mathbb{N}} N_k$. Mit Lemma 8.5.2 (ii) folgt nunmehr:

$$\mathrm{Vol}^n\Big(\bigcup_{k\in\mathbb{N}}\bigcup_{j\in\mathbb{N}}Q_j^k\Big) \leq \sum_{k\in\mathbb{N}}\Big(\sum_{j\in\mathbb{N}}\mathrm{Vol}^n(Q_j^k)\Big) < \sum_{k\in\mathbb{N}}\frac{\varepsilon}{2^k} = \varepsilon\Big(\frac{1}{1-\frac{1}{2}}-1\Big) = \varepsilon$$

Ist N eine Nullmenge und $N' \subset N$, so ist jede Überdeckung mit nicht-ausgearteten kompakten Quadern von N auch eine von N'. Folglich gibt es zu jedem $\varepsilon > 0$ eine N und damit N' überdeckende Menge aus solchen Quadern, deren Volumensumme kleiner als ε bleibt, womit auch N' eine Nullmenge ist. Das beweist insgesamt das folgende

Lemma 8.5.13. (i) Punkte, endliche sowie abzählbare Teilmengen des $\mathbb{R}^n$ sind Nullmengen.
(ii) Die Vereinigung von abzählbar vielen Nullmengen ist wieder eine Nullmenge.
(iii) Jede Teilmenge eine Nullmenge ist selbst wieder eine.

Beispiel 8.5.14. (i) Jeder echte Untervektorraum $U \subsetneq \mathbb{R}^n$, und jeder echt im $\mathbb{R}^n$ liegende affine Unterraum, ist eine Nullmenge.
(ii) Ein nicht ausgearteter kompakter Quader im $\mathbb{R}^n$ ist keine Nullmenge.

Übung: Man finde weitere konkrete Beispiele für Nullmengen und Nicht-Nullmengen.

Sprechweise 8.5.15. Man sagt, eine Eigenschaft $\mathscr{E}$ gelte *fast überall* (kurz: f.ü.) auf einer Teilmenge $M \subset \mathbb{R}^n$, falls sie bis auf einer Nullmenge $N \subset M$ überall auf M gilt, d.h. die Eigenschaft $\mathscr{E}$ gilt auf der Menge $M\backslash N$.

Diskussion: Sei $X \subset \mathbb{R}^n$. Eine Funktion $f : X \to \mathbb{R}$ heißt *wesentlich beschränkt*, wenn sie fast überall beschränkt ist. Was bedeutet das genau?

Nota bene: Die Sprechweise, dass eine Eigenschaft für *fast alle* (kurz: f.a.) $x \in X$ einer Menge X gilt, bedeutet im Unterschied zu oben, dass $\mathscr{E}$ für alle $x \in X$ bis auf endlich viele gilt, d.h. die Menge aller x, für die $\mathscr{E}$ nicht zu gelten braucht, ist höchstens endlich. In Anlehnung an Def. 5.1.1 betrachte das

Beispiel 8.5.16. Sei X ein ∞-dimensionaler Vektorraum über $\mathbb{C}$ (geben Sie ein Beispiel an!), und sei $(x_i)_{i\in I}$ eine Familie von Elementen in X. Dann definiert man die *lineare Hülle* der $(x_i)_{i\in I}$ wie folgt:

$$\mathrm{Lin}_{\mathbb{C}}(x_i \mid i \in I) \quad := \quad \Big\{\sum_{i\in I}\lambda_i x_i \;\Big|\; \lambda_i \in \mathbb{C} \wedge \lambda_i = 0 \text{ f.a.}\Big\}$$

$$:= \quad \Big\{\sum_{j=1}^{n}\lambda_j x_{i_j} \mid \lambda_j \in \mathbb{C}, i_j \in I, n \in \mathbb{N}\Big\} \leq X$$

Nach der Vorarbeit zu *fast überall*, formulieren wir das zentrale Integrabilitätskriterium, das analog wie im Eindimensionalen (vgl. Satz 2.4.8 (ii) bzw. Notiz 2.4.9) bewiesen wird:

Theorem 8.5.17 (LEBESGUE-Kriterium).

$$\boxed{f \in \mathscr{R}(Q) \quad \Longleftrightarrow \quad f \text{ beschränkt und f.ü. stetig auf } Q}$$

Hat man sich beim praktischen Hantieren mit f von der R-Integrierbarkeit überzeugt, stellt sich freilich die Frage, wie

$$\int_Q f(x)\mathrm{d}^n dx$$

konkret berechnet wird. Den wesentlichen Kniff dazu liefert

Satz 8.5.18 (FUBINI[9] für Quader). *Seien $Q_1 \subset \mathbb{R}^n$ und $Q_2 \subset \mathbb{R}^m$ kompakte Quader. Ist $f \in \mathscr{R}(Q)$ mit $Q := Q_1 \times Q_2$, so gilt:*

$$\int_{Q_1 \times Q_2} f(x,y)\mathrm{d}^n x \mathrm{d}^m y = \int_Q f(\xi)\mathrm{d}^{n+m}\xi = \int_{Q_2}\left(\int_{Q_1} f(x,y)\mathrm{d}^n x\right)\mathrm{d}^m y = \int_{Q_1}\left(\int_{Q_2} f(x,y)\mathrm{d}^m y\right)\mathrm{d}^n x$$

Zum Beweis. Da $f \in \mathscr{R}(Q) = \mathscr{R}(Q_1 \times Q_2)$, lässt sich f zu jedem $\varepsilon > 0$ in die Zange Z nehmen. Wir erhalten eine solche Zange $Z = Z_1 \times Z_2$ und rechnen heuristisch nach:

$$
\begin{aligned}
\mathcal{O}(Z) - \mathcal{U}(Z) \quad &= \quad \sum_{i,j}(h_{ij} - k_{ij})\mathrm{Vol}(Q_{ij}) = \sum_{i,j}(h_{ij} - k_{ij})\mathrm{Vol}(Q_i \times Q_j) \\
&\overset{\text{Lemma 8.5.2}}{=} \quad \sum_{i,j}(h_{ij} - k_{ij})\mathrm{Vol}(Q_i)\mathrm{Vol}(Q_j) \\
&= \quad \sum_j \mathrm{Vol}(Q_j) \sum_i (h_{ij} - k_{ij})\mathrm{Vol}(Q_i) \\
&= \quad \sum_i \mathrm{Vol}(Q_i) \sum_j (h_{ij} - k_{ij})\mathrm{Vol}(Q_j) < \varepsilon
\end{aligned}
$$

Soweit die Idee des Beweises. $\square$

Zugegeben, in dieser Form scheint man der konkreten Berechnung noch nicht viel näher gekommen zu sein; dennoch liefert der Satz zwei wesentliche Einsichten:

1. Die Berechnung des Integrals über Q geschieht *iterativ*, d.h. wüsste man, wie über Q_i zu integrieren ist, so dann auch über Q.

2. Zur Berechnung des Integrals über Q kann die Integrationsreihenfolge vertauscht werden.

---

[9]GUIDO FUBINI (1879-1943) italienischer Mathematiker

Der Satz liefert aber dennoch eine konkrete Rechenanleitung für Integrale über Quader. Denn: Zum einen sind die einfachsten kompakten Quader die eindimensionalen Intervalle $Q := [a, b]$ mit $a < b$, was uns den ersten Spezialfall liefert; zum anderen ist jeder Quader Q kartesisches Produkt solcher kompakten Intervalle, womit sich die Berechnung von Integralen über beliebige kompakte Quader auf die iterative Berechnung jeweils *gewöhnlicher eindimensionaler* Integrale zurückführen lässt. Dies führt uns zum zweiten Spezialfall.

Bemerkung 8.5.19 (FUBINI für $m = n = 1$). Für $Q_1 := [a_1, b_1]$ und $Q_2 := [a_2, b_2]$ sowie $f \in \mathcal{R}(Q)$ mit $Q := Q_1 \times Q_2$ erhält man

$$\int_{Q_1 \times Q_2} f(\xi) d^2\xi = \int_{a_2}^{b_2} \left(\int_{a_1}^{b_1} f(x, y) dx \right) dy = \int_{a_1}^{b_1} \left(\int_{a_2}^{b_2} f(x, y) dy \right) dx = \int_{a_1}^{b_1} \int_{a_2}^{b_2} f(x, y) dy dx,$$

wobei Letzteres eine Kurzschreibweise ist. (Entsprechend lässt sich das 2. Integral in dieser Kurzschreibweise notieren.)

Induktiv fortsetzend liefert nunmehr

Bemerkung 8.5.20 (FUBINI für beliebige kompakte Quader). Sei $Q := [a_1, b_1] \times \cdots \times [a_n, b_n]$ ein kompakter Quader im $\mathbb{R}^n$ und $f \in \mathcal{R}(Q)$. Dann gilt:

$$\int_Q f(x) d^n x = \int_{a_n}^{b_n} \int_{a_{n-1}}^{b_{n-1}} \cdots \int_{a_1}^{b_1} f(x_1, x_2, ..., x_n) dx_1 dx_2 \cdots dx_n$$

Botschaft von Fubini: Die Integration über einen n-dimensionalen kompakten Quader wird zurückgeführt auf n wohlbekannte Einfachintegrationen.

Sprechweise 8.5.21. Man nennt die rechte Seite in der Bemerkung auch *Mehrfachintegral* oder *iteriertes Integral*. Im Falle $n = 2$ sagt man auch *Doppelintegral*, und für $n = 3$ *Dreifachintegral*.

Beispiel 8.5.22. Sei $Q := [0, 1] \times [1, 2] \subset \mathbb{R}^2$ und $f : Q \to \mathbb{R}$ gegeben durch $f(x, y) := xy^2$. Wir berechnen das Mehrfachintegral von f über Q auf zweierlei Weise: Zum einen gilt

$$\int_Q f(\xi) d^2\xi = \int_{y=1}^{2} \int_{x=0}^{1} xy^2 dx dy = \int_1^2 \frac{1}{2} x^2 \Big|_0^1 y^2 dy = \frac{1}{2} \int_1^2 y^2 dy = \frac{1}{2} \frac{1}{3} (2^3 - 1^3) = \frac{7}{6},$$

und zum anderen

$$\int_{x=0}^{1} \int_{y=1}^{2} xy^2 dy dx = \frac{7}{3} \int_0^1 x dx = \frac{7}{3} \frac{1}{2} = \frac{7}{6}.$$

8.5.2   Integration über gute Mengen im $\mathbb{R}^n$

Zur Motivation betrachte eine R-integrierbare Funktion $f \in \mathscr{R}_{[a,b]}$ auf einem kompakten Intervall $[a,b] \subset \mathbb{R}$ mit $f \geq 0$. Dann wird durch

$$[a,b]_f := \{(x,y) \in [a,b] \times \mathbb{R} \mid 0 \leq y \leq f(x)\} \subset \mathbb{R}^2$$

die Menge aller Punkte zwischen dem Graphen von f und der x-Achse beschrieben. Der Flächeninhalt A dieser Menge ist bekanntlich gemäß Abb. 8.24 gegeben. Hat f auch negative Werte, so werden die sich ergebenden Teilflächen unter Wah-

$$A := \mathrm{Vol}^2([a,b]_f) = \int_a^b f(x)\mathrm{d}x$$

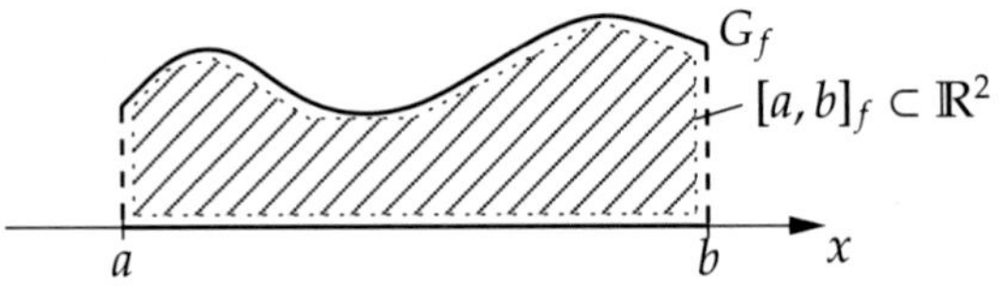

Abbildung 8.24: Geometrische Interpretation des gewöhnlichen Integrals als die von $[a,b]$ und G_f eingeschlossene Fläche $\mathrm{Vol}^2([a,b]_f)$.

rung des Vorzeichens aufsummiert.
Nach Konstruktion des RIEMANN-Integrals bleibt diese Vorstellung für Funktionen f auf kompakten Quadern $Q \subset \mathbb{R}^n$ richtig. Im vorliegenden Abschnitt werden wir

- nun auch allgemeiner Integrationsbereiche $M \subset \mathbb{R}^n$ zulassen, und die damit verbundene Existenzfrage klären.

- zur konkreten Berechnung einen passenden FUBINI für solche Teilmengen formulieren.

- zur analogen geometrischen Interpretation wie in Abb. 8.24 gelangen, so wie es in Abb. 8.25 bereits suggeriert wird.

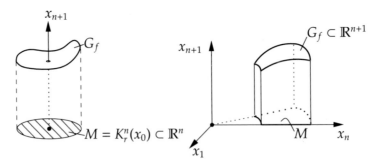

Abbildung 8.25: Legitime Integrationsbereiche $M \subset \mathbb{R}^n$ für Funktionen sowie das von M und G_f eingeschlossene Volumen $\mathrm{Vol}^{n+1}(M_f) = \int_M f(x)\mathrm{d}^n x$.

Für $f : M \to \mathbb{R}$ auf eine Teilmenge $M \subset \mathbb{R}^n$ mit $f \geq 0$ beschreibt nämlich

$$M_f := \{(x, x_{n+1}) \in M \times \mathbb{R} \mid 0 \leq x_{n+1} \leq f(x)\} \subset \mathbb{R}^{n+1}$$

ganz analog die Menge aller Punkte zwischen M und dem Graphen von f. Es wird sich zeigen, dass im Falle der Existenz das Volumen dieser Mengen gerade gegeben ist durch:

$$\mathrm{Vol}^{n+1}(M_f) = \int_M f(x) \mathrm{d}^n x$$

Wir beginnen mit einigen technischen Vorbereitungen.

Definition 8.5.23 (Nullfortsetzung). Seien $M' \supset M$ zwei Teilmengen im $\mathbb{R}^n$ und $f : M \to \mathbb{R}$ eine Funktion. Dann heißt die vermöge

$$f_M : M' \longrightarrow \mathbb{R}, \; x \longmapsto \begin{cases} f(x), & x \in M \\ 0, & \text{sonst} \end{cases}$$

gegebene Funktion die **Nullfortsetzung** von f auf M'.

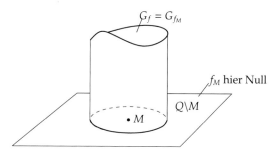

Abbildung 8.26: Das Integral einer Nullfortsetzung von f ist unabhängig von der Wahl des M umgebenden Quaders $Q \supset M$.

Definition 8.5.24 (Integrierbarkeit). Eine Funktion $f : M \to \mathbb{R}$ auf einer beschränkten Teilmenge $M \subset \mathbb{R}^n$ heißt (Riemann-)**integrierbar** oder R-**integrierbar**, falls die Nullfortsetzung auf einen kompakten Quader Q mit $M \subset Q \subset \mathbb{R}^n$ es ist. Wir sagen dann f ist R-integrierbar über M, und schreiben:

$$\boxed{\int_M f(x) \mathrm{d}^n x := \int_Q f_M(x) \mathrm{d}^n x} \tag{8.9}$$

Notation 8.5.25. (i) Der $\mathbb{R}$-Vektorraum aller über M Riemann-integrierbaren Funktionen sei mit $\mathscr{R}(M)$ oder $\mathscr{R}_M$ bezeichnet.
(ii) Bei Doppelintegralen schreibt man statt $\mathrm{d}x\mathrm{d}y$ bzw. $\mathrm{d}^2 x$ auch $\mathrm{d}A$, um auf eine Fläche (engl. *area*), bei Dreifachintegralen entsprechend $\mathrm{d}V$, um auf ein Volumen hinzuweisen.

Sprechweise 8.5.26. Man nennt M in diesem Zusammenhang auch *Integrationsbereich*.

Wann existiert die rechte Seite von (8.9)? Dazu ein warnendes

Beispiel 8.5.27. Betrachte die konstante Funktion $1 : M \to \mathbb{R}$, $x \mapsto 1$, wobei M gemäß Abb. 8.27 definiert ist.

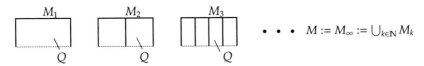

Abbildung 8.27: M entsteht aus einer Folge von „Kämmen" M_k, deren Zinkenabstand sich durch fortgesetzte Halbierung immer weiter verdichtet. Kann eine Nullfortsetzung $1_M : Q \to \mathbb{R}$ der konstanten Funktion $1 : M \to \mathbb{R}$ RIEMANN-integrierbar sein?

Offenbar ist 1 stetig und beschränkt auf M, aber dennoch nicht R-integrierbar. (Wie soll man f_M auf Q in die Zange nehmen können?)

Folgerung: Für die Existenz von (8.9) braucht es Wohlverhalten von f *und* M. Insbesondere erkennt man an der bloßen Formel für f nicht, ob $f \in \mathscr{R}(M)$.

Ein für praktische Zwecke meist ausreichendes Wohlverhalten von $M \subset \mathbb{R}^n$ ist dann gegeben, wenn M kompakt und *stetig berandet* ist. Dies führt auf das Konzept der *guten Mengen*.

Definition 8.5.28 (Konstruktion guter Mengen). (i) Kompakte Intervalle $M_1 := [a, b]$ sollen **gut** in $\mathbb{R}$ heißen.
(ii) Ist $M_n \subset \mathbb{R}^n$ eine gute Menge, und sind $a_{n+1}, b_{n+1} : M_n \to \mathbb{R}$ stetige Funktionen mit $a_{n+1}(x) \leq b_{n+1}(x)$ für alle $x \in M_n$, so soll

$$M_{n+1} := \{(x, x_{n+1}) \in M_n \times \mathbb{R} \mid a_{n+1}(x) \leq x_{n+1} \leq b_{n+1}(x)\}$$

gut im $\mathbb{R}^{n+1}$ heißen.

Bemerkung 8.5.29. Kugeln sind *gut* im $\mathbb{R}^{n+1}$.

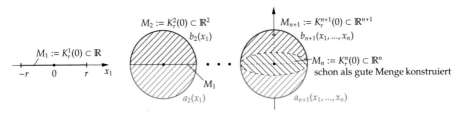

Abbildung 8.28: Iterativer Konstruktionsprozess der Kugel im $\mathbb{R}^{n+1}$ als durch a_k und b_k „stetig berandete" und kompakte Teilmenge im $\mathbb{R}^{n+1}$.

Zunächst wissen wir bereits, dass die abgeschlossenen Kugeln kompakte Teilmengen im $\mathbb{R}^n$ für $n \geq 1$ sind. Beginnen wir mit $M_1 := K_r^1(0) := [-r; r]$, was definitionsgemäß „gut" in $\mathbb{R}$ ist. Für $M_2 := K_r^2(0) := \{(x_1, x_2) \in M_1 \times \mathbb{R} \mid a_2(x_1) \leq x_2 \leq b_2(x_1)\}$ sind stetige Funktionen a_1, b_2 auf M_1 zu finden, die die Kreisscheibe $K_r^2(0)$ beranden. Dazu zerlegen wir $K_r^2(0)$ in ihre beiden Hemisphären (rot bzw. blau in Abb. 8.28 Mitte) und geben die nach oben (der oberen Hemisphäre) bzw. nach unten begrenzende Funktion (der unteren Hemisphäre) an, d.h. aus $x_1^2 + x_2^2 = r^2$ folgt:

$$b_2(x_1) = +\sqrt{r^2 - x_1^2} \quad \text{und} \quad a_2(x_1) = -\sqrt{r^2 - x_1^2}$$

Also ist M_2 eine „gute" Menge im $\mathbb{R}^2$. Im Falle von $M_3 := K_r^3(0) := \{(x = (x_1, x_2), x_3) \in M_2 \times \mathbb{R} \mid a_3(x) \leq x_3 \leq b_3(x)\}$ beranden die ersichtlich stetigen Funktionen

$$b_3(x_1, x_2) = \sqrt{r^2 - x_1^2 - x_2^2} \quad \text{und} \quad a_3(x_1, x_2) = -\sqrt{r^2 - x_1^2 - x_2^2}$$

die obere bzw. untere Hemisphäre von M_3, womit auch $K_r^3(0)$ „gut" im $\mathbb{R}^3$ ist. Diese Konstruktion induktiv fortsetzend erhalten wir somit $M_n = K_r^n(0)$ ist „gut" im $\mathbb{R}^n$. Zusammenfassend:

$$M_1 = K_r^1(0) = [-r; r]$$

$$M_2 = K_r^2(0) = \{(x_1, x_2) \in M_1 \times \mathbb{R} \mid -\sqrt{r^2 - x_1^2} \leq x_2 \leq \sqrt{r^2 - x_1^2}\}$$

$$M_3 = K_r^3(0) = \{(x = (x_1, x_2), x_3) \in M_2 \times \mathbb{R} \mid -\sqrt{r^2 - x_1^2 - x_2^2} \leq x_3 \leq \sqrt{r^2 - x_1^2 - x_2^2}\}$$

$$\vdots \qquad \vdots$$

$$M_n = K_r^n(0) = \left\{ \begin{array}{l} ((x_1, ..., x_{n-1}), x_n) \in M_{n-1} \times \mathbb{R} \mid \\ -\sqrt{r^2 - x_1^2 - \ldots - x_{n-1}^2} \leq x_n \leq \sqrt{r^2 - x_1^2 - \ldots - x_{n-1}^2} \end{array} \right\}$$

Beispiel 8.5.30 (Übung). Seien $f := \mathrm{id}_{\mathbb{R}}$ und $g : \mathbb{R} \to \mathbb{R}, x \mapsto x^2$ sowie $M := \{(x, y) \in \mathbb{R}^2 \mid g(x) \leq f(x)\}$ gegeben.

1. Skizzieren Sie M.

2. Zeigen Sie, dass M gut im $\mathbb{R}^2$ ist.

Existenz und konkrete Berechnung von Integralen über *gute* Mengen beantwortet das

Theorem 8.5.31 (FUBINI für gute Mengen). *Ist die im $\mathbb{R}^n$ gute Menge $M = M_n$, wie oben beschrieben, aufgebaut mittels stetiger Funktionen $a_{k+1}, b_{k+1} : M_k \to \mathbb{R}$ mit $k = 0, 1, ..., n - 1$ und f auf M stetig, so ist $f \in \mathcal{R}(M)$ und es gilt:*

$$\int_M f(x) \mathrm{d}^n x = \int_{a_1}^{b_1} \int_{a_2(x_1)}^{b_2(x_1)} \cdots \int_{a_n(x_1,...,x_{n-1})}^{b_n(x_1,...,x_{n-1})} f(x_1, .., x_n) \mathrm{d}x_n \cdot \ldots \cdot \mathrm{d}x_1$$

Ist $\tau \in S_n$ eine Permutation, also gemäß Bem.3.8.9 eine bijektive Selbstabbildung der Menge $\{1, 2, ..., n\}$, so gilt:

$$\int_{a_1}^{b_1} \int_{a_2(x_1)}^{b_2(x_1)} \cdots \int_{a_n(x_1,...,x_{n-1})}^{b_n(x_1,...,x_{n-1})} f(x_1,..,x_n)\mathrm{d}x_n \cdots \mathrm{d}x_1 = \int_{a_{\tau_1}}^{b_{\tau_1}} \int_{a_{\tau_2}(x_{\tau_1})}^{b_{\tau_2}(x_{\tau_1})} \cdots \int_{a_{\tau_n}(x_{\tau_1},...,x_{\tau_{n-1}})}^{b_{\tau_n}(x_{\tau_1},...,x_{\tau_{n-1}})} f(x_{\tau_1},..,x_{\tau_n})\mathrm{d}x_{\tau_n} \cdots \mathrm{d}x_{\tau_1}$$

Bemerkung 8.5.32. (i) Auch kann das Mehrfachintegral im $\mathbb{R}^n$ auf n-Einfachintegrationen zurückgeführt werden. Es gelten daher die entsprechenden Rechenregeln wie im Eindimensionalen (loc. cit. Satz 2.4.10).

(ii) Unter Beachtung der Integrationsgrenzfunktionen a_k, b_k kommt es auf die Integrationsreihenfolge nicht an.

(iii) (Geometrische Interpretation) Ist $f \geq 0$ auf einer guten Menge $M \subset \mathbb{R}^n$, so ist $\int_M f(x)\mathrm{d}^n x$ das $n + 1$-Volumen der Menge M_f, welches vom Graphen von f und M eingeschlossen ist, wie eingangs in Abb. 8.25 gezeigt. Insbesondere: Für $f \equiv 1$ entspricht $\int_M 1\,\mathrm{d}^n x = \int_M \mathrm{d}^n x$ gerade dem n-dimensionalen Volumen $\mathrm{Vol}^n(M)$ (Warum?).

Schauen wir uns den Spezialfall $n = 2$ an. Wegen $|S_2| = 2$ hat man nur die Elemente id und $(1, 2) \mapsto (2, 1)$. Damit:

Korollar 8.5.33. Ist $f : M \to \mathbb{R}$ eine stetige Funktion auf der guten Menge

$$M := M_2^{x_1} := \{(x_1, x_2) \in [a_1, b_1] \times \mathbb{R} \mid a_2(x_1) \leq x_2 \leq b_2(x_1)\}$$
$$= \{(x_1, x_2) \in \mathbb{R} \times [a_2, b_2] \mid a_1(x_2) \leq x_1 \leq b_1(x_2)\}$$
$$=: M_2^{x_2},$$

so ist $f \in \mathscr{R}_N$, und es gilt:

$$\int_{a_1}^{b_1} \int_{a_2(x_1)}^{b_2(x_1)} f(x_1, x_2)\mathrm{d}x_2\mathrm{d}x_1 = \int_{a_2}^{b_2} \int_{a_1(x_2)}^{b_1(x_2)} f(x_1, x_2)\mathrm{d}x_1\mathrm{d}x_2$$

Überzeugen wir uns von diesem Korollar durch ein

Beispiel 8.5.34. Betrachte $f : M \to \mathbb{R}$ mit $f(x_1, x_2) := x_1 x_2^2$ auf der Dreieckfläche $M \subset \mathbb{R}^2$, die durch die Punkte $(0, 0)$, $(b_1, 0)$ und (b_1, b_2) mit $b_1, b_2 > 0$ gegeben.

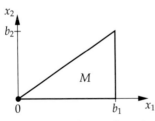

Wir wollen das Doppelintegral $\int_M f(x_1, x_2)\,\mathrm{d}x_1\mathrm{d}x_2$ berechnen. Dazu ist zunächst M als *gut* im $\mathbb{R}^2$ nachzuweisen. Wegen $R := \sqrt{b_1^2 + b_2^2} + 1$ gilt $M \subset K_R(0)$ und daher ist M jedenfalls beschränkt. Ferner ist $\partial M \subset M$, mithin also abgeschlossen im $\mathbb{R}^2$, und insgesamt M eine kompakte Teilmenge im $\mathbb{R}^2$.

Um M als stetig berandete Teilmenge im $\mathbb{R}^2$ nachzuweisen, haben wir zwei Möglichkeiten:

(a) Setze $M_1^{x_1} := [0, b_1] \subset \mathbb{R} \times 0$, und sodann $M = M_2^{x_1} := \{(x_1, x_2) \in M_1^{x_1} \times \mathbb{R} \mid 0 \leq x_2 \leq \frac{b_2}{b_1} x_1\}$.

(b) Setze $M_1^{x_2} := [0, b_2] \subset 0 \times \mathbb{R}$, und sodann $M = M_2^{x_2} := \{(x_1, x_2) \in \mathbb{R} \times M_1^{x_2} \mid \frac{b_1}{b_2} x_2 \leq x_1 \leq b_1\}$.

Formal folgen die beiden Fälle aus obigem Korollar. Aber es geht auch ganz anschaulich. Dazu „blicken" wir unterhalb der x_1-Achse nach oben auf M und „sehen" zuerst die untere Grenzfunktion $a_2(x_1) = 0$ und sodann die obere Grenzfunktion $b_2(x_1) = \frac{b_2}{b_1} x_1$. Alternativ „erblickt" man bei der „Sicht" von links auf die x_2-Achse zuerst die untere Grenzfunktion $a_1(x_2) = \frac{b_1}{b_2} x_2$ (was offenbar gerade die Umkehrfunktion von $b_2(x_1)$ ist) und sodann die konstante Funktion $b_1(x_2) = b_1$ als obere Grenzfunktion von M. Ersichtlich sind alle beteiligten Grenzfunktionen stetig, so dass M in der Tat eine *gute* Menge im $\mathbb{R}^2$ ist. Ebenso ersichtlich ist die Stetigkeit von f, womit alle Voraussetzungen für die Anwendung von FUBINI für *gute* Mengen erfüllt sind. Für die Berechnung des gesuchten Integrals braucht man nur – gemäß dem iterativen Aufbau von M – die Grenzen bzw. Grenzfunktionen in das Doppelintegral einzusetzen und von innen nach außen aufzulösen. Im Fall (a) erhalten wir

$$\int_M f(x_1, x_2) dA = \int_{x_1=0}^{b_1} \int_{x_2=0}^{\frac{b_2}{b_1} x_1} x_1 x_2^2 dx_2 dx_1 = \left(\frac{b_2}{b_1}\right)^3 \frac{1}{3} \int_0^{b_1} x_1^4 dx_1 = \left(\frac{b_2}{b_1}\right)^3 \frac{1}{3} \frac{b_1^5}{5} = \frac{1}{15} b_2^3 b_1^2,$$

und sind nicht überrascht, dass im Falle (b)

$$\int_M f(x_1, x_2) dA = \int_{x_2=0}^{b_2} \int_{x_1=\frac{b_1}{b_2} x_2}^{b_1} x_1 x_2^2 dx_1 dx_2 = \int_0^{b_2} \frac{1}{2}\left(b_1^2 - \left(\frac{b_1}{b_2}\right)^2 x_2^2\right) x_2^2 dx_2$$

$$= \int_0^{b_2} \frac{1}{2} b_1^2 x_2^2 dx_2 - \int_0^{b_2} \frac{1}{2}\left(\frac{b_1}{b_2}\right)^2 x_2^4 dx_2 = \frac{1}{6} b_1^2 b_2^3 - \frac{1}{10}\left(\frac{b_1}{b_2}\right)^2 b_2^5 = \frac{1}{15} b_1^2 b_2^3$$

dasselbe rauskommt.

Woher soll man nun wissen, welche Methode für den induktiven Aufbau von M besser geeignet ist? Hierzu gibt es zwei Ansätze, nämlich:

- „rechne vorteilhaft", denn um am obigen Beispiel zu bleiben, ist Methode (a) geeignet, weil sich die Integration aufgrund der zweimaligen Nullfunktion als untere Grenzfunktion im Vergleich zu (b) erheblich vereinfacht.

- wähle jene Methode, für die das Aufsuchen der oberen und unteren Grenzfunktionenen möglichst am leichtesten fällt.

Bemerkung 8.5.35 (Integration vektorwertiger Funktionen). Sei $f : M \to \mathbb{R}^m$ eine Abbildung auf $M \subset \mathbb{R}^n$. Dann erklärt man

$$\int\limits_M f(x)\mathrm{d}^n x := \left(\int\limits_M f_1(x)\mathrm{d}^n x, ..., \int\limits_M f_m(x)\mathrm{d}^n x \right)^T \subset \mathbb{R}^m,$$

sofern vorhanden. Inbesondere: Für komplexwertige Funktionen $f : I \to \mathbb{C}$ auf einen allgemeinen Intervall $I \subset \mathbb{R}$ definiert man

$$\int\limits_I f(x)\mathrm{d}x := \int\limits_I \mathrm{Re}(f)(x)\mathrm{d}x + \mathrm{i} \int\limits_I \mathrm{Im}(f)(x)\mathrm{d}x,$$

wie bereits in Abschnitt 4.2.30 gesehen.

8.5.3   Koordinatensysteme und Integraltransformationsformel

Bisher können wir Integrale von Funktionen über Quader oder allgemeiner über *gute Mengen* berechnen. Die Konstruktion *guter Mengen* bedarf jedoch des Auffindens stetiger Funktionen, welche den Integrationsbereich $B \subset \mathbb{R}^n$ beranden. Oft gelingt dies aber nicht, selbst wenn man aus zuverlässiger Quelle wüsste, dass B *gut* ist.

Mithilfe der *Integraltransformationsformel* lässt sich unter gewissen Voraussetzungen das Integral einer Funktion über einem komplizierten Bereich $B \subset \mathbb{R}^n$ über eine *Koordinatentransformation*, also einen $\mathscr{C}^1$-Diffeomorphismus, in ein Integral über einen kompakten Quader $Q \subset \mathbb{R}^n$ überführen. Dies ermöglicht zweierlei Vorteile:

- Integrale von Funktionen über Quader sind in der Regel einfacher zu berechnen.

- Eine gute Wahl der Koordinatentransformation bedingt eine Vereinfachung der zu integrierenden Funktion f, d.h. f lässt sich in geeigneten Koordinaten leichter integrieren.

Deswegen kommt der Integraltransformationsformel eine hohe praktische Bedeutung zu – wie sich an reichlich Beispielen noch zeigen wird.

Die Substitutionsregel im Eindimensionalen dient ja gerade dazu, unbekannte oder komplizierte Integrale in bekannte bzw. leicht zu lösende Integrale zu übersetzen. Sei $\varphi : I := [a,b] \to [\varphi(a), \varphi(b)]$ ein *orientierungserhaltender*[10] $\mathscr{C}^1$-Diffeomorphismus. Gemäß der Substitutionsregel (loc. cit. Satz 2.4.27) folgt:

$$\int\limits_a^b (f \circ \varphi)(t)\dot\varphi\mathrm{d}t \overset{x:=\varphi(t)}{=} \int\limits_{\varphi(a)}^{\varphi(b)} f(x)\mathrm{d}x \iff: \int\limits_{[a,b]} (f \circ \varphi)(t)\dot\varphi\mathrm{d}t \overset{x:=\varphi(t)}{=} \int\limits_{[\varphi(a),\varphi(b)]} f(x)\mathrm{d}x$$

---

[10]d.h. $\dot\varphi > 0$, also respektiert φ obere und untere Intervallgrenze.

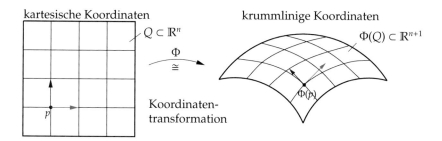

kartesische Koordinaten   krummlinige Koordinaten

Koordinaten-
transformation

Abbildung 8.29: Koordinatentransformation Φ vermittelt zwischen kartesischem und krummlinigem Koordinatensystem.

Ist φ *orientierungsumkehrend*, d.h. $\dot\varphi < 0$, also $\varphi : [a,b] \to [\varphi(b), \varphi(a)]$, so gilt:

$$\int_a^b (f \circ \varphi)(t)\dot\varphi \, dt \overset{x:=\varphi(t)}{=} \int_{\varphi(a)}^{\varphi(b)} f(x)dx = -\int_{\varphi(b)}^{\varphi(a)} f(x)dx = -\int_{[\varphi(b),\varphi(a)]} f(x)dx,$$

und insgesamt: Ist $\varphi : I \overset{\cong}{\to} \varphi(I)$ ein $\mathscr{C}^1$-Diffeomorphismus (insbesondere ist dann $\dot\varphi \neq 0$), so ist:

$$\boxed{\int_I (f \circ \varphi)(t)|\dot\varphi|dt \overset{x:=\varphi(t)}{=} \int_{\varphi(I)} f(x)dx}$$

Dies ist die Integraltransformationsformel im Eindimensionalen. Unser Ziel dieses Abschnittes ist die Verallgemeinerung dieser Formel auf den n-dimensionalen Fall mit $n > 1$.

Definition 8.5.36. Eine $\mathscr{C}^1$-Bijektion $\Phi : U \to V$ zwischen zwei offenen Teilmengen $U, V \subset \mathbb{R}^n$ heißt ein $\mathscr{C}^1$-**Diffeomorphismus**, falls die Umkehrung ebenfalls $\mathscr{C}^1$ ist. Man schreibt dafür oftmals $\varphi : U \overset{\cong}{\to} V$.

Notation & Sprechweise 8.5.37. Statt Diffeomorphismus $\varphi : U \overset{\cong}{\to} V$, $x \mapsto y := \varphi(x)$ sagt man auch *(Koordinaten-)Transformation* und nennt $x := (x_1, ..., x_n)$ die *Koordinaten* in U und $y := (y_1, .., y_n)$ die *Koordinaten* in V. In Komponentenschreibweise

$$\Phi : U \overset{\cong}{\longrightarrow} V, \quad x := \begin{pmatrix} x_1 \\ \vdots \\ x_n \end{pmatrix} \longmapsto \Phi(x) = \begin{pmatrix} \Phi_1(x_1, ..., x_n) \\ \vdots \\ \Phi_n(x_1, ..., x_n) \end{pmatrix},$$

oder ebenfalls in der technisch-naturwissenschaftlich orientierten Literatur übliche Notation für eine Koordinatentransformation:

$$\Phi : \begin{cases} y_1 &= y_1(x_1, ..., x_n) \\ \vdots &= \vdots \\ y_n &= y_n(x_1, ..., x_n) \end{cases} \qquad \Phi^{-1} : \begin{cases} x_1 &= x_1(y_1, ..., y_n) \\ \vdots &= \vdots \\ x_n &= x_n(y_1, ..., y_n) \end{cases}$$

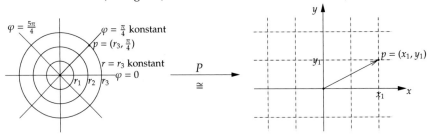

Abbildung 8.30: Die Polarkoordinatentransformation P vermittelt zwischen Polar-Gitter mit Koordinaten (r, φ) und kartesischem Gitter mit Koordinaten (x, y).

Beispiel 8.5.38. Die Polarkoordinatentransformation

$$P : \mathbb{R}^+ \times [0, 2\pi) \xrightarrow{\cong} \mathbb{R}^2,\ (r, \varphi) \mapsto P(r, \varphi) := (r \cos \varphi, r \sin \varphi)^T$$

schreibt sich dann wie folgt:

Polarkoordinaten: (r, φ)	Kartesische Koordinaten: (x, y)
$x = x(r, \varphi) = r \cos \varphi$	$r = r(x, y) = \sqrt{x^2 + y^2}$
$y = y(r, \varphi) = r \sin \varphi$	$\varphi = \varphi(x, y) = \arctan\left(\dfrac{y}{x}\right)$

Bemerkung 8.5.39. Wozu braucht man verschiedene Koordinatensysteme? Reicht eines nicht aus? Antwort: Im Prinzip ja, aber: Es gibt ggf. ein Koordinatensystem, in dem ein gegebenes Problem sich leichter handhaben lässt, weil sich dadurch Rechengänge vereinfachen oder sich die Dimension des Problems reduziert, was bei Problemen mit Symmetrien oft der Fall ist.

Kommen wir nun zum Hauptresultat dieses Abschnittes, der

Theorem 8.5.40 (Integraltransformationsformel). *Sei $\Phi : U \xrightarrow{\cong} V$, $x \mapsto y := \Phi(x)$ ein $\mathscr{C}^1$-Diffeomorphismus zwischen offenen Teilmengen $U, V \subset \mathbb{R}^n$ und $Q \subset U$ eine kompakte Teilmenge (z.B. ein kompakter Quader). Ist $f : V \to \mathbb{R}$ Riemann-integrierbar über $\Phi(Q)$, so auch $(f \circ \Phi) \cdot |\det \mathscr{J}_\Phi| : U \to \mathbb{R}$ über Q, und es gilt:*

$$\boxed{\int_{\Phi(Q)} f(y) \mathrm{d}^n y = \int_Q (f \circ \Phi)(x) |\det \mathscr{J}_\Phi(x)| \mathrm{d}^n x} \tag{8.10}$$

Rezept: „Substitution" mittels Transformation $\Phi(x)$ unter Beachtung der Differentiale, d.h.:

$$y := \Phi(x) \qquad \mathrm{d}^n y = |\det \mathscr{J}_\Phi(x)| \mathrm{d}^n x$$

Zum Beweis: Gegeben sei das Integral einer R-integrierbaren Funktion $f(y)$ über einer ggf. komplizierten guten Menge $M := \Phi(Q)$, die Bild eines Quaders unter

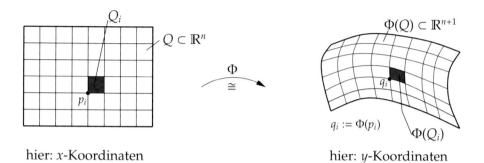

hier: x-Koordinaten   hier: y-Koordinaten

Abbildung 8.31: Zerlege Q in kleine Quader Q_i und was Φ aus Q und den Q_i's macht.

der Transformation $y := \Phi(x)$ ist. Wir wollen also das Integral links in (8.10) in ein Integral über Q schreiben. Dazu reicht es offenbar nicht, die *Substitution* $y := \Phi(x)$ und $f(y) = (f \circ \Phi)(x) := f(\Phi(x))$ zu bilden, denn wäre dies wahr, so auch für $f \equiv 1$ und also wäre $\mathrm{Vol}^n(M) = \int_M \mathrm{d}^n y = \int_Q \mathrm{d}^n x = \mathrm{Vol}^n(Q)$, was freilich nicht zu erwarten ist, denn Φ braucht keinesfalls eine volumenerhaltende Transformation zu sein. Vielmehr ist neben der Substitution ein vom Punkt $x \in Q$ abhängiger *Volumenkorrekturfaktor* $\Lambda(x)$ notwendig, der die lokale Volumenveränderung der Q_i's unter Φ aus einer Zerlegung von Q misst, und dabei $f \circ \Phi$ so in die Zange genommen wurde, dass die Integraltoleranz kleiner als ein vorgegebenes $\varepsilon > 0$ ist. (Warum ist dies möglich?) Das bedeutet also:

$$
\int_{\Phi(Q)} f(y)\mathrm{d}^n y \;\approx\; \sum_{i=1}^N f(\Phi(p_i)) \int_{\Phi(Q_i)} 1\,\mathrm{d}^n y = \sum_{i=1}^N f(\Phi(p_i))\mathrm{Vol}^n(\Phi(Q_i))
$$

$$
= \sum_{i=1}^N f(\Phi(p_i)) \underbrace{\Lambda(p_i)\mathrm{Vol}^n(Q_i)}_{=\mathrm{Vol}^n(\Phi(Q_i))}
$$

Es stellt sich also die Frage: Wie bestimmt man den Faktor $\Lambda(x)$?
Ist die Zerlegung von Q fein genug, so können wir das Bild $\Phi(Q_i)$ der nicht-linearen Transformation Φ durch das Differential von Φ in p_i linear (also von 1. Ordnung) approximieren, d.h.

$$
\Phi(p_i + \Delta x \cdot e_j) \approx \Phi(p_i) + \mathscr{J}_\Phi(p_i)(\Delta x \cdot e_j) \qquad \text{für alle } i = 1, ..., N \text{ und } j = 1, .., n,
$$

und somit $\mathscr{J}_\Phi(p_i)Q_i \approx \Phi(Q_i)$. Nach der Umkehrformel (Satz 8.3.51) ist $\mathscr{J}_\Phi(p_i) \in \mathrm{GL}_n(\mathbb{R})$, d.h. also ein Isomorphismus (auch lineare Transformation genannt). Weil lineare Abbildungen nichts anderes als eine Drehstreckung des eingesetzten Vektors vollziehen, ist das Bild $AW := \mathrm{Spat}(Ab_1, ..., Ab_n)$ eines nicht ausgearteten Quaders $W := \mathrm{Spat}(b_1, ..., b_n) := \mathrm{Spat}(\Delta x_1 e_1, ..., \Delta x_n e_n) \in \mathbb{R}^n$ unter einer linearen Transformation $A \in \mathrm{GL}_n(\mathbb{R})$ ein nicht ausgeartetes n-Spat, wie in Abb. 8.32 auch zu sehen ist. Gemäß (3.50) aus Kap. 3.9.3 ist das Volumen des Bildspates gerade

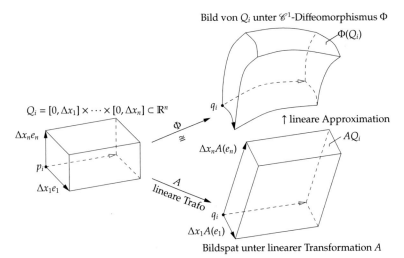

Abbildung 8.32: Für Q_i approximiere $\Phi(Q_i)$ durch sein Differential $A := \mathscr{J}_\Phi(p_i)$.

$\mathrm{Vol}^n(AW) = |\det A|\mathrm{Vol}^n(W) = |\det A| \cdot \Delta x_1 \cdot \ldots \cdot \Delta_n$, womit $\Lambda(p_i) := |\det \mathscr{J}_\Phi(p_i)|$ bestimmt ist. Damit folgt schließlich

$$\int_{\Phi(Q)} f(y)\mathrm{d}^n y \;\approx\; \sum_{i=1}^N f(\Phi(p_i))\,\Lambda(p_i)\mathrm{Vol}^n(Q_i)$$

$$\approx \sum_{i=1}^N f(\Phi(p_i))\,|\det \mathscr{J}_\Phi(p_i)|\Delta x_1 \cdot \ldots \cdot \Delta x_n$$

$$\approx \int_Q (f \circ \Phi)(x)\,|\det \mathscr{J}_\Phi(x)|\mathrm{d}^n x,$$

und weil $\varepsilon > 0$ beliebig war, gilt die Gleichheit, was die Beweisskizze der Integraltransformationsformel abschließt.

Notiz 8.5.41. Wieder einmal zeigt sich die Stärke des Differentials als lineare Approximation nicht-linearer Abbildungen. Einmal in der Welt der Linearen Algebra angekommen, konnten wir uns die geometrische Bedeutung der Determinante als Volumenform zunutze machen. Das ist die wesentliche Beweisidee in der Integraltransformationsformel.

Es folgen nunmehr einige gängige Koordinatensysteme. Ihre Flächen- bzw. Volumendifferentiale werden dabei sowohl aus der Jacobi-Matrix der Koordinatenabbildung als auch aus anschaulichen Betrachtung *inifinitesimaler Größe* berechnet, womit die entsprechenden Korrekturfaktoren für Integraltransformationsformel zur Verfügung stehen.

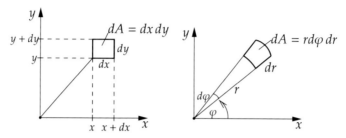

Abbildung 8.33: Flächenelement dA kartesischen und in Polarkoordinaten.

Bemerkung 8.5.42 (Ebene Polarkoordinaten). (i) sind gegeben durch

$$P : \mathbb{R}^+ \times [0, 2\pi) \xrightarrow{\cong} \mathbb{R}^2 \cong \mathbb{C}, \ (r, \varphi) \longmapsto P(r, \varphi) := re^{i\varphi} = r \begin{pmatrix} \cos\varphi \\ \sin\varphi \end{pmatrix} = \begin{pmatrix} x(r, \varphi) \\ y(r, \varphi) \end{pmatrix},$$

wobei sich die Abbildungsvorschrift direkt aus Abb. 8.33 entnehmen lässt.
(ii) Die JACOBI-Matrix von P und deren Determinante lauten:

$$\mathscr{J}_P(r, \varphi) = \begin{pmatrix} \cos\varphi & -r\sin\varphi \\ \sin\varphi & r\cos\varphi \end{pmatrix},$$

also det $\mathscr{J}_P(r, \varphi) = r$.
(iii) (Symmetrie) In Polarkoordinaten hat die das Problem beschreibende Funktion $f : M \to \mathbb{R}$ mit $M \subset \mathbb{R}^2$ nur Abhängigkeit von r, nicht aber von φ, d.h. $f(x, y) = f(r)$. Man spricht in diesem Zusammenhang auch von *Radialsymmetrie*.

Bemerkung 8.5.43 (Zylinderkoordinaten). (i) sind gegeben durch

$$Z : \mathbb{R}^+ \times [0, 2\pi) \times \mathbb{R} \longrightarrow \mathbb{R}^3, \ (r, \varphi, z) \longmapsto Z(r, \varphi, z) := \begin{pmatrix} x(r, \varphi, z) \\ y(r, \varphi, z) \\ z(r, \varphi, z) \end{pmatrix} = \begin{pmatrix} r\cos\varphi \\ r\sin\varphi \\ z \end{pmatrix},$$

wobei sich die Abbildungsvorschrift direkt aus Abb.8.34 entnehmen lässt.
(ii) Die JACOBI-Matrix von Z und deren Determinante lauten:

$$\mathscr{J}_Z(r, \varphi, z) = \begin{pmatrix} \cos\varphi & -r\sin\varphi & 0 \\ \sin\varphi & r\cos\varphi & 0 \\ 0 & 0 & 1 \end{pmatrix} = \begin{pmatrix} \mathscr{J}_P(r, \varphi) & 0 \\ 0 & 1 \end{pmatrix},$$

also:

$$\det \mathscr{J}_Z(r, \varphi, z) = \det \mathscr{J}_P(r, \varphi) = r$$

(iii) (Symmetrie) In Zylinderkoordinaten hat die das Problem beschreibende Funktion $f : M \to \mathbb{R}$ mit $M \subset \mathbb{R}^3$ nur Abhängigkeit von r und z, nicht aber von φ, d.h. $f(x, y, z) = f(r, z)$. Man spricht in diesem Zusammenhang auch von *Zylinder- oder Rotationssymmetrie*. Beispielsweise hat das Magnetfeld eines unendlich langen geraden stromdurchflossenen Leiters solch eine Symmetrie.

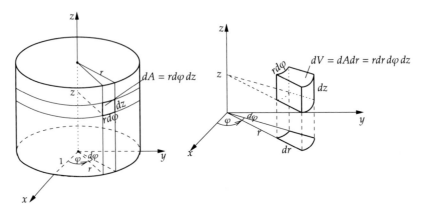

Abbildung 8.34: Flächenelement dA und Volumenelement dV in Zylinderkoordinaten.

Bemerkung 8.5.44 (Kugelkoordinaten). (i) sind gegeben durch

$$
\begin{aligned}
K : \mathbb{R}^+ \times [0, 2\pi) \times [0, \pi] \quad &\longrightarrow \quad \mathbb{R}^3 \\[2mm]
(r, \varphi, \theta) \quad &\longmapsto \quad K(r, \varphi, \theta) := \begin{pmatrix} x(r, \varphi, \theta) \\ y(r, \varphi, \theta) \\ z(r, \varphi, \theta) \end{pmatrix} = \begin{pmatrix} r \cos \varphi \sin \theta \\ r \sin \varphi \sin \theta \\ r \cos \theta \end{pmatrix},
\end{aligned}
$$

wobei sich die Abbildungsvorschrift direkt aus Abb.8.35 entnehmen lässt.

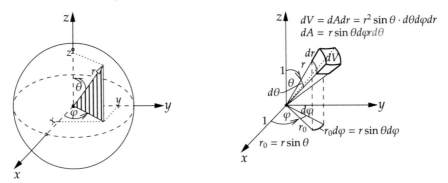

Abbildung 8.35: Flächenelement dA und Volumenelement dV in Kugelkoordinaten.

(ii) Jacobi-Matrix von K und deren Determinante lauten:

$$
\mathscr{J}_K(r, \varphi, \theta) = \begin{pmatrix} \cos \varphi \sin \theta & -r \sin \varphi \sin \theta & r \cos \varphi \cos \theta \\ \sin \varphi \sin \theta & r \cos \varphi \sin \theta & r \sin \varphi \cos \theta \\ \cos \theta & 0 & -r \sin \theta \end{pmatrix},
$$

also det $\mathscr{J}_K(r, \varphi, \theta) = r^2 \sin \theta$.

(iii) (Symmetrie) In Kugelkoordinanten hat die das Problem beschreibende Funktion $f : M \to \mathbb{R}$ mit $M \subset \mathbb{R}^3$ nur Abhängigkeit vom Radius r, nicht aber von φ und θ, d.h. $f(x, y, z) = f(r)$. Man spricht in diesem Zusammenhang von *Kugelsymmetrie*. Beispielsweise hat das Gravitationsfeld, das elektrische Feld einer Punktladung, Kugelsymmetrie.

Wollen wir uns nun von der Schlagkraft der Integraltransformationsformel an einigen Beispielen überzeugen.

Beispiel 8.5.45. Sei $f : A \to \mathbb{R}$ mit $f(x, y) := \frac{1}{\sqrt{(x^2 + y^2)^3}}$ auf $A \subset \mathbb{R}^2$.

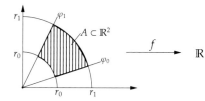

1. Zeige, dass A eine gute Menge in $\mathbb{R}^2$ ist.

2. Ist $f \in \mathcal{R}(A)$? Falls ja, dann:

3. Bestimme $\displaystyle\int_A \frac{1}{\sqrt{(x^2 + y^2)^3}} \, \mathrm{d}x\mathrm{d}y$.

Zu 1. Offenbar ist A kompakt, da via der Kugel mit Radius $r > r_1$ beschränkt und wegen $\partial A \subset A$ abgeschlossen im $\mathbb{R}^2$.

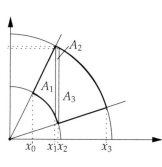

Um A als gute Menge induktiv aufzubauen, ist eine Unterteilung der Fläche A in die angegebenen Teilflächen $A = A_1 + A_2 + A_3$ notwendig. Jede Teilfläche A_i mit $i = 1, 2, 3$, auf jedem Intervall $[x_{i-1}, x_i]$ durch genau zwei stetige Grenzfunktionen, nämlich vom Typ Kreisfunktionen bzw. Ursprungsgeraden, begrenzt. Dabei sind die Intervallgrenzen x_i durch die Schnittpunkte der jeweiligen Grenzfunktionen zunächst zu berechnen. Alsdann lässt sich das Integral

$$\int_A \frac{\mathrm{d}x\mathrm{d}y}{\sqrt{(x^2 + y^2)^3}} = \int_{A_1} \frac{\mathrm{d}x\mathrm{d}y}{\sqrt{(x^2 + y^2)^3}} + \int_{A_2} \frac{\mathrm{d}x\mathrm{d}y}{\sqrt{(x^2 + y^2)^3}} + \int_{A_3} \frac{\mathrm{d}x\mathrm{d}y}{\sqrt{(x^2 + y^2)^3}}$$

als Summe der Integrale über die Teilflächen A_i in kartesischen Koordinaten berechnen.

Zu 2. Da M in 1. als gute Menge erkannt wurde, ist sie nach FUBINI für gute Mengen im $\mathcal{R}(M)$.

Zu 3. Wir nutzen nunmehr die Radialsymmetrie aus und führen Polarkoordinaten ein. Um die Integraltransformationsformel anwenden zu können, bilden wir zunächst:

$$(f \circ P)(r, \varphi) = \frac{1}{\sqrt{(r^2 \cos^2 \varphi + r^2 \sin^2 \varphi)^3}} = \frac{1}{r^3}$$

Sodann wenden wir die Integraltransformationsformel an:

$$\int_A \frac{dxdy}{\sqrt{(x^2+y^2)^3}} = \int_Q (f\circ P)(r,\varphi)|\mathscr{J}_P(r,\varphi)|drd\varphi = \int_{\varphi_0}^{\varphi_1}\int_{r_0}^{r_1}\frac{1}{r^3}rdrd\varphi = (\varphi_1-\varphi_0)(\frac{1}{r_0}-\frac{1}{r_1})$$

mit $Q := [r_0, r_1] \times [\varphi_0, \varphi_1]$ und $P(Q) = A$.

Beispiel 8.5.46 (Anwendung der Polarkoordinaten zur Berechnung der nicht-elementar integrierbaren Gaussfunktion). Wir behaupten:

$$\int_{\mathbb{R}} e^{-x^2}dx = \sqrt{\pi}$$

Beweis. Mit Fubini und Einführung von Polarkoordinaten folgt:

$$\left(\int_{\mathbb{R}} e^{-t^2}dt\right)^2 = \left(\int_{\mathbb{R}} e^{-x^2}dx\right)\left(\int_{\mathbb{R}} e^{-y^2}dy\right) = \lim_{R\to\infty}\int_{-R}^{R}\int_{-R}^{R} e^{-(x^2+y^2)}dxdy$$

$$= \lim_{R\to\infty}\int_{0}^{R}\int_{0}^{2\pi} e^{-r^2}rd\varphi dr = -\pi\lim_{R\to\infty}\int_{0}^{R} -2re^{-r^2}dr = -\pi\lim_{R\to\infty} e^{-r^2}\Big|_0^R = \pi$$

$\square$

Aufgaben

R.1. Berechnen Sie die folgende Doppelintegrale $\int_B f(x,y)\,dxdy$:

     a) $f(x,y) = x\sin(2y)$, mit $B = \{(x,y) \in \mathbb{R}^2 : 0 \le x \le 1, 0 \le y \le \pi/4\}$.

     b) $f(x,y) = e^{x-y}$, mit B ist das Dreieck mit Ecken $P_1 = (0,0)$, $P_2 = (1,0)$, $P_3 = (0,-2)$.

R.2. (i) Sei M die Teilmenge im $\mathbb{R}^2$, die durch die Parabel $x = y^2$ und die Geraden $y = 1$ sowie $x = 0$ eingeschlossen wird. Man berechne

$$\int_M e^{\frac{x}{y}}\,dx\,dy.$$

(ii) Man bestimme das Volumen der folgenden Teilmenge:

$$M := \{(x,y,z) \in \mathbb{R}^3 \mid 0 \le y \le \sin x \,\wedge\, 0 \le x \le \frac{\pi}{2}(1-z) \,\wedge\, 0 \le z \le 1\}$$

R.3. Sei $M := \{(x, y) \in \mathbb{R}^2 \mid x^2 + y^2 \leq 1 \wedge x \geq 0 \wedge y \geq 0 \wedge y \leq x\} \times [0, 1] \subset \mathbb{R}^3$ und $f : M \to \mathbb{R}$ mit $f(x, y, z) := z e^{1 - x^2 - y^2}$.

  (a) Skizzieren Sie M.

  (b) Begründen Sie, warum M *gut* im $\mathbb{R}^3$ ist, und konstruieren Sie sie explizit. Schreiben Sie sodann $\int_M f(x, y, z) \, dx \, dy \, dz$ in kartesischen Koordinaten als *Dreifachintegral* hin, ohne es zu berechnen.

  (c) Führen Sie nun ein geeignetes Koordinatensystem ein. Beschreiben Sie M in diesen Koordinaten und berechnen Sie schließlich $\int_M f(x, y, z) \, dx \, dy \, dz$ in diesen Koordinaten.

  (d) Was berechnet das Integral $\int_M dx \, dy \, dz$ geometrisch? Führen Sie die Integration aus.

R.4. Für festes $0 < r_0 < R_0$ ist vermöge $T : (0, r_0] \times [0, 2\pi)^2 \to \mathbb{R}^3, (r, \varphi, \theta) \mapsto T(r \varphi, \theta)$ mit

$$x(r, \varphi, \theta) = (R_0 + r \cos \theta) \cos \varphi, \quad y(r, \varphi, \theta) = (R_0 + r \cos \theta) \sin \varphi, \quad z(r, \varphi, \theta) = r \sin \theta$$

die sogenannte *Toruskoordinatentransformation* gegeben.

  (a) Leiten Sie T aus einer geeigneten Skizze her. Tragen Sie $R_0, r_0, r, \varphi, \theta$ entsprechend ein.

  (b) Berechne Volumen und Oberfläche des Torus in diesen Koordinaten.

R.5. (i) Sei $e_0 := 0 \in \mathbb{R}^n$ und $e_1, e_2, \ldots, e_n$ die gewöhnlichen Einheitsvektoren im $\mathbb{R}^n$. Unter einem Standard-n-Simplex im $\mathbb{R}^n$ versteht man die Menge:

$$\Delta_n := \left\{ \sum_{i=0}^{n} \lambda_i e_i \in \mathbb{R}^n \mid \lambda_i \geq 0, \sum_{i=0}^{n} \lambda_i = 1 \right\} \subset \mathbb{R}^n$$

Skizzieren Sie Δ_n für $n = 0, 1, 2, 3$.

(ii) Gegeben sei die abgeschlossene Einheitskugel $K := K_1(0)$ und darin enthalten das Standard-3-Simplex Δ_3 (vgl. Abbildung). Berechnen Sie das Volumen $V \subset \mathbb{R}^3$, welches von den drei Ebenen der drei positiven drei Koordinatenachsen, der Einheitskugel K und dem 3-Simplex Δ_3 eingeschlossen wird (vgl. Abbildung).

Gehen Sie dabei wie folgt vor (Anleitung):

  (a) Konstruieren Sie die in der Abbildung dargestellte $K_8 := \frac{1}{8}$-Kugel als *gute* Menge in kartesischen Koordinaten.

  (b) Berechnen Sie das Volumen von K_8 mittels Mehrfachintegral

$$\text{Vol}^3(K_8) := \int_{K_8} dx_1 dx_2 dx_3$$

(Hinweis: Wähle geeignete Koordinaten und wende Integraltransformationsformel an)

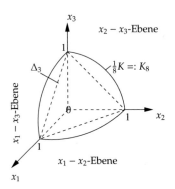

(c) Berechnen Sie das Volumen $\text{Vol}^3(\Delta_3)$, indem Sie Δ_3 als *gute* Menge schreiben und sodann das folgende Mehrfachintegral lösen:

$$\text{Vol}^3(\Delta_3) := \int\limits_{\Delta_3} dx_1 dx_2 dx_3 \qquad \text{(Zwischenergebnis: } \text{Vol}^3(\Delta_3) = \tfrac{1}{6})$$

(d) Berechnen Sie nun das gesuchte Volumen V.

R.6. Unter dem *Schwerpunkt* oder *Massenmittelpunkt* einer Menge $B \subset \mathbb{R}^n$ versteht man den Punkt, der durch das folgende (vektorwertige) Integral gegeben ist:

$$S := \frac{1}{M} \int\limits_B \mu(x) x \, \mathrm{d}^n x = \frac{1}{M} \left(\int\limits_B \mu(x) x_1 \, \mathrm{d}^n x, \ldots, \int\limits_B \mu(x) x_n \, \mathrm{d}^n x \right)^T \in \mathbb{R}^n$$

Dabei ist $M := \int_B \mu(x) \, \mathrm{d}^n x$ die Gesamtmasse von B und $\mu(x)$ die Massendichte. Sei fortan $\mu(x) = 1$, d.h. M entspricht gerade $\text{Vol}^n(B)$. Berechnen Sie den Schwerpunkt von

(a) $B := \{(x, y, z) \in \mathbb{R}^3 \mid x, y \geq 0 \wedge x^2 + y^2 \leq a^2 \wedge 0 \leq z \leq a\} \subset \mathbb{R}^3$.

(b) einer Pyramide im $\mathbb{R}^3$ mit quadratischer Grundfläche der Kantenlänge a und Höhe h.

(c) eines n-Simplexes $\Delta_n \subset \mathbb{R}^n$ für $n = 1, 2, 3, 4$. Was kommt für beliebiges $n > 0$ raus?

(Hinweise: Bild, Symmetrien nutzen, und vorteilhaft rechnen!)

Kapitel 9

Anhang – Schulweisheiten

Drum immer wenn Probleme da,
erinner' dich an Algebra
und außerdem den Himmel bitte,
um Augenmaß für kleine Schritte!

KARL-HEINZ KARIUS, *1935

Dieses Kapitel erhebt weder einen Anspruch auf Vollständigkeit, noch eines linearen Aufbaus. Vielmehr werden hier einige im Haupttext verwendete Resultate (ohne Beweis) in prägnanter Form zusammengetragen.

9.1   Die Axiome der reellen Zahlen

Satz 9.1.1 (Axiome der reellen Zahlen). *Es gibt ein Quadrupel* $(\mathbb{R}, +, \cdot, <)$*, bestehend aus einer Menge* $\mathbb{R}$*, zwei Abbildungen*

$$\text{Addition}: \quad \mathbb{R} \times \mathbb{R} \longrightarrow \mathbb{R}, \quad (x, y) \longmapsto x + y$$
$$\text{Multiplikation}: \quad \mathbb{R} \times \mathbb{R} \longrightarrow \mathbb{R}, \quad (x, y) \longmapsto x \cdot y,$$

sowie einer Relation „$<$", genannt Anordnung auf $\mathbb{R}$*, und auch „kleiner" genannt, so dass die folgenden Bedingungen gelten:*

(K) *Körperaxiome:*

  (K.1) $\forall_{x,y \in \mathbb{R}} : x + y = y + x$ $\qquad$ *und* $\quad x \cdot y = y \cdot x$ $\qquad$ *(Kommutativität)*

  (K.2) $\forall_{x,y,z \in \mathbb{R}} : x + (y+z) = (x+y) + z$ $\quad$ *und* $\quad x \cdot (y \cdot z) = (x \cdot y) \cdot z$ $\qquad$ *(Assoziativität)*

  (K.3) *Es existiert genau ein neutrales Element* $0 \in \mathbb{R}$*, genannt das 0-Element mit:*

  - $\forall_{x \in \mathbb{R}} : x + 0 = x$
  - $\forall_{x \in \mathbb{R}} \exists!_{(-x) \in \mathbb{R}} : x + (-x) = 0$

467

© Springer-Verlag GmbH Deutschland, ein Teil von Springer Nature 2021
J. Dambrowski, *Mathematik für technische Studiengänge im ersten Studienjahr*,
https://doi.org/10.1007/978-3-662-62852-2

Es existiert genau ein neutrales Element $1 \neq 0 \in \mathbb{R}$, genannt das 1-Element mit:

- $\forall_{x \in \mathbb{R}} : x \cdot 1 = x$
- $\forall_{x \in \mathbb{R} \backslash \{0\}} \exists!_{(x^{-1}) \in \mathbb{R}} : x \cdot x^{-1} = 1$

(K.4) $\forall_{x,y,z \in \mathbb{R}} :$ $\qquad x \cdot (y + z) = x \cdot y + x \cdot z$ $\qquad$ (Distributivität)

(A) *Anordnungsaxiome:*

(A.1) *Für je zwei $x, y \in \mathbb{R}$ ist genau eine der Aussagen $x < y$, $x = y$, $y < x$ wahr.*

(A.2) *Gilt $x < y$ und $y < z$, so auch $x < z$.*

(A.3) *Aus $x < y$ folgt $x + t < y + t$ für alle $t \in \mathbb{R}$.*

(A.4) *Aus $x < y$ folgt $x \cdot t < y \cdot t$ für alle $0 < t$ in $\mathbb{R}$.*

(V) *Vollständigkeitsaxiom: Jede nicht-leere nach oben beschränkte Teilmenge in $\mathbb{R}$ hat ein Supremum.*

Die *Körperaxiome* fassen letztlich nur gewohnte „minimale" Rechenregeln aus der Schule zusammen. Minimal meint dabei, dass sich alle anderen Rechenregeln aus diesen herleiten lassen. Dabei ist allerdings zu bemerken, dass die Eindeutigkeit der beiden neutralen Elemente, also dem 0- und 1-Element, nicht gefordert werden muss. Es genügt hierbei deren Existenz; die Eindeutigkeit folgt sodann. Wie üblich schreiben wir:

$$x - y := x + (-y) \qquad xy := x \cdot y \qquad x : y := \frac{x}{y} := xy^{-1} \quad \text{(für } y \neq 0)$$

Ein erstes kleines beweisbedürftiges Lemma, das aus den Körperaxiomen folgt, wäre z.B.

Lemma 9.1.2. Seien $x_1, x_2, y_1, y_2 \in \mathbb{R}$ mit $x_2 \neq 0$ und $y_2 \neq 0$. Dann gilt:

$$\frac{x_1}{x_2} + \frac{y_1}{y_2} = \frac{x_1 y_2 + y_1 x_2}{x_2 y_2}$$

Durch die *Anordnungsaxiome* lassen sich alle reelle Zahlen vergleichen. Dabei haben sich weitere wohlbekannte Notationen und Sprechweisen eingebürgert:

$$x > y \quad :\Longleftrightarrow \quad y < x \qquad\qquad x \text{ „größer" } y$$
$$x \leq y \quad :\Longleftrightarrow \quad (x < y) \vee (x = y) \quad x \text{ „kleiner-gleich" } y$$
$$x \geq y \quad :\Longleftrightarrow \quad (x > y) \vee (x = y) \quad x \text{ „größer-gleich" } y,$$

die wir fortan stillschweigend verwenden werden. Ebenso ist es naheliegend

$$\mathbb{R}^+ := \{x \in \mathbb{R} \mid x > 0\} \qquad \mathbb{R}^- := \{x \in \mathbb{R} \mid x < 0\}$$

einzuführen. Entsprechend sind $\mathbb{R}_0^+$ und $\mathbb{R}_0^-$ via „$\geq$" bzw. „$\leq$" definiert.

Lemma 9.1.3 (Rechenregeln)**.** Es gelten folgende Anordnungseigenschaften in $\mathbb{R}$:

(i) Für je zwei $x, y \in \mathbb{R}$ gilt $x \leq y$ oder $y \leq x$; und ist $x \leq y$ und $y \leq x$, so $x = y$.

(ii) Ist $x < y$ und $a \leq b$, so $x + a < y + b$.

(iii) Ist $x < y$, so $-y < -x$.

(iv) Ist $x < y$ und $z < 0$, so $xz > yz$.

(v) Ist $x \neq 0$, so $x^2 > 0$.

(vi) Ist $x > 0$, so $\frac{1}{x} > 0$.

(vii) Ist $xy > 0$, so gilt: $x < y \iff \frac{1}{x} > \frac{1}{y}$.

Das alles mag dem Leser als Selbstverständlichkeit erscheinen, weil „das wurde in der Schule schon immer so gemacht". Dennoch sind das alles beweisbedürftige Aussagen. Aus (v) folgt insbesondere: $1 = 1^2 > 0$ und daher $-1 < 0$, also $-1 \neq x^2$ für alle $x \in \mathbb{R}$. Das ist z.B. insofern bemerkenswert, weil im Komplexen $i^2 = -1$ gilt, weswegen es in $\mathbb{C}$ keine Anordnung geben kann. Das hat beispielsweise die Konsequenz, dass alle Rechenregeln in $\mathbb{R}$, die die Anordnung verwenden, nicht auf $\mathbb{C}$ im Sinne von Abs. 4.2.2 verallgemeinert werden können.

Um das *Vollständigkeitsaxiom* zu erläutern, bedarf es zunächst einiger Begrifflichkeiten, denen wir uns jetzt zuwenden. Seien $M, N \subset \mathbb{R}$. Das Rechnen mit Zahlen via $+, \cdot, <$ induziert Ähnliches auf Teilmengen von $\mathbb{R}$, nämlich:

$$M + N := \{x + y \mid x \in M, y \in N\}, \quad M \cdot N := \{xy \mid x \in M, y \in N\}, \quad x \leq M :\iff \forall_{y \in M} : x \leq y$$

In ersichtlicher Weise sind damit auch $M - N := M + (-N)$, $x \geq M$, $M \leq x$ sowie $x < M$ und $x > M$, etc. definiert. Des Weiteren kann man nach dem größten (bzw. kleinsten) Element einer Teilmenge M fragen, genannt *Maximum* (bzw. *Miminum*), kurz:

$$\boxed{x = \max(M) :\iff x \in M \quad \text{und} \quad M \leq x}, \quad \boxed{x = \min(M) :\iff x \in M \quad \text{und} \quad M \geq x}$$

Wenn es ein Maximum gibt, so ist es eindeutig bestimmt; wir sprechen dann von *dem* Maximum einer Teilmenge $M \subset \mathbb{R}$, denn sind $x, x' \in \max(M)$, so wäre wegen $x \geq M$ und $x' \geq M$ insbesondere $x \geq x'$ sowie $x' \geq x$; also $x = x'$. Entsprechendes gilt für das Minimum. Nicht alle Teilmengen haben ein Maximum, wie z.B. diese hier $M := \mathbb{R}^- := \{x \in \mathbb{R} \mid x < 0\}$, denn mit jedem $x \in M$ ist $\frac{1}{2}x \in M$ mit $\frac{1}{2}x > x$.

Lemma 9.1.4 (Rechenregeln). Die folgenden drei Aussagen sind stets so zu lesen: Die rechte Seite existiert genau dann, wenn es die linke tut, und alsdann gilt Gleichheit.

(i) $\min(M) = -\max(-M)$

(ii) $\max(M + N) = \max(M) + \max(N)$ bzw. $\min(M + N) = \min(M) + \min(N)$

(iii) $\max(M \cup N) = \max\{\max(M), \max(N)\}$ bzw. $\min(M \cup N) = \min\{\min(M), \min(N)\}$

Des Weiteren gilt, sofern die rechte Seite existiert (dann auch die linke und alsdann die Gleichheit):

(iv) $M \subset N \implies \max(M) \leq \max(N)$

(v) $M, N > 0 \implies \max(M \cdot N) = \max(M) \cdot \max(N)$

Eine Zahl $x \in \mathbb{R}$ soll *obere Schranke* (bzw. *untere Schranke*) von $M \subset$ heißen, falls $M \leq x$ (bzw. $x \leq M$). Wenn M eine obere (bzw. untere) Schranke hat, so heißt M *nach oben* (bzw. - *unten*) *beschränkt*. Hat M beide Eigenschaften, so nennt man M schlechthin *beschränkt*. Wir hatten bereits gesehen, dass die (via z.B. Eins) nach oben beschränkte Teilmenge $\emptyset \neq \mathbb{R}^-$ kein Maximum hat. Das Vollständigkeitsaxiom der reellen Zahlen besagt aber, dass es eine sogenannte „kleinste" obere Schranke gibt, nämlich für $\mathbb{R}^-$ die Null. Genauer:

Definition 9.1.5 (Supremum & Infimum). Das **Supremum** einer Menge $M \subset \mathbb{R}$ ist die kleinste obere Schranke von M, bezeichnet mit $\sup(M)$. Entsprechend heißt die größte untere Schranke von M das **Infimum** von M, das mit $\inf(M)$ bezeichnet wird. In unserer Notation schreibt's sich kurz und bündig:

$$\boxed{\sup(M) := \min\{x \in \mathbb{R} \mid M \leq x\}} \qquad \text{bzw.} \qquad \boxed{\inf(M) := \max\{x \in \mathbb{R} \mid x \leq M\}}$$

Man vereinbart weiter:

- $\sup(M) := +\infty$, für nach oben unbeschränktes M

- $\sup(\emptyset) = -\infty$

- $\inf(M) := -\infty$, für nach unten unbeschränktes M

- $\inf(\emptyset) := +\infty$

Nunmehr sind alle im Vollständigkeitsaxiom auftauchenden Begriffe erklärt. Nicht mal eine beschränkte Menge braucht ein Maximum oder ein Minimum zu haben, wie das offene Intervall $(0, 1) := \{x \in \mathbb{R} \mid 0 < x < 1\}$ zeigt. Wohl aber ist $\sup(0, 1) = 1 \notin (0, 1)$ und $\inf(0, 1) = 0 \notin (0, 1)$. Wir sehen: Während Minimum und Maximum definitionsgemäß der Menge angehören, braucht es das für Infimum und Supremum nicht. Wenn jedoch eine Menge M ein Maximum hat, so gilt $\max(M) = \sup(M)$; Entsprechendes für das Minimum. Wie beim Maximum gilt auch hier

$$\inf(M) = -\sup(-M),$$

weswegen man nur das Supremum zu studieren braucht. Wegen $M \leq \sup(M)$ und $M \leq x \Rightarrow \sup(M) \leq x$ folgt die Eindeutigkeit des Supremums. Das Vollständigkeitsaxiom hat weitreichende Konsequenzen in der Analysis. Eine erste Konsequenz ist beispielsweise das sogenannte

Prinzip von ARCHIMEDES:[1] Seien $x \in \mathbb{R}$ und $\varepsilon > 0$. Dann gibt es ein $n \in \mathbb{N}$ mit $n\varepsilon = \varepsilon + \ldots + \varepsilon > x$.

D.h. für ein beliebiges $x \in \mathbb{R}$ und ein noch so kleines $\varepsilon > 0$, lässt sich eine ε-Summe finden, die größer als x ist.

Beweis. Angenommen, es gäbe kein solches $n \in \mathbb{N}$. Betrachte sodann die Menge $M := \{n\varepsilon \mid n \in \mathbb{N}\}$ aller ε-Summen, für die dann $M \leq x$ gilt. Das bedeutet, M ist nach oben beschränkt durch x, und hat nach dem Vollständigkeitsaxiom das Supremum $s := \sup(M)$. Folglich gibt es ein $m \in \mathbb{N}$ mit $m\varepsilon > s - \varepsilon < s$ in M, also $(m + 1)\varepsilon > s$, aber nach Voraussetzung ist $(m + 1)\varepsilon \in M$, womit wir einen Widerspruch $\frac{1}{2}$ erhalten. □

Definition 9.1.6 (Betragsfunktion). Die durch

$$|.| : \mathbb{R} \longrightarrow \mathbb{R}, \ x \longmapsto |x| := \begin{cases} x, & x \geq 0 \\ -x, & x < 0 \end{cases}$$

gegebene Funktion heißt der **Betrag** auf $\mathbb{R}$.

Lemma 9.1.7 (Eigenschaften). Für die Betragsfunktion $|.|$ gilt:

1. (Positive Definitheit) $|x| \geq 0$ und $|x| = 0 \Leftrightarrow x = 0$

2. (Homogenität) $|xy| = |x| \cdot |y|$

3. (Dreiecksungleichung) $|x + y| \leq |x| + |y|$

Aus der Dreiecksungleichung folgen zuweilen nützliche Ungleichungen:

$$|x - y| \geq ||x| - |y||, \quad \text{sowie} \quad |x + y| \geq ||x| - |y||$$

Auch die natürlichen Zahlen $\mathbb{N} := \{1, 2, 3, \ldots\}$ sind mit einer „natürlichen" Struktur via $+_\mathbb{N}, \cdot_\mathbb{N}, <_\mathbb{N}$ analog wie in Satz 9.1.1 ausgestattet. Wir notieren für einen Augenblick die Elemente von $\mathbb{N}$ mit $n_\mathbb{N}$, um sie von jenen in $\mathbb{R}$ zu unterscheiden. Die Axiome von $\mathbb{R}$ sagen noch nichts von $\mathbb{N} \subset \mathbb{R}$. Aber: vermöge

$$\iota : \mathbb{N} \longrightarrow \mathbb{R}, \ n_\mathbb{R} \longmapsto \underbrace{1 + 1 + \cdots + 1}_{n \text{ Summanden}} = n \cdot 1 = n$$

ist eine „strukturverträgliche" und injektive Abbildung gegeben. Strukturverträglich heißt,

$$\iota(n_\mathbb{N} +_\mathbb{N} m_\mathbb{N}) = \iota(n_\mathbb{N}) + \iota(n_\mathbb{N}), \qquad \iota(n_\mathbb{N} \cdot_\mathbb{N} m_\mathbb{N}) = \iota(n_\mathbb{N}) \cdot \iota(n_\mathbb{N}), \qquad \iota(1_\mathbb{N}) = 1,$$

und injektiv bedeutet: Gilt $m_\mathbb{N} \neq n_\mathbb{N}$ in $\mathbb{N}$, so $\iota(m_\mathbb{N}) = m \neq n = \iota(n_\mathbb{N})$. Ersichtlich werden beide Eigenschaften von ι erfüllt. Eine strukturverträgliche Injektion wird auch *Einbettung* genannt. Damit können wir $\mathbb{N}$ als Teilmenge eingebettet in $\mathbb{R}$ auffassen, also $\mathbb{N} \subset \mathbb{R}$, wie erwartet. Wir schreiben daher n statt $n_\mathbb{N}$. Via

$$\mathbb{Z} := \{n \in \mathbb{R} \mid n \in \mathbb{N}, n = 0, -n \in \mathbb{N}\} \qquad \mathbb{Q} := \{\frac{p}{q} \in \mathbb{R} \mid p, q \in \mathbb{Z}, q \neq 0\}$$

sind damit auch die ganzen- und rationalen Zahlen als Teilmengen von $\mathbb{R}$ aufzufassen. Ebenso verwenden wir fortan die wohlbekannten Inklusionen $\mathbb{N} \subset \mathbb{Z} \subset \mathbb{Q} \subset \mathbb{R}$. Dabei sind die erste und letzte Inklusion klar, die mittlere folgt aus $n \mapsto \frac{n}{1}$.

9.2   Summen- und Produktzeichen

Für jede ganze Zahl k mit $m \leq k \leq n$ setzt man

$$\sum_{k=m}^{n} a_k := a_m + a_{m+1} + \ldots + a_{n-1} + a_n \qquad \text{bzw.} \qquad \prod_{k=m}^{n} a_k := a_m \cdot a_{m+1} \cdot \ldots \cdot a_{n-1} \cdot a_n$$

für die Summe bzw. das Produkt der reellen Zahlen $a_m, \ldots, a_n$. Im Falle $n = m$ besteht die Summe bzw. das Produkt demnach aus nur einem Summanden bzw. Faktor. Zu Vermeidung lästiger Fallunterscheidungen hat es sich als zweckmäßig erweisen für $m < n$

$$\sum_{k=m}^{n} a_k := 0 \qquad \text{bzw.} \qquad \prod_{k=m}^{n} a_k := 1,$$

zu vereinbaren; man nennt dies die *leere Summe* bzw. das *leere Produkt*.

Beispiel 9.2.1. Seien $k, n \in \mathbb{N}_0$.

(i) (Fakultät): Setze:

$$k! := \prod_{j=1}^{n} j = k \cdot (k-1) \cdots 2 \cdot 1 \text{ und } 0! := 1$$

(ii) (Binomial-Koeffizienten) Setze:

$$\binom{n}{k} := \prod_{j=1}^{k} \frac{n-j+1}{j} = \frac{n(n-1)\cdots(n-k+1)}{1 \cdot 2 \cdots k} = \frac{n!}{k!(n-k)!}$$

Daraus entnimmt man direkt:

$$\binom{n}{0} = 1, \quad \binom{n}{1} = n, \quad \binom{n}{k} = 0, \text{ falls } k > n$$

(iii) (Binomischer Lehrsatz) Für $a, b \in \mathbb{R}$ gilt:

$$(a+b)^n = \sum_{k=0}^{n} \binom{n}{k} a^k b^{n-k}$$

9.3   Reelle Funktionen und einige Eigenschaften

Sei fortan $D \subset \mathbb{R}$ eine Teilmenge und $f : D \to \mathbb{R}$ eine Funktion, d.h. wir ordnen jedem Element $x \in D$ genau ein Element $y \in \mathbb{R}$ zu und nennen dies $y = f(x)$.

Definition 9.3.1 (Monotonie). Eine Funktion $f : D \to \mathbb{R}$, $x \mapsto f(x)$ heißt

- **monoton steigend** oder - **wachsend**, wenn für je zwei $x_1 < x_2$ stets $f(x_1) \leq f(x_2)$ folgt.

- **monoton fallend**, wenn für je zwei $x_1 < x_2$ stets $f(x_1) \geq f(x_2)$ folgt.

- **streng monoton steigend** oder - - **wachsend**, wenn für je zwei $x_1 < x_2$ stets $f(x_1) < f(x_2)$ folgt.

- **streng monoton fallend**, wenn für je zwei $x_1 < x_2$ stets $f(x_1) > f(x_2)$ folgt.

Definition 9.3.2 (Nullstelle). Unter einer **Nullstelle** von f versteht man ein $x_0 \in D$ mit $f(x_0) = 0$.

Ist f genügend oft differenzierbar in $x_0 \in D$, so sagt man die Nullstelle x_0 ist von *Ordnung k*, falls $f(x_0) = f'(x_0) = f''(x_0) = \ldots = f^{(k)}(x_0) = 0$, wobei $f^{(k)}(x_0)$ die k'te Ableitung von f an der Stelle x_0 ist. Schauen wir uns das an einer konkreten Klasse von Funktionen an: Eine Funktion $f : \mathbb{R} \to \mathbb{R}$ heißt ein *Polynom* oder *Polynomfunktion*, falls es von der Form

$$f(x) := a_0 + a_1 x + a_2 x^2 + \ldots + a_n x^n = \sum_{k=0}^{n} a_k x^k$$

mit den Koeffizienten $a_0, a_1, \ldots, a_n \in \mathbb{R}$. Die höchstvorkommende Potenz von x mit $a_k \neq 0$ heißt der *Grad* von f, notiert mit $\deg(f)$.

Satz 9.3.3 (Polynomdivision). *Sind p, g Polynome mit $g \neq 0$. Dann existieren eindeutig bestimmte Polynome q, r mit:*

$$f = q \cdot g + r, \quad mit \ \deg(r) < \deg(g)$$

Das Polynom r heißt der *Rest* der Division von f durch g. Hieraus leitet sich das Verfahren für die Polynomdivision ab, das wir schnell an einem Beispiel vorstellen wollen:

$$
\begin{array}{llllll}
(x^5 & +3x^4 & -4x^3 & & +2) & : \quad (x^2 + 1) = x^3 + 3x^2 - 5x - 3 \\
-(x^5 & & +x^3) & & & \\
\hline
 & 3x^4 & -5x^3 & & & \\
 & -(3x^4 & & +3x^2) & & \\
\hline
 & & -5x^3 & -3x^2 & & \\
 & & -(-5x^3 & & -5x) & \\
\hline
 & & & -3x^2 & +5x & +2 \\
 & & & -(-3x^2 & & -3) \\
\hline
 & & & & 5x & +5 \quad \text{Rest}
\end{array}
$$

Folglich gilt $x^5 + 3x^4 + 4x^3 + 2 = (x^3 + 3x^2 - 5x - 3)(x^2 + 1) + (5x + 5)$. Als unmittelbare Folgerung erhalten wir

Korollar 9.3.4. Ist $x_0 \in \mathbb{R}$ eine Nullstelle f, so gibt es ein Polynom q mit

$$f(x) = (x - x_0)q(x).$$

Offenbar ist dann $r = 0$ und $\deg(q) = \deg(f) - 1$. Man nennt $(x - x_0)$ einen *Linearfaktor* von f. Ist x_0 auch Nullstelle von q, so folgt gemäß dem Korollar $f(x) = (x - x_0)^2 q_1(x)$ mit $\deg(q_1) = \deg(f) - 2$. Man nennt x_0 eine *doppelte Nullstelle* von f oder eine Nullstelle der *Ordnung* 2. Eine Nullstelle der Ordnung k, oder, wie man auch sagt, der *Vielfachheit* k, ist in evidenter Weise definiert. Hat f eine Darstellung der Form

$$f(x) = a(x - x_0)^{v_0} \cdot (x - x_1)^{v_1} \cdots (x - x_m)^{v_m}$$

mit $a \in \mathbb{R}$ und Nullstellen x_k der Ordnung v_k, so nennen wir dies eine *Linearfaktorzerlegung* von f. Offenbar gilt $\deg(f) = v_0 + v_1 + \ldots + v_m$. Bekanntlich hat nicht jedes Polynom eine Linearfaktorzerlegung, wie das Beispiels $x^2 + 1$ zeigt.

Literaturverzeichnis

[BHW08]   BURG, KLEMENS; HAF, HERBERT; WILLE, FRIEDRICH: *Höhere Mathematik für Ingenieure - Band I: Analysis*, 8. Auflage, Teubner, 2008

[Fi97]   G. FISCHER: *Lineare Algebra*, 11. Auflage, Vieweg, 1997

[Fo99]   O. FORSTER: *Analysis 1*, 5. Auflage, Vieweg, 1999

[Fr95]   K. FRITZSCHE: *Mathematik für Einsteiger - Vor- und Brückenkurs zum Studienbeginn*, Springer, 1995

[Ko92]   M. KOECHER: *Lineare Algebra und analytische Geometrie*, 3. Auflage, Springer, 1992

© Springer-Verlag GmbH Deutschland, ein Teil von Springer Nature 2021
J. Dambrowski, *Mathematik für technische Studiengänge im ersten Studienjahr*,
https://doi.org/10.1007/978-3-662-62852-2

Index

Symbole

A

© Springer-Verlag GmbH Deutschland, ein Teil von Springer Nature 2021
J. Dambrowski, *Mathematik für technische Studiengänge im ersten Studienjahr*,
https://doi.org/10.1007/978-3-662-62852-2

 **Springer**

springer.com

Willkommen zu den Springer Alerts

Unser Neuerscheinungs-Service für Sie:
aktuell | kostenlos | passgenau | flexibel

Mit dem Springer Alert-Service informieren wir Sie individuell und kostenlos über aktuelle Entwicklungen in Ihren Fachgebieten.

Abonnieren Sie unseren Service und erhalten Sie per E-Mail frühzeitig Meldungen zu neuen Zeitschrifteninhalten, bevorstehenden Buchveröffentlichungen und speziellen Angeboten.

Sie können Ihr Springer Alerts-Profil individuell an Ihre Bedürfnisse anpassen. Wählen Sie aus über 500 Fachgebieten Ihre Interessensgebiete aus.

Bleiben Sie informiert mit den Springer Alerts.

Jetzt anmelden!

Mehr Infos unter: springer.com/alert

Part of **SPRINGER NATURE**

Printed in the United States
By Bookmasters